贵州农业生物资源调查

刘 旭 郑殿升 刘作易 主编

科学出版社
北 京

内 容 简 介

本书是"贵州农业生物资源调查"项目所获得大量数据、种质样本及鉴定评价的系统总结和规范化、理论化的结果。全书共分九章,第一章概述了"贵州农业生物资源调查"项目的立项背景、总体目标和考核指标、实施方案、执行情况、取得的主要进展与重要突破等。第二章至第五章分别介绍了粮食作物、蔬菜及一年生经济作物、果树及多年生经济作物、药用植物资源在贵州少数民族地区分布的特点,特别记述了少数民族认知和利用的本地优质、丰产、抗逆、抗病虫及特殊类型资源。第六章介绍了经初步鉴定和深入鉴定评价筛选出的优异农业生物种质资源。第七章阐述了贵州少数民族传统文化与农业生物资源的利用和保护。第八章提出了贵州农业生物资源有效保护和可持续利用的对策。第九章介绍了贵州农业生物资源调查数据库的构建。

本书可供从事农业生物种质资源研究、利用和保护的科技人员,生物多样性、民族生物学工作者和有关政府工作人员,以及相关大专院校师生参考。

审图号:黔 S(2019)006 号

图书在版编目(CIP)数据

贵州农业生物资源调查 / 刘旭,郑殿升,刘作易主编 . — 北京:科学出版社,2019.10

ISBN 978-7-03-062239-6

Ⅰ.①贵… Ⅱ.①刘… ②郑… ③刘… Ⅲ.①农业资源 - 生物资源 - 资源调查 - 贵州 Ⅳ.①S181

中国版本图书馆 CIP 数据核字 (2019) 第 199144 号

责任编辑:李秀伟 陈 倩 / 责任校对:严 娜
责任印制:肖 兴 / 封面设计:北京图阅盛世文化传媒有限公司

科学出版社 出版

北京东黄城根北街 16 号
邮政编码:100717
http://www.sciencep.com

北京九天鸿程印刷有限责任公司 印刷
科学出版社发行 各地新华书店经销

*

2019 年 10 月第 一 版 开本:787 × 1092 1/16
2019 年 10 月第一次印刷 印张:37
字数:877 000

定价:580.00 元

(如有印装质量问题,我社负责调换)

《贵州农业生物资源调查》编委会

主　　编

　　刘　旭　郑殿升　刘作易

副 主 编（按课题顺序排序）

　　李立会　阮仁超　李锡香　陈善春

　　李先恩　许明辉　曹永生　方　沩

其他编写人员（按姓氏笔画排序）

　　马天进　王海平　汤翠凤　祁建军　李　娟　李秀全　邱　杨

　　何永睿　沈　镝　宋江萍　张晓辉　陈　锋　陈彦清　陈洪明

　　陈惠查　季鹏章　胡忠荣　高爱农　郭小敏　曹绍书　焦爱霞

　　游承俐　赖云松　雷天刚　谭金玉　黎小冰

编　　审

　　郑殿升

前　言

"贵州农业生物资源调查"项目是科技基础性工作专项。本项目本着规范标准、全面普查、系统调查、重点抢救、科学评价、有效保护的原则,力求查清贵州省少数民族地区农业生物资源现状、分布、变化及原因,了解少数民族对当地农业生物资源的认知和保护利用情况,同时收集相关的种质资源,进行初步鉴定、深入鉴定评价和筛选优异种质资源,并建立数据库和信息系统。

历时5年,本项目对贵州省42个县(市)1956年、1981年和2011年3个时间节点进行普查,对21个县(市)进行系统调查和专项调查,取得了显著成效。第一,基本查清了普查县(市)经济、人口、自然资源变化情况,农业生物资源的种类、分布状况、消长变化及原因。第二,采集农业生物资源有效样本3582份,包括粮食作物1620份,蔬菜及一年生经济作物1209份,果树及多年生经济作物405份,药用植物348份。第三,通过对所有收集样本的鉴定评价,筛选出优异农业生物种质资源158份。第四,了解到贵州少数民族传统文化和生活习俗,以及当地农业生物资源的利用和保护情况。第五,根据调查的基本数据和信息,建立了贵州农业生物资源调查数据库。本项目取得的成果将为贵州农业生物资源的利用和保护,特别是特色、优势资源开发提供科技支撑。

本书是"贵州农业生物资源调查"项目所获得的大量数据和信息的系统化、规范化与理论化的结晶。全书共分九章,第一章概述本项目的立项和执行情况,以及取得的主要进展和成效。第二章至第五章分别汇总贵州粮食作物、蔬菜及一年生经济作物、果树及多年生经济作物、药用植物的调查结果。第六章介绍优异农业生物种质资源利用和保护。第七章阐述贵州少数民族传统文化与农业生物资源利用和保护。第八章提出贵州农业生物资源有效保护和可持续利用的对策。第九章介绍贵州农业生物资源调查数据库的构建。

在此,应说明的有3点:第一,第二章至第五章介绍的农业生物资源的优缺点,是以当地少数民族的认知为基础的,虽然本项目经过了初步鉴定,但因时间和条件有限,还未能得出全面准确的结果,因此有待全面精准的鉴定评价。第二,第一章中记述获得各类种质资源的份数,是经过整理、剔除重复和无效样本的数量,而第二章至第五章的种质资源份数,是未剔除重复和无效样本的,因此或许比第一章的多一些。第三,本项目系统调查的县中,有的是少数民族自治县,这些县的名称比较长,本书为了简便,均采用这些县的简称,如道真仡佬族苗族自治县(简称道真县)、务川仡佬族苗族自治县(简称务川县)、印江土家族苗族自治县(简称印江县)、威宁彝族回族苗族自治县(简称威宁县)、镇宁布依族苗族自治县(简称镇宁县)、紫云苗族布依族自治县(简称紫云县)、松桃苗族自治县(简称松桃县)、三都水族自治县(简称三都县)和玉屏侗族自治县(简称玉屏县);系统调查乡中有一些少数民族自治乡,本书中也采用简称,如道真县上坝土家族乡(简称上坝乡)、平塘县卡蒲毛南族乡(简称卡蒲乡)、织金县后寨苗族乡(简称后寨乡)、雷山县达地水族乡(简称达地乡)、赫章县兴发苗族彝族回族乡（简称兴发乡）、赫章县珠市彝族乡（简称珠市乡）和赫章县河镇彝族苗族乡（简称河镇乡）。

  本书的出版将为我国少数民族地区农业生物资源有效保护和可持续利用政策的制定提供科学依据，为我国执行《生物多样性公约》增添新信息，为我国生物科学研究和原始创新提供权威性基础资料。

编　者
2017 年 10 月

目 录

前言

第一章 概述 ·· 1

　第一节 项目立项背景 ··· 1
　　一、贵州省是我国农业生物资源多样性最为丰富的地区之一 ············ 2
　　二、贵州省农业生物资源具有明显的地域性和不可替代性 ··············· 2
　　三、贵州省特有农业生物资源亟待调查和保护 ······························ 2
　　四、贵州省农业生物资源调查具有重要意义 ································· 2
　第二节 项目总体目标和考核指标 ·· 3
　　一、项目总体目标 ·· 3
　　二、项目考核指标 ·· 3
　第三节 项目主要工作内容 ··· 4
　　一、贵州省农业生物资源基础数据调查 ·· 4
　　二、特有农业生物资源的民族生物学调查 ···································· 4
　　三、农业生物资源样本采集 ··· 4
　　四、特有农业生物资源可利用性评价 ·· 4
　　五、农业生物资源整理、编目和数据库建立 ································· 4
　第四节 项目课题分解、实施方案与组织管理 ··································· 5
　　一、课题分解、任务与负责人 ·· 5
　　二、实施方案 ·· 5
　　三、组织管理 ·· 7
　第五节 项目执行情况 ··· 8
　　一、项目总体执行概况 ··· 8
　　二、项目任务完成情况 ··· 9
　第六节 调查取得的主要进展 ·· 10
　　一、获得一批重要的基础资料 ·· 10
　　二、基本查清调查地区农业生物资源的种类、分布、消长变化及原因 ····· 12

三、了解到少数民族对农业生物资源的利用和保护状况 …… 17

四、阐明了调查采集的农业生物资源隶属的科和属 …… 19

五、获得的大量种质资源样（标）本及其多样性 …… 27

六、筛选到一批优异种质资源 …… 33

七、建立了"贵州农业生物资源调查"数据库 …… 37

八、完善了少数民族地区农业生物资源调查技术规范、调查表和问卷 …… 38

第七节　调查取得的重要突破 …… 67

一、发现了一批新物种、新记录种和作物的新类型种质资源 …… 67

二、取得了一批对科学研究有重要意义的种质资源 …… 68

三、筛选出对作物育种有价值的种质资源 …… 69

四、获得具有开发前景的种质资源 …… 71

五、创建了作物种质资源野外考察数据采集系统 …… 72

第八节　贵州农业生物资源有效保护和可持续利用的建议 …… 72

一、保护和弘扬少数民族的传统文化和生活习俗 …… 72

二、继续调查收集和保护本地农业生物资源 …… 73

三、建立赫章县野韭菜保护区 …… 73

四、加大特有或特色资源的开发力度 …… 73

参考文献 …… 79

第二章　粮食作物调查结果 …… 81

第一节　禾谷类 …… 82

一、稻类 …… 82

二、玉米 …… 106

三、麦类 …… 124

四、高粱 …… 134

五、谷子 …… 138

第二节　食用豆类 …… 141

一、普通菜豆 …… 143

二、多花菜豆 …… 150

三、扁豆 …… 152

四、豇豆 ………………………………………………………………………… 155

　　五、饭豆 ………………………………………………………………………… 157

　　六、小豆 ………………………………………………………………………… 159

　　七、绿豆 ………………………………………………………………………… 162

　　八、蚕豆 ………………………………………………………………………… 163

　　九、豌豆 ………………………………………………………………………… 166

　　十、黎豆 ………………………………………………………………………… 169

第三节　大豆 ………………………………………………………………………… 169

　　一、栽培大豆 …………………………………………………………………… 170

　　二、野生大豆 …………………………………………………………………… 179

第四节　薯类 ………………………………………………………………………… 180

　　一、马铃薯 ……………………………………………………………………… 180

　　二、甘薯 ………………………………………………………………………… 186

第五节　其他类 ……………………………………………………………………… 195

　　一、荞麦 ………………………………………………………………………… 195

　　二、薏苡 ………………………………………………………………………… 200

　　三、穇子 ………………………………………………………………………… 203

　　四、籽粒苋 ……………………………………………………………………… 207

参考文献 ……………………………………………………………………………… 210

第三章　蔬菜及一年生经济作物调查结果　　212

第一节　根菜类（萝卜） …………………………………………………………… 214

　　一、概述 ………………………………………………………………………… 214

　　二、少数民族认知有价值的萝卜资源 ………………………………………… 216

第二节　白菜类 ……………………………………………………………………… 218

　　一、概述 ………………………………………………………………………… 218

　　二、少数民族认知有价值的白菜类资源 ……………………………………… 220

第三节　芥菜类 ……………………………………………………………………… 222

　　一、概述 ………………………………………………………………………… 222

　　二、少数民族认知有价值的芥菜类资源 ……………………………………… 224

第四节　绿叶菜类 …… 228
一、芫荽 …… 229
二、其他绿叶菜资源 …… 231

第五节　茄果类 …… 233
一、番茄 …… 233
二、辣椒 …… 238
三、茄子 …… 248

第六节　瓜类 …… 253
一、黄瓜 …… 253
二、南瓜 …… 258

第七节　菜用豆类（菜豆） …… 264
一、概述 …… 264
二、少数民族认知有价值的菜豆资源 …… 265

第八节　葱蒜类 …… 267
一、葱 …… 268
二、大蒜 …… 271
三、韭菜 …… 277
四、薤和薤白 …… 284

第九节　薯芋类 …… 285
一、姜和阳荷 …… 285
二、山药 …… 290
三、芋 …… 291
四、魔芋 …… 292

第十节　一年生经济作物 …… 294
一、油菜 …… 294
二、花生 …… 298
三、向日葵 …… 302
四、芝麻 …… 305

参考文献 …… 307

第四章　果树及多年生经济作物调查结果 ············ 309

第一节　仁果类 ············ 310
一、梨 ············ 311
二、苹果 ············ 316
三、枇杷 ············ 319
四、木瓜、山楂、刺梨 ············ 321

第二节　核果类 ············ 323
一、李 ············ 323
二、桃 ············ 328
三、樱桃 ············ 332
四、杨梅 ············ 335
五、枣 ············ 338
六、杏 ············ 340
七、其他核果类 ············ 342

第三节　浆果类 ············ 345
一、柿 ············ 346
二、猕猴桃 ············ 351
三、葡萄 ············ 356
四、悬钩子 ············ 360
五、石榴 ············ 361
六、其他浆果类 ············ 362

第四节　坚果类 ············ 364
一、核桃 ············ 364
二、栗 ············ 368
三、榛 ············ 373

第五节　柑果类 ············ 374
一、甜橙 ············ 376
二、宽皮柑橘 ············ 377
三、黎檬 ············ 381
四、柚 ············ 381

　　　　五、宜昌橙 385

　　　　六、枳 385

　　　　七、香橙 386

　　　　八、金柑 387

　第六节　多年生经济作物 387

　　　　一、茶 387

　　　　二、桑 388

　　　　三、八月瓜 388

　　　　四、南酸枣 390

　　　　五、荚蒾 390

　　　　六、四照花 391

　　　　七、火棘 391

　　　　八、蛇莓 392

　　　　九、地瓜藤 392

　　　　十、大血藤 393

　　　　十一、甜槠 393

　　　　十二、花椒 394

　　　　十三、山苍子 395

　　　　十四、野油茶 395

　参考文献 396

第五章　药用植物调查结果　　397

　第一节　概述 397

　　　　一、调查得知少数民族认知的药用植物 398

　　　　二、调查获得标本及隶属科属情况 400

　　　　三、获得药用植物种质资源的分布 404

　第二节　与贵州民族生活紧密相关的药用植物资源 405

　参考文献 440

第六章　贵州优异农业生物种质资源　　441

　第一节　粮食作物优异种质资源 441

一、水稻 ………………………………………………………………………………… 441

　　二、旱稻 ………………………………………………………………………………… 451

　　三、玉米 ………………………………………………………………………………… 453

　　四、谷子（粟） ………………………………………………………………………… 456

　　五、大豆 ………………………………………………………………………………… 457

　　六、普通菜豆 …………………………………………………………………………… 460

　　七、多花菜豆 …………………………………………………………………………… 463

　　八、其他 ………………………………………………………………………………… 464

第二节　蔬菜作物优异种质资源 ……………………………………………………………… 466

　　一、野生韭菜 …………………………………………………………………………… 466

　　二、辣椒 ………………………………………………………………………………… 468

第三节　果树作物优异种质资源 ……………………………………………………………… 473

　　一、梨 …………………………………………………………………………………… 474

　　二、苹果 ………………………………………………………………………………… 476

　　三、桃 …………………………………………………………………………………… 477

　　四、李 …………………………………………………………………………………… 478

　　五、枇杷 ………………………………………………………………………………… 480

　　六、柿 …………………………………………………………………………………… 480

　　七、樱桃 ………………………………………………………………………………… 481

　　八、猕猴桃 ……………………………………………………………………………… 482

　　九、香蕉 ………………………………………………………………………………… 484

　　十、葡萄 ………………………………………………………………………………… 484

　　十一、板栗 ……………………………………………………………………………… 486

　　十二、核桃 ……………………………………………………………………………… 486

　　十三、柑橘 ……………………………………………………………………………… 487

　　十四、草莓 ……………………………………………………………………………… 489

第四节　药用植物优异种质资源 ……………………………………………………………… 489

　　一、头花蓼 ……………………………………………………………………………… 489

　　二、钩藤 ………………………………………………………………………………… 490

参考文献 ………………………………………………………………………………………… 493

第七章　贵州少数民族传统文化与农业生物资源利用和保护 ……………… 495

第一节　少数民族饮食习俗对农业生物资源的利用和保护 …………………… 495
- 一、喜糯性食品 ……………………………………… 495
- 二、自酿美酒 ………………………………………… 498
- 三、酸辣——日常不可缺少的味道 ………………… 500
- 四、传统风味食品 …………………………………… 502
- 五、节日小食品——爆米花 ………………………… 504
- 六、佐料的妙用 ……………………………………… 505

第二节　少数民族节庆祭祀与崇拜对农业生物资源的利用和保护 …………… 506
- 一、民族传统节日 …………………………………… 506
- 二、祭祀活动 ………………………………………… 507
- 三、崇拜 ……………………………………………… 508

第三节　少数民族生活用品习俗对农业生物资源的利用和保护 ……………… 509
- 一、稻秸秆的利用 …………………………………… 509
- 二、高粱秆的利用 …………………………………… 511
- 三、妙用葫芦 ………………………………………… 512
- 四、丝瓜布和丝瓜络 ………………………………… 514
- 五、薏苡饰品 ………………………………………… 516

第四节　少数民族婚丧嫁娶对农业生物资源的利用和保护 …………………… 516
- 一、婚嫁习俗 ………………………………………… 516
- 二、丧葬习俗 ………………………………………… 518

第五节　少数民族药食同源膳食习俗对农业生物资源的利用和保护 ………… 519
- 一、粮食作物有药效作用的种质资源 ……………… 519
- 二、蔬菜作物有药效作用的种质资源 ……………… 520
- 三、果树作物有药效作用的种质资源 ……………… 520
- 四、经济作物有药效作用的种质资源 ……………… 521

第六节　少数民族农耕文化对农业生物资源的利用和保护 …………………… 522
- 一、"禾－鱼－鸭"共生系统栽培技术 ……………… 522
- 二、"插边稻"栽培技术 ……………………………… 522
- 三、大豆品种的混播种植 …………………………… 522

四、冷水稻田稻鱼共生栽培技术 …………………………………………… 523

　　五、玉米和南瓜混种 ………………………………………………………… 523

　　六、菜豆和玉米混种 ………………………………………………………… 523

　　七、刀耕火种的沿用 ………………………………………………………… 523

参考文献 ………………………………………………………………………………… 523

第八章　贵州农业生物资源有效保护和可持续利用的对策 …………… 525

第一节　贵州具有丰富的农业生物资源及其原因 ………………………………… 525

　　一、自然生态的因素 ………………………………………………………… 526

　　二、民族文化的因素 ………………………………………………………… 526

　　三、食物来源和生产需求 …………………………………………………… 530

第二节　不利于贵州农业生物资源保护的原因分析 ……………………………… 532

　　一、地方产业发展规划政策制定通常未涉及农业生物资源保护内容 ……… 532

　　二、盲目追求经济利益，忽视农业生物资源保护 ………………………… 532

　　三、偏远地区人民群众文化水平低不利于农业生物资源保护 …………… 533

第三节　贵州农业生物资源有效保护和可持续利用的对策 ……………………… 533

　　一、国家战略的认识 ………………………………………………………… 534

　　二、加强学科建设，推进贵州农业生物资源有效保护和可持续利用 …… 534

　　三、服务产业发展需求 ……………………………………………………… 534

　　四、有效保护和可持续利用的对策 ………………………………………… 535

参考文献 ………………………………………………………………………………… 538

第九章　贵州农业生物资源调查数据库的构建 ………………………………… 540

第一节　总体技术路线 ………………………………………………………………… 540

第二节　数据标准与数据处理 ………………………………………………………… 541

　　一、数据标准及规范 ………………………………………………………… 541

　　二、元数据标准 ……………………………………………………………… 541

　　三、数据整理与入库 ………………………………………………………… 542

第三节　调查资源地理分布特征分析 ………………………………………………… 546

　　一、基础地理环境数据 ……………………………………………………… 546

二、调查资源基本分布特征 ·· 549

第四节　作物种质资源野外考察数据采集系统创建 ··· 553

参考文献 ·· 557

附录·· **558**

附录1　参加"贵州农业生物资源调查"系统调查人员及工作单位 ················ 558

附录2　"贵州农业生物资源调查"项目工作手册 ··· 560

第一章　概　　述

"贵州农业生物资源调查"项目是科技基础性工作专项,编号为 2012FY110200,起止时间为 2012 年 5 月至 2017 年 12 月。承担单位是中国农业科学院作物科学研究所,参加单位有贵州省农业科学院,中国农业科学院蔬菜花卉研究所、柑桔研究所,中国医学科学院药用植物研究所,云南省农业科学院生物技术与种质资源研究所。

贵州省地处云贵高原的东部,海拔为 147.8~2900.6m,垂直高差 2752.8m,省内山高谷深、河流纵横,随之形成了多种小气候和较多的土壤类型。加之贵州是多民族聚居区,各少数民族有不同的传统文化和生活习俗,居住在不同的生态区域,因此有"十里不同天,一山不同族"的说法。正因为如此,贵州在悠久的历史长河中,产生了丰富的农业生物资源,各族人民世世代代依靠这些农业生物资源,创造了灿烂的民族文化,其中蕴含着无穷的生活智慧,包藏着丰富的生产经验,从而实现了人与社会、环境及资源利用与保护的和谐统一。

然而,世上的事物没有一成不变的,总会不断地变化和发展,贵州少数民族传统文化和生活习俗也不例外。在贵州随着经济发展、旅游业兴起、农业结构调整,以及外来文化的渗透,少数民族地区发生了较大变迁,传统文化和生活习俗受到异化,一些传统农业被现代农业所取代,同时世代相传的农业生物资源也随之逐渐消失。由此不难看出,对贵州农业生物资源进行调查是非常必要的。

第一节　项目立项背景

贵州的地形、地貌、气候和土壤多种多样,并且聚集 10 多个主要民族,因此形成了丰富多彩的农业生物资源,并且具有明显的地域性和不可替代性。贵州农业生物资源调查有利于保护和发扬少数民族的传统文化,有利于保护和可持续利用少数民族世代相传的农业生物资源,有利于少数民族经济发展与和谐社会的构建,并且可增加我国农业生物种质资源的数量并提高其质量,为国家制定农业生物资源有效保护相关政策提供基础数据和信息。

一、贵州省是我国农业生物资源多样性最为丰富的地区之一

贵州省处于云贵高原的东部，介于 103°36′~109°35′E，22°51′~29°13′N，是长江和珠江上游的分水岭地带。省内地形、地貌复杂，山高谷深，河流纵横，约 90% 的面积为山地和丘陵，海拔为 147.8~2900.6m。气候条件多样，有亚热带季风和温带季风等气候类型。因而形成了明显的"立体农业"生态特征，并产生了丰富多样的农业生物资源，使得贵州成为我国农业生物资源多样性最为丰富的地区之一，如栽培作物 600 余个种类，野生植物资源 3800 余种，药用植物资源 3700 余种（占全国中草药品种的 80%）。

二、贵州省农业生物资源具有明显的地域性和不可替代性

贵州省特殊的生境造就了特殊类型的农业生物资源，加之多民族聚居，有"十里不同天，一山不同族"的说法，各民族区域经济发展水平不平衡，并且各少数民族的传统文化、生活习俗、农耕文化不尽相同，其依赖农业生物资源的图腾、拜神、祭祀、庆典、医疗等的方式多种多样。因此，各民族在长久的社会生活和农耕活动中，创造出很多特有、特异的农业生物资源，它们具有明显的地域性和不可替代性，而且常常伴有适应性强、耐旱、耐瘠、耐冷、优质等特点，备受作物育种和基础研究者的广泛关注。

三、贵州省特有农业生物资源亟待调查和保护

贵州省的独特地理环境与多民族造就了独特的农业生物资源，各少数民族依靠当地丰富的农业生物资源，不仅创造了灿烂的民族文化，而且实现了人与社会、环境及资源利用与保护的和谐统一。然而，世上的一切事物总是在不断变迁和发展的。随着社会经济发展、旅游业兴起、农业结构调整和外来文化的渗透，少数民族地区的民族传统文化和生活习俗受到了冲击，并与外来文化逐步趋同，传统农业逐渐被现代农业所取代，世世代代相传的农业生物资源亦有随之失传的风险。不言而喻，贵州省农业生物资源亟待调查和保护。

四、贵州省农业生物资源调查具有重要意义

贵州省农业生物资源调查不同于传统的资源考察，而是采用将特殊的生态环境与多样的民族文化交汇的调查方式，可以获得更多的基础资料和更有价值的种质资源。因此，贵州省农业生物资源调查具有重要意义。第一，调查将会有利于少数民族传统文化和生活习俗的保护与发扬，有助于更加有效地保护和合理持续利用世代相传的农业生物资源，促进当地经济发展与和谐社会的构建。第二，调查有利于获得更为科学、准确的基础数据和更多有价值的信息，为国家制定生物资源有效保护和高效利用相关政策及科学研究提供基础数据与信息，这有助于我国更好地执行《生物多样性公约》。第三，调查将会收集到大量农业生物资源，其中不乏特有、特优和新类型种质资源，这有助于增加我国农业生物资

源的数量并提高其质量，进而为作物育种和基础研究提供更为有价值的种质材料。

第二节　项目总体目标和考核指标

一、项目总体目标

本项目通过规范标准、全面普查、系统调查、重点抢救、科学评价、有效保护，并构建数据库及现代信息网络，完成贵州少数民族地区粮食作物、园艺作物、经济作物、药用植物、食用菌等农业生物资源的普查与系统调查，阐明少数民族特有农业生物资源的分布状况、利用价值和途径，制定我国少数民族特有生物资源有效保护与高效利用发展战略，为我国的科学研究和原始创新提供权威性的基础资料与材料。

二、项目考核指标

（一）基础数据库

建立贵州省粮食作物、园艺作物、经济作物、药用植物、食用菌等农业生物资源的生物学、民族生物学及其分布的地理系统、生态系统等基础数据库。

（二）农业生物资源演变趋势

分析1956年、1981年、2011年3个时间节点社会经济、文化教育、环境条件等的变化对贵州农业生物资源的影响，并预测今后农业生物资源的变化趋势，为国家制定农业生物资源保护与利用政策提供基本数据及资料。

（三）基础样本材料

收集贵州少数民族地区特有粮食作物、园艺作物、经济作物、药用植物、食用菌等农业生物资源样本3500份，筛选在少数民族社会、经济、文化、生活中具有重要利用价值的种质资源100~150份。

（四）技术报告

贵州省农业生物资源综合调查报告；贵州省民族生物学调查报告；贵州少数民族地区特有农业生物资源有效保护与高效利用发展战略报告；贵州少数民族地区农业生物资源多样性图集。

（五）数据共享

项目结题时将所取得的科学数据按科技部要求汇交到指定地点，并在项目验收一年后向科技界无条件开放共享。

第三节　项目主要工作内容

一、贵州省农业生物资源基础数据调查

通过对 1956 年、1981 年、2011 年 3 个时间节点农业生物资源的普查和系统调查获得该地区粮食作物、园艺作物、经济作物、药用植物、食用菌等农业生物资源的生物学（物种种类、分布区、分布与濒危状况、伴生植物、生长发育及繁殖习性、极端生物学特性等）、分布的地理系统（GPS 定位、地形、地貌、海拔、经纬度、气温、地温、年降雨量等）、生态系统（土壤、植被类型、植被覆盖率等）等基础数据。

二、特有农业生物资源的民族生物学调查

通过重点调查贵州省苗族、侗族、瑶族、壮族、布依族、彝族、仡佬族、水族、土家族、仫佬族等少数民族对当地农业生物资源的认知、利用和保护途径等（阿杰, 2011），综合分析当地农业生物资源种类、生存环境、濒危状况、保护措施等，从而揭示特有农业生物资源与少数民族文化、生活、经济之间的关系，评估少数民族特有农业生物资源遗传多样性的利用价值，提出特有农业生物资源保护和利用策略，制定利用特有农业生物资源促进民族经济发展的战略。

三、农业生物资源样本采集

对贵州特有粮食作物、园艺作物、经济作物、药用植物、食用菌等农业生物资源进行样本采集，包括种子、营养器官（芽、枝条、块根、块茎、幼株、鳞茎等）、菌株、重要标本等。

四、特有农业生物资源可利用性评价

对采集到的特有农业生物资源，开展重要性状（形态、产量、品质、抗病虫、抗逆等）的可利用性及少数民族的特殊认知评价研究，筛选在少数民族社会、经济、文化、生活中具有重要利用价值的种质资源。

五、农业生物资源整理、编目和数据库建立

对采集到的农业生物资源进行整理、鉴定和编目，根据形态学特征和生物学特性，对照已有资料，剔除重复，经繁种后入国家作物种质（简称国家种质）中期库（圃）保存，并按照数据规范建立数据库，编写调查收集资源目录，并编写和出版少数民族地区农业生物资源多样性图集。

第四节 项目课题分解、实施方案与组织管理

一、课题分解、任务与负责人

根据项目的目标和主要工作内容，设置6个课题，各课题的承担单位、任务分工和负责人如表1-1所示。

表1-1 "贵州农业生物资源调查"项目的课题分解

课题名称	承担单位	任务分工	负责人
1. 农业生物资源调查技术标准制定与组织实施	中国农业科学院作物科学研究所	制定技术标准与实施方案；购置仪器设备；组织并参加各次系统调查；收集样本的可利用性评价，以及对部分特异样本的深入鉴定评价；收集样本的编目入库；各种会议的组织与人员技术培训；所有技术报告的编写与出版；项目组织实施、管理与验收；建立数据库与信息系统	刘旭
2. 贵州少数民族地区农业生物资源调查与评价	贵州省农业科学院	协助项目主持单位，协调并参加普查和各次系统调查；对收集的农业生物资源样本进行初步鉴定、评价，并提交编目数据与入库所需材料	阮仁超
3. 蔬菜及一年生经济作物资源调查与评价	中国农业科学院蔬菜花卉研究所	参加所有地区的蔬菜及一年生经济作物资源系统调查；协助贵州省农业科学院对收集的蔬菜及一年生经济作物资源样本进行初步鉴定、评价、编目与入库，并对部分特异资源样本进行深入鉴定评价	李锡香
4. 果树与多年生经济作物资源调查与评价	中国农业科学院柑桔研究所	参加所有地区的果树及多年生经济作物资源调查；协助贵州省农业科学院对收集的果树及多年生经济作物样本进行初步鉴定、评价、编目与入库（圃），并对部分特异样本进行深入鉴定评价	陈善春
5. 药用植物资源调查与评价	中国医学科学院药用植物研究所	参加所有地区的药用植物资源调查；协助贵州省农业科学院对收集的药用植物资源样（标）本进行初步鉴定、评价、编目与入库（圃），并对部分特异样本进行深入鉴定评价	李先恩
6. 贵州粮食作物、蔬菜及果树等植物资源调查与评价	云南省农业科学院生物技术与种质资源研究所	参加各次农业生物资源系统调查；协助贵州省农业科学院对收集的果树资源样本进行初步鉴定、评价、编目入圃；并对部分特异样本进行深入鉴定评价	许明辉

二、实施方案

（一）总体原则和总体方案

本项目实施的总体原则是，以农业生物资源多样性和特异性为主线，普查和系统调查农业生物资源在相关少数民族地区的分布与变化情况，以及少数民族对其认知、利用和保护措施；重点调查、重点收集、重点评价特有和具有特殊用途的农业生物资源，以保障项目预期成果的实现。

本项目实施的总体方案是，农业生物资源调查（普查和系统调查）→制定规范化调查技术、表格和问卷→科学选择调查地点与民族→组建调查队伍→合理安排调查时间→鉴定评价收集的资源样本。

（二）具体实施方案

1. 制定调查技术规范和规范化表格

首先制定与民族传统知识相关的农作物、药用植物等农业生物资源野外调查和样本采集的技术规范（郑殿升等，2007）。同时制定规范化表格，包括农业生物资源普查表、农业生物资源系统调查表、农业生物资源调查问卷等。

2. 调查地点与调查民族的科学选择

以调查资源（种类）多样性、特异性和区域代表性为依据，确定42个县（市）为普查县（市）。在普查基础上，确定21个县（市）为系统调查县（市），每个系统调查县（市）调查3个乡（镇），每个调查乡（镇）调查3~5个村。

根据系统调查县（市）分布的少数民族，以贵州主要代表性少数民族和特有民族为依据，重点调查苗族、侗族、瑶族、壮族、土家族、布依族、彝族、仡佬族、水族、仫佬族。

3. 调查方式与程序

采用普查与系统调查相结合的方式。调查程序因普查与系统调查而不同。

普查的程序是，项目办公室按普查县（市）发放普查表→对各县（市）填写普查表人员进行集体培训→填表人员逐项认真填写相关内容→送交项目办公室→对各项填写内容进行统计分析和总结。

系统调查的程序是，调查队赴县（市）农业局座谈［了解资源状况，确定调查乡（镇）、路线和陪同人员］→赴乡（镇）农技站了解该乡基本情况，确定调查村→赴村委会确定调查农户，完成系统调查表填写→赴农户进行走访［调查与资源相关的详细情况，GPS定位、拍照、填表、采集资源样（标）本］→调查队总结全县（市）调查结果，写出总结报告，并集中向项目组和课题组汇报（刘旭等，2013）。

4. 科学组建调查队和技术培训

根据拟系统调查县（市）分布的农业生物资源种类，组织相关科技人员和当地技术干部组成综合调查队。每个县（市）配备1个调查队，由6人组成，其中队长、副队长、财务管理各1人。对拟订的21个系统调查县（市），根据人力、物力、财力情况，分期分批进行调查。

每批系统调查队出发前都集中进行培训，培训的方式是专题讲座。培训的内容包括本项目的目的、任务和实施方案，系统调查的工作方法、程序及注意事项，样本和标本的采集与管理方法，仪器使用和维护，调查数据、信息、图像的汇总和整理，调查总结报告的撰写等。

5. 合理安排调查时间

根据拟系统调查县（市）农业生物资源最适宜调查的季节，并遵循调查资源多样性与工作效率最大化的原则，集中组织系统调查1~2次，每次30天左右。

6.收集农业生物资源样本的鉴定评价

本项目对收集农业生物资源样本的鉴定评价，分为初步鉴定评价和深入鉴定评价。

1）初步鉴定评价

在适宜待鉴定种质资源样本特点的生态条件下进行。记载标准遵照国家自然科技资源平台制定的有关作物种质资源描述规范。鉴定的性状以各作物《全国种质资源目录》中的性状为主，同时对少数民族认知的优异性状应有明确鉴定结果，并阐明其分布的环境条件、濒危状况与少数民族传统文化和生活习俗的关系及特殊利用价值等。在此基础上，进行编目、繁种、入国家作物种质中期库（圃）保存。

2）深入鉴定评价

对初步鉴定和系统调查中少数民族认知的优异种质资源样本进行深入鉴定评价。深入鉴定评价的方法要遵照《种质资源描述规范和数据标准》中的规定进行。一般情况下对抗病虫性、抗逆性的鉴定，需要在人工控制条件（如温室、网室、抗旱棚、耐盐池、人工气候箱等）下进行；而品质鉴定需要在实验室内借助仪器设备进行；特殊性状研究和优异基因挖掘，需要利用分子生物学和生物技术进行。

三、组织管理

（一）运行机制

借鉴国家重大项目中的成功经验，本项目在科技部、农业部（现农业农村部）的领导下，本着公平、公正的原则，择优选择基础条件好的单位进行跨部门、跨专业联合实施，保障预期目标的顺利完成。

按照本项目的计划目标和主要研究内容，进行科学规划，合理分工，统一实施。

（二）组织机构

依托项目主持单位，执行项目首席专家负责制，同时设立项目专家组和项目首席专家助理，确保本项目的科学性和实施路线的正确性。

（三）统一协调和集中培训

围绕重点任务，项目组与各课题组协调，统一调查方案和技术标准，每一次系统调查都统一组建各专业综合调查队、统一集中培训、统一配备调查物资。这样使得调查步调一致、进展平衡，并且调查的数据和信息比较规范，便于总结和分析。

（四）有机结合

本项目在实施过程中采取3个结合：全面普查与系统调查相结合，调查队与课题组相结合，初步鉴定与深入鉴定相结合。这样的有机结合，发挥了主持单位和参加单位、课题组和调查队各自的优势，使得调查数据和信息更全面，鉴定的结果更准确，评价的级别更可靠。

(五)及时总结

项目组对普查和系统调查都及时进行总结。各调查队每次调查均将调查结果向项目组和课题组做总结汇报,各课题组每年度向项目组作总结报告,项目组向科技部、农业部提交年度和中期报告。每次汇报和总结都在总结成绩的同时,提出不足之处,并做到补充和改正,使得项目在每个年度都能正确实施。

(六)认真验收

本项目组织有关专家,于项目结束时对各课题进行验收。这样使得各课题都能进行全面深入的总结,以保证项目的各项任务和考核指标完成得更全面、更圆满。

(七)经费管理

严格执行财务管理办法,提倡节俭办事,有违反财务管理办法的,按有关规定严肃处理。

第五节　项目执行情况

一、项目总体执行概况

本项目于2012年7月正式启动,2017年12月结束。

参加本项目的科技人员来自37个科研院所、大专院校和县(市)农业局、农技推广站,从事的专业有农学、作物种质资源学、中医药学、科技信息学和民族学。参加调查的共168人次,其中普查的42人次,系统调查的126人次。

(一)普查

本项目于2012年、2013年同步对贵州省42个县(市)(表1-2)进行了普查,各县(市)普查人员按普查表的要求,详细填写了有关数据和信息。根据普查表的数据和信息,按1956年、1981年、2011年3个时间节点统计分析。结果表明,普查的县(市)依然属于农业县(市)范畴,政治、经济、自然资源、人口及受教育程度均发生了变化,并对当地农业生物产生了明显的影响。

表1-2　"贵州农业生物资源调查"项目普查和系统调查的县(市)

地区(市、州)	县(市)
黔东南苗族侗族自治州(简称黔东南州)	岑巩、天柱、剑河*、黎平*、榕江、从江、雷山*、丹寨、台江、施秉*
黔南布依族苗族自治州(简称黔南州)	荔波*、独山、平塘*、罗甸、三都*
黔西南布依族苗族自治州(简称黔西南州)	晴隆、贞丰*、望谟、安龙*

（续表）

地区（市、州）	县（市）
贵阳市	花溪、开阳*、清镇
六盘水市	盘县[①]
遵义市	正安、绥阳、道真*、务川*、凤冈、赤水*、湄潭
安顺市	镇宁*、关岭、紫云*
铜仁市	玉屏、石阡、印江*、德江、沿河、松桃*
毕节市	织金*、威宁*、赫章*

*表示系统调查的县（市）

（二）系统调查

本项目于2012~2014年分4批，共组织21个调查队，前后分别对21个县（市）（表1-2）进行了系统调查，其中调查了132个乡（镇）、319个村委会（附表1-4）。访问了510位少数民族村民和30位基层干部与农技人员。系统调查的总行程约3.5万km。

（三）专项调查

为了提高项目成果的科技水平，在普查和系统调查的基础上，对贵州省东南地区特有的禾类水稻种质资源、贵州省毕节地区野生韭菜于2015年分别进行了专项调查。

（四）鉴定评价

对调查中采集的所有种质资源样（标）本均进行了初步鉴定，并进行了编目、繁种入国家作物种质中期库（圃）保存。同时，对其中特有、特异和特殊样本进行了深入鉴定评价，筛选出优异种质资源。

（五）技术报告和数据库

完成了"贵州农业生物资源调查"项目的各项技术报告的编写，并建立了"贵州农业生物资源调查"数据库。

（六）"贵州农业生物资源调查"项目工作手册

为了顺利圆满完成本项目各项研究任务，特制定了"贵州农业生物资源调查"项目工作手册（内容见本书附录2）。

二、项目任务完成情况

对照本项目计划任务书的考核指标，各项研究任务已全面完成，详见表1-3。

[①] 盘县，现为盘州市，为与前期调查和研究表述一致，本书保留"盘县"相关表述，同理，本书保留"磻溪乡"（剑河县）、"大塘乡"（雷山县）等相关表述，特向读者说明

表 1-3 项目考核指标及完成情况对照表

考核指标	完成情况
1. 基础数据库：建立贵州省粮食作物、园艺作物、经济作物、药用植物、食用菌等农业生物资源的生物学、民族生物学及其分布的地理系统、生态系统等基础数据库	建立了贵州农业生物资源调查数据库，该数据库中包含了本次调查的各类生物资源的生物学、民族特性、地理分布、生态环境等多方面信息，并创建了作物种质资源野外考察数据采集系统
2. 农业生物资源演变趋势：分析1956年、1981年、2011年3个时间节点政治、经济、社会、环境等变化对贵州农业生物资源的影响，并预测今后农业生物资源的变化趋势，为国家制定农业生物资源保护与利用政策提供基本数据及资料	基本查清了由于农业、经济快速发展，文化教育水平提高，各民族文化广泛交流，因此地方少数民族文化受到异化，传统农业被现代农业取代，随之世代相传的农作物地方老品种逐渐被淘汰，其中粮食作物显得更突出，大宗作物比小宗作物突出，并且这种趋势会更加显著地延续下去
3. 基础样本材料：采集贵州少数民族地区粮食作物、园艺作物、经济作物、药用植物、食用菌等农业生物资源样本3500份，筛选少数民族社会、经济、文化、生活中具有重要利用价值的种质资源100~150份	调查获得农业生物资源有效样（标）本共计3582份，已编入《贵州农业生物资源调查收集种质资源目录》，并经鉴定筛选出优异种质资源158份
4. 技术报告：编写贵州省农业生物资源综合调查报告；贵州省民族生物学调查报告；贵州少数民族地区特有农业生物资源有效保护与高效利用发展战略报告；贵州少数民族地区农业生物资源多样性图集	已撰毕4个技术报告，并编写了《贵州农业生物资源调查》一书，以及"贵州农业生物资源调查"项目工作手册
5. 数据共享：项目结题时将所取得的科学数据按科技部要求汇交到指定地点，并在项目验收一年后向科技界无条件开放共享	已根据科技基础性工作专项项目科学数据汇交要求和项目任务书考核指标完成了数据的整理与汇交，实现了数据开放共享

第六节 调查取得的主要进展

一、获得一批重要的基础资料

本项目对贵州省42个县（市）进行了普查，从而获得了一批重要的基础资料。

（一）地理环境情况

贵州地处云贵高原，其内地势西高东低，自中部向北、东、南三面倾斜，形成了中国西部典型的喀斯特高原山地。此次调查的42个普查县（市）中，地理位置虽各不相同，但东西和南北跨度都涵盖贵州全省，东起天柱（109°35′E），西至威宁（103°36′E），南起荔波（25°4′N），北至赤水（28°45′N），其他普查县（市）位于这个经纬度的范围内。而且省内垂直差异表现明显，"立体农业"生态特征突出。调查的42个普查县（市）几乎覆盖了贵州省的整个海拔范围，平均海拔在1100m左右。从位于黎平县地坪镇水口河出省界处的贵州省内最低点（海拔147.8m），到位于赫章县珠市乡小韭菜坪的贵州省内最高点（海拔2900.6m）。每个普查县（市）的海拔跨度不一样，且垂直差异程度也各不相同。其中海拔跨度最小的天柱县，其跨度为499.5m；有36个普查县（市）海拔跨度在1000m以上；海拔跨度超过2000m的有3个县，如印江（梵净山）海拔在377.7~2493.8m，盘县海拔为740~2865m，松桃海拔在285~2493m。这充分说明贵州的地形、地势复杂，生态环境具有多样性。

贵州的气候温暖湿润，属亚热带湿润季风气候。在42个普查县（市）中年平均气温范围在13.2~19.1℃，大多在15.0℃左右。其中气温最低的是赫章，年平均气温13.2℃。赫章位于贵州省西北部乌江北源六冲河和南源三岔河上游的滇东高原向黔中山地丘陵过渡的乌蒙山区倾斜地带，有贵州屋脊之称的全省最高峰小韭菜坪位于该县内，因此其年平均气温最低。而气温最高的是罗甸，达到19.1℃。罗甸位于贵州省南缘的黔南州南部，属于热带季风气候。贵州光热同步、雨热同步，但年际降雨分布不均。统计得知42个普查县（市）1956年的年降雨量在824.5~1917mm，德江的年降雨量最少，为824.5mm；天柱的最多，为1917mm。由于受到普查县（市）当年特殊气候的影响，其值会有一些偏差，但也能代表当地的年降雨量水平。统计发现，在此次调查的普查县（市）中，年降雨量在1000mm以下的有6个县（市），1000~1200mm的有17个县（市），1200mm以上的有19个县（市）。由于每年的气候都有差异，因此同一个普查县（市）在3个不同的年份也会存在一定差异。

（二）土地资源情况

1. 土地面积

对18个普查县（市）（赫章、咸宁、织金、德江、玉屏、镇宁、赤水、正安、务川、绥阳、清镇、晴隆、开阳、平塘、荔波、台江、从江、岑巩）土地面积统计结果表明，威宁县最大，达到60万hm^{2}以上；玉屏县最小，不足6.7万hm^2。在1956年、1981年和2011年3个年份中，18个县（市）的总面积几乎无明显变化，仅有少数县有微小变化，如镇宁县、台江县的总面积在2011年比1956年有所减少，但幅度不大。

2. 可耕地面积及其比例

在以上18个普查县（市）中，威宁县的可耕地面积最多，其次为正安县和务川县，较少的为玉屏县和荔波县，在1956年、1981年、2011年均不到3.3万hm^2。在这3个年份中，变化较大的是德江县，在2011年可耕地面积比1981年、1956年增长的幅度较大；而台江县却比1981年、1956年减少了，可能是由于退耕还林或退耕还草计划，有一部分农田还原成林地了。由于贵州地理地貌的限制，可耕地面积所占比重较少。在18个普查县（市）中，清镇县（现更名为清镇市）1956年可耕地面积占总面积的百分比最大，达到30.38%；其次是晴隆县和正安县；荔波县的比例最小，仅有5.96%。1956年、1981年、2011年3个不同年份相比，18个普查县（市）的可耕地面积也有一定的变化，如荔波县，可耕地面积占总面积的比例在逐渐减少。

3. 草场面积

在17个普查县（市）（赫章、咸宁、织金、德江、玉屏、镇宁、赤水、正安、务川、绥阳、清镇、开阳、平塘、荔波、台江、从江、岑巩）中，草场面积较小的为贵阳市的清镇市，草场面积最大的为威宁县，在 1956 年达到 13.3 万 hm² 以上，由于威宁特殊的地理环境，当地畜牧业较发达，但在 2011 年该县的草场面积减少到 8 万 hm² 左右。

（三）经济增长快速

42 个普查县（市）2011 年的经济总产值是 1956 年的 136 倍，其中农业总产值占 36%。除农业收入外，外出务工成为部分农民家庭收入的重要来源。

（四）人口数量增加显著

普查县（市）2011 年人口数量比 1956 年增加近 2.4 倍，同时少数民族人口数量在总人口数量中的比例亦由 1956 年的 46% 增加到 60%。

（五）少数民族受教育程度显著提高

1956 年，由于全省 42 个普查县（市）少数民族受教育程度的信息统计不全，总体上受高等教育和中等教育的人员极少，受过初等教育的仅占 4.0% 左右，95% 左右的人员未受教育。到了 1981 年，随着我国改革开放和经济社会的全面发展，各地教育日益得到重视，贵州少数民族受教育程度也得到明显提高。对 21 个普查县（市）1981 年少数民族受教育程度分析可知，受过高等教育的人员平均为 0.4%，中等教育平均为 3.9%，初等教育平均为 33.4%，未受教育平均为 62.3%。2011 年后，少数民族总体受教育程度再次提高，但每个县（市）存在较大差异。对 17 个普查县（市）少数民族受教育程度情况的分析表明，2011 年受过高等教育的人员平均达到 4.1%，中等教育平均占 21.8%，初等教育平均占 60.5%，未受教育仅占 13.6%，一些县（玉屏等）已经实现了基础教育全覆盖。

（六）获得一大批种质资源的相关信息

贵州农业生物资源调查共收集种质资源样（标）本 4605 份，另外两项专项调查获得 124 份样本，每份样（标）本都记载了学名、品种（种质）名称、分布的海拔和经纬度、突出特点、种植历史、种植方式、种植面积、用途及利用途径、提供者及所属民族，并拍摄了照片。有关信息的详细情况，另见《贵州农业生物资源调查收集种质资源目录》。这些信息为进一步了解本地区农业生物资源的历史、现状、发展提供了基础资料，同时对进一步更好地利用、保护和深入研究本地区农业生物资源具有重要价值。

二、基本查清调查地区农业生物资源的种类、分布、消长变化及原因

通过对贵州省 42 个县（市）的农业作物资源普查和其中 21 个县（市）的系统调查，基本查清了这些地区农业生物资源的种类、分布和变化趋势及其原因。

（一）调查地区农业生物资源的种类

调查了解到调查地区农业生物资源的种类比较多样，现将粮食作物、经济作物、蔬菜作物、果树作物、药用植物、食用菌的栽培种类及其野生种类列入表1-4（董玉琛和郑殿升，2006；贾敬贤等，2006；方嘉禾和常汝镇，2007；朱德蔚等，2008；李先恩，2015）。根据表1-4统计，调查地区的粮食作物栽培种类有28类，野生的6类；经济作物栽培的25类，野生的10类；蔬菜作物栽培的68类，野生的19类；果树作物栽培的42类，野生的18类；药用植物栽培的44类，野生的主要有300类；食用菌栽培的13类，野生的240类（大型真菌）。除去大类间的重复，总计栽培的220类，野生的593类。

表1-4　调查地区农业生物资源的种类

资源大类	栽培种类	野生种类
粮食作物	稻、小麦、大麦、燕麦、玉米、高粱、甜高粱、谷子、黍稷、荞麦、食用稗、穇子、薏苡、籽粒苋、普通菜豆、多花菜豆、蚕豆、豌豆、豇豆、绿豆、小豆、饭豆、小扁豆、黎豆、刀豆、马铃薯、甘薯、木薯	小麦野生近缘植物、野生绿豆、野生薏苡、野生荞麦、野生苋、野燕麦
经济作物	大豆、油茶、花生、芝麻、向日葵、紫苏、棉花、火麻、苎麻、青麻、蓖麻、构树、茶树、桑树、烟草、花椒、大料、木姜子、薄荷、蓝靛、油桐、皂角、漆树、油橄榄、乌桕	野大豆、野苏子、野茶树、野花椒、野大料、野薄荷、野桑树、野油菜、野香料类、野染料类
蔬菜作物	大白菜、白菜、芥菜、甘蓝、莴苣、生菜、芹菜、菠菜、花椰菜、苋菜、薄荷*、萝卜、胡萝卜、芜菁、茎蓝、黄瓜、苦瓜、冬瓜、丝瓜、南瓜、西葫芦、瓠瓜、佛手瓜、蛇瓜、甜瓜、西瓜、茄子、辣椒、番茄、扁豆、长豇豆、四棱豆、蚕豆*、豌豆*、菜豆*、小扁豆*、韭菜、葱、蒜、薤头、姜、阳荷、山柰、茴香、芫荽、芋头、山药、魔芋、豆薯、薯蓣、马铃薯*、菊芋、莲藕、竹笋、慈姑、百合、花椒*、水芹、草石蚕、叶用甜菜、茼蒿、荆芥、荠菜、黄花、蕨菜、蕺菜[a]、荆菜、冬寒菜	野葱、野蒜、野山药、野韭菜、野魔芋、野生樱桃番茄，还有一些野菜，如血皮菜、蕨菜、苦荬菜、豆瓣菜、鱼蓼、辣蓼、草果、香茅草、野草香、满山香、奶浆花、金刚藤、甜香菜等
果树作物	苹果、梨、山楂、蒲桃、李、杏、桃、木瓜、杨梅、橘、橙、柚、椪柑、柠檬、枳、枳椇、余甘子、橄榄、石榴、柿子、葡萄、香蕉、芭蕉、菠萝、杧果、番木瓜、猕猴桃、草莓、枣、核桃、银杏、榛、板栗、火龙果、无花果、刺梨、龙眼、枇杷、荔枝、火棘、仙人掌、南酸枣	野葡萄、野橄榄、野银杏、野梨、野橘、野猕猴桃、三叶木瓜、野杨梅、野板栗、小血藤、野李、野杏、野核桃、牛奶子、胡颓子、八月瓜、野柿、野橙子
药用植物	杜仲、黄柏、太子参、板蓝根、金银花、百合*、党参、木姜子*、桔梗、半夏、川芎、丹参、厚朴、白芷、冰球子、泽兰、穿心莲、垂油子、刺五加、大黄、防风、黄芩、黄姜、黄芪、姜黄、接骨丹、金钗石斛、苦金盆、雷公藤、灵芝、龙胆草、棕树、青蒿、三七、水菖蒲、天麻、铁皮石斛、土三七、五香草、小草乌、断续、鱼腥草[b]、重楼、竹根七	金银花、杜仲、党参、白及、车前草、何首乌、天麻、板蓝根、木姜子、半夏、独角莲、桔梗、钩藤、百合、龙胆草、千里光、岩白菜、和尚头、麦冬、夏枯草、盐肤木、羊耳菊、虎耳草、接骨茶、接骨草、马鞭草、田基黄、倒提壶、灯心草、地苦胆、隔山消、过路黄、海金沙、虎杖、黄连、柴胡、六月雪、龙须藤、芒萁、重楼、蒲公英、前胡、三角枫、山豆根、蛇莲、石斛、头花蓼、香樟、淫羊藿等，共计300种

（续表）

资源大类	栽培种类	野生种类
食用菌	香菇、平菇、竹荪、黑木耳、双孢蘑菇、金针菇、茶树菇、杏鲍包菇、袖珍菇、凤尾菇、炬菇、玉黄菇、灰树花	可食用的大型真菌有240种,如奶浆菌、菌丝菌、鸡㙡菌、灰树花菌、马鞍菌、隐花青鹅膏、砖红绒盖牛肝菌、巴氏蘑菇、双孢蘑菇、美味牛肝菌、白黑拟牛肝多孔菌、点柄粘盖牛肝菌、瓣片绣球菌、臭黄菇、拟臭黄菇、紫陀螺菌、皱木耳、美网柄牛肝菌、长裙竹荪、堇紫红菇、细绒盖红菇、大白菇、蜡伞、小鸡油菌、白密褶杯伞、球基蘑菇、鸡油菌、离生枝瑚菌、黄白粘盖牛肝菌、长根菇、松塔牛肝菌、紫红菇、橙黄革菌、乳白绿菇、松林小牛肝菌、乳菇、环柄香菇、橙黄银耳、黑皱木耳、亮黄红菇、桂花耳、蜜环菌、毛木耳、红菇、平菇、多鳞口蘑、黑木耳、淡绿灯红菇、红托竹荪、白鬼笔、香菇等

* 表示大类资源之间重复者
a, b. 蕺菜,别名鱼腥草。为便于读者理解,本书在蔬菜作物中采用"蕺菜"的说法,药用植物中采用"鱼腥草"的说法,全书同

（二）调查地区农业生物资源的分布

本次调查地区地形地貌复杂,气候多样,加之少数民族对农业生物资源的特殊利用和保护,从而使得该地区农业生物资源的分布呈现出地域性特征和民族性特点。

1. 粮食作物的分布

当前该地区的主要粮食作物为稻和玉米,在稻类资源中禾类稻种质资源集中分布于低纬度、低海拔的黔东南地区,多数品种属于粳糯型,相当耐阴冷。而旱稻主要分布在低纬度、高海拔的黔西南地区。糯稻和糯玉米多分布在苗族、侗族、水族、毛南族等少数民族集居地区,如三都县、黎平县(焦爱霞等,2015)。

次要的粮食作物小麦多分布在黔西南和黔南地区,如安龙县、平塘县、贞丰县等。而荞麦、燕麦、马铃薯等主要分布于高海拔冷凉的六盘水和毕节地区(邱杨等,2015)。

2. 蔬菜作物的分布

本次调查采集种质资源样本最多的是辣椒(166份),排在第二位的是芥菜(88份),其次有南瓜、大蒜和白菜,分别为82份、71份和68份。这些蔬菜分布的共同特点是分布地域广,几乎21个系统调查县(市)均有种植,垂直分布的海拔落差大(1869~2216m)。由此可说明,这些蔬菜有广泛的适应性。

3. 果树植物的分布

贵州主要果树梨、李、猕猴桃、葡萄、柿的分布都较广泛。而苹果和桃多分布在海拔较高的冷凉地区,如毕节地区的赫章县、威宁县等。枇杷、香蕉、柑橘类则分布在黔西南、黔东南海拔较低地区。

4. 药用植物的分布

通过调查得知,贵州主要栽培药用植物有50余种,其中分布较广的有杜仲、黄柏、太子参、金银花、百合、党参、木姜子、板蓝根、半夏、厚朴。在系统调查的21个县(市)中,杜仲的分布最广[8个县(市)],太子参居第二位[7个县(市)],其次是黄柏、金银花[分别为6个县(市)、5个县(市)]、百合和党参[均为3个县(市)]。

(三)调查地区农业生物资源的消长变化及原因

1. 消长变化情况

调查结果表明,第一,调查地区的粮食作物、蔬菜及一年生经济作物、果树及多年生经济作物和药用植物的科、属、物种基本上变化不大;第二,各类作物的品种变化较大,即育成品种逐渐增多,相应地方品种随之减少;第三,粮食作物育成品种增加的数量,比蔬菜、果树、经济作物和药物植物的多;第四,各类作物中,大宗作物育成品种增加数量比小宗作物的多,如粮食作物中稻的地方品种1956年为800多个,到2011年仅有200多个,玉米的地方品种1956年为260多个,到2011年仅有102个,而小宗作物如谷子、荞麦、食用豆类等现今仍以地方品种为多数;第五,交通便利的地区作物育成品种替代地方品种的程度,比偏远山区的严重;第六,有些地区虽保留了不少地方品种,但种植面积一般都比较小,各农户仅供自家食用。各类作物的地方品种和育成品种消长的详细情况见表1-5。

表1-5 42个县(市)农业生物资源消长情况

资源类别	年份	地方品种/个	育成品种/个	资源类别	年份	地方品种/个	育成品种/个
稻	1956	833	70	茶树	1956	41	2
	1981	649	400		1981	64	20
	2011	240	997		2011	68	83
玉米	1956	265	14	糖料类	1956	2	0
	1981	228	106		1981	2	2
	2011	102	897		2011	2	2
麦类	1956	137	45	其他经济作物	1956	106	99
	1981	105	132		1981	143	93
	2011	35	45		2011	101	178
杂粮类	1956	213	0	果树	1956	449	11
	1981	236	16		1981	538	29
	2011	171	84		2011	485	297
薯类	1956	155	6	蔬菜	1956	720	46
	1981	164	63		1981	789	95
	2011	111	111		2011	647	496

（续表）

资源类别	年份	地方品种/个	育成品种/个	资源类别	年份	地方品种/个	育成品种/个
大豆	1956	10	0	瓜果	1956	3	0
	1981	7	2		1981	3	0
	2011	4	0		2011	1	2
其他油料类	1956	13	0	合计	1956	2947	293
	1981	15	2		1981	2943	960
	2011	10	10		2011	1977	3202

2. 地方品种消长变化的原因

1) 地方品种保留下来的原因

调查发现调查地区的作物育成品种逐渐增多，但是还有很多地方品种仍在种植。正因为如此，本项调查收集到了一大批种质资源，并且了解到这些地方品种能保留种植的原因是多方面的，其中主要原因是少数民族传统文化和生活习俗，以及生态条件的影响；其次是交通不便，以及栽培方式等的影响。

（1）少数民族传统文化和生活习俗的影响　贵州省的苗族、侗族、水族、布依族、毛南族等少数民族都喜食糯性食品，因此多种植糯稻、糯玉米、糯小米等地方品种。各种节庆和婚丧嫁娶中，都习惯用老品种庆祝或祭祀。有的少数民族用稻和高粱的穗茎或秸秆做扫把与笤帚等用具，这些品种都是世代相传的老地方品种。还有的少数民族对红色特别崇拜，因此喜欢种植红色籽粒的老品种，如红粒玉米、红米水稻品种。有的地区尚保持着少数民族传统农耕文化，并利用与之相适应的地方品种。还有一些老地方品种被少数民族认知为有药效作用，这些品种虽然产量不高，但还是每年都会种植。

（2）生态条件和作物育种水平的影响　调查地区生态条件多样，这里的地方品种经过长期自然和人工选择，形成了稳定的适应性，具有适应当地气候条件和粗放管理的特点。而育成品种不具备这样的适应能力，它们替代不了地方品种，使得地方品种持续被利用，世代种植。另外，有些作物的育种水平低或尚无育种研究，不言而喻只能种植地方品种。

（3）交通不便和文化交流较少的影响　有些山区交通不便利，与外界的文化交流较少。因而，外地作物品种不易传入，只能长期种植本地的农家品种。

（4）栽培方式的影响　调查地区的少数民族都有在房前屋后种植果树和蔬菜的习惯，并且这些品种大多是他们生活特别需要的，所以没有必要引种新品种。另外，有些地区旱作栽培，甚至仍处于刀耕火种状态，因此只有长期种植的老品种才能适应。

2) 地方品种消减的原因

调查中虽然得知当地种植有各种作物的地方品种，但是地方品种的数量逐渐减少，导致地方品种消减的主要原因是民族文化流失和育成品种的大力推广；其次是地方品种存在缺点，农业结构调整和现代农业技术发展，城镇建设和公路、铁路修筑等。

（1）民族文化流失的影响　随着社会经济的发展，旅游业的兴起，青年人外出打工，外来文化逐渐向民族地区渗透。与此同时，民族地区的传统文化和生活习俗受到异化，一些传统农业被现代农业取代。因此，当地世代相传的农作物地方品种亦随之逐渐消失。

（2）育成品种大力推广的影响　众所周知，各地政府为了提高农作物产量，大力推广高产新品种，致使老地方品种被淘汰。例如，黎平县禾类稻的地方品种在20世纪80年代以前有约100个，而迄今只有50个左右，造成这个结果的原因，主要是大力推广籼稻品种，实施"禾改籼"措施，以及后来又推广杂交稻，从而使得禾类稻地方品种逐渐消失。

（3）地方品种本身存在缺点的影响　地方品种虽然世代相传，非常适应本地的生态条件和粗放的管理，但是多数品种的产量比较低，由于存在产量低的缺点，一旦有高产育成品种推广时，相应的地方品种很容易被淘汰。

（4）农业结构调整和现代农业发展的影响　有的县（市）、乡（镇）为了发展商业化、规模化生产，采取了农业结构调整，用单一化作物或品种替代多种作物或多个品种，这就会导致作物品种特别是地方品种的逐减或丢失。与此同时，现代农业的发展使得刀耕火种和粗放管理制逐渐消失，这必然导致与之相适应的地方品种的消失；同样，农村医疗条件的改善，使得民族特色医术和药用植物逐渐失传。

（5）城镇建设和公路、铁路修筑的影响　城镇扩建和公路、铁路修筑，以及矿产开发，使得局部地区植被遭到破坏，一些树种被砍伐，生态条件发生了改变。所以一些物种和地方品种遭到毁灭。

三、了解到少数民族对农业生物资源的利用和保护状况

贵州省是多民族聚集的省份之一，并且各少数民族多居住在不同的地理环境。在历史长河中，各民族创造了各自的传统文化，保持着不同的生活习惯，在这个过程中各民族也创造了其可利用的农业生物资源，并世世代代相传，从而实现了农业生物资源利用与保护的统一。本项目调查中，我们了解到少数民族对农业生物资源的利用和保护作用（朱明等，2007；高爱农等，2015；焦爱霞等，2015；邱杨等，2015；汤翠凤等，2015；谭金玉等，2015）。这里仅进行简述，详细情况见第七章。

（一）饮食习俗与农业生物资源的利用和保护

贵州的苗族、侗族、水族、布依族、毛南族等少数民族都喜食糯性食品，因此多种植糯稻、糯玉米、糯小米等地方品种。例如，在三都县收集的27份稻类资源中有糯稻22份（81.5%），黎平县收集的45份香禾糯稻种资源都是糯稻。"鱼包韭菜"是水族的一道特色菜肴，即将宽叶韭菜、广菜、皱皮线椒、岩姜和野花椒切碎混合再加食盐等调料，装入鲤鱼腹中并用糯稻草捆扎，蒸熟即可食用。其中的5种蔬菜都是本地的老品种或野生种，它们因此而得到保护。此外，水族群众食用腥味较重的牛、羊、狗肉，为了去掉腥味，他们将野柑橘的叶子切碎与这些肉一起炒去掉腥味；水族人用一种野葡萄的通孔藤段，对着白内障或其他视力不好者眼睛吹气，有治疗效果，所以这种野柑橘和野葡萄得以长期种植。

（二）节庆及婚丧嫁娶与农业生物资源的利用和保护

少数民族的传统节日有水族的"端午节"、布依族的"七月半"、毛南族的"火把节""迎新节"、苗族的"吃新节"、侗族的"乌饭节""九月"等。少数民族在任何节日都习惯用本地农业生物资源庆祝，如松桃县苗族、土家族的"重阳节""七月半"必用水稻地方品种十八箭红米、高秆糯等庆祝；黎平县侗族在节庆日中，用香禾糯米蒸有色饭；平塘县苗族、布依族每逢过节糯食是必需的，大多数农家都会种糯稻、糯玉米；三都县布依族在"七月半"节日中，祭台摆放有鸭、糯米粒、糯米饭、稀饭，所用的稻米必须是地方品种，因此每年都会种植这些老品种。

在婚丧嫁娶中，各少数民族都用农作物老品种祭奠或陪送，如平塘县苗族给逝者祭奠时，捆一束糯稻老品种的秸秆放在逝者棺材上，意思是给逝者做的枕头；三都县水族当女儿出嫁时，特用棉花老品种大寨棉花为女儿做嫁妆衣服；务川县仡佬族在女儿出嫁时，"装箱"的嫁妆要用老品种。

（三）精神崇拜与农业生物资源的利用和保护

紫云县苗族对红色籽粒玉米特别崇拜，他们认为红色玉米象征红红火火、生活吉祥，因此长期选择种植红色玉米。本次在该县收集的玉米品种共22份，其中红色的5份，占22.7%。务川县仡佬族认为本县山上的老银杏树是神树，对其加倍保护。

（四）秸秆的利用与农业生物资源的利用和保护

贵州不少少数民族地区利用稻和高粱的穗茎或秸秆做扫把、笤帚等用具，所用的品种都是老地方品种，因为这些老品种的穗茎或秸秆较长并且柔韧性好。例如，黎平县侗族用"香禾糯"秸秆制作扫把，还将其用作包粽子的捆扎绳；务川县仡佬族和苗族用甜高粱的穗茎做扫把，用"红糯谷"的秸秆做包鸡蛋的袋包；剑河县苗族、侗族用高粱穗茎做扫把；贞丰县的粽子是名牌食品，用的稻米和捆扎的草绳均是老地方品种；雷山县苗族、水族用水稻地方品种"摘糯"的秸秆做扫帚。

（五）农耕文化与农业生物资源的利用和保护

贵州属于高原地带，气候多样，少数民族在长期的农业生产中总结出相应的耕作措施，并选用与之适应的品种。例如，紫云县苗族、布依族仍保持刀耕火种的原始耕作制度，其选用的稻谷品种是抗旱、耐瘠薄的旱糯稻；印江县土家族、苗族用来灌溉水的温度较低（16~22℃），当地将这种田地称为冷水田，在冷水田种植的水稻品种都是长期选用的地方品种。插边稻是贞丰县、平塘县布依族和苗族的一种水稻种植方式，即为了解决喜爱的老地方品种易倒伏问题，将这样的地方品种插植在稻田四周的边行，边行通风透光好，发挥边行优势而克服倒伏。

（六）药食同源膳食与农业生物资源的利用和保护

平塘县毛南族认为苦荞和糯米混合做粑粑食用，可治疗胃病和妇科病，并且有保健功能；黑糯米籽粒黑色，产妇吃黑糯米饭能起到催奶作用，小孩吃长得壮实；苗族种植红稗，用其籽粒熬水服用可治疗腹泻和血尿。黎平县侗族种植香禾糯品种黄鳝血，其籽粒黑或紫色，与红枣或饭豆一起煮食，服用两次可有效治疗哮喘病。这些品种虽然产量低，但是因为它们具有药用价值，当地村民每年都会种植。

四、阐明了调查采集的农业生物资源隶属的科和属

调查采集4700余份农业生物种质资源样（标）本，经过鉴定研究阐明了它们隶属于133科、421属（表1-6，表1-7）（中国科学院中国植物志编辑委员会，1980；刘旭和杨庆文，2013）。由此充分说明贵州省农业生物资源具有十分丰富的多样性。

表1-6　调查收集的农业生物资源隶属的科

中文名称	拉丁名	中文名称	拉丁名
禾本科	Gramineae	龙脑香科	Dipterocarpaceae
豆科	Leguminosae	猕猴桃科	Actinidiaceae
蓼科	Polygonaceae	木兰科	Magnoliaceae
苋科	Amaranthaceae	木通科	Lardizabalaceae
旋花科	Convolvulaceae	葡萄科	Vitaceae
藜科	Chenopodiaceae	漆树科	Anacardiaceae
茄科	Solanaceae	茜草科	Rubiaceae
十字花科	Cruciferae (Brassiaceae)	蔷薇科	Rosaceae
葫芦科	Cucurbitaceae	山茶科	Theaceae
百合科	Liliaceae	山茱萸科	Cornaceae
伞形科	Umbelliferae (Apiaceae)	忍冬科	Caprifoliaceae
菊科	Compositae (Asteraceae)	石榴科（安石榴科）	Punicaceae
姜科	Zingiberaceae	柿科	Ebenaceae
唇形科	Labiatae	鼠李科	Rhamnaceae
胡麻科	Pedaliaceae	桃金娘科	Myrtaceae
芸香科	Rutaceae	无患子科	Sapindaceae
锦葵科	Malvaceae	五味子科	Schisandraceae
大戟科	Euphorbiaceae	仙人掌科	Cactaceae
薯蓣科	Dioscoreaceae	杨梅科	Myricaceae
桑科	Moraceae	银杏科	Ginkgoaceae
马鞭草科	Verbenaceae	马钱科	Loganiaceae
樟科	Lauraceae	冬青科	Aquifoliaceae
天南星科	Araceae	红菇科	Russulaceae
三白草科	Saururaceae	牛肝菌科	Boletaceae

（续表）

中文名称	拉丁名	中文名称	拉丁名
商陆科	Phytolaccaceae	白蘑科	Tricholomataceae
水蕨科	Parkeriaceae	鸢尾科	Iridaceae
芭蕉科	Musaceae	兰科	Orchidaceae
胡桃科	Juglandaceae	景天科	Crassulaceae
胡颓子科	Elaeagnaceae	败酱科	Valerianaceae
桦木科	Betulaceae	虎耳草科	Saxifragaceae
壳斗科（山毛榉科）	Fagaceae	石竹科	Caryophyllaceae
八角枫科	Alangiaceae	里白科	Gleicheniaceae
白花丹科	Plumbaginaceae	楝科	Meliaceae
百部科	Stemonaceae	鳞毛蕨科	Dryopteridaceae
蚌壳蕨科	Dicksoniaceae	陵齿蕨科	Lindsaeaceae
报春花科	Primulaceae	龙胆科	Gentianaceae
车前草科	Plantaginaceae	萝藦科	Asclepiadaceae
川续断科	Dipsacaceae	落葵科	Basellaceae
大麻科	Cannabinaceae	牻牛儿苗科	Geraniaceae
灯心草科	Juncaceae	毛茛科	Ranunculaceae
杜鹃花科	Ericaceae	木犀科	Oleaceae
杜仲科	Eucommiaceae	槭树科	Aceraceae
防己科	Menispermaceae	秋海棠科	Begoniaceae
凤仙花科	Balsaminaceae	瑞香科	Thymelaeaceae
海金沙科	Lygodiaceae	莎草科	Cyperaceae
海桐花科	Pittosporaceae	山柑科	Opiliaceae
红豆杉科	Taxaceae	杉科	Taxodiaceae
胡椒科	Piperaceae	檀香科	Santalaceae
槲蕨科	Drynariaceae	藤黄科（山竹子科）	Guttiferae
夹竹桃科	Apocynaceae	天南星科	Araceae
金粟兰科	Chloranthaceae	透骨草科	Phrymaceae
堇菜科	Violaceae	卫矛科	Celastraceae
旌节花科	Stachyuraceae	五加科	Araliaceae
桔梗科	Campanulaceae	西番莲科	Passifloraceae
卷柏科	Selaginellaceae	香蒲科	Typhaceae
凤尾蕨科	Pteridaceae	小檗科	Berberidaceae
爵床科	Acanthaceae	玄参科	Scrophulariaceae
苦苣苔科	Gesneriaceae	紫葳科	Bignoniaceae
荨麻科	Urticaceae	酢浆草科	Oxalidaceae

（续表）

中文名称	拉丁名	中文名称	拉丁名
野跖草科	Commelinaceae	买麻藤科	Gnetaceae
野牡丹科	Melastomataceae	石松科	Lycopodiaceae
罂粟科	Papaveraceae	石蒜科	Amaryllidaceae
榆科	Ulmaceae	水龙骨科	Polypodiaceae
真藓科	Bryaceae	紫草科	Boraginaceae
猪笼草科	Nepenthaceae	紫金牛科	Myrsinaceae
马齿苋科	Portulaceae	紫茉莉科	Nyctaginaceae
马兜铃科	Aristolochiaceae		

表 1-7　调查收集的农业生物资源隶属的属

中文名称	拉丁名	中文名称	拉丁名
稻属	*Oryza*	茄属	*Solanum*
小麦属	*Triticum*	番茄属	*Lycopersicon*
大麦属	*Hordeum*	辣椒属	*Capsicum*
燕麦属	*Avena*	苋属	*Amaranthus*
玉蜀黍属	*Zea*	藜属	*Chenopodium*
高粱属	*Sorghum*	菠菜属	*Spinacia*
狗尾草属	*Setaria*	甜菜属	*Beta*
黍属	*Panicum*	百合属	*Lilium*
稗属	*Echinochloa*	葱属	*Allium*
䅟属	*Eleusine*	萱草属	*Hemerocallis*
薏苡属	*Coix*	芸薹属	*Brassica*
香茅属	*Cymbopogon*	萝卜属	*Raphanus*
甘蔗属	*Saccharum*	豆瓣菜属	*Nasturtium*
木薯属	*Manihot*	蔊菜属	*Rorippa*
野豌豆属	*Vicia*	荠菜属	*Capsella*
豌豆属	*Pisum*	南瓜属	*Cucurbita*
菜豆属	*Phaseolus*	黄瓜属	*Cucumis*
豇豆属	*Vigna*	冬瓜属	*Benincasa*
小扁豆属	*Lens*	丝瓜属	*Luffa*
扁豆属	*Lablab*	苦瓜属	*Momordica*
黎豆属	*Mucuna (Stizolobium)*	佛手瓜属	*Sechium*
刀豆属	*Canavalia*	葫芦属	*Lagenaria*
豆薯属	*Pachyrhizus*	栝楼属	*Trichosanthes*

（续表）

中文名称	拉丁名	中文名称	拉丁名
甘薯属	*Ipomoea*	姜属	*Zingiber*
蓼属	*Polygonum*	豆蔻属	*Amomum*
荞麦属	*Fagopyrum*	山柰属	*Kaempferia*
芫荽属	*Coriandrum*	青（苘）麻属	*Abutilon*
茴香属	*Foeniculum*	亚（胡）麻属	*Linum*
芹菜属	*Apium*	蓖麻属	*Ricinus*
胡萝卜属	*Daucus*	花生属	*Arachis*
水芹属	*Oenanthe*	向日葵属	*Helianthus*
柴胡属	*Bupleurum*	烟草属	*Nicotiana*
前胡属	*Peucedanum*	花椒属	*Zanthoxylum*
魔芋属	*Amorphophallus*	山茶属	*Camellia*
芋属	*Colocasia*	乳菇属	*Lactarius*
菖蒲属	*Acorus*	金孢牛肝菌属	*Xanthoconium*
莴苣属	*Lactuca*	疣柄牛肝菌属	*Leccinum*
茼蒿属	*Chrysanthemum*	鸡枞菌属	*Termitomyces*
三七草属	*Gynura*	芝麻属	*Sesamum*
荆芥属	*Nepeta*	蛇莓属	*Duchesnea*
香薷属	*Elsholtzia*	草莓属	*Fragaria*
薄荷属	*Mentha*	李属	*Prunus*
地笋属	*Lycopus*	梨属	*Pyrus*
裂叶荆芥属	*Schizonepeta*	桃属	*Amygdalus*
水苏属	*Stachys*	杏属	*Armeniaca*
薯蓣属	*Dioscorea*	樱桃属	*Cerasus*
蕺菜属	*Houttuynia*	苹果属	*Malus*
秋葵属	*Abelmoschus*	山楂属	*Crataegus*
牡荆属	*Vitex*	木瓜属	*Chaenomeles*
木姜子属	*Litsea*	蔷薇属	*Rosa*
商陆属	*Phytolacca*	枇杷属	*Eriobotrya*
水蕨属	*Ceratopteris*	猕猴桃属	*Actinidia*
棉属	*Gossypium*	核桃属	*Juglans*
大麻属	*Cannabis*	葡萄属	*Vitis*
拐枣属（枳椇属）	*Hovenia*	蛇葡萄属	*Ampelopsis*
枣属	*Ziziphus*	栗属	*Castanea*
猫儿屎属	*Decaisnea*	柿属	*Diospyros*
木通属	*Akebia*	杨梅属	*Myrica*

（续表）

中文名称	拉丁名	中文名称	拉丁名
八月瓜属	Holboellia	石榴属	Punica
芭蕉属	Musa	荚蒾属	Viburnum
胡颓子属	Elaeagnus	黄肉楠属	Actinodaphne
榕属	Ficus	润楠属	Machilus
桑属	Morus	四照花属	Dendrobenthamia
枳属	Poncirus	木兰属	Magnolia
柑橘属	Citrus	沿阶草属	Ophiopogon
银杏属	Ginkgo	鸢尾属	Iris
悬钩子属	Rubus	石斛属	Dendrobium
五味子属	Schisandra	景天属	Sedum
玉叶金花属	Mussaenda	缬草属	Valeriana
醉鱼草属	Buddleja	杯苋属	Cyathula
叶下珠属	Phyllanthus	岩白菜属	Bergenia
油桐属	Aleurites	金铁锁属	Psammosilene
南酸枣属	Choerospondias	白及属	Bletilla
龙眼属	Dimocarpus	鼠尾草属	Salvia
慈竹属	Neosinocalamus	黄芩属	Scutellaria
刚竹属	Phyllostachys	黄精属	Polygonatum
构属	Broussonetia	大丁草属	Gerbera
荔枝属	Litchi	大黄属	Rheum
火棘属	Pyracantha	大戟属	Euphorbia
山茱萸属	Macrocarpium (Cornus)	大青属	Clerodendrum
榛属	Corylus	大血藤属	Sargentodoxa
冬青属	Ilex	大油芒属	Spodiopogon
青梅属	Vatica	淡竹叶属	Lophatherum
艾麻属	Laportea	当归属	Angelica
艾纳香属	Blumea	党参属	Codonopsis
八角枫属	Alangium	灯心草属	Juncus
八角属	Illicium	地胆草属	Elephantopus
巴戟天属	Morinda	地海椒属	Archiphysalis
菝葜属	Smilax	地黄连属	Munronia
白鼓钉属	Polycarpaea	颠茄属	Atropa
白花菜属	Cleome	吊石苣苔属	Lysionotus
白花丹属	Plumbago	独根草属	Oresitrophe
白酒草属	Conyza	独蒜兰属	Pleione

（续表）

中文名称	拉丁名	中文名称	拉丁名
百部属	*Stemona*	杜茎山属	*Maesa*
百蕊草属	*Thesium*	杜鹃花属	*Rhododendron*
败酱属	*Patrinia*	杜鹃兰属	*Cremastra*
板蓝属	*Baphicacanthus*	杜仲属	*Eucommia*
半边莲属	*Lobelia*	杜仲藤属	*Parabarium*
贝母属	*Fritillaria*	鹅绒藤属	*Cynanchum*
荸荠属	*Heleocharls*	耳草属	*Hedyotis*
变豆菜属	*Sanicula*	繁缕属	*Stellaria*
苍耳属	*Xanthium*	防风属	*Saposhnikovia*
糙苏属	*Phlomis*	飞龙掌血属	*Toddalia*
草珊瑚属	*Sarcandra*	风轮菜属	*Clinopodium*
常春藤属	*Hedera*	蜂斗菜属	*Petasites*
车前草属	*Plantago*	槐属	*Sophora*
扯根菜属	*Penthorum*	黄鹌菜属	*Youngia*
赤瓟属	*Thladiantha*	小檗属	*Berberis*
川续断属	*Dipsacus*	黄花稔属	*Sida*
穿心莲属	*Andrographis*	黄连属	*Coptis*
楤木属	*Aralia*	黄芪属	*Astragalus*
翠雀属	*Delphinium*	藿香属	*Agastache*
凤尾蕨属	*Pteris*	藿香蓟属	*Ageratum*
凤仙花属	*Impatiens*	鸡矢藤属	*Paederia*
腹水草属	*Veronicastrum*	鸡眼草属	*Kummerowia*
滇芎属	*Ligusticum*	积雪草属	*Centella*
葛属	*Pueraria*	吉祥草属	*Reineckia*
钩藤属	*Uncaria*	蓟属	*Cirsium*
山蓝属	*Peristrophe*	姜黄属	*Curcuma*
贯众属	*Cyrtomium*	浆果楝属	*Cipadessa*
鬼吹箫属	*Leycesteria*	绞股蓝属	*Gynostemma*
鬼灯檠属	*Rodgersia*	接骨木属	*Sambucus*
足叶草属	*Podophyllum*	结香属	*Edgeworthia*
鬼针草属	*Bidens*	金粉蕨属	*Onychium*
孩儿参属	*Pseudostellaria*	金棉香属	*Osbeckia*
海金沙属	*Lygodium*	金毛狗属	*Cibotium*
海桐花属	*Pittosporum*	金钱豹属	*Campanumoea*
海芋属	*Alocasia*	金丝桃属	*Hypericum*

(续表)

中文名称	拉丁名	中文名称	拉丁名
蒿属	Artemisia	金粟兰属	Chloranthus
黑麦草属	Lolium	金线草属	Antenoron
红豆杉属	Taxus	落新妇属	Astilbe
红景天属	Rhodiola	绿绒蒿属	Meconopsis
红毛七属	Caulophyllum	葎草属	Humulus
胡椒属	Piper	马鞭草属	Verbena
胡枝子属	Lespedeza	马兜铃属	Aristolochia
槲蕨属	Drynaria	马兰属	Kalimeris
蝴蝶草属	Phalaenopsis	马蓝属	Strobilanthes
虎刺属	Damnacanthus	马蹄金属	Dichondra
虎耳草属	Saxifraga	马蹄香属	Saruma
筋骨草属	Ajuga	买麻藤属	Gnetum
堇菜属	Viola	曼陀罗属	Datura
锦鸡儿属	Caragana	芒毛苣苔属	Aeschynanthus
旌节花属	Stachyurus	芒萁属	Dicranopteris
九节属	Psychotria	毛茛属	Ranunculus
九子母属	Dobinea	茅瓜属	Solena
桔梗属	Platycodon	木槿属	Hibiscus
菊属	Dendranthema	南五味子属	Kadsura
卷柏属	Selaginella	牛蒡属	Arctium
开唇兰属	Anoectochilus	牛膝属	Achyranthes
兰属	Cymbidium	女贞属	Ligustrum
老鹳草属	Geranium	蒲公英属	Taraxacum
雷公藤属	Tripterygium	朴属	Celtis
犁头尖属	Typhonium	桤木属	Alnus
柃木属	Eurya	槭属	Acer
凌霄属	Campsis	天南星属	Arisaema
琉璃草属	Cynoglossum	田基黄属	Grangea
六棱菊属	Laggera	铁线莲属	Clematis
龙胆属	Gentiana	通脱木属	Tetrapanax
龙芽草属	Agave	透骨草属	Phryma
路边青属	Geum	土人参属	Talinum
罗勒属	Ocimum	兔耳草属	Lagotis
落葵属	Basella	兔儿风属	Ainsliaea
千金藤属	Stephania	菟丝子属	Cuscuta

（续表）

中文名称	拉丁名	中文名称	拉丁名
千里光属	*Senecio*	委陵菜属	*Potentilla*
鞘柄木属	*Toricellia*	文殊兰属	*Crinum*
青牛胆属	*Tinospora*	乌桕属	*Sapium*
青葙属	*Celosia*	乌蕨属	*Stenoloma*
清明花属	*Beaumontia*	乌头属	*Aconitum*
秋海棠属	*Begonia*	无根藤属	*Cassytha*
求米草属	*Oplismenus*	无患子属	*Sapindus*
人参属	*Panax*	吴茱萸属	*Evodia*
忍冬属	*Lonicera*	五加属	*Acanthopanax*
瑞香属	*Daphne*	舞草属	*Codariocalyx*
赛葵属	*Malvastrum*	西番莲属	*Passiflora*
沙参属	*Adenophora*	豨莶属	*Siegesbeckia*
山慈菇属	*Iphigenia*	细辛属	*Asarum*
山豆根属	*Euchresta*	下田菊属	*Adenostemma*
山核桃属	*Carya*	夏枯草属	*Prunella*
山胡椒属	*Lindera*	香椿属	*Toona*
山蚂蝗属	*Desmodium*	香蒲属	*Typha*
杉木属	*Cunninghamia*	小金梅草属	*Hypoxis*
珊瑚苣苔属	*Corallodiscus*	蝎子草属	*Girardinia*
芍药属	*Paeonia*	绣球属	*Hydrangea*
舌唇兰属	*Platanthera*	玄参属	*Scrophularia*
蛇舌兰属	*Diploprora*	旋覆花属	*Inula*
十大功劳属	*Mahonia*	雪胆属	*Hemsleya*
石豆兰属	*Bulbophyllum*	鸭跖草属	*Commelina*
石胡荽属	*Centipeda*	盐肤木属	*Rhus*
石荠苧属	*Mosla*	羊蹄甲属	*Bauhinia*
石松属	*Lycopodium*	野牡丹属	*Melastoma*
石蒜属	*Lycoris*	野木瓜属	*Stauntonia*
石韦属	*Pyrrosia*	一枝黄花属	*Solidago*
鼠麹草属	*Gnaphalium*	益母草属	*Leonurus*
双蝴蝶属	*Tripterospermum*	银莲花属	*Anemone*
四棱草属	*Schnabelia*	珍珠菜属	*Lysimachia*
菘蓝属	*Isatis*	栀子属	*Gardenia*
酸模属	*Rumex*	蜘蛛抱蛋属	*Aspidistra*
算盘子属	*Glochidion*	重楼属	*Paris*

(续表)

中文名称	拉丁名	中文名称	拉丁名
藤石松属	*Lycopodiastrum*	猪笼草属	*Nepenthes*
天胡荽属	*Hydrocotyle*	猪屎豆属	*Crotalaria*
天麻属	*Gastrodia*	竹根七属	*Disporopsis*
天门冬属	*Asparagus*	苎麻属	*Boehmeria*
天名精属	*Carpesium*	紫草属	*Lithospermum*
淫羊藿属	*Epimedium*	紫金牛属	*Ardisia*
鱼黄草属	*Merremia*	紫茉莉属	*Mirabilis*
鱼眼草属	*Dichrocephala*	紫苏属	*Perilla*
玉凤花属	*Habenaria*	紫菀属	*Aster*
玉簪属	*Hosta*	紫珠属	*Callicarpa*
泽兰属	*Eupatorium*	棕榈属	*Trachycarpus*
樟属	*Cinnamomum*	酢浆草属	*Oxalis*
猪殃殃属	*Galium*		

五、获得的大量种质资源样（标）本及其多样性

（一）获得大量农业生物种质资源

本次调查共采集农业生物资源样（标）本4729份，经过鉴定剔除了重复和无效样（标）本，获得有效样（标）本3582份，其中粮食作物为1620份，蔬菜及一年生经济作物1209份，果树及多年生经济作物405份，药用植物348份（表1-8）。这些种质资源中，具有生命力的为2860份。获得的有效样（标）本已入编《贵州农业生物资源调查收集种质资源目录》。

表1-8　调查获得的各种种质资源及有效样本数量统计

资源大类	作（植）物名称	资源份数	作（植）物名称	资源份数
粮食作物	稻	465	普通菜豆	173
	小麦	24	扁豆	29
	大麦	18	蚕豆	31
	燕麦	8	豌豆	34
	玉米	315	豇豆	35
	高粱	60	绿豆	13
	谷子（粟）	58	小豆	31
	荞麦	54	饭豆	32
	穄子	16	黎豆	1

（续表）

资源大类	作（植）物名称	资源份数	作（植）物名称	资源份数
粮食作物	薏苡	10	马铃薯	39
	籽粒苋	18	甘薯	27
	大豆	129	合计	1620
蔬菜及一年生经济作物	白菜	68	菜豆	41
	芥菜	88	蚕豆*	2
	茼蒿	5	豌豆*	3
	莴苣	7	薤头	2
	芫荽	30	韭类	35
	菠菜	9	葱类	41
	芹菜	2	大蒜	71
	牛皮菜	11	姜	29
	苋菜	17	薄荷	4
	冬寒菜	2	芋	11
	蕹菜	1	山药	6
	萝卜	35	魔芋	11
	胡萝卜	3	豆薯	4
	草石蚕	2	菊芋	1
	菱角	1	阳荷	7
	黄瓜	52	百合	2
	苦瓜	17	茴香	11
	冬瓜	11	油菜	49
	丝瓜	25	花生	52
	南瓜	79	芝麻	14
	瓠瓜	19	向日葵	23
	佛手瓜	2	紫苏	12
	甜瓜	3	棉花	4
	茄子	26	蓖麻	3
	辣椒	163	青麻	1
	番茄	32	烟草	4
	大豆（毛豆）*	2	食用菌	29
	豇豆*	25	合计	1209
果树及多年生经济作物	苹果	6	柿	29
	花红	1	葡萄	16
	林檎	1	香蕉	1

（续表）

资源大类	作（植）物名称	资源份数	作（植）物名称	资源份数
果树及多年生经济作物	梨	54	芭蕉	1
	樱桃	16	猕猴桃	43
	李	45	草莓	2
	杏	6	枣	4
	桃	19	核桃（胡桃）	21
	木瓜	2	银杏	5
	杨梅	13	板栗	13
	柑橘类	57	羊奶果	1
	海棠	3	龙眼	2
	梅（酸梅）	1	枇杷	12
	拐枣（枳椇）	3	荔枝	3
	八月瓜	6	花椒	8
	余甘子	3	合计	405
	石榴	8		
药用植物	刺五加	1	秦艽	1
	三角槭	1	龙胆草	2
	土牛膝	2	老鹳草	2
	牛膝	2	算盘子	1
	柳叶牛膝	2	细叶鼠麴草	1
	乌头	1	买麻藤	1
	多根乌头	1	糯米团	1
	下田菊	2	糯米藤	1
	龙芽草	3	田基黄	1
	杏香兔儿风	1	绞股蓝	1
	光叶兔儿风	1	白子菜	1
	筋骨草	1	常春藤	2
	木通	2	中华雪胆	1
	三叶木通	1	雪胆	1
	八角枫	2	蛇莲	2
	穿心莲	3	鱼腥草	1
	野棉花	3	羊耳菊	3
	白芷	1	蝴蝶花	2
	当归	3	马蔺	2
	硃砂根	2	鸢尾	2
	八爪金龙	1	菘蓝	1

（续表）

资源大类	作（植）物名称	资源份数	作（植）物名称	资源份数
药用植物	紫金牛	2	鬼吹箫	1
	凹脉紫金牛	1	川芎	5
	天南星	2	千打锤	1
	马兜铃	2	紫草	1
	一枝蒿	2	夏枯草	5
	双叶细辛	1	太子参	1
	细辛	1	忍冬（金银花）	1
	天门冬	5	黄褐忍冬	4
	蜘蛛抱蛋	1	菰腺忍冬	1
	马兰	4	灰毡毛忍冬	1
	紫菀	1	华南忍冬	1
	溪畔落新妇	1	海金沙	4
	落新妇	1	厚朴	4
	黄芪	1	十大功劳	5
	马蓝	2	麦冬	10
	锥花小檗	1	三七	1
	湖北小檗	2	大叶三七	1
	白及	4	七叶草	1
	土黄连	1	重楼	1
	岩白菜	5	滇重楼	3
	鬼针草	3	观音草	6
	全缘金粟兰	2	前胡	1
	毛脉金粟兰	1	白花前胡	2
	臭牡丹	2	黄皮树	3
	党参	3	半夏	2
	鸭跖草	1	车前草	2
	黄连	1	黄柏	2
	云莲	1	桔梗	4
	莪术	1	滇黄精	3
	姜黄	1	黄精	2
	白首乌	1	玉竹	5
	隔山消	3	头花蓼	3
	倒提壶	1	虎杖	4
	贯众	1	杠板归	3
	曼陀罗	3	三七草	1

（续表）

资源大类	作（植）物名称	资源份数	作（植）物名称	资源份数
药用植物	束花石斛	1	孩儿参	1
	金钗石斛	1	石韦	4
	石斛	1	五倍子（盐肤木）	5
	铁皮石斛	1	接骨木	2
	小叶三点金	2	虎耳草	8
	金钱草	1	千里光	3
	菊叶鱼眼草	2	中华五味子	2
	鱼眼草	1	接骨草	1
	芒萁	1	六月雪	1
	续断	2	白马骨	1
	川续断	5	菝葜	2
	淫羊藿	3	苦参	1
	山豆根	2	百部	4
	杜仲	3	蒲公英	3
	臭辣吴萸	1	红豆杉	2
	吴茱萸	2	南方红豆杉	4
	金荞麦	2	通脱木	1
	狭叶山胡椒	1	青牛胆	1
	半边莲	2	中华青牛胆	1
	艾纳香	1	钩藤	3
	竹叶柴胡	1	白钩藤	1
	狭叶柴胡	1	华钩藤	1
	凌霄	1	蜘蛛香	6
	三棱枝栀子梢	2	马鞭草	4
	积雪草	3	苍耳	2
	何首乌	4	白豆蔻	1
	川贝母	1	八角莲	2
	牛膝菊	1	草珊瑚	2
	猪殃殃	1	合计	348
	锯锯藤	1		
	天麻	2		

*表示大类之间重复者

（二）调查获得农业生物资源样本的多样性

根据表1-8和《贵州农业生物资源调查收集种质资源目录》，不难看出贵州省的农业生物资源具有十分丰富的多样性，并且有一些作物种质资源的物种多样性和遗传多样性亦相当丰富。

1. 物种多样性举例

例一，猕猴桃物种多样性。已知贵州分布猕猴桃共26个物种，本次调查采集到猕猴桃共16个物种，即中华猕猴桃（*Actinidia chinensis* Planch.）、美味猕猴桃（*A. deliciosa* C. F. Liang）、毛花猕猴桃（*A. eriantha* Benth.）、圆果猕猴桃（*A. globosa* C. F. Ling）、长绒猕猴桃（*A. latifolia* var. *mollis* (Dunn) Hand.-Mazz.）、全毛猕猴桃（*A. holotricha* Fin. et Gagn.）、粉毛猕猴桃（*A. farinosa* C. F. Liang）、糙叶猕猴桃（*A. rudis* Dunn）、黄毛猕猴桃（*A. fulvicoma* Hance）、大花猕猴桃（*A. grandiflora* C. F. Liang）、硬齿猕猴桃（*A. callosa* Lindl.）、梅叶猕猴桃（*A. macrosperma* C. F. Liang）、伞花猕猴桃（*A. umbelloides* C. F. Liang）、粉叶猕猴桃（*A. glaucocallosa* C. Y. Wu）、糙毛猕猴桃（*A. strigosa* Hook. f. & Thoms.）和红肉猕猴桃（*A. chinensis* var. *rufopulpa* C.F. Liang et R. H. Hook.）。

例二，柑橘物种多样性。贵州分布有6个柑橘物种，本次调查均已获得，即宽皮橘（*Citrus reticulata* Blanco）、柚（*C. maxima* (Burm.) Merr.）、甜橙（*C. sinensis* (L.) Osbeck）、葡萄柚（*C. paradisi* Macf.）、黎檬（*C. limonia* Osbeck）、宜昌橙（*C. ichangensis* Swingle），后两者为野生种。

例三，韭菜物种多样性。文献报道贵州有3种韭菜，本次调查收集的韭菜物种共7个，即栽培种韭（*Allium tuberosum* Rottl. ex Spr.）、野生种多星韭（*A. wallichii* Kunth）、野韭（*A. ramosum* L.）（已驯化栽培）、齿被韭（*A. yuanum* Wang et Tang）、近宽叶韭（*A. hookeri* Thwaites），另外还有两样本（采集编号：2014521237和2014521135），经初步鉴定认为前者是类似粗根韭（*A. fasciculatum* Rendle）的一个物种（*A.* sp.），后者是近于茖葱（*A. victorialis* L.）的一个新物种（*A.* sp.）。

例四，梨的物种多样性。收集到的梨资源有3种，即栽培种砂梨（沙梨）（*Pyrus pyrifolia* (Burm. f.) Nakai）和白梨（*P. bretschneideri* Rehd.）；野生种川梨（*P. pashia* Buch.-Ham. ex D. Don）。

例五，药用植物石斛的物种多样性。已知贵州石斛资源有8个物种，本次调查采集到4个物种，即铁皮石斛（*Dendrobium officinale* Kimura et Migo）、流苏石斛（马鞭石斛）（*D. fimbriatum* Hook.）、疏花石斛（*D. henryi* Schltr.）、细叶石斛（*D. hancockii* Rolfe）。

例六，药用植物白及的物种多样性，即白及（*Bletilla striata* (Thunb.) Rchb. f.）、黄花白及（*B. ochracea* Schltr.）、小白及（*B. formosana* Schltr.）（中国农学会遗传资源学会，1994；郑殿升等，2013，2017）。

2. 遗传多样性举例

例一，稻（*Oryza sativa* L.）种内遗传多样性。采集到的稻种质资源样本有水稻和旱稻，它们的穗形和籽粒性状均表现出很大的差异，具有丰富的遗传多样性。穗子的形状有直立、半直立、弯曲和下垂4种。糙米的胚乳有粘和糯两性，形状有椭圆形、半纺锤形和纺锤形，颜色有白色、红色、紫色和黑色，并有香味和非香味之别。

例二，玉米（*Zea mays* L.）种内遗传多样性。获得的玉米种内遗传多样性丰富程度，可以从它们的果穗和籽粒的差异性体现出来。果穗的形状有圆锥形、圆柱形、扁头形、四角头形，被苞叶包被状况有完全包被和不完全包被之别。籽粒类型有硬粒型、马齿型、中间型、糯质型、爆裂型，形状有圆形、楔形和中间形，颜色有白色、浅黄色、黄色、红色、紫色、花色。

例三，菜豆（又称普通菜豆，*Phaseolus vulgaris* L.）种内遗传多样性。调查采集的普通菜豆种质资源具有丰富的遗传多样性，仅从荚和籽粒的形状就可以充分表达。荚的形状有长扁条、短扁条和弯扁条，荚表面有凸和平之别，荚尖端有锐与钝两种。籽粒的形状有椭圆形、长椭圆形、卵圆形、肾形；颜色有白、黄白色、黄色、红色、黑色，并且在主颜色上面分布有斑纹或斑点，这些斑纹（点）的颜色亦为多种。

例四，辣椒（*Capsicum annuum* L.）种内遗传多样性。辣椒是贵州省重要的蔬菜，它在贵州的分布很广。因此，本次调查采集的蔬菜种质资源中，辣椒的样本份数最多，同时样本间的差异也十分明显，足以表明它的遗传多样性丰富，这里仅从它们的果实形状和颜色来说明。果实的形状有长锥形、短锥形、牛角形、羊角形、线形、指形和灯笼形，果面的棱沟存在有和无之别，果肩形状有凸、凹或无肩。果实的颜色也很多，青熟时有白色、黄色、绿色、黑色，老熟时有黄色、鲜红色、暗红色、紫红色。

例五，李（又称中国李，*Prunus salicina* Lindl.）种内遗传多样性。本次调查共采集到中国李种质资源样本33份。这些样本间的果实表型十分不同。果实的形状有球形、圆形或心形，果顶有平顶、凹顶或微尖顶，果皮底色有黄色、红色、绿色、紫色，果肉为黄色和紫红色。

例六，砂梨（又称沙梨，*Pyrus pyrifolia* (Burm. f.) Nakai）种内遗传多样性。本次调查收集的梨属资源中主要是沙梨，共采集了94份样本，这些沙梨种质资源的果实形状有近圆形、长圆形、卵形，果实颜色有褐色和黄褐色之分，并且黑色斑点有无不同、多少不同、大小不同，果实大小的差别很大，这些表型差别足以说明沙梨的遗传多样性十分丰富（中国农学会遗传资源学会，1994；郑殿升等，2013）。

六、筛选到一批优异种质资源

通过调查和初步鉴定及深入鉴定，筛选出一批优异种质资源，它们具有抗病性或抗逆性或优质或丰产等优异性状，具体情况见表1-9~表1-13（韩龙植等，2006；石云素，2006；王述民等，2006；郁香荷等，2006；曹玉芬等，2006；李锡香等，2006；郑殿升等，2016）。

表1-9 抗病种质资源

作物名称	种质名称	采集编号	抗病性
水稻	红米	2014522141	高抗叶稻瘟病（0级）
水稻	重粒38	2013522152	高抗叶稻瘟病（0级）
水稻	本地糯米	2014522018	高抗叶稻瘟病（1级）
水稻	粘谷	2014522079	高抗叶稻瘟病（1级）
水稻	香米	2014522156	高抗叶稻瘟病（1级）

（续表）

作物名称	种质名称	采集编号	抗病性
水稻	打糯	2014522161	高抗叶稻瘟病（1级）
水稻	麻粘	2014525174	高抗叶稻瘟病（1级）
普通菜豆	永康朱砂豆	2014521062	高抗锈病（含11个抗病基因）
普通菜豆	朱砂豆	2014521018	高抗锈病（含10个抗病基因）
普通菜豆	肉豆	2014521037	高抗锈病（含10个抗病基因）
柑橘	米柑	2013522429	高抗溃疡病（HR）
柑橘	土柑（药柑）	2013522427	高抗褐斑病（HR）
柑橘	牛肉红金橘	2013523418	抗褐斑病（R）
沙梨	大黄梨	2013525347	中抗黑星病（MR）
沙梨	青皮梨	2013521483	中抗黑星病（MR）
苹果	陡寨苹果	2013525431	中抗落叶病（MR）
苹果	道真花红	2014525148	中抗腐烂病（MR）
李	九阡李	2012522048	中抗穿孔病（MR）
李	四月李	2013522068	中抗流胶病（MR）
李	冰脆李	2013521472	中抗穿孔病（MR）
猕猴桃	绞洞白猕猴桃	2013523488	高抗溃疡病（HR）
猕猴桃	毛花猕猴桃	2014525163	中抗溃疡病（MR）
葡萄	本地葡萄	2013524412	中抗霜霉病（MR）
草莓	栗园野生草莓	2013521115	中抗灰霉病（MR）

表1-10　抗逆种质资源

作物名称	种质名称	采集编号	抗逆性
水稻	德顺糯禾	2013523468	耐冷性属于极强（HR）类型
水稻	白芒晚熟糯	2013523450	耐冷性属于极强（HR）类型
水稻	银平香禾	2015522017	耐冷性属于极强（HR）类型
水稻	大白禾	2013523491	耐冷性强（R）
水稻	平甫八月禾	2013523467	耐冷性强（R）
水稻	黄岗洋弄	2013523447	耐阴冷寡照，适林缘地带种植
水稻	六十天禾	2013523435	耐旱性强，可在水量不足的水田或雨量较多的旱田种植
葡萄	红葡萄	2014522129	耐湿热气候
葡萄	本地葡萄	2013524412	特别适应夏季高温多雨气候
葡萄	刺葡萄	2013522411	耐高湿环境，耐热性3级
梨	橙香梨	2013525517	耐瘠薄性3级
梨	坑洞大梨	2013523383	耐旱性3级
核桃	薄皮核桃	2013524133	耐旱性3级
核桃	沟的泡核桃	2014525146	耐旱性5级

表1-11 优质种质资源

作物名称	种质名称	采集编号	优质性状
水稻	黄鳝血	2013523309	糯性极强,属于稀有类型
水稻	苟寨各	2013523516	糯性极强,属于稀有类型
水稻	白香禾	2013523302	米特香,一家煮饭全村香
桃	离核桃	2013525397	成熟后果核与果肉分离,果肉脆甜
猕猴桃	中华猕猴桃	2012521167	维生素C(V_C)含量高达251mg/100g
猕猴桃	绞洞白猕猴桃	2013523488	V_C含量高达973mg/100g
猕猴桃	毛花猕猴桃	2014525163	V_C含量高达1106mg/100g
香蕉	闻香香蕉	2013522085	果实香味极浓,放在屋内满屋清香
核桃	泡核桃	2013525146	果实壳薄,易剥离,粗脂肪含量44.7%
柑橘	药柑	2013522427	类黄酮含量高;总糖含量8.80g/100g,比一般品种高10%以上
柑橘	印江红心柚	2013522425	果肉红色、汁多、味甜;总糖含量12.7g/100g,比一般品种高10%以上
辣椒	大辣椒	2014523151	色价为15.56
辣椒	肉辣椒	2013521505	色价为12.64;辣椒碱含量为10.56%
辣椒	本地香辣椒	2013524092	V_C含量210.41mg/100g
辣椒	辣椒	2013522359	V_C含量211.49mg/100g
辣椒	本地辣椒	2013522186	V_C含量200.61mg/100g
辣椒	兴隆辣椒	2013521052	V_C含量226.37mg/100g
辣椒	本地红辣椒	2012523062	V_C含量207.96mg/100g
辣椒	本地辣椒	2014521110	辣椒碱含量为13.17%
辣椒	里勇超长辣椒	2013526376	辣椒碱含量达11.39%
韭菜	多星韭	2014521101	野生,水解氨基酸含量为22.47%,V_C含量约94.1mg/100g(普通韭菜分别为10.27%,21.3mg/100g)
韭菜	多星韭	2014521130	野生,水解氨基酸含量为20.20%
韭菜	藤藤韭	2014521134	野生,水解氨基酸含量为20.51%
韭菜	卵叶韭	2014521135	野生,水解氨基酸含量为21.57%
韭菜	近宽叶韭	2014521237	野生,水解氨基酸含量为18.16%
钩藤	钩藤	2015523019	钩藤碱含量0.0423%,治疗高血压效果好
头花蓼	头花蓼	2015523003	槲皮素含量0.3651%,治疗泌尿系疾病效果好

表1-12 极早熟种质资源

作物名称	种质名称	采集编号	早熟性状
水稻	建华糯禾	2015522020	全生育期仅145天,属于极早熟类
水稻	苟百参	2015522101	全生育期仅145天,属于极早熟类
玉米	金黄早	2014525009	全生育期仅97天,属于早熟类

（续表）

作物名称	种质名称	采集编号	早熟性状
玉米	白糯玉米	2014526008	全生育期仅100天，属于早熟类
玉米	白糯苞谷	2014524164	全生育期仅97天，属于早熟类
普通菜豆	长四季豆	2014525035	极早熟，全生育期62天（极早熟类标准为少于90天）
普通菜豆	青皮四季豆	2014523031	极早熟，全生育期62天
普通菜豆	鸡油豆	2014523190	极早熟，全生育期74天
普通菜豆	懒豆	2013522333	极早熟，全生育期74天
普通菜豆	桩桩豆	2014523056	极早熟，全生育期74天
枇杷	早枇杷	2013522148	极早熟，贵州贞丰县3月成熟，比其他品种早熟1个月

表1-13　丰产种质资源

作物名称	种质名称	采集编号	丰产性状
水稻	呆年亚	2015522126	千粒重达33.17g，属大粒类型
水稻	建华糯禾	2015522020	千粒重达31.92g，属大粒类型
旱稻	红旱糯	2014524098	千粒重达36.7g，属大粒类型
旱稻	飞蛾糯	2014524100	千粒重达40.2g，属于特大粒类型
玉米	赫章二季早	2014521022	千粒重大于400g，属大粒类型
玉米	白苞谷	2014525010	千粒重大于400g，属大粒类型
谷子	糯小米	2013524476	千粒重高达6.0g，单株穗重33.0g，属于大粒、丰产类型
谷子	小米	2014521239	千粒重高达7.0g，单株穗重37.0g，属于特大粒、丰产类型
谷子	水寨小米	2013526498	千粒重高达6.0g，单株穗重33.0g，属于大粒、丰产类型
小豆	小豆	2013526035	单荚粒数多达11.3粒
小豆	小豆	2013523086	单荚粒数多达12.5粒
绿豆	接官坪绿豆	2013521226	单荚粒数多达13.4粒
大豆	肇兴大粒黄豆	2013523456	百粒重33.6g，属于特大粒类型
猕猴桃	巫捞猕猴桃	2012522158	果实大，平均单果重86g
沙梨	半斤梨	2013526334	果实特大，单果重265g以上，最大达720g
沙梨	坑洞大梨	2013523383	果实特大，单果重大于250g，8年生树株产40~60kg
芥菜	大青菜	2013522396	植株高大，产量可达2500~3000kg/667m²
韭菜	大叶韭菜	2014522168	株高可达40cm，一年可收割9次，产量很高

七、建立了"贵州农业生物资源调查"数据库

（一）制定了贵州农业生物资源调查数据标准和元数据标准

根据本次资源调查数据的内容和特点，制定贵州农业生物资源调查数据标准，标准通过字段描述项对每一项调查数据进行规范化的定义和描述，用以指导调查问卷的填写和调查结果的数字化处理；同时为了调查数据的开放共享，制定了贵州农业生物资源调查核心元数据标准。

（二）建立了贵州农业生物资源调查数据库架构

该数据库架构以基础地理数据［各行政区划、居民点、河流水系、数字高程模型（digital elevation model，DEM）等］为基础，构建了普查数据库、调查数据库、图像数据库、管理数据库和元数据库。与此同时，为了满足各领域对数据库不同的需求，特设计了 Excel 和 FoxPro 数据库、Access 数据库、SQL Server 数据库（图 1-1）。

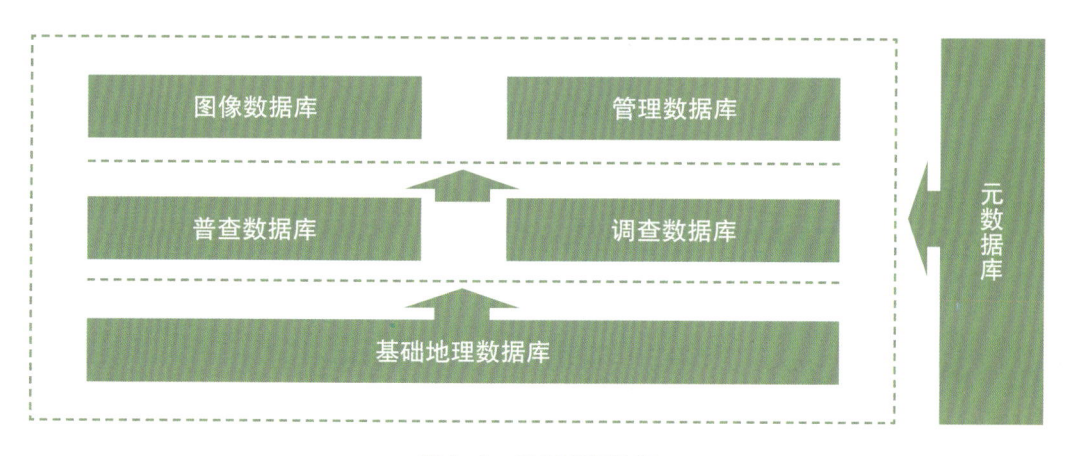

图 1-1　数据库架构图

（三）完成了贵州农业生物资源调查数据库的整理与入库

完成了 111GB 调查数据的分类、整理、录入、编辑、初步校验和入库。生成了普查与调查文本类数据约 500MB、空间数据 800MB、图像等多媒体数据约 110GB。同时生成了 XLS、DBF、KML 和 SHP 等不同格式的数据文件，供不同用途使用。

（四）深入挖掘和分析了贵州农业生物资源地理分布特点

基于调查数据和基础地理数据库，结合使用 ArcGIS 和 DIVA-GIS 等软件对调查资源的地理分布特点进行了深入挖掘与分析，从资源的基本地理分布、不同调查专题的空间分布特征和资源提供者的民族分布特点等多个方面分析了贵州农业生物资源的地理分布特点，从地理空间的角度揭示了贵州资源分布的现状，为今后的资源收集、利用与保护提供了理论支撑。

八、完善了少数民族地区农业生物资源调查技术规范、调查表和问卷

完善了与民族传统知识相关的农作物、药用植物、食用菌类等农业生物资源野外调查和样本采集技术规范。每个规范由范围、基本概念、调查方案、调查准备、普查、系统调查、鉴定评价、建立数据库、总结9部分组成。

（一）少数民族地区农业生物资源调查和样本采集技术规范

前　言

人类社会的发展证明，农业生物资源是人类社会生存与可持续发展不可或缺、生命科学原始创新、获得知识产权及生物产业的物质基础。我国农业生物资源物种繁多、数量巨大，并以其丰富性和独特性为举世公认。但是，面对发达国家在农业生物资源领域的资源收集全球化、保存方式系统化、保存设施现代化、质量控制体系化、资源管理信息化、研究利用产权化的发展趋势，加强农业生物资源调查、保护与持续利用是实现农业可持续发展、粮食安全、生态安全、能源安全、人类健康安全、新农村建设的重大命题。

在人类大家庭中，少数民族常常居住于山区、高原、森林等地广人稀的地区。在这些地区，各类农业生物资源极为丰富。少数民族依靠当地丰富的生物资源，不仅创造了灿烂的民族文化，而且实现了人与社会、环境及资源利用与保护的和谐统一。近年来，随着经济发展、旅游业兴起及外来文化的渗透，少数民族地区正经历着巨大的变迁，传统文化和知识受到冲击，传统农业逐步被现代农业所取代，世世代代所依赖的农业生物资源正在迅速消失。因此，对少数民族地区特有农业生物资源进行调查，不仅能为国家制定生物资源有效保护和高效利用相关政策及科学研究提供基础数据，保护和发扬少数民族的传统文化，而且有助于我国农业生物资源保存数量的增加和质量的提高；同时，通过总结农业生物资源利用的经验，规范和指导当地民族更加合理与持续利用这些资源，有利于边疆地区民族经济发展与和谐社会构建。

针对少数民族地区农业生物资源的分布特点，少数民族对农业生物资源保护和利用的认知，以及现代农业生物资源保护和利用的国际发展趋势，本着规范标准、全面普查、系统调查、重点抢救、科学评价、有效保护、构建数据库及现代信息网络的原则，特制定《少数民族地区农业生物资源调查和样本采集技术规范》，以便为科学研究和原始创新提供权威性的基础数据与材料。

1. 范围

本规范规定了少数民族地区农作物种质资源调查和样本采集的程序与要求。

本规范适用于针对少数民族地区农作物种质资源的全面普查、系统调查、样本采集及数据库的建立。

2. 基本概念

（1）资源调查　本规范所规定的农作物种质资源调查不同于单纯的资源收集，而

是针对所调查的种质资源建立对应的档案资料，包括种植民族、物种种类、分布区域、分布与濒危状况、伴生植物、生长发育及繁殖习性、典型生物学特性、栽培历史及其演变趋势等，还包括当地少数民族居民对农作物资源的认知、利用途径等，揭示农业生物资源与少数民族文化、社会、经济之间的关系，评估少数民族特有农业生物遗传多样性的利用价值，提出特有生物资源保护和利用策略，制定利用特有农业生物资源促进民族经济发展的战略。

（2）调查对象　少数民族地区种植的粮食、油料、蔬菜、果树、纤维、糖料、茶、桑等栽培作物及其野生近缘物种，对长期（30年以上）种植的各类地方品种和培育品种进行重点调查。

3. 调查方案

（1）总体原则　通过规范标准、全面调查、系统调查、重点抢救、科学评价、有效保护、构建数据库及现代信息网络的原则，阐明少数民族地区农作物种质资源的分布状况、利用价值和途径，制定少数民族地区农作物种质资源有效保护与高效利用发展战略，为科学研究和原始创新提供权威性的基础数据与材料。

（2）调查方式　采用普查与系统调查相结合的方式。

（3）普查县（市）　以农作物种质资源（种类）多样性、特异性和地理与生态的区域代表性为原则，普查县（市）的选择符合以下要求中的至少3条为宜：①农作物地方品种资源多样性丰富；②具有珍稀、特异或濒危种质资源；③农业资源利用与少数民族文化传统习惯相辅相成；④种质资源损失威胁大；⑤少数民族聚居。

（4）调查民族　在确定调查地区范围的基础上，根据该地区范围内分布的民族种类，以主要代表性民族和特有民族为重点调查民族。

（5）系统调查县（市）　在确定普查县（市）和调查民族的基础上，综合分析农作物种质资源（种类）多样性、特异性和地理与生态的区域代表性，以及调查民族的分布，确定系统调查县（市），即普查县（市）涵盖系统调查县（市）；原则上，每个系统调查县（市）调查3个乡（镇）、每个乡（镇）调查3个村。

（6）组建调查队　以被调查县（市）分布的主要物种的相关专业技术人员为主，并由当地干部、少数民族群众参与组成综合调查队。每个调查队由5~6名队员组成，设队长、副队长和财务主管各一名。调查队长全面负责调查队的所有事项，并提前就调查方案充分听取参加调查单位的意见。

（7）调查时间　依据农作物栽培种及其野生近缘物种最佳调查的生长季节，并根据调查资源多样化与工作效率最大化的原则，每年集中组织野外调查，每次野外工作时间以30天为宜。

（8）技术培训　对普查人员与系统调查人员分别采取集中培训的方式进行培训。培训会议邀请有关专家针对调查意义与目的、调查程序和要求、调查注意事项及应急措施等具体问题进行介绍和讲解，统一要求和认识，指导整个调查过程，顺利完成调查任务。

4. 调查准备

（1）相关资料　相关调查县的县志、普查表、系统调查表、种质资源调查问卷等。

（2）交通工具　资源调查的地区一般都是少数民族聚居的边远山区，交通不便，需要准备较好的交通工具，有条件的可以选择购买或者租用越野车，而且最好是四驱六缸动力性强的车，以便适应山区道路崎岖、雨天路滑等状况。每个调查队最好保证有2辆车，以便在调查过程中遇到紧急情况可以互相照应和相互救助，将可能发生的意外损失降到最低。

（3）电子设备　摄像机、数码照相机、GPS全球定位仪、录音笔、便携式计算机与移动硬盘等及其相配套的电池、充电器、存储卡、背包、使用说明书等附件设备。每种电子设备至少一套，有条件的可以调查队内每人一套或每两人配一套（表1-14）。

（4）工具、文具及生活用品　可以根据调查具体情况进行选择或补充，确定各类物资的数量（表1-14）。

表1-14　调查用主要电子设备、工具、文具和生活用品的作用与数量

类别	作用	数量
电子设备类		
便携式计算机	记录、存储、整理电子表格、照片、录音等电子资料	有条件尽量保证队员每人1台
GPS全球定位仪	调查路线和资源采集点定位	有条件尽量保证队员每2人1台
录音笔	调查采访声音采集	有条件尽量保证队员每2人1支
数码照相机	调查过程中访谈、资源、环境等图片采集	有条件尽量保证队员每2人1台
摄像机	调查过程图像采集（可根据调查需要和条件准备）	每队1台
移动硬盘	存储电子资料	有条件尽量保证队员每人1个
工具类		
镐锄、铲	采集块根、块茎等或者活体资源	每队各1个
枝剪	采集枝条	每队2个
标本夹	压制标本	每队2个
标本纸	压制标本	若干
纱网、种子袋（大、中、小）	收集不同资源	每队大50个、中300个、小200个
牛皮纸袋	用于籽粒苋等小粒种子采集	每队60个
标签	记录采集编号等	每队600个
地图	调查路线参考	每队1张或1册
大整理箱	用于各类表格、工具等物资归类存放	每队1个
背景布	拍照用，灰色最好	每队2块，大小各1块
插座	电子设备充电使用	每队3个
文具类		
中性笔	填写调查问卷	每人2支
记号笔（黑）	记录采集编号等信息	每人2支
活页笔记本	调查访谈记录，便于整理	每人1本

（续表）

类别	作用	数量
记事本	调查笔录整理	每队1本
垫板	调查问卷填写时使用	每人1个
铅笔	临时记录信息	每人2支
橡皮	修改临时记录信息	每人1块
笔袋	临时登记信息或记录	每人1个
活页纸	调查访问记录，补充活页本的不足	每人1包
宽胶带	样品整理封装使用	每人1卷
美工刀	样品整理封装使用	每人1把
卷尺	调查资源植株、果实、种子测量	每人1个
小夹子	调查问卷分类存放	每人1盒
档案袋	调查问卷归类整理	每队10个
塑料袋	保存活体样品	每队100个
5号电池	录音笔使用	每队10节
7号电池	GPS全球定位仪使用	每队10节
易拉袋	财务发票归类保存	每队1个
计算器	财务主管算账	每队1个
记账本	财务管理人员每日记账	每队1个
财务包	财务管理人员使用	每队1个
生活用品类		
电筒	山区农村停电时应急使用	每2人1个
常用药	野外受伤时应急使用	每队各类常备药一小箱
雨衣	野外调查下雨时使用	每人1件

（5）调查经费预算　参照项目经费预算，并根据实际调查地区需要开展的各项调查事宜，与有关财会人员一起，制定合理的调查经费预算，并报有关领导审批。

5. 普查

（1）普查表　普查以填写"农业生物资源普查表"的形式完成。

"农业生物资源普查表"以县（市）为单位，重点突出农作物种质资源的多样性程度与利用情况，以及社会、经济、文化、宗教、环境等对种质资源多样性变化的影响。

为了查清种质资源的演变趋势及其影响因素，对各个县（市）的普查拟划分为3个时间节点，分别是1956年、1981年和2011年。1956年代表中华人民共和国成立初期，1981年代表家庭联产承包初期，2011年代表调查时期。详细内容见本节八、（四）的第一部分。

（2）普查表的填写　在对普查县（市）农业局技术人员进行培训的基础上，由该技术人员通过查找档案、访问有关专家或年长农民，逐项完成普查表中的相关内容。

6. 系统调查

（1）调查方式　系统调查由调查队进入有关县（市）、乡（镇）、村，对农作物种质资源的分布、认知、利用与变化情况进行实地调查，并采集相关样本。

（2）调查程序　调查队依据流程图（图1-2）开展相关的系统调查工作。

考察队	→	已做好一切准备工作
县（市）农业局	→	座谈，了解资源状况，确定调查的乡（镇）、路线和陪同人员
乡（镇）农技站	→	座谈，了解该乡（镇）基本情况，确定调查村和陪同人员
村委会	→	确定系统调查的农户，完成系统调查表
农户	→	与资源相关的详细情况，GPS定位、拍照、填表、分类采集
总结	→	整理、集中汇报、撰写报告

图1-2　系统调查流程图

（3）调查乡（镇）、村的确定　调查队在认真分析调查县（市）"农业生物资源普查表"的基础上，通过与县（市）农业局、乡（镇）农技站的有关专家座谈，并依据确定普查县（市）和系统调查县（市）的原则，确定系统调查的3个乡（镇）和每个乡（镇）的3个村，以及调查路线和时间安排。

（4）系统调查表　系统调查表为"村级（村委会）农业生物资源系统调查表"，以行政村为单位，详细内容见本节八、（四）的第二部分。

通过与村委会主任、会计、村民代表等人员座谈，由调查队填写完成系统调查表。

（5）种质资源调查　根据系统调查表反映的信息，并通过了解当地民族对农作物种质资源的认知、利用与保护途径，以及国家和省级种质库的保存信息，将所要调查的资源临时划分为3种类型：特有和具有特殊用途的优异资源、未收集或不明确的资源、已明确是重复且非特异性的资源，并填写完成相应的调查问卷。详细内容见本节八、（四）的第三部分。

"特有和特异资源调查问卷"由名称、类型、历史、认知、利用与保护方式等条目组成。

"未收集或不明确的资源问卷"由名称、类型、历史、认知等条目组成。

"已明确是重复且非特异性的资源问卷"由名称、类型、历史等条目组成。

（6）GPS定位　在整个系统调查过程中，各调查队的GPS应一直保持开机状态，以便如实记录调查行程、里程、样品采集地点等信息，并于调查结束时录入相应的数据库保存。

（7）样本采集　原则上，对于特有和具有特殊用途的优异资源尽可能地多取，对于未收集或不明确的资源按取样要求取样，对于已明确是重复且非特异性的资源可以不取样。各类样本的基本取样标准和容器见表1-15。

表1-15　各类样本的基本取样标准和容器

样品类型	取样标准	取样容器	备注
玉米、豆类等	750g	中号纱网袋	取样过程中，尽量选择干燥、无虫害的样本，对于潮湿、虫害严重的样本及时处理，保证样本的活性
麦类、水稻等	500g	小号纱网袋	
稗子、苏子、芝麻、籽粒苋、粟、黍稷等	100~250g	小号纱网袋或牛皮纸袋	
鳞茎、块茎、块根等	个头较小，有代表性，20~30个	大号纱网袋	

（8）样本编号　调查采集的每份资源样本必须编写采集编号，采集编号就像是一份资源的身份证一样，是唯一而且不重复的。编号原则是年份+省代码+调查队号+采集序号（001~999），如第2调查队2012年在贵州省调查采集的第20份资源编号为2012522020。

（9）资源临时保存和整理　对于每天调查收集到的资源，编写资源目录，及时进行分类清点整理。注意防潮防虫，可以在好的天气集中晾晒；放到安全的箱子中妥善保存，以免遗失无法补救。

（10）调查资源照片　将每份资源的电子照片导入计算机，按照采集编号和资源名称进行重新命名，如果有多个照片则用-1，-2，-3……加以区分。例如，玉米地方品种大寨爆花玉米采集编号为2012522100，其对应的果穗照片命名为2012522100-1，对应籽粒照片为2012522100-2，对应植株照片为2012522100-3，对应生境照片为2012522100-4，对应利用方式照片为2012522100-5，对应提供者照片为2012522100-6等。同一份资源的所有照片置于同一个文件夹，文件夹命名为2012522100-大寨爆花玉米。

（11）调查资源图文组合　对于每份调查收集的资源，整理完调查问卷和照片之后，将资源编号、名称、利用方式、特征特性等基本信息和照片进行组合，使得使用者能够一目了然地了解这份资源的基本情况，以便初步确定其利用价值。

（12）调查资源目录　先将调查的每份资源在记录本上进行基本信息登记，调查结束回到住处再整理到计算机的Excel表格中，登记好调查资源的序号、种类、名称、调查时间、地点、采集样本类型、特性、调查民族、采集地点GPS信息等。

（13）调查录音　调查访问过程中使用录音笔进行录音，以便参考录音将笔记本记录不完整的信息及时补充完整。调查结束将录音笔中的录音资料及时导入计算机，并按照时间地点和访谈对象进行命名整理。

（14）调查录像　调查访问过程中对于重要资源相关的访谈和利用方式等记录完整过程，使用摄像机进行录像，保留珍贵的影像资料。每盘DV带录完之后，按照时间、地点和访谈对象进行命名，贴好标签，以备查找使用。

（15）调查数据、资料、图像、资源汇总　每次野外调查结束后，由各调查队队长负责组织本调查队的所有专业人员，立即对本调查队本次调查的数据、资料、图像的原始记录进行收集、整理与汇总，并于该次调查结束10天内，将本次调查的数据、信息的原始记录及整理与汇总结果送交本项目的主持单位。同时，从收集资源样本中分出适当数量作为原始样本提交国家作物种质中期库（圃）保存。

（16）调查报告　每次调查结束时，各调查队应根据调查结果和各类资料，分析汇总，撰写1份调查报告。

调查报告中一般要求阐明调查县的自然地理、民族人口、经济发展和农业生物资源等基本情况，调查基本程序和实际调查情况，分析调查资源消长变化原因，介绍各类特异资源及特性，少数民族文化传统中对于资源的利用和保护，对调查地区资源保护和利用的建议及调查中所存在的问题、建议等。

7. 鉴定评价

对调查收集的所有样品都进行鉴定评价，从而明确它们的主要特征、特性和利用价值。鉴定评价可分为初步鉴定评价和深入鉴定评价。

（1）初步鉴定评价　首先对收集的样本进行查核，明确是否与已编目入库的种质资源重复，重复者应剔除，尚不明确的在鉴定中进一步观察识别。

初步鉴定评价的内容有两大类：第一，初步识别在收集的样本中有无植物分类中的新物种、新变种、新变型，对有可能是新物种（变种、变型）的样本，应请有关专家按照《中国植物志》进行分类鉴定。第二，主要农艺和形态性状的观察，主要农艺和形态性状是指每种作物生产上与遗传育种上所需要的主要性状。所采用的鉴定方法、性状的分级标准和数据标准，应依照《农作物种质资源技术规范》丛书的规定。

在初步鉴定评价的基础上，编写《调查收集资源目录》，目录的内容有序号、资源名称、采集编号、采集地点、主要特征特性等。同时繁种入国家作物种质中期库（圃）保存。

（2）深入鉴定评价　在少数民族认知和初步鉴定的基础上，深入鉴定评价可分为以下几个方面：第一，对特优、特异资源的优异性状进行深入鉴定，从而阐明它们的利用价值。第二，对新物种（变种、变型）进行深入鉴定描述并命名。第三，发掘新基因，如抗病虫、抗逆境的新基因。第四，分析多年少数民族田间生产种植保存与作物种质资源库保存对种质资源遗传演化的影响。

8. 建立数据库

（1）数据标准　为保证调查数据的可用性，在调查数据的采集、整理和加工等过程中一定要严格按照制定的《少数民族地区农业生物资源调查和样本采集技术规范》执行。

（2）数据的收集、整理、录入与校验　对调查数据进行分类收集，按类型分成纸质数据、电子表格数据、GPS数据、图像数据、影像数据和音频数据，不同类型数据分别进行整理和汇总，建立不同的文件夹分别进行保存。

对需要进行电子化的纸质数据进行人工录入，录入采用 Excel 软件。对已录入的数据要进行双人交换校对，及时发现录入过程中的错误，保证数据完整性和准确性。

GPS 数据要进行校验，将 GPS 数据导入至 GIS 系统中查看，挑出明显偏离采集地点的坐标数据，并根据 GIS 数据进行纠正。

将图像、视频和音频等多媒体数据分类保存好后，将其相对链接地址存入数据表相应字段中。

（3）数据库与信息系统　调查数据处理一般采用 Excel 软件进行，生成的 Excel 文件既可作为基础数据库又可作为数据源导入其他数据库。

同时根据需要可将 Excel 数据导入到 Access、FoxPro、SQL Server、MySQL 等数据库系统中，以便于后期数据的综合利用、信息系统开发和信息共享。

在已建立的数据库基础上，开发应用信息系统，应具备基本的数据查询、浏览和管理功能，一般以网络信息系统形式开发，便于调查数据的网络共享。

信息共享过程中务必注意信息安全保密，不要将涉密数据和敏感数据进行网络共享。

9. 总结

少数民族地区的农作物资源调查往往是多次或者多年完成的，因此调查的总结工作应因时进行。

（1）调查小结　每个调查队完成一地或者一次调查，均应对民族认知的品种、种植的方法和利用方法进行归纳与整理，对获得的各种样本资料进行汇总，并输入计算机。与此同时，写出调查小结，小结的内容主要包括调查的程序、方法；所调查地区的自然地理、民族、农业生产和农业生物资源基本现状；调查的重点乡（镇）、村，调查获得的资源概况及主要特征特性；分析当地作物资源消长的原因，特别是民族对资源保护的作用；调查队对当地资源保护和开发利用的建议，以及调查中存在的不足之处和改进建议。

（2）年度总结　每年的调查完成后，会形成大量的调查信息和数据资料。因此，必须及时进行年度总结，将各个调查小结的资料汇总起来，经过提炼形成年度总结。

（3）中期总结　农业生物资源调查项目执行年限为 5 年，当项目执行 2~3 年时，根据立项要求和执行情况，汇总形成中期总结，从而对项目立项可行性和科学性进行评估，据此决定项目的可持续性。

（4）总体总结　项目完成后要进行总体总结，总体总结的内容包括以下几个方面：立项背景及项目任务指标；调查县（市）及分布特点；调查的程序和方法；调查实施概况；调查地区农业生物资源状况及消长原因分析；少数民族对当地农业生物资源保护起到的作用；调查获得资源的概况，民族认知的特优、特异、特有资源，鉴定评价的优异资源、新物种（变种、变型）；发掘的新基因，新用途，新规律；农作物资源不同保存方式对遗传演化的影响；创建的民族地区农业生物资源调查方法和样本采集技术、普查表、系统调查表与问卷，培养的少数民族地区农业生物资源调查人才，发表的调查研究论文和著作；对调查地区农业生物资源加强保护和可持续利用的建议。

（二）少数民族地区药用植物野外调查和样本采集技术规范

前　言

为了规范"贵州农业生物资源调查"项目药用植物资源的调查与收集工作，特制定《少数民族地区药用植物野外调查和样本采集技术规范》，以确保药用植物调查与收集工作的有序进行。

本技术规范包括技术与物资准备、民族医药知识调查、药用植物的系统调查、样本采集、临时保存、样本的初步整理6个部分。对各部分工作内容和具体要求进行了说明与阐述。

1. 范围

本规范规定了药用植物野外调查和样本采集工作程序与技术要求。

本规范适用于民族医药知识调查时药用植物的调查与样本收集工作。

2. 规范性引用文件

下列文件中的条款通过本规范的引用而成为本规范的条款。凡是注日期的引用文件，其随后所有的修改单（不包括勘误的内容）或修订版不适用于本规范，然而，鼓励根据本规范达成协议的各方研究使用这些文件的最新版本。凡是不注日期的引用文件，其最新版本适用于本规范：《中华人民共和国药典》（2005年）。

3. 术语和定义

（1）药用植物（medicinal plant）：指含有生物活性成分，用于防病、治病、保健、康复、美容等方面的植物。

（2）种质（germplasm）：指能够通过生殖细胞代代相传并且作为繁衍物质基础的遗传物质。

（3）种质资源（germplasm resource）：指携带各种种质的材料，又称遗传资源或基因资源。包括古老的地方种、新培育的推广品种、重要的育种品系和遗传材料，以及作物的野生近缘植物等。它们具有在进化过程中的各种基因，是作物育种的物质基础，也是研究作物起源、进化、分类、遗传的基本材料。

（4）性状（character）：指一个生物体结构和功能特征的表现型，它是某个基因和某组基因与环境互作的结果。

（5）群体（population）：指生存于同一地域同一物种的所有个体的总和。

（6）自花植物（inbreeder plant）：指具有自交亲和繁殖生物学基础的植物。

（7）异花植物（outbreeder plant）：指具有自交不亲和繁殖生物学基础的植物。

（8）收集（collection）：指通过考察、采集、征集、交换、贸易等渠道收集各种农作物的栽培品种、地方品种和野生种的活动。

（9）野生近缘植物（wild relative plant）：指在自然界生长的与栽培植物有较密切关系的野生植物。

（10）鉴定（characterization）：指对能够高度遗传的植物特征进行评估，这些能够高度遗传的特征可以很容易用眼睛进行区分，或在所有的环境条件下都能表现一致的特征性状。

（11）评价（evaluation）：指对植物性状如产量、农艺表现、对生物和非生物胁迫的敏感程度、生物化学与细胞学特性等进行描述，这些性状的表现可能受环境因素的影响。

（12）保存（preservation）：指利用天然或人工创造的适宜环境，长期保持种质的生活力，使原有遗传基因不致丢失的工作。

（13）原生境保存（*in situ* preservation）：指保护野生物种的生态系统和自然栖息地，以及维持和恢复它们自然生存周围环境的活动。

（14）非原生境保存（*ex situ* preservation）：指将种质资源从其被发现的地方转移到其他地方并将其种子保存在基因库，将营养体进行离体保存或将其种植于植物园或种质圃中的方法。

（15）种质库保存（germplasm bank preservation）：指利用人工建设的、具有调节温度和湿度功能的设施保存种子的方式。

（16）种质资源圃（germplasm garden）：指田间集中保存种质资源的一种方式。一般用于保存多年生且以无性繁殖为主的植物。

4. 构成与程序图

药用野生植物野外调查和样本采集工作可分为技术与物资准备、民族医药知识调查、药用植物的系统调查、样本采集、临时保存、样本的初步整理6个部分。

1）技术与物资准备

少数民族地区民族医药的从业人员主要是草医、乡村医生和与宗教活动有关的人员，如和尚、东巴等，而普通老百姓缺乏有关医药方面的知识。另外，药用植物的使用一般围绕病种来确定。因此，本课题的调查原则是："以民族为主线，以病种为中心，以医药从业人员为依托开展药用植物资源的调查和收集。"

（1）调查前必须仔细查阅和了解少数民族的宗教礼仪、生活及风俗习惯、风土人情。

（2）了解当地少数民族传统文化知识，包括用药历史、起源、传播方式、用药习惯等。

（3）了解当地民族的生态环境，查阅当地植物的种类及分布。

（4）查阅当地植物的实物标本，了解所有植物的形态特征，绘制形态图。

（5）了解植物的生长发育规律（包括出苗期、开花期、生长期、回苗期等），以及植物的生长特点（包括生长习性、对生态环境的要求）、繁育系统（包括野生居群的传粉生物学、繁殖方式等）。

（6）根据了解的基础材料，拟定调查的路线图。

（7）准备调查所需的物质材料，包括记录本、标本夹、GPS定位仪等。

2）民族医药知识调查

（1）与当地民族医药的从业人员（草医、乡村医生和与宗教活动有关的人员，如和尚、东巴等）进行座谈、访谈，了解少数民族医药知识、病种、药用历史、传统用法、药用植物的种类、药用植物保护知识和实践，以及民族医药在民族地区社会发展中的作用和地位等。

（2）收集当地民间出版的文字书籍，包括以少数民族语出版编辑的古文书籍、手抄本及病案记录本等。

（3）分析当地药用植物种类、分布、生存环境、特征特性、利用途径、保护措施等及其在少数民族经济生活中的作用，揭示药用植物资源与少数民族文化、社会、经济之间的关系。

3）药用植物的系统调查

以病种为中心的药用植物种类调查。

（1）首先对被访问者的情况进行调查，调查内容包括：姓名、年龄、文化程度、民族、本人从医史、家族从医史、擅长治疗的病种等（表1-16）。

表1-16 被访问者情况调查表

姓名		年龄		性别	
民族		文化程度		从事的职业	
家庭住址					
本人从医史			家族从医史		
擅长治疗的病种					

（2）对被访问者进行当地常见病种及药用植物的调查，调查内容包括：病种名称、表现症状、治疗方法（西医、中医、民族医）、常用药物等（表1-17）。

表1-17 省县乡村族常见病种调查表

项目	病种一	病种二	病种三	病种四	病种五
名称					
表现症状					
治疗方法	西医： 中医： 民族医：	西医： 中医： 民族医：	西医： 中医： 民族医：	西医： 中医： 民族医：	西医： 中医： 民族医：
作民族医药治疗用的药物					
其他					

（3）在上述工作的基础上系统调查药用植物，内容包括：植物名称、俗（土）名、药用部位、加工方法、使用方法、治疗病种、使用量、资源类型、分布范围等基础数据（表1-18）。

表1-18 药用植物资源调查表

植物名称		采集地地形地貌	
俗（土）名		采集人	
药用部位		采集时间	

（续表）

使用方法	采集编号
加工方法	植物照片及编号
治疗病种	药材照片及编号
使用量	植物标本及编号
资源类型　　　　　1. 野生　2. 栽培	药材标本及编号
分布范围	种质繁殖类型　　　　1. 种子　2. 植株　3. 无性器官
生长环境	
采集地点	
采集地海拔	
采集地土壤	
采集地群落植物	

（4）照相。在无特殊情况下，每一采集点所收集的任何样本，都必须摄制该采集点的样本提供者、生境、伴生物种、土壤、收集样本的全貌和典型特征照片。

4）样本采集

包括药材标本和植物标本。每个样本都必须制作1~2个相应材料的典型、完整的标本；标本的标签必须注明：采集编号、采集地点、分布状况、生境、海拔、伴生物种、采集人、采集时间等（表1-18）。

5）临时保存

（1）采集样本为种子时，应按照种子生物学特性的要求，进行干燥和保存。

（2）收集的样本为无性繁殖材料的，应用适当的方法进行保存，以保持繁殖材料的活性。

6）样本的初步整理

（1）将收集到的植物种子、苗木、无性繁殖材料等进行分类、核实。

（2）检查每份材料的原始资料和登记表的内容是否完整，必要时进行补充或完善。

（三）少数民族地区食用菌类资源野外调查及样本采集规范

1. 适用范围

本规范适用于食用菌野生资源的调查采集。

2. 调查目的

通过调查要达到3个目的，一是基本查清调查地野生食用菌的种类资源、分布特点；二是查清调查地主要贸易性野生食用菌的种类、资源储量和社会产值；三是了解调查地对资源的认识及利用情况。

3. 调查方案制定

1）调查及采样单元的确定

调查以地理区划结合行政区划设计调查单元，基本单元为乡（镇）。

2）信息获取

通过资料信息分析，对调查点的生态、地理、民族、资源情况进行初步的了解，筛选出具有代表性的行政村作为系统调查样点。

3）具体方案

（1）地方特色资源的调查采集　通过访谈方式了解该地的特色资源，并在相关人员陪同下采集特色资源。

（2）未知特色珍稀资源发掘性采集调查　根据调查地的地理植被特点，选择一定范围进行资源采集。

（3）资源蕴藏量调查　利用采菇能手对指定区域所产的野生菌进行采集，并结合发生期进行统计和估算。

（4）利用认知知识调查　对采集的每一份资源，以单独了解和小范围座谈的形式掌握当地对该资源的认识与利用情况。

4. 调查

1）访谈

每个乡（镇）选择3~5个山林植被具有代表性的自然村，每村选择2~3名采菇能手，通过访谈，了解该村资源情况、利用情况、认知情况、市场情况。

2）资源采集和再认识

（1）选择适宜的采集地点。

（2）在调查前对采集户进行简单培训。

（3）对本辖区所产的野生菌进行采集。

3）商品性野生食用菌种类、产量、产值调查统计

（1）对采集的样本进行鉴别，编录资源调查表，获取活体材料，部分样本制成干标本。

（2）获取产菌森林区的生态信息。

（3）商品性野生食用菌种类、产量、产值调查。

（4）完成县域内资源统计。

5. 信息采集（附表1-1、附表1-2、附表1-3）

1）地理信息

包括行政区划信息、地理信息（经纬度、海拔）。

2）生态信息

自然生态信息，包括植被、坡向、土壤等。

3）采集信息

采集人员，寄主、子实体主要宏观特征、照片。

4）照相

分别照生态、正面、子实层、纵切面照片。要求500万像素以上。

6. 调查资料整理

1）标本记录观察

根据系统调查表，通过访谈和资料查询，并观察标本完成"食用菌资源利用系统调查表"。

2）样本处理与种质分离

（1）利用材料处理　按照大型真菌标本处理规范制作干标本，同时取少量样品用硅胶干燥后作DNA提取样品，取质地好、无霉变、无虫害的部分用于种质分离。

（2）分离规范　对可培养的种类按照《食用菌品种选育技术规范》（GB/T 21125—2007）的要求进行菌种分离。

3）民族知识整理

以资源利用为主线进行资源相关民族知识的发掘。

4）科学数据整理

根据标本的初步鉴定，进行室内标本的形态学分类鉴定，对室外数据进行甄别和校正。活体分离物的真实性鉴定通过分离物和标本的ITS序列分析进行。对资源的科学数据和初步价值进行整理判断。

附表1-1　食用菌资源利用系统调查表

1. 调查地点：____县（市）____乡（镇）____村委会____村民小组，农户总数__户
2. 地理系统：GPS定位____地形____地貌____海拔____经度____纬度____年均气温____年均降雨量____其他____
3. 生态系统：土壤类型____植被类型____植被覆盖率____其他____
4. 采集编号____日期____
5. 民族知识提供者：姓名____性别____民族____年龄____文化程度____
6. 生物学：拉丁名____中文名____品种名____俗名____分布区域____历史演变____伴生物种____生长发育及繁殖习性____极端生物学特性____发生期____其他____
7. 资源利用情况：a自家食用（　）、食用方式（　），b市场上去卖（　）、价格（　），c药用（　），d其他用途（　）
8. 资源若具有药用或其他用途：a具体用途（　），b利用方式（　）
9. 照相：摄制该采集点的样本提供者、生境、伴生物种、土壤、收集样本的全貌和典型特征照片
10. 其他：

附表1-2　食用菌野外采集记录表

采集编号：_____　照片编号：_____　标本编号：_____　菌种分离：是　否
采集人：_____　日期：____年____月____日
种质名称：_____　拉丁名：_____　俗名：_____
采集地：_____省_____市（州/地区）_____县（县级市）

_____乡（镇）_____村委会_____村民小组

具体地点（山，林场，自然保护区或农贸市场）：_____

海拔：_____m 纬度：_____°N 经度：_____°E

生境：森林 灌丛 草地 沼泽 山脊 路边 溪边 阴坡 阳坡　植被类型：针叶林 阔叶林 混交林 主要树种：_____

营养方式：寄生 共生 腐生　　宿（寄）主：_____

生态：干燥 湿润 浸水 流水岩面 林荫 散光 直射光

子实体生长习性：单生 群生 合生 簇生 散生 叠生

形态特征：菌盖大小_____ 质地_____ 颜色_____ 受伤是否变色_____

菌盖主要特征：_____

子实层：着生方式（直生、弯生、延生、凹生、离生）；形状（孔、齿、褶、光滑）；颜色：_____；受伤是否变色：_____

菌管颜色：_____；受伤是否变色：_____；孢子印：_____

菌柄着生方式：中生　偏生　侧生 粗细：_____ 颜色：_____ 受伤是否变色：_____

菌肉质地及颜色：_____ 受伤是否变色：_____

菌柄主要特征：_____

菌环：_____ 菌托：_____

气味：_____ 味道：_____

采集地利用状况：食用 药用

利用方式：_____

主要功能：_____

附表 1-3　食用菌标本标签

采集编号：　　　　　　　　　　　　中文名称：
拉丁名：
采集地点：　　　　　　　　　　　　海拔：
分布状况：
生境：　　　　　　　　　　　　　　伴生物种：
采集人：　　　　　　　　　　　　　采集时间：
鉴定人：

（四）少数民族地区农业生物资源调查表和问卷

为了调查数据和信息的统一与规范，编制了少数民族地区农业生物资源调查表和问卷，共分 3 个部分：第一部分农业生物资源普查表；第二部分村级（村委会）农业生物资源系统调查表；第三部分农业生物资源调查问卷。

第一部分 农业生物资源普查表
（　　　　年基本情况）
填表人　　　　填表日期

1. 基本情况

（1）县名：

（2）民族及人口状况：总人口_____，少数民族人口_____，其中，民族___人口__，民族___人口__，民族___人口__，民族___人口__，民族___人口__，民族___人口__，民族___人口__，民族___人口__，民族___人口__，民族___人口___。

（3）土地状况：县总面积___km^2，县可耕地面积___万hm^2，县可耕地中的山地面积___万hm^2；草场面积___万hm^2；森林面积___万亩[①]；重点调查民族（指该县拥有的彝族、苗族、土家族、侗族、布依族、瑶族、仫佬族、壮族、仡佬族、水族等10个少数民族）分布面积___km^2，重点调查民族可耕地面积___万hm^2，重点调查民族耕地中的山地面积___万hm^2。

（4）地理系统：县海拔范围_____m，经度范围_____°E，纬度范围_____°N，年均气温_____℃，年均降雨量_____mm。

（5）经济状况：县总产值___万元；县农业总产值___万元；县粮食总产值___万元；县经济作物总产值___万元；县畜禽业总产值___万元；重点调查民族年纯收入___元/户；重点调查民族主要收入来源_____。

（6）重点调查民族主要分布区域
_____。

（7）重点调查民族与农业有关主要的传统文化
_____
_____。

（8）重点调查民族佩戴的以畜禽等动物、农作物等植物为原材料的主要饰物：饰物_____、原材料_____，饰物_____、原材料_____，饰物_____、原材料_____，饰物_____、原材料_____。

（9）重点调查民族总体受教育情况：高等教育_____%，中等教育_____%，初等教育_____%，未受教育_____%。

（10）特有农业资源及利用情况
_____。

（11）当前农业生产存在的主要问题
_____
_____。

（12）总体生态环境自我评价：优（　）良（　）中（　）差（　）

---

① 1亩≈666.7m^2

（13）总体生活状况（质量）自我评价：优（ ）良（ ）中（ ）差（ ）
（14）其他

2. 种植的主要粮食作物情况

（1）全县种植的主要粮食作物情况

填表人　　　填表日期

作物种类	种植面积/hm²	种植品种数目									具有保健、药用、工艺品、宗教等特殊用途品种		
^	^	地方品种				育成品种				名称	用途	单产/(kg/667m²)
^	^	数目	代表性品种			数目	代表性品种			^	^	^
^	^	^	名称	面积/hm²	单产/(kg/667m²)	^	名称	面积/hm²	单产/(kg/667m²)	^	^	^

（2）重点调查民族种植的主要粮食作物情况

填表人　　　填表日期

作物种类	种植面积/hm²	种植品种数目									具有保健、药用、工艺品、宗教等特殊用途品种		
^	^	地方品种				育成品种				名称	用途	单产/(kg/667m²)
^	^	数目	代表性品种			数目	代表性品种			^	^	^
^	^	^	名称	面积/hm²	单产/(kg/667m²)	^	名称	面积/hm²	单产/(kg/667m²)	^	^	^

3. 种植的蔬菜、果树、茶、桑等主要经济作物情况

（1）全县种植的蔬菜、果树、茶、桑等主要经济作物情况

填表人　　填表日期

作物种类	种植面积/hm²	种植品种数目									具有保健、药用、工艺品、宗教等特殊用途品种		
^	^	地方品种				育成品种				名称	用途	单产/(kg/667m²)
^	^	数目	代表性品种			数目	代表性品种			^	^	^
^	^	^	名称	面积/hm²	单产/(kg/667m²)	^	名称	面积/hm²	单产/(kg/667m²)	^	^	^

（2）重点调查民族种植的蔬菜、果树、茶、桑等主要经济作物情况

填表人　　　填表日期

作物种类	种植面积/hm²	种植品种数目									具有保健、药用、工艺品、宗教等特殊用途品种		
^	^	地方品种				育成品种				名称	用途	单产/(kg/667m²)
^	^	数目	代表性品种			数目	代表性品种			^	^	^
^	^	^	名称	面积/hm²	单产/(kg/667m²)	^	名称	面积/hm²	单产/(kg/667m²)	^	^	^

第二部分 村级（村委会）农业生物资源系统调查表

1. **基本情况**

（1）调查地点：_____省_____县（市）_____乡（镇）_____村委会_____村民小组，农户总数___户，民族种类___个，其中主要有民族___人口___，民族___人口___，民族___人口___，民族___人口___。

（2）土地状况：总面积_____km²，可耕地面积_____万hm²，可耕地中的山地面积_____万hm²；重点调查民族（指该县拥有的彝族、苗族、土家族、侗族、布依族、瑶族、仫佬族、壮族、仡佬族、水族等10个少数民族）可耕地面积_____万hm²，重点调查民族耕地中的山地面积_____万hm²。

（3）农业生物资源状况：种植的主要粮食作物种类_____，种植的蔬菜、果树、茶、桑等主要经济作物种类_____，养殖的主要畜禽种类_____，利用的主要食用菌种类_____，利用的主要药用植物种类_____。

（4）经济状况：总产值___万元；农业总产值___万元；粮食总产值___万元；经济作物总产值___万元；畜禽业总产值___万元；重点调查民族年人均纯收入___元；重点调查民族主要收入来源_____。

（5）重点调查民族与农业有关主要的传统文化：
_____。

（6）重点调查民族以畜禽等动物、农作物等植物为原材料的主要工具或饰物：工具或饰物_____、原材料_____，工具或饰物_____、原材料_____，工具或饰物_____、原材料_____，工具或饰物_____、原材料_____。

（7）重点调查民族总体受教育情况：高等教育___%，中等教育___%，初等教育___%，未受教育___%。

（8）医疗条件：医院___，个体诊所___，其他_____。

（9）总体生态环境自我评价：优（ ）良（ ）中（ ）差（ ）

（10）总体生活状况（质量）自我评价：优（ ）良（ ）中（ ）差（ ）

（11）其他
_____
_____。

2. **全村种植面积前5位的作物品种**

（1）种植面积前5位的粮食作物品种

作物种类	种植面积/hm²	种植品种数目							
^	^	地方品种				育成品种			
^	^	目前种植的总数目	代表性品种			目前种植的总数目	代表性品种		
^	^	^	名称	面积/hm²	单产/(kg/667m²)	^	名称	面积/hm²	单产/(kg/667m²)

（续表）

作物种类	种植面积/hm²	种植品种数目							
^	^	地方品种				育成品种			
^	^	目前种植的总数目	代表性品种			目前种植的总数目	代表性品种		
^	^	^	名称	面积/hm²	单产/(kg/667m²)	^	名称	面积/hm²	单产/(kg/667m²)

备注：必须详细了解和说明种植地方品种的原因，对于具有优质、高效、保健、药用、工艺品、宗教等特殊用途品种，必须填写特有和特异资源调查问卷

（2）种植面积前5位的果树品种

作物种类	种植面积/hm²	种植品种数目							
^	^	地方品种				育成品种			
^	^	目前种植的总数目	代表性品种			目前种植的总数目	代表性品种		
^	^	^	名称	面积/hm²	单产/(kg/667m²)	^	名称	面积/hm²	单产/(kg/667m²)

（续表）

作物种类	种植面积/hm²	种植品种数目							
^	^	地方品种				育成品种			
^	^	目前种植的总数目	代表性品种			目前种植的总数目	代表性品种		
^	^	^	名称	面积/hm²	单产/(kg/667m²)	^	名称	面积/hm²	单产/(kg/667m²)

备注：必须详细了解和说明种植地方品种的原因，对于具有优质、高效、保健、药用、工艺品、宗教等特殊用途品种，必须填写特有和特异资源调查问卷

（3）种植面积前5位的茶、桑等品种

作物种类	种植面积/hm²	种植品种数目							
^	^	地方品种				育成品种			
^	^	目前种植的总数目	代表性品种			目前种植的总数目	代表性品种		
^	^	^	名称	面积/hm²	单产/(kg/667m²)	^	名称	面积/hm²	单产/(kg/667m²)

（续表）

作物种类	种植面积/hm²	种植品种数目							
		地方品种				育成品种			
		目前种植的总数目	代表性品种			目前种植的总数目	代表性品种		
			名称	面积/hm²	单产/(kg/667m²)		名称	面积/hm²	单产/(kg/667m²)

备注：必须详细了解和说明种植地方品种的原因，对于具有优质、高效、保健、药用、工艺品、宗教等特殊用途品种，必须填写特有和特异资源调查问卷

（4）种植面积前5位的蔬菜品种

作物种类	种植面积/hm²	种植品种数目							
		地方品种				育成品种			
		目前种植的总数目	代表性品种			目前种植的总数目	代表性品种		
			名称	面积/hm²	单产/(kg/667m²)		名称	面积/hm²	单产/(kg/667m²)

（续表）

作物种类	种植面积/hm²	种植品种数目							
^	^	地方品种				育成品种			
^	^	目前种植的总数目	代表性品种			目前种植的总数目	代表性品种		
^	^	^	名称	面积/hm²	单产/(kg/667m²)	^	名称	面积/hm²	单产/(kg/667m²)

备注：必须详细了解和说明种植地方品种的原因，对于具有优质、高效、保健、药用、工艺品、宗教等特殊用途品种，必须填写特有和特异资源调查问卷

3. 全村利用前5位的食用菌、药用植物

（1）利用前5位的食用菌

菌类名称	栽培或野生	分布状况/面积	食用部位	食用方法	有无特殊民族象征意义

（续表）

菌类名称	栽培或野生	分布状况/面积	食用部位	食用方法	有无特殊民族象征意义

（2）利用前5位的药用植物

药用植物名称	栽培或野生	分布状况/面积	药用部位	主要功效	有无特殊民族象征意义

（续表）

药用植物名称	栽培或野生	分布状况/面积	药用部位	主要功效	有无特殊民族象征意义

第三部分 农业生物资源调查问卷

1. 粮食、蔬菜、食用菌作物资源调查问卷

特有和特异资源调查问卷

（1）样品采集编号_____，日期___年_月_日，采集地点_____，调查民族____，样品类型____，采集者____。

（2）生物学：物种_____拉丁名_____作物名称_____品种名称_____俗名_____生长发育及繁殖习性_____其他_____。

（3）品种类别：a 野生种（   ），b 地方品种（   ），c 育成品种（   ），d 引进品种（   ）。

（4）该品种的来源：a 前人留下（   ），b 与亲戚换种（   ），c 市场购买（   ），d 其他途径_____。

（5）该品种已种植了大约___年，在当地大约有_____农户种植该品种，该品种在当地的种植面积大约有___ hm^2。

（6）该品种生长的环境：GPS 定位___，海拔___ m，经度___°E，纬度___°N，土壤类型____，分布区域____，伴生、套种或周围种植的作物种类___。

（7）种植该品种的原因：a 自家食用（ ），b 市场出售（ ），c 饲料用（ ），d 药用（ ），e 观赏（ ），f 砧木（ ），g 其他用途_____。

（8）该品种若具有高效（低投入，高产出）、保健、药用、工艺品、宗教等特殊用途，

具体表现_____
_____；
具体利用方式与途径
_____
_____。

（9）该品种突出的特点（具体化）
a 优质：_____，
b 抗病：_____，
c 抗虫：_____，
d 抗寒：_____，
e 抗旱：_____，
f 耐瘠：_____，
g 产量：平均单产_____ kg/667m^2，最高单产_____ kg/667m^2，
h 其他：_____。

（10）利用该品种的部位：a 种子（ ），b 茎（ ），c 叶（ ），d 根（ ），e 其他_____。

（11）该品种株高（ ）cm，穗长（ ）cm；果实或籽粒是 a 大（ ），b 中等（ ），c 小（ ）；果实品质或籽粒是 a 差（ ），b 中等（ ），c 优（ ）。

（12）该品种大概的播种期_____，收获期_____。

（13）该品种栽种的前茬作物是_____，后茬作物是_____。

（14）该品种栽培管理（病虫害防治、施肥、灌溉等）的主要要求_____。

（15）留种方法及种子保存方式：_____。

（16）样本提供者：姓名_____性别____民族____年龄____文化程度_____家庭人口____人。

（17）照相：样本照片（编号_____）（注：样本照片编号与采集编号一致，若有多张照片，用采集编号 - 数字）；样本提供者（编号_____）、生境（编号_____）、伴生物种（编号_____）、土壤（编号_____）、采集样本的全貌（编号_____）和典型特征照片（编号_____）。

（18）标本：在无特殊情况下，每个样本都必须制作 1~2 个相应材料的典型（编号_____）、完整的标本（编号_____）。

（19）取样：取样编号即为采集编号（编号_____）：在无特殊情况下，地方品种、野生种每个样本（品种）都必须从田间不同区域生长的至少 50 个单株上各取 1 个果穗分装保存，以便充分保留该品种的遗传多样性，并作为今后繁殖、入库和研究之用；栽培品种选取 15 个典型植株各取 1 个果穗混合保存。

（20）其他需要记载的重要情况：_____。

未收集或不明确的资源问卷

（1）样本采集编号_____，日期_____年_月_日，采集地点_____，民族_____，样本类型_____，采集者_____。

（2）生物学：物种_____拉丁名_____作物名称_____品种名称_____俗名_____生长发育及繁殖习性_____其他_____。

（3）样本类别：a 野生种（ ），b 地方品种（ ），c 育成品种（ ），d 引进品种（ ）。

（4）品种的来源：a 前人留下（ ），b 与亲戚换种（ ），c 市场购买（ ），d 其他途径_____。

（5）该品种已种植了大约____年，在当地大约有_____农户种植该品种，该品种在当地的种植面积大约有_____hm^2。

（6）生长环境：GPS 定位_____，海拔____m，经度____°E，纬度____°N，土壤类型_____，分布区域_____，伴生、套种或周围种植的作物种类_____。

（7）种植该品种的原因：a 自家食用（ ），b 市场出售（ ），c 饲料用（ ），d 药用（ ），e 观赏（ ），f 其他用途_____。

（8）该品种突出的特点

a 优质：_____，

b 抗病：_____，

c 抗虫：_____，

d 抗寒：_____，

e 抗旱：_____，

f 耐贫瘠：_____，

g 产量：平均单产____kg/667m^2，最高单产____kg/667m^2，

h 其他：_____。

（9）该品种栽培管理（病虫害防治、施肥、灌溉等）的主要要求：

_____

_____。

（10）留种方法及种子保存方式：

_____

_____

（11）样本提供者：姓名____性别__民族__年龄__文化程度__家庭人口__人。

（12）其他需要记载的重要情况：_____。

已明确是重复且非特异性的资源问卷

（1）生物学：物种拉丁名_____作物名称_____品种名称_____俗名_____生长发育及繁殖习性_____其他_____。

（2）品种类别：a 地方品种（ ），b 育成品种（ ），c 引进品种（ ）。

（3）该品种已种植了大约____年，在当地大约有__农户种植该品种，该品种在当

地的种植面积大约有_____ hm²。

（4）该品种突出的特点

a 优质：_____，

b 抗病：_____，

c 抗虫：_____，

d 抗寒：_____，

e 耐贫瘠：_____，

f 高产：_____，

g 其他：_____。

（5）其他需要记载的重要情况：_____。

2. 果树资源调查问卷

（1）样本采集编号_____，日期___年_月_日，采集地点_____，民族_____，样本类型_____，采集者_____。

（2）生物学：物种_____拉丁名_____作物名称_____品种名称_____俗名分布区域_____历史演变_____伴生物种_____生长发育及繁殖习性_____极端生物学特性_____其他_____。

（3）地理系统：GPS 定位_____，海拔_____ m，经度____°E，纬度_____°N，地形地貌_____，年均气温_____℃，年均降雨量_____mm，其他_____。

（4）生态系统：土壤类型____植被类型____植被覆盖率____其他_____。

（5）样本类别：a 地方品种（ ），b 育成品种（ ），c 引进品种（ ），d 野生种（ ）。

（6）该样本的来源：a 前人留下（ ），b 与亲戚换种（ ），c 市场购买（ ），d 其他途径（ ）。

（7）种植该样本的原因：a 自家食用（ ），b 饲用（ ），c 市场销售（ ），d 药用（ ），e 其他用途（ ）。

（8）该样本突出特性

a 优质：_____，

b 抗病：_____，

c 抗虫：_____，

d 产量：_____，

e 其他：_____。

（9）利用该样本的部位是：a 果实（ ），b 种子（ ），c 植株（ ），d 叶片（ ），e 根（ ），f 其他（ ）。

（10）该样本具有药用或其他用途

a 具体用途：_____，

b 利用方式与途径：_____。

（11）该样本有无其他特殊用途和利用价值：a 观赏（ ），b 砧木（ ），c 其他：_____。

（12）该样本的种植密度_____；间种作物_____。

（13）该样本在当地的物候期：_____。

（14）样本提供者种植该品种大约有___年，现在种植的面积大约_____ hm²；当地大约有_____农户种植该品种，种植面积大约有_____ hm²。

（15）该样本大概的开花期____、成熟期____。

（16）该样本栽种管理有什么特别要求_____。

（17）该样本株高_____m，果实大小_____cm，果实品质是 a 差（　　），b 中等（　　），c 优（　　）。

（18）样本提供者一年种植哪几种作物：_____。

（19）其他：_____。

（20）样本提供者：姓名____性别___民族___年龄___文化程度___家庭人口___人。

3. 药用植物资源调查问卷

植物名称		科		属	
学名					
采集编号		日期		年　月　日	
采集人		样本类型			
GPS 定位		海拔 /m			
采集场所					
外形描述	草　树　藤				
药用部位	根　茎　叶　果　种子				
生长环境	阳坡　阴坡　山脊　峭壁　水边　庭院				
药草来源	野生驯化　原生境种植　野外采集　购买				
主要功效					
对何种病有特效及主要配伍					
药用方法					
疗效					
保健功能					
最佳采集时间					
采后处理					
制药方法					
服药禁忌					

（续表）

本地最有特色的草药					
其他					
知识来源	祖辈传下来 跟医生学 亲戚朋友介绍 自己摸索				
提供者姓名		性别		民族	年龄
文化程度			家庭人口		
主要收入来源			全年收入		
地址			联系电话		

第七节　调查取得的重要突破

一、发现了一批新物种、新记录种和作物的新类型种质资源

通过系统调查获得的大量作物稀有种质资源和野生近缘植物中，有一批新物种和新记录种及作物新类型种质资源。

（一）新物种和新记录种

1. 新物种

新物种指的是本次调查新发现的物种。

（1）米柑（采集编号：2013522429），采集于印江县朗溪镇昔卜村，在印江县多个乡（镇）有零星分布。其是贵州特有柑橘品种，高产，品质优良，抗柑橘黑斑病，耐贫瘠。经园艺性状鉴定评价认为可能是红橘（*Citrus reticulata*）和甜橙（*C. sinensis*）的天然杂种（*C.* sp.）。

（2）卵叶韭（采集编号：2014521135），采集于毕节地区赫章县韭菜坪村，是野生韭菜。分布于海拔2800m左右的山坡上，生长处腐殖质层深厚。叶片卵圆形、对生、绿色、有浅色条纹；鳞茎外皮灰褐色至黑褐色，老化后呈明显纤维网状；花被片狭条状披针形，先端长渐尖，花柱长可达子房的4倍，花后早落。经中国科学院植物研究所专家初步鉴定认为是近于茖葱（*Allium victorialis*）的一个新物种（*A.* sp.）。

（3）近宽叶韭（采集编号：2014521237），采集于赫章县雉街乡双龙村大韭菜坪，是野生韭菜，与粗根韭（*A. fasciculatum* Rendle）相似，但不同之处是花葶长，圆形花序球状且大，物种分类待定。

（4）野柑子（采集编号：2013521481），采集于紫云县四大寨乡噜嘎村噜嘎组，当地民族为布依族。该种质资源分布在坡度为30°左右、海拔890m左右的灌丛中，分布区域约长30m、宽10m、约30株。调查采集时，株高0.8~2.5m，部分果实已成熟，

株下地上可见较多落果。果实种子多，味极酸。植株形态特征与柠檬类似，可能是柠檬与宽皮橘类的杂交后代。

2. 新记录种

这里介绍的新记录种，指的是此次调查发现在贵州省有分布，但全国尚未记录在该省有分布的物种。通过对本次调查采集农业生物资源样本的鉴定和查阅有关文献，初步认为新记录种有野生韭菜种质资源野韭（采集编号：2013525505）（*Allium ramosum*）、藤藤韭（采集编号：2014521134）［初步鉴定为齿被韭（*A. yuanum*）］和近宽叶韭（采集编号：2014522106）（*A. hookeri*）。

（二）作物新类型种质资源

作物新类型种质资源指的是在一种作物中曾未记载过的类型。本次调查采集的作物新类型种质资源如下。

（1）穗形独特的玉米品种四角苞谷（采集编号：2013521496），其果穗顶部长出4个头，很似4个犄角，故称四角苞谷。该品种产于紫云县白石岩乡新驰村，是当地农民从马齿玉米品种中选出的变异类型，目前该品种的种植面积约为26.7hm^2，单产约4500kg/hm^2。

（2）适应阴冷、寡照的水稻品种黄岗洋弄（采集编号：2013523447），其名称源于侗语"苟阳弄"，汉语意为"密林深处的糯稻"。该品种特别适应阴冷、日照不足的林缘地带，每日仅有2h左右直射日照即可正常生长发育，产量可达350~400kg/667m^2。其产自黎平县双江镇黄岗村，当地侗族群众种植该品种历史悠久，现今仍种植。

（3）特异果形的茄子品种团茄（采集编号：2013522372），其突出的特异形态是果实团状有棱，因此兼具观赏与食用价值。该品种产自印江县洋溪镇坪林村。

（4）有别于其他红心柚的印江红心柚（采集编号：2013522425），其突出特点是果肉红色，味道独特，经鉴定其具有特异的简单序列重复（simple sequence repeat，SSR）指纹。该品种采集于印江县。

（5）白色叶片的鱼腥草资源白鱼腥草（采集编号：2013521431），正名为白苞裸蒴（*Gymnotheca involucrata* Pei），产自紫云县大营乡妹场村，其叶片为白色，实为罕见。

（6）清香味极浓的香蕉品种闻香香蕉（采集编号：2013522085），放在屋内满屋喷香，故而得名。产自贞丰县者相镇，已有100多年种植历史。

（7）特早熟的枇杷品种早枇杷（采集编号：2013522148），9月开花，次年3月成熟，比一般品种早熟一个月左右，产自贞丰县鲁贡镇打嫩村，当地布依族种植已有40年历史。

（8）白色果实杨梅品种白杨梅（采集编号：2013523037），产自赤水市长沙镇赤岩村，其果实为白色，是罕见的杨梅品种。

二、取得了一批对科学研究有重要意义的种质资源

（一）粮食作物

（1）特殊果穗类型的玉米品种四角苞谷（采集编号：2013521497）采自紫云县白

石岩乡新驰村。四角苞谷的果穗顶部出现4个头，很似4个犄角，故称为四角苞谷。该品种是当地农民从马齿玉米品种中选出的变异类型，已种植50多年。这种类型的玉米品种未曾见报道，这对于玉米类型（或穗型）的划分和变异研究具有一定的意义。

（2）耐阴冷、寡照水稻品种黄岗洋弄（采集编号：2013523447）产自黎平县，当地侗族将其称为"密林深处的糯稻"，因为该品种能适应阴冷、寡照的林缘地带种植，每日仅有2h左右的直射日照，即可正常生长发育。这样的品种实为罕见，这对研究水稻光照和耐阴冷性很有意义。

（二）蔬菜作物

卵叶韭（*Allium* sp.）是野生韭菜，产于毕节地区赫章县大韭菜坪，经中国科学院植物研究所专家鉴定，初步认为其是近于苔葱的一个新物种。其对研究韭菜的分类和起源进化均有一定价值。

（三）果树作物

米柑（采集编号：2013522429）是贵州特有柑橘地方品种，采集于印江县，经园艺性状鉴定评价，认为其是红橘（*Citrus reticulata*）和甜橙（*C. sinensis*）的天然杂种（*C.* sp.）。其在柑橘的分类和进化研究中有重要价值（郑殿升等，2016）。

三、筛选出对作物育种有价值的种质资源

（一）果树作物种质资源

（1）九阡水昔梨（采集编号：2012522014）和香水梨（采集编号：2012522159）均产自三都县，已有70年种植历史，它们的共同特点是抗性强，品质好。对选育适应低纬度中亚热带气候地区的短低温需求品种有一定的利用价值。

（2）闻香香蕉（采集编号：2013522085）为贞丰县地方优良品种，种植历史100年以上，其突出特点是果实香味极浓，放在屋内满屋清香，并且味甜、细腻。对选育具有特殊香气的香蕉品种很有价值。

（3）早枇杷（采集编号：2013522148）在当地已有40年种植历史，其突出特点是成熟极早，比一般品种早熟1个月左右，果实品质优良、味甜、多汁。对选育早熟、优质枇杷品种有重要价值。

（4）革利晚李（采集编号：2013524125）采集于镇宁县革利乡，是少有的晚熟地方李品种，4月开花，8~9月成熟，果实极离核，味甜酸，水分多。可为晚熟李品种选育提供材料。

（5）无核柿子（采集编号：2014525147）和大野柿（采集编号：2014522071）分别采集于道真县和荔波县，均为优良地方品种，共同特殊性状是果实无核，并且果大、味甜。对研究柿的无核育种有重要意义。

（6）巫捞猕猴桃（采集编号：2012522158）采自三都县，果大（单果重70g左右），长圆柱形，品质优良，对选育大果型猕猴桃品种具有重要价值。

（二）粮食作物种质资源

（1）水稻品种黄岗洋弄（采集编号：2013523447），采集于黎平县双江镇黄岗村，其名称源于当地侗语"苟阳弄"，译为汉语意为"密林深处的糯稻"。该品种能适应阴冷、寡照的林缘地带，每日仅有2h左右直射日照即可正常生长发育。在当地已有悠久种植历史，深受侗族农民的喜爱。这种既耐阴冷又耐寡照的水稻品种实为罕见，这对南方稻区培育耐阴冷或寡照的新品种，具有十分重要的利用价值。

（2）水稻品种高洋红米（采集编号：2013523505），产自黎平县德化乡高洋村。经鉴定确定其耐冷性强，在耐冷鉴定中，比耐冷对照品种楚粳3号结实率高6.9%。同时，研究证明其具有抗稻瘟病基因。因此，该品种可作为水稻耐冷和抗稻瘟病育种的亲本。

（3）水稻品种黄鳝血（采集编号：2013523309）和苟寨各（采集编号：2013523516），它们均产自黎平县，经糯性基因 Wx 鉴定分析，它们的 Wx 基因CT重复均为24，这在水稻中属于稀有品种，稻米的糯性很强。它们在糯米品种培育中有重要价值。

（4）极早熟菜豆品种黄四季豆（采集编号：2014523032）、青皮四季豆（采集编号：2014523031）、鸡油豆（采集编号：2014523190），均产于开阳县，长四季豆（采集编号：2014525035）产于道真县，懒豆（采集编号：2013522333）采集于印江县。这些品种的全生育期为62~74天（早熟类为≤90天），属极早熟类，它们在菜豆早熟品种选育中有一定的利用价值。

（5）特大粒大豆品种肇兴大粒黄豆（采集编号：2013523456），采集于黎平县肇兴镇中寨村。该品种的籽粒大，百粒重为33.6g，属于特大粒类（≥30.0g），因此，肇兴大粒黄豆在大豆丰产或大粒品种选育中有重要价值。

（三）蔬菜及一年生经济作物种质资源

（1）红心红薯（采集编号：2013521500）和紫心薯（采集编号：2013523500），它们分别采集于紫云县和黎平县，共同特点是薯肉均为深色，前者为红色，后者为紫色，并且品质优良，已被当地开发为保健食品，其中红心红薯于2011年获国家地理标志。另外，它们都比较耐瘠薄，耐旱。它们的优质和抗性在甘薯育种中是非常有价值的。

（2）大青菜（采集编号：2013522396）是高产芥菜品种，单产可达2500~3000kg/667m²，并且抗病虫性好。食用时苦中回甜，有清火功效。因此该品种在芥菜高产育种中有一定的利用价值。

（3）肉辣椒（采集编号：2013521505）的辣椒素含量为10.56%，色价为12.64，可称为双高品种，在辣椒育种中有一定利用价值。

（4）本地香辣椒（采集编号：2013524092）、辣椒（采集编号：2013522359）、本地辣椒（采集编号：2013522186）、兴隆辣椒（采集编号：2013521052）和本地红辣椒（采集编号：2012523062）的 V_C 含量均超过200mg/100g，其中最高者为兴隆辣椒，V_C 含量高达226.37mg/100g。这5个品种可作为辣椒育种的亲本（郑殿升等，2016）。

四、获得具有开发前景的种质资源

本次调查得知，所调查地区已有一批特有或特色农业生物资源得到开发，并取得可观的经济效益，如黎平县的水稻资源香禾糯、紫云县的甘薯品种红心红薯、安龙县的水稻品种满口香、威宁县的苦荞、松桃县的油菜、玉屏县的生态油菜、岑巩县的思州紫皮花生等均已被相应食品公司开发，并生产出一批名牌产品，其中有的已远销国外。

同样，我们在调查中亦发现一批特有或特色种质资源，它们具有开发价值和潜力。

（一）果树作物种质资源

（1）早枇杷（采集编号：2013522148）产自贞丰县，在当地3月成熟，比一般品种早熟1个月左右。若能通过提纯，加大力度推广，利用早上市的优势，将获得可观的经济效益。

（2）印江红心柚（采集编号：2013522425）采集于印江县，在印江县3个乡（镇）有零星栽培，是本地特有的民族资源，经鉴定确认为本地柚芽变优良品种。其最大的特点是果实皮薄、肉红色、汁多、味甜，品质优异，具有商品价值潜力，如能提纯推广，可增加果农的经济收入。

（3）米柑（采集编号：2013522429）采集于印江县朗溪镇，为当地特有柑橘品种，其在田间表现中抗褐斑病，耐贫瘠，栽培可不施无机肥，不打农药。并且高产，品种优良。因此，具有开发推广价值，特别适合作为有机柑橘进行栽培。

（4）九阡李（采集编号：2012522048）和冰脆李（采集编号：2013521472）分别采集于三都县和紫云县，是贵州省特有的优良李品种，共同优点是果实皮薄、肉脆、汁多、酸甜可口，而且成熟期正值水果淡季。因此，颇受贵州省及周边地区消费者的青睐。

（5）闻香香蕉（采集编号：2013522085）产自贞丰县，是优良地方品种，最大特点是果实香味极浓，放在屋内满屋清香，并且味甜、细腻，当地已种植100多年。其果实不仅有很好的商业价值，而且可用来开发特有的香味剂。

（6）乌皮核桃（采集编号：2013521477）产于紫云县，已有50多年种植历史，果大（40个/500g）、壳薄易剥离、核仁外皮略带紫色、饱满、口感好、油质重。具有开发价值。

（二）蔬菜作物种质资源

水蕨菜（采集编号：2014522049）是荔波县当地的野生蔬菜，学名为 *Ceratopteris thalictroides* (L.) Brongn.。采集于荔波县朝阳镇八烂村新寨组。水蕨菜用作蔬菜，食用部位是嫩茎和芽，一般是炒食或煮汤用。食用水蕨菜有活血解毒、止血止痛、杀菌消炎的功效。目前在当地已有驯化栽培，条件好的地块植株可达1m高，栽培的成本低，投入少，产出高，是增值很高、开发前景很好的种质资源。

（三）粮食作物种质资源

（1）花芸豆（采集编号：2014524039）和大白豆（采集编号：2013525322）分别

产自安龙县和威宁县，特别适合在当地海拔1500~2500m地区种植，并且对农业生产条件要求不高。因为它们的籽粒大、颜色鲜亮、食味佳，因此能够满足国内人民生活水平提高的要求，并且在国外市场可畅销。

（2）乌空香米（采集编号：2013526366）采集于雷山县达地乡乌空村，表现为抗性强、丰产、味香。在云南建水曲江（海拔1300m）种植鉴定，田间表现为抗稻瘟病，不施化肥不打农药而获丰产（604kg/667m^2），米蒸煮香味浓，米饭软糯不回生。在云南建水曲江地区或与该地区类似的区域具有较好的开发前景。

（3）黄鳝血（采集编号：2013523309）和苟寨各（采集编号：2013523516）均产自黎平县，其突出特点是稻米具有极强的糯性，属于稀有种质资源，蒸米饭糯性好而香味浓，其中黄鳝血还有特殊的药用价值，据当地农民介绍，黄鳝血米（200g）与红枣（5~6个）或饭豆一起煮饭，吃2次即可缓解哮喘病。

五、创建了作物种质资源野外考察数据采集系统

项目开展期间项目组研发了基于安卓（Android）的作物种质资源野外考察数据采集系统。系统实现了调查数据的录入、修改、查询、浏览、删除等操作，并提供自动获取GPS信息、拍照等多种辅助功能，确保了调查数据采集的便利性和标准化水平，减少数据的人工校对工作，大大提高了数据的质量。

本系统属于通用系统，可供各类生物资源调查人员在野外考察工作中采集数据使用。使用本系统不仅便利快捷，节省人力和物资，而且可提高调查工作的数字化和标准化程度，保障数据质量。

第八节 贵州农业生物资源有效保护和可持续利用的建议

通过"贵州农业生物资源调查"项目的完成，我们获得了一大批农业生物资源样（标）本，这些种质资源具有丰富的物种多样性和遗传多样性，它们是贵州少数民族世代相传的物质遗产，也是贵州少数民族生活和生产重要的物质基础。与此同时，通过调查可知，贵州少数民族地区农业生物资源还有很大的调查收集潜力。由此不难看出，有效保护和可持续利用贵州农业生物资源具有重要的现实与长远意义。为此提出以下建议。

一、保护和弘扬少数民族的传统文化和生活习俗

通过调查得知，贵州省各少数民族都有各自的传统文化和生活习俗，正是这些传统文化和生活习俗，保护了与之相关的农业生物资源。因此，这些农业生物资源都蕴含着少数民族的传统文化，包藏着少数民族丰富的生活和生产经验。然而，随着社会经济、文化和科学技术的发展，以及民族间的文化交流，有些少数民族的传统文化和生活习俗

在逐渐消失。不言而喻，与逐渐消失的传统文化和生活习俗相适应的农业生物资源亦随之丢失。为此，我们呼吁国家和地方政府在保障社会经济文化发展的同时，制定法律法规保护少数民族的传统文化和生活习俗，以倾斜性政策和经济手段，鼓励少数民族传承和弘扬本民族的传统文化。

二、继续调查收集和保护本地农业生物资源

通过 21 个县（市）的系统调查，收集到农业生物种质资源有效样本 3582 份。经过核查得知，这些种质资源均未编入《全国种质资源目录》和入国家种质库（圃）保存，换句话说即是新收集的。由此说明，贵州省少数民族地区的农业生物资源还有很大收集潜力，有必要继续调查收集。特别是当前国家已提出农业转型，将推进形成适度规模的经营方式，这预示着一家一户的耕种方式将转化为规模化的现代化生产，种植的品种和其他措施都是统一的。这将造成各民族种植的多样化品种遭到部分淘汰，因此调查收集这些农业生物资源显得更迫切。为此，建议国家和地方科技管理部门拟定立项，给予经费支持。

本次调查收集到的 3000 多份有效种质资源，对促进我国作物种质资源的多样化，研究作物的起源和进化、分类及育种，都具有重要价值。因此，对这些种质资源应该妥善保存，不要得而复失。为此，建议贵州省农业科学院申请将这些种质资源列入科技基础性工作专项的"作物种质资源保护与利用"项目，对这批种质资源进行两年以上的农艺性状鉴定，编写种质资源目录，繁殖合格的种子（种苗）送国家种质库（圃）长期和中期保存。

三、建立赫章县野韭菜保护区

通过对赫章县农业生物资源系统调查和专项调查，我们查明了赫章县漫山遍野的野生韭菜，经鉴定认为主要是多星韭，另有近宽叶韭、野韭、藤藤韭及待进一步鉴定的类粗根韭和近似茗葱的新物种等物种零星分布。估算这些野韭菜分布的面积约 70km^2，中心区约为 26.5km^2，海拔为 2500~2800m，生境为高山湿润草坡、悬崖缝隙、灌木丛下、林缘和溪沟边。迄今在我国尚未有像赫章县多星韭延绵数十千米分布的报道，加之混生有近宽叶韭和野韭、藤藤韭等物种，更显得赫章县野生韭菜在科学研究和开发利用方面有重要价值，因此有必要建立赫章县野韭菜保护区。保护区面积的大小，应根据赫章县的财力、物力、人力而定，为此建议贵州省和毕节市政府给予支持。保护区地点应选择野生韭菜物种多样性和遗传多样性丰富的地块。保护区建立后，应加强管理，防止人为违规采挖和畜禽及其他动物的啃食与践踏。

四、加大特有或特色资源的开发力度

我们在调查中发现一批特有或特色资源，它们具有开发价值，列举如下。

（1）黎平县的水稻品种黄鳝血（采集编号：2013523309）、苟寨各（采集编号：2013523516）。它们突出的特点是米味特香，糯性极强，蒸米饭糯性好而香味浓，其中黄鳝血还有药用价值。

（2）安龙县的花芸豆（采集编号：2014524039）和威宁县的大白豆（采集编号：2013525322）。它们特别适合在当地高海拔（1500~2500m）地区种植，并且对农业生产条件要求不高，籽粒大，颜色鲜亮，食味佳，能够满足国内人民生活水平提高的要求，并且在国外市场可畅销。

（3）荔波县特有的水蕨菜（采集编号：2014522049）。是当地野生蔬菜，多年生草本植物，主要食用嫩茎和芽，一般可炒食或煮汤食用，具有活血解毒、止血止痛功效，目前当地已有驯化栽培，投入的成本低，产出高。

（4）三都县的九阡李（采集编号：2012522048）和紫云县的冰脆李（采集编号：2013521472）。它们都是贵州省特有的地方优良李品种，它们共同的优点是果实皮薄、肉脆、汁多、酸甜可口，并且成熟期正值水果淡季，因此颇受贵州省及周边地区消费者的青睐。

（5）贞丰县的闻香香蕉（采集编号：2013522085）。其是优良地方品种，其最大特点是果实香味极浓，放在屋内满屋清香，并且味甜、细腻，当地种植已有100多年历史。可用来开发特有的香味剂。

（6）印江红心柚（采集编号：2013522425）。在印江县3个乡（镇）零星栽培，经调查和鉴定认为是本地柚类芽变品种，属于贵州省特有的民族柚资源，其果实皮薄、肉红色、汁多、味甜，经提纯选择可作为优良品种推广，具有较好的商品价值。

上述特有或特色农业生物种质资源，都具有突出特点和商品价值，因此有很好的开发前景，建议当地政府给予政策扶持，招商引资，并对这些种质资源进行更详细的调查，查清分布区域和产出量，鉴定分析品质，规范栽培措施，为开发提供数据和信息支撑（郑殿升和高爱农，2016）。

（编写人员：郑殿升　李立会　曹永生　阮仁超　李锡香　陈善春　李先恩　许明辉　高爱农　李秀全）

附表1-4 "贵州农业生物资源调查"系统调查的县（市）、乡（镇）、村及采集点

县（市）	乡（镇）或采集点	村或采集点	乡（镇）或采集点	村或采集点
剑河县	太拥乡	柳开村	磻溪乡	小广村
		白道村		前丰村
		南东村		塘沙村
	观么乡	白胆村		八卦村
		观么村		光芒村
		平夏村		团结村
		新合村	南寨乡	柳社村
		苗岭村	南明镇	河口村
	南加镇	基立村	久仰乡	久吉村
		九旁村		基佑村
	敏洞乡	敏洞村		
三都县	九阡镇	九阡村	打鱼乡	介赖村
		水各村		排怪村
		水昔村		巫捞村
		甲才村	普安镇	建华村
		板甲村		双江村
	拉揽乡	来楼村		合心村
平塘县	大塘镇	大塘村	鼠场乡	仓边村
		新光村		新坝村
		里中村		同兴村
		新场村	通州镇	平里河村
	西凉乡	兴发村	甘寨乡	塘官村
	卡蒲乡	摆卡村	摆茹镇	摆洗村
		场河村	平湖镇	金龙社区
		新关村		
务川县	都濡镇	接官坪村	泥高乡	栗园村
	茅天镇	红心村		竹园村
		同心村		泥高村
		兴隆村	大坪镇	龙潭村
	红丝乡	上坝村		黄洋村
		月亮村		
贞丰县	龙场镇	对门山村	者相镇	纳孔村
		坡柳村		董菁村
		龙山村		这艾村
		围寨村		猫坡村
	鲁贡镇	弄洋村	珉谷镇	顶岗村
		打嫩村		必克村
		坡扒村	长田乡	长田村
		小马占田村	龙山自然保护区	
	平街乡	小花江村	北盘江镇	查耳岩村
	挽澜乡	董龙村	连环乡	纳传村

（续表）

县（市）	乡（镇）或采集点	村或采集点	乡（镇）或采集点	村或采集点
赤水市	元厚镇	五柱峰村	大同镇	四洞沟村
		米粮村		民族村
		石梅村		大同村
	长沙镇	笃睦村		华平村
		赤岩村	官渡镇	各上村
		长兴村		玉皇村
	宝源乡	联华村	石堡乡	红星村
	葫市镇	农技站	旺隆镇	农技站
镇宁县	良田镇	陇要村	革利乡	水牛坝村
		坝草村		革利村
		新屯村		翁告村
		良田村		棉花冲村
	简嘎乡	磨德村	马厂镇	旗山村
	六马镇	乐号村	扁担山乡	革老坟村
		打万村		
织金县	后寨乡	三家寨村	黑土乡	团结村
		路寨河村		花坡村
		偏岩村		道子村
		花树村		联合村
	茶店乡	红艳村	桂果镇	马场村
		团结村		
		群丰村		
盘县	保基乡	厨子寨村	老厂镇	下坎者村
		陆家寨村		上坎者村
		雨那洼村		喇谷村
		冷风村		席草坪村
	马场乡	龙井村		
		业嘎村		
		银子洞村		
		滑石板村		
紫云县	四大寨乡	猛林村	白石岩乡	新驰村
		冗厂村	猴场镇	大田坝村
		茅草村		腾道村
		噜嘎村		克座村
		新寨村	达邦乡	纳座村
		牛场村		岜岔村
	大营乡	妹场村		红星村
		芭茅村	坝羊乡	下关村
		联八村		四联村

（续表）

县（市）	乡（镇）或采集点	村或采集点	乡（镇）或采集点	村或采集点
印江县	洋溪镇	曾心村	木黄镇	革底村
		桅杆村		金厂村
		坪林村		高山村
	朗溪镇	川岩村	新业乡	坪所村
		昔卜村	永义乡	团龙村
	沙子坡镇	邱家村		袁家林村
		池坝村		大园址村
		马家庄村		豆凑林村
	天堂镇	茶园村	合水镇	合水村
		九龙村		
黎平县	岩洞镇	岩洞村	肇兴镇	肇兴村
		小寨村		中寨村
		宰拱村		上寨村
	双江镇	坑洞村	德顺乡	德顺村
		乜洞村		平甫村
		黄岗村		平阳村
	尚重镇	绞洞村	德化乡	高洋村
		纪登村	雷洞乡	岑管村
		育洞村		雷洞村
松桃县	盘石镇	仁广村	寨英镇	岑鼓坡村
		代董村		茶子湾村
		十八箭村		大唐坡村
	正大乡	地容村		阳雀村
		清水村		
		空桐村		
威宁县	盐仓镇	团结村	哲觉镇	营红村
		高峰村		论河村
		可界村		竹坪村
	石门乡	年丰村		坪营村
		泉发村		瓦竹村
		新龙村		割麻村
		营坪村		马桑林村
	板底乡	曙光村	哈喇河乡	闸塘村
		百草坪		
雷山县	达地乡	乌空村	永乐镇	乔配村
		里勇村		坝子村
		排老村		高枧村
	方祥乡	水寨村	大塘乡	交腊村
		陡寨村		桥港村
		雀鸟村		高岩村

（续表）

县（市）	乡（镇）或采集点	村或采集点	乡（镇）或采集点	村或采集点
雷山县	西江镇	黄里村		
		羊排村		
赫章县	珠市乡	韭菜坪村	兴发乡	中营村
		核桃村		大街村
		光明村		丫口村
	水塘堡乡	杉木箐村		民族村
		永康村		大韭菜坪
		田坝村	六曲河镇	河边村
		草子坪村		瓦房村
	河镇乡	老街村		草塘村
	雉街乡	双龙村		六曲河
			白果镇	新田村
荔波县	水利乡	水丰村	茂兰镇	瑶麓村
	朝阳镇	八烂村	玉屏镇	水尧村
	瑶山乡	菇类村		水捞村
		群力村		水丰村
	黎明关乡	木朝村	佳荣镇	大土村
		懂朋村	小七孔镇	中心村
		拉内村		地莪村
			甲良镇	梅桃村
开阳县	高寨乡	平寨村	双流镇	刘育村
		大冲村		白马村
		久长村		三合村
		杠寨村	南龙乡	翁朵村
		石头村	冯三镇	金龙村
		高寨村	楠木渡镇	胜利村
	龙岗镇	梨坡村		黄木村
		枫香村		临江村
	禾丰乡	马头村		
安龙县	洒雨镇	海星村	德卧镇	停西村
		格红村		毛杉树村
		陇松村		郎行村
		下龙村		白水河村
	平乐乡	联合村		扁占村
		索汪村	普坪镇	总科村
		顶庙村		
		渔浪村		
道真县	棕坪乡	胜利村	大矸镇	三元村
		苍蒲溪村		文家坝村

（续表）

县（市）	乡（镇）或采集点	村或采集点	乡（镇）或采集点	村或采集点
道真县	阳溪镇	四坪村	洛龙镇	五一村
		阳坝村	大矸镇	大矸村
		阳溪村	玉溪镇	蟠溪村
	旧城镇	槐坪村	上坝乡	新田坝村
	桃源乡	清溪村		八一村
施秉县	白垛乡	王家村	双井镇	双井村
		白垛村		把琴村
	甘溪乡	盐井村		翁粮村
	牛大场镇	金坑村	马溪乡	马溪村
		石桥村		九龙村
		吴家塘村		茶园村
	马号乡	胜秉村		王家坪村
		楼寨村	城关镇	云台村
		江元哨村		

参 考 文 献

阿杰. 2011. 贵州省世居少数民族名片. 贵州民族研究, (6): 135.

曹玉芬, 刘凤之, 胡红菊, 等. 2006. 梨种质资源描述规范和数据标准. 北京: 中国农业出版社.

董玉琛, 郑殿升. 2006. 中国作物及其野生近缘植物（粮食作物卷）. 北京: 中国农业出版社: 43-46.

方嘉禾, 常汝镇. 2007. 中国作物及其野生近缘植物（经济作物卷）. 北京: 中国农业出版社: 39-41.

高爱农, 郑殿升, 李立会, 等. 2015. 贵州少数民族对作物种质资源的利用和保护. 植物遗传资源学报, 16(3): 549-554.

韩龙植, 魏兴华, 等. 2006. 水稻种质资源描述规范和数据标准. 北京: 中国农业出版社.

贾敬贤, 贾定贤, 任庆棉. 2006. 中国作物及其野生近缘植物（果树卷）. 北京: 中国农业出版社: 34-37.

焦爱霞, 王艳杰, 陈惠查, 等. 2015. 贵州黎平县侗族村寨香禾糯资源利用与保护现状的考察. 植物遗传资源学报, 16(2): 173-177.

李锡香, 张宝玺, 等. 2006. 辣椒种质资源描述规范和数据标准. 北京: 中国农业出版社.

李先恩. 2015. 中国作物及其野生近缘植物（药用植物卷）. 北京: 中国农业出版社: 31-34.

刘旭, 杨庆文. 2013. 中国作物及其野生近缘植物（名录卷）. 北京: 中国农业出版社: 31-1226.

刘旭, 郑殿升, 黄兴奇. 2013. 云南及周边地区农业生物资源调查. 北京: 科学出版社: 8-11.

邱杨, 彭朝忠, 沈邵斌, 等. 2015. 贵州省赫章县民族农业生物资源调查与分析. 植物遗传资源学报, 16(4): 720-727.

石云素. 2006. 玉米种质资源描述规范和数据标准. 北京: 中国农业出版社.

谭金玉, 焦爱霞, 张林辉, 等. 2015. 贵州安龙县少数民族特色农业生物资源保护与利用现状. 植物遗传资源学报, 16(6): 1258-1263.

汤翠凤, 张恩来, 李卫芬, 等. 2015. 贵州省贞丰县和松桃县农业生物资源调查及物种多样性比较分析. 植物遗传资源学报, 16(5): 976-985.

王述民, 张亚芝, 魏淑红, 等. 2006. 普通菜豆种质资源描述规范和数据标准. 北京: 中国农业出版社.

郁香荷, 刘威生, 等. 2006. 李种质资源描述规范和数据标准. 北京: 中国农业出版社: 48-61.

郑殿升, 方沩, 阮仁超, 等. 2017. 贵州农业生物资源的多样性. 植物遗传资源学报, 18(2): 367-371.

郑殿升, 高爱农. 2016. 对贵州少数民族地区农业生物资源保护和可持续利用的建议. 植物遗传资源学报, 17(5): 957-959.

郑殿升, 高爱农, 李立会, 等. 2013. 云南及周边地区农作物野生近缘植物. 植物遗传资源学报, 14(2): 193-201.

郑殿升, 高爱农, 李立会, 等. 2016. 贵州少数民族地区作物稀有种质资源和野生近缘植物. 植物遗传资源学报, 17(3): 571-576.

郑殿升, 刘旭, 卢新雄, 等. 2007. 农作物种质资源收集技术规程. 北京: 中国农业出版社.

中国科学院中国植物志编辑委员会. 1980. 中国植物志(第十四卷). 北京: 科学出版社.

中国农学会遗传资源学会. 1994. 中国作物遗传资源. 北京: 中国农业出版社: 29-38.

朱德蔚, 王德槟, 李锡香. 2008. 中国作物及其野生近缘植物(蔬菜作物卷). 北京: 中国农业出版社: 43-46.

朱明, 阮仁超, 聂莉. 2007. 贵州省作物种质资源保护现状与展望. 贵州农业科学, 35(5): 163-166.

第二章 粮食作物调查结果

课题组对贵州9个市（州）21个县（市）的粮食作物种质资源进行了系统调查（刘旭等，2013），并且对禾类资源进行了专项调查，参加调查的科技人员有来自中国农业科学院、贵州省农业科学院和云南省农业科学院的70余人次。

通过系统调查和专项调查，获得的粮食作物种质资源有禾谷类982份、食用豆类466份、大豆145份、薯类94份和其他类103份，共计1790份（表2-1）。

表2-1　获得粮食作物种质资源样本情况

作物类别	作物名称	获得样本数量/份	小计/份	备注
禾谷类	稻类	472	982	含专项调查的120份禾类资源
	玉米	327		
	小麦	32		
	大麦	18		
	燕麦	11		
	高粱	62		
	谷子	60		
食用豆类	普通菜豆	198	466	
	多花菜豆	13		
	扁豆	34		
	豇豆	60		
	饭豆	41		
	小豆	26		
	绿豆	13		
	蚕豆	36		
	豌豆	41		

（续表）

作物类别	作物名称	获得样本数量/份	小计/份	备注
食用豆类	小扁豆	1		
	黎豆	3		
大豆	大豆	145	145	
薯类	马铃薯	58	94	
	甘薯	36		
其他类	荞麦	58	103	
	薏苡	11		
	穇子	16		
	籽粒苋	18		
合计			1790	

上述获得的粮食作物种质资源中，有栽培品种及其野生近缘植物，其中以栽培品种居多；在栽培品种中，既有地方品种又有育成品种，其中地方品种占大多数；从来源上既有本地品种又有引进品种，其中以本地品种为主。这些种质资源主要分布于少数民族地区，由于少数民族在生产生活中的特殊要求和长期以来形成的传统知识，因此这些种质资源普遍具有抗逆性强、耐贫瘠、口感好、适宜酿酒等特点。由此，产生了一批具有优良性状的品种，如抗寒性强的水稻品种冷水谷、口感好的香禾糯等系列水稻品种，小黄苞谷等系列玉米品种，以及药食兼用的薏苡和苦荞；同时也产生了一些特殊类型品种，如玉米品种四角苞谷和脚板玉米等；还保留了一些稀有作物，如小扁豆、黎豆、薏苡、穇子和籽粒苋等（高爱农等，2015；郑殿升等，2016）。

第一节　禾　谷　类

一、稻类

（一）概述

本次贵州农业生物资源系统调查的地域属低纬高原，地理气候非常复杂，从海拔351m的黎平县双江镇到海拔1944m的威宁县盐仓镇均有稻类地方资源分布。通过系统调查少数民族较为集中的21个县（市）的农业生物资源得知，除赫章县未收集到稻类资源外，其他20个县（市）均有稻类资源分布，共获得种质资源样本352份，其中，地方品种310份，育成品种42份；水稻337份，旱稻15份；籼稻111份，粳稻241份，以粳稻为主，占68.5%；粘稻104份，糯稻248份，糯稻居多，占70.5%。不难看出调查获得的稻种资源类型丰富，遗传多样性较为突出（表2-2）。另外，对黔东南地区特有的禾类资源进行了专项调查，获得种质资源120份。两项调查共计获得稻种质资源472份。

表 2-2 系统调查获得的稻种质资源数量及分布

调查地区	调查县（市）	材料份数	水稻	旱稻	籼稻	粳稻	粘稻	糯稻	地方品种	育成品种	备注
黔东南州	剑河	33	33		11	22	11	22	30	3	含天柱4份，从江1份
	黎平	46	46		1	45	1	45	46		
	雷山	37	37		13	24	13	24	30	7	
	施秉	12	12		7	5	7	5	6	6	
黔南州	平塘	16	16		8	8	6	10	14	2	
	三都	27	27		9	18	7	20	22	5	
	荔波	20	20		5	15	5	15	16	4	
黔西南州	贞丰	20	16	4	9	11	9	11	16	4	
	安龙	29	23	6	10	19	9	20	28	1	
铜仁市	印江	18	18		7	11	7	11	15	3	
	松桃	16	16		7	9	7	9	13	3	
遵义市	赤水	5	5			5		5	5		
	务川	8	8		4	4	3	5	6	2	
	道真	11	11		2	9	2	9	9	2	
安顺市	紫云	16	14	2	6	10	2	14	16		
	镇宁	9	6	3		9		9	9		
毕节市	织金	7	7		2	5	3	4	7		
	威宁	4	4		2	2	2	2	4		
	赫章	—	—							—	未收集样本
六盘水市	盘县	10	10		6	4	8	2	10		
贵阳市	开阳	8	8		2	6	2	6	8		
	合计	352	337	15	111	241	104	248	310	42	
	比例/%	100.0	95.7	4.3	31.5	68.5	29.5	70.5	88.1	11.9	

（二）获得稻种资源的分布

在调查的 9 个市（州）中，获得稻类资源数量最多的是黔东南苗族侗族自治州，达到 128 份；其次是黔南州和黔西南州，分别为 63 份和 49 份（表 2-2）。上述 3 个少数民族自治州的资源占获得样本的 68.2%。铜仁市、遵义市和安顺市获得的资源样本在 24~34 份，而毕节市、六盘水市和贵阳市 3 个地区获得的资源样本在 8~11 份。除赫章县未收集外，其他 20 个县（市）中均有稻种资源分布，获得样本较多的有 5 个县，这 5 个县均为贵州南部的少数民族聚居地区，分别是黔东南的黎平县（46 份）、雷山县（37 份）和剑河县（33 份），黔西南的安龙县（29 份）和黔南的三都县（27 份）；获得样本在 10~20 份的有 9 个县，而数量相对较少的 6 个县分别是镇宁县（9 份）、织金县（7

份)、威宁县(4份)、务川县(8份)、赤水市(5份)和开阳县(8份)。专项调查所获120份禾类资源分布在榕江、从江和黎平县。

(三)获得的稻种资源在少数民族中的分布

调查获得的352份稻种资源中有315份涉及12个少数民族,其中以苗族最多,达125份;其次是布依族(64份)和侗族(58份);再次是水族(20份)、土家族(18份)和仡佬族(14份);而彝族、瑶族、毛南族、黎族、回族等其他民族合计16份(图2-1)。专项调查所获120份禾类资源主要分布在侗族。

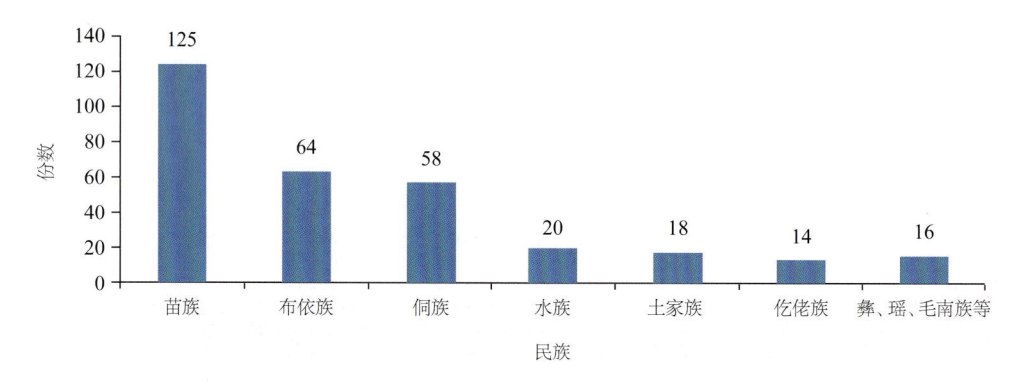

图2-1 获得稻种资源的少数民族分布情况

(四)新获得稻种资源情况

将本次20个县(市)调查获得的352份稻类资源样本,对照贵州稻种资源目录及其品种名称和来源地等有关信息,分别与已入国家种质库保存的资源进行比较,结果有16个县(市)的48份稻种资源同源同名。这些资源可能属于同名同种,只是本次获得的种质资源又经过了30多年人工与自然的选择,种质植物学特征和生物学特性已有所改变;但也可能是同名异种,还需要通过田间性状鉴定后才能明确。获得的304份资源的名称与国家种质库保存资源存在较大差异,若排除异名同种的情况,则初步认定为新增种质资源,新收集比例为86.4%。

(五)少数民族认知有价值的稻种资源

贵州稻种资源类型丰富、遗传多样,是全国稻种资源多样性的重要组成部分。受少数民族认知与传承影响,当前生产上仍然种植的传统水稻品种在类型上以中迟熟粳稻型糯稻为主,还存在丰富的如禾类稻种、旱稻、有色稻米(黑米和红米等)、香米、米粉专用等特色品种资源。对本次调查获得的稻类资源样品进行初步分类,按照优质资源、抗性资源、特异稻种资源等几个方面分别简要介绍。

1. 优质资源

调查获得的资源样本中,至今保留下来的禾类、旱稻、糯米、香米、黑米、红米等种质资源,普遍表现品质优良。

贞丰县龙场镇龙山村龙兴1组（布依族）的红晚谷（采集编号：2013522096），是当地特有、特优地方品种，谷壳红色，米白色，加工性能优良，适合做饵块，口感香、软。

印江县沙子坡镇邱家村小陀组（土家族）的高秆糯（采集编号：2013522503），糯性强，米质优，曾是朝廷贡品，适合冷水田种植，一般在海拔800m以上。该县木黄镇革底村5组（土家族）的丫丫糯（采集编号：2013522521）（图2-2），糯性强，在节日和婚庆中是必备的食材。分蘖力强，可达30个，有效分蘖10~20个。育秧迟于杂交稻，4叶期插秧。栽培上要少施肥，稀植，注意防治稻瘟病。产量300kg/667m² 左右。在当地有上百年的种植历史，现在全村200多户几乎都在种植，每年都被外地采购者提前订购，价格是其他普通稻谷的2倍。

荔波县水利乡水丰村拉磊组（水族）的折糯（采集编号：2014522016）（图2-3），是当地少数民族对本地糯米的统称，具体品种不详。折糯在当地布依族、水族、苗族和瑶族地区种植历史悠久，已经成为当地群众生活中不可缺少的主食之一。这些民族喜食糯米的原因一是用糯米做的饭软硬适度，口感比普通米饭好；二是糯米饭食用和携带方便；三是相对于普通米饭，糯米饭更耐饥饿。久而久之，糯米就成了当地少数民族人民生活必需品之一。

图2-2 丫丫糯（2013522521）及其制品

图2-3 折糯（2014522016）

道真县阳溪镇四坪村仙寺坪组（仡佬族）的黄丝糯（采集编号：2014525042）（图2-4），植株较高，穗大粒多，出米率高，香味浓、糯性好。适用于打糍粑、包粽子、炸爆米花、做甜酒和汤圆等。该县本镇阳溪村大屋基组（仡佬族）的矮子糯（采集编号：2014525044）（图2-5），株型较紧凑，适宜密植，抗倒伏。糯性强、品质好。同样来自该县的大矸镇大矸村中心组（仡佬族）的绥阳糯（采集编号：2014525062）（图2-6），产量高而稳，抗倒伏。糯性比当地其他地方品种强，品质好，气味香。

图2-4　黄丝糯（2014525042）

图2-5　矮子糯（2014525044）

图2-6　绥阳糯（2014525062）

2. 抗性资源

1）抗病虫资源

荔波县甲良镇梅桃村岜领组（布依族）的矮麻抗（采集编号：2014522201）（图2-7）属于特用资源。当地种植历史60年以上，适宜在当地海拔700~850m的地区种植。一般栽秧期在5月初，成熟期在9月下旬。株高90cm左右，穗长20.0cm，米粒中等，平均单产350kg/667m^2，比桂朝2号的产量稍高。该品种特别适宜加工成米粉，其产品较筋道，而做米饭则较硬，易"回生"，并且口感不好。

道真县玉溪镇蟠溪村长春组（仡佬族）的白洋糯（采集编号：2014525004）（图2-8），植株较高，适宜稀植，抗稻瘟病，产量高，糯性好。

图 2-7　矮麻抗（2014522201）

图 2-8　白洋糯（2014525004）

施秉县双井镇把琴村三潮水组（苗族）的麻谷（采集编号：2014526007）（图2-9），是特优、特用资源。当地村民认为其抗稻瘟病，是优质米豆腐的原料。同样该县本镇翁粮村干田坝组（苗族）的矮麻粘（采集编号：2014526016）（图2-10），属于特优、特用资源。植株较矮，米质较好。抗稻瘟病，是做优质米豆腐的原料。

图 2-9　麻谷（2014526007）

图 2-10　矮麻粘（2014526016）

2）耐冷资源

贵州高原山地冷、滥性的中低产田比例大，造就了一些适应这类稻田的地方品种。且在中高海拔地区秋季低温来得早，冷害发生频繁，各地形成的耐冷种质资源比例较高，且类型丰富。

剑河县磻溪乡前丰村（侗族）的冷水谷（采集编号：2012521003）（图 2-11），耐寒性强。在当地用于做粑和酿酒。本县太拥乡南东村（苗族）的红糯（采集编号：2012521235），表现抗寒，多种于冷水田，且耐贫瘠，通常不用施肥。

图 2-11　冷水谷（2012521003）

织金县后寨乡花树村（汉族）的冷水米（采集编号：2013526104）是红米，粳粘，在高海拔地区种植，比杂交稻好吃，煮稀饭或者米饭皆可，香味浓，病虫害较杂交水稻少，未见冻害和旱灾，该品种植株高 100.0cm 左右，穗长 20.0cm 左右，籽粒中等，品质优，平均单产 250.0kg/667m^2。

雷山县达地乡里勇村达沙组（苗族）的里勇拔麻糯（采集编号：2013526406）（图 2-12），该品种在当地种植时间超过 100 年，其抗病虫性强，糯性好，适合在不适宜杂交稻种植的阴、冷、锈水田种植。

道真县玉溪镇蟠溪村群益组（苗族）的竹丫糯（采集编号：2014525008）（图 2-13），穗大粒多，出米率高，糯性好，耐冷性强。

施秉县马号乡楼寨村楼寨 2 组（苗族）的高秆糯（采集编号：2014526065）（图 2-14），

抗寒、耐瘠，轻感稻瘟病，糯性好，较市售糯谷强，口感佳，味香。当地如姊妹节等传统节日用，主要用于酿糯米酒，做糯米饭、汤圆和糍粑。

图 2-12　里勇拔麻糯（2013526406）

图 2-13　竹丫糯（2014525008）

图 2-14　高秆糯（2014526065）

3）耐旱资源

贵州旱稻栽培历史悠久，品种资源丰富，集中分布于西南部地区。贵州地区历史上旱稻栽培面积曾超过 6.67 万 hm^2，是我国旱稻资源的主要分布地区之一。贵州地方旱稻品种普遍存在着植株高大、生育期长、产量较低等缺点，但又多具有穗大、粒多、穗重和米质优良的特性。

紫云县四大寨乡冗厂村卡郎组（布依族）的旱地糯谷（采集编号：2013521322）（图2-15），采取刀耕火种方式种植。该品种糯性好，可用来打粑粑，煮甜酒，做糯米饭；具抗旱性强、早熟特性；没有发现病害，抗稻飞虱能力比当地种植的杂交稻强。

镇宁县良田镇陇要村陇要组（布依族）的山坡白壳糯（采集编号：2013524003）（图2-16），用其做的米饭口感好、柔软、香、糯性好，适宜山坡种植，耐贫瘠，病虫害少，在高海拔、无水源、干旱的地方适宜种植，是少数民族地区改善生活的农作物品种，也是宗教、民族节日用品。同样来自该镇的新屯村板尖组的坡地红壳糯（采集编号：2013524009）（图2-17），一般种植在海拔1000m左右的坡地，无水源灌溉，耐旱。耐贫瘠，只施用农家肥，不打农药。糯性好，品质优。

图2-15　旱地糯谷（2013521322）

图2-16　山坡白壳糯（2013524003） 　　图2-17　坡地红壳糯（2013524009）

安龙县德卧镇扁占村伟核组（苗族）的红旱糯（采集编号：2014524098），属于光壳类型，抗旱性强，这也是贵州旱稻的主要特点，糯性好、口感佳，米饭柔软有弹性，籽粒外观整齐漂亮。本县平乐乡联合村2组（布依族）的红壳晚（采集编号：2014524159）（图2-18），属于特用、特有资源。该品种在当地种植范围较广，秆较高，颖壳为红色，颖毛长。米饭柔软有弹性，不黏结，口感好，营养价值高，冷饭不回生。主要用来打粑粑，深受当地农民喜爱。该品种一般在3~4月播种，收获期为8~9月，栽种的前茬和后茬作物多是油菜或白菜。

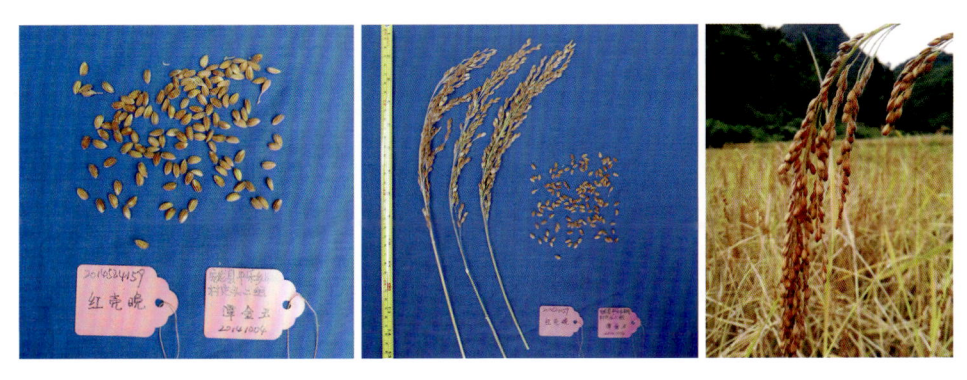

图 2-18　红壳晚（2014524159）

4）耐贫瘠资源

三都县打鱼乡介赖村（苗族）的介赖黄长芒摘糯（采集编号：2012522132）（图2-19），该品种糯性好，香味浓郁，口感虽较本地红色长芒摘糯稍差，但也是当地百姓喜食的糯米品种之一。所调查村落偏僻，交通不便，所以几乎每家每户都种这种摘糯或者红色长芒摘糯。芒为黄色，长达7.0~7.5cm，抗病虫性好，无病虫害，粗放管理，种植于中下等土地，插秧前施一次农家肥，其生长期内不施化肥。

平塘县大塘镇新光村新碉组（苗族）的竹丫糯（采集编号：2012523001）（图2-20），当地认为其耐贫瘠，适宜种在瘦地上，且不易得稻瘟病，种在肥力较好的地块上则稻瘟病严重，秕粒多；糯性好，具有一定香味，好吃。不抗稻瘟病、稻飞虱和卷叶虫。

威宁县盐仓镇可界村1组（彝族）的灰糯（采集编号：2013525365），耐瘠，品质好。同样来自该县的石门乡新龙村4组（苗族）的小白糯（采集编号：2013525422），栽培历史悠久，当地村民认为其品质好，耐贫瘠，是高效型水稻地方品种。

施秉县牛大场镇石桥村上坝组（苗族）的白杨糯（采集编号：2014526040）（图2-21），耐瘠，可用于做糯米酒、糯米饭、汤圆和糍粑，其糯性较市售糯谷强。

图 2-19　介赖黄长芒摘糯（2012522132）

图 2-20　竹丫糯（2012523001）

图 2-21　白杨糯（2014526040）

3. 特异稻种资源
1）禾类资源

禾类是在贵州东南部从江、黎平、榕江、剑河、锦屏等县独特生境和以侗族为代表的少数民族农耕制度下，经过长期自然演变和人工选择而形成的一类特异稻种生态类型，以粳型糯稻为主，故当地人常统称为香禾糯。主要分布于林间深谷，具有地域性极强的特点，以及与当地自然生态高度适应的耐阴、耐冷等特性，这是大部分育成品种所不具备的。本次系统调查在黎平县获得 45 份禾类资源。2015 年对榕江、从江和黎平等县的禾类专项调查获得 120 份资源样本。这些资源代表目前黔东南地区主要种植的禾类品种（焦爱霞等，2015；王艳杰等，2015）。

黎平县岩洞镇岩洞村 8 组（侗族）的无名禾（采集编号：2013523301）（图 2-22），栽培历史悠久，当地约有 700 农户种植，面积约 23.0hm^2。谷壳偏红色，具红色短芒，籽粒细长，偏小。生育期 150 天，普广性强，高低海拔均可种植，海拔高些会更适宜。是黎平县种植最为广泛的香禾糯品种。易感稻瘟病，有钻心虫，与杂交稻抗性相当，但不打农药。平均产量 350~400kg/667m^2。可用于蒸糯米饭、炒扁米、打糯米糍粑，香味较白香禾差。本县双江镇坑洞村 3 组（侗族）的黑芒禾（采集编号：2013523325）（图 2-23），当地种植 30 年，约 30 农户种植，面积约 1.0hm^2。黑色长芒，谷壳偏红。适合在海拔 300~400m 地带种植。偶见稻瘟病、稻瘟病、介壳虫、稻飞虱、白粉虱等病虫害，坑洞地区用鱼藤、樟树叶泡水后配制的生物农药防治病虫害。施用猪牛粪、油枯等农家肥

图2-22　无名禾（2013523301）

图2-23　黑芒禾（2013523325）①

（约1000kg/667m²）。产量400~450kg/667m²。坑洞地区通常挑选穗大粒多、籽粒饱满的稻穗捆好，悬挂在自家禾架晾晒干后，放入禾仓保存留种。蒸糯米饭香、软，酿酒甜，可用于腌鱼、腌菜、腌肉、节日庆典制作糯米糍粑。淘米水发酵后的上层酸汤可煮酸汤鱼、酸汤菜、酸汤火锅，下层沉淀物可洗头发，50岁以上的妇女仍用酸汤底洗头。种植禾糯的同时饲养鱼和鸭；稻茎可做扫帚，稻根可作为饲料喂牛。来自同一村组的牛毛禾（采集编号：2013523326）（图2-24），栽培历史悠久，200多农户种植，面积约6.7hm²。适合在海拔300~400m地带种植。黑色短芒，形如牛毛，米粒青白色。产量400~500kg/667m²。蒸煮的糯米饭晾凉可作为腌制蘑菇、河鱼、青菜的原料。来自同一村组的铜禾（采集编号：2013523327）（图2-25），当地人认为该品种已种植几千年，现仅零星种植。黄色谷壳，籽粒饱满、青白色，无芒或短芒。适合在海拔300~400m种植。偶见稻瘟病等病害，三化螟、卷叶螟、稻飞虱等虫害，一般采用生物农药防治。施猪牛粪、油枯等农家肥约1000kg/667m²。产量400~500kg/667m²。蒸糯米饭香、软，酿酒甜，可用于腌鱼、腌菜、腌肉、节日庆典制作糯米糍粑。淘米水发酵后的上层酸汤可煮酸汤鱼、酸汤菜、酸汤火锅，下层沉淀物可洗头发等。本县肇兴镇肇兴村6组的肇兴长芒大糯（2013523460）（图2-26），种植历史悠久，现仅零星种植。其芒细长，籽粒红白色，

---

① 本书乡、镇、民族乡一级的行政区划单位和种质名称等信息，以正文叙述为准，个别图片中原采集卡标识有误，为保持记录原貌，本书予以保留，特此说明

图 2-24　牛毛禾（2013523326）与糯米腌鱼

图 2-25　铜禾（2013523327）

图 2-26　肇兴长芒大糯（2013523460）及其制品

稻穗不紧实。蒸糯米饭不粘手，涨饭少。节日可蒸染色的糯米饭，品红染的为粉红色，树叶染的为黑色，黄饭花染的为黄色。产量 300~350kg/667m^2。本县双江镇黄岗村 11 组的老列株禾（采集编号：2013523428）（图 2-27），为当地少数民族特用资源。该品种 10 年前在黄岗村种植非常广泛，2013 年调查时仅零星种植。芒长，与黄岗洋弄相似，植株较高（140.0cm），不抗倒伏，产量较低，为 350~400kg/667m^2。稻曲病、稻纵卷叶螟虫害发生较轻，基本不打农药。来自同村 7 组的红禾 1（采集编号：2013523429）（图 2-28）是当地少数民族特用资源，种植面积仅次于老列株禾品种。具有抵御稻瘟病的免疫力，稻疽病较轻；秆叶较细弱、鲜嫩，易受虫害攻击，但较轻，不打农药。耐阴冷，可忍受深水浸泡，但不耐贫瘠，且耐肥性特别强。同其他糯米品种一样，可蒸糯米饭，但较老列株禾硬，香味浓。谷壳红色，壳薄芒短，倒刺疏短，收割时不耐阴冷，易减产。产量为200~250kg/667m²。来自同村6组的黄岗洋弄（采集编号：2013523447）（图2-29），种植历史悠久，现在当地只是零星种植。该品种生长习性特异，其名字源于侗语"苟阳弄"，意为"密林深处的糯稻"，特别适合阴冷、短日照的环境。每日只需2h左右的直射日照即可正常生长，并正常结实，而且产量不会下降。单产350~400kg/667m²。

图2-27　老列株禾（2013523428）

图2-28　红禾1（2013523429）

图2-29　黄岗洋弄（2013523447）

黎平县肇兴镇肇兴村6组的肇兴红芒白糯（采集编号：2013523459）（图2-30），是当地少数民族特有资源。历史悠久，现零星种植。红色长芒，籽粒青白色、穗型紧实。抗病性较好，偶见稻瘟病、钻心虫、稻飞虱等，秧苗期或遇病虫害时打农药。产量为 350~400kg/667m²。当地习俗为吃满月酒时送糯米稻穗（5~10 把）或打好的糯米（10~30kg）。本镇上寨村 2 组的肇兴红皮白糯（采集编号：2013523464）（图 2-31）是当地少数民族特用资源。历史悠久，零星种植。红色中短芒，红色谷壳，白色籽粒。植株相对不高（110.0cm），较抗倒伏。产量为 300~350kg/667m²。挑选穗大粒多、籽粒饱满的稻穗捆好后，挂在禾架或铺在地上晾晒干后，放入禾仓干燥通风处留种。本县岩洞镇小寨村 2 组的荣株禾（采集编号：2013523512）（图 2-32）是当地少数民族特用资源。栽培历史悠久，当地有 70~80 农户种植，面积约 0.67hm²。无芒，穗型紧实，米粒较小。生育期 160 天。稻瘟病较轻，无钻心虫，不打农药。适合冷水田种植。蒸糯米饭比无名禾硬些。平均产量 400~450kg/667m²。本镇宰拱村 1 组的榕禾（采集编号：2013523515）（图 2-33），该品种是由从江引进的，在当地种植 2~3 年，有 20~30 农户种植该品种，面积约 0.67hm²。芒呈紫红色，约 1.0cm 长。生育期较长，160 天以上，但根不易腐烂，茎秆坚硬不倒伏。平均产量 250~300kg/667m²。"三月三""五月五""六月六"等节日蒸糯米饭（香、软、糯性强）。用黑米饭树将白糯米染成黑色，过四月八乌饭节；打糯米糍粑、包粽子等。做油茶和侗果。稻秆茎做扫帚（耐用）。淘米水发酵的酸汤可做酸汤鱼，沉淀物也可洗头发。本县双江镇乜洞村 7 组的苟寨各（侗语）（采集编号：2013523516）（图 2-34），当地人认为用其蒸糯米饭特别香，比白香禾香。乜洞村种植苟寨各历史悠久，约有 100 农户种植，面积约 6.7hm²。乜洞村也种植白香禾、无名禾等品种，并交替种植，唯独苟寨各年年种植，说明其品质优良。该品种稻曲病较轻，不打农药；抗虫性强，无虫害。生育期较长，160 天。在海拔 400~900m 地带均可种植，不选地，锈水田可种植，产量不受影响。瘦田需施少量农家肥（牛粪）和化肥；在光照强、时间长条件下，籽粒上色好，偏黄。平均产量 250~300kg/667m²。一般谷雨前播种，35 天秧龄后插秧，农历十月初收获。去除病虫害稻穗晒干后，随机留种，待播种前才进行脱粒。本县雷洞乡雷洞村 2 组的苟度畏（侗语）（采集编号：2013523519）（图 2-35），种植历史悠久，当地约有 120 农户种植，面积约 2.0hm²。属于晚熟品种，农历九月上旬收割。偶见稻曲病、卷叶虫，打敌敌畏、甲胺磷等农药。该品种在冷水田、锈水田，高低海拔稻田均可种植，尤适宜于山坡水田种植，一般施用少量尿素和复合肥，不适合在土壤肥沃的坝田栽种，易倒伏。单产 300~400kg/667m²。

图 2-30　肇兴红芒白糯（2013523459）

图 2-31　肇兴红皮白糯（2013523464）

图 2-32　荣株禾（2013523512）及其制品

图 2-33　榕禾 (2013523515)

图 2-34　苟寨各 (2013523516)

图 2-35　苟度畏（2013523519）

黎平县双江镇黄岗村（侗族）的黄岗红禾（采集编号：2015522038）（图 2-36），当地种植面积较大，分蘖力较强，穗密，成熟后颖壳红褐色，少量短芒，较难脱粒，产量较高，米质好，既适宜山间盆地又适宜坡地种植，抗逆性和适应性强。

图 2-36　黄岗红禾（2015522038）

从江县停洞镇长寨村（侗族）的糯禾（采集编号：2015522003）（图 2-37），属于特优、特用资源。植株较矮，穗大粒多，产量较高，米质较好，具红色长芒，较难脱粒。本县加榜乡党扭村的田禾（采集编号：2015522008）（图 2-38），属于特优、特用资源。植株较矮，分蘖力中等，穗大粒多，产量较高，米质好，颖壳红褐色，芒少且短，较难脱粒，适宜山间坡地种植，抗倒性强。本县刚边乡银平村的黑禾（采集编

图 2-37　糯禾（2015522003）

号：2015522012）（图2-39），属于当地特用资源。株型松散，分蘖力较弱，米质较好，熟期较早。颖壳黑色，短芒，白米，糯性较好，脱粒较易，抗病虫，耐瘠性强。本县高增乡占里村的占里红禾（采集编号：2015522034）（图2-40），属于当地特优资源。植株较矮，分蘖力较强，穗大粒多，产量较高，米质好，颖壳红褐色，芒少且短，较难脱粒，适宜山间坡地种植，抗逆性、抗倒性强。本乡本村的黑壳糯（采集编号：2015522035）（图2-41），属于特优、特用资源。分蘖力较强，熟期较早。颖壳黑色，无芒，白米，糯性较好，易脱粒，抗病虫，耐瘠性强。

图 2-38　田禾（2015522008）

图 2-39　黑禾（2015522012）

图 2-40　占里红禾（2015522034）

图 2-41　黑壳糯（2015522035）

2）黑米资源

贵州拥有丰富的黑米等有色稻米资源，主要分布在黔南、黔东南等南部地区。以糯稻为主，种皮紫黑色，胚乳乳白，煮后黝黑晶莹，食味芳香，营养丰富。

三都县拉揽乡来楼村2组（水族）的来楼黑米（采集编号：2012522176）（图2-42），是当地少数民族特用资源。香糯，抗病性好，抗虫能力也较杂交稻好，插秧后15~20天打一次农药防治稻飞虱，中等肥力土地适合种植。

图 2-42　来楼黑米（2012522176）

平塘县大塘镇里中村里中4组的黑糯米（摘糯）（采集编号：2012523019）（图2-43），该品种糯性好，口感好，植株较高，芒较长，难脱粒，易倒伏。当地用其煮糯米饭或酿黑糯米酒，秸秆上半部分用来做次年捆水稻秧苗的秧草及捆粽子；以前还可以用该品种稻草来做绳子、做鞋或者做火把。

黎平县肇兴镇肇兴村6组（侗族）的肇兴黑糯（采集编号：2013523461）（图2-44），栽培历史悠久，零星种植。无芒，黑色谷壳，米粒饱满呈黑色，属于冷水禾。抗病性较白粒糯禾强，钻心虫等虫害较轻，但鼠害严重。产量300~350kg/667m^2。蒸熟的黑糯米饭可用作清明节上坟的祭祀品。谷雨（四月八）乌饭节时，制作黑糯糍粑，省去了当地习惯染黑色糯米的步骤。

雷山县达地乡排老村排老组（苗族）的排老黑糯米（采集编号：2013526418）。据村民反映该品种糯性好，品质优，香味浓，抗稻瘟病，有药用保健功效。将黑糯米煮饭或者熬粥，食之治疗腹痛。由于单产较低，其种植面积不大。本县大塘乡高岩村4组（苗族）的高岩黑米（采集编号：2013526541）（图2-45），米质佳，味香，抗病害性强，能在高海拔的阴、冷锈田种植，具有药用保健功效，能益气强身、健脾开胃、补肝明目。妇女、老人或者小孩在生病时食用。

图2-43　黑糯米（摘糯）（2012523019）

图2-44　肇兴黑糯（2013523461）

图2-45　高岩黑米（2013526541）

荔波县玉屏镇水丰村拉磊组（水族）的折糯（黑）（采集编号：2014522015）（图2-46），属于当地特有、特优地方品种，种植历史100年以上，高秆，平均株高165cm，穗长26cm，米粒黑色，平均产量200kg/667m²，最高产量可达250kg/667m²。口感好，糯性特好，香味特浓，生长期内很少发生病虫害，但不抗倒伏。主要用于蒸米饭和做锅巴，也是过

"卯节"和招待客人时必需的食品之一。本县黎明关乡拉内村巴弓组（水族）的黑糯米（采集编号：2014522091）（图2-47），糯性好。

图2-46 折糯（黑）（2014522015）

图2-47 黑糯米（2014522091）

3）红米资源

贵州各地都有偏爱红色稻米的习惯，拥有丰富的红米资源。本次调查获得的红米样本引进育成品种居多，产量普遍高于地方品种。

平塘县卡蒲乡场河村交懂组（毛南族）的花红米（采集编号：2012523051）（图2-48），是当地少数民族特用资源。该品种米粒淡红色，煮饭好吃，有香味，米软、涨饭。高产，单产可达500~600kg/667m^2。中早熟，全生育期在145天左右。该品种病虫害较当地种植的杂交稻要轻。

黎平县德化乡高洋村2组（侗族）的高洋红米（采集编号：2013523505），当地又称"罗朝汉"，种植历史悠久，当地仅有1农户种植该品种。紫红色米粒，扁长形，无芒。抗病虫性特别强，不打农药。比较抗旱，天气干旱时产量也基本不受影响。适合肥力中下等的土地种植，如烂泥田，耐贫瘠，不需施肥，肥力高易倒伏。清明节播种，出苗40天后移栽，农历八月中下旬收割。产量250~300kg/667m^2，市场售价比普通稻米高。稻米红色，是当地制作米粉的上等原料。煮饭特别香而软，呈红色，米粉也是红色，营养丰富、耐煮。收获脱粒后，在太阳底下曝晒2天，挑选籽粒饱满的留种。

松桃县盘石镇十八箭村3组（苗族）的十八箭红米（采集编号：2013524373）（图2-49），

据说在当地种植已有300年历史，且种植局限在十八箭水源头至以下约3000m、宽约750m的狭长地段，再往下，虽源出一流，田坎相连，同种一谷，但米质却迥异，红色会变淡，品质会降低。十八箭红米已成为地理标志品种。该品种抗病虫害，耐贫瘠，种皮红色，其米粒油质丰富，做饭香，用于加工米豆腐、锅巴粉等，其绵韧性和香味更优于别的大米，供不应求。据当地农户反映，该品种矿物质含量多，具有预防关节炎、风湿病功效。

荔波县瑶山乡群力村尧芨组（布依族）的红米（采集编号：2014522141）（图2-50），是当地特有地方品种，适宜当地600~700m地区种植，栽培历史已有60年以上，平均株高120.0cm。穗长22.0cm，米粒长度中等，红色，平均单产400kg/667m^2，最高450.0kg/667m^2。抗病虫害，需肥少，不耐化肥，否则容易倒伏。生育期短，一般9月成熟。

安龙县普坪镇总科村哪桥组（布依族）的小红米（采集编号：2014524216）（图2-51），属于特有、特优资源。在当地种植了几十年，现在种植的农户较少。植株高70~80cm，抗倒伏。该品种种皮为红色，有短芒，剑叶直立，叶片较宽，茎秆较硬。籽粒外观整齐漂亮，米粒有光泽、味香，米饭柔软、有弹性、不黏结、食味佳，冷饭不回生。易感穗颈瘟、卷叶螟，一般施肥不宜过多。

施秉县牛大场镇石桥村上坝组（苗族）的红谷（采集编号：2014526039）（图2-52），为引进的选育品种，植株较矮，产量较高。红米，冷饭不回生，口感较好，价格比普通大米高。

图2-48　花红米（2012523051）

图2-49　十八箭红米（2013524373）

图 2-50　红米 (2014522141)

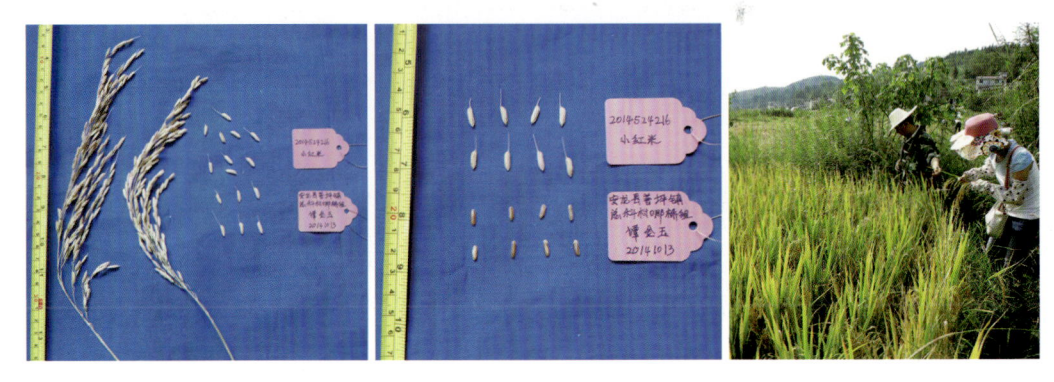

图 2-51　小红米 (2014524216)

图 2-52　红谷 (2014526039)

4）香米资源

黎平县岩洞镇岩洞村3组（侗族）的白香禾（采集编号：2013523302）（图2-53），当地栽培历史悠久，约有800农户种植。生育期140~150天，适合低海拔（400~600m）地区种植。香味在众多香禾糯品种中最为突出，芒短，产量高，平均产量350~400kg/667m^2，稻谷出米率约60%。蒸的糯米饭香味最为浓郁，且糯性强，米饭软而不回生，品质突出，适宜用来制作当地特色食品"扁米"。用其酿的糯米酒，口感特别香浓。

荔波县玉屏镇水尧村孔伞组（布依族）的香米（采集编号：2014522156）（图2-54），是特优、特有资源，当地优良品种，栽培历史60年以上。适于海拔700~800m地区栽培。

平均株高80.0cm，穗长18.0cm，米粒中等大，产量高，成熟期9月。抗倒伏，较抗病虫害。平均单产500kg/667m²，最高产量可达600kg/667m²。品质较优，用其做出的米饭软硬适中、口感好，味香。

图2-53　白香禾（2013523302）

图2-54　香米（2014522156）及其制品

5）米粉专用资源

获得的样本中有一些直链淀粉含量高、涨饭性好，且适宜做米粉的专用型资源。这些资源一般名称中带有"桂朝""双桂"等字样，是贵州省自20世纪80年代来从广东省引进的高产品种桂朝2号及其衍生品种在省内各地推广应用后保留下来的，至今一些地方仍有种植。随着30多年的种植过程中不断的人工和自然选择，其成为制作米粉的上好原料。"桂朝"系列品种在保留其丰产性的基础上，一些性状已发生了适应性变化。

平塘县大塘镇新场村碉头组（布依族）的桂朝（采集编号：2012523025）（图2-55），该品种品质优，抗稻瘟病能力强。适宜做米粉、米豆腐。

务川县红丝乡上坝村青山组（仡佬族）的上坝桂朝（采集编号：2013521193），该品种在当地种植大约40年，平均单产350kg/667m²。抗病虫害，不打药。一般4月播种，9月收获，收获时较难脱粒。自留种，挂于通风处保存备用。在当地用来做米粉、米皮及米豆腐，做米饭口感差。

施秉县双井镇把琴村三潮水组（苗族）的麻谷（采集编号：2014526007）（图2-56），抗稻瘟病，是当地做优质米豆腐的主要原料。

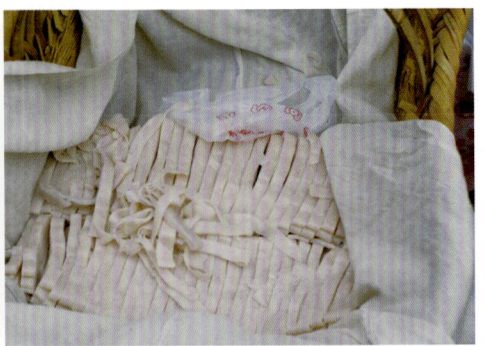

图 2-55　桂朝（2012523025）及其制品

图 2-56　麻谷（2014526007）

二、玉米

（一）概述

本次农业生物资源系统调查的地域属低纬高原，地理生态与气候条件非常复杂，从海拔 351m 的贵州省黎平县双江镇到海拔 2466m 的威宁县盐仓镇均有玉米资源分布。通过本次农业生物资源系统调查，共获得玉米资源 327 份，其中，地方品种 191 份，育成品种 136 份；马齿型资源 53 份，硬粒型资源 143 份，糯玉米资源 104 份，爆裂玉米资源 27 份。本地域玉米资源突出特点是硬粒型和糯质型玉米资源较多，并且遗传多样性十分丰富，仅从粒色上即可分为白、黄、红、紫、黑和多色 6 种（表 2-3）。

表 2-3　获得的玉米资源数量及分布

调查地区	调查县（市）	材料份数	糯质型	爆裂型	马齿型	硬粒型	育成品种	地方品种	备注
黔东南州	剑河	14	6	1	4	3	7	7	
	施秉	21	5		9	7	7	14	
	黎平	13	6	4	1	2	10	3	
	雷山	14	9	2		3	11	3	

（续表）

调查地区	调查县（市）	材料份数	糯质型	爆裂型	马齿型	硬粒型	育成品种	地方品种	备注
黔南州	三都	18	13	4		1	17	1	
	平塘	16	2		6	8	4	12	
	荔波	11	5	2	1	3	7	4	
黔西南州	安龙	20	10		2	8	10	10	
	贞丰	15	4		2	9	4	11	
铜仁市	印江	15	4	2	2	7	6	9	
	松桃	8	2	1	1	4	3	5	
遵义市	道真	14	3	1	2	8	3	11	
	务川	12	2		3	7	2	10	
	赤水	9	3		1	5	3	6	
安顺市	紫云	22	6	10	1	5	7	15	
	镇宁	14	5		2	7	6	8	
毕节市	威宁	17	2		3	12	4	13	
	赫章	26	7		2	17	11	15	
	织金	17	6		3	8	7	10	
六盘水市	盘县	11	1		3	7	2	9	
贵阳市	开阳	20	3		5	12	5	15	
合计		327	104	27	53	143	136	191	

（二）获得玉米资源的分布

在调查的贵州省 9 个市（州）中，获得玉米资源超过 50 份的有黔东南苗族侗族自治州和毕节市，分别为 62 份和 60 份。在调查的 21 个县（市）中均有玉米资源分布，获得较多的是赫章县（26 份）、紫云县（22 份）、施秉县（21 份）、安龙县和开阳县（各 20 份），较少的是赤水市（9 份）和松桃县（8 份）（表 2-3）。

（三）获得的玉米资源在少数民族中的分布

调查获得的 327 份玉米资源中有 273 份涉及 12 个少数民族，其中苗族的最多，为 132 份，其次是布依族（42 份）、彝族（19 份）、侗族（18 份）、仡佬族（17 份）、水族（14 份）、土家族（11 份），瑶族、毛南族、白族、回族等其他民族共计 20 份（图 2-57）。

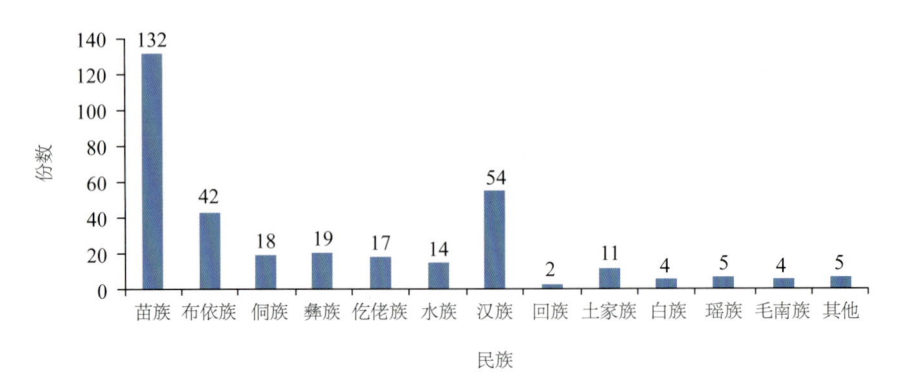

图 2-57　获得玉米资源的民族分布情况

（四）新获得玉米资源情况

将本次调查获得的 327 份玉米资源，分别与国家种质库已保存相应 21 个县（市）的玉米资源进行品种名称和来源地对比，结果表明，有 12 份玉米资源同名同地。只是本次获得的玉米地方资源经过了 30 多年人工与自然的选择，其植物学特征和生物学特性都有所改变，因此需要进行鉴定评价对比后才能确定。其余 315 份不与种质库保存资源同名，若排除异名同种的情况，可初步认定是新增资源。

（五）少数民族认知有价值的玉米地方资源

贵州丰富多样的玉米资源，为国内外所瞩目，本次的系统调查也证明了这一点。这些玉米品种由于具有适应当地独特多样生态环境的特性，以及满足当地少数民族的传统习俗而被持续种植。这些资源是今后育种及深入研究利用的宝贵材料。下面简要介绍几类种质资源。

1. 糯玉米资源

剑河县观么乡苗岭村的白糯玉米（采集编号：2012521047），当地百姓认为该品种抗性强，糯性好。

三都县九阡镇板甲村上姑城组的上姑城黑糯玉米（采集编号：2012522055）（图 2-58），当地百姓认为该品种口感好、糯性强、香甜，其深受当地人的喜欢。主要鲜吃，做粑粑等。

务川县茅天镇同心村上坝组的白糯玉米（采集编号：2013521014）（图 2-59），很糯，口感好。据说很早以前，糯米很少，祭奠去世亲人要用糍粑，没有糯米，就用糯玉米代替糯米打糍粑。

紫云县四大寨乡茅草村告傲组的本地糯苞谷（采集编号：2013521339）（图 2-60），糯性好、皮薄、香甜，抗病虫能力较强。本县白石岩乡新驰村玉石组的玉石黄糯（采集编号：2013521370）（图 2-61），抗病虫能力较强，抗旱耐瘠，适应性广。糯性强，口感好，带甜味。

贞丰县者相镇纳孔村 2 组的白糯玉米（采集编号：2013522002）（图 2-62），口感香甜，糯性好，抗病虫害。

赤水市元厚镇石梅村5组的糯玉米（采集编号：2013523064）（图2-63），青煮和烧烤好吃。糯性好，可以做粑粑和汤包等。

黎平县双江镇坑洞村9组的红糯玉米（采集编号：2013523423）（图2-64），糯性好，甜、香、好吃，可酿酒。

镇宁县良田镇新屯村板尖组本地黄糯玉米（采集编号：2013524017）（图2-65），植株高，籽粒黄色，品质好，抗性好，糯性好，与大米混合食用。

松桃县正大乡清水村1组的黑糯玉米（采集编号：2013524425）（图2-66），皮薄，糯、耐贫瘠。

织金县茶店乡群丰村杨柳组的糯苞谷（采集编号：2013526225）（图2-67），口感好，糯，青煮或者烤来吃味道好，当地村民也喜欢用其打玉米粑粑，糯性好，味香。较耐瘠，中等土地适合种植，产量200~250kg/667m^2。

雷山县达地乡乌空村乔撒组的乌空糯玉米（采集编号：2013526301）（图2-68），比较甜、口感好、糯性足。

安龙县洒雨镇陇松村陇1组（汉族）的白糯苞谷（采集编号：2014524069）（图2-69），糯性好，嫩时煮熟了有一股香味，适口性好，用来打粑粑好吃。本县平乐乡联合村定头2组（布依族）的珍珠糯苞谷（采集编号：2014524156）（图2-70），糯性好，籽粒光泽度好，营养价值高，食味佳。

道真县洛龙镇五一村岩子头组（仡佬族）的岩子头糯苞谷（采集编号：2014525080）（图2-71），糯性强、耐贫瘠，煮食口感好。

图2-58　上姑城黑糯玉米（2012522055） 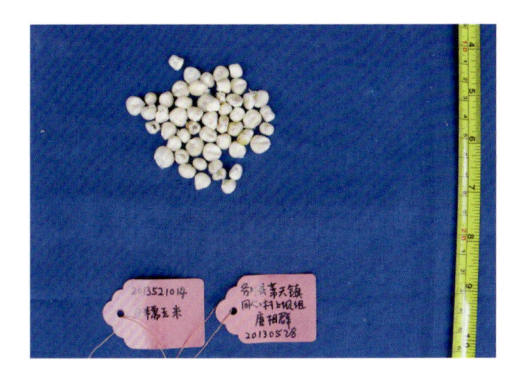　　　图2-59　白糯玉米（2013521014）

图2-60　本地糯苞谷（2013521339） 　　　图2-61　玉石黄糯（2013521370）

图 2-62　白糯玉米（2013522002）

图 2-63　糯玉米（2013523064）

图 2-64　红糯玉米（2013523423）

图 2-65　本地黄糯玉米（2013524017）

图 2-66　黑糯玉米（2013524425）

图 2-67　糯苞谷（2013526225）

图 2-68　乌空糯玉米（2013526301）

图 2-69　白糯苞谷（2014524069）

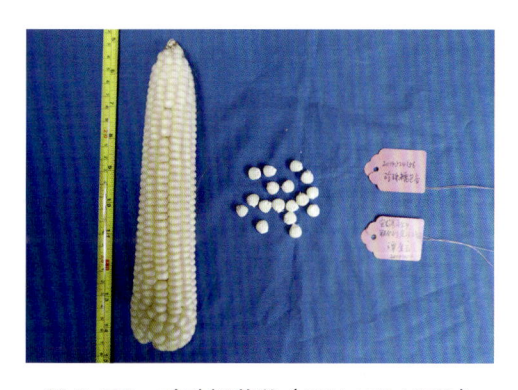

图 2-70　珍珠糯苞谷（2014524156） 　　　　图 2-71　岩子头糯苞谷（2014525080）

施秉县马溪乡王家坪村王家坪组（苗族）的马溪糯玉米（采集编号：2014526035）（图 2-72），糯性好，青烧和青炒食用品质好，成熟后磨粉可做糍粑。本县马号乡楼寨村楼寨 1 组的楼寨糯玉米（采集编号：2014526064）（图 2-73），籽粒皮薄，糯性较杂交玉米强，口感较好。本县本乡胜秉村 2 组（苗族）的紫糯玉米（采集编号：2014526059）（图 2-74），籽粒皮薄，软糯，口感好。

图 2-72　马溪糯玉米（2014526035） 　　　　图 2-73　楼寨糯玉米（2014526064）

图 2-74　紫糯玉米（2014526059）

2. 爆裂玉米资源

三都县九阡镇板甲村下板甲组（水族）的下板甲爆花玉米（采集编号：2012522074）（图 2-75），当地百姓认为该品种籽粒皮薄，口感好，爆米花特用。本县打鱼乡介赖村 7 组的介赖爆花玉米（采集编号：2012522120）（图 2-76），爆米花特用，籽粒皮薄，口感好。

印江县永义乡大园址村护国寺组的爆粒玉米（采集编号：2013522543）（图2-77），籽粒深红色，专用于做爆米花。

黎平县岩洞镇岩洞村4组的红皮炸花玉米（采集编号：2013523319）（图2-78），适合炸玉米花。本县双江镇坑洞村9组坑洞炸玉米（采集编号：2013523426）（图2-79），籽粒皮薄，可炸玉米花。

松桃县寨英镇岑鼓坡村新屋组的红爆裂玉米（采集编号：2013524471）（图2-80），炒玉米花香，抗旱，耐贫瘠。

雷山县永乐镇乔配村新寨3组的乔配炸糯玉米（采集编号：2013526394）（图2-81），籽粒皮薄，抗病性好，适合炸爆米花。

荔波县黎明关乡木朝村洞根组的九籽玉米（采集编号：2014522117）（图2-82）和爆米花（采集编号：2014522178）（图2-83），炸爆米花专用。当地特用地方品种，栽培历史已有60年以上，适应在当地海拔500~700m地区种植，株高180cm。穗长18cm，籽粒小，红色，味甜、品质优，特别适宜做爆米花。耐旱、抗瘠薄，平均产量200kg/667m^2，最高单产300kg/667m^2，播种期3月，成熟期8月。

道真县上坝乡八一村合心组（仡佬族）的刺苞谷（采集编号：2014525001）（图2-84），是本地特用地方品种，种植历史50年以上，适宜在当地800~1000m地区种植。平均株高150cm，穗小，仅有8cm左右，籽粒小。一般5月播种，9月成熟，抗旱、耐瘠薄。产量低，平均产量仅有100kg/667m^{2}左右。当地主要用来做爆米花，为炸爆米花专用品种。目前栽培者极少，当地仅有几户种植，该品种面临消亡。

图2-75　下板甲爆花玉米（2012522074）

图2-76　介赖爆花玉米（2012522120）

图2-77　爆粒玉米（2013522543）

图 2-78　红皮炸花玉米（2013523319） 　　　图 2-79　坑洞炸玉米（2013523426）

图 2-80　红爆裂玉米（2013524471） 　　　图 2-81　乔配炸糯玉米（2013526394）

图 2-82　九籽玉米（2014522117） 　　　图 2-83　爆米花（2014522178）

图 2-84　刺苞谷（2014525001）

3. 抗（耐）性强的玉米资源

1）抗病虫玉米资源

平塘县大塘镇新光村新碉组（布依族）的白苞谷（采集编号：2012523005）（图2-85），当地百姓认为该品种抗旱性、抗虫性、耐贫瘠性比较好；品质优良，口感好，有甜味、有糯性。该县鼠场乡新坝村干腮组（布依族）的红苞谷（采集编号：2012523042）（图2-86），没有发现病虫害发生；抗旱性和耐贫瘠性都非常好；甜味一般，有香味但没有糯性。

赤水市元厚镇五柱峰村（汉族）的白玉米（采集编号：2013523041）（图2-87），青时烧烤食用品质好；籽粒比杂交品种重；比较抗纹枯病。

紫云县坝羊乡下关村大寨组（布依族）的黄糯苞谷（采集编号：2013521361）（图2-88），没发现病虫为害，耐瘠，糯性好，口感佳，香甜可口。

贞丰县者相镇纳孔村1组的黄糯玉米（采集编号：2013522010）（图2-89），品质优，糯性好，味香，抗病虫害。本镇董箐村油菜冲组（布依族）的杂花玉米（采集编号：2013522072）（图2-90），抗病虫害，耐贫瘠，但食味差。

松桃县盘石镇十八箭村3组（苗族）的白玉米（采集编号：2013524371）（图2-91），抗病虫害，耐贫瘠。

施秉县马号乡楼寨村楼寨1组（苗族）的楼寨白玉米（采集编号：2014526071）（图2-92），抗病虫，抗旱，耐瘠，做苞谷饭香，喂猪催肥快。

图2-85　白苞谷（2012523005）

图2-86　红苞谷（2012523042）

图2-87　白玉米（2013523041）

图2-88　黄糯苞谷（2013521361）

图 2-89　黄糯玉米（2013522010）

图 2-90　杂花玉米（2013522072） 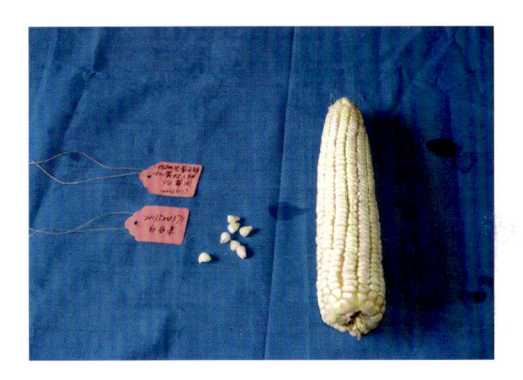　　　　图 2-91　白玉米（2013524371）

图 2-92　楼寨白玉米（2014526071）

2）耐冷的玉米资源

威宁县石门乡年丰村 5 组（苗族）的二季早（采集编号：2013525368）（图 2-93），食用品质和抗寒性好。本县哲觉镇竹坪村花岩组（彝族）的小白苞谷（采集编号：2013525467）（图 2-94），当地百姓认为该品种抗寒性好。

织金县后寨乡三家寨村罗家寨组（苗族）的白苞谷（采集编号：2013526009）（图 2-95），有黑粉病，害虫主要有螟虫、蚜虫、地老虎，但是较低海拔区域感病虫轻，生产中不打农药，未见冻害，较耐旱，中等土地种植，平均单产 200kg/667m²。本县桂果镇马场村后寨组（穿青人）的马场苞谷（采集编号：2013526237）（图 2-96），有香味，皮薄，未见病虫害，生产中不打药，当地未见冻害，耐贫瘠，产量 350~400kg/667m²。

施秉县双井镇翁粮村 3 组（苗族）的白糯玉米（采集编号：2014526008）（图 2-97），糯，皮软，抗病、抗虫、抗旱和抗寒性均好。本县马溪乡茶园村虎跳坡组（苗族）的白玉米（采集编号：2014526033）（图 2-98），马齿型，籽粒大，抗病虫，抗寒、抗旱、耐瘠。

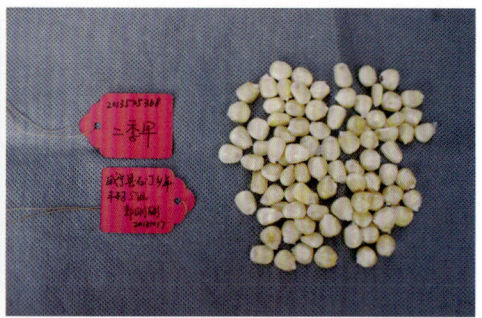

图 2-93　二季早（2013525368）

图 2-94　小白苞谷（2013525467）

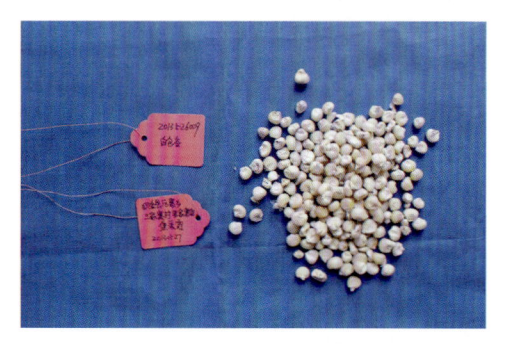

图 2-95　白苞谷（2013526009）

图 2-96　马场苞谷（2013526237）

图 2-97　白糯玉米（2014526008）

图 2-98　白玉米（2014526033）

3）抗旱耐瘠的玉米资源

平塘县大塘镇新光村新碉组（布依族）的黄苞谷（采集编号：2012523006）（图2-99），当地百姓认为该品种抗旱性和耐贫瘠性都非常好。植株特别高，为350cm以上。本县大塘镇里中村里中7组的黄苞谷（采集编号：2012523015）（图2-100），没有发现有病虫害发生，抗旱性和耐贫瘠性都非常好；有糯性，有甜味，口感好，营养价值高；出面率也高。

织金县茶店乡红艳村红艳组的糯玉米（采集编号：2013526189）（图2-101），青煮口感糯而香，在当地无病虫害发生，但是在储藏时有食储害虫。较杂交玉米耐贫瘠，施一次农家肥作底肥，生长期不追肥，靠自然降水，产量可达250~300kg/亩。

紫云县四大寨乡猛林村塘毛1组（布依族）的塘毛白苞谷-1（采集编号：2013521303）（图2-102），抗病虫、抗旱、耐瘠性较强，适应性广。本县四大寨乡茅草村告傲组的本地花苞谷（采集编号：2013521342）（图2-103），籽粒黑黄花色，抗旱耐瘠，抗病虫能力较强，多种在贫瘠的坡地上。

贞丰县鲁贡镇弄洋村2组（布依族）的二黄玉米（采集编号：2013522121）（图2-104），香，籽粒皮薄，好吃，耐贫瘠。黎平县双江镇黄岗村6组的黄岗白糯玉米（高秆）（采集编号：2013523443）（图2-105），糯，香，甜，耐旱，耐贫瘠。

盘县保基乡雨那洼村谢家寨组（苗族）的黄苞谷（采集编号：2013525044）（图2-106），该品种硬粒型，品质好，耐瘠薄，耐粗放管理，无病虫害，基本不打农药。

威宁县哈喇河乡闸塘村庆口组（回族）的白苞谷（采集编号：2013525506）（图2-107），品质好，耐旱、耐瘠薄。

赫章县水塘堡乡田坝村（白族）的赫章大白（黑白苞谷）（采集编号：2014521068）（图2-108），是20世纪50年代引进品种，种植已有60多年。分布于海拔2000m的山坡薄地，耐旱、耐瘠薄。产量高，出籽率高，食用品质好。株高3.7~4.0m，穗位高1.6~2.2m，果穗长25~30cm，籽粒大。

荔波县瑶山乡菇类村懂别组（瑶族）的墨白玉米（采集编号：2014522051）（图2-109），

为外引品种，因栽培历史已有 30 年以上而成为优良地方品种。适宜在海拔 650~800m 地带种植，株高 220~250cm。穗长 20~25cm，籽粒蛋白质含量高，糯性好，磨成粉后常与小米等混合做粑粑食用。耐瘠薄、耐旱性好，抗玉米螟，耐粗放管理。平均产量 200kg/667m² 左右，最高产量 250kg/667m²。

道真县阳溪镇阳坝村沙河组的大白苞谷（采集编号：2014525053）（图 2-110），籽粒大，易脱粒，香味浓，产量高，耐旱、耐贫瘠。施秉县牛大场镇石桥村上坝组的紫花苞谷（采集编号：2014526037）（图 2-111），抗病虫，抗寒，抗旱，耐瘠，籽粒皮薄，口感好。

图 2-99　黄苞谷（2012523006）

图 2-100　黄苞谷（2012523015）

图 2-101　糯玉米（2013526189）

图 2-102　塘毛白苞谷-1（2013521303）

图 2-103　本地花苞谷（2013521342）

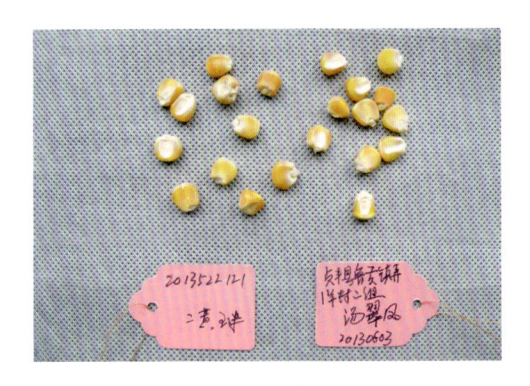

图 2-104　二黄玉米（2013522121） 　　　图 2-105　黄岗白糯玉米（2013523443）

图 2-106　黄苞谷（2013525044）

图 2-107　白苞谷（2013525506）

图 2-108　赫章大白（黑白苞谷）（2014521068）

图 2-109　墨白玉米（2014522051）

图 2-110　大白苞谷（2014525053）

图 2-111　紫花苞谷（2014526037）

4. 特异玉米资源

1）早熟资源

剑河县磻溪乡塘沙村的玉米（采集编号：2012521011），当地百姓认为该品种抗病性强，早熟。剑河县磻溪乡塘沙村的紫玉米（采集编号：2012521017），早熟。

2）优质资源

务川县茅天镇红心村大竹园组（仡佬族）的红心金黄早（采集编号：2013521037）（图 2-112），当地百姓认为该品种优质、口感好，煮饭很香，产量高，该品种过去是老百姓的主要食品，特别是长寿老人龚来发的主食。

紫云县大营乡妹场村新厂组(布依族)的新厂黄苞谷(采集编号:2013521357)(图2-113),耐贫瘠,籽粒黄色,籽粒小,硬粒型,口感好,品质优,常与大米混合食用,也可与麦芽制成叮叮糖。

贞丰县鲁贡镇坡扒村3组(布依族)的贞丰黄(黄粒)(采集编号:2013522168)(图2-114),当地农家种,品质优,食味好。

镇宁县良田镇新屯村板尖组(苗族)的本地黄玉米(采集编号:2013524014)(图2-115),植株高,籽粒黄色,品质好,抗性好,与大米混合食用。

图2-112　红心金黄早(2013521037)

图2-113　新厂黄苞谷(2013521357)

图2-114　贞丰黄(2013522168)

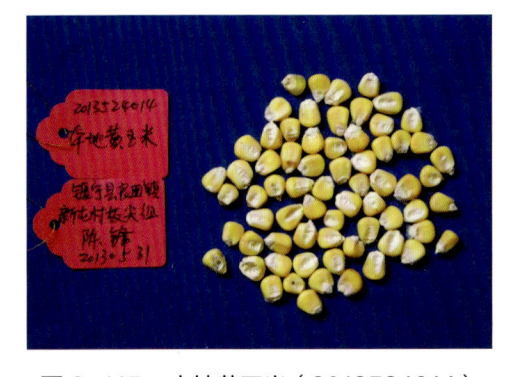

图2-115　本地黄玉米(2013524014)

赫章县水塘堡乡田坝村(白族)的小黄苞谷(采集编号:2014521213)(图2-116),硬粒型,品质好。本县六曲河镇河边村(彝族)的小红苞谷(采集编号:2014521217)(图2-117),当地老品种,种植已有50多年,食用,当地百姓还用其治疗贫血、头昏等症状。

开阳县双流镇刘育村后寨组(汉族)的小黄苞谷(采集编号:2014523051)(图2-118),籽粒较小,座粒坚固,不易脱粒。一直被当地少部分农户种植,多用来喂养蛋鸡,能使蛋鸡产蛋增加,并延长单次产蛋期;常作为当地一种斗鸡的饲料,能使斗鸡毛色发亮。

安龙县洒雨镇海星村烂滩组(布依族)的小黄玉米(苞谷)(采集编号:2014524027)(图2-119),茎秆硬,根系深,品质好、口感好,可做饭、叮叮糖,香甜可口。本县德卧镇毛杉树村三角洞组（汉族）的十年黄（采集编号：2014524123）（图2-120），品质优，味甜，有香味，食味佳，营养价值高，磨成面粉很香、细腻，籽粒光泽度好。本县平乐乡索汪村挺岩组（布依族）的平乐苞谷（采集编号：2014524171）（图2-121），品质好，做饭很香，口感好。

道真县上坝乡新田坝村七星组（仡佬族）的金黄早（采集编号：2014525009）（图2-122），硬粒型，煮食口感好、有香味。施秉县牛大场镇吴家塘村大堰塘组（苗族）的大堰塘黄苞谷（采集编号：2014526053）（图2-123），硬粒型，品质好、香味浓。

图 2-116　小黄苞谷（2014521213） 　　　　图 2-117　小红苞谷（2014521217）

图 2-118　小黄苞谷（2014523051）

图 2-119　小黄玉米（2014524027） 　　　　图 2-120　十年黄（2014524123）

图 2-121　平乐苞谷（2014524171）及其制品

图 2-122　金黄早（2014525009）

图 2-123　大堰塘黄苞谷（2014526053）及其制品

3）特殊类型玉米资源

紫云县白石岩乡新驰村烂木冲组（布依族）收集的四角苞谷（采集编号：2013521496）（图 2-124），白轴白粒，粒小，棒轴特别细小，果穗上粗下细，且穗尖部有 4 个分枝状突起，未开口，呈四角状，故此而得名。该品种抗旱、耐瘠性好。

施秉县马溪乡茶园村虎跳坡组（苗族）获得的 2 份脚板玉米，因其果穗形状酷似人的"脚板"而得名。一份为白轴（采集编号：2014526028）（图 2-125），另一份为红轴（采集编号：2014526032）（图 2-126），均为马齿型。青玉米烧吃品质好；用其喂猪催肥快，市场价格较其他玉米高。

图 2-124　四角苞谷（2013521496）

图 2-125　脚板玉米（白轴）（2014526028）

图 2-126　脚板玉米（红轴）（2014526032）

三、麦类

本次贵州农业生物资源系统调查的地域属低纬高原山地，地理生态环境复杂，从海拔 533m 的三都县普安镇到海拔 2362m 的威宁县哲觉镇均有小麦、大麦和燕麦等麦类资源分布。通过本次农业生物资源系统调查，共获得麦类资源 61 份，其中小麦 32 份，大麦 18 份，燕麦 11 份；地方品种 47 份，育成品种 14 份。获得的小麦、大麦和燕麦资源主要分布于海拔较高的西部地区（表 2-4）。

表 2-4　获得的麦类资源数量及分布

调查地区	调查县(市)	材料份数	小麦	大麦	燕麦	地方品种	育成品种	备注
黔东南州	施秉	1			1	1		
黔南州	三都	3	1	2		1	2	
	平塘	7	5	2		5	2	
黔西南州	安龙	5	4	1		4	1	
	贞丰	8	5	3		6	2	
铜仁市	印江	1		1		1		
安顺市	紫云	4	2	2		3	1	
	镇宁	5	3	2		4	1	
毕节市	威宁	10	4	3	3	7	3	裸燕麦1份
	赫章	4	1		3	4		裸燕麦1份
	织金	2	1		1	2		
六盘水市	盘县	10	6	1	3	8	2	
贵阳市	开阳	1		1		1		
	合计	61	32	18	11	47	14	

将本次调查获得的 61 份小麦、大麦和燕麦资源分别与国家种质库已保存资源进行品种名称及来源地对比，结果表明，有 13 个县（市）的 6 份小麦、大麦和燕麦资源同名同地。可能属于同名同种，只是本次获得的 61 份小麦、大麦和燕麦资源经过了多年人工与自然的选择，其植物学特征和生物学特性已发生改变；也有可能是同名异种，因此需要进行鉴定评价对比后才能确定。其余 55 份资源未与种质库保存资源同名，若排除异名同种的情况，可初步认定是新增资源，比例达 90.2%。

（一）小麦

从贵州省 5 个市（州）10 个县（市）调查获得小麦资源样本 32 份。其中，涉及苗族、布依族、彝族、毛南族等 6 个少数民族。

1. 优质资源

三都县普安镇合心村 8 组（苗族）的光头麦（采集编号：2012522207）（图 2-127），该品种一般 10~11 月播种，清明节前后收获，生长期短，不影响次年玉米播种和水稻插秧。该品种株高 80.0~90.0cm，穗长 10.0cm，穗无芒，故当地人将其称为"光头麦"。适合中等肥力土地种植，较耐贫瘠、耐寒、耐旱，抗病虫，品质好，制作的面条香、细、嫩。当地百姓用其蒸包子、蒸馒头，或者去壳煮熟与糯米一起在端午节祭祀祖宗。

平塘县鼠场乡仓边村孔王寨组（苗族）收集的浆麦（采集编号：2012523032）（图 2-128），在当地有 100 多年的栽培历史。没有发现病虫害发生，抗寒性较好，但抗旱性较差，耐贫瘠性不错；产量在 230kg/667m² 左右，出面率约为 70%。主要用来做面条、馒头或煮粥喝、打粑粑吃，还可用于酿酒。镇宁县良田镇新屯村板尖组（布依族）收集的毛毛麦（采集编号：2013524015）（图2-129），当地人又叫长芒麦，是当地特优资源。好吃，面筋好，有韧性，做出的面条不易断，但产量相对低。一般将其与同村的光头麦（采集编号：2013524002）混起来做面条。

盘县老厂镇下坎者村12组（苗族）的泡花麦（采集编号：2013525189）（图2-130），品质特优，适合做面条。

织金县茶店乡群丰村淹塘组（布依族）的小麦（采集编号：2013526221）（图2-131），做炒面味道香，筋道。当地未见病虫害，不打农药。较耐旱，较耐瘠，植株高100.0cm，穗长10.0cm，籽粒大小中等，品质优，产量100~150kg/667m^2。

赫章县六曲河镇草塘村（彝族）的阿波小麦（采集编号：2014521226）（图2-132），引进时间长，至今已有50多年。目前仅在该县中低海拔地区有少量农户种植，面临断种危险。生长期内不施肥，不进行病虫害防治，也不进行灌溉。主要用于发芽后制作苗族传统食物麻糖，也适合做面条。

安龙县洒雨镇陇松村陇1组（汉族）的麦子（采集编号：2014524068）（图2-133），当地人称为"川麦"，认为其营养好、出粉率高，做面条很好吃，面条筋道。本县德卧镇白水河村戈贝1组（布依族）的戈贝小麦（采集编号：2014524093）（图2-134），该品种在当地普遍种植，因为其管理粗放，受到当地农民的喜欢。一般在水稻收获以后，直接撒播在田里，只施少许底肥即可，肥料多反而易干死。生长期不用锄草，不用打农药。出面率高（一般500g麦子可磨出350g面粉），营养价值高，适合做面条，做出的面条韧性好，口感佳，筋道。

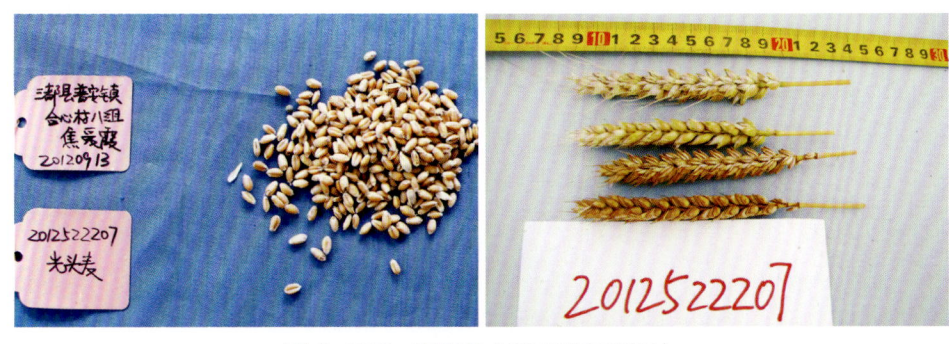

图2-127　光头麦（2012522207）

图2-128　浆麦（2012523032）

图 2-129　毛毛麦（2013524015）

图 2-130　泡花麦（2013525189）

图 2-131　小麦（2013526221）

图 2-132　阿波小麦（2014521226）

图 2-133　川麦（2014524068）

图 2-134　戈贝小麦（2014524093）

2. 抗逆和抗病虫资源

平塘县卡蒲乡新关村关上组（毛南族）的糯小麦（采集编号：2012523057）（图 2-135），在当地有 40~50 年的栽培历史。没有发现病虫害发生，耐贫瘠性也不错，产量在 200.0kg/667m^2 左右。适合做面条，做出的面条比较软，口感好，有香味和糯性。

贞丰县鲁贡镇坡扒村 3 组（布依族）的本地小麦（采集编号：2013522166）（图 2-136），是当地优良地方品种，栽培历史 80 年以上，株高 80cm 左右，耐粗放种植，生长期不用打农药，也不用施肥。其最大特点是春化阶段不明显，在年均温较高地区也能正常生长。平均产量 200.0kg/667m^2，最高可达 250.0kg/667m^2。种皮薄，品质好。适合做面条。

紫云县四大寨乡猛林村塘毛 1 组（苗族）的麦子（采集编号：2013521301）（图 2-137），该品种是前人留传下来的，在当地有 40 年以上的栽培历史。没有发现病虫害发生，抗旱性较好，耐贫瘠性较强。品质优良，适合做面条，加工的面条面色较白，口味好。但是由于麦收时间与水稻插秧等农忙季节有冲突，且村里年轻人外出打工增加，目前村里种植该品种的人就越来越少了。

镇宁县良田镇新屯村板尖组（布依族）的光头麦（采集编号：2013524002）（图 2-138），抗性强，产量较高，通常单产 300.0kg/667m^2 左右。

威宁县石门乡新龙村 4 组（苗族）的小麦（采集编号：2013525425）（图 2-139），为当地栽培历史悠久的地方品种。一般秋种夏收，未见病虫为害，不进行病虫害防治等栽培管理。适合做面条。而且苗族农户利用麦子发芽时产生麦芽糖的特性，在其发芽后将其用于制作传统食物麻糖。

安龙县平乐乡索汪村挺岩组（布依族）的三月黄（采集编号：2014524173）（图2-140）属于当地特有、特优、特用资源。在当地10月播种，到次年3月中下旬即可收获，故而得名。由于熟期较早，生长周期较短，可以解决当地春播作物的茬口问题。该品种分蘖力强，抗茎腐病、黑穗病、锈病等，不用打农药，不用施肥，产量较高，面粉质量好，做面食（如面条等）细腻，有韧性，食味佳。

图2-135　糯小麦（2012523057）

图2-136　本地小麦（2013522166）及其制品

图2-137　麦子（2013521301） 　　　图2-138　光头麦（2013524002）

图 2-139 小麦（2013525425）

图 2-140 三月黄（2014524173）

（二）大麦

从 10 个县（市）调查获得大麦资源样本 18 份。其中，涉及苗族、彝族、水族等 5 个少数民族。民族认知较好的资源如下。

三都县打鱼乡排怪村 11 组（水族）的排尧长粒麦（采集编号：2012522147）（图 2-141），抗病虫性较好，需种植于较为肥沃的土地，一般 11 月播种，次年 6 月收获，产量 100.0~150.0kg/667m^2。

平塘县鼠场乡仓边村孔王寨组（苗族）的平塘老麦（采集编号：2012523031）（图 2-142），在当地有 100 多年的栽培历史。该品种芒长，麻雀很难吃到，俗称"雀不沾"。没有发现病虫害发生，抗旱性和抗寒性都不错，但耐贫瘠性较差，产量在 130.0kg/667m^2 左右。用该品种酿出的酒比玉米酿出的酒还要香，制作的面条柔软可口。

紫云县大营乡联八村摆招 1 组（苗族）的大麦（老麦）（采集编号：2013521513）（图 2-143），该品种在当地有 50 多年的种植历史，到现在一般已不用来食用，多用作饲料。此外，该品种成熟后，因其茎秆韧性特好，当地专用来做唢呐哨子。

印江县洋溪镇桅杆村雷家沟组的光条老麦（采集编号：2013522313）（图 2-144），主要用于加工成面粉食用，或与稻米一起煮饭食用。

安龙县平乐乡顶庙村阿伦组的老麦（采集编号：2014524196）（图 2-145），麦粒虽然小，但是口感很好，做面条、糖都很好吃，耐刈割。

第二章　粮食作物调查结果　131

图 2-141　排尧长粒麦（2012522147）

图 2-142　平塘老麦（2012523031）

图 2-143　老麦（2013521513）

图 2-144　光条老麦（2013522313）

图 2-145　老麦（2014524196）

（三）燕麦

从贵州西北部的 5 个县（市）调查获得燕麦资源样本 11 份。

威宁县盐仓镇高峰村高原组（彝族）的燕麦（采集编号：2013525334）（图2-146），品质好，抗逆性强。当地用来作杂粮，亦作饲草。本县石门乡年丰村 5 组（苗族）的燕麦（采集编号：2013525379）（图2-147），是苗族种植历史悠久的地方裸燕麦品种。当年 9 月播种，次年 5 月收获，耐冷性好，不进行病虫害防治及灌溉等栽培管理。主要用于冬季耕牛饲料，自古苗族以耕牛为主要畜力，秋冬季节取燕麦草饲喂耕牛。本县板底乡曙光村 1 组（彝族）燕麦（采集编号：2013525489）（图2-148），品质好，抗逆性强。当地用来作饲草。

织金县黑土乡道子村道子组（汉族）的燕麦（采集编号：2013526176）（图2-149），种植历史悠久，在饿饭时期经常拿来充饥，现在种植户已经很少，且零星分布。植株未成熟时当青贮饲料，籽粒成熟后脱壳粉碎炒熟做成炒面，味道较面粉香。未见病虫害，不打农药，耐瘠，不追施化肥，不选种，将自然成熟后的燕麦脱粒晒干，留一部分次年再种。

赫章县兴发乡中营村（苗族）的燕麦（采集编号：2014521015）（图2-150），品质好，抗逆性强。当地用作饲草。本县水塘堡乡草子坪村（苗族）的裸燕麦（采集编号：2014521142）（图2-151），品质好，抗逆性强。当地用作饲草。本县珠市乡核桃村（彝族）的燕麦（采集编号：2014521196）（图2-152），品质好，抗逆性强。当地用作饲草。

施秉县双井镇翁粮村 3 组的（苗族）燕麦（采集编号：2014526010）（图2-153），其蛋白质含量高，饲料适口性较黑麦草好。

图 2-146　燕麦（2013525334） 　　　　图 2-147　燕麦（2013525379）

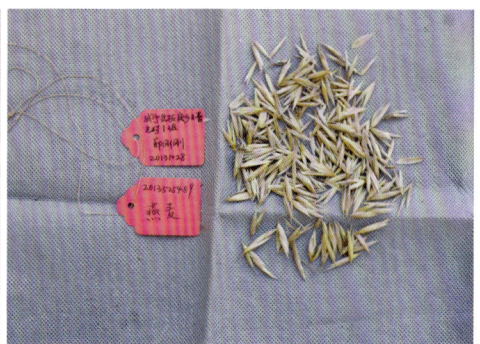

第二章 粮食作物调查结果 133

图 2-148 燕麦（2013525489）

图 2-149 燕麦（2013526176）

图 2-150 燕麦（2014521015）  　　　　　图 2-151 裸燕麦（2014521142）

图 2-152 燕麦（2014521196）

图 2-153　燕麦（2014526010）

四、高粱

（一）概述

高粱，禾本科高粱属一年生草本植物。全生育期适宜温度 20~30℃。高粱是 C4 作物，全生育期都需要充足的光照。秆较粗壮，直立，基部节上具支撑根。属于喜温暖、抗旱、耐涝作物。本次调查发现从海拔 351m 的黎平县双江镇坑洞村到海拔 2424m 的威宁县哲觉镇竹坪村均有高粱分布，通过农业生物资源系统调查，共获得高粱资源 62 份。

1. 获得高粱资源的分布

在调查的 9 个市（州）均获得了高粱资源，在 21 个调查县（市）中有 19 个县（市）均获得数量不等的高粱资源，威宁获得的高粱资源最多，为 8 份；其次是剑河、紫云、印江，均为 5 份；贞丰、松桃和施秉各为 4 份；平塘、镇宁、荔波、安龙各 3 份；获得 2 份的县有三都、务川、赫章、黎平、开阳、盘县、道真；赤水获得 1 份；织金和雷山没有获得高粱资源。

2. 获得高粱资源在各民族中的分布

获得的高粱资源共涉及 8 个民族，其中获得资源最多的是苗族，为 33 份，其次是布依族 9 份，汉族 5 份，土家族 4 份，侗族 4 份，彝族 3 份，瑶族和水族各 2 份。

3. 新获得高粱资源情况

本次调查获得的 62 份高粱资源中有优异种质资源 12 份，将该批资源分别与国家种质库已保存相应 19 个县（市）的高粱资源进行品种名称比较，均未发现有同名或同来源的高粱种质资源，但这不意味着就没有重复资源，需要进行进一步鉴定评价后才能确定。

（二）少数民族认知有价值的高粱资源

调查获得的 62 份高粱资源中，有适合酿酒的品种、甜高粱品种、寻用高粱和抗（耐）性强的资源。

1. 适合酿酒资源

共收集到16份适合酿酒的高粱资源。

三都县普安镇的合心高粱（采集编号：2012522209）（图2-154），当地常用于酿酒、蒸粑粑，口感好。

贞丰县鲁贡镇弄洋村的本地高粱（采集编号：2013522124），当地常用于烤酒，酒质香，出酒率高。

施秉县牛大场镇金坑村白优组的红高粱（采集编号：2014526045）（图2-155），抗病，抗虫，抗旱，酿酒出酒率高。

图2-154　合心高粱（2012522209）

图2-155　红高粱（2014526045）

2. 甜高粱资源

共收集到13份甜高粱资源。

务川县茅天镇兴隆村的兴隆甜高粱（采集编号：2013521080）（图2-156），该品种在当地种植上百年，茎秆味甜，品质优，口感好，平均产量400.0kg/667m^2，抗病虫害，不能打药，见到农药容易枯萎。3月播种，抽雄后要去雄，8月收获；自留种，成熟后在田间选择较好的穗子挂于通风处保存。当地老百姓把茎秆当水果吃，多的还可以熬糖。

威宁县石门乡年丰村的高粱（采集编号：2013525388）（图2-157），幼嫩茎秆含糖量高，口感好，主要种植于庭院及菜园中供自家食用茎秆。

赫章县水塘堡乡田坝村收集的本地糯高粱（采集编号：2014521223）（图2-158），在当地种植时间久，苗族、彝族等少数民族过节时用来包汤圆，口感香甜。亦可帚用，当地老百姓用来制作扫帚。

图 2-156　兴隆甜高粱（2013521080）

图 2-157　高粱（2013525388）

图 2-158　本地糯高粱（2014521223）

3.帚用高粱资源

共收集到15份帚用高粱资源。

平塘县大塘镇新光村粘高粱（采集编号：2012523004）（图2-159），由于该品种穗长，做出来的扫帚大、软，扫起来能扫干净，故当地将脱粒后的穗子用来做扫帚，籽粒用作饲料。

图 2-159　粘高粱（2012523004）

镇宁县革利乡翁告村的糯高粱（采集编号：2013524026），该品种糯性好，籽粒小，植株高，品质优，当地将籽粒用来做高粱粑。由于茎秆柔韧性好，常用脱粒后的秸秆做扫把。

4. 多用途优异高粱资源

在这批高粱种质资源中，也有集多种优点于一身的优异种质。

平塘县鼠场乡仓边村的本地高粱（采集编号：2012523034）（图 2-160），当地百姓发现用其煮的酒比其他作物煮的酒好喝；用其磨成的面粉可做粑粑；穗部及秸秆上半部分可用来做扫帚、炊帚等。耐瘠薄、干旱。

图 2-160　本地高粱（2012523034）

印江县洋溪镇曾心村的红高粱（采集编号：2013522302）（图 2-161），该种质集多种用途于一身：可酿酒，酒质香甜；脱粒后的穗子可制作洗锅炊帚；还具有一定的药用功能，当地小孩出麻疹时，用炒熟的高粱（糊）泡水喝，1日3次，4天左右可治愈；另外当地百姓还将高粱炒至半熟后磨粉喂母猪，以达到促进其发情的作用。

道真县阳溪镇阳溪村（仡佬族）糯高粱（采集编号：2014525050）（图 2-162），该品种植株大约高 270.0cm，生育期短，耐贫瘠、耐干旱，种植于高海拔地区。穗长约 30.0cm，籽粒小而饱满，品质优，糯性好。当地农户用其做高粱粑食用，有的用来酿酒。茎秆柔韧性好，可做扫把等生活用品。

图 2-161　红高粱（2013522302）

图 2-162　糯高粱（2014525050）

五、谷子

（一）概述

谷子又称为粟，贵州俗称小米。禾本科狗尾草属一年生草本，须根粗大，秆粗壮，喜高温，全生育期适宜温度 20~30℃。粟的营养价值很高，含丰富的蛋白质、脂肪和维生素，不仅供食用，也可入药，有清热、清渴、滋阴，补脾肾和肠胃，利小便、治水泻等功效，还可酿酒。本次调查发现从海拔 351.0m 的黎平县双江镇坑洞村到海拔 1848.0m 的织金县后寨乡路寨河村均有谷子分布，通过农业生物资源系统调查，共获得谷子资源 60 份。

1. 获得谷子资源的分布

在调查的 8 个市（州）均获得了谷子资源，21 个调查县（市）中，18 个县（市）均获得数量不等的谷子资源，剑河获得的谷子资源最多，为 10 份，其次是施秉 9 份，雷山 7 份，这 3 个县获得的谷子资源数量约占本次调查获得谷子资源的一半，说明黔东南地区为贵州谷子主产区。务川、紫云、松桃、荔波均为 4 份，三都、印江为 3 份，平塘、织金、黎平为 2 份，贞丰、镇宁、开阳、赤水、赫章、威宁各 1 份，盘县、安龙和道真 3 个县没有获得谷子资源。

2. 获得谷子资源在各民族中的分布

获得的谷子资源共涉及 8 个民族，获得资源最多的是苗族，为 38 份，其次是侗族，为 6 份，布依族、水族均为 4 份，土家族 3 份，汉族 2 份，仡佬族 2 份，瑶族 1 份。

3. 新获得谷子资源情况

本次调查获得的 60 份谷子资源中有优异种质资源 8 份，将该批资源分别与国家种质库已保存相应 18 个县（市）的谷子资源进行品种名称比较，均未发现有同名谷子种质资源，但尚不确定就没有重复资源，需要进行鉴定评价后才能明确。

（二）民族认知有价值的谷子资源

1. 抗（耐）性强的资源

贵州谷子习惯种植于新开垦荒地，这说明谷子喜钾肥，同时群众更侧重于将其种植在贫瘠坡地，这说明谷子耐瘠性、耐旱性较好。

印江县洋溪镇桅杆村的粘小米（采集编号：2013522319）（图 2-163），当地以前多种植于荒地，火烧后播种，不施肥（以草木灰提供钾肥），现在多种植于田边角落或贫瘠地块。

织金县黑土乡联合村的糯小米（采集编号：2013526170）（图 2-164），当地常用于蒸小米饭、做小米粑粑，糯，香味浓。利用烧荒的草木灰拌农家肥作底肥，生长期内不追肥、不灌溉、不打农药，粗放管理。

图 2-163　粘小米（2013522319）　　　　图 2-164　糯小米（2013526170）

雷山县大塘乡桥港村的桥港小米（采集编号：2013526531）（图 2-165），该品种

抗病虫性强，穗长，品质佳，口感好，产量高。适宜在瘠薄的火烧坡土地上种植。

施秉县马溪乡茶园村的槌槌小米（采集编号：2014526029）（图2-166），该品种的籽粒金黄色，好看，且糯性强，口感较好。一般在田间撒播后，少施或者不施肥，不管理照样有一定的收成。

图2-165　桥港小米（2013526531） 　　　　图2-166　槌槌小米（2014526029）

2.少数民族习俗利用的资源

平塘县鼠场乡仓边村（苗族）的本地小米（采集编号：2012523033）（图2-167），当地苗族老人去世后，家人会将该品种的穗子插在逝者腰间或头上，如果主人家没有准备谷穗，别人是不会来帮忙的。如果天旱不能种水稻时，可种该品种进行补救。

图2-167　本地小米（2012523033）

威宁县石门乡年丰村（苗族）的小米(采集编号：2013525376)（图2-168）是苗族种植多年的谷子地方品种。苗族人专门在婚庆及年节庆祝时，用其制作传统食物米粑互赠，食味好。一般农历三月播种，九月收获，和玉米、马铃薯等作物倒茬，不施肥，不进行病虫害防治，也无须灌溉。

赫章县白果镇新田村的小米（采集编号：2014521139）（图2-169），当地种植历史悠久，主要用于制作小米糍粑，口感香甜。彝族接亲礼仪中晚饭后婆婆要煮一锅小米稀饭送到新房给新娘吃，同时伴嫁姑娘和送亲小伙抓稀饭互相糊脸取乐，彝语叫"阿呢赤乍合"。

图 2-168　小米 (2013525376)

图 2-169　小米（2014521139）

第二节　食用豆类

　　调查地处云贵高原山地环境，其内地势西高东低，自中部向北、东、南三面倾斜，平均海拔在 1100m 左右。气候温暖湿润，属亚热带湿润季风气候区，生态环境复杂多样。从海拔 250.0m 的赤水市大同镇到海拔 2466.0m 的威宁县盐仓镇高峰村都有食用豆类作物种植。通过农业生物资源系统调查，共获得食用豆类资源样本 466 份，包括了 7 属 11 种。菜豆属的普通菜豆和多花菜豆 211 份，扁豆 34 份，黎豆 3 份，豇豆属的饭豆、小豆、豇豆和绿豆 140 份，冬季豆类的蚕豆、豌豆、小扁豆共 78 份。调查获得的食用豆资源显示出贵州拥有较为丰富的物种多样性和品种遗传多样性。这些种质资源在区域和民族及支系中的分布情况，见表 2-5 和图 2-170。

表 2-5　获得的豆类资源数量及分布

调查地区	调查县（市）	材料份数	普通菜豆	多花菜豆	扁豆	豇豆	饭豆	小豆	绿豆	蚕豆	豌豆	小扁豆	黎豆	备注
黔东南州	剑河	7	1			1	5							
	黎平	12	2		1		6	1	2					

（续表）

调查地区	调查县（市）	材料份数	普通菜豆	多花菜豆	扁豆	豇豆	饭豆	小豆	绿豆	蚕豆	豌豆	小扁豆	黎豆	备注
黔东南州	雷山	14	2		2	4		5	1					
	施秉	25	6		2	7	5			2	3			
黔南州	三都	10	1		1	4	2				2			
	平塘	10	4		1	1	3		1					
	荔波	8			1	3	2	1			1			
黔西南州	贞丰	17	4		2	4		1		4	2			
	安龙	18	6	1	4	2	1			2	2			
铜仁市	印江	27	7		2	3	6	1	4	1	1		2	
	松桃	18	4		3	3	6		1				1	
遵义市	务川	23	8	1		1	4	2	2	1	3	1		
	赤水	27	10			3		1	3	4	6			
	道真	38	19	2	3	5	1	3	2	2	1			
安顺市	紫云	18	5		3	4	1			2	3			
	镇宁	16	4			3	1	1		3	4			
毕节市	威宁	22	13	2	2			1		1	3			
	织金	46	30	1	1	2		2		6	4			
	赫章	43	29	6	3		1			3	1			
六盘水市	盘县	33	18		2		1	4		3	5			
贵阳市	开阳	34	25			1	4	1	2		1			
合计		466	198	13	34	60	41	26	13	36	41	1	3	

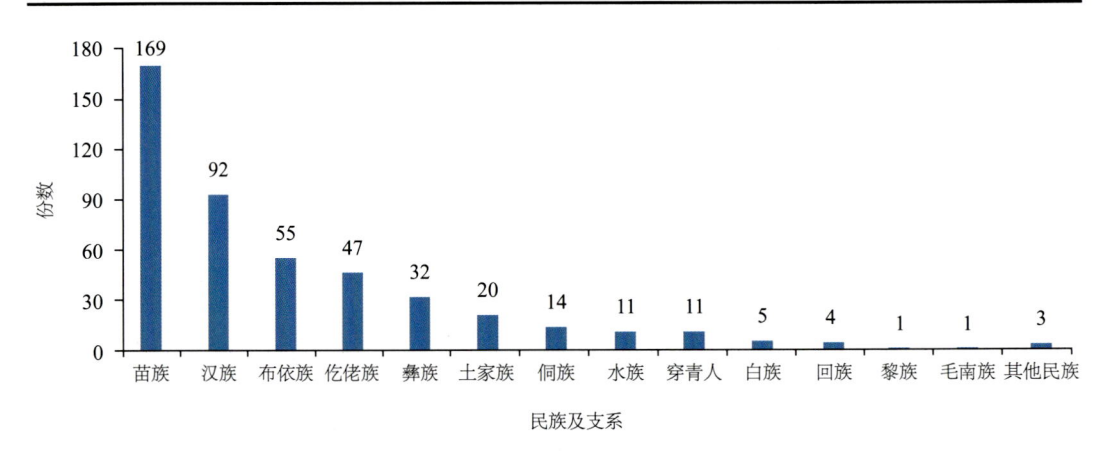

图 2-170　调查获得食用豆资源在民族及支系间的分布

将调查收集的466份食用豆资源，分别与已编目入国家种质库保存的资源进行采集地和品种名称比较，结果是11个县（市）的90份资源与国家种质库已保存的资源同名。其可能是同名同种，只是本次调查收集的资源又经过了30多年人工与自然的选择，性状已发生了变化；也可能本身就是同名异种，因此，需要进行鉴定评价后才能确定。其余的375份资源不与种质库保存资源同名，若排除异名同种的情况，可初步认为是新增资源，收集的新资源比例达到80.6%。

一、普通菜豆

（一）优质资源

1. 香味资源

印江县洋溪镇桅杆村雷家沟组（汉族）的黑四季豆（采集编号：2013522306）（图2-171），炒食鲜嫩、味香。产量高。

织金县后寨乡三家寨村罗家寨（苗族）的花豆（采集编号：2013526003）（图2-172），吃嫩荚，用其煮的酸菜豆米口感好，有清香味。未见病害，有小白蛆，不耐寒。

开阳县双流镇刘育村翁贡组（苗族）的花豆豆（2014523055）（图2-173），亦粮亦菜的地方品种。幼嫩的豆荚可以作为蔬菜。成熟的花豆豆可以与大米一起做饭，增添一种沁人的香气。

图2-171 黑四季豆（2013522306）

图2-172 花豆（2013526003）

图2-173 花豆豆（2014523055）

2. 甜味资源

在平塘县大塘镇里中村里中7组（苗族）收集到两份三月豆，一份是大黑豆（采集编号：2012523013）（图2-174），另一份是小黑豆（采集编号：2012523027）（图2-175），在当地有60多年的栽培历史。没有发现有病虫害发生，抗旱性和耐贫瘠性都非常好；产量平均在65kg/667m^{2}左右。有甜味，口感比较软。也可将豆角煮熟阴干后保存起来，在冬天缺乏蔬菜时当蔬菜吃。在重阳节，和腊肉一起炖成菜肴以祭祀逝去的老人。

雷山县达地乡排老村黄土组（苗族）的排老黑籽四季豆（采集编号：2013526419）（图2-176），病虫害较轻，口感较甜。本县方祥乡陡寨村3组（苗族）的陡寨四季豆（采集编号：2013526429）（图2-177），在当地种植30多年，抗病性好，较甜、香脆。抗旱性一般，适应性广。一般3月种植，7月收获，粗放管理，不打农药，基肥、追肥均用复合肥。

图2-174　三月豆（大黑豆）（2012523013）

图2-175　三月豆（小黑豆）（2012523027）

图2-176　排老黑籽四季豆（2013526419）

图2-177　陡寨四季豆（2013526429）

3. 糯质资源

务川县泥高乡栗园村毛牛组（仡佬族）的栗园麻雀豆（采集编号：2013521110）（图2-178）在当地种植上百年，口感好，糯而香，但是产量不高，平均单产60.0kg/667m^2。抗病虫，不打农药，不施肥；常与玉米间作，4月播种，8月收获；一般以传统方式留种，挂藏备用。

紫云县坝羊乡下关村大寨组（布依族）的小花豆（采集编号：2013521363）（图2-179），在当地有40多年的栽培历史，一般产量在250kg/667m² 左右。没发现病虫害发生，抗旱性和耐贫瘠性都非常好。味清香可口，带糯性，口感比较软，特别好吃。

镇宁县革利乡水牛坝村杨柳树组（苗族）的四季豆（采集编号：2013524085）（图2-180）种植在海拔大约1400m的地区，在当地大约种植40年，种皮有花纹，易煮软，面，口感好。株高约150.0cm，常与玉米间作，以增加复种指数。

道真县阳溪镇四坪村茶条坝组（仡佬族）的花四豆（采集编号：2014525038）（图2-181）种植在海拔大约1500m的地区，在当地大约种植50年，植株蔓生200.0cm以上，间种玉米增加复种指数。较抗旱；籽粒不抗菜豆象。种皮灰色且有黑色花纹，籽粒大，饱满，易煮软，口感面。

图2-178　栗园麻雀豆（2013521110） 　　　　图2-179　小花豆（2013521363）

图2-180　四季豆（2013524085） 　　　　图2-181　花四豆（2014525038）

织金县茶店乡团结村新华组（汉族）的雀蛋豆（采集编号：2013526067）（图2-182），鼓荚时采荚食用，籽粒口感面，好吃。生育期无病害，无虫害；也无仓储性虫害。

开阳县高寨乡杠寨村枫香组（汉族）的麻雀豆（采集编号：2014523047）（图2-183）是一种亦粮亦蔬的作物。植株藤蔓长220cm，常常与玉米间作，缠绕玉米生长。糯性好，品质优。

安龙县洒雨镇海星村下寨组（汉族）的棒棒豆（采集编号：2014524013）（图2-184），产量高。豆荚为肉质，糯性好，食味佳，利用率高。

图 2-182　雀蛋豆（2013526067） 　　　　　图 2-183　麻雀豆（2014523047）

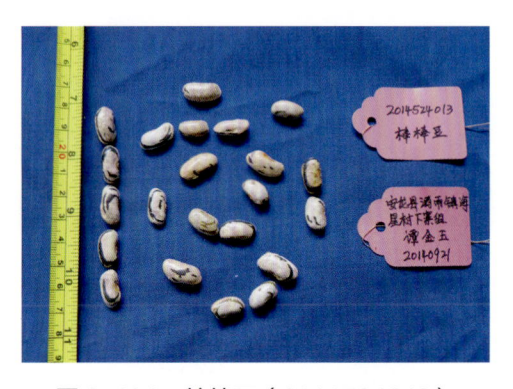

图 2-184　棒棒豆（2014524013）

4. 软荚质资源

安龙县洒雨镇格红村格红组（布依族）的小白金豆（采集编号：2014524044）（图 2-185），豆荚为肉质，青荚可炒菜吃；籽粒洁白光亮，糯性好，口感佳，煮食和炒食都好吃。

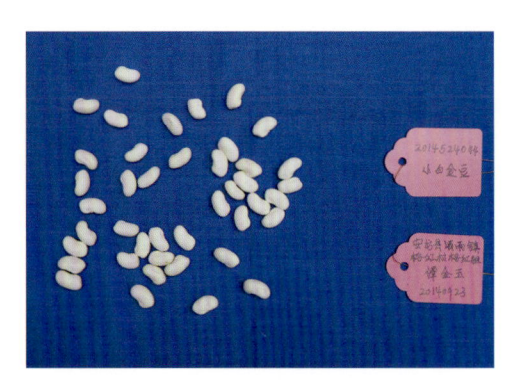

图 2-185　小白金豆（2014524044）

5. 高淀粉资源

黎平县尚重镇纪登村 2 组（侗族）的花脸豆（采集编号：2013523503）（图 2-186），豆荚细长，外形与豇豆相似，籽粒外形特殊，一半为白色，另一半为黑色；淀粉含量多，口感好，一般与糯米一起煮粥喝；耐旱，耐贫瘠。

赫章县水塘堡乡杉木箐村（白族）的花生豆（采集编号：2014521048）（图2-187），品质好，籽粒蛋白质含量高。

图2-186　花脸豆（2013523503）

图2-187　花生豆（2014521048）

6. 加工烹调品质好的资源

印江县木黄镇金厂村蒋家组（土家族）的花四季豆（采集编号：2013522525）（图2-188），炒食或煮食，多用于和米饭一起蒸，即先将四季豆和洋芋一起炒熟，然后将蒸熟的米饭盖在上面，用柴火小火慢慢蒸，当地称为"柴火烘饭"。

威宁县盐仓镇团结村1组（彝族）的桩桩豆（采集编号：2013525321）（图2-189），用于煮制彝族传统酸汤豆米，汤红，口感面软，品质佳，主要用于自家食用，有时也拿到集市出售。与玉米混种并一起追肥，产量水平一般，不浇水，不打药。

道真县大矸镇大矸村新合组（仡佬族）的抱鸡咯豆（采集编号：2014525058）（图2-190），株高约60cm，产量约100kg/667m^2，嫩荚不宜食用，只吃籽粒。籽粒为斑纹色，长约1cm，饱满，蒸煮特性好。

图2-188　花四季豆（2013522525）

图2-189　桩桩豆（2013525321）

图2-190　抱鸡咯豆（2014525058）

（二）抗（耐）性强的资源

1. 抗病资源

务川县泥高乡栗园村毛牛组（仡佬族）的栗园小白豆（采集编号：2013521109）（图2-191），在当地种植上百年，是务川县泥高乡栗园村特产。口感好，香，高产（150kg/667m²）。抗病虫害，不打药，耐瘠薄，少施农家肥。藤蔓较长，必须搭架，须种植在海拔1400m以上地区，低海拔地区只开花不结果。传统方式留种，成熟后置于通风处挂藏备用。

紫云县大营乡芭茅村芭茅组（苗族）的芭茅三月豆（采集编号：2013521354）（图2-192），在当地有30多年的栽培历史。没有发现有病虫害发生，抗旱性和耐贫瘠性好；平均产量150kg/667m²左右。

织金县桂果镇马场村后寨组的四季豆（采集编号：2013526187）（图2-193），可食用嫩荚，口感较好；无病害，也无豆象等虫害。

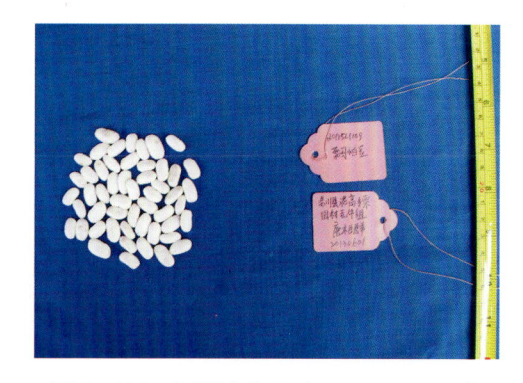

图2-191　栗园小白豆（2013521109） 　　图2-192　芭茅三月豆（2013521354）

图2-193　四季豆（2013526187）

2. 抗虫资源

道真县大矸镇三元村平星组（仡佬族）的帐沟豆（采集编号：2014525069）（图2-194），适宜在海拔大约1000m的地区种植，在当地已种植50年，平均产量180kg/667m²。属于蔓生型，一般与玉米混种，无须施肥、灌溉。抗病虫，不用打农药。籽粒黑色，易煮软，口感好。

图 2-194　帐沟豆（2014525069）

3. 耐贫瘠资源

盘县保基乡厨子寨村碗窑 1 组（苗族）的白金豆（采集编号：2013525010）（图 2-195），好吃，耐瘠薄，耐粗放管理，无病虫害。

威宁县哲觉镇论河村章华组（苗族）的黄金豆（采集编号：2013525454）（图 2-196），是种植历史悠久的地方品种。籽粒呈金黄色，有光泽，平均株高约 60cm，青荚也可食用，煮食品质佳，通常仅供自家食用。通常 3~4 月播种，7~8 月收获。抗旱、耐瘠薄性好，一般与玉米混种于新开地或山坡薄地，不进行病虫害防治、施肥、灌溉等栽培管理。

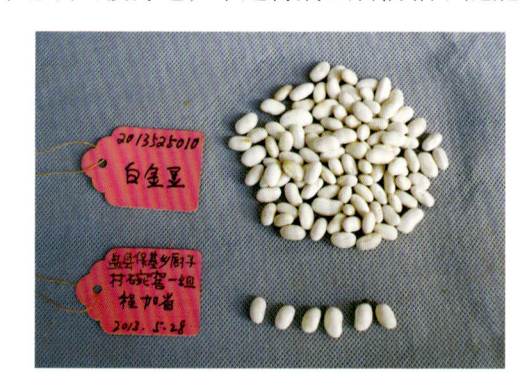

图 2-195　白金豆（2013525010）

图 2-196　黄金豆（2013525454）

4. 抗旱资源

道真县阳溪镇四坪村茶条坝组（仡佬族）收集的圆白豆（采集编号：2014525040）（图 2-197），

在当地大约种植50年，该地种植农户较多，但每家都是零星种植于墙根下或地边，总种植面积不大。植株蔓生，株高在200.0cm以上，全生育期抗旱，中度耐贫瘠，产量最高可达120kg/667m²；籽粒中等大小、圆形、长约1.0cm、厚约1.0cm。荚、粒均可食用，荚皮纤维少，口感好。一般以食用籽粒为主，籽粒常用来制作豆沙、豆馅等，亦可炖肉。

图2-197 圆白豆（2014525040）

5. 特用资源

镇宁县革利乡翁告村3组（苗族）的白四季豆（采集编号：2013524035）（图2-198），籽粒白色，饱满光滑，植株高65cm，生育期120天。品质优，口感好，具有保健食品的功效；常混种于玉米中，撒播，用农家肥作底肥，不打农药，投入低，效益高，耐贫瘠，是农户种植的好品种。

图2-198 白四季豆（2013524035）

二、多花菜豆

（一）优质资源

务川县泥高乡栗园村毛牛组（仡佬族）的栗园大白豆（采集编号：2013521108）（图2-199），在当地种植已上百年，是本县特产。口感好，香味浓，产量高，平均产量200.0kg/667m²。抗病虫害，不打药，耐瘠薄，栽培时施用少量尿素和复合肥。一般3

月播种，7月收获。藤蔓型，必须搭架，生长在海拔1400m以上地区，若在低海拔地区则只开花不结果。以传统方式留种，成熟后置于通风处挂藏备用。

安龙县洒雨镇格红村格红组（布依族）的花芸豆（采集编号：2014524039）（图2-200），味香、糯性好、食味佳，籽粒很大，外观漂亮。

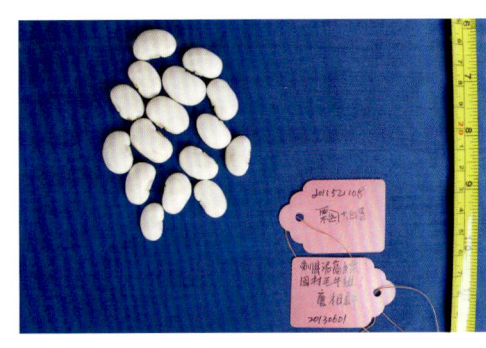

图2-199　栗园大白豆（2013521108）及其制品

图2-200　花芸豆（2014524039）

（二）抗性资源

威宁县盐仓镇团结村3组（彝族）的大白豆（采集编号：2013525322）（图2-201），种植历史悠久，食用品质好，煮熟后口感绵软，主要用于自家食用，也拿到集市出售。生育期较长，农历二至三月播种，九至十月收获。套种玉米，栽培管理措施简单，为营养高效型品种，耐瘠薄，仅中耕除草，不浇水，不打药。本县本镇高峰村高原组（汉族）的大洋红豆（采集编号：2013525330）（图2-202），一般套种玉米，生育期较长，3~4月播种，10月收获。口感好，绵软，品质佳，主要用于自家食用。不浇水，不打药。

图2-201　大白豆（2013525322） 　　　　图2-202　大洋红豆（2013525330）

三、扁豆

（一）香味资源

雷山县达地乡里勇村立兴组（水族）的里勇切壳鱼豆（采集编号：2013526377）（图2-203）在当地种植60多年，食用口感香甜。抗旱，一般无须灌溉，耐贫瘠，适宜粗放管理，通常3月中旬播种，7~9月可以采收。若采取育苗移栽，以农家肥为主，有黏虫危害，可以打甲氰菊酯等杀虫药进行防治。

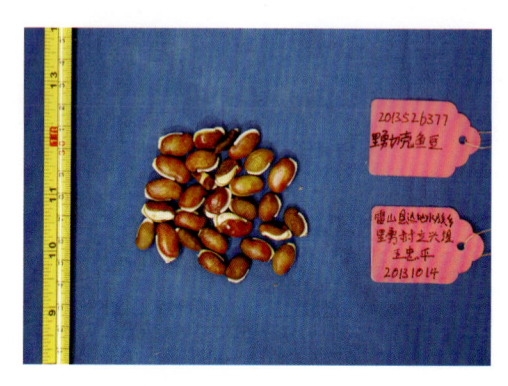

图 2-203　里勇切壳鱼豆（2013526377）

（二）糯质资源

安龙县德卧镇郎行村长田组（布依族）的长田刀豆（采集编号：2014524149）（图2-204），口感好，营养价值高。嫩时豆荚肉质化程度高，糯性好，食味佳。

图 2-204　长田刀豆（2014524149）

（三）软荚质资源

印江县沙子坡镇邱家村小陀组（土家族）的刀豆（采集编号：2013522504）（图2-205），青食，豆荚肉质厚，炒食口感好。花白色，豆白色。

雷山县达地乡乌空村阶力组（水族）的乌空扁豆（采集编号：2013526318）（图2-206），在当地种植50年，荚厚软、品质好。抗旱性强；但不耐贫瘠，需种植在肥力较高的土壤。底肥以农家肥为主，追肥一次，以复合肥为主，整个生长期内不打农药。

道真县棕坪乡胜利村院子组（仡佬族）的刀豆（采集编号：2014525023）（图2-207），在当地大约种植40年。属蔓生型，株高在200cm以上，全生育期抗旱，中度耐贫瘠，产量约100kg/667m^2；荚长4cm，每荚粒数平均5粒，籽粒黑色，种脐白色，籽粒储藏期间不抗虫，食用嫩荚口感好，舒软，亦可用籽粒熬汤。本县阳溪镇阳溪村大屋基组（仡佬族）的黑刀豆（采集编号：2014525049）（图2-208），在当地种植大约35年，一般农户零星种植于田埂、路边或墙根下。生长习性为蔓生型，株高在200cm以上，籽粒黑色，种脐白色。一般食用嫩荚，肉厚，易煮熟，口感绵软。

施秉县牛大场镇金坑村白优组（土家族）的篱笆豆（采集编号：2014526049）（图2-209），豆荚较软，籽粒较大，做菜口感好。

图2-205　刀豆（2013522504）

图2-206　乌空扁豆（2013526318）

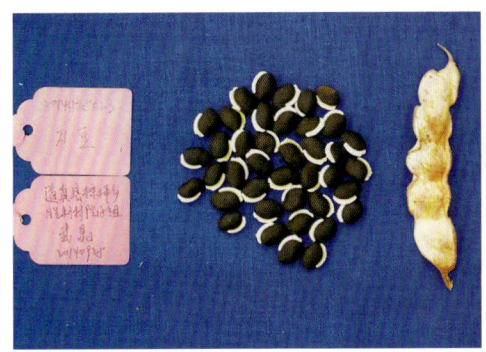

图2-207　刀豆（2014525023）

图2-208　黑刀豆（2014525049）

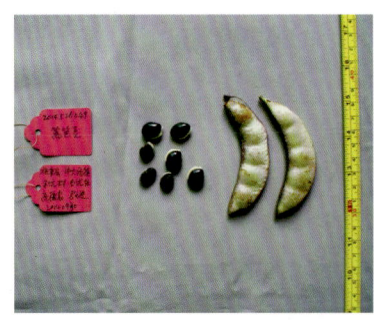

图 2-209　篱笆豆（2014526049）

（四）高淀粉资源

黎平县双江镇黄岗村 3 组（侗族）的羊角豆（采集编号：2013523521）（图 2-210），嫩荚纤维含量高，籽粒面，淀粉含量多；豆荚短，呈羊角状，籽粒大；未见病虫害，耐旱，较耐贫瘠。一般农历三至四月种植，施适量农家肥作底肥，后期无须施肥、灌水和喷施农药，农历六至七月即可收获。

图 2-210　羊角豆（2013523521）

（五）抗性资源

施秉县白垛乡王家村枫树坪组（汉族）的泥巴豆（采集编号：2014526077）（图 2-211），抗病虫，抗旱，抗冷，耐瘠，豆荚软，好吃。

图 2-211　泥巴豆（2014526077）

（六）特用资源

威宁县哲觉镇营红村马摆营组（汉族）的架豆（采集编号：2013525448）（图 2-212），

炒、煮食用口感绵软，食味和品质均较好，长期食用还可提高人体免疫力。籽粒黑色有光泽，一般只是少量种植，自家食用。与玉米混种时，随玉米一起播种，9月收获，普通栽培管理，不进行病虫害防治及施肥、灌溉等。

图 2-212　架豆（2013525448）

四、豇豆

（一）香味资源

三都县打鱼乡介赖村7组（苗族）的豇豆（采集编号：2012522123）（图 2-213），在本村大约种植了300年，农户大部分零星种植于田边地头。荚壳软，好吃；籽粒常用于包棕粑，味香。耐瘠，不施肥，不打农药，粗放管理，常与玉米混作。

镇宁县六马镇打万村（苗族）收集的打万豇豆（采集编号：2013524150）（图 2-214），易煮软，味清香。

图 2-213　豇豆（2012522123） 　　　图 2-214　打万豇豆（2013524150）

（二）甜味资源

黎平县双江镇坑洞村7组（侗族）收集的黑荚豇豆（采集编号：2013523339）（图 2-215），嫩荚甜脆，豆荚和籽粒均为黑色；较耐旱，较耐贫瘠；产量350~500kg/667m^2。农历三至四月种植（点播），浇水即可，后期栽培管理粗放，无须喷施肥水和农药，农历六至八月即可收获。

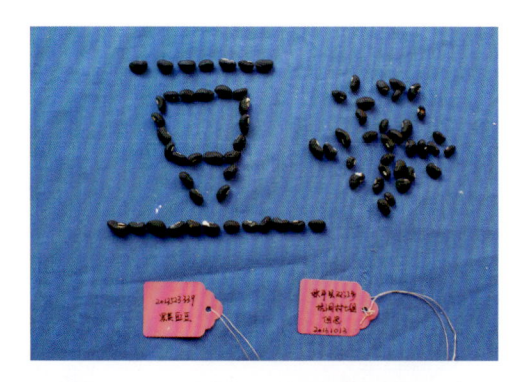

图 2-215　黑荚豇豆（2013523339）

（三）加工烹调品质好的资源

道真县大矸镇文家坝村仡佬树组(仡佬族)收集的茶豇(采集编号：2014525077)（图 2-216），在当地大约有 50 年的种植历史，当地主要用来做豇豆饼，是喝油茶时必吃的食品，因此，种植农户较多。植株高度约为 60cm，荚长约为 12cm，每荚粒数 11，平均单产 200kg/667m^2。

图 2-216　茶豇（2014525077）

（四）抗性资源

印江县天堂镇九龙村水井湾组（土家族）的茶豇豆（采集编号：2013522505）（图 2-217），可青食，可炒食，或用豆粒煮饭，味香、好吃。抗疫病。

黎平县双江镇坑洞村 5 组（侗族）的坑洞八月豆（采集编号：2013523331）（图 2-218），豆荚粗短，籽粒为黑色，老荚纤维含量多；生育期长，在农历八月成熟；抗病性强，较

图 2-217　茶豇豆（2013522505） 　　　　图 2-218　坑洞八月豆（2013523331）

耐旱，耐贫瘠。本县同村（侗族）的红荚豇豆（采集编号：2013523332）（图2-219），嫩荚脆甜，耐旱；产量300~400kg/667m²。农历三至四月种植，播种时浇水即可，后期无须浇灌肥水和喷施农药，农历六至八月收获。

图 2-219　红荚豇豆（2013523332）

五、饭豆

（一）香味资源

松桃县寨英镇阳雀村张家组（汉族）的饭豆（采集编号：2013514519）（图2-220），可做粑粑馅，煮稀饭，味香，抗病虫害，耐贫瘠。

施秉县双井镇把琴村三潮水组（苗族）的红饭豆（采集编号：2014526006）（图2-221），香气浓，口感好。

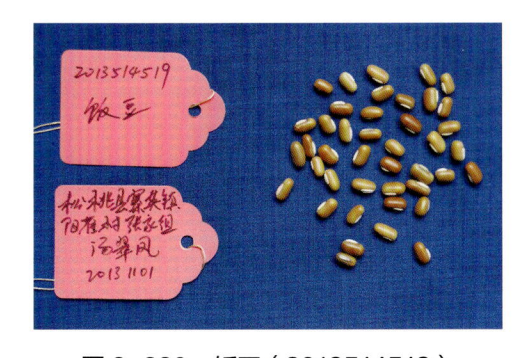

图 2-220　饭豆（2013514519） 　　　　图 2-221　红饭豆（2014526006）

（二）高淀粉资源

黎平县尚重镇绞洞村2组（苗族）的尚重饭豆（采集编号：2013523487）（图2-222），淀粉含量多，香味浓，耐旱、耐寒、耐贫瘠，植株矮小，直立型，荚较短。

（三）加工烹调品质好的资源

印江县洋溪镇桅杆村雷家沟组（汉族）的红苗豆（采集编号：2013522310）（图2-223），品质优，适合烹调，炒食风味更好。

图 2-222　尚重饭豆（2013523487） 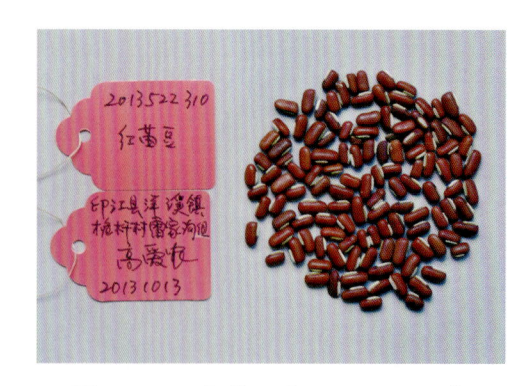　　　　　图 2-223　红苗豆（2013522310）

（四）抗性资源

紫云县四大寨乡冗厂村岩脚组（苗族）的岩脚饭豆（采集编号：2013521328）（图 2-224），抗旱性强、适应性广，不用打农药。掺上糯米做饭豆粑；或者将饭豆煮软，然后用辣椒炒着吃；可做豆沙馅，主要用作糯米粑的馅或汤圆的馅。

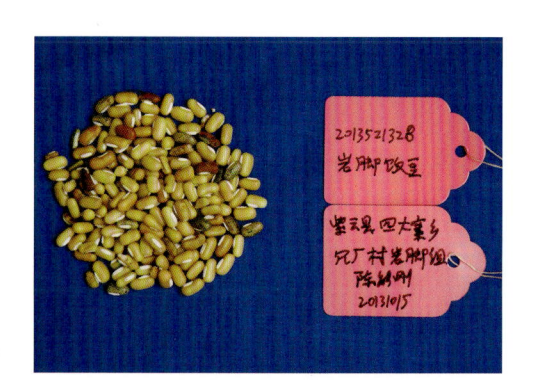

图 2-224　岩脚饭豆（2013521328）

（五）特用资源

剑河县磻溪乡塘沙村（侗族）的饭豆（采集编号：2012521097）（图 2-225），品质优，在当地栽培多年，多作配制油茶的材料。

三都县打鱼乡巫捞村 10 组（瑶族）的巫捞饭豆（采集编号：2012522161）（图 2-226），在当地大约种植了 200 年，一般零星种植于半山坡或混种于玉米中，在村里有 5 户种植。用于包粽粑，可与鱼肉煮食，煮稀饭味特香。未见病虫害，在播种玉米的同时播种饭豆，拔草 2 次，不打农药。

平塘县卡蒲乡场河村交懂组（毛南族）的饭豆（采集编号：2012523054）（图 2-227），抗旱性强；掺上糯米做饭豆粑；或者将饭豆煮软，然后用辣椒炒着吃；可做豆沙馅，用作糯米粑的馅或汤圆的馅。另外，将饭豆煮熟后喂母猪，可治疗小猪腹泻，1~2 天后即见效。

图 2-225　饭豆（2012521097） 　　　　图 2-226　巫捞饭豆（2012522161）

图 2-227　饭豆（2012523054）

六、小豆

（一）香味资源

印江县洋溪镇桅杆村雷家沟组（汉族）的红饭豆（采集编号：2013522318）（图2-228），主要用于包粑粑，食用味香。

道真县上坝乡八一村合心组（仡佬族）的米豆（采集编号：2014525003）（图2-229），在当地大约种植30年。株高约70.0cm，荚长3.5cm，每荚粒数8粒，产量约140kg/667m^2。种植于坡地，撒播，用农家肥作底肥，不打农药，耐贫瘠。籽粒小，香味浓，口感好。

（二）高蛋白资源

黎平县岩洞镇岩洞村3组（侗族）的小饭豆（采集编号：2013523310）（图2-230），味香，蛋白质含量多；抗病虫、耐旱；产量300~350kg/667m^2。农历三至四月种植，播种时盖适量农家肥，后期栽培管理粗放，农历六至七月收获。本县德顺乡德顺村1组（侗族）收集的饭豆（采集编号：2013523477）（图2-231），籽粒短圆，蛋白质含量高，香味浓；抗病、抗虫、耐旱、耐贫瘠；产量达350kg/667m^2。

图2-228　红饭豆（2013522318） 　　　　图2-229　米豆（2014525003）

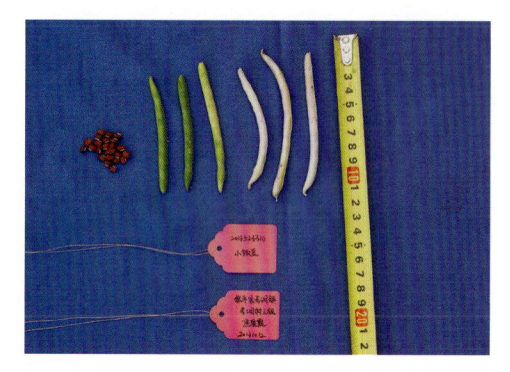

图2-230　小饭豆（2013523310） 　　　　图2-231　饭豆（2013523477）

（三）加工烹调品质好的资源

镇宁县革利乡水牛坝村杨柳树组（苗族）的米豆（采集编号：2013524086）（图2-232），种植在海拔1400m的地区，在当地种植了40年，产量200kg/667m²，株高100.0cm，常混种于玉米中，以增加复种指数。籽粒大而饱满，易煮软，可用于做年糕，肉质好，口感面，市场售价比普通品种高。

图2-232　米豆（2013524086）

（四）抗性好的资源

雷山县达地乡排老村高调组（水族）的排老饭豆（采集编号：2013526314）（图2-233），

在当地种植 50 多年，籽粒皮较软，好吃。适应性广，土壤肥力越好，产量越高，苗期做到水肥充足，适时追肥，多施磷钾肥，一般不打农药。本县方祥乡陡寨村 3 组（苗族）的陡寨饭豆（采集编号：2013526483）（图 2-234），在当地种植 40 年以上，口感好。耐贫瘠，点播种植，粗放管理。

威宁县哲觉镇论河村中寨组（苗族）的饭豆（采集编号：2013525462）（图 2-235），种植历史悠久，食用品质好，一般用于制作苗族传统酸汤，煮食面软，汤浓味鲜，通常仅供自家食用，多余的拿到集市出售。抗旱且耐瘠薄，中下等肥力土地均可种植，通常在清明节后播种，9 月初即可收获。不进行施肥、灌溉及病虫害防治。

图 2-233　排老饭豆（2013526314）　　　图 2-234　陡寨饭豆（2013526483）

图 2-235　饭豆（2013525462）

（五）特殊资源

开阳县高寨乡大冲村中坝组（汉族）的饭豆（采集编号：2014523015）（图 2-236），在母牛产犊后，若产奶量少，当地老百姓就用该品种打浆、煮熟后饲喂母牛，可以增加母牛产奶量，效果非常好。

图 2-236　饭豆（2014523015）

七、绿豆

（一）优质资源

印江县洋溪镇曾心村板桥沟组（土家族）的绿豆（采集编号：2013522303）（图2-237），其豆芽拌凉菜脆甜；加工成绿豆粉后和其他食物配合食用；和当地的丫丫糯混合做粽子，其味更香。本县本镇坪林村甘溪组（土家族）的绿豆（2013522336）（图2-238），用于做绿豆粉或包粽子，香味浓。其豆芽拌凉菜脆甜。本县天堂镇九龙村水井湾组（土家族）的绿豆（采集编号：2013522506）（图2-239），可与其他粮食一起煮饭食用，味香好吃。可用来发豆芽，凉拌食用。

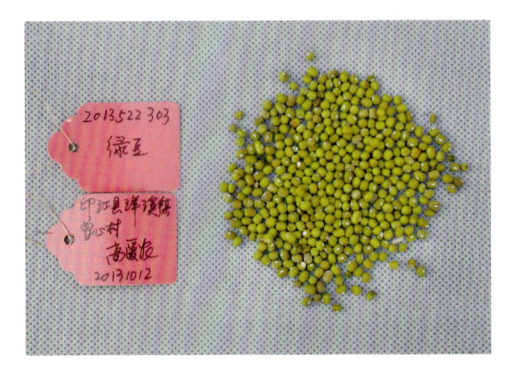

图2-237　绿豆（2013522303）

图2-238　绿豆（2013522336）

图2-239　绿豆（2013522506）

（二）特用资源

务川县茅天镇红心村魏家组（苗族）的魏家绿豆（采集编号：2013521042）（图2-240），在当地种植大约50年，品质优，口感好，熬汤喝清热降火。抗病虫害，耐瘠薄，3月播种，8月收获，平均产量50kg/667m^2。传统方式留种，成熟后置于通风处挂藏备用。

道真县阳溪镇阳坝村沙河组（仡佬族）的阳坝绿豆（采集编号：2014525055）（图2-241），种植在1400m的高海拔地区，在当地种植约40年，平均产量200kg/667m^2。播前施农家肥作底肥，穴播3粒，定苗两株。株高65.0cm，荚长9.0cm，每荚平均10粒。籽粒较小，大小基本一致，色泽圆润，饱满。可用于熬绿豆汤，具有清热解暑功效。

图 2-240　魏家绿豆（2013521042） 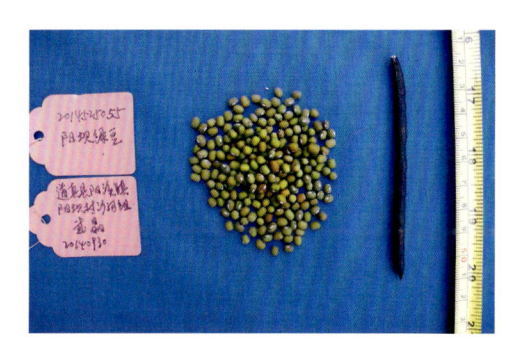　　　　图 2-241　阳坝绿豆（2014525055）

八、蚕豆

（一）香味资源

务川县大坪镇龙潭村中寨组（仡佬族）的龙潭胡豆（采集编号：2013521213）（图2-242），在当地种植上百年，味道特香。抗病虫，不打农药，不施肥，9月播种，次年4月收获。自留种，晒干挂藏备用。

安龙县洒雨镇海星村烂滩组（苗族）的胡豆（采集编号：2014524028）（图2-243），有突出香味，尤其是鲜嫩的胡豆米很香。

道真县棕坪乡胜利村院子组（仡佬族）的胡豆（采集编号：2014525019）（图2-244），在当地种植大约30年，植株高约95cm，籽粒不大；食用嫩的胡豆，口感好、香味浓，成熟的可做胡豆浆调料；穴播，施农家肥作底肥，无病虫害防治，投入少，培肥地力，耐贫瘠。

图 2-242　龙潭胡豆（2013521213） 　　　　图 2-243　胡豆（2014524028）

图 2-244　胡豆（2014525019）

（二）加工烹调品质好的资源

平塘县鼠场乡仓边村孔王寨组（苗族）的胡豆（采集编号：2012523038）（图2-245），该品种皮薄肉厚，可煮着吃，也可炒着吃，招待朋友时当下酒菜。

镇宁县良田镇新屯村板尖组（布依族）的本地胡豆（采集编号：2013524012）（图2-246），在当地种植大约30年，种植在海拔1000m地带，株高约100cm，籽粒不大。食用嫩的胡豆，口感好，香味浓，成熟的可做胡豆浆调料。窝播，施农家肥作底肥，无须防治病虫害，投入少，培肥地力，耐贫瘠。

织金县茶店乡团结村新华组（汉族）的胡豆（采集编号：2013526094）（图2-247），加工成豆面，面粉颜色好，食用口感清香；在当地无病害发生，也无虫害发生。

图2-245　胡豆（2012523038） 　　图2-246　本地胡豆（2013524012）

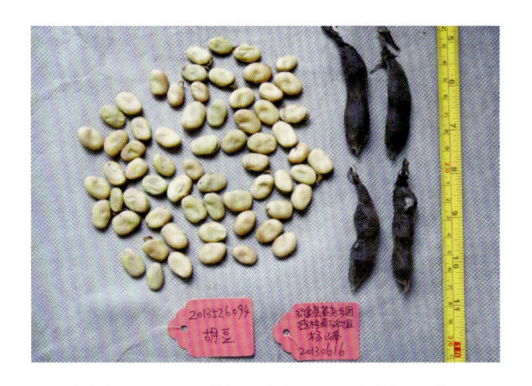

图2-247　胡豆（2013526094）

（三）抗性资源

镇宁县扁担山乡革老坟村3组（布依族）的胡豆（采集编号：2013524038）（图2-248），株高约90.0cm，产量200kg/667m^2。籽粒大，色泽好，产量高，口感好，耐贫瘠，耐旱，可用于培肥地力。

威宁县石门乡新龙村4组（苗族）的祖基蚕豆（2013525427）（图2-249），耐冷性好，秋季播种，主要用于冬季青刈饲喂牲畜，其嫩苗芽尖可口，也用于鲜食。一般不进行病虫害防治及灌溉等栽培管理。

织金县桂果镇马场村后寨组的蚕豆（采集编号：2013526238）（图2-250），食用嫩豆，口感较好；在当地无锈病、赤斑病发生，全生育期无蚜虫，贮藏期无豆象发生。本县黑土乡花坡村上寨组（汉族）的胡豆（采集编号：2013526148）（图2-251），主要食用鲜籽粒，口感较好；在当地无锈病发生，无蚜虫、豆象危害；较抗寒，当地最低温度可达-1℃左右，该品种能安全度过。本县茶店乡红艳村红艳组（布依族）的胡豆（采集编号：2013526206）（图2-252），一般只食用鲜豆，口感较好；较耐寒；收少量种子留种；生长期有锈病发生，贮藏期有蚕豆象危害。

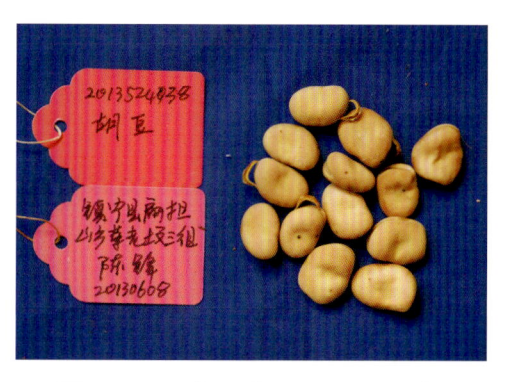

图2-248　胡豆（2013524038）

图2-249　祖基蚕豆（2013525427）

图2-250　蚕豆（2013526238）

图2-251　胡豆（2013526148）

图2-252　胡豆（2013526206）

（四）特用资源

道真县棕坪乡苍蒲溪村万家塘组（仡佬族）的胡豆（采集编号：2014525030）

（图2-253），在当地种植历史较长，而今种植农户较少。主要特点是早熟、高产，株高90cm，平均产量200kg/667m²。籽粒口感好，培肥地力，不打农药。

图2-253　胡豆（2014525030）

九、豌豆

（一）优质资源

1. 香味资源

镇宁县良田镇新屯村板尖组（布依族）的麻窝豌豆（采集编号：2013524011）（图2-254），在当地种植大约30年，种植在海拔1000m的地区，籽粒呈麻窝状，有清香味，口感好，食用豆尖、豆荚，豆粒可做豌豆粉，夏天食用有清凉、消暑的作用，味好、口感好，食用有顺气的功效。耐贫瘠，投入低，撒播，无病虫害防治，省工省费，产量约100kg/667m²。

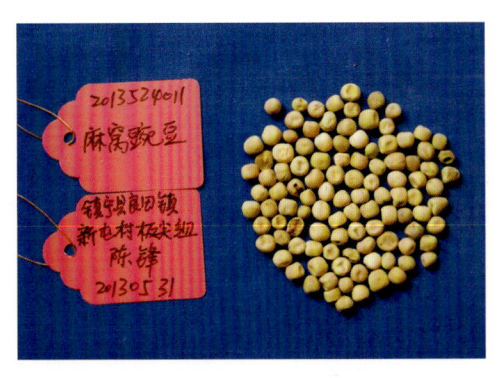

图2-254　麻窝豌豆（2013524011）

2. 甜味资源

织金县桂果镇马场村后寨组的豌豆（采集编号：2013526186）（图2-255），食用青荚，粒甜，口感较好。白粉病较轻，当地既无生育期虫害，也无豆象发生；不耐旱，若遇到干旱，对其产量影响较大。

图 2-255　豌豆（2013526186）

3. 软荚质资源

印江县洋溪镇坪林村甘溪组（汉族）的豌豆（采集编号：2013522327）（图 2-256），豆荚菜用，品质好，炒食鲜嫩。

施秉县马号乡胜秉村 2 组（苗族）的豌豆（采集编号：2014526060）（图 2-257），豆荚肉质软，炒食口感好。

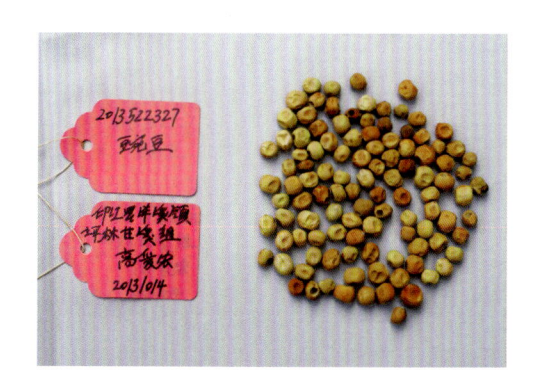

图 2-256　豌豆（2013522327） 　　　图 2-257　豌豆（2014526060）

（二）抗性资源

镇宁县良田镇陇要村陇要组（布依族）的陇要豌豆（采集编号：2013524005）（图 2-258），品质好，豆尖、豆荚可作为蔬菜食用。在当地种植约 50 年，种植在海拔 1000m 的地区，耐贫瘠，投入低，株高约 60.0cm，产量 100kg/667m^2。

盘县保基乡厨子寨村叶家箐小组（苗族）的豌豆（采集编号：2013525015）（图 2-259），可用来煮豌豆尖、发豌豆芽、制作凉粉，也可作饲料。极耐瘠薄，无病虫害。

威宁县石门乡新龙村 4 组（苗族）的豌豆（采集编号：2013525426）（图 2-260），耐冷性好，但不耐贫瘠；秋种夏收，不进行病虫害防治及灌溉等栽培管理。

道真县棕坪乡胜利村院子组（仡佬族）的豌豆（采集编号：2014525018）（图 2-261），在当地种植约 40 年，株高约 90.0cm。种植面积较小，该品种耐寒、耐旱。播前施足底肥，无须灌溉、打药。据当地农户介绍，主要食用豆荚、豆尖及成熟的豌豆。

施秉县马号乡胜秉村2组（苗族）的肉豌豆（采集编号：2014526061）（图2-262），抗病，抗旱，抗寒，耐瘠。豆荚软，食用口感好。

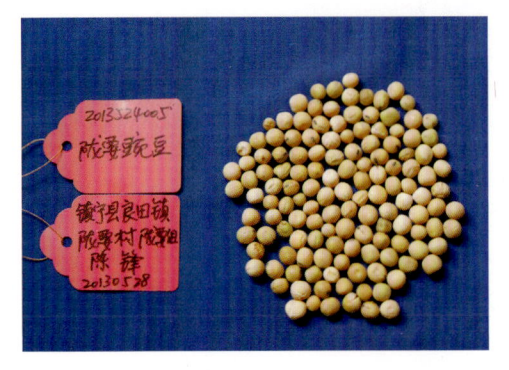

图2-258　陇要豌豆（2013524005） 　　　　　图2-259　豌豆（2013525015）

图2-260　豌豆（2013525426） 　　　　　图2-261　豌豆（2014525018）

图2-262　肉豌豆（2014526061）

（三）特用资源

镇宁县革利乡翁告村3组（苗族）的菜豌豆（采集编号：2013524100）（图2-263），在当地种植大约15年，种植在海拔约1300m的地区，籽粒小，早熟，口感好，豆荚肉质好，易熟，味清香，品质优，耐贫瘠、耐旱。

盘县保基乡厨子寨村腊屯小组（苗族）的菜豌豆（采集编号：2013525028）（图2-264），

籽粒用于发豆芽、做凉粉,其嫩豆荚、豆尖可炒食,茎叶可作饲料,无病虫害。

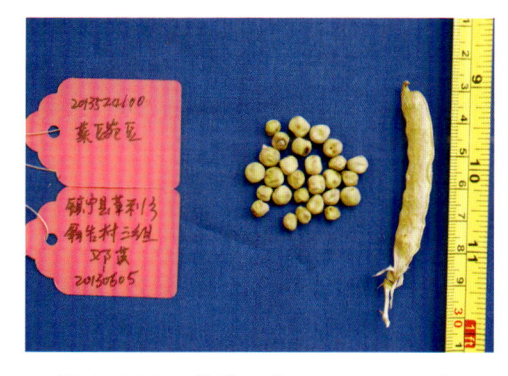

图 2-263　菜豌豆(2013524100) 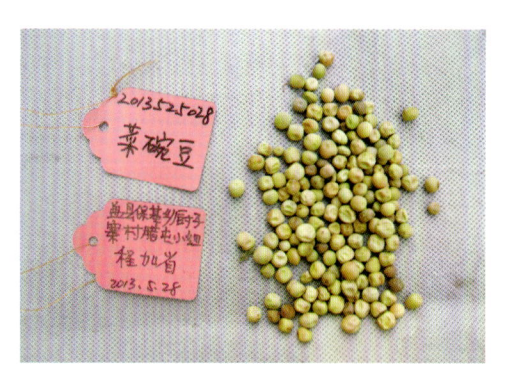　　　　图 2-264　菜豌豆(2013525028)

十、黎豆

印江县木黄镇金厂村上街组(土家族)的猫猫豆(采集编号:2013522526)(图2-265),为当地特产。当地人通常将成熟的嫩豆荚煮熟、晾干,可长期保存,可炒食,肉质感强,风味独特。豆荚嫩时也可炒食或煮食,但须注意,若烹煮不完全熟时,人吃了会头晕、头疼。

图 2-265　猫猫豆(2013522526)

第三节　大　豆

大豆是贵州少数民族地区的传统种植作物,分布于2466.0m以下的农业生态区域,主要用于豆腐、豆腐皮、豆豉、腐乳等传统豆制品的加工,近期也有人用其来榨油和做饲料。同时,该区域少数民族较为集中,具有丰富多彩的民族传统文化,为大豆资源利用与保护积累了宝贵的经验。调查21个县(市)获得大豆资源145份,其中,地方品种105份,育成品种39份,野生资源1份。

一、栽培大豆

（一）获得栽培大豆资源的地理分布

调查人员在系统调查9个市（州）的21个县（市）均发现和获得了大豆资源（表2-6）。在9个市（州），以黔东南州获得资源数量最多，达到34份；其次是毕节市和黔南州，分别为26份和21份；铜仁市、遵义市和安顺市3个地区获得资源样本12~19份；而黔西南州、六盘水市和贵阳市3个地区获得的资源样本在4~9份。在21个县（市）中均有大豆资源分布，平均每县（市）6.9份。获得10份及以上的有3个县，分别是黔东南州的施秉县（10份）、毕节市的织金县（11份）和赫章县（10份），其余各县获得资源1~9份。

表2-6 获得的栽培大豆资源数量及其分布

调查地区	调查县（市）	材料份数	地方品种	育成品种
黔东南州	剑河	9	6	3
	黎平	9	7	2
	雷山	6	5	1
	施秉	10	6	4
黔南州	三都	8	6	2
	平塘	5	3	2
	荔波	8	6	2
黔西南州	贞丰	2	2	
	安龙	2	2	
铜仁市	印江	9	7	2
	松桃	9	8	1
遵义市	务川	6	5	1
	赤水	7	3	4
	道真	6	3	3
安顺市	紫云	7	4	3
	镇宁	5	3	2
毕节市	威宁	5	4	1
	织金	11	8	3
	赫章	10	8	2
六盘水市	盘县	1	1	
贵阳市	开阳	9	8	1
	合计	144	105	39

（二）获得栽培大豆资源在各民族中的分布

调查获得的144份栽培大豆资源共涉及12个民族，其中以苗族最多，达65份，其次是汉族、布依族和侗族，数量在 16~18 份，仡佬族、水族和土家族在 5~9 份，彝族、瑶族、回族等其他民族在 1~3 份（图 2-266）。

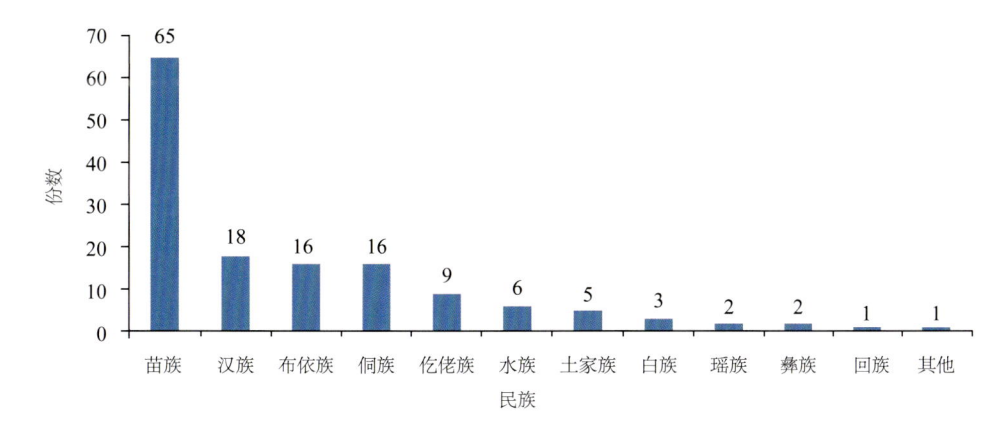

图 2-266　调查获得栽培大豆资源在各民族中的分布

（三）少数民族认知有价值的栽培大豆种质资源

课题组对获得的 144 份栽培大豆资源的生物学、民族学及民族植物学等信息进行了调查。以下简要介绍贵州少数民族认知的部分大豆资源。

1. 口感好、出浆率高、豆腐品质优的大豆资源

三都县九阡镇水昔村拉写组（水族）的黄豆（采集编号：2012522009）（图 2-267），在当地种植上百年，种植面积约 10.0hm^2。用于做豆浆、豆腐、发豆芽，用这个品种的黄豆做出的豆浆、豆腐比较香，做成的豆芽味好，脆甜。适应性好，不用防病，抗蚜虫，耐瘠，不施肥。本县打鱼乡介赖村 7 组（苗族）的黄豆（采集编号：2012522125）（图 2-268），在介赖村种植了 200 多年，零星种植于半山坡、房前屋后，全村种植 6.67hm^2。做豆浆出浆率高，做豆腐香，发豆芽甜脆。未见病害，耐贫瘠，在播种时用磷肥 25kg/667m^2 作种肥，幼苗在 30.0cm 高时除草，无须灌溉，不用农药防虫、防病。本县打鱼乡排怪村 11 组（水族）的排怪黄豆（采集编号：2012522151）（图 2-269），在当地种植上百年，一般种植于半山坡，全村有 20 户种植。该品种成熟期晚，常与玉米套作，一般在玉米出苗 2 片叶时播种，按农家肥 150kg/667m^2 和复合肥 50kg/667m^2 配比作种肥，除草 2 次，不打农药防病虫害。用来做豆腐香甜，发豆芽甜而脆。

紫云县大营乡芭茅村芭茅组（苗族）的六月黄（采集编号：2013521355）（图 2-270），籽粒较小，早熟，口感好，品质优，未黄熟时吃青豆米，成熟后可做豆花、豆腐等豆制品。不用打农药，耐贫瘠、耐旱，适合在当地的坡地种植。

印江县洋溪镇坪林村甘溪组（土家族）的咪咪豆（采集编号：2013522335）（图 2-271），做豆腐品质好，香味浓，口感细，出浆率高，豆渣少。办酒席时必备。抗青虫。耐旱，无须浇水，只靠自然降雨。本县沙子坡镇池坝村小岩组（汉族）的青豆（采集编号：2013522515）（图 2-272），可用于制作豆腐、豆花等豆制品，香味浓。

威宁县哲觉镇论河村章华组（苗族）的羊眼豆（采集编号：2013525457）（图2-273），籽粒黄中带黑，状如羊眼，故而得名。该品种株高50~70cm，食用口感极佳，比普通大豆及本地乌豆都要好，通常仅供自家食用。清明节后播种，农历七月中旬收获。抗旱、耐瘠薄性好，一般种于山坡薄地，整个生长期内不进行病虫害防治、施肥、灌溉等栽培管理。

织金县茶店乡团结村任家寨组（汉族）的黄豆（采集编号：2013526051）（图2-274），无病害和虫害。未黄熟时食用青豆米，口感清香，干豆用来做豆腐。本县本乡群丰村杨柳组（汉族）的黄豆（采集编号：2013526229），用其加工的豆腐品质较好。病害轻，无虫害。

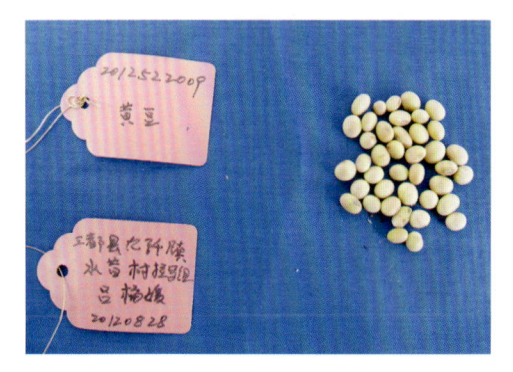

图2-267　黄豆（2012522009）

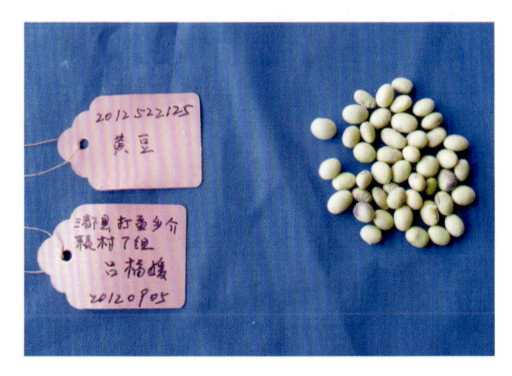

图2-268　黄豆（2012522125）

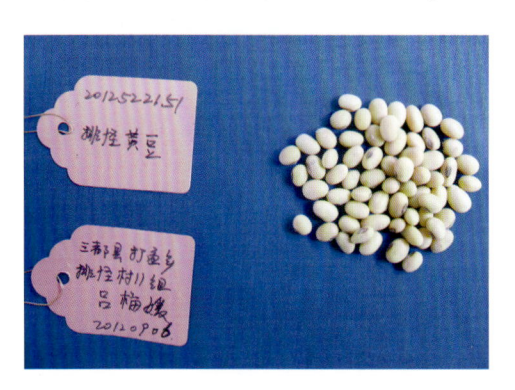

图2-269　排怪黄豆（2012522151）

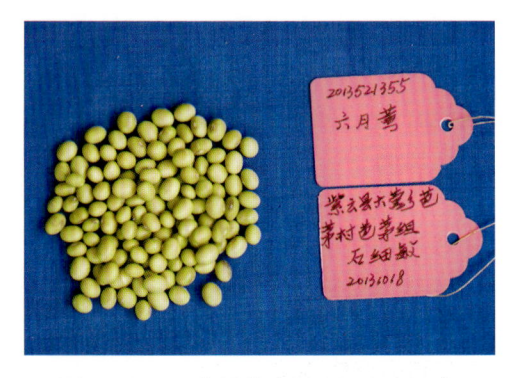

图2-270　六月黄（2013521355）

图2-271　咪咪豆（2013522335）

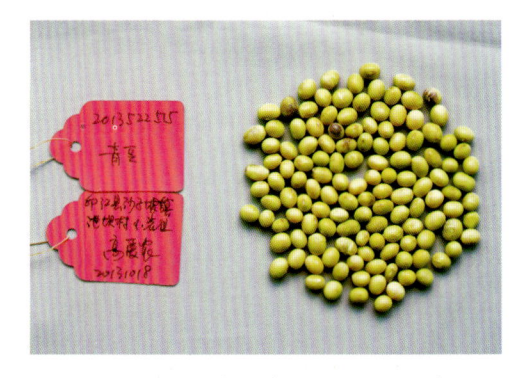

图2-272　青豆（2013522515）

图 2-273　羊眼豆（2013525457） 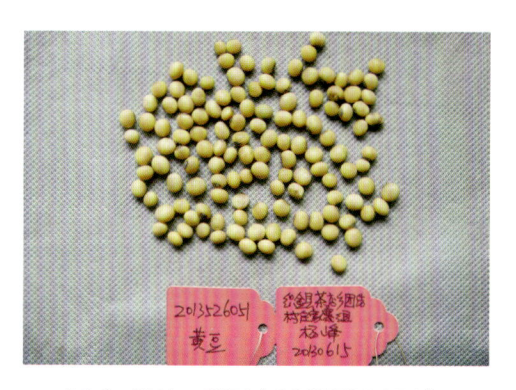　　　　　图 2-274　黄豆（2013526051）

　　雷山县达地乡里勇村中寨组（苗族）的里勇黄豆（采集编号：2013526369）（图2-275），在当地种植100年左右，做豆芽香，做豆腐品质好。抗旱性好，即使干旱20天左右对其生长发育也无大的影响，适应性强，能在肥力差的土壤种植。粗放管理，一般不施肥，不打药，除草1~2次。晒干后，脱粒留种，室内贮藏。

　　赫章县水塘堡乡田坝村（苗族）的田坝黄豆（采集编号：2014521064）（图2-276），食用，当地百姓用其制作豆腐、豆花、豆腐脑等。

　　道真县上坝乡八一村合心组（仡佬族）的六月黄（采集编号：2014525002）（图2-277），在当地种植了30年，尽管产量不高，但种植农户较多，主要是因为该品种籽粒制作豆腐口感好、香味较浓。株高50.0cm，籽粒较小，荚长2~3cm，每荚2~3粒。产量大约150.0kg/667m^2。本县玉溪镇蟠溪村长春组（仡佬族）的青皮豆（采集编号：2014525005）（图2-278），在当地种植历史达60年以上。株高60.0cm，节间短，结荚多，籽粒浅绿色。抗病性较强，早熟（比常规大豆早熟15天左右），施农家肥，不施化肥，产量约80kg/667m^2。但是籽粒蛋白质含量高、出豆腐率高，口感好、香味足。本县棕坪乡胜利村崖脚组（仡佬族）的六月黄（采集编号：2014525026）（图2-279），在当地种植约35年。农户一般将其和玉米套作，株高50.0cm，籽粒较小，每荚2~3粒。产量100kg/667m^2。籽粒适于制作豆腐等豆制品，口感好。

　　施秉县双井镇双井村关土组（苗族）的绿皮黄豆（采集编号：2014526002）（图2-280），制作豆腐出豆腐率高，口感好。抗寒性、抗旱性较强。

图 2-275　里勇黄豆（2013526369）及其制品

图 2-276　田坝黄豆（2014521064）及其制品

图 2-277　六月黄（2014525002）

图 2-278　青皮豆（2014525005）

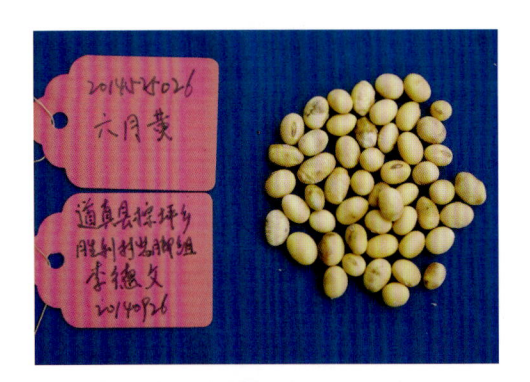

图 2-279　六月黄（2014525026）

图 2-280　绿皮黄豆（2014526002）

2. 豆豉加工资源

镇宁县良田镇陇要村窝托组（布依族）的窝托小黄豆（采集编号：2013524006）（图 2-281），在当地种植大约 50 年，籽粒小，呈黄色，产量 100kg/667m^2，耐贫瘠。是做豆花、血豆腐、水豆豉的好原料。

织金县后寨乡路寨河村高炉组（苗族）的黑泥豆（采集编号：2013526089）（图 2-282），做豆豉味道较好；无病害，在当地种植时未见虫害发生；较耐贫瘠，种植于肥土会徒长。

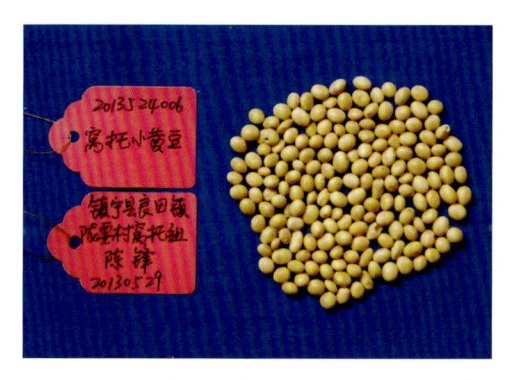

图 2-281　窝托小黄豆（2013524006） 　　　　图 2-282　黑泥豆（2013526089）

3. 饲用大豆资源

盘县马场乡龙井村 4 组（汉族）的大豆（采集编号：2013525050）（图 2-283），在当地主要用作饲料，也可做豆腐。无病虫害，耐瘠薄。

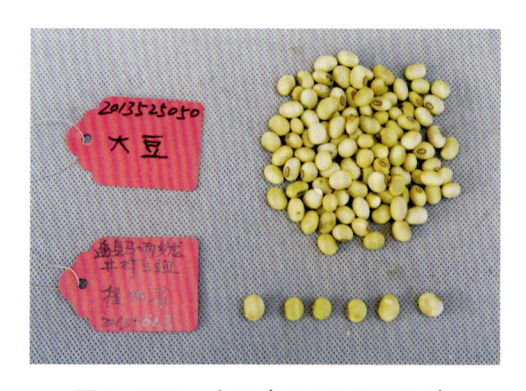

图 2-283　大豆（2013525050）

4. 药用大豆资源

印江县天堂镇九龙村水井湾组（土家族）的黑大豆（采集编号：2013522507）（图 2-284），抗寒，抗旱，耐瘠薄。食用可做豆腐和豆花等。做药用，当地人习惯将其与猪肉同炖煮，可治疗头昏、头痛、头晕等。

赫章县水塘堡乡永康村（白族）的永康黑皮黄豆（采集编号：2014521056）（图 2-285），食用，可用于制作黑豆花，同时可用于治疗痔疮。

图 2-284　黑大豆（2013522507） 　　　　图 2-285　永康黑皮黄豆（2014521056）

5. 抗病虫资源

三都县打鱼乡介赖村7组（苗族）的黄豆（采集编号：2012522124）（图2-286），在当地种植上百年，在介赖村种植了200多年，零星种植于半山坡、房前屋后。做豆浆出浆率高，做豆腐香，发豆芽甜脆。未见病害，耐贫瘠，在播种时用磷肥25kg/667m^{2}作种肥，幼苗30cm高时除草，靠自然降雨，不用农药防病、防虫。成熟早。

紫云县四大寨乡冗厂村卡郎组（苗族）的卡郎黄豆（采集编号：2013521315）（图2-287），在当地有30年以上的栽培历史。没有病虫害发生，抗旱性和耐贫瘠性都非常好；产量150kg/667m^{2}左右。当地人喜欢用其来磨豆腐或制作成豆芽菜吃，口感比较好；黄豆炖鸡，味道鲜美，是当地一道特色菜。

黎平县德顺乡平甫村1组（侗族）的平甫绿皮黄豆（采集编号：2013523484）（图2-288），抗旱、抗虫、抗病、耐贫瘠，产量300~400kg/667m^2。籽粒较小，种皮绿色，味道较杂交种香。

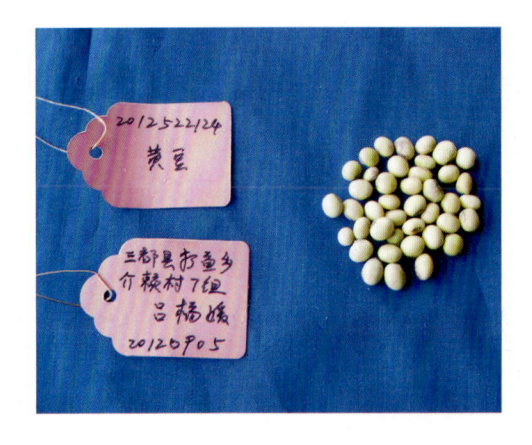

图2-286　黄豆（2012522124）

图2-287　卡郎黄豆（2013521315）

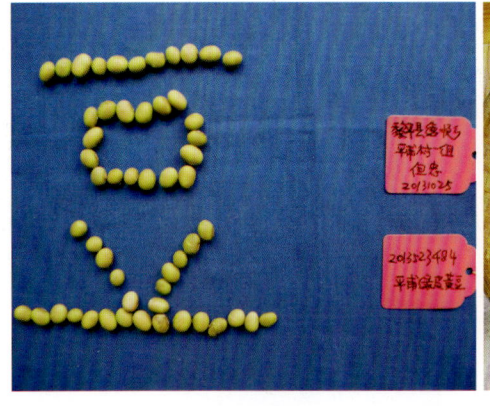

图2-288　平甫绿皮黄豆（2013523484）

雷山县达地乡里勇村高岭组（苗族）的里勇绿黄豆（采集编号：2013526402）（图2-289），做豆腐品质好，全生育期无病虫害，耐贫瘠。

图 2-289　里勇绿黄豆（2013526402）及其制品

6. 耐贫瘠资源

平塘县大塘镇新光村新碉组（布依族）的黄豆（采集编号：2012523003）（图 2-290），在当地有 50~60 年的栽培历史。没有发现有病虫害发生，抗旱性和耐贫瘠性都非常好，产量 120kg/667m² 左右。当地人喜欢将其磨成豆腐或泡成豆芽菜吃，口感比较好；常用豆芽菜炖鸡，味道非常鲜美。

图 2-290　黄豆（2012523003）及其制品

紫云县四大寨乡茅草村告傲组（苗族）的本地小黄豆（采集编号：2013521344）（图 2-291），在当地有 40 年的栽培历史。没有病虫害发生，抗旱性和耐贫瘠性都非常好，产量在 200kg/667m² 左右。当地人喜欢将其磨成豆腐或泡成豆芽菜吃，口感比较好；经常用豆芽菜炖鸡，味道非常鲜美。本县坝羊乡四联村克则 1 组（布依族）的七月早（采集编号：

2013521368)(图2-292),在当地种植40多年,平均产量200kg/667m² 左右,生长过程中均不打农药,抗旱,耐瘠能力强,多适合种在山坡地。

镇宁县革利乡革利村(苗族)的小黄豆(采集编号:2013524023)(图2-293),种植在海拔大约1400m的地区,植株高约70.0cm,籽粒小、黄色,耐贫瘠,产量200kg/667m² 左右,常套种于玉米地。籽粒色泽好,品质优,口感好,是做豆花、血豆腐等豆制品的原料。

松桃县寨英镇岑鼓坡村新屋组(土家族)的黑豆子(采集编号:2013524470)(图2-294),炒食,做豆腐香。抗旱,耐贫瘠。

威宁县哲觉镇竹坪村花岩组(苗族)的白天豆(采集编号:2013525472)(图2-295),在当地种植历史悠久,主要用于自家食用,用其做豆腐香甜,逢年节才吃。该品种耐旱、耐瘠薄,一般5月播种,9月收获,其间无须进行病虫害防治及灌溉等栽培管理。

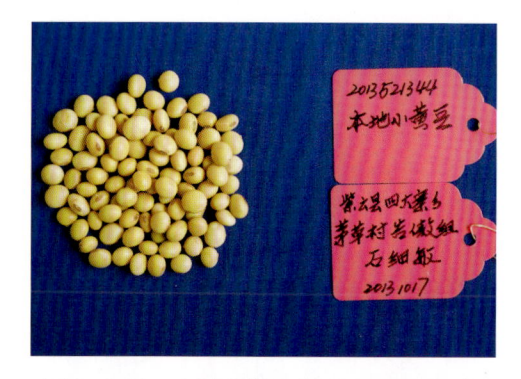

图2-291　本地小黄豆(2013521344) 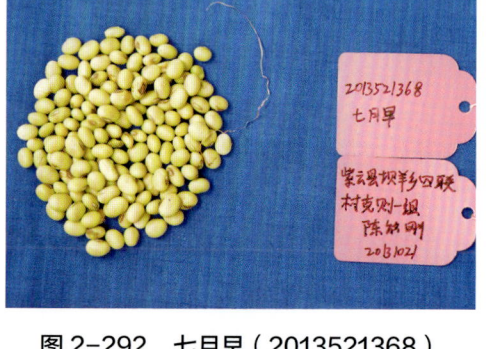　　　　图2-292　七月早(2013521368)

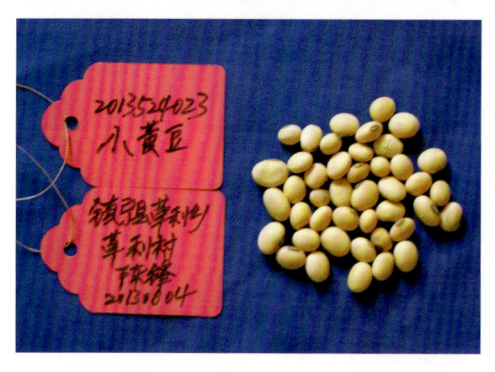

图2-293　小黄豆(2013524023) 　　　　图2-294　黑豆子(2013524470)

图2-295　白天豆(2013525472)及其制品

7. 适应高海拔生境资源

镇宁县革利乡水牛坝村王占马3组（苗族）的青豆（采集编号：2013524019）（图2-296），一般种植在海拔1200m的地区，产量高达200.0kg/667m²。籽粒饱满，品质好，尤其口感好。适应性强，投入低，省工省费，可套种在玉米地或净种，市场价值高。此外，还具有顺气、增强食欲的功效。

图2-296　青豆（2013524019）

二、野生大豆

调查人员在施秉县马号乡胜秉村2组（苗族）收集到大豆野生资源野生大豆（马号野生大豆）（采集编号：2014526055）（图2-297），其抗病虫，抗旱，抗寒，耐瘠，荚长，脱荚性强。

图2-297　野生大豆（马号野生大豆）（2014526055）

第四节 薯 类

贵州薯类作物种植区域较广。马铃薯从海拔420.0m的黎平县德顺乡到海拔2424m的威宁县哲觉镇均有种植，甘薯从海拔420m的黎平县德顺乡到海拔1116m的赤水市宝源乡均有种植。本次调查共获得马铃薯资源58份，甘薯资源36份。

一、马铃薯

（一）获得马铃薯资源的分布情况

马铃薯主要分布在贵州高寒山区、低热河谷地带，是这些少数民族地区的重要栽培作物，或当粮食或作蔬菜淡季时的补充蔬菜，种植历史悠久，因此保存有较多的品种资源。

在所调查的21个县（市）中，赫章县获得的马铃薯资源为最多，共12份；其次是盘县和开阳县，分别为8份和7份；务川县仅收集到1份资源；在三都、贞丰、镇宁、安龙、施秉、荔波、紫云7个县未能收集到马铃薯资源（表2-7）。通过调查了解到在剑河县，马铃薯是主要的经济作物，地方老品种资源的种类变化不大，一些地方老品种如乌洋芋等在当地有50~60年的栽培历史，至今仍有栽培；但由于普遍存在抗病性（主要病害癌肿病）差、产量低等问题，目前栽培面积有所萎缩；与此同时，一些抗病性好、产量高的培育品种等在当地大面积种植。在紫云县也存在同样问题，马铃薯原有白花马铃薯和靛花马铃薯2个品种，由于本地品种易退化，现在每年用种都是从威宁等马铃薯主产区调进，主要有威芋3号、米拉洋芋等。在贵州高寒冷凉地区，由于气候条件适宜马铃薯种植，而且当地少数民族又把马铃薯和玉米、豆类当作主要粮食作物，因此马铃薯地方资源得以很好地保存。

表2-7 获得的马铃薯资源数量及分布

调查地区	调查县（市）	材料份数	海拔/m
黔东南州	雷山	2	923~1203
	黎平	4	420~817
	剑河	2	870~905
黔南州	平塘	2	921~932
铜仁市	松桃	2	571~662
	印江	4	690~1233
遵义市	道真	3	505~825
	务川	1	998
	赤水	5	889~975
毕节市	织金	2	1821~1917
	威宁	4	1820~2424

(续表)

调查地区	调查县（市）	材料份数	海拔/m
毕节市	赫章	12	1541~2203
六盘水市	盘县	8	1530~1892
贵阳市	开阳	7	1042~1265
合计		58	

（二）获得马铃薯资源在各民族中的分布

在此次调查的 6 个主要民族中，苗族和汉族的马铃薯资源最为丰富，分别为 19 份和 13 份，占总数的 55.2%；其次是侗族，为 11 份；彝族较少，仅 4 份；其他民族共 11 份。

（三）少数民族认知有价值的马铃薯种质资源

在调查中发现，多年保留的马铃薯地方品种得以保留下来的重要原因是，首先，很多当地品种口感好，品质佳，且本身为当地品种，在当地适应性比较强，加之老百姓多年种植，对于栽培习性十分了解，种植简单。其次，当地农民对其独特的风味、品质和特殊的用途十分喜爱。最后，有少量农民自家多年留种，而且在留种时进行了提纯复壮。这些资源可能会成为挖掘和利用优异基因的宝贵材料。

1. 彩色薯块资源

本次调查获得的彩色马铃薯资源共有 7 份，其中有的是薯皮黑色，如剑河县的乌洋芋（采集编号：2012521021）、赤水市的小乌洋芋（采集编号：2013523136）（图 2-298）；有的是薯皮红色，如印江县的红洋芋（采集编号：2013522541）（图 2-299）、赤水市的红皮洋芋（采集编号：2013523125）（图 2-300）；有的薯皮为紫色，如乌洋芋（采集编号：2013523507）；还有的是紫皮紫心或紫纹的，如盘县的乌洋芋（采集编号：2013525026）（图 2-301）、乌洋芋（采集编号：2013525046）（图 2-302）。

图 2-298　小乌洋芋（2013523136）　　　　图 2-299　红洋芋（2013522541）

图 2-300　红皮洋芋（2013523125） 　　　　图 2-301　乌洋芋（2013525026）

图 2-302　乌洋芋（2013525046）

2. 薯形独特资源

获得 2 个薯块形状独特的马铃薯品种，一个是织金县的米拉洋芋（采集编号：2014521149）（图 2-303），中间小两头大。另一个是印江县的脚板洋芋（采集编号：2013522540）（图 2-304），薯块扁平状，故此得名，是当地多年种植的老品种。

图 2-303　米拉洋芋（2014521149） 　　　　图 2-304　脚板洋芋（2013522540）

3. 小型薯块资源

获得薯型较小或特小的马铃薯共 6 份，织金县的米拉洋芋（采集编号：2013526098）（图 2-305），印江县的黄洋芋（采集编号：2013522356）（图 2-306），黎平县的黄岗马铃薯（采集编号：2013523449）（图2-307）、平甫马铃薯（采集编号：2013523476）（图2-308）、乌洋芋（采集编号：2013523507）（图2-309）和高洋马铃薯（采集编号：2013523508）（图2-310）。

图2-305　米拉洋芋（2013526098）

图2-306　黄洋芋（2013522356）

图2-307　黄岗马铃薯（2013523449）

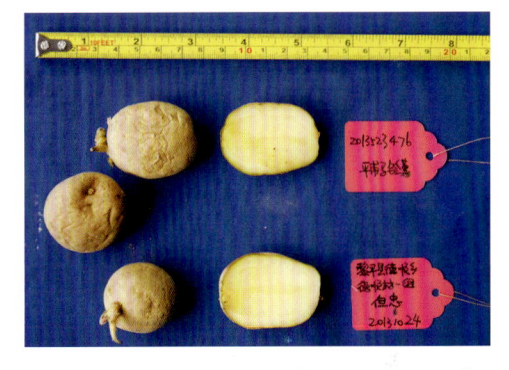

图2-308　平甫马铃薯（2013523476）

图2-309　乌洋芋（2013523507）

图2-310　高洋马铃薯（2013523508）

4. 品质优的资源

平塘县苗族的小洋芋（采集编号：2012523104）（图2-311），淀粉含量高，尤其是作烧烤用特别好，特别容易熟，是当地农家调节春季蔬菜单一的良种。

赤水市布依族的洋芋（采集编号：2012523205）（图2-312），是当地布依族喜爱的马铃薯老品种，香味浓郁。

务川县的大邦林洋芋（采集编号：2013521033）（图2-313），在当地种植上百年，面、香、淀粉含量高，当地老百姓都喜欢吃。

盘县岩脚米粒洋芋（采集编号：2014525118）（图2-314），该品种种植地海拔825m，薯块大小适中，果形扁圆，皮色淡黄，芽眼较浅，皮较光滑，熟性为中晚熟，有糯性，有香味。

道真县的上好洋芋（采集编号：2014525175）（图2-315），皮色淡黄，面，口感好。

开阳县的白花洋芋（采集编号：2014523185）（图2-316），煮饭香气浓郁，口味非常好。

图2-311　小洋芋（2012523104）

图2-312　洋芋（2012523205）

图2-313　大邦林洋芋（2013521033）

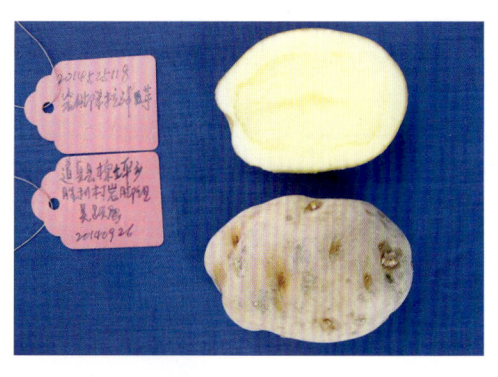

图2-314　岩脚米粒洋芋（2014525118）

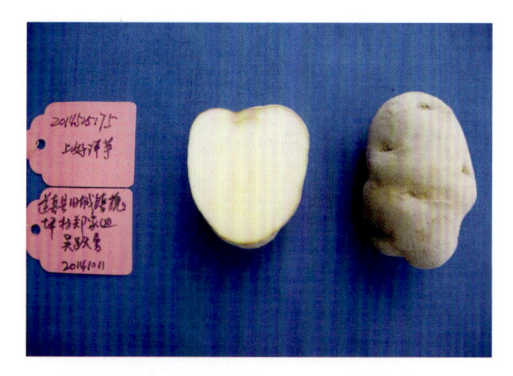

图2-315　上好洋芋（2014525175）

图2-316　白花洋芋（2014523185）

5. 抗病虫资源

在贵州山区气候多变，老百姓对马铃薯种植多采取粗放管理，无病虫害防治，通过自然淘汰，各地也保留了抗病虫性较好的资源。例如，赤水市的红洋芋（采集编号：2013523091）（图2-317）和白洋芋（采集编号：2013523093）（图2-318），在当地种植未见病虫害，较当地其他品种抗性好；松桃县的洋芋（采集编号：2013524477）（图2-319）和盘县的3个洋芋品种（采集编号：2013525019、2013525045、2013525008）（图2-320~图2-322），也都表现为抗性好，无须病虫害防治。

图2-317　红洋芋（2013523091）

图2-318　白洋芋（2013523093）

图2-319　洋芋（2013524477）

图2-320　洋芋（2013525019）

图2-321　白洋芋（2013525045）

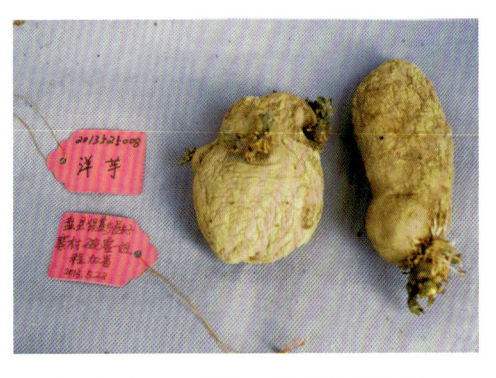

图2-322　洋芋（2013525008）

6. 耐旱耐瘠资源

在收集的马铃薯资源中,威宁县的黄皮黄心(采集编号:2013525304)(图2-323),耐贫瘠性较好,村民种植时只施底肥,后期不追肥。雷山县的乌空洋芋(采集编号:2013526312)(图2-324)和里勇洋芋(采集编号:2013526368)(图2-325),以及开阳县的洋芋(采集编号:2014523109)(图2-326),均表现为耐贫瘠性、耐旱性好,老百姓靠天吃饭,灌溉设备不完善,再加上农村青壮年大多外出务工,因而不能精工细作,无形中筛选出了耐旱和耐贫瘠品种。

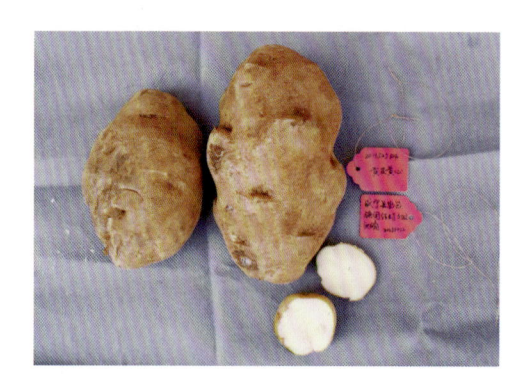

图 2-323　黄皮黄心(2013525304)

图 2-324　乌空洋芋(2013526312)

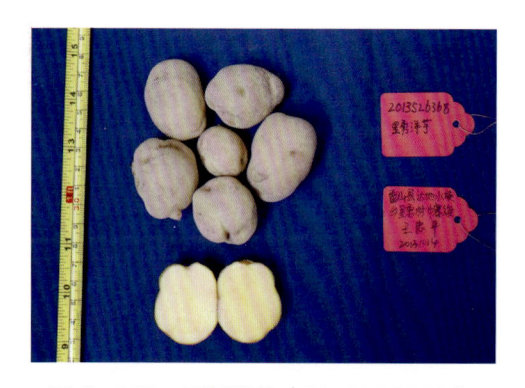

图 2-325　里勇洋芋(2013526368)

图 2-326　洋芋(2014523109)

二、甘薯

(一)概述

甘薯又名甜薯,贵州当地俗称红薯、红苕。在贵州大部分地区,甘薯是各民族重要的粮食和饲料作物。通过系统调查共获得甘薯种质资源36份。

(二)获得甘薯资源的分布情况

在所调查的21个县(市)中,印江县和黎平县获得的甘薯资源为最多,均为7份;其次是雷山县、道真县和荔波县,分别为5份、5份和4份;赤水市收集到3份;紫云县、松桃县和雷山县均收集到2份；盘县仅收集到1份；在其余12个县（市）未能收集到甘薯资源（表2-8）。

表2-8 获得的甘薯资源数量及分布

调查地区	调查县（市）	材料份数	海拔/m
黔东南州	雷山	5	877~1146
	黎平	7	420~662
黔南州	荔波	4	649~771
铜仁市	松桃	2	571
	印江	7	690~901
遵义市	道真	5	630~965
	赤水	3	313~1116
安顺市	紫云	2	683~715
六盘水市	盘县	1	1011
合计		36	

（三）获得甘薯资源在各民族中的分布

在此次调查的6个主要民族中，苗族的甘薯资源最为丰富，共10份，占总数的27.78%；其次是侗族和土家族，均为6份；汉族和布依族均为5份；仡佬族最少，仅4份。甘薯主要分布在黔东南、铜仁、遵义地区，是这些少数民族地区的重要栽培作物，种植历史悠久，或当粮食或作蔬菜淡季时的补充蔬菜，因此保存有较多的品种资源。

（四）少数民族认知有价值的甘薯种质资源

1. 彩色种质资源

本次获得的彩色甘薯资源共有12份，有的为紫色，如紫云县的紫薯（采集编号：2013521499）（图2-327），黎平县的德顺紫心红薯（采集编号：2013523473）（图2-328），黎平县的紫心薯（采集编号：2013523500）（图2-329）；有的是黄皮红心的，如紫云县的红心红薯（采集编号：2013521500）（图2-330）；有的是紫皮黄心或红皮黄心的，如印江县的花粑苕（采集编号：2013522390）（图2-331），黎平县的本地红薯（采集编号：2013523306）（图2-332）和德顺红皮黄心薯（采集编号：2013523480）（图2-333），荔波县的红薯（采集编号：2014522127）（图2-334），道真县的红皮红苕（采集编号：2014525032）（图2-335）；有的是薯心为金黄色，颜色鲜艳，如黎平县的平甫鸡蛋黄红薯（采集编号：2013523475）（图2-336）；有的是皮和心均为淡黄色，如道真县的南脆苕（采集编号：2014525064）（图2-337）；有的是皮和心均为淡红色，如道真县的红苕（采集编号：2014525033）（图2-338）。

图 2-327　紫薯（2013521499） 　　　　　图 2-328　德顺紫心红薯（2013523473）

图 2-329　紫心薯（2013523500）

图 2-330　红心红薯（2013521500）

图 2-331　花粑苕（2013522390）

图 2-332　本地红薯（2013523306）

图 2-333　德顺红皮黄心薯（2013523480）

图 2-334　红薯（2014522127）

图 2-335　红皮红苕（2014525032）

图 2-336　平甫鸡蛋黄红薯（2013523475）

图 2-337　南脆苕（2014525064）

图 2-338　红苕（2014525033）

2. 优质资源

印江县的白浆苕（采集编号：2013522357）（图 2-339）和胜利苕（采集编号：2013522358）（图 2-340），以及为纪念中华人民共和国成立而命名的北京苕（采集编号：2013522373）（图 2-341），口感甜，面，出粉率高，是做红薯粉、红薯片、红薯蕨粑最好的原材料；还有海南苕（采集编号：2013522378）（图 2-342），适合做红薯蕨粑，以及兰苕（采集编号：2013522395）（图 2-343），口感也非常好。

图 2-339　白浆苕（2013522357）

图 2-340　胜利苕（2013522358）

图 2-341　北京苕（2013522373） 　　　　图 2-342　海南苕（2013522378）

图 2-343　兰苕（2013522395）

3. 抗病资源

在获得的甘薯资源中，有当地民众认可的抗病的品种，但是他们不能具体描述抗什么病，只是在甘薯的全生育期间不需要任何的防病措施，也不见病害的发生。例如，印江县的差差苕（采集编号：2013522533）（图2-344），赤水市的红薯（采集编号：2013523117）（图2-345）和红苕（采集编号：2013523217）（图2-346），黎平县的本地红薯（黄皮）（采集编号：2013523307）（图2-347），雷山县的陡寨红薯（采集编号：2013526480）（图2-348）和陡寨淡皮红薯（采集编号：2013526481）（图2-349），荔波县的红薯（白心）（采集编号：2014522093）（图2-350）和红薯（红心）（采集编号：2014522094）（图2-351）。

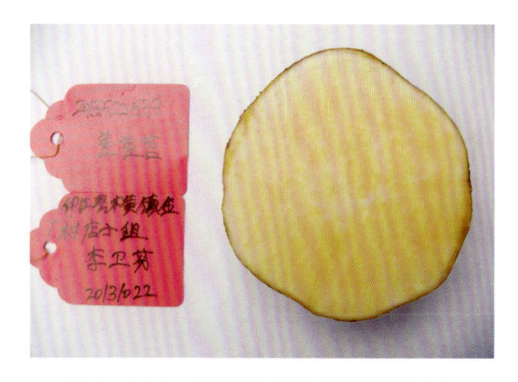

图2-344　差差苕（2013522533）

图2-345　红薯（2013523117）

图2-346　红苕（2013523217）

图2-347　本地红薯（黄皮）（2013523307）

图2-348　陡寨红薯（2013526480）

图2-349　陡寨淡皮红薯（2013526481）

图 2-350　红薯（白心）（2014522093）

图 2-351　红薯（红心）（2014522094）

4. 耐旱、耐瘠资源

黎平县的德顺黄心红薯（采集编号：2013523474）（图 2-352），松桃县的红薯（采集编号：2013524435）（图 2-353）和白皮红薯（采集编号：2013524436）（图 2-354），雷山县的排老红薯（采集编号：2013526416）（图 2-355）、排老大红薯（采集编号：2013526417）（图 2-356）和陡寨白红薯（采集编号：2013526479）（图 2-357），荔波县的红薯（黄皮）（采集编号：2014522128）（图 2-358），道真县的红苕（采集编号：2014525006）（图 2-359）和白皮红苕（采集编号：2014525031）（图 2-360），均耐旱、耐瘠薄，从不施肥料，产量均达到 200kg/667m² 以上。

图 2-352　德顺黄心红薯（2013523474）

图 2-353　红薯（2013524435）

图 2-354　白皮红薯（2013524436） 　　　　图 2-355　排老红薯（2013526416）

图 2-356　排老大红薯（2013526417） 　　图 2-357　陡寨白红薯（2013526479）

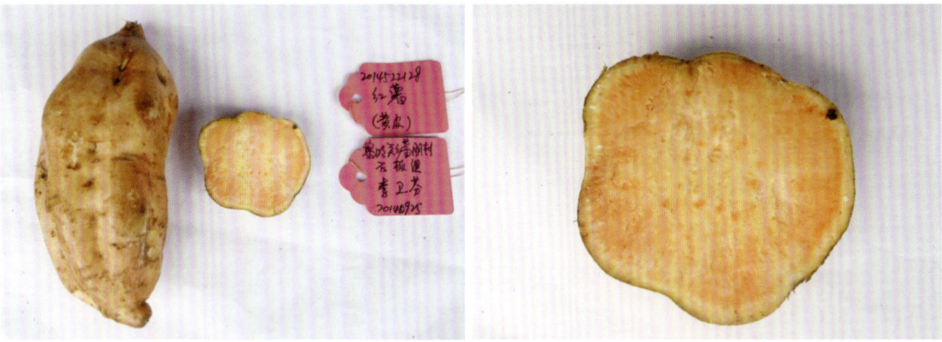

图 2-358　红薯（黄皮）（2014522128）

图 2-359　红苕（2014525006） 　　　　　图 2-360　白皮红苕（2014525031）

第五节 其他类

一、荞麦

（一）概述

荞麦也称甜荞、乌麦、三角麦等。一年生草本，蓼科荞麦属植物。生育期短，当年可多次播种多次收获，抗逆性强，极耐寒瘠。一般用于制作面条和凉粉等食品。荞麦性甘味凉，有开胃宽肠，下气消积，治绞肠痧、肠胃积滞、慢性泄泻的功效。本次调查发现从海拔533m的三都县普安镇合心村到海拔2482m的威宁县盐仓镇高峰村均有荞麦分布，通过农业生物资源系统调查，共获得荞麦资源58份。

1. 获得荞麦资源的分布

在调查的8个市（州）均获得了荞麦资源，只有六盘水市未获得荞麦资源。21个调查县（市）中，17个县（市）均获得数量不等的荞麦资源，威宁获得的荞麦资源最多，为10份；其次是赫章，为9份；织金和雷山各6份；毕节的威宁、赫章、织金3县获得的荞麦资源数量约占本次调查获得荞麦资源的一半，说明毕节地区为贵州荞麦的主产区。其他依次是平塘5份，务川、印江、荔波、道真、赤水各3份，贞丰、紫云、安龙、开阳、剑河、三都、镇宁各1份，盘县、黎平、松桃和施秉4个地区没有获得荞麦资源。

2. 获得荞麦资源在各民族中的分布

获得的荞麦资源共涉及9个民族，获得资源最多的是苗族，为19份；其次是彝族、汉族，均为9份；其他依次是仡佬族，为8份；布依族，为7份；毛南族、土家族各2份；白族、水族各1份。

3. 新获得荞麦资源情况

在本次调查获得的58份荞麦资源中，优异种质资源共6份，同时将该批资源分别与国家种质库已保存相应17个县（市）的荞麦资源进行品种名称比较，均未发现有同名荞麦种质资源，但这不意味着就没有重复资源，需要进行鉴定评价后才能确定。

（二）少数民族认知有价值的荞麦资源

1. 优异苦荞资源

苦荞是药食两用作物，常被誉为"五谷之王"，拥有独特、全面、丰富的营养成分。平塘县卡蒲乡摆卡村的苦荞（采集编号：2012523063）（图2-361），该品种抗旱性强，当地群众常将其与糯米混合做荞粑糯吃，可治疗胃病和妇科病，也可做苦荞茶喝，具有保健功效。

印江县洋溪镇桅杆村（土家族）的苦荞（采集编号：2013522312）（图2-362），当地群众常用来做粑粑，酿酒酒质好，风味香；他们认为该品种还具有保健功能，故常将荞面粑粑和荞面面条在夏季食用。

赤水市元厚镇五柱峰村的苦荞（采集编号：2013523070）（图2-363），当地群众认为将其煮水或做羹食用均好,具有清热功效。也用来做粑粑吃。

威宁县哲觉镇竹坪村(彝族)的细白苦荞(采集编号:2013525473)(图2-364),当地群众将籽粒主要用于自家食用,据说籽粒煮后还用于治疗牲畜腹泻。

图2-361　苦荞(2012523063)

图2-362　苦荞(2013522312)

图2-363　苦荞(2013523070)

图2-364　细白苦荞(2013525473)

织金县后寨乡三家寨村(苗族)的苦荞(采集编号:2013526002)(图2-365),当地群众认为该品种抗病虫害,较耐旱、耐瘠薄,产量高,平均单产250.0kg/667m²左右,能辅助治疗糖尿病。该乡三家寨村的胡荞(采集编号:2013526017)(图2-366),株高80.0cm,穗长15.0cm,籽粒中等,品质中等,也未见病虫害和冻害,但只适合在中等肥力地种植,平均产量达200.0kg/667m²。籽粒稍带苦味,比甜荞味道差些,同

图2-365　苦荞(2013526002)

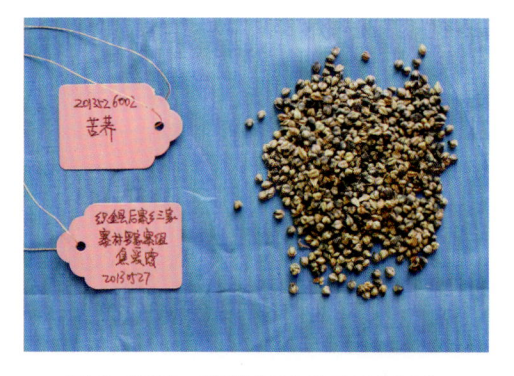

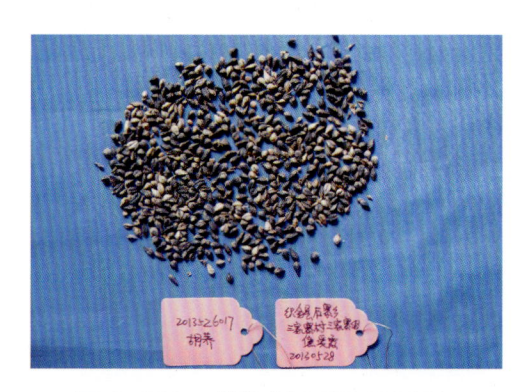

图2-366　胡荞(2013526017)

样具有辅助治疗糖尿病的功能。该乡偏岩村的偏岩苦荞（采集编号：2013526096）（图2-367），群众认为该品种可以降血压、清热，磨成面蒸熟后味道好，未见病虫害，不打农药。一年两季，春、夏播，春荞质量好，产量较甜荞高，可达100.0~125.0kg/667m²。

赫章县兴发乡中营村（苗族）的细米苦荞（采集编号：2014521002）（图2-368），属于当地古老农家品种，传说在2000多年前就开始种植。当地百姓喜食苦荞，主要用其制作苦荞饭和馒头等食物，目前已有商品化的苦荞食品，如苦荞饭和苦荞挂面等。在药用方面，其对人体具有降"三高"（高血压、高血糖和高血脂）保健功能，当地农民也用其治疗牲畜腹泻。

图2-367　偏岩苦荞（2013526096）　　　图2-368　细米苦荞（2014521002）

2. 优异甜荞资源

甜荞可降血压，治疗毛细血管脆弱性出血，防止中风，预防视网膜出血、肺出血，同时也健胃，炒香研磨，外用收敛止汗，消炎。也可磨成面粉供食用。

平塘县大塘镇里中村的甜荞（采集编号：2012523016）（图2-369），该资源抗旱性、抗虫性、耐贫瘠性均比较好；有糯性，有甜味，口感好，出面率高。该镇新场村的荞子（采集编号：2012523020）（图2-370），当地过节办酒席时必不可少的一道菜"芙蓉"，就是将荞面做成荞饼，根据不同人的口味放不同的调料，如花椒、鸡蛋、韭菜、葱或者大蒜等。本县卡蒲乡场河村的甜荞（采集编号：2012523056）（图2-371），该品种在当地有40~50年的栽培历史。没有发现有病虫害发生，抗旱性不太好，耐贫瘠性一般。产量平均在35.0kg/667m²左右。该甜荞具有香味，当地群众将荞麦米用来煮粥、蒸饭，磨面做成粑粑。将荞麦秆烧成灰，把豆腐裹起来大约5h后，洗去灰，然后用油炸豆腐，特别好吃。此外，荞麦叶子可以用来喂猪或牛。

赤水市元厚镇石梅村的老鸦荞（采集编号：2013523068）（图2-372），优质。做荞面粑粑、荞面条好吃。

镇宁县革利乡棉花冲村的甜荞（采集编号：2013524037）（图2-373），籽粒大，色泽好，黑色，产量高，品质优，抗性强，具有保健功效，是良好的食品。

织金县后寨乡路寨河村的甜荞（采集编号：2013526085）（图2-374），用其制作的荞面凉粉较豌豆凉粉口感好，加工成荞面粑粑营养价值高。抗病虫，整个生育期无病虫害防治，在海拔1900m地带可种植，耐贫瘠，肥土种植反而无收成。一年可种两季，第一季3月播种，5月收获；第二季6月播种，8月收获。播种期延迟，瘪粒多，不饱满。该乡偏岩村的偏岩甜荞（采集编号：2013526095）（图2-375），制作成凉粉口感好，未见病虫害，不打农药，跟玉米、豆类间种，当地村民对其粗放管理，产量90.0~100.0kg/667m^2。本县黑土乡团结村的团结甜荞（采集编号：2013526138）（图2-376），做荞面粑粑味道好，较苦荞好吃。未见病虫害，不打农药，耐贫瘠，大多在山坡种植，粗放管理。

安龙县洒雨镇海星村的甜荞（采集编号：2014524016）（图2-377），营养价值高，做凉粉、荞粑口感好，味道鲜美。

图2-369　甜荞（2012523016）

图2-370　荞子（2012523020）

图2-371　甜荞（2012523056）

图2-372　老鸦荞（2013523068）

图2-373　甜荞（2013524037）

图2-374　甜荞（2013526085）

图 2-375　偏岩甜荞（2013526095）及其制品

图 2-376　团结甜荞（2013526138）

图 2-377　甜荞（2014524016）

3. 抗（耐）性强的资源

荞麦以其生育期短、抗旱、耐瘠、病虫害少等特性被群众所认可，故本次调查获得的荞麦资源基本都有此特性。

威宁县石门乡年丰村的白苦荞（采集编号：2013525373），抗寒、耐旱性好。本县哲觉镇竹坪村的细白苦荞（采集编号：2013525473）（图 2-378），抗旱、耐瘠薄。

荔波县黎明关乡懂朋村的甜荞（采集编号：2014522123）（图 2-379），味甘甜，极耐瘠薄。本县小七孔镇中心村的甜荞（采集编号：2014522191）（图 2-380），是本地优良地方品种，适合在海拔 800~950m 地区种植，栽培历史 50 年以上，目前仅有少

图 2-378　细白苦荞（2013525473）

图 2-379　甜荞（2014522123）

数农户种植。该品种株高 60.0~70.0cm，种子较大，呈三角形。生长期短，从播种到收获仅需 3 个月。耐旱，极耐瘠薄，品质好，味甘甜，主要加工成荞麦粉食用或做成荞麦茶饮用。产量低，平均单产 75.0kg/667m²。

道真县大矸镇文家坝村的荞子（采集编号：2014525074）（图 2-381），耐旱、耐贫瘠。

图 2-380　甜荞（2014522191）　　　　图 2-381　荞子（2014525074）

二、薏苡

（一）概述

薏苡为禾本科一年生粗壮草本，须根黄白色，海绵质，直径约 3mm。薏苡种仁是中国传统的食品资源之一，可做成粥、饭、各种面食供人们食用。尤其对老弱病者更为适宜。有健脾利湿、清热排脓、美容养颜功能。近些年来，黔西南州的兴仁、安龙、望谟、册亨、兴义、贞丰等地发展薏苡势头强劲，素有"薏苡发展看中国，中国发展看黔西南"的说法。本次调查发现从海拔 469m 的剑河县南明镇河口村到海拔 1518m 的安龙县洒雨镇海星村均有薏苡分布，通过农业生物资源系统调查，共获得薏苡资源 11 份。

1. 获得薏苡资源的分布

在调查的 9 个市（州）中，获得薏苡资源的市（州）只有 6 个，21 个调查县（市）中，也只有 9 个县（市）获得了数量不等的薏苡资源，剑河、紫云获得的薏苡资源最多，但每个县也只有 2 份；在务川、贞丰、镇宁、印江、松桃、荔波、安龙各 1 份；而在三都、平塘、赤水、盘县、织金、黎平、威宁、雷山、赫章、开阳、道真、施秉均未获得薏苡资源。

2. 获得薏苡资源在各民族中的分布

获得的薏苡资源共涉及 5 个民族，获得薏苡资源最多的是苗族，为 4 份；其次是布依族、侗族和汉族，均为 2 份；土家族为 1 份。

3. 新获得薏苡资源情况

将本次调查获得的 11 份薏苡资源，与国家种质库已保存相应 9 个县（市）的薏苡资源进行品种名称比较，均未发现有同名的，但这不意味着就没有重复资源，需要进行鉴定评价后才能确定。

（二）少数民族认知有价值的薏苡资源

虽然本次获得的薏苡资源只有11份，但从群众描述和实践来看，该批种质资源特征特性也比较多样。

1. 抗（耐）性强的薏苡资源

剑河县磻溪乡前丰村的薏苡（采集编号：2012521002），抗病、耐贫瘠。本县南明镇河口村获得的野生薏苡（采集编号：2012521239），抗病虫。

务川县茅天镇同心村上坝组（苗族）的五谷子（采集编号：2013521026）（图2-382），抗病虫害，耐瘠。当地老人去世下葬时使用，以"五谷子"代替五种粮食。

紫云县坝羊乡四联村的薄皮薏仁米（采集编号：2013521364）（图2-383），皮薄，肉厚，口感好，深受当地群众的喜好，市场价值也较高。本县本村的薏仁米（黑皮）（采集编号：2013521366）（图2-384），不打药、不灌溉，只施底肥，一般与薄皮薏仁米混杂在一起。但是皮硬、较厚。

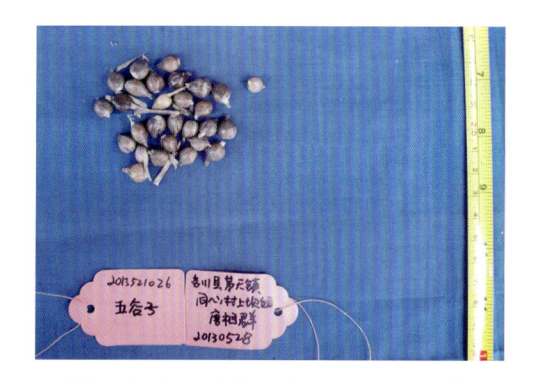

图2-382 五谷子（2013521026） 　　图2-383 薄皮薏仁米（2013521364）

图2-384 薏仁米（黑皮）（2013521366）

松桃县寨英镇岑鼓坡村的薏仁（采集编号：2013524480）（图2-385），抗病虫害，耐贫瘠，抗旱。

荔波县佳荣镇大土村的薏苡（采集编号：2014522186）（图2-386），古老地方栽培品种。栽培历史60年以上，目前仅发现1农户有零星种植。该品种株高约160cm，穗长25cm左右。茎秆较粗，籽粒中等，扁圆形。耐粗放管理，但土壤需要保持一定的湿度。播种期5月，成熟期9月底。平均单产100.0kg/667m^2，最高单产可达120.0kg/667m^2。

安龙县洒雨镇海星村的薏仁（采集编号：2014524022），口感好、产量比其他地方的品种高，用来酿酒，味道好。

图2-385　薏仁（2013524480）

图2-386　薏苡（2014522186）

2. 保健型的薏苡资源

贞丰县龙场镇围寨村的薏仁（采集编号：2013522175）（图2-387），该品种具有药用保健作用。

印江县洋溪镇桅杆村的野生薏苡（采集编号：2013522305）（图2-388），用根熬汤或和猪脚煮汤喝可治疗结石。还可制成装饰品佩戴。

图2-387　薏仁（2013522175） 　　　　图2-388　野生薏苡（2013522305）

镇宁县革利乡革利村的珍珠米（采集编号：2013524024）（图2-389），植株高，籽粒大，品质好，抗性强，具有保健功效，属于药食两用品种。

图2-389　珍珠米（2013524024）

三、穇子

（一）概述

穇子别名鸡爪粟、龙爪稷，贵州俗称稗子，为一年生禾本科穇属草本植物。本次调查发现从海拔542m的三都县九阡镇水昔村到海拔1852m的威宁县石门乡泉发村均有穇子分布，通过农业生物资源系统调查，共获得穇子资源16份。

1. 获得穇子资源的分布

在调查的9个市（州）中，获得穇子资源的市（州）只有5个，21个调查县（市）中，也只有9个县（市）获得了数量不等的穇子资源，以荔波县获得的穇子资源最多，为4份；其次是平塘、紫云、赤水和织金，各2份；剑河、三都、威宁、雷山均只有1份；而务川、贞丰、盘县、印江、黎平、松桃、赫章、开阳、道真、施秉、镇宁、安龙12个县均未获得穇子资源。

2. 获得穇子资源在各民族中的分布

获得的穇子资源共涉及6个民族，获得穇子资源最多的是苗族，为8份；其次是布依族、汉族和水族，均为2份；毛南族和侗族各1份。

3. 新获得穇子资源情况

将本次调查获得的16份穇子资源，分别与国家种质库已保存相应9个县（市）的穇子资源进行品种名称比较，均未发现有同名穇子种质资源，但这不意味着就没有重复资源，需要进行鉴定评价后才能确定。

（二）少数民族认知有价值的穇子资源

1. 抗性好、食用型资源

剑河县磻溪乡团结村的穇子（采集编号：2012521001），抗病虫，抗逆，耐贫瘠。

三都县九阡镇水昔村的拉写糯稗（采集编号：2012522002）（图2-390），糯性，食用品质好。

紫云县四大寨乡猛林村的红稗（采集编号：2013521302）（图2-391），抗旱、耐瘠性较强，适应性广，品质好。本县大营乡芭茅村的芭茅红稗（采集编号：2013521352）（图2-392），口感好、香味浓，抗病虫能力强，抗旱耐瘠，适合坡地种植。

图2-390　拉写糯稗（2012522002） 　　　　图2-391　红稗（2013521302）

图2-392　芭茅红稗（2013521352）

威宁县石门乡泉发村的毛稗（采集编号：2013525405）（图2-393），食味好，抗旱性强。

织金县黑土乡团结村的团结红稗（采集编号：2013526139）（图2-394），脱壳做

图2-393　毛稗（2013525405） 　　　　图2-394　团结红稗（2013526139）

粑粑或者蒸饭，味道好，但是现在主要饲用。较耐瘠，施农家肥作底肥，无病虫害防治，粗放管理，产量150.0~200.0kg/667m²。

雷山县达地乡里勇村的里勇稗子（采集编号：2013526409）（图2-395），抗病虫性强、品质优。

荔波县甲良镇梅桃村的甲良红稗（采集编号：2014522209）（图2-396），该品种抗旱、耐瘠薄。

图2-395　里勇稗子（2013526409） 　　　　图2-396　甲良红稗（2014522209）

2. 酿酒用资源

织金县后寨乡路寨河村的红稗（采集编号：2013526083）（图2-397），可用作酿酒酒曲，与顶部穗集中的红稗在口感、产量、出酒率等方面无异，未见病害和虫害，靠自然降水，不需灌溉，适宜在中等土地种植，土地太肥长势猛，结实率低，太瘦结实率也低，海拔1900m可见栽培，温度低可见瘪壳。一般株高80.0~90.0cm，穗长5.0~6.0cm，籽粒小，品质优，产量可达200kg/667m²。

图2-397　红稗（2013526083）

3. 保健型资源

平塘县鼠场乡仓边村（布依族）的红稗（采集编号：2012523037）（图2-398），好吃，耐贫瘠，熬水服用可治疗腹泻、血尿。该县卡蒲乡摆卡村的红米（采集编号：2012523066）（图2-399），有香味，营养价值高，具有清热解毒的功效，抗旱性强。

赤水市大同镇华平村的红稗（采集编号：2013523057）（图2-400）和该市石堡乡红星村的红稗（采集编号：2013523081）（图2-401），具有补气、补血的药用保健功能，用法是将籽粒磨成面粉后煮粥，每天早晨吃。特别适合手术后的患者，食用后身体恢复快。

威宁县石门乡泉发村（苗族）的毛稗（采集编号：2013525405）（图2-402），是苗族特有的种植历史悠久的品种，较难脱壳（俗称"九层皮"），但食用品质极佳，磨面炒食，也可做苗族传统食物米粑，稗子面还可以用于伤口止血。该品种一般于清明前后育秧，农历四至五月移栽，八至九月收获，施农家肥作基肥，追肥尿素，其间需除草，不进行病虫害防治。

图2-398　红稗（2012523037）

图2-399　红米（2012523066）

图2-400　红稗（2013523057）

图2-401　红稗（2013523081）

图2-402　毛稗（2013525405）

荔波县水利乡水丰村的鸡爪稗（采集编号：2014522023）（图2-403），耐旱、耐贫瘠，可用于治疗牲畜腹泻。

图2-403　鸡爪稗（2014522023）

四、籽粒苋

（一）概述

籽粒苋（又名千穗谷）是苋科苋属一年生粮、饲、菜兼用型作物。籽粒苋分枝再生能力强，适于多次刈割，刈割后由腋芽发出新生枝条，迅速生长并再次开花结果。属于喜温作物，一般生长期4个多月，但在温带、寒温带气候条件下也能良好生长。对土壤要求不严，最适宜于半干旱、半湿润地区，但在酸性土壤、重盐碱土壤、贫瘠的风沙土壤及通气不良的黏质土壤上也可生长。本次调查发现从海拔570m的松桃县寨英镇茶子湾村到海拔2092m的赫章县河镇乡老街村均有籽粒苋分布，通过农业生物资源系统调查，共获得籽粒苋资源18份，有繁穗苋和马尾苋两个物种。

1. 获得籽粒苋资源的分布

在调查的9个市（州）中，有6个市（州）获得了籽粒苋资源，21个调查县（市）中，有9个县（市）均获得数量不等的籽粒苋资源，以赫章获得的资源最多，为6份，填补了该县籽粒苋资源在国家资源库中的保存空白；其次是平塘3份，荔波和剑河各2份，镇宁、紫云、印江、松桃、安龙等5个县均有1份，而务川、道真、贞丰、赤水、盘县、黎平、施秉、雷山、威宁、织金、开阳、三都等12个县（市）未获得籽粒苋资源。

2. 获得籽粒苋资源在各民族中的分布

获得的籽粒苋资源共涉及4个民族，其中苗族最多，为11份；其次是布依族，为3份；土家族和瑶族各2份。

3. 新获得籽粒苋资源情况

将本次调查获得的18份籽粒苋资源，分别与国家种质库已保存相应9个县（市）的籽粒苋资源进行品种名称和来源地比较，均未发现有同名籽粒苋种质资源，但尚不能明确没有重复资源，需要进行鉴定评价后才能确定。

（二）少数民族认知有价值的籽粒苋资源

虽然本次获得的籽粒苋资源只有18份，从群众描述和实践来看，该批种质资源有繁穗苋和马尾苋两个物种，其中以繁穗苋为多数。从繁穗苋的植株高矮、穗型、穗子长短、穗子颜色及籽粒颜色等方面看，这些种质具有非常丰富的遗传多样性。

1. 杂粮型资源

印江县木黄镇金厂村的天仙米（采集编号：2013522523）（图2-404），籽粒可做粑粑。植株晾干后烧灰，撒在豆腐上做灰豆腐，是当地的特色食品。

图2-404　天仙米（2013522523）

2. 菜用型资源

籽粒苋因其叶片和幼嫩顶端口感较好、生长迅速而被群众当成良好野菜利用。

平塘县通州镇平里河村（布依族）的苋米菜（采集编号：2012523050）（图2-405），煮火锅、白水煮食或炒食，比绿色的苋米菜好吃得多。

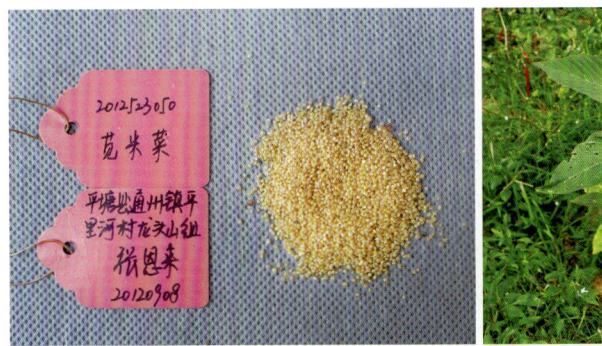

松桃县寨英镇茶子湾村（苗族）的籽粒苋（采集编号：2013524496）（图2-406），炒食香，抗旱，耐贫瘠。

安龙县德卧镇白水河村（布依族）的苋米（采集编号：2014524085）（图2-407），做菜味道鲜美，口感好。

图2-405　苋米菜（2012523050）

图 2-406　籽粒苋（2013524496） 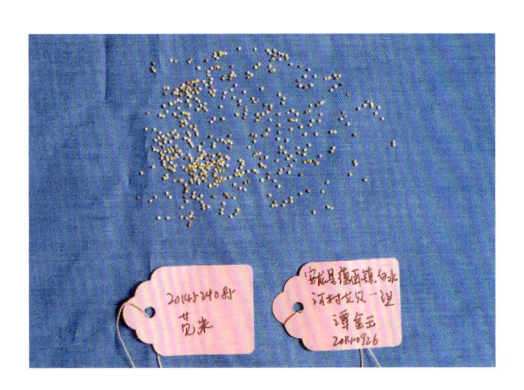　　　　图 2-407　苋米（2014524085）

3. 保健型资源

平塘县大塘镇新光村的天星米（采集编号：2012523091）（图 2-408），富含氨基酸，具有营养与保健作用，素食通便效果好。现在这些优异资源由于具有人体健康所需要的各种酶、氨基酸等物质，逐渐被人们所认知，故已在生产上种植，并加工成特色食品。

赫章县水塘堡乡田坝村（苗族）的紫穗栽培天星米（采集编号：2014521202）（图 2-409）和黄穗籽粒苋（采集编号：2014521201）（图 2-410），当地俗称天星米，这两个品种植株高大，籽粒晶莹饱满。可食用，粒用，菜用，用于制作糕点、炒面及酥糖等食品。

图 2-408　天星米（2012523091） 　　　　图 2-409　紫穗栽培天星米（2014521202）

图 2-410　黄穗籽粒苋（2014521201）

4. 抗性好的资源

这些资源中有很多优良、抗性好的资源，如平塘县鼠场乡仓边村的天苋米（采集编号：2012523036）（图2-411），抗旱、耐贫瘠。

赫章县水塘堡乡田坝村的凤尾（采集编号：2014521224）（图2-412），该份资源属于马尾苋。抗旱、抗寒，品质好。

图 2-411　天苋米（2012523036）

图 2-412　凤尾（2014521224）

（编写人员：阮仁超　陈惠查　曹绍书　焦爱霞　谭金玉　陈　锋　马天进　黎小冰　李　娟）

参 考 文 献

高爱农, 郑殿升, 李立会, 等 . 2015. 贵州少数民族对作物种质资源的利用和保护 . 植物遗传资源学报, 16(3): 549-554.

焦爱霞, 王艳杰, 陈惠查, 等 . 2015. 贵州黎平县侗族村寨香禾糯资源利用与保护现状的考察 . 植物遗传资源学报, 16(1): 173-177.

刘旭，郑殿升，黄兴奇 . 2013. 云南及周边地区农业生物资源调查 . 北京：科学出版社 .

王艳杰，王艳丽，焦爱霞，等 . 2015. 民族传统文化对农作物遗传多样性的影响——以贵州黎平县香禾糯资源为例 . 自然资源学报，35(5): 333-335.

郑殿升，高爱农，李立会，等 . 2016. 贵州少数民族地区作物稀有种质资源和野生近缘植物 . 植物遗传资源学报，17(3): 570-574.

第三章 蔬菜及一年生经济作物调查结果

蔬菜及一年生经济作物课题组对贵州21个县(市)的农业生物资源进行了系统调查,参加调查单位5个,科技人员共17名22人次。

通过系统调查,获得的蔬菜及一年生经济作物种质资源共计1325份,主要有根菜类、白菜类、甘蓝类、芥菜类、绿叶菜类、茄果类、瓜类、菜用豆类、葱蒜类、薯芋类、多年生蔬菜类、野菜类、食用菌类、一年生经济作物等16类资源。其中茄果类蔬菜资源份数最多,为228份;其次是瓜类蔬菜资源,为213份;一年生经济作物资源169份,葱蒜类蔬菜资源159份,绿叶菜类蔬菜资源122份,芥菜类蔬菜资源88份,薯芋类蔬菜资源87份,菜用豆类资源86份,白菜类蔬菜资源68份,根菜类蔬菜资源40份,食用菌类资源29份,野菜类资源22份,甘蓝类蔬菜资源5份,多年生蔬菜类资源3份,香料类资源3份,水生菜类资源3份。详细情况见表3-1。

表 3-1 获得蔬菜及一年生经济作物种质资源样本情况

作物类别	作物名称	资源份数	作物类别	作物名称	资源份数
根菜类	萝卜	35	菜用豆类	菜豆	43
	胡萝卜	4		豇豆	31
	芜菁	1		蚕豆	2
	小计	40		野豌豆	1
白菜类	大白菜	20		豌豆	5
	小白菜	48		黎豆	1
	小计	68		刀豆	1
甘蓝类	结球甘蓝	5		大豆(毛豆)	2
	小计	5		小计	86
芥菜类	叶用芥菜	85	葱蒜类	普通葱	15
	根芥	1		大蒜	71

（续表）

作物类别	作物名称	资源份数	作物类别	作物名称	资源份数
芥菜类	茎芥	2	葱蒜类	齿被韭	1
	小计	88		多星韭	7
绿叶菜类	菠菜	9		卵叶韭	1
	芹菜	2		分葱	7
	莴苣	7		火葱	21
	芫荽	33		韭菜	26
	苋菜	17		薤头	9
	蕹菜	1		薤白	1
	薄荷	5		小计	159
	荆芥	1	薯芋类	山药	9
	紫苏	16		芋	15
	牛皮菜（叶用甜菜）	11		姜	29
	冬寒菜	2		魔芋	16
	茴香	11		地笋	1
	荠菜	2		菊芋	4
	茼蒿	5		草石蚕	2
	小计	122		阳荷	7
茄果类	番茄	34		豆薯	4
	辣椒	166		小计	87
	茄子	28	水生菜类	豆瓣菜	1
	小计	228		水芹菜	1
瓜类	黄瓜	52		菱角	1
	中国南瓜	81		小计	3
	黑籽南瓜	1	多年生蔬菜类	黄花菜	1
	瓠瓜	19		百合	2
	丝瓜	25		小计	3
	冬瓜	11	香料类	草果	3
	苦瓜	17		小计	3
	甜瓜	3	野菜类	野草香	1
	佛手瓜	2		蕺菜	2
	瓜蒌	2		蕨菜	1
	小计	213		菖蒲	1
一年生经济作物	油菜	52		奶浆菜	1
	芝麻	14		清明菜	1
	向日葵	32		香茅草	1
	蓖麻	4		鱼香菜	1

（续表）

作物类别	作物名称	资源份数	作物类别	作物名称	资源份数
一年生经济作物	棉花	4	野菜类	其他	13
	青麻	2		小计	22
	火麻	2	食用菌类	小计	29
	烟草	4	所有类别	合计	1325
	花生	53			
	其他	2			
	小计	169			

从表 3-1 也可以看出，蔬菜种类最丰富的是绿叶菜类，有 14 种之多；其次是葱蒜类和瓜类蔬菜，均有 10 个种。单个物种获得资源份数最多的是辣椒，共获得 166 份；其次是叶用芥菜，共获得 85 份；获得资源份数较多的作物还有中国南瓜（81 份），大蒜（71 份），花生（53 份），黄瓜和油菜（各 52 份）。

在上述获得的蔬菜作物种质资源中，有栽培种及野生种，其中栽培种占绝大多数；有地方品种和育成品种，其中地方品种为大多数；有本地品种和引进品种，其中以本地品种为主。这些种质资源分布在东经 103.83°（十月豆，2013525471，威宁县哲觉镇竹坪村花岩组）至 109.34°（6 份蔬菜和 1 份食用菌资源，松桃县正大乡清水村 1 组），北纬 24.96°（白芋头，2014524147，安龙县德卧镇郎行村岩脚组）至 29.14°（阳藿，2014525125，道真县阳溪镇四坪村大水井组）。海拔从 229m（鱼蓼，2013523427，黎平县双江镇）至 2811m（卵叶韭，2014521135，赫章县珠市乡韭菜坪村）。由于当地复杂多样的地理环境和气候条件，以及不同少数民族独特的传统生活习俗，少数民族人民在遵从自然的同时也在创造性地利用着自然资源以满足他们的生活所需。在这种自然和人工选择的作用下，不仅形成了当地各种蔬菜种质资源的多样性，而且产生了一批具有优良性状的品种，如抗逆、抗病虫、风味品质优良，适合偏远地区居民做蘸水菜和腌制、干制的叶用芥菜资源；辛香味重、辣味浓，能满足少数民族生活习惯的绿叶蔬菜、调味蔬菜和辣椒资源；适应性强、健身祛病、辛辣味浓的葱姜蒜类资源；抗病虫、耐贫瘠、抗寒、营养丰富的南瓜资源；等等。这些种质资源将在相关各节中做详细介绍，在此不再赘述。

第一节　根菜类（萝卜）

一、概述

调查地域属低纬高原，地理气候非常复杂，是我国萝卜资源分布集中区之一，该区域萝卜品种资源丰富，分布范围广。从海拔 250m（赤水市）到海拔 2260m（威宁县）均有萝卜分布。在长期的栽培过程中，经自然选择和人工选择不断累积与加强，演变出了丰富多样的萝卜种质资源。通过农业生物资源系统调查，共获得萝卜资源35份，全部为栽培萝卜地方品种。

（一）获得萝卜资源的分布

在调查的21个县（市）中，除赫章县、镇宁县和三都县没有收集到萝卜种质资源外，其他每个县（市）都收集到了萝卜种质资源；道真县和剑河县最多，均为4份；其次是务川县，3份（表3-2）。

表3-2 获得的萝卜种质资源及分布

县（市）	资源份数	地方品种	育成品种	野生萝卜
安龙	2	2	0	0
赤水	2	2	0	0
道真	4	4	0	0
剑河	4	4	0	0
开阳	1	1	0	0
雷山	2	2	0	0
黎平	1	1	0	0
荔波	1	1	0	0
盘县	2	2	0	0
平塘	1	1	0	0
施秉	2	2	0	0
松桃	2	2	0	0
威宁	2	2	0	0
务川	3	3	0	0
印江	2	2	0	0
贞丰	1	1	0	0
织金	2	2	0	0
紫云	1	1	0	0
总计	35	35	0	0

（二）获得萝卜资源在各民族中的分布

获得的萝卜资源共涉及8个民族。其中苗族的最多，为18份；其次是仡佬族，为5份；布依族、侗族和土家族各3份；其他民族共3份。

（三）新获得萝卜种质资源情况

将本次调查21个县（市）共获得的35份萝卜资源，分别与国家种质库已保存相应21个县（市）的萝卜资源进行品种名称比较，初步认为35份资源均是新增资源，比例达到100%。

二、少数民族认知有价值的萝卜资源

贵州各民族对萝卜资源的选择是根据自身的消费需求和喜好而定的,各地区种植的品种由于长期人工和自然环境的选择,演变出了众多的变种类型。本次的系统调查表明,贵州现种植的萝卜品种多为地方品种,农民种植这些地方品种的原因是其具有适应当地独特多样的生态环境,以及满足当地消费需求的特点。几类优异资源简介如下。

(一)优异萝卜资源

1. 优质资源

贵州少数民族对萝卜的质地和口感比较关注,在长期的选择下,当地形成了一些优质品种,如印江县天堂镇九龙村水井湾组的萝卜(采集编号:2013522394)(图3-1),是当地老品种,肉质根长圆筒形,皮色白,生、熟食,味甜、脆,辣味淡。产量低,抗性强。

赤水市大同镇民族村1组的萝卜(采集编号:2013523100),品质好,甜脆。

松桃县盘石镇代董村4组的萝卜(采集编号:2013524330),在当地种植多年,口感好。

威宁县盐仓镇团结村3组的胭脂萝卜(采集编号:2013525326)(图3-2),肉质根红皮浅红肉,品质较好,易抽薹。施农家肥作底肥,不追肥,靠自然降水,无病虫害防治,粗放管理。单产1000~2000kg/667m²。

图3-1 萝卜(2013522394)

图3-2 胭脂萝卜(2013525326)

雷山县达地乡乌空村中寨组的乌空萝卜（采集编号：2013526308），皮薄、甜味足、香、好吃；种植时要施足农家肥，开好排水沟，出苗后追肥1次，一般不打农药。雷山县方祥乡雀鸟村4组的雀鸟萝卜（采集编号：2013526496），甜香，口感好。

安龙县平乐乡索汪村挺岩组的半截红（采集编号：2014524181），肉质根，个头大，水分含量少，炖肉可口。

2. 抗病虫和抗逆境资源

经贵州特殊生态环境下的多民族人工选择，当地形成了一批抗生物或非生物逆境的资源，如施秉县牛大场镇石桥村上坝组的吊马桩萝卜（采集编号：2014526134）（图3-3），皮色白，根长圆锥形，鲜食，亦可腌制，水分多，味甜，肉质脆嫩，产量高。种植多年未见黑腐病，未见虫害，耐寒性强，较耐旱，较耐贫瘠，最高单产达5500kg/667m^2。

开阳县双流镇刘育村翁贡组的萝卜（采集编号：2014523141），含水量多、脆、甜；生育期内蚜虫较少，较耐瘠薄，仅施少量底肥即可；食用可下气消积、促消化。

印江县沙子坡镇池坝村小岩组的红皮萝卜（采集编号：2013522398）（图3-4），优质，红皮，白心，甜、脆，无辛辣味，耐寒、耐旱，抗病虫。

赤水市大同镇大同村15组的萝卜（采集编号：2013523111），甜脆，抗病虫能力强。

黎平县肇兴镇上寨村2组的肇兴萝卜（采集编号：2013523455）（图3-5），个头小，口感好，打霜后采收味甜且无辣味；未见病害，耐贫瘠，产量达500~700kg/667m^2；9月播种，后期注意排水，少追肥，不喷施农药，2个月内即可收获萝卜苗，4个月后至抽薹前，均可收获萝卜。

图3-3　吊马桩萝卜（2014526134）

图3-4　红皮萝卜（2013522398）

图 3-5　肇兴萝卜（2013523455）

（二）特殊萝卜资源

在贵州特殊的自然条件下，经过多民族传统文化和饮食习惯对资源的选择利用，当地形成了一批特殊的资源。

平塘县大塘镇里中村 6 组的本地萝卜（采集编号：2012523081）（图 3-6），是苗家自己食用的主要叶菜，在当地有 30 余年的种植历史，全年皆可播种，是速生的苗菜，是当地苗族人吃火锅用的叶菜，食用量仅次于小白菜。老叶除饲用外，还可做水酸菜。水酸菜具体做法：萝卜老叶切成小段备用，粘米熬汤，米熟后将米汤倒出，剩余的粘米与萝卜老叶小段充分混合后，再倒入米汤密封，7 天后可食用。食用时加入盐、味精、辣椒面调味即可，十分开胃。做好的水酸菜还可以晾干贮藏。

织金县黑土乡团结村上寨组的兰花果（采集编号：2013526141），植株埋入土中作肥料，肉质根喂猪。种植前施农家肥，不浇水，不打药，未见病虫害。不耐寒，较耐旱，较耐贫瘠。

图 3-6　本地萝卜（2012523081）

第二节　白　菜　类

一、概述

白菜类蔬菜为十字花科（Cruciferae）芸薹属（*Brassica*）中的食叶蔬菜，包括结球白菜（大白菜）和不结球白菜（小白菜）两个类型（朱德蔚等，2008）。在本次农业生物资源调查中，共收集到白菜类蔬菜资源68份，其中结球白菜20份，不结球白菜48份，全部为地方传统栽培品种。

（一）获得白菜资源的分布

本次调查涉及的贵州省9个市（州）的21个县（市）中共有19个县（市）收集到了白菜资源，所有调查的市（州）都有白菜资源的分布，只有铜仁市的松桃县和黔东南苗族侗族自治州的黎平县未收集到白菜类资源，但调查者发现这两地有白菜种植，未收集到这两县资源的原因有二：其一，调查收集时间为10月下旬至11月上旬，白菜已播种，当地农户未保留多余种子；其二，本次只收集本地传统老品种资源，不收集新育成品种，可能本地白菜已被现代白菜品种替代。在所有调查的县（市）中，六盘水市的盘县收集到的白菜资源最多，达13份，其中不结球白菜资源多达12份，结球白菜只有1份。其次为黔西南布依族苗族自治州的安龙县，收集到7份白菜资源，其中6份为结球白菜，安龙县也是本次结球白菜资源收集最多的县。本次调查获得的白菜类资源地理分布请见表3-3。

表3-3 获得的白菜类资源及分布

县（市）	资源份数	结球白菜（大白菜）	不结球白菜（小白菜）
紫云	1	1	0
镇宁	4	2	2
织金	3	0	3
赫章	1	1	0
开阳	3	0	3
盘县	13	1	12
雷山	3	1	2
施秉	2	1	1
剑河	4	0	4
三都	2	1	1
平塘	1	0	1
荔波	1	0	1
安龙	7	6	1
贞丰	3	2	1
印江	4	1	3
务川	4	2	2
赤水	3	0	3
道真	6	0	6
威宁	3	1	2
合计	68	20	48

（二）获得白菜资源在各民族中的分布

本次收集的白菜资源来源于 9 个民族。其中来自苗族的资源最多，达 22 份。其次来源于汉族 14 份。其他来源依次为布依族 10 份、彝族 8 份、仡佬族 5 份、水族 3 份、侗族 2 份、土家族和其他民族各 1 份（图 3-7）。

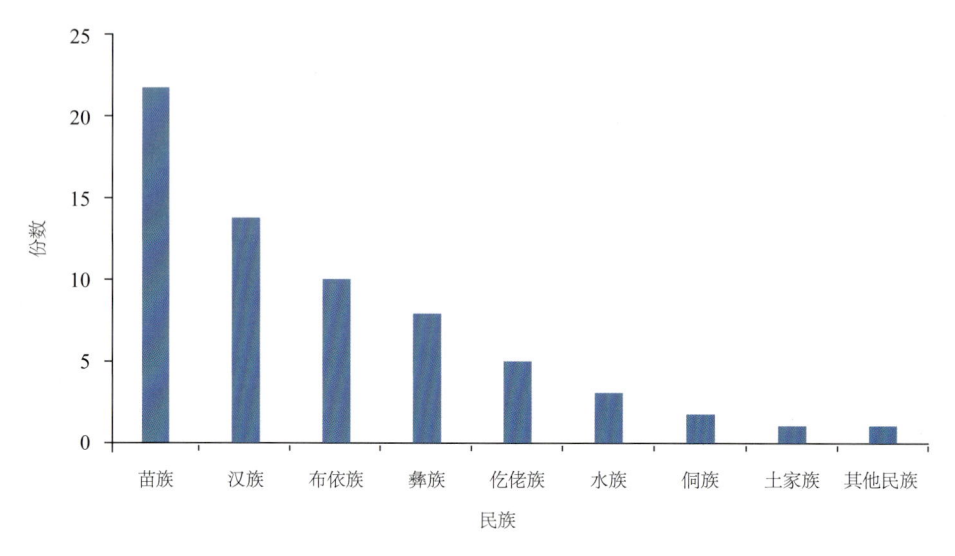

图 3-7　本次收集的白菜资源的民族分布

（三）新获白菜类资源情况

国家种质库中收集的来源于贵州的白菜类资源共 52 份，其中大白菜资源 43 份，小白菜资源 9 份。将本次收集的 68 份资源与之比对，只有 1 份赤水市收集的黄秧白（采集编号：2013523092）与库中资源同名且来自同一县（市），其他 67 份资源皆是新获得的白菜资源。

二、少数民族认知有价值的白菜类资源

由于新品种的推广和大面积发展反季蔬菜生产，大部分地方蔬菜品种逐渐被引进品种取代。但是，由于适应当地种植环境，或者满足当地民族的传统饮食习惯，仍有部分老品种白菜类蔬菜保留了下来。优异资源简介如下。

（一）优质资源

本次调查发现，在商业品种的冲击下，有部分老品种由于品质优良被保留了下来。印江县土家族种植一种高山爬地白菜（采集编号：2013522545）（图 3-8），该菜植株匍匐在地，分布在海拔 1300m 的高山上，较耐寒、耐贫瘠，生长周期内不打农药，口感甜、脆，一般炒食，偶有做酸菜，多数为人食用。而外来的杂交白菜品种常用来当饲料。

图 3-8　高山爬地白菜（2013522545）

（二）抗（耐）性强的资源

在贵州偏远山区，由于交通不便，化肥、农药等物资不易运输，老年人觉得其较昂贵而不愿使用，因而保留了一些耐贫瘠、耐旱、抗病虫的白菜资源。

1. 抗旱资源

小白菜是一种贵州布依族地区常见的蔬菜。荔波县收集的一份小白菜品种（采集编号：2014522047）（图3-9）是布依族长期种植的老品种，具有较强的抗旱性。叶片宽大，茎秆细，符合当地消费习惯。

a. 植株　　　　　　　　　　b. 种子

图 3-9　小白菜（2014522047）

2. 耐旱、耐贫瘠资源

从织金县苗族农户处收集的一份夏秋季节栽培的老品种小白菜（采集编号：2013526077）（图3-10），叶长卵圆形，清炒或煮汤，清火。种植前施底肥，不打药，有蚜虫，雨养。较耐旱，较耐贫瘠。

a. 生境　　　　　　　　　　　　　　　　　b. 产品

图 3-10　小白菜（2013526077）

3. 抗虫抗逆资源

从印江县土家族农户处收集到一份越冬栽培的本地品种白菜（采集编号：2013522534）（图 3-11），9 月种，4~5 月收，口感甜、脆，水分少，单株重 3~5kg。生长周期内未见病害，抗菜青虫、蚜虫。分布在海拔 1200m 地带，比新品种抗寒，耐旱性强，耐贫瘠。

图 3-11　白菜（2013522534）

第三节　芥　菜　类

一、概述

芥菜（*Brassica juncea*）为十字花科（Cruciferae）芸薹属（*Brassica*）的蔬菜。叶用芥菜在苗族地区一般称作青菜，是苗族人日常生活中的一种重要蔬菜，至今仍然积累和保留了很多珍贵的地方品种。叶用芥菜在苗族人家中主要用于制作泡菜（酸菜）。酸菜或酸汤是苗族人日常喜欢的食物，俗语有"三天不吃酸，走路打蹿蹿"之说。苗家酸汤鱼、酸汤点豆腐是当地特色菜肴，用于招待贵客。由于侗族、苗族对芥菜有特殊需求，因此芥菜资源在侗族、苗族集居地有比较完善的保存方法，现侗族、苗族集居地区分别还保存有根用芥菜、叶用芥菜和茎用芥菜 3 种不同类型的芥菜资源。本次调查共收集到

88份芥菜资源，绝大多数为叶用芥菜。

本次系统调查涉及的贵州省9个市（州）的21个县（市）中共有20个县（市）收集到了芥菜资源，只有贵阳市的开阳县未收集到芥菜资源。在所有调查的县（市）中，黔东南苗族侗族自治州的剑河县收集到的芥菜资源最多，达18份；其次为黔西南布依族苗族自治州的安龙县，收集到12份。值得说明的是，普查时在镇远县苗家收集到1份少有的茎用芥菜。本次调查获得的88份芥菜资源的地理分布请见表3-4。

表3-4　获得的芥菜资源及分布

县（市）	资源份数	县（市）	资源份数
紫云	4	荔波	1
镇宁	5	安龙	12
织金	4	贞丰	4
赫章	4	松桃	5
盘县	6	印江	3
黎平	2	务川	3
雷山	1	赤水	2
施秉	3	道真	1
剑河	18	威宁	3
三都	3	镇远	1
平塘	3	合计	88

（一）获得的芥菜资源在各民族中的分布

本次收集的芥菜资源来源于布依族、侗族、苗族、水族、土家族、彝族、仡佬族、汉族等9个民族。其中来自苗族的资源最多，达35份；其次为布依族，14份；其他依次为侗族10份，汉族7份，彝族7份，仡佬族4份，水族3份，土家族2份，其他民族6份（图3-12）。

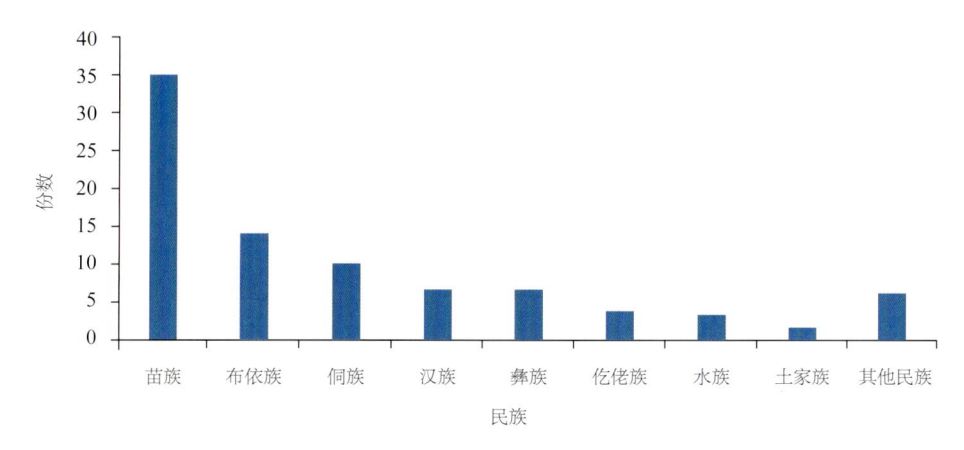

图3-12　芥菜资源的民族分布

（二）新获芥菜类资源情况

国家种质库中收集的来源于贵州的叶用芥菜（本地称青菜）资源共43份。其中21份资源来自本次调查的地区。将本次收集的88份资源与之比对，其中，来自安顺市紫云县的大叶青菜（采集编号：2013521407）和来自镇宁县的大叶青菜（采集编号：2013524108）与库中保存的来自安顺市的大叶青菜（入库编号：V03A0127）同名。由于"大叶青菜"这个名字属于泛名，不能确定库中保存的资源是否与本次收集的资源相同。其他86份资源未发现与库中保存的资源同名且同县的现象，认为是新收集的资源。

二、少数民族认知有价值的芥菜类资源

贵州省少数民族群众具有腌制酸菜的传统习惯。贵州省地理环境为山大沟深，少数民族群众一般居住在高海拔的山区，一年中除夏秋蔬菜相对丰富外，冬春两季可食用的蔬菜较少，加上交通不便，与外界物资交流相对较少，当地群众种植的农作物特别是蔬菜都为自给自足，在蔬菜较丰富的夏秋两季把吃不完的各种蔬菜腌制成酸菜，以供周年食用。芥菜是腌制酸菜的重要原料，在本次调查地区得到广泛种植，没有合适的其他替代品种。至于用来制作酸菜的青菜品种，虽然市场上也有一些青菜新品种出售，其产量也高于本地品种，但其在抽薹性（用于制作酸菜的青菜品种需要早抽薹性）、叶片水分含量、植株纤维含量和生产出的酸菜风味方面不符合要求而没有被当地老百姓接受，因此到现在为止，青菜品种仍采用古老的地方品种。

（一）有开发利用价值的特优芥菜资源

1. 大青菜

此次调查的土家族本地大青菜（采集编号：2013522396）（图3-13）腌制的"陈年道菜"是印江当地最具特色的土特产品之一。将芥菜晒至八成干，洗净切细，加上当地特有的野葱作调料，不放盐或是稍微加盐，再将拌好后的芥菜叶片放入土坛中密封保存，一般保存2个月后即可食用。用土坛或是瓶子倒扣在水盘上（防空气和氧化）密封保存。1星期换1次水，可以保存1~2年。腌制成品具有清香、适口、开胃、增食欲的特点，

图3-13　大青菜（2013522396）种子

是人们日常佐餐、宴请酒席的主菜，也可用于炖肉、扣五花肉、炖汤等。该品种在当地栽培历史达50年以上，植株高大，主要食用茎秆，平均产量2500kg/667m^2，最高产量3000kg/667m^2。植株的抗性好，基本不打药，叶片水分含量低、纤维含量高，在当代除制作"陈年道菜"外，鲜食时苦中回甜，有清火的功效。

2. 青菜

在贞丰县收集到一份当地特有、特优的地方青菜（叶用芥菜）品种（采集编号：2013522095）（图3-14），栽培历史50年以上，植株高约70cm，叶片大，播种期8月，成熟期12月，平均产量2000kg/667m^2，最高产量2500kg/667m^2。植株的抗性好，基本不打药，叶片水分含量低、纤维含量高，食用时苦中回甜，有清火的功效，也是当地制作酸菜的主要原料。

图3-14　青菜（2013522095）种子

3. 鸡爪青菜

在贞丰县布依族农户家中收集到一份当地优良地方品种芥菜，当地称作鸡爪青菜（采集编号：2013522188）（图3-15）。种植历史达50年以上，叶片深裂形似鸡爪而得名。植株高约80cm，平均产量500kg/667m^2，最高产量550kg/667m^2。该品种具有抽薹早、纤维含量低、风味好的特点，其菜薹主要用来做冲菜（一种腌制食品，由于硫苷含量高，入口芥辣味重，芥味冲口鼻）。

图3-15　鸡爪青菜（2013522188）种子

4. 芥菜

在镇宁县收集到一份芥菜，俗称青菜（采集编号：2013524061）（图3-16），属宽柄型叶用芥菜。口感好，品质佳，粗纤维含量适中，产量高。清水煮食或用来制作农家泡菜，做成酸菜脆度好。清水煮食有清热解毒之功效，因其耐旱，常代替白菜种植。

a. 种植实况　　　　b. 制作的泡菜　　　　c. 泡菜火锅

图 3-16　青菜（2013524061）

5. 红青菜

印江县土家族种植的一种红青菜（采集编号：2013522537）（图3-17），是当地老品种。叶片正面紫红色，背面绿色，食用叶和菜薹，口感好，丰产，抗性强。当地人认为常食有补血作用。

在剑河县太拥乡南东村苗家也收集到一份红叶青菜（采集编号：2012521113），叶紫红色，是少有的彩叶芥菜品种。

图 3-17　红青菜（2013522537）

6. 茎（秆）用芥菜

在剑河县苗族地区普遍栽培一种秆用的芥菜（青菜）（采集编号：2012521138）（图3-18），当地称青菜，秆扁圆形，茎秆多，叶少，是苗族著名菜肴"欧雪菜"的主要材料。

在镇远县苗家收集到一份少有的茎用芥菜（采集编号：2012521136）（图3-19），以茎用为主，叶用为辅，是当地做道菜加工的专用品种。

图 3-18　青菜（2012521138）种子 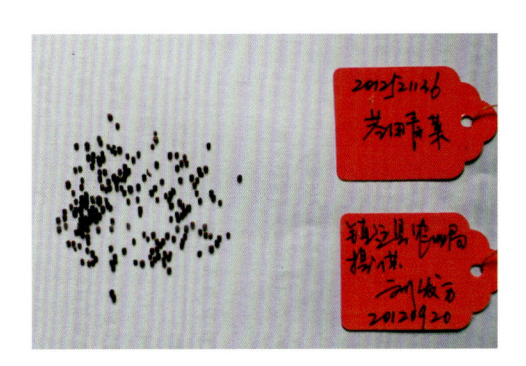　　　　图 3-19　茎用芥菜（2012521136）种子

7. 四月青菜

在剑河县南明镇河口村收集到一份四月青菜（采集编号：2012521104）（图 3-20），又名大菜。该品种筋（纤维）少，品质优，单株重可达 5kg 以上，当地现已进行产业化规模栽培。

图 3-20　四月青菜（2012521104）种子

（二）抗（耐）逆优异资源

在赫章县兴发乡中营村收集到 1 份本地青菜（采集编号：2014521104）（图 3-21）。在赫章县，本地青菜家家都种植，是主食蔬菜，与他们的饮食密不可分，尤其是在其喜

图 3-21　本地青菜（2014521104）

好的火锅、酸菜、豆花烹调方式中必不可缺。该青菜品种高产，撒外叶食用，可以连续食用半年以上。该品种能够抵御 –5℃的低温。

在平塘县收集到一份称作九斤菜（采集编号：2012523094）（图 3-22）的芥菜品种，在当地有 50 多年的栽培历史，是苗族喜爱的青菜老品种。一般 9 月中、下旬播种，12 月即可陆续收获食用，叶大，能耐 –7℃的低温，微苦回甜，寒冷季节时的青菜食味更佳，当地苗家主要用来做火锅、与牛肉末炒食，非常开胃。单株产量高，其名由此而来。

图 3-22　九斤菜（2012523094）种子

第四节　绿 叶 菜 类

绿叶菜是一类主要以鲜嫩的绿叶、叶柄和嫩茎为产品的速生蔬菜。由于生长期短，采收灵活，栽培十分广泛，品种繁多，我国栽培的绿叶菜有 10 多个科 30 多个种。贵州位于云贵高原东侧斜坡上，属温暖湿润的亚热带高原山地季风气候区；其东南低、西北高，海拔跨度大（147.8~2900.6m）；年平均气温 8~21℃，年降雨量 800~1920mm，适合多种绿叶菜类蔬菜的生长。

在本次调查的 21 个县（市）中，共获得绿叶菜类资源 122 份。包括：芫荽 33 份、苋菜 17 份、紫苏 16 份、菠菜 9 份、茴香 11 份、牛皮菜（叶用甜菜）11 份、冬寒菜 2 份、茼蒿 5 份、莴苣 7 份、薄荷 5 份，其他绿叶蔬菜 6 份。从海拔 273m（赤水市）到 2396m（威宁县）均有绿叶菜类蔬菜资源的分布。

通过本次调查，我们对贵州省少数民族居住地区绿叶菜类蔬菜种质资源的分布状况及主要民族对这些资源的认识有了一定了解。少数民族因居住较为偏远，绿叶菜类蔬菜的种植仍然以地方品种为主。这些地方品种具有适应当地独特多样生态环境的特性。贵州省世居少数民族有苗族、布依族、侗族、土家族、彝族、仡佬族、水族、回族、白族、瑶族、壮族、畲族、毛南族、满族、蒙古族、仫佬族、羌族共 17 个少数民族，当地民族由于传统习俗对这些资源有较为特别的认知，赋予了这些资源特殊的民族文化色彩，使其被持续种植而保存下来（王彬和郑伟，2004a）。

一、芫荽

（一）概述

调查地域属低纬度高原，地理气候非常复杂，芫荽种质资源丰富，分布范围广。在本次调查区域内，获得芫荽资源的地理范围在北纬24.97°~29.13°，东经103.95°~109.34°。从海拔530m的施秉县马号乡胜秉村4组到海拔2176m的赫章县兴发乡中营村双河组均有芫荽的分布。丰富多彩的民族传统文化，使得当地保存了较为丰富多样的芫荽种质资源。通过农业生物资源系统调查，共获得芫荽种质资源33份（表3-5）。

表3-5 获得的芫荽种质资源

县（市）	资源份数	地方品种	育成品种	野生
镇宁	1	1		
紫云	1	1		
威宁	1	1		
织金	2	1		1
赫章	4	4		
开阳	1	1		
盘县	3	3		
剑河	1	1		
施秉	4	4		
荔波	1	1		
三都	2	2		
安龙	2	2		
贞丰	3	3		
赤水	2	2		
道真	2	2		
务川	1	1		
松桃	1	1		
印江	1	1		
总计	33	32		1

1. 获得芫荽种质资源的分布

获得芫荽种质资源分布在调查的9个州（市），共涉及18个县（市）。其中赫章县、施秉县均为4份；盘县、贞丰县均为3份；织金县、三都县、安龙县、赤水市、道真县均为2份；其他县均为1份。收集的样本大部分为地方品种，未收集到来自其他省份的育成品种和杂交品种，这与当地少数民族自给自足的生活习惯相符。

2. 获得芫荽种质资源在各民族中的分布

获得的芫荽资源共涉及 7 个民族。在本次调查的重点民族中，与苗族相关的资源最多，为 15 份；其次是布依族，7 份；彝族和仡佬族均为 3 份；水族和土家族均为 2 份；与侗族相关的资源最少，为 1 份。

3. 新获得芫荽种质资源情况

将本次调查获得的 33 份芫荽资源，分别与国家种质库和蔬菜种质资源圃已保存的芫荽种质资源进行品种名称比较，收集到的资源与国家种质库和蔬菜种质资源圃保存的资源未有重复，初步认为均为新增资源。

（二）少数民族认知有价值的芫荽种质资源

1. 优质资源

调查中发现，各少数民族居住区对各类芫荽虽然没有形成规模化种植，但大多数民族对芫荽类蔬菜有零星种植（王彬和郑伟，2004b），而且以地方品种为主，并对这些资源有一定特殊的民族认知，部分资源表现为有品质优良的特点。例如，赤水市大同镇民族村 1 组的特异种质芫荽（采集编号：2013523104）（图3-23），品质优，香味特浓。抗病、抗虫能力强；较耐贫瘠，种植前施农家肥，追施复合肥，不打药，不浇水，雨养。单产 30kg/667m^2，最高亩产 50kg。

从道真县阳溪镇阳溪村大屋基组获得的优质耐贫瘠资源大屋基芫荽（采集编号：2014525135）（图3-24），该品种半直立叶绿色；种子圆球形；香味特别浓郁，口感好。常用于凉拌菜，可作为汤、粉、面的佐料。

图 3-23　芫荽（2013523104）种子　　　图 3-24　大屋基芫荽（2014525135）种子

2. 抗病虫和抗逆资源

由于调查地区的芫荽资源多为零星栽培或处于半野生状态，因而多年保留的地方品种资源在当地均表现出抗病虫或耐贫瘠的特性。例如，赤水市元厚镇米粮村 5 组的芫荽（采集编号：2013523124）（图3-25），香味浓，在当地表现为抗病，抗虫能力较强。

图 3-25　芫荽（2013523124）种子

二、其他绿叶菜资源

（一）概述

贵州气候呈多样性，形成了许多名优特绿叶菜品种资源。此外，贵州是仅次于云南的少数民族数量最多的省份之一。由于其丰富多彩的民族传统文化和生活习俗，因此保存了丰富多样的种质资源。本次调查中，除了获得的33份芫荽资源外，共获得其他绿叶菜资源89份，包括苋菜17份、紫苏16份、菠菜9份、茴香11份、牛皮菜（叶用甜菜）11份、冬寒菜2份、茼蒿5份、莴苣7份、薄荷5份，其他类6份。

（二）少数民族认知有价值的资源

本次调查中发现，绿叶菜资源是各民族日常生活中不可缺少的主要食用蔬菜，在人们的饮食健康中起着重要作用，因此形成了一定数量的地方品种。这些地方品种不仅具有优良的品质、较好的适应多样生态环境的特性，而且有的品种被赋予了当地民族特有的民族文化内涵，从而得到了较为完整的保存和长期种植。下面简要介绍几类优异资源。

1. 优质资源

从赤水市宝源乡联华村6组获得的菠菜（采集编号：2013523219）（图3-26），品质好，抗病虫能力强。

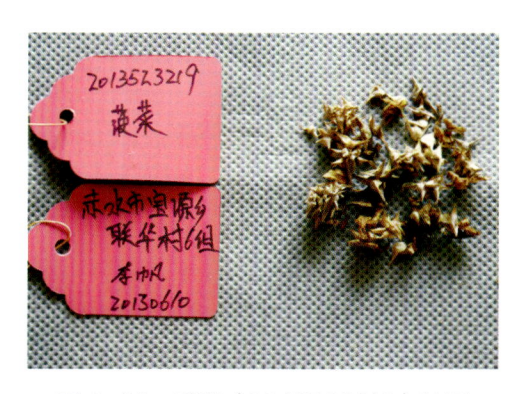

图 3-26　菠菜（2013523219）种子

赤水市大同镇民族村1组的冬寒菜（采集编号：2013523099）（图3-27），表现为抗病虫。

松桃县寨英镇茶子湾村新田组的茴香（采集编号：2013524491）（图3-28），香味浓，抗逆性强，以花果作为香料食用。

赤水市大同镇民族村1组的特异资源血皮菜（采集编号：2013523095）（图3-29）。此品种口感润滑，抗病虫，补血。在当地有多种民族认识该品种。

赤水市元厚镇米粮村6组的优异资源牛皮菜（采集编号：2013523121）（图3-30），品质好，抗病虫能力强。

赤水市大同镇大同村4组的特优资源空心菜（采集编号：2013523113）（图3-31），品质好，嫩滑。

采集于赤水市大同镇大同村1组的特优资源莴苣菜（采集编号：2013523109）（图3-32），地方品种，品质好，抗性强。

图3-27　冬寒菜（2013523099）种子

图3-28　茴香（2013524491）

图3-29　血皮菜（2013523095）

图3-30　牛皮菜（2013523121）种子

图3-31　空心菜（2013523113）

图3-32　莴苣菜（2013523109）种子

2. 野生资源

食用野生蔬菜是贵州少数民族的习俗（孙显芳，1995）。

采集于织金县后寨乡三家寨村河边组的野生蔬菜野水芹菜（采集编号：2013526028）（图3-33），一年四季均可生长。抗病性强，耐寒、旱，耐贫瘠。味浓且具有特殊清香味。在当地做酸菜、鸡火锅时使用。

图 3-33　野水芹菜（2013526028）

第五节　茄　果　类

一、番茄

（一）概述

番茄（*Lycopersicon esculentum*）是茄科（Solanaceae）番茄属的蔬菜作物。人们一般食用其成熟浆果。番茄起源于南美洲，于17世纪传入中国。贵州苗族人称番茄为洋辣子，可推知番茄传入当地的时间比辣椒晚。本次调查发现，番茄在贵州山区零星种植，粗放管理，一年种多年收。处于半野生（逸生）状态。品种为原始的小果类型，抗病虫害和非生物逆境。

1. 获得番茄资源的分布

本次调查涉及的贵州省9个市（州）的21个县（市）中共有7个市（州）的14个县（市）收集到了番茄资源。在所有调查的县（市）中，安顺市紫云县、贵阳市开阳县、黔西南布依族苗族自治州贞丰县和铜仁市松桃县收集的番茄资源最多，各收集到4份资源；其次为施秉县，收集到3份；雷山县、三都县、平塘县、荔波县、安龙县、道真县各收集到2份；镇宁县、剑河县、印江县各收集到1份。本次调查共获得34份番茄资源，其地理分布请见表3-6。

表3-6　获得的番茄资源及分布

县（市）	资源份数	县（市）	资源份数
紫云	4	荔波	2
镇宁	1	安龙	2
开阳	4	贞丰	4
雷山	2	松桃	4
施秉	3	印江	1
剑河	1	道真	2
三都	2		
平塘	2	合计	34

2. 获得番茄资源在各民族中的分布

本次收集的芥菜资源来源于布依族、苗族、水族、仡佬族4个少数民族和汉族。其中来自苗族的资源最多，达14份；其次为汉族7份，布依族6份，水族5份，仡佬族2份。

3. 新获番茄资源情况

国家种质库中收集的来源于贵州的番茄资源共34份。其中10份资源来自本次调查的地区。将本次收集的34份资源与之比对，未发现与库中保存的资源同名且同县的现象。但由于很多资源在当地没有名称，统称海茄、酱茄、洋辣子等。因此，需要通过进一步的表型和遗传鉴定来确定是否为新收集资源。

（二）少数民族认知有价值的番茄资源

贵州天气冬天不太冷，夏天不太热，年降雨量较均匀而且充沛。番茄可以在路边、田边、菜园边、房前屋后，不用人工栽培而年年生长。因此，保留了丰富的原始类型的半野生（逸生）番茄资源，可能含有颇具利用价值的抗性基因。当地人取番茄的酸味和辣椒的辣味做成酸辣汤，用以佐餐。该地番茄具有浓郁的风味。番茄与当地各族群众的生活密切相关，受到各族群众的喜爱，它的分布较广，用途较多。

1. 野生（逸生）番茄资源

平塘县的野生樱桃番茄（采集编号：2012523071）（图3-34），有的地方叫海茄（采集编号：2012523079）（图3-35），广泛生长在布依族农家房前屋后，青果绿肩，果圆形，果径1.5~2cm，果皮薄，酸甜适中（吴康云等，2005）。3~4月出苗，从7月底可陆续采收至11月，不留种，自然落地的果实第二年又可发芽生长，是当地布依族农家火锅重要的调味品之一，将果实放到火锅中煮熟，夹到辣椒蘸水中挤破调味；另外，将果实放入酸菜坛子中泡制，约15天可成，用泡制好的酸番茄作火锅的酸汤来源，十分开胃。

荔波县的小番茄（采集编号：2014522014）（图3-36）具有一年种、多年采收

第三章　蔬菜及一年生经济作物调查结果　235

　　　a. 生境　　　　　　b. 绿果　　　　　　c. 红熟果　　　　　　d. 泡酸果

图 3-34　野生樱桃番茄（2012523071）

图 3-35　海茄（2012523079）

的特点（自然落地果实第二年再生），栽培时不施肥料、不浇水，抗青枯病、病毒病。果实较小、红色、圆球形，平均单产 150kg/667m²，4 月种植，8 月成熟。它的果实少数生食，生食时风味浓；多数用来做泡酸，即将果实放入酸菜坛中泡制，约 15 天可成。用泡制好的酸番茄作火锅的酸汤引子，酸汤具有开胃、消食的作用；用泡好的酸水点的豆腐由于"筋骨"好，在市场上比石膏点的豆腐卖价高；红白喜事时主人家都喜欢用泡好的酸番茄水现拌生鱼、生牛肉、生牛血招待远方来客，以示其热情好客。对一个普通小番茄的利用充分体现了当地少数民族就地取材的聪明才智。

图 3-36　小番茄（2014522014）

在施秉县收集到一份特优的小番茄（采集编号：2014526117）资源（图 3-37）。该品种果皮极薄，皮色鲜红，肉质软，水分多，口感酸甜，坐果率高，唯不耐贮运。未见病虫害，耐寒性强，较抗旱，耐贫瘠。

图 3-37　小番茄（2014526117）

松桃县的番茄（采集编号：2013524307）（图 3-38）和小番茄（采集编号：2013524351）（图 3-39），在苗寨房前屋后、菜园边、田埂上自生繁殖，苗家取番茄与辣椒同煮，做成酸辣汤食用。这些野生番茄具有良好的抗病、抗虫及抗逆性，可能含有具重要价值的抗性基因。

a. 生境　　　　　　　　　　　　b. 果实

图 3-38　番茄（2013524307）

a. 生境　　　　　　　　　　　　b. 果实

图 3-39　小番茄（2013524351）

2. 栽培优质番茄

除野生（逸生）外，也有栽培的优质扁番茄（采集编号：2014522101）（图3-40）。该番茄是优良地方品种，栽培历史60年以上。植株高160cm左右，果实扁圆形，中等大小。种植时间为3月，成熟期6~9月。生长期耐粗放管理，抗病虫害。相对其他新品种，具有皮薄、籽粒多、酸甜的特点。除鲜食外，主要用来做泡酸，耐储存，周年可食用。

a. 果实　　　　　　　　　　b. 泡制的果实

图 3-40　扁番茄（2014522101）

3. 脐番茄

镇宁县布依族栽培有一种果顶有脐圈的本地番茄（采集编号：2013524084）（图3-41），果皮较薄，不耐贮运，但口感比新品种好，少数民族习惯种植用于自己吃或出售，价格比新品种高。

图 3-41　本地番茄（2013524084）

4. 酱茄

部分苗族农户也会在庭院零星种植一种称作酱茄（采集编号：2014523103）（图3-42）的番茄，顾名思义，其有制作酸辣酱之用。采自开阳县高寨乡平寨村么老寨组，果实整齐一致，红度足，色泽鲜艳，不裂果，口味香甜鲜美，又适宜庭园、室内栽培。既可观赏，又可食用。种植时在播种前施农家肥作底肥，靠自然降水，抗白粉病、晚疫病，抗烟青虫，基本无须病虫害防治，管理成本低。

a. 生境	b. 果实

图 3-42　酱茄（2014523103）

二、辣椒

（一）概述

调查地域属低纬高原，地理气候非常复杂，从海拔 374m 的荔波县瑶山乡到海拔 2271m 的赫章县兴发乡均有辣椒分布。特别是贵州省 16 个世居少数民族，有着丰富多彩又极其鲜明的民族传统饮食习惯，喜食辣的习惯造就了丰富多样的辣椒资源。通过农业生物资源系统调查，共获得辣椒资源 166 份（表 3-7）。从调查中收集的果实样本看，辣椒资源的果形多样，有线形、牛角形、羊角形、灯泡形、指形等，果色也有红色、橙黄和浅绿（刘红等，1985；朱德蔚等，2008）。

表 3-7　获得的辣椒资源及分布

县（市）	资源份数	地方品种	育成品种	野生辣椒
安龙	15	15	0	0
赤水	4	4	0	0
道真	11	11	0	0
赫章	9	9	0	0
剑河	8	8	0	0
开阳	6	6	0	0
雷山	18	18	0	0
黎平	5	5	0	0
荔波	5	5	0	0
盘县	14	14	0	0
平塘	4	4	0	0
三都	3	3	0	0
施秉	4	4	0	0
松桃	9	9	0	0

(续表)

县（市）	资源份数	地方品种	育成品种	野生辣椒
威宁	5	5	0	0
务川	5	5	0	0
印江	4	4	0	0
贞丰	10	10	0	0
镇宁	8	8	0	0
织金	6	6	0	0
紫云	13	13	0	0
总计	166	166	0	0

1. 获得辣椒资源的分布

辣椒是贵州各县（市）普遍零星栽培的蔬菜作物。本次调查中166份辣椒样品来自系统调查的全部21个县（市）。雷山县获得的辣椒资源最多，为18份；盘县和紫云县分别以14份和13份次之；最少的三都县也获得3份资源。

2. 获得辣椒资源在各民族中的分布

获得的辣椒资源共涉及11个民族，其中苗族的最多。

3. 新获得辣椒资源情况

将本次调查获得的166份辣椒资源，分别与国家种质库已保存相应21个县（市）的辣椒资源进行品种名称比较，166份资源经初步认定均是新增资源，比例达到100%。

（二）少数民族认知有价值的辣椒资源

本次的系统调查表明，大量的地方品种由于具有适应当地独特多样生态环境的特性，以及能满足当地民族传统习俗的特点，而被认知和持续种植。虽然当地民族对这些资源特点的描述还有待进一步的鉴定和验证，但是这些资源是研究辣椒进化、分类和育种，以及开展深入研究和利用的宝贵材料。几类优异资源简介如下。

1. 优质资源

在获得的辣椒资源中，当地民众认知具有辣味香浓特性的品种是紫云县四大寨乡茅草村扁计组的本地辣椒（采集编号：2013521395）（图3-43）和紫云县四大寨乡冗厂村卡郎组的山海椒（采集编号：2013521384）（图3-44），前者果大、肉多，后者青熟果味辣，果小朝上，散生。

贞丰县者相镇董箐村下茅坪组的朝天椒（采集编号：2013522216）（图3-45）不仅辣味重，干辣椒含油量也高，可作为干椒品种。

印江县洋溪镇曾心村曾家沟组的辣椒（采集编号：2013522359）（图3-46），香味浓，辣味轻。株高50cm，果型中等，果长8~10cm。当地土家族治疗伤风感冒的特效疗法，即用火烘干辣椒并放进热水后泡脚。

雷山县大塘乡交腊村1组的交腊大辣椒（采集编号：2013526545）（图3-47）香味好，辣味一般。另外还有安龙县德卧镇毛杉树村三角洞组的树辣子（采集编号：2014524125）（图3-48）、平乐乡索汪村挺岩组的皱皮辣子（采集编号：2014524195）（图3-49），镇宁县六马镇打万村的六马树椒（采集编号：2013524048）（图3-50），织金县后寨乡三家寨村三家寨组的鸡爪辣（采集编号：2013526014）（图3-51），赤水市元厚镇石梅村5组的柿子海椒（采集编号：2013523127）（图3-52），印江县洋溪镇桅杆村街上小组的一座椒（采集编号：2013522371）（图3-53）。

图3-43　本地辣椒（2013521395）

图3-44　山海椒（2013521384） 　　　图3-45　朝天椒（2013522216）

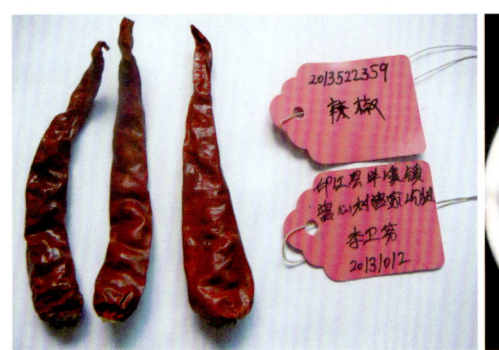

图3-46　辣椒（2013522359）及其制品

图 3-47　交腊大辣椒（2013526545） 　　　　图 3-48　树辣子（2014524125）

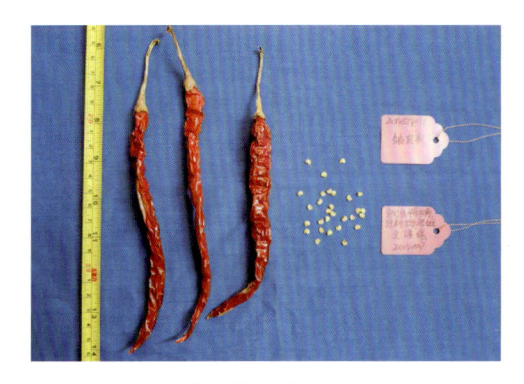

图 3-49　皱皮辣子（2014524195）

图 3-50　六马树椒（2013524048）

图 3-51　鸡爪辣（2013526014） 　　　　图 3-52　柿子海椒（2013523127）

图 3-53　一座椒（2013522371）

2. 抗（耐）性强的资源

在贵州省的辣椒生产上，由于特殊的生境，在不打农药、少施肥料情况下，经过长期的自然选择，当地孕育了一批丰富的抗病虫害、耐贫瘠、高产资源。调查所知，这部分资源的抗（耐）性仅是农户对其环境适应性的经验描述，其真实的抗性还需进一步的鉴定评价。下面介绍部分适应本地生境的资源。

1）抗病资源

在获得的辣椒资源中，部分资源被当地民众认为抗某种具体的病害。例如，开阳县楠木渡镇黄木村水口组的圆椒（采集编号：2014523154）（图 3-54）、开阳县双流镇白马村热水组的辣椒（采集编号：2014523148）（图 3-55）抗枯萎病；开阳县双流镇刘育村后寨组的长辣椒（采集编号：2014523139）（图 3-56）抗疫病；雷山县大塘乡交腊村1组的交腊长辣椒（采集编号：2013526542）（图 3-57）抗青枯病；雷山县永乐镇乔配村新寨3组的乔配长辣椒（采集编号：2013526529）抗炭疽病；荔波县黎明关乡木朝村洞根组的辣椒（采集编号：2014522109）（图 3-58）抗病毒病和疫病；荔波县水利乡水丰村拉磊组的辣椒（采集编号：2014522001）（图 3-59）、瑶山乡菇类村懂别组的朝天椒（采集编号：2014522058）（图 3-60）和瑶山乡群力村久么组的朝天椒（采集编号：2014522134）（图 3-61）抗病毒病及疫病。此外，当地民众总体上感觉比较抗病的资源有赤水市大同镇民族村5组的海椒（采集编号：2013523094）（图 3-62）、元厚镇石梅村5组的七星椒（采集编号：2013523128）（图 3-63）和赫章县兴发乡中营村石营组的本地辣椒（采集编号：2014521106）（图 3-64）。

图 3-54　圆椒（2014523154）

图 3-55　辣椒（2014523148） 　　　　图 3-56　长辣椒（2014523139）

图 3-57　交腊长辣椒（2013526542）

图 3-58　辣椒（2014522109）

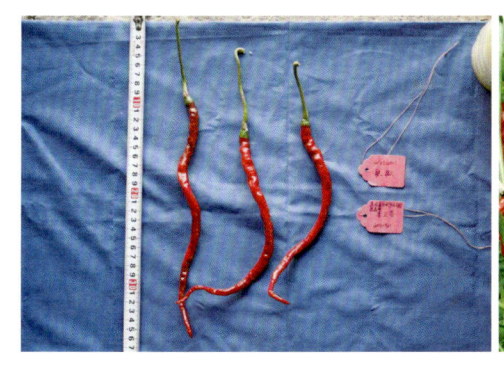

图 3-59　辣椒（2014522001）

图 3-60　朝天椒（2014522058） 　　　　　图 3-61　朝天椒（2014522134）

图 3-62　海椒（2013523094） 　　　　　　图 3-63　七星椒（2013523128）

图 3-64　本地辣椒（2014521106）

2）抗虫资源

本次调查获得了少数抗虫辣椒资源，但当地民众不能叙述其具体抗哪种虫害，如赤水市元厚镇石梅村5组的七星椒（采集编号：2013523128）（图3-63）、赤水市大同镇民族村5组的海椒（采集编号：2013523094）（图3-62），雷山县方祥乡陡寨村3组的陡寨长辣椒（采集编号：2013526478）（图3-65），以及印江县沙子坡镇邱家村朗家组的线椒（采集编号：2013522384）（图3-66）等。

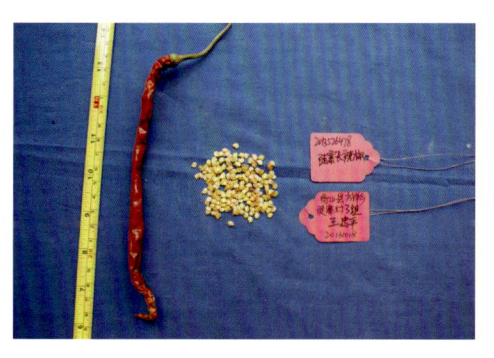

图 3-65　陡寨长辣椒（2013526478） 　　　　图 3-66　线椒（2013522384）

3）耐贫瘠资源

在获得的辣椒资源中，有些资源适宜在当地较贫瘠的土壤上生长，在不施用化学肥料的情况下仍高产，如雷山县大塘乡交腊村 1 组的交腊大辣椒（采集编号：2013526545）（图 3-47），荔波县黎明关乡木朝村洞根组的辣椒（采集编号：2014522109）（图 3-58）、荔波县瑶山乡菇类村懂别组的朝天椒（采集编号：2014522058）（图 3-60）、荔波县瑶山乡群力村久么组的朝天椒（采集编号：2014522134）（图 3-61），施秉县马溪乡茶园村虎跳坡组的茶园辣子（采集编号：2014526121）（图 3-67），施秉县牛大场镇石桥村上坝组的上坝线辣（采集编号：2014526135）（图 3-68）、施秉县双井镇把琴村金竹湾组的线椒（采集编号：2014526104）（图 3-69），印江县沙子坡镇邱家村朗家组的线椒（采集编号：2013522384）（图 3-66），织金县茶店乡团结村任家寨组的小青辣椒（采集编号：2013526201）。

图 3-67　茶园辣子（2014526121）

图 3-68　上坝线辣（2014526135）

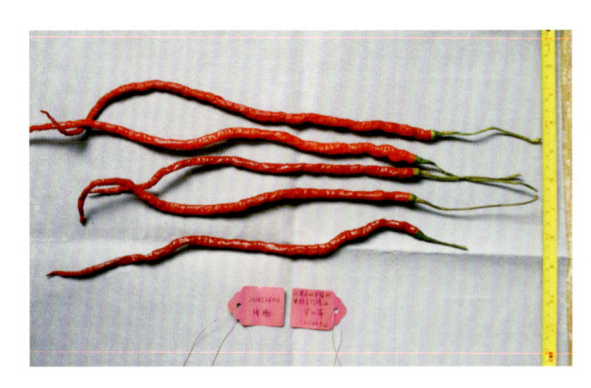

图3-69 线椒（2014526104）

（三）特异辣椒资源

贵州地区有着丰富多样的辣椒资源，其中干椒和加工用泡椒类型的辣椒资源为贵州地区特异辣椒资源。例如，安龙县洒雨镇格红村格红组的辣子（采集编号：2014524046）（图3-70）干制糊辣椒香味浓。

道真县上坝乡八一村合心组的本地辣椒（采集编号：2014525088）（图3-71），该品种果形短粗，长6cm，果皮较光滑油亮，皮较薄，易晒干，辣味适中，香气浓，籽粒少，干鲜两用，是农民喜欢种植的品种；道真县上坝乡新田坝村沟的组的沟的线椒（采集编号：2014525109）（图3-72），该品种果形中等大小，果长17~19cm，种子少，果皮皱，皮较薄，易晒干，农户常将其用于做干椒，辣味适中，香气较浓，干鲜两用，种植地海拔1057m；道真县阳溪镇阳溪村大屋基组的树辣椒（采集编号：2014525134）（图3-73），该品种果为短长形，皮色鲜红，色泽好，有光泽，辣味浓，有香气，皮较薄，易晒干，当地农民常将其晒成干椒食用；道真县棕坪乡胜利村苦竹坝组的苦竹坝朝天椒（采集编号：2014525113）（图3-74），该品种株高80cm左右，长势强，老果皮色鲜红，果顶朝上着生，果短小，果长5cm左右，辣味浓，有香气，常作干椒用；道真县棕坪乡胜利村苦竹坝组的苦竹坝线椒（采集编号：2014525114）（图3-75），该品种种植地海拔1013m，果为长形，果长16cm左右，果皮皱，因果皮较薄，易晒干，籽粒少，辣味适中、香气浓，常作干椒用；道真县大矸镇三元村联合组的樱桃海椒（采集编号：2014525140）（图3-76），该品种种植地海拔1129m，植株高50cm，果小，果似心形，果形特异，果色鲜红，微辣，常用于与生姜、萝卜等放入坛中制成泡菜，常作为菜肴的点缀品，既能食用，又可增加菜肴的美感，提高食欲。

印江县沙子坡镇邱家村朗家组的线椒（采集编号：2013522384）（图3-66），果实细长，辣味浓，果长14cm，商品性好，主要用于做干椒；印江县洋溪镇桅杆村街上小组的座椒（采集编号：2013522371）（图3-53），簇生，辣味十足。当地优良地方品种，种植历史80年以上。植株高约40cm，种植时间3月，成熟时间7月，果实小，短牛角形，平均产干辣椒30kg/667m² 左右，干辣椒含油量高，辣味足。

紫云县坝羊乡四联村克则组的大辣椒（采集编号：2013521502）（图3-77），果细长，微辣，香，红熟果用于做糟辣椒或干制。紫云县白石岩乡新驰村玉石组的肉辣椒（采集编号：2013521505）（图3-78），干制后做糊辣椒蘸水，油分重，辣香。紫云县猴场镇腾道村王家沟组的猴场辣椒（采集编号：2013521516）（图3-79），干制后做糊辣椒蘸水，油分重，辣香。在紫云县，树椒是盐泡辣的加工专用品种。四大寨乡猛林村塘纳组的朝天椒（树椒）（采集编号：2013521377）（图3-80）是一份树椒。

织金县黑土乡团结村上寨组的团结辣椒（采集编号：2013526137），辣味中等，皮薄，可作调料或配菜，可生食、腌制。

图3-70　辣子（2014524046）

图3-71　本地辣椒（2014525088）

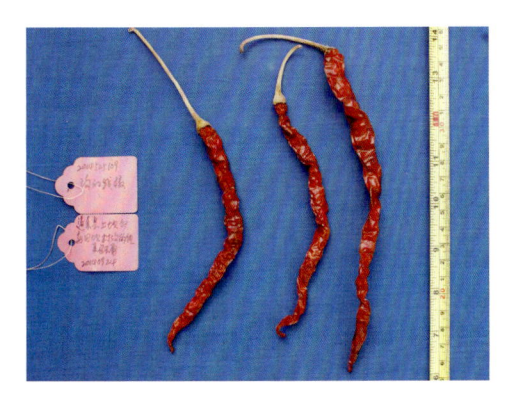

图3-72　沟的线椒（2014525109）

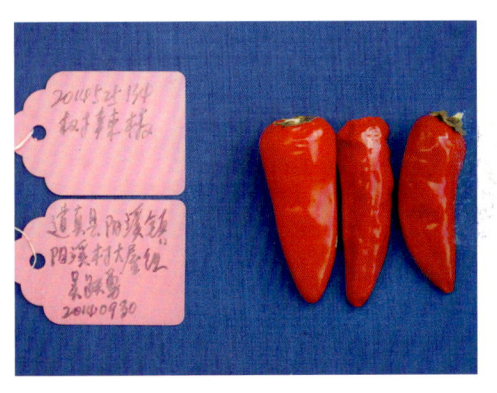

图3-73　树辣椒（2014525134）

图3-74　苦竹坝朝天椒（2014525113）

图3-75　苦竹坝线椒（2014525114）

图 3-76　樱桃海椒（2014525140）

图 3-77　大辣椒（2013521502）

图 3-78　肉辣椒（2013521505）

图 3-79　猴场辣椒（2013521516）

图 3-80　朝天椒（2013521377）

三、茄子

（一）概述

调查地域属低纬高原，地理气候非常复杂，是我国茄果类资源分布集中区之一，品种资源丰富，分布范围广。从海拔 530m（施秉县）到海拔 1530m（盘县）均有茄子分布。在长期的栽培过程中，自然选择和人工选择不断累积并加强，演变出了丰富多样的茄子种质资源。通过农业生物资源系统调查，共获得茄子资源 28 份，全部为栽培茄子地方品种。

1. 获得茄子资源的分布

在调查的 21 个县（市）中，除赫章县、威宁县、赤水市、剑河县、务川县、镇宁县和贞丰县共 7 个县（市）没有收集到茄子种质资源外，其他每个县（市）都收集到茄子种质资源，松桃县最多，为 5 份；其次是安龙县，为 4 份；开阳县、黎平县、施秉县为 3 份（表3-8）。

表 3-8 获得的茄子资源及分布

县（市）	资源份数	地方品种	育成品种	野生茄子
安龙	4	4	0	0
道真	1	1	0	0
开阳	3	3	0	0
雷山	1	1	0	0
黎平	3	3	0	0
荔波	1	1	0	0
盘县	1	1	0	0
平塘	1	1	0	0
三都	1	1	0	0
施秉	3	3	0	0
松桃	5	5	0	0
印江	2	2	0	0
织金	1	1	0	0
紫云	1	1	0	0
总计	28	28	0	0

2. 获得茄子资源在各民族中的分布

获得的茄子资源共涉及 7 个民族，其中苗族的最多，为 16 份；其次是布依族 4 份，仡佬族 2 份，土家族 2 份，侗族 2 份，彝族和水族各 1 份。

3. 新获得茄子种质资源情况

将本次调查 21 个县（市）获得的 28 份茄子资源，分别与国家种质库已保存相应 21 个县（市）的茄子资源进行品种名称比较，28 份资源经初步认定均是新增资源，比例达到 100%。

（二）少数民族认知有价值的茄子资源

贵州各民族对种植茄子品种的选择，是根据自身的消费需求和喜好而定的，各地区种植的品种由于长期人工和自然环境的选择，演变出了众多的变种类型。本次的系统调查表明，贵州现种植的茄子品种多为地方品种，农民种植这些地方品种的原因是其具有适应当地独特多样生态环境的特性，以及满足当地消费需求的特点。下面简要介绍几类优异资源。

1. 优质资源

贵州少数民族对茄子果实的质地和口感比较关注，因此当地形成了一些优质品种，如平塘县鼠场乡新坝村丹脚组的本地茄子（采集编号：2012523099）（图3-81），生长在农家房前屋后，为当地布依族喜爱的茄子老品种，果长15~18cm，细长，尤其是老熟后有强烈的芳香味。果皮极薄，肉质紧，烹调时容易熟，稍带甜味和独特的清香。2~3月播种，6~8月陆续采收，是当地布依族调节伏淡的蔬菜品种。

印江县洋溪镇曾心村曾家沟组的线茄（采集编号：2013522360）（图3-82），茄子线形，深紫色，抗性强，口感好，茄味浓，肉质软。

织金县茶店乡群丰村淹塘组的群丰长茄（采集编号：2013526227），果长卵形，皮色紫黑，品质上，口感好。

安龙县洒雨镇陇松村陇1组的五爪茄（采集编号：2014524067）（图3-83），嫩果煮食味甜；安龙县平乐乡顶庙村乐坝组的短茄（采集编号：2014524213）（图3-84），果短棒形、味甜。

图3-81　本地茄子（2012523099）

图3-82　线茄（2013522360） 　　　　图3-83　五爪茄（2014524067）

道真县阳溪镇阳溪村大屋基组的大黑茄（采集编号：2014525136）（图3-85），该品种株高80cm，果形长，皮色紫黑，肉质较松，口感好。

施秉县马溪乡茶园村虎跳坡组的长茄（采集编号：2014526120）（图3-86），果长卵圆形，肉质细，口感好。

图3-84　短茄（2014524213）

图3-85　大黑茄（2014525136）

图3-86　长茄（2014526120）

2.抗病虫和抗逆境资源

经贵州特殊生态环境下的多民族人工选择，当地形成了一批抗生物或非生物逆境的资源。例如，黎平县尚重镇绞洞村2组的绞洞茄子（采集编号：2013523498）（图3-87），果皮白色，质地较软，抗病、抗虫、抗旱。

开阳县高寨乡平寨村么老寨组的九子茄（采集编号：2014523101）（图3-88），肉质嫩、种子少、富含维生素，抗枯萎病，耐瘠薄；开阳县高寨乡平寨村么老寨组的黄茄（采集编号：2014523102）（图3-89），肉质润滑，抗白粉病、枯萎病。

施秉县马溪乡王家坪村王家坪组的小长茄（采集编号：2014526130），皮色紫黑，果长卵圆形，未见病虫害，不耐寒，较耐旱，较耐贫瘠。

松桃县寨英镇岑鼓坡村垱头组的茄子（采集编号：2013524457）（图3-90），为地方长期种植良种，抗逆性强。

印江县洋溪镇坪林村甘溪组的团茄（采集编号：2013522372）（图3-91），品质优，深紫色，团状，果实大，有棱，抗性强，耐旱，生长周期内不浇水，可腌制成酸茄子。

图 3-87　绞洞茄子（2013523498）

图 3-88　九子茄（2014523101）

图 3-89　黄茄（2014523102）

图 3-90　茄子（2013524457）

图 3-91　团茄（2013522372）

第六节　瓜　　类

对贵州 21 个县（市）的系统调查获得的葫芦科瓜类蔬菜作物有黄瓜、南瓜、冬瓜、瓠瓜、丝瓜、苦瓜、甜瓜、菜瓜、蛇瓜、佛手瓜、瓜蒌等，其中南瓜和黄瓜的种质资源较多。

一、黄瓜

（一）概述

贵州全省的分布范围在北纬 24°37′~29°13′，东经 103°36′~109°35′，海拔 147.8~2900.6m。另外，系统调查选定的县（市）均世居少数民族，丰富多彩的民族传统文化，造就了丰富多样的资源。在本次调查区域内，获得黄瓜资源的地理区域范围在北纬 25.19°（安龙县洒雨镇）至 28.93°（松桃县正大乡），东经 104.39°（威宁县盐仓镇）至 109.34°（松桃县正大乡），海拔从 285m（赤水市长沙镇）到 2004m（威宁县盐仓镇）均有黄瓜分布。通过本次农业生物资源系统调查，共获得黄瓜资源 52 份，初步观察均为栽培黄瓜。

1. 获得黄瓜资源的分布

在调查的 21 个县（市）中，平均每个县（市）获得黄瓜资源 2.5 份。获得黄瓜资源数量最多的是开阳县，为 7 份；其次是赤水市，为 5 份；三都县、松桃县、施秉县均为 4 份；盘县、织金县、紫云县、印江县、威宁县较少，均仅为 1 份；在赫章县未获得黄瓜资源。

2. 获得黄瓜资源在各民族中的分布

获得的黄瓜资源共涉及 7 个少数民族。在本次调查的 10 个重点民族中，与苗族相关的黄瓜资源数量最多，为 33 份；其次是布依族和水族，均为 5 份；仡佬族为 3 份；侗族、土家族和彝族均为 2 份。

3. 新获得黄瓜资源情况

在国家种质库中共保存来源于贵州省的黄瓜资源33份，其中5份来源于本次系统调查的21个县（市），分别为道真县、黎平县、威宁县、务川县、松桃县各1份，另外，有2份未注明具体来源县（市）。将本次调查获得的52份黄瓜资源与国家种质库内保存资源的来源地进行比较，其中本次调查的贵州省16个县（市）在国家种质库中均没有保存的黄瓜资源，本次调查收集了39份。另外，从上述5个县中共收集黄瓜资源13份，与库中保存资源相比，品种名称不同，虽然来源地在县（市）一级相同，但具体来源地未必相同，且本次获得的资源经过了30多年人工与自然的选择，在一些性状上可能会有不同。因此，可初步认为此次调查获得的52份黄瓜资源全部为新增资源。

（二）少数民族认知有价值的黄瓜资源

1. 优质资源

由于黄瓜在当地多以生食为主，因此其果实的口感、质地、香味等成为品种选择的主要特性。据当地农民介绍，平塘县大塘镇的本地黄瓜（采集编号：2012523083）（图3-92）是当地布依族喜爱的黄瓜老品种，具有品质好、食味脆甜等优良特性。该品种在当地于玉米的生长中期播种，出苗后以玉米秆为支撑进行栽培。

剑河县的秤砣黄瓜（采集编号：2012521127）（图3-93），果实呈三棱或四棱状，果形短粗，形似秤砣。其果肉厚，品质优，当地苗族人民通常食用其嫩瓜，果实老熟后多用作饲料。

图3-92 本地黄瓜（2012523083）

图3-93 秤砣黄瓜（2012521127）

镇宁县革利乡的翁告黄瓜（采集编号：2013524106）（图3-94）在当地种植约70年，苗族人民习惯将其种植在玉米地或辣椒地边。该品种果实大，单瓜重约1000g。嫩瓜味清香、甜、水分多，可当水果食用，或凉拌生食。

开阳县的猫瓜（采集编号：2014523123）（图3-95），肉质肥厚、味甜，可凉拌、炒食、做汤食用，有清凉、利尿、活血、通经等药用功效。

平塘县的黄瓜（采集编号：2012523102）（图3-96）是当地布依族人民喜爱的老品种，多与玉米套种，出苗后以玉米秆为支撑。其果实口感脆、甜，有清香味。

盘县的大黄瓜（采集编号：2013525251）（图3-97）表现为果实大，品质优良，口感清脆。

威宁县的本地黄瓜（采集编号：2013525361）是当地保留的历史悠久的地方品种，大部分苗族农户均少量种植，自家食用，少量出售。该品种瓜形短圆筒状，嫩瓜白色，口感好，甜、面，品质优。

图3-94　翁告黄瓜（2013524106）种子

图3-95　猫瓜（2014523123）

图3-96　黄瓜（2012523102）

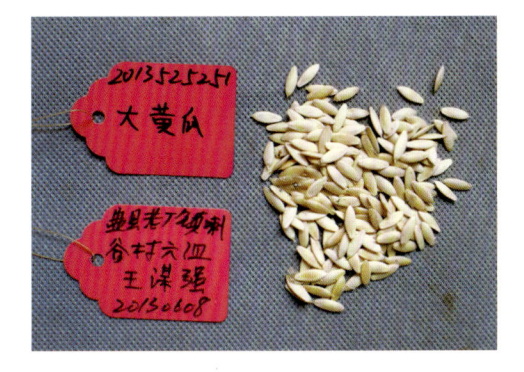

图3-97　大黄瓜（2013525251）种子

2. 抗病和抗逆资源

由于调查地区的黄瓜资源多为零星栽培或半野生状态，因而多年保留的地方品种资源在当地均表现出抗病虫或耐贫瘠的特性。例如，务川县的同心黄瓜（采集编号：2013521025）（图3-98），在当地种植上百年，生食水分多、解渴，还可炒食或腌制，田间表现为抗病虫害，耐旱。

道真县的地黄瓜（采集编号：2014525094）（图3-99），栽培时间长，是当地仡佬族人民喜爱并广泛种植的地方品种。由于习惯不搭架，让植株爬地生长，田间管理简单方便，省工省时，因而得名。其嫩瓜皮色绿白，口感好；老瓜皮色黄，有网纹。产量高，田间表现为抗霜霉病。

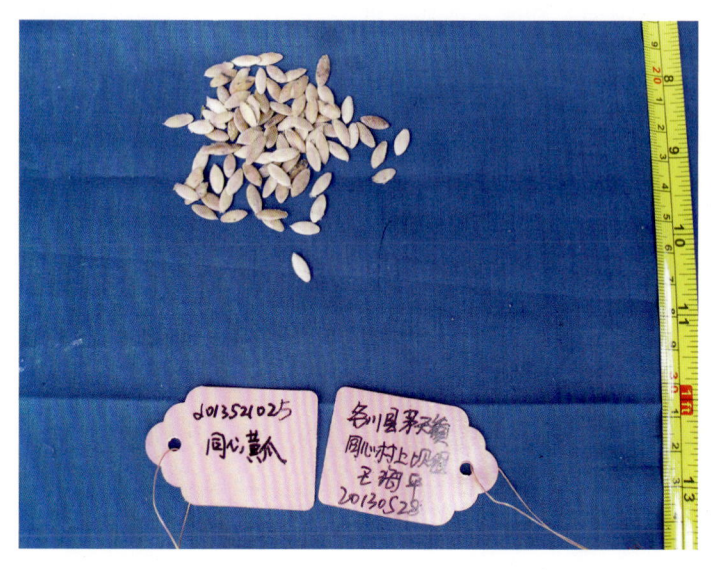

图3-98　同心黄瓜（2013521025）种子

图3-99　地黄瓜（2014525094）

黎平县的高洋黄瓜（采集编号：2013523510）（图3-100），是当地侗族人民的主栽品种，其瓜条较短，老瓜有裂纹，口感好，味甜。田间表现为抗病、耐寒、耐贫瘠。

施秉县的地黄瓜（采集编号：2014526111）（图3-101），瓜形短圆筒状，生食，口感脆嫩，水分多，单株坐瓜10个以上。田间未见病虫害，不耐寒，耐旱性中等，较耐贫瘠。

荔波县水族人民种植的地方品种黄瓜（采集编号：2014522003）（图3-102），多在山地上与玉米套种，表现为耐旱、耐贫瘠、抗性强，其果实大，口感甜、脆，多数食用，少数作为牛的饲料。

印江县的黄瓜（采集编号：2013522362）（图3-103），果实大，单瓜重1000g左右。果肉厚、脆，味浓，品质优。田间表现为较耐旱、较耐贫瘠。其叶片榨汁可治疗腹泻。

图3-100　高洋黄瓜（2013523510）

图3-101　地黄瓜（2014526111）

图3-102　黄瓜（2014522003） 　　　　图3-103　黄瓜（2013522362）种子

赤水市的白黄瓜（采集编号：2013523227）（图3-104），嫩瓜和老瓜皮色均为白色，在当地种植表现为抗病虫。

图 3-104　白黄瓜（2013523227）

二、南瓜

（一）概述

在本次调查区域内，获得南瓜资源的地理区域范围在北纬 25.03°（安龙县德卧镇）至 28.93°（松桃县正大乡），东经 103.92°（威宁县哲觉镇）至 109.33°（松桃县盘石镇）。海拔从 380m（黎平县双江镇）到 2466m（威宁县盐仓镇）均有南瓜分布。通过本次农业生物资源系统调查，共获得南瓜属资源 82 份，通过初步观察多数均为中国南瓜，其中 1 份为黑籽南瓜，其他资源的分类有待确定。

1. 获得南瓜资源的分布

在调查的 21 个县（市）中，平均每个县（市）获得南瓜资源 3.9 份。获得南瓜资源数量最多的是雷山县，为 8 份；其次是松桃县，为 7 份；威宁县、开阳县均为 6 份；贞丰县、赫章县、荔波县均为 5 份；其他县 3 或 4 份不等；织金县数量较少，仅为 1 份。

2. 获得南瓜资源在各民族中的分布

获得的南瓜资源共涉及 10 个少数民族。其中，与苗族相关的南瓜资源数量最多，46 份；其次是布依族，为 13 份；彝族和仡佬族均为 5 份；侗族、水族和土家族均为 3 份；白族 2 份；瑶族和回族各为 1 份。

3. 新获得南瓜资源情况

在国家种质库中共保存了来源于贵州省的南瓜资源 55 份，其中 14 份来源于本次系统调查的 9 个县（市），分别为三都县、赤水市、镇宁县、务川县、雷山县、赫章县、荔波县、道真县、黎平县，另外，有 1 份未注明具体来源县（市）。将本次调查获得的 82 份南瓜资源与国家种质库内保存资源的来源地进行比较，其中本次调查的贵州省 12 个县（市）在国家种质库中均没有保存的南瓜资源，本次补充收集了 49 份。另外，从上述 9 个县（市）中共收集南瓜资源 33 份，与库中保存资源相比，品种名称不同，虽然来源地在县（市）一级相同，但具体来源地未必相同，且本次获得的资源经过了 30 多年人工与自然的选择，在一些性状上可能会有不同。因此，可初步认为此次调查获得的 82 份南瓜资源全部为新增资源。

（二）少数民族认知有价值的南瓜资源

1. 优质资源

平塘县的本地南瓜（采集编号：2012523100）（图 3-105），是当地布依族农家栽培了 60 多年的南瓜老品种，质地面、甜。除饲用和素食外，逢节日人们尤其喜爱用老熟南瓜与糯米煮制南瓜糯米饭，将南瓜切小段先煮熟，倒掉多余的水分，再将淘洗好的糯米倒入与之混合，继续煮，直到水干后焖熟，味道甜而不腻，松软可口。平塘县的另一老品种本地南瓜（采集编号：2012523072）（图 3-106），品质优，食味甜，质地面。

镇宁县的马厂南瓜（采集编号：2013524110）（图 3-107），嫩瓜皮绿色，老瓜肉黄色，肉质细腻，味甜。

剑河县的葫芦南瓜（采集编号：2012521082）（图 3-108）是当地侗族人民喜欢种植的地方品种，瓜肉的糖分含量高，除食用外，冬季当地人也常将其煮熟用来喂养牛或猪，可增强它们的抗寒能力。

威宁县的祖基南瓜（采集编号：2013525420）（图 3-109）是种植时间较长的地方品种，主要与玉米、马铃薯套种。果实扁圆形，老瓜浅棕黄，瓜肉面、甜，品质好。嫩瓜、老瓜、种子均可食用，种子可出售。牵藤瓜（2013525331）（图 3-110）也是威宁县盐仓镇保留的历史悠久的地方品种，大部分农户均少量种植，其嫩瓜、老瓜、种子均可食用。口感好，甜、面。

安龙的压压瓜（采集编号：2014524058）（图 3-111），果实像大型飞碟瓜，老瓜子少、肉厚，嫩瓜炒食较面，品质好。

务川县的同心南瓜（采集编号：2013521002）（图 3-112），当地仡佬族人民种植上百年，口感甜、面，产量高，耐贫瘠，比较抗旱。嫩瓜、老瓜均可食用。另外，品质好，肉质面、甜。

图 3-105　本地南瓜（2012523100）种子

2. 高产资源

雷山县的高枧大南瓜（采集编号：2013526525）（图 3-113）和贞丰县的葫芦南瓜（采集编号：2013522076）（图 3-114），瓜大，产量高。松桃县的锅盖南瓜（采集编号：2013524442）（图 3-115），果实大，形状似锅盖，单瓜重最大可达 40kg。

图 3-106　本地南瓜（2012523072）

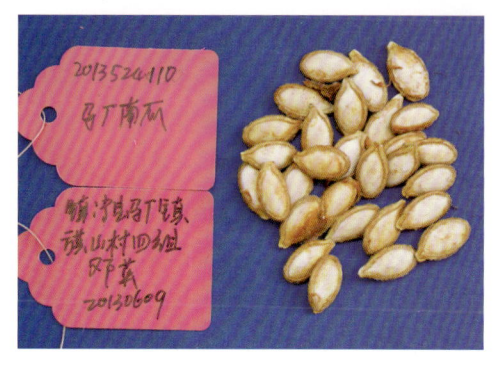

图 3-107　马厂南瓜（2013524110）种子 　　图 3-108　葫芦南瓜（2012521082）

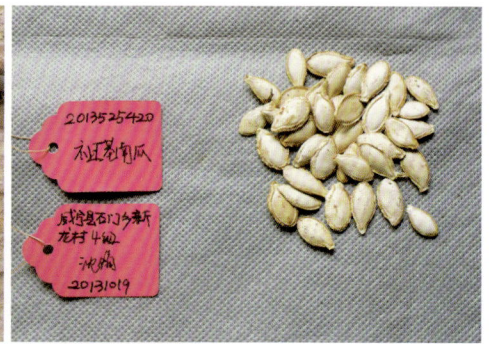

图 3-109　祖基南瓜（2013525420）

图 3-110　牵藤瓜（2013525331）

图 3-111　压压瓜（2014524058）

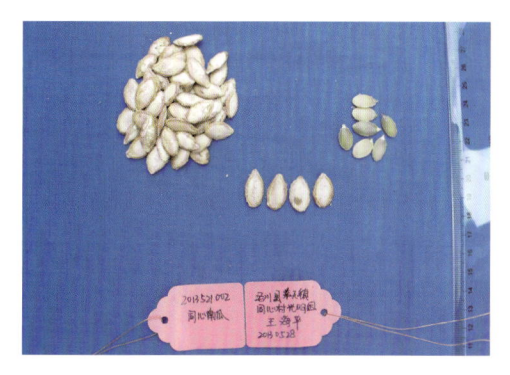

图 3-112　同心南瓜（2013521002）种子 　　图 3-113　高枧大南瓜（2013526525）种子

图 3-114　葫芦南瓜（2013522076） 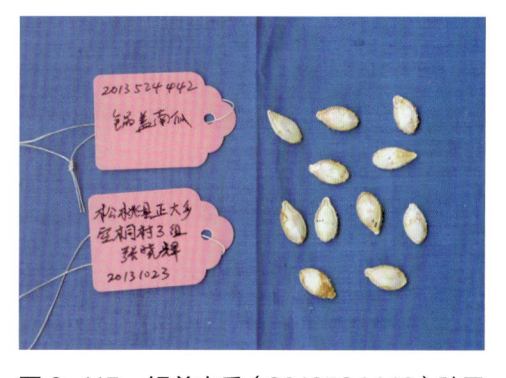　　图 3-115　锅盖南瓜（2013524442）种子

3. 抗病和抗逆资源

由于调查地区的南瓜资源多为零星栽培或半野生状态，因而多年保留的地方品种资源在当地均表现出抗病虫或耐贫瘠的特性。例如，荔波县瑶山乡种植了80多年的当地老品种长柄南瓜（采集编号：2014522142）（图3-116）深受布依族人民喜爱，其瓜柄长，肉厚，味甜，产量高，抗白粉病。

黎平县的平甫南瓜（采集编号：2013523469）（图3-117），品质优，淀粉含量高，肉厚，在当地表现为抗病、抗虫、耐旱、耐贫瘠。

图 3-116　长柄南瓜（2014522142）

图 3-117　平甫南瓜（2013523469）

赤水市的南瓜（采集编号：2013523098）（图3-118）在当地同样表现为品质优、口感好，抗病虫能力强。

道真县的院子南瓜（采集编号：2014525115）（图3-119）是当地仡佬族人民种植大约40年的老品种，老瓜皮色棕黄，味较甜，肉质细，耐旱，病害少。

施秉县的黄皮南瓜（采集编号：2014526103）（图3-120）结瓜多，单瓜重达10kg以上，口感面，味甜。在当地未见病虫害，耐旱性强，较耐贫瘠，不耐低温。

荔波县的南瓜（采集编号：2014522002）（图3-121），单果重约13kg，果实甜，抗白粉病。

印江县的南瓜（采集编号：2013522376）（图3-122）是当地土家族人民种植的地方品种，主要用作猪饲料，单瓜重6~7kg，产量高，抗性强。

图3-118　南瓜（2013523098）

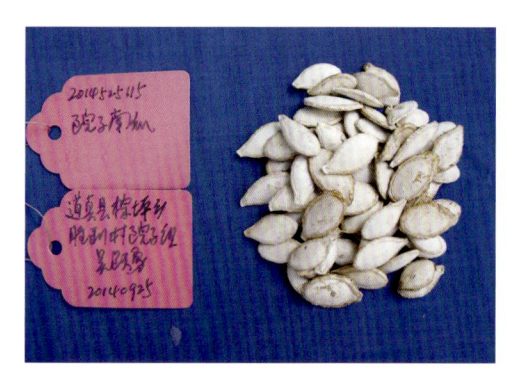

图3-119　院子南瓜（2014525115）种子

图3-120　黄皮南瓜（2014526103）

图 3-121　南瓜（2014522002）　　　　图 3-122　南瓜（2013522376）

第七节　菜用豆类（菜豆）

一、概述

在本次调查区域内，获得菜豆资源的地理区域范围在北纬 25.41°（贞丰县龙场镇）至 28.97°（务川县茅天镇），东经 103.83°（威宁县哲觉镇）至 109.33°（松桃县盘石镇）。海拔从 530m（施秉县马号乡）到 2466m（威宁县盐仓镇）均有菜豆分布。通过本次农业生物资源系统调查，共获得菜豆资源 43 份，基本为可食荚的菜豆种质。

（一）获得菜豆资源的分布

在调查的 21 个县（市）中，获得菜豆资源数量最多的是务川县，为 11 份；其次是松桃县和道真县，均为 6 份；贞丰县为 5 份；盘县为 4 份；施秉县和威宁县均为 3 份；黎平县为 2 份；剑河县、平塘县、开阳县均为 1 份；三都县、赤水市、镇宁县、织金县、紫云县、印江县、雷山县、赫章县、荔波县、安龙县均未获得荚用菜豆资源。

（二）获得荚用菜豆资源在各民族中的分布

获得的菜豆资源共涉及 6 个少数民族。与苗族相关的菜豆资源数量最多，为 23 份；其次是仡佬族，为 7 份；彝族为 6 份；布依族为 4 份；侗族为 2 份；土家族为 1 份。

（三）新获得菜豆资源情况

在国家种质库中共保存了来源于贵州省的菜豆资源 239 份，有 52 份来源于本次系统调查的 14 个县，其中威宁县 19 份，赫章县 10 份，织金县 6 份，安龙县 4 份，道真县 3 份，黎平县 2 份，三都县、贞丰县、镇宁县、务川县、印江县、雷山县、开阳县、松桃县各 1 份，另外，有 34 份未注明具体来源县（市）。将本次调查获得的 43 份菜豆资源与国家种质库内保存资源的来源地进行比较，其中 7 个县（市）在国家种质库中均没有保存的菜豆资源，本次补充收集了 9 份。另外，从上述 14 个县中共收集菜豆资源

34份，与库中保存资源相比，品种名称均不同，虽然来源地在县（市）一级相同，但具体来源地未必相同，且本次获得的资源经过了30多年人工与自然的选择，在一些性状上可能会有不同。因此，可初步认为此次调查获得的43份菜豆资源全部为新增资源。

二、少数民族认知有价值的菜豆资源

（一）优质资源

本次调查的菜豆资源多为当地少数民族长期种植而保留下来的地方品种，多为零星种植，品质优异是其主要特性之一。例如，贞丰县的白四季豆（采集编号：2013522011）（图3-123）是布依族人民喜食的菜豆地方品种，在当地有80余年的栽培历史，一般与玉米混播，出苗后以之为支撑的架秆，品质好，筋少，易煮熟。

威宁县的筋豆（采集编号：2013525437）（图3-124），嫩荚绿色，老荚绿白色，种子有红色和白色。嫩荚品质好，口感面、甜。

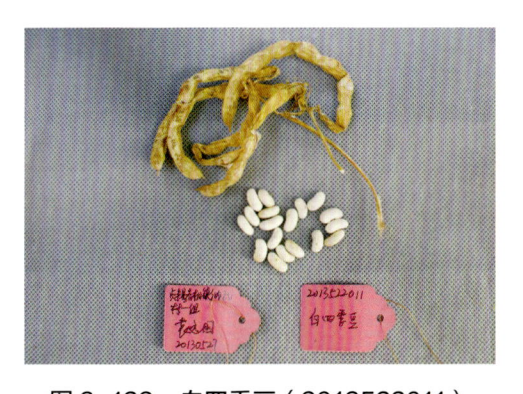

图3-123　白四季豆（2013522011）

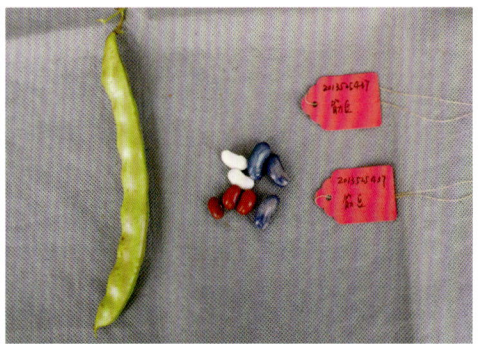

图3-124　筋豆（2013525437）

松桃县的四季豆（采集编号：2013524451）（图3-125），荚色绿，荚肉厚，口感极佳。
道真县的粘合四季豆（采集编号：2014525085）（图3-126），种植于海拔1137m的地区，常与玉米套种。其荚长形，种皮有花纹，籽粒饱满、较大，煮熟后有糯性，质地面，口感好。单产 140kg/667m² 左右。道真县的黑豆（采集编号：2014525084）（图 3-127）是当地苗族人民喜欢种植的地方品种，其籽粒大、黑色、有光泽，质地面、口感好，营养丰富，同时具有一定的药用价值，是食疗滋补的佳品。通常与玉米套种，单产 120kg/667m² 左右。

盘县的牛虱子豆（采集编号：2013525148）（图 3-128），嫩荚筋少，籽粒大，品质好。

图 3-125　四季豆（2013524451） 　　　　图 3-126　粘合四季豆（2014525085）种子

图 3-127　黑豆（2014525084）种子 　　　图 3-128　牛虱子豆（2013525148）种子

（二）抗病和抗逆资源

由于调查地区的菜豆资源多为零星栽培或半野生状态，因而多年保留的地方品种资源在当地均表现出抗病虫或耐贫瘠的特性。务川县的花四季豆（采集编号：2013521031）（图 3-129）在当地已种植上百年，口感好、无筋。平均单产 1000kg/667m²。该品种抗病、抗旱性强，不抗虫。

道真县的小白芸豆（采集编号：2014525082）（图 3-130）是当地仡佬族人民喜欢种植的品种，常套种于玉米地内，省工省时。该品种的籽粒白色、饱满，质地和口感好，耐旱，耐贫瘠。是一种药食同源食品。

施秉县的四季豆（采集编号：2014526108）（图 3-131），荚长 13cm 左右，肉厚，质软。在当地种植期间未见病虫害，较耐旱，较耐贫瘠，耐寒性弱。施秉县的白四季豆（采集编号：2014526165）（图 3-132），荚色白，荚长 15cm 左右，肉厚，口感好，未见病虫害，不耐寒，较耐旱，较耐贫瘠。

图 3-129　花四季豆（2013521031）种子 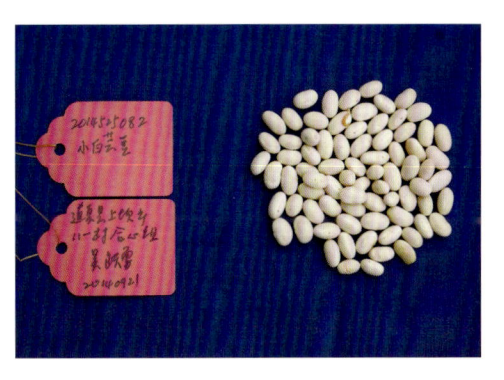　　　　图 3-130　小白芸豆（2014525082）种子

图 3-131　四季豆（2014526108） 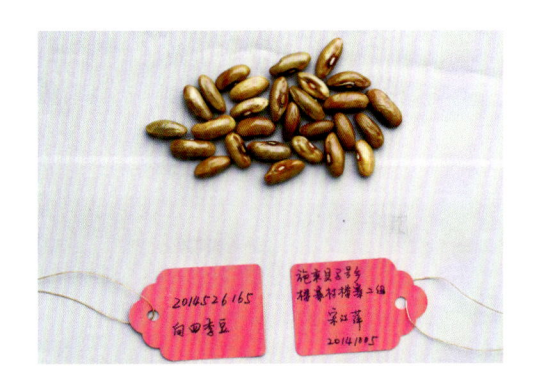　　　　　　　图 3-132　白四季豆（2014526165）种子

第八节　葱 蒜 类

　　葱蒜类蔬菜是重要的调味蔬菜，同时很多葱蒜类蔬菜还是重要的药用植物。大部分已经人工驯化得以栽培，尚有一部分葱蒜类蔬菜仍然以野生的状态存在，特别是野生韭菜分布较广，并被人们采集食用。

　　在本次调查的 21 个县（市）中，共获得葱蒜类资源 159 份。主要有葱、大蒜、韭菜、薤头等。其中，葱资源 43 份、大蒜资源 71 份、韭菜资源 35 份、薤头和薤白资源 10 份。地理范围在北纬 24.97°~29.13°，东经 103.95°~109.34°。从海拔 274m 的赤水市大同镇大同村 4 组到海拔 2811m 的赫章县兴发乡大韭菜坪均有葱蒜类蔬菜资源分布。

　　通过本次调查，我们对贵州省及周边地区少数民族居住地区葱蒜类蔬菜种质资源的分布状况及主要民族对这些资源的认识有了一定了解。少数民族因居住较为偏远，葱蒜类蔬菜的种植仍然以地方品种为主。这些地方品种不仅具有适应当地独特多样生态环境的特性，同时，贵州省世居少数民族有苗族、布依族、侗族、土家族、彝族、仡佬族、水族、回族、白族、瑶族、壮族、畲族、毛南族、满族、蒙古族、仫佬族、羌族等，由于当地民族的传统习俗，当地人对这些资源有较为特别的认知，这些资源也被赋予了这些民族特殊的文化色彩，而被持续种植保存下来（塞黎和朱利泉，2009）。同时，这些地区分布着较丰富的葱蒜类蔬菜野生近缘植物，特别是本次考察中发现的野生韭菜资源非常丰富，部分资源可能是新发现的葱属中的几个种。这些资源是今后育种及深入研究利用的宝贵材料，应加以深入科学地评价。

一、葱

（一）概述

调查地域属低纬度高原，地理气候非常复杂，葱种质资源丰富，分布范围广。在本次调查区域内，获得葱资源的地理范围在北纬 24.97°~29.13°，东经 103.95°~109.34°。从海拔 441m 的荔波县朝阳镇八烂村板罗组到海拔 1185m 的盘县老厂镇上坎者村 2 组均有葱的分布。丰富多彩的民族传统文化，使较为丰富多样的葱种质资源得以保存。通过农业生物资源系统调查，共获得葱种质资源 43 份（表3-9）。

表 3-9　获得的葱种质资源及分布

县（市）	资源份数	普通葱	胡葱	分葱	地方品种	育成品种	野生
镇宁	4	1	3		4		
紫云	2		2		2		
威宁	3	2	1		1		2
织金	3	2	1		3		
开阳	3			3	3		
盘县	2		2		2		
剑河	2	1	1		2		
施秉	2		2		2		
黎平	3	3			3		
平塘	2		2		2		
荔波	1			1	1		
三都	3		3		3		
安龙	1		1		1		
贞丰	1	1			1		
赤水	1		1		1		
道真	1			1	1		
务川	4		2	2	4		
印江	2	2			1		1
松桃	3	3			3		
总计	43	15	21	7	40	0	3

1. 获得葱种质资源的分布

获得葱种质资源的分布在调查的 9 个州（市）中共涉及 19 个县（市）。其中镇宁县、务川县均为4份；威宁县、织金县、开阳县、黎平县、三都县、松桃县均为3份；紫云县、盘县、剑河县、施秉县、平塘县、印江县均为2份；荔波县、安龙县、贞丰县、赤水市、道真县均为1份。收集的葱种质资源主要有3种类型，最多的为胡葱（亦称火葱），共21份；其次为普通葱，15份；另一种类型为分葱，7份。这说明胡葱为当地县城以下乡镇的主要消费和生产类型。同时，收集的样本大部分为地方品种，未收集到来自其他省份的育成品种和杂交品种，这与当地少数民族自给自足的生活习惯相符（表3-9）。

2. 获得葱种质资源在各民族中的分布

获得的葱种质资源共涉及9个少数民族。其中，与苗族相关的资源最多，为18份；其次是布依族，为6份；侗族为5份；水族、彝族和仡佬族均为3份；毛南族和土家族均为2份；其他民族为1份。

3. 新获得葱种质资源情况

将本次调查获得的43份葱种质资源，分别与国家种质库和蔬菜种质资源圃已保存的相应14个县（市）的葱种质资源进行品种名称比较，结果表明，收集到的资源与国家种质库和蔬菜种质资源圃保存的资源未有重复，故初步认为本次收集的资源均为新增资源。

（二）少数民族认知有价值的葱种质资源

1. 优质资源

调查中发现，各少数民族居住区对各类葱虽然没有形成规模化种植，但多数民族对葱类蔬菜有零星种植，而且以地方品种为主，并对这些资源有一定特殊的民族认知，部分资源表现出品质优良的特点。例如，织金县黑土乡联合村中坝组的火葱（采集编号：2013526174）（图3-133），产量高，鳞茎较大，辛辣味浓，与辣椒凉拌、腌制。株高20~30cm，零下4~5℃仍可以存活，耐旱性强，较耐贫瘠。种植前施农家肥，追施复合肥，不打药，不浇水，雨养。平均单产200kg/667m^2，最高单产300kg/667m^2。

开阳县高寨乡平寨村么老寨组的优质耐贫瘠资源红葱（采集编号：2014523111）（图3-134），口感香、辣，葱味浓重，助消化、杀菌消毒。

图3-133　火葱（2013526174）　　　　　图3-134　红葱（2014523111）

赤水市元厚镇米粮村 5 组的火葱（采集编号：2013523123）（图 3-135），品质好，抗病虫能力强，可作香料。

道真县阳溪镇四坪村茶条坝组特优资源团葱（采集编号：2014525127）（图 3-136），当地少数民族农户喜欢将其用来炖肉吃，香味特浓，煮熟后鳞茎球肉质口感面，有甜味，种植地海拔 1498m。

印江县洋溪镇桅杆村雷家沟组的特异资源马尾葱（采集编号：2013522365）（图 3-137），香辣，辣味浓，可用作凉拌、炒肉调料。

图 3-135　火葱（2013523123）

图 3-136　团葱（2014525127）

图 3-137　马尾葱（2013522365）

2. 抗病虫和抗逆资源

由于调查地区的葱资源多为零星栽培或处于半野生状态，因而多年保留的地方品种在当地均表现出抗病虫或耐贫瘠的特性。例如，施秉县马号乡楼寨村楼寨 2 组的火葱（采集编号：2014526161）（图 3-138），香味浓，葱头微辣，分蘖性强，在当地表现为抗病虫害。

施秉县双井镇翁粮村 3 组的资源火葱（采集编号：2014526110）（图 3-139），在当地表现为香味浓，可作调料，未见病虫害，耐寒性强，较耐旱，较耐贫瘠。

图 3-138　火葱（2014526161） 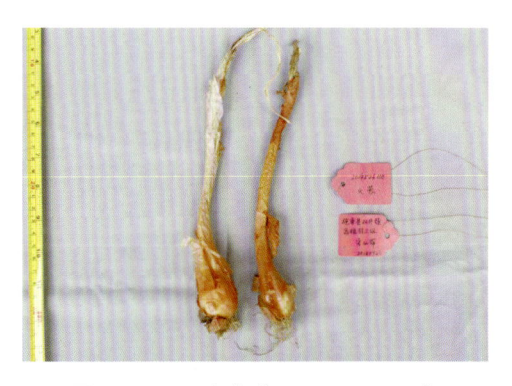　　　　　图 3-139　火葱（2014526110）

3. 特殊葱种资源

收集于松桃县盘石镇十八箭村 3 组的特优资源韭葱（采集编号：2013524361）（图 3-140），在植物学特性上介于韭菜与葱之间，其植物学分类和遗传背景有待进一步鉴定与分析。

图 3-140　韭葱（2013524361）

二、大蒜

（一）概述

贵州气候呈多样性，是我国大蒜的重要栽培和分布地区之一。大蒜栽培历史悠久，形成了许多名优特大蒜品种资源。例如，贵州白蒜是贵州传统名优特农产品，贵州威宁中水镇被誉为"中国紫蒜之乡"，是紫皮大蒜种植集中地。另外，贵州是仅次于云南的少数民族成分较多的省份之一。由于其丰富多彩的民族传统文化和生活习俗，当地保存了丰富多样的大蒜种质资源。通过本次农业生物资源系统调查，在北纬 25.00°~29.13°、东经 103.99°~109.34°，海拔 285~2466m 均发现有大蒜资源的分布。本次调查共获得大蒜种质资源 71 份，其中白皮蒜 8 份，紫皮蒜 63 份。收集的大蒜资源均为地方品种，未收集到育成品种和野生的大蒜资源。

1. 获得大蒜种质资源的分布

本次调查中,在 9 个市(州)的 21 个县(市)中获得了 71 份大蒜资源。资源丰富,分布范围广泛。其中,以务川县和开阳县获得的资源较多,分别为 7 份和 6 份;其次为威宁县、平塘县、盘县和道真县,均为 5 份;再次为织金县、赫章县、剑河县和赤水市,均为 4 份;镇宁县、紫云县和三都县均为 3 份;施秉县、雷山县、荔波县、安龙县和松桃县均为 2 份;黎平县、贞丰县和印江县均为 1 份(表 3-10)。

表 3-10 获得大蒜种质资源及分布

县(市)	资源份数	白皮蒜	紫皮蒜	地方品种
镇宁	3		3	3
紫云	3		3	3
威宁	5	1	4	5
织金	4		4	4
赫章	4		4	4
开阳	6		6	6
盘县	5		5	5
剑河	4	3	1	4
施秉	2		2	2
雷山	2		2	2
黎平	1		1	1
平塘	5		5	5
荔波	2	1	1	2
三都	3		3	3
安龙	2		2	2
贞丰	1		1	1
赤水	4	1	3	4
道真	5	1	4	5
务川	7		7	7
松桃	2	1	1	2
印江	1		1	1
总计	71	8	63	71

2. 获得大蒜种质资源在各民族中的分布

在本次调查区域获得的大蒜种质资源共涉及 8 个民族。其中,以苗族的最多,为 34 份;其次是彝族,为 9 份;布依族次之,为 7 份;水族为 4 份;侗族和土家族各为 3 份;白族最少,仅 1 份。另外,汉族为 10 份。

3. 新获得大蒜种质资源情况

将本次调查获得的 71 份大蒜种质资源,分别与蔬菜种质资源圃已保存的 4 份来自贵州的大蒜资源对比，结果1份资源同名。虽然新获得的资源与资源圃中已经保存的资源相同的甚少，然而有部分资源为当地农民从外地引入的品种，在收集过程中并没有详细记载，对大蒜品种的来源不清，会使一些本来从其他省市或同一省不同地区引入的相同资源重新赋以新的品种名称，因此，需要进行鉴定评价后才能确定是否为新收集的种质资源。但在调查过程中，原则上只对在当地种植5年以上的品种进行调查和收集，排除异名同种的情况，初步认为其余70份是新增资源，新资源比例达到98.6%。

（二）少数民族认知有价值的大蒜种质资源

本次调查中发现，大蒜作为调味蔬菜，是各民族的日常生活中不可缺少的主要食用蔬菜之一。由于大蒜本身具有杀菌、保健功效，因此在人们的饮食健康中起着重要作用，尤其是在医疗条件相对较差的边远少数民族居住地区，食用大蒜对除瘟祛疫起到了重要作用。调查的民族中8个民族对大蒜及其价值有一定认知。由于各地长年种植大蒜，因此形成了大量的地方品种。这些地方品种不仅具有优良的品质、较好的适应当地独特多样生态环境的特性，而且，有的品种被赋予了当地民族特有的文化内涵，从而得到了较为完整的保存和长期种植。这些资源是今后育种及深入研究利用的宝贵材料，应加以深入科学地评价。下面简要介绍几类资源。

1. 优质大蒜资源

由于当地少数民族特别喜食辛辣蔬菜，因此对大蒜资源的品质特别重视，形成了当地各具特色的优质资源。例如，在贞丰县龙场镇龙山村田家湾组壮族居住区的本地大蒜（采集编号：2013522041）（图3-141），是高山冷凉地区苗族喜食的红皮小蒜，鳞茎短圆锥形，内有8~10个鳞芽。辛辣、香气浓郁，口感香辣。在当地有60余年栽培历史，一般9月播种，次年3月收获，适当追肥，基本不打药。

图 3-141 本地大蒜（2013522041）

紫云县猴场镇腾道村王家沟组的猴场小红蒜（采集编号：2013521515）（图3-142），表现为味香浓，蒜瓣皮红，蒜头小，不抽薹，蒜苗质优。紫云县四大寨乡冗厂村岩脚组的泡大蒜（采集编号：2013521392）（图3-143），是当地特有的资源类型，植株柔软，有利于整株收获挂藏干制，当地民族特用泡大蒜作为食用蒜苗的专用品种。

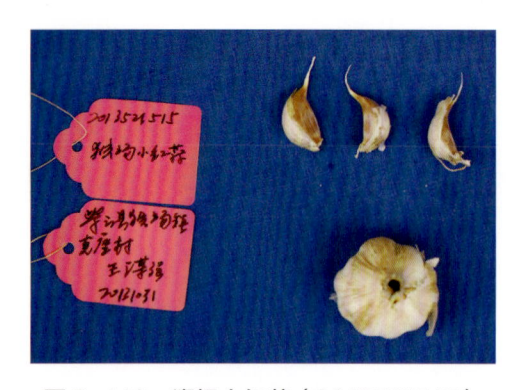

图 3-142　猴场小红蒜（2013521515） 　　　　　图 3-143　泡大蒜（2013521392）

　　三都县九阡镇水昔村拉写组的特异资源九阡大蒜（采集编号：2012522012）（图 3-144），当地水族认为，此品种较其他品种优质，口感香辣，耐寒冷。此品种在当地被多种民族认知。用途有将鳞茎打碎后制成酱，抹在皮肤上可消肿；治疗咽炎；生吃鳞芽可治疗感冒；用作调料、炒菜、做汤、包粽子。

图 3-144　九阡大蒜（2012522012）

　　道真县上坝乡八一村合心组的优异资源百合蒜（采集编号：2014525087）（图 3-145），该品种在当地苗族中已经种植大约 50 年，蒜头 4~6 瓣，皮为白色，有辣味，有香气，味感好，常作为调料品，亦可腌制食用。9~10 月播种，6 月采收蒜头。道真县玉溪镇蟠溪村群益组的特优资源百合蒜（采集编号：2014525095）（图 3-146），是当地仡佬族喜欢食用的一种佐料品。该品种蒜头中等大小，每头有 4~10 瓣，香味浓，有辣味，种植区海拔 505m 左右。道真县阳溪镇四坪村茶条坝组收集到的仡佬族优质资源本地红皮大蒜（采集编号：2014525128）（图 3-147），该品种蒜皮红色，蒜瓣大小中等，每头 4~6 瓣。辣味浓、香气足、口感好。当地 9~10 月播种，次年 6 月收蒜头。种植地海拔 1512m。道真县洛龙镇五一村岩子头组仡佬族种植的特优特有资源洛龙大蒜（采集编号：2014525179）（图 3-148）种植历史悠久，该品种蒜瓣较大，蒜皮为红色，皮薄，质脆，辛辣味重，香味浓足，清香可口，具有口感好、开胃、增加食欲的特点，是当地的一种知名大蒜。20 世纪 80 年代洛龙大蒜曾被认定为贵州的特优产品。一般 10 月上播种，次年 6 月上采收蒜头，该品种种植地海拔 1190m。

图 3-145 百合蒜（2014525087） 　　　　图 3-146 百合蒜（2014525095）

图 3-147 本地红皮大蒜（2014525128） 　　图 3-148 洛龙大蒜（2014525179）

平塘县西凉乡兴发村小下组的特优资源西凉大蒜（采集编号：2012523204）（图 3-149）是当地布依族喜爱的蒜瓣老品种，有 100 年以上的种植历史，是平塘县最出名的大蒜地方品种之一，肉质紧密，辛味浓烈，蒜香味重。9 月播种于稻田，次年 3 月可收获蒜薹，调节春淡，5 月收获蒜瓣。

织金县后寨乡三家寨村罗家寨组特有的本地小红蒜（采集编号：2013526004）（图 3-150），其特点为：独头蒜，香辣味浓。每年 10 月播种，次年 5 月收获，平均单产 200kg/667m^2，最高单产 300kg/667m^2。种植前施农家肥。

图 3-149 西凉大蒜（2012523204） 　　　图 3-150 本地小红蒜（2013526004）

务川县茅天镇同心村光明组的特优资源同心红皮蒜（采集编号：2013521004）（图3-151），该品种在当地种植约20年，口感香辣，生吃可治水土不服。本地农户都零星种植。9月播种，次年5月收获，传统留种，保存成熟鳞芽。

图 3-151　同心红皮蒜（2013521004）

2. 抗病虫和抗逆资源

调查地区的大蒜资源多为零星栽培，因而多年保留的地方品种资源在当地表现出抗病虫、耐贫瘠和适应性强等特性。赫章县兴发乡中营村双河组彝族居住区的特优资源大蒜（采集编号：2014521105）（图3-152），味香浓，鳞芽8~10瓣，抗病虫。

施秉县马溪乡马溪村荒田湾组苗族居住区的特优资源紫皮蒜（采集编号：2014526133）（图3-153），具有蒜瓣小、皮色紫红、辛辣味浓、味香、适宜作调料等特点。当地种植期间未见病虫害，耐寒性强，不耐旱，较耐贫瘠。

镇宁县马厂镇旗山村3组的布依族特有特异资源马厂大蒜（采集编号：2013524143）（图3-154），因为蒜皮呈红紫色故称为红皮大蒜。植株高40cm，每头蒜4~6瓣，瓣中等大小，辣味、香味浓厚，口感好，具有独特风味，蒜头排列紧密，早熟，品质较好。适于运输，耐贮藏，不易出芽。

图 3-152　大蒜（2014521105） 　　图 3-153　紫皮蒜（2014526133）

图 3-154　马厂大蒜（2013524143）

三、韭菜

（一）概述

本次调查地域属低纬度高原，地理气候非常复杂多样，韭菜资源丰富，分布广泛（塞黎和朱利泉，2009；江维克和娄仁宇，2010；郭凤领等，2014）。从海拔 274m 的赤水市大同镇大同村 4 组到海拔 2811m 的赫章县珠市乡韭菜坪村均有韭菜的分布，地理区域涉及北纬 24.97°~28.93°，东经 103.95°~109.32°。另外，受丰富多彩的民族传统文化的影响，当地保存了较为丰富多样的韭菜种质资源。通过本次农业生物资源系统调查，在贵州省共获得韭菜种质资源 35 份，其中宽叶韭 12 份，细叶韭 23 份；地方品种 15 份，野生资源 20 份（表 3-11）。

表 3-11　获得的韭菜种质资源及分布

县（市）	资源份数	宽叶韭	细叶韭	地方品种	育成品种	野生
威宁	4	1	3	2		2
织金	1		1			1
赫章	14	6	8	2		12
开阳	1		1	1		
施秉	1		1			1
黎平	1		1	1		
荔波	3	2	1	3		
三都	1	1				1
安龙	2	1	1	1		1
赤水	2		2	2		
务川	2	1	1	2		
松桃	3		3	1		2
总计	35	12	23	15	0	20

特别是本次调查在毕节市赫章县发现了野生韭菜资源的多种类型，经初步鉴定有可能为葱属的新种，有待进一步研究核实。赫章县位于贵州省西北部乌江北源六冲河和南源三岔河上游的滇东高原向黔中山地丘陵过渡的乌蒙山区倾斜地带，地处北纬26°46′12″~27°28′18″，东经104°10′28″~105°01′23″。东邻毕节、纳雍，西连威宁，南接六盘水，北界云南省镇雄、彝良。县城距省会贵阳300km，总面积3250km²。赫章县地势西北、西南和南部较高，东北部偏低。县内山高坡陡，峰峦重叠，沟壑纵横，河流深切。全县最高峰为小韭菜坪，海拔2900.6m，最低点刹界河海拔1230m，平均海拔1996m。

多星韭（Allium wallichii）（采集编号：2014521101、2014521130、2014521131、2014521132）是赫章县分布面积最大的野生韭菜资源，主要分布于兴发乡、水塘堡乡、珠市乡和白果镇。兴发乡有世界上面积最大的野韭菜花带。群体花期不一致，7~10月连续花期，可作观赏用。分布在兴发乡大韭菜坪（海拔2666~2770m）和水塘堡乡永康村（海拔2543~2703m），其中海拔2650~2770m分布量最大。该种质叶片具有明显的中脉，叶宽1.3~5cm，叶长50~70cm，花葶三棱柱形，葶高30~70cm，花紫红色、星芒状开展，花后反折。嫩叶、花葶、花、根、种子均可以食用。味辛、甘，性平。活血散瘀，祛风止痒。将韭菜根捣碎，加入蜂蜜，可止痒消毒。韭菜籽可以作补肾药。

卵叶韭（采集编号：2014521135）分布于海拔2800m左右的地区，生长在腐殖质层深厚的赫章县珠市乡韭菜坪村80°~90°陡峭的山坡上。鳞茎外皮灰褐色至黑褐色，破裂成纤维状，呈明显的网状。当地人介绍，其叶片卵圆形、对生。食用宽叶片，味道香浓。具有活血散瘀、止血止痛的作用。用于治疗跌打损伤、瘀血肿痛，止血。

藤藤韭（采集编号：2014521134）分布于赫章县珠市乡韭菜坪村，海拔2716m，生长在坡度70°左右的山坡岩石上。叶片条形，背面呈龙骨状隆起，枯后常扭卷，宽1.5~3mm，初步判断是齿被韭（Allium yuanum）。叶片细，叶片和根味道香浓。

1. 获得韭菜种质资源的分布

在贵州省内，调查的21个县（市）中，共有12个县（市）获得了韭菜种质资源35份，其中宽叶韭12份，细叶韭23份。赫章县最多，为14份；其次是威宁县，为4份；荔波县、松桃县各3份；安龙县、赤水市、务川县各2份；织金县、开阳县、施秉县、黎平县、三都县均为1份（表3-11）。

2. 获得韭菜种质资源在各民族中的分布

在贵州省内获得的韭菜种质资源共涉及6个少数民族，其中从苗族获得16份，布依族4份，彝族7份，仡佬族2份，侗族和水族各为1份。另外，汉族4份。

3. 新获得韭菜种质资源情况

将本次调查获得的35份韭菜种质资源，分别与蔬菜种质资源圃已保存的来自贵州省相应地区的韭菜资源对比，未发现同名资源，初步认为这些均是新增资源，比例达到100%。

（二）少数民族认知有价值的韭菜种质资源

通过本次的系统调查得知，韭菜同样也是贵州少数民族较为普遍食用的蔬菜。不仅野生资源丰富，而且栽培历史悠久。在各民族居住区种植着当地一些特有韭菜地方品种，有些资源与当地民族文化息息相关。这些地方品种由于受当地独特多样生态环境的影响表现出优质、抗病虫和抗逆等优点，同时能满足当地民族的传统消费习惯和习俗而被认知，因此得以保存下来。这些资源是今后育种及深入研究利用的宝贵材料，应加以深入科学地评价，提供利用。下面简要介绍一些典型资源。

荔波县佳荣镇大土村大土组的大叶韭菜（采集编号：2014522168）（图 3-155），食用部位仅为叶片，具有香味浓，抗寒、旱，耐贫瘠的特点。在当地种植已有近百年的历史，种植一次多年采收，一年可以收割 9 次，嫩叶炒食或是煮食，老叶腌制成当地独具特色的酸韭菜。"鱼包韭菜"是水族过端节必吃的一道菜，是一道接待贵客的美味菜肴，有"长久发财"之意。

图 3-155　大叶韭菜（2014522168）

三都县九阡镇甲才村姑夫组的宽叶韭菜（采集编号：2012522025）（图 3-156），一般用作日常食用的调料。水族过端节的特用食材，当地水族利用此品种和稻花鱼制作节日特别的菜肴——"鱼包韭菜"和"韭菜包鱼"。该品种具有味香辛、分蘖能力强的特点。

图 3-156　宽叶韭菜（2012522025）

黎平县双江镇黄岗村6组侗族居民喜食的黄岗韭菜（采集编号：2013523438）（图3-157），口感香辣，韭菜味足，生吃回甜，是吃烧鱼时的特用食材；韭菜根也可腌制，配糯米饭吃。在当地人工栽培管理粗放，主要以半野生状态存在。

织金县后寨乡乡政府的特优野韭菜（采集编号：2013526101）（图3-158），株高25~30cm，辛辣味、香味浓。抗病虫性强，耐寒、旱，耐贫瘠。

图3-157　黄岗韭菜（2013523438） 　　　图3-158　野韭菜（2013526101）

赫章县珠市乡韭菜坪村的野生藤藤韭（采集编号：2014521134）（图3-159），食用叶片和根，味道香浓。

威宁县板底乡百草坪韭菜山特有野韭（采集编号：2013525505）（图3-160），是大面积分布的野生资源，粗略估算其面积为100亩左右。冬季地上部枯死。始花期7月，群体中可见两种类型，一种花色为白色，另一种花色紫红，其中白花单株株数多；均可食用其叶和花薹。

图3-159　藤藤韭（2014521134） 　　　图3-160　野韭（2013525505）

施秉县牛大场镇石桥村上坝组的野韭菜（2014526138）（图3-161），野生，辛辣味浓，味香，分蘖性强，未见病虫害，耐寒性强，抗旱性弱，较耐贫瘠。

开阳县楠木渡镇黄木村水口组特有的小韭菜（2014523156）（图3-162），口感柔软，香味浓；耐寒；具有祛寒散瘀、滋阴壮阳作用，对产后乳汁不通等有辅助疗效。

威宁县石门乡泉发村1组的特优资源小韭菜（采集编号：2013525402）（图3-163），此品种为当地种植时间较长的地方品种。叶片窄，口感好、味香。与当地另一品种大韭菜相比，产量偏低。

图 3-161　野韭菜（2014526138） 　　　　图 3-162　小韭菜（2014523156）

图 3-163　小韭菜（2013525402）

松桃县盘石镇十八箭村 3 组的特有资源野韭菜（采集编号：2013524360）（图 3-164），其特点为香味浓，无病虫害，耐旱，耐瘠。

赤水市大同镇大同村 4 组的特异资源韭菜（采集编号：2013523146）（图 3-165），叶子较细，品质好。

图 3-164　野韭菜（2013524360） 　　　　图 3-165　韭菜（2013523146）

赫章县水塘堡乡永康村的野生资源多星韭［（采集编号：2014521130）（图 3-166）、（采集编号：2014521131）（图 3-167）、（采集编号：2014521132）（图 3-168）］，味香浓，春季食用嫩叶。

图 3-166　多星韭（2014521130） 　　　　图 3-167　多星韭（2014521131）

图 3-168　多星韭（2014521132）

（三）特殊的韭菜种质资源

贵州省是野生韭菜资源的重要分布地区，特别是赫章县兴发乡大韭菜坪野生韭菜的分布面积广，得到了国内研究者的关注（郭凤领等，2014；江维克和娄仁宇，2010；孙显芳，1995）。为了研究野生韭菜的分布，课题组对赫章县野生韭菜进行了专题考察。本次专项考察重点是对当地的 3 种野生韭菜进行调查和取样，它们分别为多星韭（*Allium wallichii* Kunth）、卵叶韭（*Allium ovalifolium* Hand.-Mazz.）（暂定名）和近宽叶韭（*Allium hookeri* Thwaites）（暂定名）。

1. 多星韭

多星韭为赫章县分布面积最大的野生韭菜，尤其是大韭菜坪及其周边地区，主要分布在从白果镇、水塘堡乡到珠市乡、兴发乡的 4 个乡镇范围内。其中，以兴发乡大韭菜坪为核心的分布面积最大也最密，核心区域面积为 200hm^2，其他乡镇分布面积相对较小，合计面积约 666.7hm^2。小韭菜坪为第二个核心分布区域，核心分布面积 13.3hm^2，向四周辐射面积约 33.3hm^2。多星韭在当地的立体分布主要在海拔 2500~2800m 的山脊阳面侧坡。每年 4 月前后植株陆续开始发芽，群体花期不一致，7~10 月连续开花，单株花期 10 天左右，可供观赏用。

赫章县兴发乡大韭菜坪特异野生资源多星韭（采集编号：2014521101）（图 3-169）花期长，未见病虫害。

图 3-169　多星韭（2014521101）

2. 卵叶韭

调查发现卵叶韭主要分布于赫章县珠市乡韭菜坪村海拔 2800m 左右、80°~90°陡峭的山坡上，生长处的腐殖质层深厚。在赫章县珠市乡韭菜坪村采集的卵叶韭（采集编号：2014521135）（图 3-170），鳞茎外皮灰褐色至黑褐色，老化后呈明显纤维网状。生长期叶片卵圆、对生。

图 3-170　卵叶韭（2014521135）

3. 近宽叶韭

在赫章县雉街乡双龙村采集的近宽叶韭（采集编号：2014521237）（图 3-171），分布在海拔 1890m 左右，主要分布在河边树荫下。味香浓；食用嫩叶，未见病虫害。花色均为白色，花序近圆球形。

图 3-171　近宽叶韭（2014521237）

四、薤和薤白

(一) 概述

薤又名藠头，薤白又名苦藠，是百合科葱属多年生宿根草本蔬菜。本次调查共从7个县（市）（赤水市、三都县、松桃县、务川县、织金县、赫章县、开阳县）收集到10份资源，赤水市、松桃县和织金县均为2份，其他县各1份资源。共涉及3个少数民族，其中苗族8份，水族1份，仡佬族1份。这些资源均为地方品种。

(二) 少数民族认知有价值的薤类种质资源

本次调查收集到的10份薤类资源，因具有较好的品质或者适应性强，加之与相关民族的饮食文化息息相关而得以保存下来。例如，赤水市大同镇特异资源藠头（采集编号：2013523115）（图3-172）。口感脆，抗病虫。赤水市元厚镇石梅村5组特异资源苦藠（采集编号：2013523131）（图3-173），具有口感脆嫩的优良品质而得到较广泛种植。

图3-172　藠头（2013523115）　　　图3-173　苦藠（2013523131）

开阳县高寨乡石头村谷汪组特有的苦叫果（采集编号：2014523125）（图3-174），有较好抗病性、抗寒性，生长期无病害发生，3~5℃也可萌芽。可炒食，做汤、腌制酱菜食用，具清热、降燥、排毒、养颜功效。

图3-174　苦叫果（2014523125）

第九节 薯芋类

薯芋类蔬菜是具有可供食用的肥大多肉的块根、块茎的蔬菜，对调节人们的膳食结构具有重要作用。在本次调查的 21 个县（市）中，共获得薯芋类蔬菜资源 87 份，其中有姜科姜属的姜和阳荷，薯蓣科薯蓣属的山药，天南星科芋属的芋、魔芋属的魔芋，豆科豆薯属的豆薯，菊科向日葵属的菊芋，唇形科水苏属的草石蚕、地笋属的地笋。本次共计收集姜 29 份、阳荷 7 份、山药 9 份、魔芋 16 份、芋 15 份、菊芋 4 份、豆薯 4 份、草石蚕 2 份、地笋 1 份。地理范围在北纬 24.97°~29.14°，东经 103.83°~109.33°。从海拔 313m 的赤水市到 2424m 的威宁县均有薯芋类蔬菜资源的分布。

通过本次调查，我们对贵州省少数民族居住地区薯芋类蔬菜种质资源的分布状况及主要民族对这些资源的认识有了一定了解。少数民族因居住地较为偏远，对薯芋类蔬菜的种植仍然以地方品种为主。这些地方品种不仅具有适应当地独特多样生态环境的特性，而且贵州当地的世居少数民族赋予了这些资源特殊的民族文化色彩，这些资源因此被持续种植并保存下来。同时，这些地区分布着较丰富的薯芋类蔬菜野生近缘植物，特别是本次考察中发现的野生山药资源较多。这些资源是育种及深入研究的宝贵材料，应加以深入科学地评价、利用。

一、姜和阳荷

（一）概述

调查地域属低纬度高原，地理气候非常复杂，姜种质资源丰富，分布范围广。在本次调查区域内，获得姜资源的地理范围在北纬 24.97°~29.13°，东经 103.95°~109.33°。从海拔 441m 的荔波县到 1185m 的盘县均有姜的分布。丰富多彩的民族传统文化，使当地孕育和保存了多样的姜种质资源。通过农业生物资源系统调查，共获得姜种质资源 29 份（表 3-12）。

表 3-12 获得的姜种质资源及分布

县（市）	资源份数	地方品种	育成品种	野生
镇宁	1	1		
紫云	1	1		
威宁	1	1		
织金	2	2		
开阳	2	2		
盘县	1	1		
剑河	2	2		
施秉	1	1		
黎平	2	2		

（续表）

县（市）	资源份数	地方品种	育成品种	野生
雷山	3	3		
平塘	1	1		
荔波	2	1		1
三都	4	4		
安龙	1	1		
道真	1	1		
印江	2	2		
松桃	2	2		
总计	29	28	0	1

1. 获得姜和阳荷种质资源在调查各县的分布

获得姜种质资源的分布在调查的9个市（州），共涉及17个县（市）。其中三都县4份；雷山县3份；织金县、开阳县、剑河县、黎平县、荔波县、松桃县、印江县均为2份；镇宁县、紫云县、威宁县、盘县、施秉县、平塘县、安龙县、道真县均为1份。收集的样本均为地方品种和野生资源（表3-12），这与当地少数民族自给自足的生活习惯相符。

另外，还分别在赤水市、道真县、赫章县、开阳县、松桃县、印江县、织金县收集到阳荷资源8份，除道真县为2份外，其他县（市）均为1份。

2. 获得姜种质资源在各民族中的分布

获得的姜种质资源共涉及9个民族。其中，与苗族相关的资源最多，为10份；水族5份；侗族4份；布依族3份；彝族和仡佬族分别为2份；汉族、土家族和瑶族分别为1份。

3. 新获得姜种质资源情况

将本次调查获得的姜种质资源，分别与国家种质库和蔬菜种质资源圃已保存的相应姜科资源进行品种名称比较，结果表明，收集到的资源与国家种质库和蔬菜种质资源圃保存的资源未有重复。初步认为收集的资源均为新增资源。

（二）少数民族认知有价值的姜和阳荷种质资源

1. 优质资源

调查中发现，各少数民族居住区对各类姜科资源虽然没有形成规模化种植，但多数民族对姜科蔬菜有零星种植，以地方品种为主，并对这些资源有一定特殊的民族认知，部分资源表现出品质优良的特点。例如，安龙县德卧镇扁占村伟核组的火姜（采集编号：2014524102）（图3-175），味辛辣、香。

道真县棕坪乡苍蒲溪村万家塘组的优质耐贫瘠资源火姜（采集编号：2014525124）（图3-176），该品种株高45~60cm，根块不大，肉色黄，姜味浓辣，气味香，为零星种植，种植面广。

剑河县南加镇基立村的基立黄姜（采集编号：2012521140）（图3-177），辛辣味浓，块茎表面光滑，适于加工。5月播种，10~11月采收，抗性强，单产500~600kg/667m²。

开阳县高寨乡平寨村么老寨组的特优资源药姜（采集编号：2014523106）（图3-178），肉质细嫩、辣、香，抗姜瘟病。食用可解疲劳，对厌食、腰痛有一定疗效。

图3-175　火姜（2014524102）

图3-176　火姜（2014525124）

图3-177　基立黄姜（2012521140）

图3-178　药姜（2014523106）

雷山县大塘乡交腊村1组的特异资源交腊香姜（采集编号：2013526546）（图3-179），辛香味足，块茎个体大，产量高。全生育期未发现病虫害，耐肥。

荔波县黎明关乡木朝村瓦厂组的特异资源姜黄（采集编号：2014522120）（图3-180），野生种，有少数人工栽培，药食兼用。食用根茎，与猪脚炖食，特别适合产妇或是体弱多病的人食用，具有祛寒、大补的作用。

三都县九阡镇水昔村拉写组的特异资源火姜（采集编号：2012522013）（图3-181），药用。用开水煮，加白糖或红糖做成汤；作炒菜、煮汤的调料，也可凉拌生吃。三都县九阡镇甲才村姑夫组的特异资源姑夫生姜（采集编号：2012522021）（图3-182），是当地民族喜食的调味品蔬菜。当地水族除把此品种当作调料外，也作药用，煮汤饮治感冒。耐贫瘠，在当地不需要浇水。

赫章县水塘堡乡杉木箐村收集到的特异资源阳藿（采集编号：2014521117）（图3-183），

在当地少数民族药菜兼用，炒食可清热解毒。

印江县沙子坡镇邱家村朗家组的特异资源阳荷（采集编号：2013522387）（图3-184），野生种。食用嫩芽，有香味，炒食或凉拌，具助消化作用，一般5~10月食用。在当地少数民族药菜兼用，炒食可清热解毒。

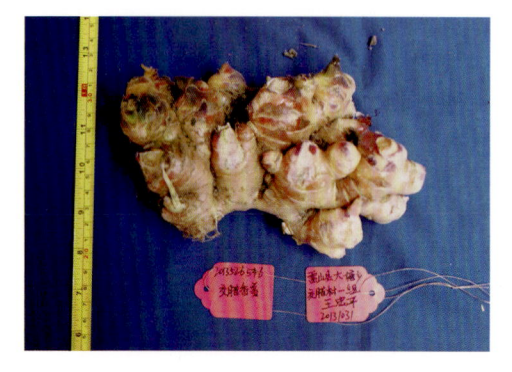

图3-179　交腊香姜（2013526546）

图3-180　姜黄（2014522120）

图3-181　火姜（2012522013）

图3-182　姑夫生姜（2012522021）

图3-183　阳藿（2014521117）

图3-184　阳荷（2013522387）

织金县黑土乡团结村上寨组的特异资源阳荷（采集编号：2013526151）（图3-185），野生。花序可炒菜、凉拌，有香味，助消化。株高120~130cm，未见病虫害。

图 3-185　阳荷（2013526151）

2. 抗病虫和抗逆资源

由于调查地区的姜资源多为零星栽培或处于半野生状态，因而多年保留的地方品种资源在当地均表现出抗病虫或耐贫瘠的特性。施秉县马溪乡茶园村虎跳坡组的特有资源火姜（采集编号：2014526122）（图 3-186），辛辣味浓，块茎小。多切片凉拌食用，具有祛寒的功效。少见病虫害，耐寒性弱，较耐旱，耐贫瘠，适应性强。

印江县沙子坡镇邱家村朗家组特优资源生姜（采集编号：2013522386）（图 3-187），辛辣味浓，可作调料，具祛寒功效，未见病虫害。

开阳县高寨乡杠寨村尹家岩组的特优资源阳荷（采集编号：2014523138）（图 3-188），对病虫有较好的抗性。嫩芽、嫩茎和花穗可凉拌或炒食，有开胃、强身健体、防病祛病功效，具很高的营养和药用价值。

图 3-186　火姜（2014526122） 　　　　图 3-187　生姜（2013522386）

图 3-188　阳荷（2014523138）

二、山药

（一）概述

山药又称薯蓣、土薯、山薯蓣、怀山药、淮山药、白山药。山药也是贵州少数民族喜爱的一种蔬菜（黄再发等，2009），本次调查共从 7 个县（安龙县、雷山县、黎平县、荔波县、盘县、三都县、威宁县）收集到 9 份资源。雷山县和三都县均为 2 份，其他县各 1 份资源。共涉及 6 个少数民族，其中苗族、布依族和水族各 2 份，侗族、瑶族和回族各 1 份。其中有 6 份地方品种，3 份野生资源。

（二）少数民族认知有价值的山药种质资源

收集到的 9 份山药资源，因具有较好的品质或者适应性强，加之与相关民族的饮食文化息息相关而得以保存下来。

三都县九阡镇甲才村特异资源野生山药（采集编号：2012522032）（图 3-189），特优，煮汤时口感好、面甜。

图 3-189　野生山药（2012522032）

黎平县德顺乡德顺村1组的特有资源德顺脚板薯（采集编号：2013523472）（图3-190），德顺乡德顺村特有的地方品种，叶片呈心形，薯呈脚掌状，薯心为紫色。肉质细腻、滑、淀粉含量多。抗病虫，耐旱，耐贫瘠。

盘县保基乡陆家寨村大寨组的特优资源野山药（采集编号：2013525066）（图3-191），薯块小、长圆柱形、须根多，淀粉含量多。抗病虫，耐旱。

雷山县方祥乡水寨村9组的特异资源水寨山药（采集编号：2013526428）（图3-192），根茎的口感好、香、脆。抗疫病，抗蚜虫，抗倒春寒，抗伏旱。

安龙县平乐乡索汪村挺岩组的特异资源白山药（采集编号：2014524192）（图3-193），根茎及零余子品质均优，口感好，香、脆。

图3-190　德顺脚板薯（2013523472）

图3-191　野山药（2013525066）

图3-192　水寨山药（2013526428）

图3-193　白山药（2014524192）

三、芋

（一）概述

芋又称芋头、芋艿，天南星科植物，多年生块茎植物，其类型很多，在栽培类型中主要有魁芋、多子芋和多头芋3种。芋也是贵州少数民族喜爱的一种蔬菜。本次调查共从7个县（安龙县、黎平县、荔波县、三都县、松桃县、印江县、镇宁县）收集到15份资源。安龙县、黎平县、荔波县和印江县均为3份，三都县、松桃县和镇宁县各1份资源。共涉及 6 个少数民族，其中布依族最多，为 6 份资源；侗族 3 份；苗族和土家族各 2 份；彝族和水族各 1 份。其中有 13 份地方品种，2 份野生资源。

（二）少数民族认知有价值的芋种质资源

收集到的 15 份芋资源，因具有较好的品质或者适应性强，加之与相关民族的饮食文化息息相关而得以保存下来。经过考察收集到 2 份特异的资源。

印江县洋溪镇桅杆村雷家沟组的特异资源地南星（采集编号：2013522364）（图 3-194），野生资源，肉质白色，质地硬，口感脆，抗性强。当地民族将芋头切碎炒黄后，包在猪肚里至猪肚煮烂后喝汤，可补虚，治疗神经衰弱，并具有补脑保健作用。

镇宁县良田镇新屯村板尖组的特有特用资源白芋秆（采集编号：2013524081）（图 3-195），在当地具有上百年的种植历史。因叶、梗表皮为白色，故称白芋秆。不结子芋头，食用梗，剥去梗的皮，切成段与土鸡一起炖食，味道鲜美。抗软腐病。

图 3-194　地南星（2013522364）　　　　图 3-195　白芋秆（2013524081）

四、魔芋

（一）概述

魔芋，中国古名蒟蒻，是栽培历史较长的作物之一。其他名称有鬼芋、花梗莲、麻芋子、花秆南星、土南星、南星、天南星、花麻蛇等。魔芋为多年生草本植物。块茎扁球形，暗红褐色；肉质根，纤维状须根。魔芋也是贵州少数民族喜爱的一种蔬菜和经济作物。本次调查共从 14 个县（荔波县、安龙县、道真县、赫章县、开阳县、雷山县、三都县、施秉县、松桃县、务川县、印江县、镇宁县、织金县、威宁县）收集到 16 份资源。松桃县和镇宁县均为 2 份，其他各县均为 1 份。共涉及 6 个少数民族，其中苗族最多，为 6 份资源；布依族 4 份；仡佬族和水族各 2 份；土家族和彝族各 1 份。16 份资源均为地方品种。

（二）少数民族认知有价值的魔芋种质资源

收集到的 16 份魔芋资源中，有 8 份是具有特异性的资源。

三都县九阡镇甲才村姑夫组的特优资源魔芋（采集编号：2012522027）（图3-196），优质，加工出的魔芋豆腐易保存，与肉类搭配可烹制各种菜肴。当地民族用糯稻草灰作为魔芋蛋白凝固剂，即将糯稻草灰过滤液与魔芋磨成的浆同煮，熟后冷却凝固而成魔芋豆腐。

务川县都濡镇接官坪村藕塘组的特有资源接官坪魔芋（采集编号：2013521229）（图3-197），该品种在当地种植40多年，产量高。当地民族用来制作魔芋粉或魔芋豆腐。

镇宁县良田镇新屯村板尖组的特优特用资源本地魔芋（采集编号：2013524080）（图3-198），在当地生长已有上百年的历史，根茎自留地里自生或种植，无须管理，不费工。在当地低投入高产出，抗软腐病，无虫害。魔芋豆腐韧性好，产出率高。

松桃县盘石镇十八箭村3组的特优资源魔芋（采集编号：2013524363）（图3-199），具有保健、减肥作用。病虫害少，抗旱，耐瘠。

图3-196　魔芋（2012522027） 　　　图3-197　接官坪魔芋（2013521229）

图3-198　本地魔芋（2013524080） 　　图3-199　魔芋（2013524363）

雷山县达地乡排老村黄土组的特优资源排老魔芋（采集编号：2013526315）（图3-200），根茎个大，用其做的魔芋豆腐好吃。抗病虫性好，抗寒。

开阳县双流镇三合村何家寨组的特优资源魔芋（采集编号：2014523153）（图3-201），抗软腐病。食用有降血压、降血糖，治疗咽喉肿痛，减肥等功效。

施秉县城关镇云台村王家屯组的特优资源野魔芋（采集编号：2014526101）（图3-202），淀粉含量高，可磨成浆做成魔芋豆腐。未见病虫害，不耐旱，不耐贫瘠。

图 3-200　排老魔芋（2013526315） 　　　　图 3-201　魔芋（2014523153）

图 3-202　野魔芋（2014526101）

第十节　一年生经济作物

通过本次系统调查，共获得10种一年生经济作物的种质资源169份，其中油菜52份，花生53份，向日葵32份，芝麻14份，蓖麻、棉花和烟草各4份，青麻、火麻和其他各2份。

一、油菜

（一）概述

调查地域属低纬高原，地理气候非常复杂，是我国油菜资源分布集中区之一，分布范围广，从海拔441m（荔波县）到海拔1774m（盘县）均有油菜分布。在长期的栽培过程中，经自然选择和人工选择不断累积与加强，演变出了丰富多样的油菜种质资源。通过农业生物资源系统调查，共获得油菜资源52份，全部为栽培油菜地方品种。

1. 获得油菜资源的分布

在调查的21个县（市）中除赫章县、威宁县和印江县没有收集到油菜种质资源外，其他各县（市）都收集到了油菜种质资源，贞丰县最多，为10份；其次是安龙县，为9份（表3-13）。

表 3-13　获得的油菜种质资源及分布

县（市）	资源份数	地方品种	育成品种	野生油菜
安龙	9	9	0	0
赤水	2	2	0	0
道真	1	1	0	0
剑河	3	3	0	0
开阳	3	3	0	0
雷山	2	2	0	0
黎平	1	1	0	0
荔波	3	3	0	0
盘县	1	1	0	0
平塘	1	1	0	0
三都	1	1	0	0
松桃	2	2	0	0
施秉	3	3	0	0
务川	1	1	0	0
贞丰	10	10	0	0
织金	5	5	0	0
紫云	2	2	0	0
镇宁	2	2	0	0
总计	52	52	0	0

2. 获得油菜资源在各民族中的分布

获得的油菜资源共涉及 7 个民族。其中布依族最多，为 25 份；其次是苗族，21 份；仡佬族 2 份；水族、土家族、瑶族和侗族各 1 份。

3. 新获得油菜种质资源情况

将本次调查获得的 52 份油菜资源，分别与国家种质库已保存相应 18 个县（市）的油菜资源进行品种名称比较，除雷山县采集的高枧黄油菜（采集编号：2013526528）外，其余 51 份资源均被认为是新增资源，比例达到 98.1%。

（二）少数民族认知有价值的油菜资源

贵州各民族对油菜品种的选择，是根据自身的消费需求和喜好而定的，各地区种植的品种由于长期人工和自然环境的选择，演变出了众多的类型。本次的系统调查表明，贵州现种植的油菜品种多为地方品种，农民种植这些地方品种的原因是其具有适应当地独特多样生态环境的特性，以及满足当地消费需求的特点。几类优异资源简介如下。

1. 优质油菜种质资源

贵州少数民族对油菜籽的出油率和口感比较关注，因而选择形成了一些优质品种，如剑河县太拥乡南东村的本地黄油菜（采集编号：2012521190）（图 3-203），是当地老品种，油菜籽单产 80kg/667m^2，最高单产 100kg/667m^2，含油量高，口感香。

三都县打鱼乡介赖村7组的介赖油菜（采集编号：2012522138）（图3-204），榨出的油香，1750g油菜籽出500g油。

务川县红丝乡上坝村白泥池组的上坝本地油菜（采集编号：2013521207），在当地种植50年左右，榨出的油口感香，单产约50kg/667m^2。

雷山县达地乡乌空村乔撒组的乌空油菜（采集编号：2013526302），在当地种植60年，株型不高，榨出的油较市场上所售的菜籽油香。

荔波县黎明关乡拉内村巴弓组的巴弓小油菜（采集编号：2014522078），在当地种植已有40年，抗性虽差，但出油率高。

图3-203　本地黄油菜（2012521190）籽　　　图3-204　介赖油菜（2012522138）籽

2. 抗病虫和抗逆境资源

在贵州特殊生态环境中的多民族人工选择下，当地形成了一批抗生物或非生物逆境的资源，如剑河县太拥乡南东村的本地黑油菜（采集编号：2012521193）（图3-205），很少打农药，平均单产80kg/667m^2，最高单产100kg/667m^2。

剑河县久仰乡久吉村的本地油菜（采集编号：2012521196）（图3-206），抗病性强，不用打农药，抗旱性强，耐贫瘠，含油量在本地品种中较高（出油率30%）。

平塘县大塘镇里中村里中7组的本地油菜（采集编号：2012523012）（图3-207），品质优（出油率高，香味浓）、耐冷性强（在−5℃左右的温度下仍能正常生长），秸秆可在3月还田作绿肥。

荔波县甲良镇梅桃村岜领组的本地小油菜（采集编号：2014522203），在当地种植时间长，抗旱性好，并较耐贫瘠，生长周期不使用农药、肥料。

道真县棕坪乡苍蒲溪村万家塘组的竹丫油菜（采集编号：2014525027），早熟地方品种，已种植了大约40年。10月上中旬播种，第二年4月中下旬成熟，生育期比杂交油菜品种短7天左右。株高185cm，单产100kg/667m^2。籽粒褐黄色，种皮薄，出油率高。

施秉县牛大场镇金坑村白优组的白油菜（采集编号：2014526143），出油率30%，未见病虫害，耐寒性强，较耐旱。施秉县马号乡胜秉村4组的黄油菜（采集编号：2014526152），出油率32%，未见病害，肥力足时有蚜虫，较耐寒，抗旱性中等，较耐贫瘠。

图 3-205　本地黑油菜（2012521193）籽 　　　图 3-206　本地油菜（2012521196）籽

图 3-207　本地油菜（2012523012）籽

3. 特殊油菜资源

在贵州特殊的自然条件下，经多民族传统文化和饮食习惯对资源长期的选择，当地形成了一批特殊的资源。

镇宁县良田镇陇要村窝托组的苦油菜（采集编号：2013524069）（图3-208），油菜籽平均单产40kg/667m^2。种植后25~30天可采幼小油菜苗涮火锅或凉拌，是当地满足淡季蔬菜需求的主要品种，油菜苗味微苦，用来做辣子鸡火锅味道鲜美，清水煮食有清热降火的功效。

镇宁县扁担山乡革老坟村3组的扁担苦油菜（采集编号：2013524107）（图3-209），榨油香；本品种撒播在田间，一个月左右即长出幼苗，用来涮火锅或做酸菜，解决了当地蔬菜淡季品种稀缺的问题。

图 3-208　苦油菜（2013524069）籽 　　　图 3-209　扁担苦油菜（2013524107）籽

二、花生

（一）概述

调查地域属低纬高原，地理气候非常复杂，是我国花生资源分布集中区之一，分布范围广，从海拔 380m（黎平县）到海拔 1462m（镇宁县）均有花生分布。在长期的栽培过程中，经自然选择和人工选择不断累积与加强，当地演变出了丰富多样的花生种质资源。通过农业生物资源系统调查，共获得花生资源 53 份，全部为栽培花生地方品种。

1. 获得花生资源的分布

在调查的 21 个县（市）中除赫章县、威宁县和盘县没有收集到花生种质资源外，其他各县（市）都收集到了花生种质资源，剑河县最多，为 6 份；其次是贞丰县和镇宁县，各 5 份（表 3-14）。

表 3-14 获得的花生种质资源及分布

县（市）	资源份数	地方品种	育成品种
安龙	4	4	0
赤水	2	2	0
道真	1	1	0
剑河	6	6	0
开阳	1	1	0
雷山	1	1	0
黎平	3	3	0
荔波	2	2	0
平塘	2	2	0
三都	4	4	0
施秉	4	4	0
松桃	4	4	0
务川	4	4	0
印江	3	3	0
贞丰	5	5	0
镇宁	5	5	0
织金	1	1	0
紫云	1	1	0
总计	53	53	0

2. 获得花生资源在各民族中的分布

获得的花生资源共涉及 8 个民族。其中苗族最多，为 20 份；其次是布依族，14 份；仡佬族和侗族各 5 份；水族 4 份；土家族 3 份；毛南族和瑶族各 1 份。

3. 新获得花生种质资源情况

将本次调查获得的53份花生资源,分别与国家种质库已保存相应18个县(市)的花生资源进行品种名称对比,初步认为53份资源均是新增资源,比例达到100%。

(二)少数民族认知有价值的花生资源

贵州各民族对花生品种的选择,是根据自身的消费需求和喜好而定的。各地区种植的品种由于长期人工和自然环境的选择,演变出了众多的类型。通过本次的系统调查,我们了解到贵州现种植的花生品种多为地方品种。现将几类优异资源简介如下。

1. 优质花生种质资源

贵州少数民族对花生米的出油率和口感比较关注,经长期选择形成了一些优质品种,如剑河县太拥乡南东村的本地花生(采集编号:2012521191)(图3-210),当地老品种,当地4月中下旬播种,9月底收获,平均单产70kg/667m^2,最高单产80kg/667m^2,含油量高,抗旱性中等。

剑河县观么乡白胆村的本地花生(采集编号:2012521200)(图3-211),平均单产80kg/667m^2,最高单产100kg/667m^2,榨出的油香味浓郁、口感较好。

图3-210　本地花生(2012521191) 　　图3-211　本地花生(2012521200)

三都县九阡镇板甲村下板甲组的下板甲花生(采集编号:2012522073)(图3-212),在当地种植大约有80年,种植面积大约有3.4hm^2,种在田里或半山坡,主要是自己食用,或到集市上销售。荚壳软薄,花生米味香好吃,榨的油比较好。

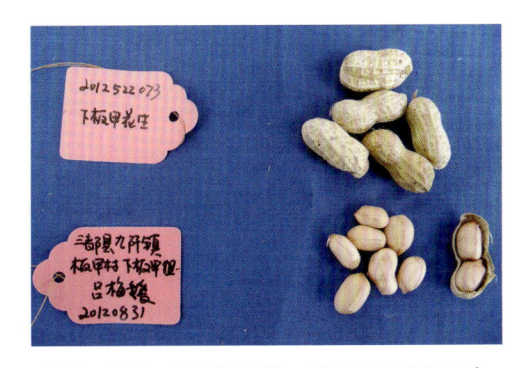

图3-212　下板甲花生(2012522073)

紫云县达邦乡红星村的红米花生（采集编号：2013521506），花生米皮红色，生吃味香。

印江县洋溪镇曾心村曾家沟组的小粒花生（采集编号：2013522352），花生仁较杂交品种小，白皮，味道香，稍带甜味，生吃、煮食或者炒食味道皆佳。

2. 抗病虫和抗逆境资源

经过贵州特殊生态环境下的多民族人工选择，当地形成了一批抗生物或非生物逆境的资源，如剑河县磻溪乡八卦村的小花生（采集编号：2012521184）（图3-213），抗病、抗虫性强，不用打农药，酌情追施复合肥。花生米用于煮食或炒食。

剑河县太拥乡南东村的本地花生（采集编号：2012521194）（图3-214），清明前后播种，9月收获，平均单产90kg/667m^2，最高单产100kg/667m^2，抗旱性较好，食用（炒花生米等）。剑河县观么乡苗岭村的本地花生（采集编号：2012521197）（图3-215），生育期短，不打农药，抗病害，抗旱性强，单产90kg/667m^2。

平塘县鼠场乡同兴村庆林组的本地花生（采集编号：2012523047），该品种未见病虫害，抗旱能力强，需种在中等田上，种在肥地上只长苗，结荚少。该品种的籽粒非常饱满，可用来煮食或炒食，在市场上卖的价格比其他品种高。

黎平县岩洞镇岩洞村8组的岩洞花生（采集编号：2013523334），少见病虫害，不打农药，耐旱，耐贫瘠，仅需施适量农家肥和磷肥作底肥即可。花生米口感好，具有补血、降压的功效。

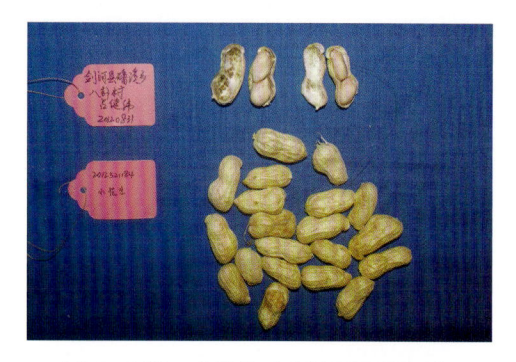

图3-213　小花生（2012521184） 　　　图3-214　本地花生（2012521194）

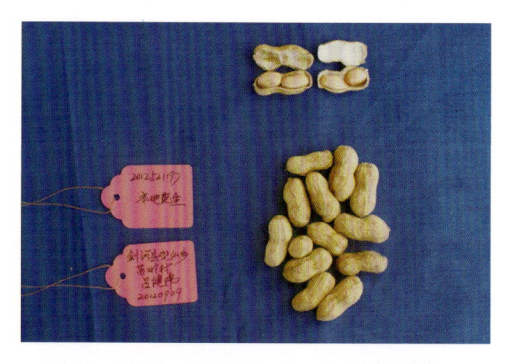

图3-215　本地花生（2012521197）

3. 特殊花生资源

在贵州特殊的自然条件下，通过多民族传统文化和饮食习惯对资源的选择，当地形成了一批特殊的资源。例如，剑河县磻溪乡前丰村的花生（采集编号：2012521182）（图3-216），抗旱性强，抗叶斑病；花生仁香味浓，主要用来做农历九月九"重阳节"粑的主要原料，炒熟捣碎后加入粑中，可增加粑的香气和味道。

三都县九阡镇水昔村拉写组的九阡花生（采集编号：2012522016）（图3-217），在当地种植上百年，农户种植面积约20hm^2，为祭祀时的贡品。可以带壳煮食，特别面，花生米炒香作调料非常香；种植期间不施肥，注意对红蚂蚁的防治，适应性广。

三都县普安镇建华村4组的普安花生（采集编号：2012522199）（图3-218），是普安镇特有的花生品种。在当地种植了150多年。每户一般种植约667m^2，多为净种，少有间作，伴生作物多为玉米，主要是拿到集市上出售，少部分自己食用。花生米品质好，味香甜，生食或用醋泡制后食用具有补血、降压作用。

平塘县卡蒲乡摆卡村拉扶组的本地红皮花生（采集编号：2012523061）（图3-219），该品种在当地有60~70年的栽培历史，没有发现病虫害，抗旱性和耐贫瘠性都较好，单产平均在350kg/667m^{2}左右。花生米皮为鲜红色，营养价值高，具有补血功能，每天早上生吃一两花生米，对于贫血者具有补血功能；但对于贫血严重的人，可以把花生米外面的红皮去除，和猪肝一起炖，食用1~2周后，便具有很好的疗效。此外，可以炒着吃，作为下酒菜特别香。

图3-216　花生（2012521182）

图3-217　九阡花生（2012522016）

图3-218　普安花生（2012522199）

图3-219　本地红皮花生（2012523061）

务川县茅天镇同心村上坝组的同心花生（采集编号：2013521018）（图 3-220），该品种在当地种植 10 年，口感香，当地老百姓都喜欢吃，也在女儿出嫁时装箱用。该品种抗病、抗虫，耐旱性强，平均单产 100kg/667m^2。一般 4 月中下旬播种，7 月中下旬收获，播种时注重施用复合肥作底肥，防治杂草，出苗后少施尿素作提苗肥。

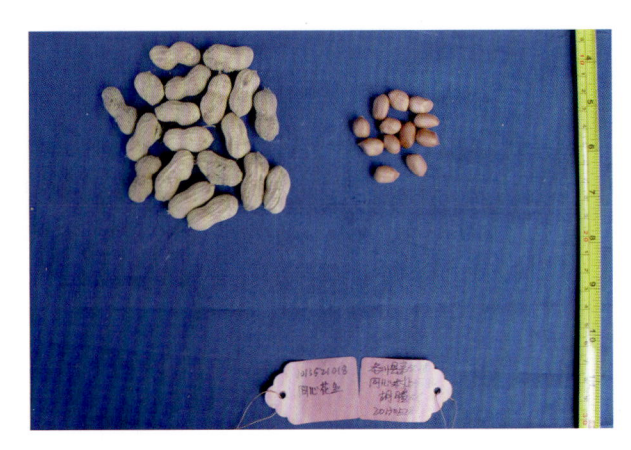

图 3-220　同心花生（2013521018）

印江县沙子坡镇邱家村朗家组的珍珠花生（采集编号：2013522382），本地特有地方品种，平均单产 100kg/667m^2。荚果较杂交品种小，花生米稍带甜味，生吃、煮食或者炒食味道皆佳，当地人在办结婚酒席时也喜用该花生、葵花子迎亲，祝愿新人早生贵子、人丁兴旺。抗性强，生长期不施肥，不打药。还常在祭祀时作贡品。

镇宁县革利乡翁告村 3 组的翁告小花生（采集编号：2013524103），该品种为当地农户红白喜事都用的小吃花生品种，种皮亮褐色，味香，含油量高。由于农户长期未选种，品种混杂。

三、向日葵

（一）概述

调查地域属低纬高原，地理气候非常复杂，是我国向日葵资源分布集中区之一，该种在当地分布范围广，从海拔 683m（紫云县）到海拔 2153m（赫章县）均有向日葵分布。在长期的栽培过程中，经自然选择和人工选择不断累积与加强，当地演变出了丰富多样的向日葵种质资源。通过农业生物资源系统调查，共获得向日葵资源 32 份，全部为栽培向日葵地方品种。

1. 获得向日葵资源的分布

在调查的 21 个县（市）中除赤水市、剑河县、雷山县、黎平县、松桃县、贞丰县、三都县和盘县没有收集到向日葵种质资源外，其他 13 个县都收集到了向日葵种质资源，开阳县最多（为 6 份），其次是安龙县和道真县（各 5 份）（表 3-15）。

表 3-15　获得的向日葵种质资源及分布

县（市）	资源份数	地方品种	育成品种
安龙	5	5	0
道真	5	5	0
赫章	2	2	0
开阳	6	6	0
荔波	1	1	0
平塘	1	1	0
施秉	2	2	0
威宁	1	1	0
务川	2	2	0
印江	1	1	0
镇宁	1	1	0
织金	2	2	0
紫云	3	3	0
总计	32	32	0

2. 获得向日葵资源在各民族中的分布

获得的向日葵资源共涉及 6 个民族。其中苗族最多，为 14 份；其次是布依族，9 份；仡佬族 6 份；白族、土家族和彝族各 1 份。

3. 新获得向日葵种质资源情况

将本次调查 13 个县获得的 32 份向日葵资源，分别与国家种质库已保存相应县的向日葵资源进行品种名称比较，初步认为 32 份资源均是新增资源，比例达到 100%。

（二）少数民族认知有价值的向日葵资源

贵州各民族对向日葵品种的选择，是根据自身的消费需求和喜好而定的，各地区种植的品种由于长期人工和自然环境的选择，演变出了众多的类型。通过本次的系统调查，我们查清了贵州现种植的向日葵品种多为地方品种。现将几类优异资源简介如下。

1. 优质资源

贵州少数民族对向日葵子的口感比较关注，从而经长期选择形成了一些优质品种，如平塘县卡蒲乡新关村拉节组的葵花（采集编号：2012523203）（图 3-221），葵花子生吃或者炒熟吃，种植该品种主要是为了哄小孩，或者用来招待客人。

务川县茅天镇同心村上坝组的同心葵花（采集编号：2013521019）（图 3-222），该品种在当地种植 50 年，葵花子香，当地老百姓都喜欢吃，生葵花子也在女儿出嫁时装箱用。一般净作或与玉米、豆类作物间作。

紫云县达邦乡纳座村纳座下院组的红葵花（采集编号：2013521508）（图 3-223），

葵花子壳红色，市场价格比其他葵花品种要高些；白葵花（采集编号：2013521509），壳白仁香，老熟仁生食或用盐炒食。

印江县天堂镇九龙村水井湾组的白葵花（采集编号：2013522393）（图3-224），相对其他葵花子饱满、瘪粒少，吃起来更香，所以大多数村民在玉米、小麦等旱粮作物中间种，未见病虫害，比新品种晚熟。

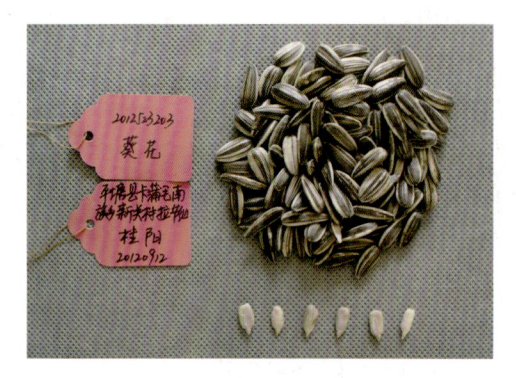

图3-221　葵花（2012523203）子

图3-222　同心葵花（2013521019）子

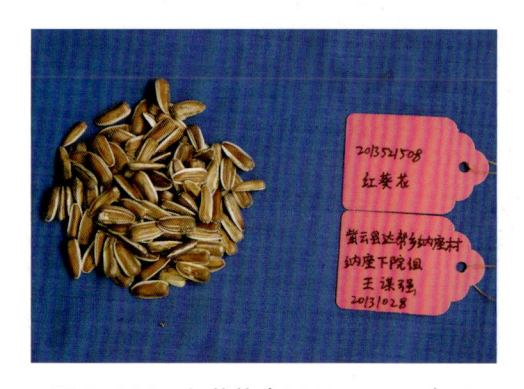

图3-223　红葵花（2013521508）子

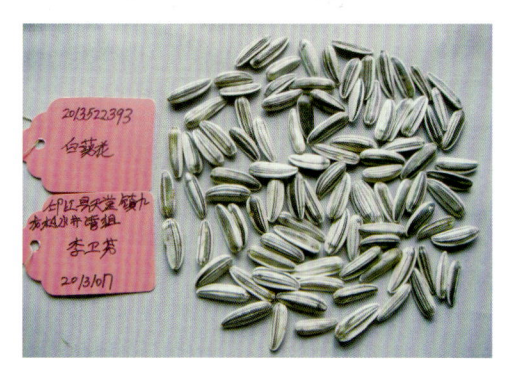

图3-224　白葵花（2013522393）子

2. 抗病虫和抗逆境资源

在贵州特殊生态环境下经多民族人工选择，当地形成了一批抗生物或非生物逆境的资源，如务川县泥高乡栗园村毛牛组的栗园葵花（采集编号：2013521097）（图3-225），在当地种植50多年，4月播种，7月收获，一般施肥少，不打农药。

施秉县牛大场镇吴家塘村大堰塘组的吴家塘葵花（采集编号：2014526150）（图3-226），未见病虫害，抗寒性中等，较耐旱，较耐贫瘠；施秉县牛大场镇石桥村上坝组的牛大场葵花（采集编号：2014526137）（图3-227），籽粒小，味香，未见病虫害，较耐寒，耐旱性强，较耐贫瘠。

道真县大矸镇大矸村中心组的短粒葵花（采集编号：2014525063）（图3-228），是食用型葵花地方品种，已种植30多年，株高220cm，花盘较大；较抗旱，耐贫瘠；壳皮黑色、有白色条纹，葵花子较短且饱满，口感好。

荔波县小七孔镇中心村新寨组的葵花子（采集编号：2014522198），当地种植历史悠久，籽粒饱满、香，生长周期不使用农药、肥料，与玉米间种，较耐贫瘠，耐旱。

图 3-225　栗园葵花（2013521097）子 　　　　图 3-226　吴家塘葵花（2014526150）子

图 3-227　牛大场葵花（2014526137） 　　　　图 3-228　短粒葵花（2014525063）子

四、芝麻

（一）概述

芝麻是中国主要油料作物之一，具有较高的应用价值。它的种子含油量高达 55%。中国自古就有许多用芝麻和芝麻油制作的各色食品及美味佳肴，并以此著称于世。本次调查所得的芝麻资源主要分布在海拔 374m（荔波县）到 1245m（雷山县）。贵州居民对芝麻的使用程度不高，本次系统调查仅获得芝麻种质资源 14 份，全部为地方品种（表 3-16）。

表 3-16　获得的芝麻种质资源及分布

县（市）	资源份数	地方品种	育成品种
安龙	1	1	0
道真	2	2	0
剑河	1	1	0
雷山	2	2	0
黎平	1	1	0
荔波	2	2	0

（续表）

县（市）	资源份数	地方品种	育成品种
三都	2	2	0
施秉	1	1	0
务川	1	1	0
印江	1	1	0
总计	14	14	0

1. 获得芝麻资源的分布

在调查的21个县（市）中共有10个县收集到芝麻种质资源，道真县、雷山县、荔波县和三都县各2份，安龙县、剑河县、黎平县、施秉县、务川县和印江县各1份（表3-16）。

2. 获得芝麻资源在各民族中的分布

获得的芝麻资源共涉及7个民族。其中苗族最多，为5份；其次是布依族、水族和仡佬族，各2份；侗族、土家族和瑶族各1份。

3. 新获得芝麻种质资源情况

将本次调查获得的14份芝麻资源，分别与国家种质库已保存相应10个县的芝麻资源进行品种名称比较，初步认为14份资源均是新增资源，比例达到100%。

（二）少数民族认知有价值的芝麻资源

芝麻在贵州地区少有种植，当地民众主要将其用来制作粑粑和调料，下面简要介绍几份优异资源。

剑河县太拥乡南东村的芝麻（采集编号：2012521189）（图3-229），平均单产25kg/667m^2，最高单产30kg/667m^2，香味浓郁，当地主要用来打粑，做馅。

三都县九阡镇水昔村拉写组的芝麻（采集编号：2012522008）（图3-230），在当地种植上百年，农户零星种植于田边地头。炒香蘸粑粑吃，也可以和糯米、芝麻分别炒香后磨成面粉，加糖，再用开水调成米糊食用。含油量高，具有保健作用，营养丰富，抗蚜虫，耐瘠。

三都县打鱼乡巫捞村10组的巫捞芝麻（采集编号：2012522162），在当地种植上百年，一般零星种植于半山坡或间种于玉米地，在村里仅有4户种植。蘸粑粑吃香、不粘手；炒香作调料好吃、味香。未见病虫害，耐贫瘠，净种或与花生混种，仅在播种时施用少量的复合肥作种肥，除草2次，靠自然降雨，不用防治病虫害。

务川县大坪镇黄洋村银山组的黄洋芝麻（采集编号：2013521222），在当地种植20多年，口感香，抗病虫，不打农药，不施肥，以旱地播种为主，出苗后除草一次。

黎平县德顺乡平甫村1组的平甫白芝麻（采集编号：2013523485）（图3-231），颜色鲜艳，香味浓，是侗族过"祖宗节"时制作"侗果"的特用食材；也是当地特色菜"生鱼"的主要材料。

道真县大矸镇福星村伍元组的白芝麻（采集编号：2014525065），是当地地方品种，籽粒白色、混杂褐黄色，味浓香，是制作麻饼的原料和制作油茶茶羹的调味料；较抗旱，耐贫瘠，5月上旬播种，10月下旬成熟，平均单产75kg/667m^2。

图 3-229　芝麻（2012521189）

图 3-230　芝麻（2012522008）

图 3-231　平甫白芝麻（2013523485）

（编写人员：李锡香　王海平　邱　杨　沈　镝　张晓辉　宋江萍）

参 考 文 献

郭凤领，李俊丽，王运强，等 . 2014. 高山野生韭菜资源营养成分分析 . 湖北农业科学，53(22): 5523-5525.

黄再发，郑大明，向立忠 . 2009. 铜仁地区山药的生物学特性及栽培技术 . 贵州农业科学，37(9): 82-83.

塞黎，朱利泉 . 2009. 贵州几种葱属植物的营养成分比较分析 . 长江蔬菜，(2): 30-32.

江维克，娄仁宇 . 2010. 关于贵州屋脊韭菜坪野生韭菜资源开发的思考 . 贵州中医学院学报，32(4): 2-4.

刘红，李佩华，周立端 . 1985. 茄属新种苦茄，辣椒新变种涮辣和变型大树辣 . 中国园艺学报，12(4): 256-258.

孙显芳. 1995. 开发贵州野生蔬菜前景广阔. 农村经济与技术, (6): 35-36.

王彬, 郑伟. 2004a. 绿叶蔬菜无公害栽培技术. 农村新技术, (6): 9-10.

王彬, 郑伟. 2004b. 芫荽优质丰产栽培技术. 西南园艺, 32(2): 12, 14.

吴康云, 陶莲, 崔德祥, 等. 2005. 贵州野生蔬菜可持续开发与利用的思考. 贵州农业科学, 33(s1)：101-102.

朱德蔚, 王德槟, 李锡香. 2008. 中国作物及其野生近缘植物种(蔬菜作物卷). 北京：中国农业出版社.

第四章　果树及多年生经济作物调查结果

按照项目组总体安排,在2012~2014年,果树及多年生经济作物课题共派出科技人员22人次,系统调查收集了贵州省少数民族地区具有代表性的21个县(市)和1个补充调查县(惠水县)的果树及多年生经济作物种质资源(刘旭等,2013)。

通过系统调查,获得了苗族、侗族、瑶族、布依族、土家族、仡佬族、彝族、回族、毛南族等10个少数民族认知、利用、与生产生活息息相关的果树及多年生经济作物种质资源770份(表4-1),主要包括仁果类、核果类、浆果类、坚果类、柑果类等。

表4-1　调查获得的果树及多年生经济作物种质资源样本情况

资源类别	资源名称	资源份数	资源类别	资源名称	资源份数
仁果类	苹果	6	核果类	枣	10
	梨	105		枳椇	8
	木瓜	5		羊奶果	3
	枇杷	13		龙眼	2
	海棠	5		酸梅	1
	花红	8		小计	205
	林檎	1	柑果类	宽皮柑橘	18
	山楂	3		甜橙	7
	刺梨	1		柚	34
	小计	147		黎檬	1
浆果类	葡萄	30		宜昌橙	1
	猕猴桃	62		枳	2
	香蕉和芭蕉	6		酸橙	1
	柿	72		香橙	2
	石榴	10		金柑	1

（续表）

资源类别	资源名称	资源份数	资源类别	资源名称	资源份数
浆果类	悬钩子	11	柑果类	小计	67
	草莓	2	多年生经济作物	桑	4
	蒲桃	1		八月瓜	14
	小计	194		地瓜藤	1
坚果类	板栗	27		大血藤	1
	锥栗	3		火棘	7
	茅栗	7		金樱子	3
	核桃	47		蛇莓	1
	银杏	13		甜槠	1
	榛	4		莱莱	2
	小计	101		南酸枣	5
核果类	桃	41		四照花	6
	杏	12		茶	1
	李	75		花椒	8
	樱桃	26		山苍子	1
	杨梅	19		野油茶	1
	荔枝	5		小计	56
	余甘子	3	合计		770

贵州省位于我国的西南地区，地处云贵高原东部，省内山脉众多，山高谷深，具有明显的"立体气候"特点，是我国果树及多年生经济作物种质资源保存较完整和多样性丰富的地区（贾敬贤等，2006）。

调查数据显示，贵州少数民族地区分布和利用的果树及多年生经济作物种质资源具有物种多样性与遗传多样性。尤其以蔷薇科梨属的种质资源收集最多，达到了105份，占资源收集总量的13.64%。从种质资源的分布区域来看，梨属也是分布最广的，在21个系统调查县（市）均有分布。其次是蔷薇科的李属资源，共收集到75份，在18个系统调查县（市）有分布。资源分布量少的有榛属、枳属等。这一方面说明了贵州少数民族地区认识和利用的果树及多年生经济作物分布的广泛性与多样性，另一方面也说明了少数民族在上述资源利用上也具有选择性。

第一节 仁 果 类

调查获得确认的仁果类种质资源有梨、苹果、木瓜、枇杷、山楂等共147份。其中获得的梨、苹果、枇杷的种质资源较多，尤其是梨资源，共收集到105份，占整个仁果类资源的71.4%。

一、梨

（一）概述

通过对21个县（市）的系统调查，共获得梨种质资源105份，其中沙梨94份，川梨7份，白梨4份。在获得的梨资源中，野生种质资源9份，地方品种93份，育成品种3份（表4-2）。

表4-2　获得的梨种质资源的种类、类型及分布

县（市）	资源份数	沙梨	川梨	滇梨	豆梨	白梨	西洋梨	野生种	地方品种	育成品种
剑河	4	4	0	0	0	0	0	0	4	0
三都	7	6	0	0	0	1	0	2	4	1
平塘	3	2	1	0	0	0	0	0	3	0
务川	3	3	0	0	0	0	0	0	3	0
紫云	3	1	2	0	0	0	0	0	3	0
贞丰	2	1	0	0	0	1	0	0	2	0
印江	4	4	0	0	0	0	0	0	4	0
赤水	3	3	0	0	0	0	0	0	3	0
黎平	7	7	0	0	0	0	0	0	7	0
镇宁	7	6	0	0	0	1	0	0	7	0
松桃	4	4	0	0	0	0	0	0	4	0
盘县	2	2	0	0	0	0	0	0	2	0
威宁	12	12	0	0	0	0	0	0	12	0
织金	6	4	2	0	0	0	0	0	5	0
雷山	7	7	0	0	0	0	0	0	7	0
赫章	6	5	1	0	0	0	0	1	3	2
荔波	6	6	0	0	0	0	0	1	5	0
开阳	4	4	0	0	0	0	0	1	3	0
安龙	4	3	0	0	0	1	0	0	4	0
道真	2	1	1	0	0	0	0	2	0	0
施秉	9	9	0	0	0	0	0	1	8	0
合计	105	94	7	0	0	4	0	9	93	3

1. 获得梨资源的分布情况

在调查的21个县（市）中，都收集到了梨种质资源，获得资源最多的是威宁县（12份）；其次是施秉县（9份）；获得梨资源最少的是贞丰县、盘县、道真县，每县只收集到2份（表4-2）。

2. 梨种质资源在各民族中的分布

获得的梨属资源在调查的10个民族中有分布，其中苗族地区分布的最多（34份），其次是布依族（19份），最少的是土家族和回族（均为3份），见表4-3。

表4-3 梨资源在各民族中的分布

民族	苗族	彝族	布依族	瑶族	汉族	仡佬族	侗族	土家族	水族	回族
份数	34	4	19	4	17	4	9	3	8	3

3. 新获得梨资源的情况

将所获得的105份梨资源分别与国家种质库中现已保存的资源进行初步比较，结果显示仅有8份资源与现已保存的资源同名且来自同一地区，其余虽然有部分种质资源的名称与现有保存资源的名称相同，但不是来自同一个地区，证明了此次收集的种质资源绝大多数是原来未收集的，初步可以认为是新增资源，新增资源的比例达到92.38%。

（二）少数民族所认知有价值的梨资源

此次调查证明了贵州由于地形和气候类型复杂多样，蕴藏了极其丰富的梨种质资源。其中沙梨分布最广，且类型十分丰富。另外川梨和白梨等种质资源也有一定的分布。在收集到的梨资源中，绝大多数为地方品种，具有优质、抗逆性较好的性状，因此它们适应当地独特多样的生态环境，被当地少数民族认知而得以种植和保存下来。这些种质资源是我们今后育种及深入研究利用的宝贵材料，应加以深入科学地评价、利用。

1. 优质资源

在获得的106份梨资源中，有部分资源具有十分优良的品质，如剑河县南明镇河口村4组的优质沙梨半斤梨（采集编号：2012521153）（图4-1），乔木，树体高3~4m，果实大，单果重300~500g。果实葫芦形，果皮黄绿色、较粗糙，果肉白色、石细胞少、汁多、品质好、耐贮藏。花期3月，果实成熟期9~10月，产量高，株产可达70~80kg。

九阡水昔梨（采集编号：2012522014）（图4-2），是当地特优沙梨资源，主要分

图4-1 半斤梨（2012521153）　　　图4-2 九阡水昔梨（2012522014）

布在三都县九阡镇。乔木，果实近圆形，果皮黄褐色，果大，皮薄，肉嫩，汁多，石细胞少，味甜。树势强健，抗热，耐旱，抗病虫，丰产性好。

金盖梨（采集编号：2013524126）（图4-3），为镇宁县优异沙梨地方品种，乔木，高约5m，3~4月开花，9月成熟。果实特大（可达500~1500g），扁圆形至圆形，像地瓜。成熟时金黄色，皮薄，水分多，果肉细嫩，易化渣。丰产性好，株产可达50kg以上。

小黄梨（采集编号：2013525358）（图4-4），威宁县优良沙梨地方品种，乔木，树高8m左右。果实圆球形、皮薄、黄色、光亮度好，果肉白色、汁多、含糖量高、口感好、肉质细。开花期3月，成熟期9月。

野山梨（采集编号：2013524503）（图4-5），松桃县优质沙梨地方品种，乔木，树高6m左右，果实圆球形，果皮黄色，果肉白色，味甜、汁多。晚熟，高产（每株产量150kg左右），稳产，大小年不明显。

糖鹅梨（采集编号：2014526177）（图4-6），优良沙梨地方品种。采集于施秉县双井镇翁粮村3组，乔木，树体高大，可达15m左右，直立生长。果实葫芦形，果皮黄绿色，果肉白色，肉质细嫩、汁多、味甜。成熟期10月上旬。

图4-3　金盖梨（2013524126）

图4-4　小黄梨（2013525358）

图4-5　野山梨（2013524503）

图4-6　糖鹅梨（2014526177）

2. 抗性好的资源

在采集的梨资源样本中，有的资源在半野生或粗放管理的条件下，加上当地的特殊自然环境，经过长期的自然选择，形成了抗病虫害、耐冷、耐贫瘠、抗旱特性，这是其他新育成品种所不能替代的。但是，这部分资源的抗（耐）性仅是对当地环境的适应性，其真实的抗性还需要进一步的鉴定评价。

板甲梨（采集编号：2012522065）（图4-7），是三都县的沙梨地方品种，树高5~7m。果椭圆形，果皮绿黄色，果皮表面有木栓，果实成熟后有鸭蛋大小，肉嫩汁多、味甜，成熟晚，抗病虫，丰产性好，耐热性好，为短低温品种。

打霜梨（采集编号：2013522418）（图4-8），为印江县的优良沙梨老品种，乔木，树势强，树体高大（可达30m以上），直立生长势强，坐果率高，丰产性好。果实圆球形，黄褐色，果皮较厚，果肉白色、汁多、品质中等。成熟期11月，下霜后果实品质变得酸甜，故名打霜梨。

图4-7　板甲梨（2012522065） 　　　　图4-8　打霜梨（2013522418）

苹果梨（采集编号：2013524139）（图4-9），沙梨地方品种，采集于镇宁县扁担山乡革老坟村7组，小乔木，树高3m左右，因果实外观像苹果而得名。果实成熟时绿黄色，成熟早，农历二月开花，六月中下旬成熟，果肉白色、肉质细、果心小、味甜，水分多，易化渣。

磨盘梨（采集编号：2013525360）（图4-10），为威宁县盐仓镇沙梨古老地方品种，当地种植时间在100年以上，乔木，树体5m左右，因果实扁球形似磨盘而得名。果皮黄色、较薄，果肉白色、肉质细、汁多。花期3月，成熟期10月，耐贮藏，在常温下可贮藏至次年的3月。

图4-9　苹果梨（2013524139） 　　　　图4-10　磨盘梨（2013525360）

葫芦梨（采集编号：2013526071）（图4-11），沙梨地方品种，采集于织金县茶店乡红艳村红艳组，落叶乔木，株高约4m。生长在山坡地头，生长势强，果实7月下旬成熟，因果形似葫芦而得名。果皮红褐色，果点多，脱萼，果个大，平均果径可达到12cm。果肉味酸甜，无石细胞，肉质细，多汁，品质中上。

酸菠梨（采集编号：2013526115）（图4-12），沙梨地方品种，采集于织金县黑土乡团结村上寨组，落叶乔木，主要种植在房前屋后。叶片卵圆形，较平展，叶基圆形。果实9月中旬成熟，果实卵圆形，果大，最大可达1.5kg以上，果柄长、粗，果面绿色，果点明显、凸出，皮厚、容易着生果锈，果肉白色、味酸、石细胞少，肉质粗、松，果心大，丰产性好。

图4-11　葫芦梨（2013526071） 　　　　　图4-12　酸菠梨（2013526115）

3. 特殊种质资源

贵州地区的生态环境多样性及少数民族的多元性，不仅孕育了大量的梨种质资源，同时也造就了一批具有特殊性状的梨资源。

青头梨（采集编号：2012521141）（图4-13），为剑河县沙梨地方品种，乔木，树高17m左右。果实近圆形，果皮黄褐色，果肉白色、肉质粗、品质差。成熟期12月，为极晚熟品种，抗黑心病、锈病等。果实煮熟后食用，可治感冒咳嗽。

花红梨（采集编号：2013522067）（图4-14），沙梨地方品种，采集于贞丰县者相镇纳孔村老屋场2组，乔木，树体高大，达11m左右，适应力较强，抗病虫害。果实椭圆形，果皮绿色，光滑，果肉白色、肉细、汁多、味甜。成熟期7月，为优质的早熟品种。

图4-13　青头梨（2012521141） 　　　　　图4-14　花红梨（2013522067）

古梨树（采集编号：2013523399）（图4-15），属沙梨，产于黎平县双江镇黄岗村，树非常古老，至少有200年的树龄，树高约15m，胸径220cm，目前仍在结果，株产75~90kg，果实直径6cm，圆球形，果甜、香、肉质绵软、口感好。3月开花，9月成熟。

图4-15　古梨树（2013523399）

冬梨（采集编号：2013526218）（图4-16），属沙梨地方品种，采集于织金县茶店乡团结村任家寨组，落叶乔木，主要种植在房前屋后，抗逆性强，株产约60kg。果实10月下旬成熟，果大，果径8~10cm，红皮黄肉，果心小，石细胞少，汁多，极耐贮藏，贮藏后品质更佳。

大瓣梨（采集编号：2014526176）（图4-17），为施秉县沙梨地方品种，乔木，直立，高约12m。果实圆形或椭圆形，果皮黄绿色，果柄处有锈斑，果实中等大小。果肉白色、汁多、口感酸甜、风味浓。成熟期10月中旬。

图4-16　冬梨（2013526218） 　　　图4-17　大瓣梨（2014526176）

二、苹果

（一）概述

贵州省有较为丰富的苹果属种类。但与梨属资源相比，分布范围稍小，多分布在高海拔的冷凉地区。在此次调查中，共收集到苹果种质资源20份。其中花红8份，苹果6份，垂丝海棠1份，林檎1份，西府海棠1份，湖北海棠1份，变叶海棠1份，三叶海棠1份。在获得的苹果种质资源中，野生资源1份，地方品种19份，见表4-4。

表 4-4　获得的苹果种质资源及分布

县(市)	资源份数	花红	苹果	垂丝海棠	林檎	西府海棠	湖北海棠	变叶海棠	三叶海棠	野生种	地方品种
务川	1	1	0	0	0	0	0	0	0	0	1
印江	1	0	0	1	0	0	0	0	0	0	1
赤水	1	0	0	0	1	0	0	0	0	0	1
黎平	1	0	0	0	0	1	0	0	0	0	1
镇宁	1	1	0	0	0	0	0	0	0	0	1
盘县	1	1	0	0	0	0	0	0	0	0	1
威宁	3	0	3	0	0	0	0	0	0	0	3
织金	1	1	0	0	0	0	0	0	0	0	1
雷山	1	0	1	0	0	0	0	0	0	0	1
赫章	4	0	2	0	0	0	1	1	0	1	3
荔波	1	1	0	0	0	0	0	0	0	0	1
开阳	1	1	0	0	0	0	0	0	0	0	1
安龙	1	1	0	0	0	0	0	0	0	0	1
道真	1	1	0	0	0	0	0	0	0	0	1
施秉	1	0	0	0	0	0	0	0	1	0	1
合计	20	8	6	1	1	1	1	1	1	1	19

1. 获得苹果属资源的分布

在21个县(市)的调查中,苹果种质资源主要分布在15个县(市)中,这些县(市)大多海拔较高,气候冷凉,虽然荔波、安龙等县所处的海拔较低,但苹果资源在该县的高海拔地区也有分布。在获得苹果资源的15个县(市)中,平均每个县分布1.33份,但从资源的具体分布上看,是十分不平衡的。毕节地区的赫章县分布最多(4份),其次是威宁县(3份);而其余的13个县(市),每县(市)均为1份(表4-4)。

2. 获得苹果属种质资源在各民族中的分布

获得的苹果种质资源涉及8个民族,其中苗族最多,为9份;其次是彝族和汉族,均为3份;其他的5个民族为土家族、侗族、水族、布依族、仡佬族,均为1份。

3. 新获得苹果属种资源情况

将收集的20份苹果属种质资源,分别与国家果树种质云南特有果树及砧木圃中保存的苹果属资源进行来源地、品种名称等的比较,我们发现虽然这些种质资源的名称与现有保存的资源名称相同,但它们均来自于不同的县,或虽然来自同一个县,但来自不同乡(镇),没有与原来保存的苹果资源重复。因此可以初步判断这20份苹果种质资源是新收集的资源,新增资源的比例达到100%。

（二）少数民族所认知有价值的苹果种质资源

1. 优质资源

镇宁花红（采集编号：2013524124）（图4-18），属蔷薇科苹果属花红种。是镇宁县的老地方品种，乔木，树高5m左右，3月开花，淡红色，8~9月成熟，果实卵圆形，果较小，4~5cm，成熟时粉红色，口感好，脆，水分多，甜酸味，较易化渣。

青苹果（采集编号：2014521167）（图4-19），属蔷薇科苹果属苹果种。为赫章县地方品种，落叶乔木，树高10~15m，高产，4月开花，8~9月成熟。果实较小，直径2~5cm，扁圆形。果皮绿色，果肉白色，肉质细、脆、清甜可口。

图4-18 镇宁花红（2013524124）

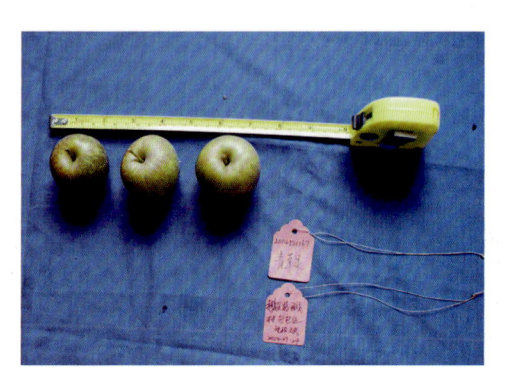

图4-19 青苹果（2014521167）

2. 抗性较好的资源

陡寨苹果（采集编号：2013526455）（图4-20），为适合雷山县当地种植的优良苹果品种，落叶乔木，高约10m，多种植在房前屋后。树体直立性强，果大、扁圆形、果皮薄、条红色，果肉白色、味香甜、质脆、多汁。抗病虫性好。

道真花红（采集编号：2014525148）（图4-21），属蔷薇科苹果属花红种。产于道真县棕坪乡胜利村院子组，小乔木，树高3m左右，在当地的种植历史有50年以上。生长势中等，花粉红色。果实直径5cm左右，近球形。果皮红色、光滑，果肉白色、质脆、水分多、甜酸味、口感好。抗病虫性较强，开花期4月，成熟期8~9月。

图4-20 陡寨苹果（2013526455）

图4-21 道真花红（2014525148）

3. 特殊种质资源

林檎（采集编号：2013523021）（图4-22），属蔷薇科苹果属林檎种。采集于赤水市元厚镇米粮村1组，小乔木，树高3m左右，果实圆球形，果肉白色，肉质较粗糙。果实成熟后，味酸、有回甜味道。4月开花，8月成熟，成熟早。果实晒干后入药，健胃消食。耐高温高湿环境，种子多，可作育种亲本材料。

三叶海棠（采集编号：2014526081）（图4-23），属蔷薇科苹果属三叶海棠种。采集于施秉县白垛乡王家村枫树坪组，灌木，株高3m左右，坐果率高。果实小，圆球形。果皮光滑，红色。果肉白色、质地细、汁少、口感酸涩、种子多。抗旱，耐瘠薄，可作苹果砧木。

图4-22 林檎（2013523021）　　图4-23 三叶海棠（2014526081）

三、枇杷

（一）概述

枇杷是蔷薇科植物中的常绿树种，原产于中国。贵州是我国枇杷种质资源分布最多的省份之一，生产上栽培的枇杷主要为普通枇杷。在此次调查的21个县（市）中，有12个县收集到了枇杷资源。调查中发现枇杷资源比较集中地分布在黔西南和黔东南海拔1500m以下地区。此次调查共收集到枇杷样本13份，分为两个物种，全部为地方品种，见表4-5。

表4-5 获得的枇杷种质资源及分布

县（市）	资源份数	枇杷	小叶枇杷	地方品种
剑河	1	0	1	1
务川	1	1	0	1
贞丰	1	1	0	1
印江	1	0	1	1
黎平	2	2	0	2
松桃	1	1	0	1
织金	1	1	0	1
雷山	1	1	0	1
荔波	1	1	0	1

（续表）

县（市）	资源份数	枇杷	小叶枇杷	地方品种
开阳	1	1	0	1
安龙	1	1	0	1
道真	1	1	0	1
合计	13	11	2	13

在获得枇杷资源的 12 个县中，黎平县资源最多，共收集到 2 份，其余的 11 个县均收集到 1 份。

此次收集到的枇杷资源涉及 7 个民族，侗族和苗族地区分布的枇杷资源最多，均为 3 份；其次是水族和汉族，均为 2 份；布依族、土家族、仡佬族均为 1 份。

我们将收集到的枇杷种质资源与在国家果树种质云南特有果树及砧木圃中保存的枇杷资源进行了资源名称及来源地的对比，发现仅有 1 份资源在名称和来源地上重复，可以初步断定是重复收集的资源，其余 12 份资源中有 5 份在名称上重复，但来源地不一样，另外 7 份在名称和来源地上均未出现重复，可以初步确定这 12 份资源为新收集资源，新收集资源的比例达到 92.31%。

（二）少数民族所认知有价值的枇杷种质资源

枇杷由于树体常绿，果实成熟早，一般在 3~4 月就可完全成熟，填补了淡季水果的空缺。枇杷果肉金黄，肉质柔软、汁多、酸甜、风味浓，加之枇杷的叶片和果实还有药用作用，因此受到当地少数民族的喜爱，不少农户在房前屋后种植几株，可食用、药用和绿化环境。

本地枇杷（采集编号：2013523388）（图 4-24），属蔷薇科枇杷属枇杷种。采集于贵州省黎平县双江镇坑洞村 9 组，常绿乔木，株高约 8m。叶片较小，结实率高。果实圆球形，果大，果皮成熟时金黄色。果肉金黄色、肉厚、肉质细、味甜、汁多。产量高，五年生树单株产量可达 50~80kg，开花期 11 月，果实成熟期为次年 5 月。

早枇杷（采集编号：2013522148）（图 4-25），属蔷薇科枇杷属枇杷种。为贞丰县优良地方品种。乔木，树高 7m 左右，生长势强，零星分布。果实小，椭圆形，成熟

图 4-24　本地枇杷（2013523388）　　　　　图 4-25　早枇杷（2013522148）

时黄色，皮薄。果肉金黄色、汁多、味甜、种子较大。开花期在9月，成熟期为次年3月，比其他品种早熟1个月。抗病虫害能力强。

小叶枇杷（采集编号：2013522407）（图4-26），属蔷薇科枇杷属小叶枇杷种。采集于印江县洋溪镇桅杆村，常绿乔木，树高约5m，直立生长性强，叶片较小，果实圆球形，果皮黄色，成熟早。果肉金黄色、汁多、味酸甜。果实、花、叶可入药治咳嗽。

图4-26　小叶枇杷（2013522407）

四、木瓜、山楂、刺梨

（一）概述

1. 木瓜

木瓜是蔷薇科木瓜属落叶灌木，该属植物的适应性强，栽培容易，便于管理。繁殖方式采用播种、压条、扦插等均可。由于木瓜植株的枝上有刺，当地农户多将木瓜种植在房前屋后用作围篱，防止牲口进入。由于木瓜果实芳香扑鼻，肉质细密，酸味重，微带涩味，当地农户在食用时多采用糖渍、泡酒、炖鸡等方式。而在赤水市、赫章县等地区的少数民族对木瓜的利用除了鲜食外，还将其用来泡酒或将木瓜果实作为牛饲料。本次系统调查共收集到木瓜种质资源5份，均为皱皮木瓜，涉及有苗族、仡佬族、汉族和彝族等4个民族，其中在苗族地区收集到2份，其他3个民族各收集到1份。通过对收集的木瓜资源与现保存的资源进行名称和产地来源方面的核实，我们发现5份木瓜资源的名称与原来保存的山楂资源名称重复，但在来源地上不同，证明这些木瓜资源与原有资源不重复，均为新收集资源，新收集资源的比例为100%。

2. 山楂

山楂是蔷薇科山楂属植物，种类较多，全世界有1000种以上。我国有山楂17种，贵州省也有山楂的分布，但多呈零星分布状态。从调查中发现，贵州的山楂主要分布在贞丰、威宁和盘县。此次共收集到山楂资源3份，分别为野山楂2份、云南山楂1份。收集的山楂资源涉及的民族有布依族、汉族。当地农户多对山楂进行药用，即将成熟的山楂果实采下后，切片晒干，用来泡水作为饮料饮用，具有健脾开胃、消食化滞、活血化瘀、降血压、软化血管等作用。通过对收集的山楂资源与现保存的资源进行名称和产地来源方面的核实，我们发现3份山楂资源的名称与原来保存的山楂资源名称重复，但在来源地上不同，证明这些山楂资源与原有资源不重复，均为新收集资源，新收集资源的比例为100%。

（二）少数民族所认知有价值的木瓜、山楂和刺梨种质资源

（1）木瓜（采集编号：2013523022）（图4-27），属蔷薇科木瓜属木瓜种。采集于赤水市元厚镇石梅村5组，落叶灌木，树高2.5m左右。果实大，椭圆形，成熟时果皮向阳面着红色。肉质白色、硬、汁少、味酸。开花期2月，成熟期7月。果实除鲜食外，还用作牛饲料。

（2）本地山楂（采集编号：2013522064）（图4-28），属蔷薇科山楂属的野山楂。采集于贞丰县者相镇纳孔村三岔河组，乔木，树高9m以上，叶片较厚，果实扁圆形，成熟后红色，萼片宿存。果肉味酸，肉质较粗，汁中等。果实可鲜食，但多作药用，泡酒饮用对风湿、胃病有疗效。

（3）野生刺梨（采集编号：2014526186）（图4-29），采集于施秉县，灌木，植株矮小，坐果率高，挂果期长。果实扁球形，密被刺，成熟时金黄色。果肉汁多、口感酸涩、V_C含量高，营养丰富。另外可作盆景观赏。

图4-27　木瓜（2013523022） 　　　　图4-28　本地山楂（2013522064）

图4-29　野生刺梨（2014526186）

第二节 核 果 类

本次调查获得的核果类种质资源主要包括桃、李、杏、梅、樱桃、枣、荔枝等共计 205 份，其中李 75 份，桃 41 份，樱桃 26 份，杨梅 19 份，杏 12 份，枣 10 份，等等，见表 4-6。特别是李、桃的种质资源较多，证明这些资源和贵州各族群众的生活密切相关。

表 4-6 收集获得的核果类种质资源

种类	李	桃	樱桃	杨梅	杏	枣	枳椇	荔枝	余甘子	羊奶果	龙眼	酸梅
份数	75	41	26	19	12	10	8	5	3	3	2	1

一、李

（一）概述

李为落叶小乔木，是我国栽培历史最悠久的果树之一，是鲜食加工兼用的水果。贵州农业生物资源调查所获得的李种质资源共 75 份，经初步鉴定均为中国李，其中地方品种 68 份，育成品种 1 份，野生种质 6 份（表 4-7）。这些中国李资源中不但有深受贵州各族群众所喜爱的四月李、九阡李、青脆李等优质资源，还有江干李、早红李、算盘李等当地的特有李资源。

表 4-7 获得的李种质资源及分布

县（市）	中国李	地方品种	育成品种	野生种质
剑河	3	2	0	1
三都	6	5	0	1
平塘	4	4	0	0
务川	4	4	0	0
紫云	1	1	0	0
贞丰	6	6	0	0
赤水	2	1	1	0
黎平	3	3	0	0
镇宁	5	5	0	0
松桃	1	1	0	0
盘县	6	6	0	0
威宁	5	4	0	1
织金	4	4	0	0
印江	0	0	0	0

（续表）

县（市）	中国李	地方品种	育成品种	野生种质
施秉	0	0	0	0
雷山	3	2	0	1
赫章	2	1	0	1
荔波	5	5	0	0
开阳	8	7	0	1
安龙	5	5	0	0
道真	2	2	0	0
合计	75	68	1	6

1. 获得李种质资源的分布

在系统调查的21个县（市）中，有19个县（市）收集到了李种质资源。获得资源最多的是开阳县，为8份；其次是三都、贞丰和盘县，各6份；镇宁、威宁、荔波、安龙4县为5份；平塘、务川、织金为4份；收集较少的紫云、松桃仅为1份；而印江和施秉，收集的数量均为0（表4-7）。

2. 获得李种质资源在各民族中的分布

调查获得的75份李资源是10个民族提供的，其中苗族和布依族地区分布的最多，均为23份；其次是汉族，为11份；分布较少的民族为瑶族、白族和回族，各为1份（表4-8）。

表4-8　从不同民族中获得的李种质资源情况

民族	苗族	仡佬族	布依族	彝族	汉族	瑶族	侗族	白族	水族	回族
份数	23	3	23	2	11	1	6	1	4	1

3. 新获得李种质资源的情况

将所获得的75份李属种质资源，分别与国家种质库中现已保存的资源进行了初步比较，我们发现仅有3份资源与现已保存的资源同名并来自同一地区，虽然有一部分种质资源的名称与现有保存资源的名称相同，但是来自不同地区，是原来未收集过的，初步可以认为是新增资源，新增资源的比例达到96%。

（二）少数民族所认知有价值的李种质资源

1. 优质资源

本次收集的优质李资源较多，主要体现在口感好、果大、外观漂亮、离核等优良性状上，共获得包括九阡李、四月李、清脆李等多个优质资源。

九阡李（采集编号：2012522048）（图4-30），为三都县优良地方品种，落叶小乔木，树高4.3m。果实圆球形，向阳面红色，果实大，直径3~4cm，肉脆、汁多、味酸甜、风味浓。丰产性好，八年生树株产可达30~40kg。开花期3月，果实成熟期5月。

四月李（采集编号：2013522068）（图4-31），贞丰县优良地方品种，树体强健，枝条壮。果实圆球形，成熟时黄青色，果肉厚、汁多、离核、风味浓、品质优良。成熟期5月底至6月，为当地大力发展的优势果树品种。

图4-30　九阡李（2012522048） 　　　　图4-31　四月李（2013522068）

冰脆李（采集编号：2013522115）（图4-32），为紫云、贞丰等县优良地方品种，在当地种植历史达50年以上，小乔木，果实圆形，直径约3.5cm，果皮绿色，成熟时黄色。果肉脆、肉厚、汁多、味甜、离核。抗病虫害能力强。开花期早（2月底），果实成熟期6月。

六月沙（采集编号：2013523030）（图4-33），采集于赤水市元厚镇石梅村5组，小乔木，树高3~4m，丰产性极好。果实圆球形，直径3~4cm。果肉脆、汁多、口感好、风味浓、品质优。开花期3月，成熟期7月。

图4-32　冰脆李（2013522115） 　　　　图4-33　六月沙（2013523030）

板尖红李（采集编号：2013524122）（图4-34），为镇宁县优良地方品种，落叶小乔木。果实外观漂亮，长椭圆形，成熟时紫红色，极离核，肉脆，甜酸味，口感好，易化渣，产量中等。放置几天后果皮呈乌红色，水分多，肉细腻。开花期2月，成熟期6月。

李（采集编号：2013525133）（图4-35），采集于贵州省盘县老厂镇喇谷村1组，小乔木，树高 4m 左右，果实大，圆球形，直径 4cm 左右。成熟时果皮黄色。果肉质脆、汁多、口感好、风味浓。树体抗病性强，开花期 3 月，成熟期 6 月。

图 4-34　板尖红李（2013524122） 　　　　图 4-35　李（2013525133）

2. 抗性强的资源

本次收集的部分李资源在当地特殊的气候环境下形成了抗病、耐贫瘠、耐高温等特性。

本地李子（采集编号：2013524113）（图 4-36），为镇宁县地方品种，小乔木，树高 3.5m 左右，抗穿孔病及缩叶病。果实圆球形（直径 4cm 左右），果皮黄色。肉质软，水分多，粘核，味酸甜。开花期 2 月底，成熟期 5 月。

早李子（采集编号：2013525108）（图 4-37），采集于贵州省盘县保基乡陆家寨村大寨组，小乔木，树高 3m 左右，抗病虫害，耐瘠薄。2 月中旬开花，5 月中下旬成熟。果实圆球形，较小，直径 2cm 左右，果皮绿色，成熟时黄色。果肉脆、汁多、味酸甜、风味浓。

图 4-36　本地李子（2013524113） 　　　　图 4-37　早李子（2013525108）

姜黄李（采集编号：2013522204）（图 4-38），为贞丰县优良地方品种，小乔木，树体开张，生长势中等，在当地种植历史达 30 年以上，抗病虫害能力强。果实圆球形，成熟时果皮姜黄色，故此得名。果肉风味浓、汁多、味甜。

黄李（采集编号：2013523404）（图 4-39），产于贵州省黎平县双江镇黄岗村 5 组，小乔木，树高 5m 左右，抗病、耐瘠薄。开花期 3 月上旬，结实率较高，成熟期 7 月。果实圆球形，中等大小，直径 2~3cm，果皮黄色，果肉脆、汁多、酸甜味。

图 4-38　姜黄李（2013522204） 　　　　图 4-39　黄李（2013523404）

3. 特殊的李资源

苦李（采集编号：2012522001）（图 4-40），采集于三都县九阡镇九阡村水龙组，小乔木，树高 4m 左右，抗热耐旱，抗病虫，耐瘠薄，丰产性好，作为嫁接九阡李的砧木，亲和性好，嫁接成活率高。开花期 2 月中下旬，成熟期 8 月下旬至 9 月上旬。果实圆球形，较小，直径 2cm，成熟时果皮金黄色，果肉味香、肉厚、核小。

桐壳李（采集编号：2013522205）（图 4-41），为贞丰县特有地方品种，小乔木，树体直立，生长势及抗病虫害能力强。果实近圆球形，成熟时果皮黄色，有红晕，成熟期 6 月中旬。果实大、肉厚、风味浓、汁多、味甜。

图 4-40　苦李（2012522001） 　　　　图 4-41　桐壳李（2013522205）

鸡血李（采集编号：2014523099）（图 4-42），采集于开阳县楠木渡镇胜利村青杠湾组，小乔木，树高 3.5m 左右，耐瘠薄。果实椭圆形，直径 3.5cm，果皮紫红色。果肉红色、汁多、味酸甜，质脆、离核、核大。开花期 2 月，果实成熟期 7 月。

图 4-42　鸡血李（2014523099）

二、桃

（一）概述

桃为落叶小乔木，原产中国的有6种。桃是贵州省各族群众喜欢吃的水果和爱种植的果树，栽培历史悠久，分布广。对贵州农业生物资源的调查表明，从海拔229m的黎平县双江镇到海拔2169m的赫章县兴发乡都有桃种质资源的分布，通过对21个县（市）的系统调查，共收集到桃种质资源41份，包括普通桃38份、蟠桃3份。其中地方品种24份，野生种质11份，育成品种6份（表4-9）。

表4-9 获得的桃种质资源及分布

县（市）	资源份数	普通桃	蟠桃	地方品种	育成品种	野生种质
三都	3	3	0	3	0	0
务川	2	2	0	1	0	1
紫云	1	1	0	1	0	0
贞丰	1	1	0	0	0	1
黎平	3	3	0	2	0	1
松桃	1	1	0	1	0	0
盘县	2	2	0	2	0	0
威宁	7	5	2	3	2	2
织金	6	6	0	4	0	2
雷山	3	3	0	2	0	1
赫章	6	5	1	1	4	1
荔波	2	2	0	1	0	1
开阳	2	2	0	1	0	1
安龙	1	1	0	1	0	0
道真	1	1	0	1	0	0
合计	41	38	3	24	6	11

1. 获得桃种质资源的分布

在调查的21个县（市）中，有15个县收集到了桃种质资源。获得资源最多的是威宁县，为7份；其次是赫章县，为6份；没有收集到桃资源的是剑河、平塘、镇宁、印江、赤水、施秉6个县（市）（表4-9）。

2. 获得桃种质资源在各民族中的分布

获得的桃属资源在10个民族中有分布，其中苗族地区分布的最多，为20份；其次是彝族，为5份；布依族、侗族、汉族均为3份；水族、回族各2份；土家族、瑶族、仡佬族各1份（表4-10）。

表 4-10　不同民族中获得桃属种质资源情况

民族	苗族	彝族	汉族	侗族	水族	回族	布依族	土家族	瑶族	仡佬族
份数	20	5	3	3	2	2	3	1	1	1

从调查的不同民族中获得桃属资源的数量可以看出，桃属资源的分布与少数民族分布地区和居住环境的气候条件密切相关。例如，居住在气候条件为冷凉高海拔山区的苗族和彝族由于地域宽广，山高谷深，气候类型多样，桃属资源的分布就多；而海拔较低、气候炎热的地区，如荔波、安龙等县，桃属资源的分布就少。同时，也证明了桃属于温带水果，适宜在气候温暖、冬季有一定低温的温带地区栽培。

3. 新获得桃种质资源的情况

将调查所获得的 41 份桃属种质资源，与国家种质库中保存的资源进行了初步比较，我们发现有 6 份育成品种资源与现已保存的资源同名，其育成单位也是一家，其余地方品种和野生资源中虽然有部分种质资源的名称与现有保存资源的名称相同，但不是来自于同一个地区，证明是原来未收集的，初步可以认为是新增资源，新增资源的比例达到 85.37%。

（二）少数民族所认知有价值的桃种质资源

1. 优质桃资源

通过贵州农业生物资源的调查，我们获得了一些优质地方品种资源，这些资源由于品质优、风味佳、口感好、适宜鲜食，被当地民族保留种植。

拉写桃（采集编号：2012522090）（图4-43），采集于三都县九阡镇水昔村拉写组，小乔木，树高 4~5m，果大，圆球形，直径 6~7cm。果肉白色、汁多、味甜、离核。抗病虫，丰产性好。开花期 3 月，果实成熟期 8 月。

红腊桃（采集编号：2013526010）（图4-44），采集于织金县后寨乡三家寨村罗家寨组，落叶乔木，树势较弱，梢生长量小，果实 8 月下旬脆熟，9 月上中旬软熟，果实近圆形，果皮、果肉颜色均大部分为红色。成熟果实味甜、基本无酸味、多汁、汁液红色。

图 4-43　拉写桃（2012522090）　　　　图 4-44　红腊桃（2013526010）

接桃（采集编号：2013526122）（图4-45），为织金县优良地方品种，落叶灌木，主要种植于房前屋后，新梢枝条红色，叶片长椭圆披针形，果实早熟，成熟期 5 月下旬

至6月上旬。果实圆形，果顶圆凸，果径5cm左右。果面大部分着红色，果肉红色、味甜、粘核，果实综合品质优良。抗逆性中等。

离核桃（采集编号：2013525397）（图4-46），采集于威宁县石门乡年丰村5组，小乔木，树高2.8m左右。果实圆球形，中等大小，直径4~5cm。果肉白色、肉质脆、汁多、味甜、离核，靠近种子部分有红色。开花期3月，成熟期8月。

图4-45　接桃（2013526122） 　　　　图4-46　离核桃（2013525397）

2. 抗逆性强的资源

本地桃（采集编号：2012522130）（图4-47），为三都县地方品种，小乔木，树高3~4m，果大，直径6~7cm。丰产性好，抗性强。果实圆球形，肉脆、汁多、味甜，果心处果肉为红色，离核。

小米桃（采集编号：2013526048）（图4-48），为织金县优良地方品种，落叶小乔木，树高3.2m左右。主要种植在山坡和房前屋后，抗逆性较强。果实椭圆形，果个偏小，果尖明显，肉质脆、汁多、味酸甜、品质好。开花期3月，果实成熟期9月。

图4-47　本地桃（2012522130） 　　　　图4-48　小米桃（2013526048）

排老桃子（采集编号：2013526329）（图4-49），采集于雷山县达地乡排老村排老组，小乔木，树高3~4m。叶毛多，耐瘠薄、耐旱性好。果实近圆形，中等大小（直径4~5cm），成熟时果肉味酸甜、汁少、白色、质脆。

细米桃（采集编号：2014523201）（图4-50），采集于开阳县双流镇白马村六坪组，小乔木，树高6m左右，耐瘠薄，结实性强。果圆形，果皮阳面红色。果肉离核、硬、味甜。开花期3月，成熟期7月上旬。

图 4-49　排老桃子（2013526329） 　　　　图 4-50　细米桃（2014523201）

3. 特殊资源

红心毛桃（采集编号：2013521028）（图 4-51），乔木，采集于务川县茅天镇红心村大邦林组，树高约 15m，耐瘠薄。果实短椭圆形，果皮绿黄色、阳面有红晕，果肉白色、近核处有红色，肉质脆嫩、味甜、香。开花期 3 月，成熟期 6 月底至 7 月初。

毛桃（采集编号：2013522138）（图 4-52），采集于贞丰县鲁贡镇打嫩村 3 组，小乔木，生长势旺盛。抗病虫害能力强，为桃的优良砧木。果实表皮有毛，果肉白色、汁多、酸味浓。2 月开花，8 月成熟。

图 4-51　红心毛桃（2013521028） 　　　　图 4-52　毛桃（2013522138）

香桃（采集编号：2013526080）（图 4-53），为织金县优良地方品种，落叶乔木，主要种植在房前屋后，果实 7 月成熟。果实近圆形，直径 7~8cm，果面青绿色，大部分着红色，稀被茸毛，果顶凸出，有果尖，脱萼。肉脆、甜、粘核。

图 4-53　香桃（2013526080）

三、樱桃

（一）概述

樱桃为落叶乔木，在温带落叶果树中成熟最早，也是营养价值很高的水果。贵州省的樱桃类型多，分布广。经贵州省农业生物资源调查，共获得樱桃资源26份。包括中国樱桃、毛樱桃、山樱桃和欧洲樱桃等4种樱桃属资源，这些资源中有地方品种18份，育成品种1份，野生种质资源7份（表4-11）。

表4-11　获得的樱桃种质资源及分布

县（市）	资源份数	中国樱桃	山樱桃	毛樱桃	欧洲樱桃	地方品种	育成品种	野生种质
三都	1	1	0	0	0	1	0	0
平塘	1	0	1	0	0	1	0	0
务川	1	1	0	0	0	1	0	0
紫云	2	1	0	1	0	1	0	1
赤水	1	1	0	0	1	1	0	0
镇宁	2	1	0	0	0	1	0	1
盘县	2	2	0	0	0	2	0	0
威宁	4	2	1	1	0	4	0	0
织金	3	3	0	0	0	1	0	2
雷山	2	2	0	0	0	2	0	0
赫章	3	3	0	0	0	1	1	1
开阳	4	4	0	0	0	2	0	2
合计	26	21	2	2	1	18	1	7

1. 获得樱桃种质资源的分布

在整个项目的调查中，21个系统调查县（市）共获得樱桃属种质资源26份，从获得资源的来源地来看，主要分布在贵州西部的威宁、赫章、盘县等12个县（市）中，其分布范围占调查县（市）总数的57.14%。在获得资源的12个县（市）中，平均每个县（市）获得2.17份，从获得资源的数量上看，获得最多的是威宁县和开阳县，均收集到4份；其次是织金县和赫章县，均收集到3份；紫云县、镇宁县、盘县和雷山县均为2份；三都县、平塘县、务川县、赤水市均为1份；而其余的9个县则未收集到樱桃资源（表4-11）。

2. 获得樱桃种质资源在各民族中的分布

从不同民族获得的樱桃种质资源数量来看，获得的种质资源仅涉及6个民族，其中苗族9份，汉族8份，布依族4份，彝族和水族为2份，毛南族1份。

3. 新获得樱桃种质资源的情况

将收集的26份樱桃种质资源，分别与国家果树种质云南特有果树及砧木圃中保存的樱桃资源进行了来源地、品种名称等的比较，我们发现只有1份资源与原来保存的资源重复。虽然一些种质资源的名称与现有保存的资源名称相同，但它们来自于不同的地区。因此可以初步判断其他 25 份种质资源是新收集的资源，新增资源的比例达到 96.15%。

（二）少数民族所认知有价值的樱桃种质资源

1. 优质资源

竹园樱桃（采集编号：2013521152）（图 4-54），为务川县优良地方品种，属中国樱桃，小乔木，树高 8m 左右，果实圆球形，较大（直径 2cm 左右），果皮红色。果肉黄色、质软、味香甜、多汁、爽口。丰产，株产达 100~180kg。开花期 2 月，成熟期 4 月底 5 月初。

大樱桃（采集编号：2013521485）（图 4-55），采集于紫云县大营乡妹场村新厂组，属中国樱桃，小乔木，树高 2.5~3m，是当地优异的地方品种。果实圆球形，果大（直径 1.5cm 左右），成熟后红色或紫红色。果肉汁多、甜酸味、口感好。当地农户还将其泡酒，饮后有舒筋活血的功效。3 月开花，5 月前后成熟。

图 4-54　竹园樱桃（2013521152） 　　　　　图 4-55　大樱桃（2013521485）

丰甜樱桃（采集编号：2013525395）（图 4-56），采集于威宁县石门乡年丰村 5 组，属中国樱桃，小乔木，树高 4.4m。果实圆球形，小（直径 0.5cm 左右），果皮红色或浅红色。果肉质软、多汁、味甜。开花期 2 月，成熟期 6 月。

排老樱桃（采集编号：2013526328）（图 4-57），为雷山县优良地方品种，属中国樱桃，小乔木。果实近圆球形，果形不整齐，直径 0.5~2cm，果皮紫红色。成熟时味香甜、多汁、爽口。开花期 2 月，成熟期 4 月。抗病虫害。

图 4-56　丰甜樱桃（2013525395） 　　　　　图 4-57　排老樱桃（2013526328）

2. 抗性强的资源

本地樱桃（采集编号：2012523134）（图4-58），为平塘县优良地方品种，属山樱桃，小乔木，树高4m左右。该品种适应当地气候，抗病性强，耐瘠薄。果实圆球形或近椭圆形，较小（直径0.5~1cm），成熟时淡红色至红色，味酸甜，口感好，深受当地人喜爱。当地也有人将其用于泡樱桃酒，味甘甜。

樱桃（采集编号：2013526323）（图4-59），采集于雷山县达地乡乌空村阶力组，属中国樱桃，小乔木，树高8m左右。抗病虫害能力强。果实圆球形，较大（直径2~3cm），果皮鲜红色。成熟时果肉味香甜、多汁、爽口。开花期1月，成熟期3月底4月初。

图4-58　本地樱桃（2012523134） 　　　　图4-59　樱桃（2013526323）

开阳樱桃（采集编号：2014523098）（图4-60），采集于开阳县双流镇刘育村铺子组，属中国樱桃，小乔木，树高4m左右。较耐贮，病虫害少。果实扁圆至近球形，果面红色。成熟后果肉酸甜、肉软、汁多、核中等大小。开花期3月上旬，成熟期4月下旬。

图4-60　开阳樱桃（2014523098）

3. 特殊资源

野樱桃（采集编号：2013521487）（图4-61），采集于紫云县坝羊乡下关村打寨组，属毛樱桃，小乔木，树高7m左右。开花期3月初，成熟期5月。果圆球形，直径0.5~1cm，成熟后红色或紫红色，汁多，味酸甜，当地人常采回泡樱桃酒，饮后可舒筋活血，治疗腿脚酸软等。

山樱桃（采集编号：2013525346）（图4-62），采集于威宁县盐仓镇高峰村高原组，小乔木，树高8m左右，抗旱能力强，耐瘠薄。果实椭圆形，小（直径0.5cm左右），果皮黄色，成熟时变成红色。果肉汁多、味酸、果核大。开花期3月，成熟期7月。

图 4-61　野樱桃（2013521487）　　　　　图 4-62　山樱桃（2013525346）

四、杨梅

（一）概述

杨梅为常绿乔木，喜欢温度较高的亚热带气候条件，在我国多分布在长江以南地区。在贵州农业生物资源调查过程中，我们发现有较多的杨梅种质资源分布，但大多是零星种植，种植地区多为房前屋后及地边或田埂旁边。

目前贵州省少数民族对杨梅的繁殖多使用实生繁殖，因此，其后代植株高矮、叶片形状、果实大小和果实颜色等方面出现了一些变异，并导致各地在称呼上也有一定的差异，如野杨梅、细杨梅、白杨梅、大杨梅、酸杨梅等。经过对收集的 19 份杨梅种质资源进行初步鉴定，可以判定均为杨梅物种，全部为野生种质资源（表 4-12）。

表 4-12　获得的杨梅种质资源及分布

县（市）	资源份数	杨梅	地方品种	育成品种	野生种质
剑河	2	2	0	0	2
三都	1	1	0	0	1
平塘	1	1	0	0	1
紫云	1	1	0	0	1
贞丰	1	1	0	0	1
赤水	2	2	0	0	2
黎平	3	3	0	0	3
盘县	1	1	0	0	1
威宁	1	1	0	0	1
织金	1	1	0	0	1
雷山	2	2	0	0	2
荔波	1	1	0	0	1
开阳	2	2	0	0	2
合计	19	19	0	0	19

1. 获得杨梅种质资源的地理分布

在系统调查的21个县（市）中，有13个县（市）有杨梅种质资源的分布，证明了杨梅种质资源在贵州的分布范围是较广的；从采集地的海拔来看，370~1600m均有杨梅的分布，也证明了杨梅具有一定的适应性。在获得杨梅资源的13个县（市）中，黎平县最多，为3份；其次是剑河县、赤水市、雷山县、开阳县，均为2份；而三都县、平塘县、紫云县、贞丰县、盘县、威宁县、织金县、荔波县等8个县均为1份（表4-12）。

2. 获得杨梅种质资源在各民族中的分布

获得的杨梅种质资源涉及了7个民族，即苗族5份，汉族4份，水族、侗族各3份，彝族2份，毛南族、布依族各1份。

3. 新获得杨梅种质资源情况

将获得的19份杨梅种质资源，与国家果树种质云南特有果树及砧木圃中保存的杨梅资源进行来源地、品种名称等的比较，我们发现虽然一些种质资源的名称与原有保存的资源名称相同，但来自于不同的地点，不存在重复。因此可以初步判断，这19份杨梅种质资源是新收集的资源，新增资源的比例达到100.00%。

（二）少数民族所认知有价值的杨梅种质资源

1. 优质资源

大杨梅（采集编号：2013523389）（图4-63），采集于黎平县双江镇坑洞村9组，常绿乔木，树高5m左右，果实较大，圆球形，紫红色，直径2~3cm，果肉多、汁多、味甜。开花期4月，成熟期6月底7月初。

野杨梅（采集编号：2013523028）（图4-64），产于赤水市元厚镇米粮村，常绿乔木，树高5~6m。果实圆球形、表面红色、汁多、味酸甜，果实可泡酒，品质优。丰产性好。开花期4月，果实成熟期6月。

甜杨梅（采集编号：2014523093）（图4-65），采集于开阳县楠木渡镇胜利村康家湾组，常绿乔木，树高8m左右。果实椭圆形，个小（直径1.5cm左右），外观红色。果肉汁多、味特甜，基本无酸味、核小。丰产性强，常年单株产量100kg左右。未发现病害。开花期3月下旬，成熟期6月（端午节前后）。

图4-63　大杨梅（2013523389）

图4-64　野杨梅（2013523028）

图 4-65　甜杨梅（2014523093）

2. 抗性强的资源

本次调查也发现有些杨梅资源在当地特定的气候、土壤、环境等条件下能很好地生长，具有较强的抗逆性，虽然在品质上不一定很好，但作为本土资源还是十分重要的。

细杨梅（采集编号：2013523391）（图4-66），采集于黎平县双江镇坑洞村9组，常绿小乔木，树高3m左右。抗病性好，耐瘠薄。果实圆球形，直径0.5~1cm，核大。果肉薄、多汁、酸，当地村民采其泡酒。开花期4月，成熟期6月底7月初。

野杨梅（采集编号：2013522034）（图4-67），常绿乔木，树高约6.0m，仅分布在贞丰县大龙山海拔1600m左右地区，抗寒和抗病虫害的能力十分强。果实圆形、很小、红色、味酸、汁多、风味浓。7月成熟。

图 4-66　细杨梅（2013523391） 　　　　图 4-67　野杨梅（2013522034）

3. 特殊资源

白杨梅（采集编号：2013523037）（图4-68），采集于赤水市长沙镇赤岩村双凤田组，常绿乔木，树高20m以上。开花期3月，成熟期5月，较其他品种成熟早。果实圆球形，直径2cm左右，果皮成熟后为白红色，果肉汁多、口感酸甜，品质优。

古杨梅（采集编号：2013525126）（图4-69），采集于盘县老厂镇下坎者村13组，常绿大乔木，高约13m，主干周径约2.84m，树龄在1000年以上。果实圆球形，直径1.5cm左右，成熟时果实红色，汁多，味甜酸，品质中等。成熟期7月。

图 4-68　白杨梅（2013523037）　　　　图 4-69　古杨梅（2013525126）

五、枣

（一）概述

枣为落叶小乔木，枣属全球有 170 余种，我国有 12 种 2 变种，通过贵州省农业生物资源调查，我们发现在贵州省内有野生和地方品种的枣分布，但多呈零星分布状态，少有商业化栽培。

调查所获得的 10 份枣种质资源，经初步鉴定均为一个物种——枣，包括地方品种 8 份，野生种质 2 份（表 4-13）。

表 4-13　调查获得的枣种质资源情况

县（市）	资源份数	地方品种	引进品种	野生种质
剑河	1	0	0	1
务川	1	1	0	0
贞丰	1	1	0	0
印江	1	1	0	0
赤水	1	1	0	0
松桃	1	1	0	0
雷山	1	0	0	1
开阳	1	1	0	0
道真	1	1	0	0
施秉	1	1	0	0
合计	10	8	0	2

1. 获得枣种质资源的分布

通过 21 个县（市）的系统调查，我们发现枣种质资源主要分布在 10 个县（市）中（表 4-13）。从获得枣种质资源的垂直高度来看，在 390~1173m 处均有分布。

2. 获得枣种质资源在各民族中的分布

获得的 10 份枣种质资源仅涉及 3 个民族，即苗族 7 份，汉族 2 份，布依族 1 份。其中苗族地区拥有 7 份，证明了苗族群众对枣有较为深刻的认识和对枣的喜爱。

3. 新获得枣种质资源情况

将获得的 10 份枣种质资源，与国家果树种质云南特有果树及砧木圃中保存的枣种质资源进行来源地、品种名称等的比较，我们发现虽然一些种质资源的名称与原有保存的资源名称相同，但来自于不同的地区；没有名称和来源地均重复的资源。因此可以初步判断，这 10 份种质资源是新收集的资源，新增资源的比例达到 100.00%。

（二）少数民族所认知有价值的枣种质资源

1. 优质资源

竹园枣子（采集编号：2013521157）（图4-70），采集于务川县泥高乡竹园村学堂堡组，小乔木，树高 3m 左右，丰产性好，平均株产 60kg 左右。果实大、椭圆形，外观好看。果肉甜脆、味香，品质优。开花期 3 月，成熟期 8 月。

小青枣（采集编号：2013522162）（图4-71），采集于贞丰县鲁贡镇坡扒村 2 组，小乔木，树高 3m 左右，生长势强，零星分布。果实长椭圆形，中等大小，直径 2.5~3cm。表皮薄、光滑、绿色、成熟时有紫红色锈斑，果肉白色、厚、脆、汁多、味甜。抗病虫害能力强。开花期 4 月，成熟期 8 月。

图4-70　竹园枣子（2013521157） 　　　　图4-71　小青枣（2013522162）

2. 抗性强的资源

赤水枣子（采集编号：2013523018）（图4-72），采于赤水市元厚镇米粮村，小乔木，树高 3~4m。抗高温、高湿环境，树形漂亮，可作观赏树种，作亲本材料。果实椭圆形，

图4-72　赤水枣子（2013523018）

较小，直径 2cm 左右。果实成熟早，肉质厚、脆、味甜、品质优。产量高，平均株产 20kg 左右。开花期 5 月下旬，成熟期 8 月。

3. 特殊资源

枣子（采集编号：2014526174）（图 4-73），采集于施秉县双井镇把琴村金竹湾组，乔木，树高 9~10m，为当地特有的晚熟种类。果实椭圆形，中等大小，直径 2.5~3cm，果实成熟时紫红色。果肉白色、质脆、味酸甜、品质优。4 月中旬开花，9 月中旬成熟。

图 4-73　枣子（2014526174）

六、杏

（一）概述

杏为落叶乔木。杏作为果树栽培和利用的历史悠久。对贵州农业生物资源的调查表明，在贵州少数民族地区有杏的分布，但几乎都为零星种植，主要种植在房前屋后，基本没有商品性栽培。调查所获得的杏种质资源经初步鉴定为普通杏，共 12 份，包括地方品种 10 份，野生种质 2 份。

1. 获得杏种质资源的分布

在 21 个县（市）的系统调查中，有 10 个县（市）收集到了杏种质资源，证明了杏在贵州省的许多地区均有分布。从获得杏种质资源的海拔来看，从海拔 381m 的湿热地区到海拔 2025m 的高寒山区均有分布，这也表明了杏是适应性很强且分布很广的温带果树。在获得杏资源的 10 个县（市）中，威宁县和赫章县各收集到 2 份，其余的 8 个县（市）均获得 1 份（表 4-14）。

表 4-14　调查获得的杏种质资源情况

县（市）	资源份数	地方品种	引进品种	野生种质
三都	1	1	0	0
平塘	1	1	0	0
务川	1	1	0	0
紫云	1	1	0	0
赤水	1	1	0	0

（续表）

县（市）	资源份数	地方品种	引进品种	野生种质
松桃	1	1	0	0
盘县	1	1	0	0
威宁	2	1	0	1
赫章	2	2	0	0
安龙	1	0	0	1
合计	12	10	0	2

2. 获得杏种质资源在各民族中的分布

获得的杏种质资源仅涉及7个民族，即苗族4份，彝族3份，汉族、水族、仡佬族、布依族和回族各1份。

3. 新获得杏种质资源情况

将获得的12份杏种质资源，与国家果树种质云南特有果树及砧木圃中保存的杏资源进行来源地、品种名称等的比较，我们发现虽然一些种质资源的名称与原有保存的资源名称相同，但来自于不同的地区，只有其中的1份资源在名称和来源地上与原来保存的资源相同。因此可以初步判断，有11份种质资源是新收集的资源，新增资源的比例达到91.67%。

（二）少数民族所认知有价值的杏种质资源

1. 优质资源

本地杏（采集编号：2012522201）（图4-74），为三都县优良地方品种，小乔木，树高3~4m。果大，近圆形，直径3~4cm，成熟时果面金黄色。肉厚、味酸甜、离核、核扁平、饱满。2月中旬开花，6月初果实成熟。

竹园杏梅（采集编号：2013521138）（图4-75），采集于务川县泥高乡竹园村半桥土组，小乔木，树高4m左右，果实大，直径4~5cm，近圆球形。肉厚、果香、

图4-74　本地杏（2012522201）　　　图4-75　竹园杏梅（2013521138）

味甜、多汁、风味浓。产量高，株产可达 150kg。3 月开花，8 月成熟。食用其果实有开胃的作用。

2. 抗性强的资源

本次调查也发现部分资源虽然在品质上不一定很好，但是在当地特定的气候、土壤、环境条件下能很好地生长发育。

酸杏（采集编号：2013523020）（图 4-76），为赤水市的特殊地方品种，小乔本，树高 2~3m。抗高温、高湿环境，可作砧木，作亲本材料。果实小，直径 2.5~3cm，圆球形，果实成熟时果皮黄色，肉薄，核大，酸甜适口。2 月开花，4 月成熟。

松桃杏子（采集编号：2013524369）（图 4-77），采集于松桃县盘石镇十八箭村 4 组，小乔木，树高 3~4m，耐瘠薄和粗放管理。丰产性好，株产可达 80~100kg。果实圆球形，中等大小，直径 3cm。成熟时果皮黄色，肉中等厚，味酸甜，微香，品质中等。开花期 2 月，成熟期 7 月。

图 4-76　酸杏（2013523020）　　　图 4-77　松桃杏子（2013524369）

七、其他核果类

在贵州省农业生物资源调查中，我们还收集到其他一些核果类种质资源，包括枳椇、荔枝、余甘子、龙眼、羊奶果等，共计 22 份。这些核果类资源均为零星分布，有的为野生状态，有待开发。

（一）枳椇

枳椇又名拐枣，属鼠李科枳椇属。为高大乔木，树高 10~25m。果实为浆果状核果，近球形，直径 5~6.5mm，无毛，成熟时黄褐色或棕褐色；果序轴明显膨大；种子暗褐色或黑紫色，直径 3.2~4.5mm。花期 5~7 月，果期 8~10 月。当地少数民族一般将枳椇作为水果直接鲜食，平塘县的毛南族认为直接食用枳椇具有解毒的功效，若泡酒喝具有治疗风湿的功效。此次系统调查在剑河县、三都县［盖赖拐枣（采集编号：2012522131）（图 4-78）］、平塘县、贞丰县、织金县、雷山县、荔波县及开阳县共收集到枳椇种质资源 8 份，其中 7 份为野生，1 份为地方品种。涉及的民族有侗族、苗族、毛南族、布依族和汉族等 5 个民族，其中在苗族聚居地收集到 3 份，在布依族聚居地收集到 2 份，其余 3 个民族各 1 份。

将收集到的枳椇种质资源与国家果树种质云南特有果树及砧木圃中保存的枳椇资源进行来源地、品种名称等的比较，我们发现其与原有保存的资源名称相同，但来自于不同的地区。因此可以初步判断，这8份种质资源是新收集的资源，新增资源的比例达到100%。

图4-78　盖赖拐枣（2012522131）

（二）荔枝

荔枝属无患子科荔枝属。为常绿乔木，也是著名的热带水果。果皮有鳞斑状突起，鲜红或紫红，果肉呈半透明凝脂状、汁多、味甜，当地少数民族多将其果实鲜食。荔枝的开花期为4月，果实成熟期为7月。此次系统调查在赤水市和雷山县共收集到荔枝种质资源5份，其中4份为地方品种，1份为野生资源。从收集到的份数来看，赤水市收集到4份，雷山县收集到1份，证明了赤水市是贵州省荔枝资源的主要分布地［荔枝（采集编号：2013523035）（图4-79）］。

图4-79　荔枝（2013523035）

（三）余甘子

余甘子属叶下珠科叶下珠属，又名余甘树、油甘子、橄榄、滇橄榄，为木本植物，灌木状。3~4月开花，7~8月成熟。果圆球形，具有明显的六棱，果径1cm，成熟时黄色，味涩，酸味重，具有回甜味。在贵州省余甘子多为野生状态，主要分布在海拔380~800m的北盘江沿岸的河谷地带。当地少数民族将果实用于鲜食，食后回甘味浓郁，对治疗咳嗽、咽喉疼痛有一定功效；皮和根直接熬水喝可治疗肠胃疾病。此次系统调查在贞丰县和镇宁县（采集编号：2013524116）（图4-80）共收集到余甘子种质资源3份。

图4-80 余甘子（2013524116）

（四）羊奶果

羊奶果属胡颓子科胡颓子属。为多年生常绿攀缘灌木。果实纺锤形，成熟果实鲜红色至紫红色，颜色鲜艳，鲜果生食，甜酸适度、可口，水分充足。羊奶果属于野生果树，通常生长于山地杂木林内或向阳沟谷旁，当地少数民族多将其果实作为野果用于鲜食。此次系统调查在务川县、松桃县和开阳县（采集编号：2013521168）（图4-81）共收集到羊奶果种质资源3份。

图4-81 羊奶果（2013521168）

（五）龙眼

龙眼属无患子科龙眼属，又名桂圆。常绿乔木，也是著名的热带水果。果近球形，直径1.2~2.5cm，果皮黄褐色，有时灰黄色，外面稍粗糙，或少有微凸的小瘤体。果肉白色、肉质厚、多汁、味甜。开花期4月底，果实成熟期8月。此次系统调查仅在赤水市收集到2份龙眼（采集编号：2013523010）（图4-82）种质资源，均为地方品种。当地群众大多将龙眼作为鲜果食用，也有部分群众将龙眼鲜果采摘晒干后食用，有强体健身的效果。

图 4-82　龙眼（2013523010）

（六）梅

梅属于蔷薇科杏属。又称青梅、梅子、酸梅。果实近球形，直径 2~3cm，果皮黄色或绿白色，被柔毛。粘核、味酸。核椭圆形，顶端圆形而有小突尖头，基部渐狭成楔形，两侧微扁，腹棱稍钝，腹面和背棱上均有明显纵沟，表面具蜂窝状孔穴。花期 1~2 月，果期 6~7 月。此次系统调查在荔波县黎明关乡木朝村俄鸭组收集到酸梅资源 1 份（采集编号：2014522107）（图 4-83），该份资源为小乔木，树高 2.5m 左右。为特用资源，主要用来加工梅子酒。果圆球形，小（直径 2cm 左右），果肉厚，果味酸。开花期 3 月，成熟期 7 月。

图 4-83　酸梅（2014522107）

第三节　浆　果　类

作为水果类食用的浆果种类较多，本次系统调查收集到的浆果类种质资源主要包括柿、猕猴桃、葡萄、悬钩子、石榴、草莓、香蕉和芭蕉等 8 类，共计 194 份，见表 4-15。

表 4-15　收集到的浆果类种质资源

种类	柿	猕猴桃	葡萄	悬钩子	石榴	香蕉和芭蕉	草莓	蒲桃
份数	72	62	30	11	10	6	2	1

一、柿

（一）概述

柿种质资源中用于栽培的主要包括柿、君迁子、油柿和美洲柿4种，本次调查的民族地区分布的主要为柿和君迁子。柿的栽培历史已达2500年以上，但其是否起源于我国至今还没有定论。1914年，休姆（Hume）根据是否需要人工脱涩将柿划分为涩柿和甜柿两大类型。在调查中发现，柿的利用方式主要包括鲜食，或将柿做成柿子饼、蜜饯、果酱等食用；君迁子鲜食味涩，主要是晒干后食用，君迁子幼苗还主要作为嫁接柿的砧木。

1.获得柿种质资源分布情况

本次调查获得柿属种质资源72份，分为柿和君迁子2种，其中柿61份，君迁子11份。调查中发现，柿属植物在贵州省的分布地区十分广，在系统调查的21个县（市）中基本都有柿的分布，其垂直分布的跨度也较大，从黎平县海拔229m地区到威宁县海拔2025m地区均有分布。贵州省柿的商品化栽培面积较小，各少数民族群众多将柿种植在房前屋后。此次调查所获得的柿种质资源均为地方品种和野生近缘种，其中地方品种54份，野生近缘种18份。在获得柿种质资源的21个县（市）中，施秉县分布最多，为17份；其次是印江县，为10份；荔波县为9份；而务川县、紫云县、镇宁县、松桃县、盘县和安龙县等6个县均为1份。系统调查中获得柿种质资源情况见表4-16。

表4-16 获得的柿种质资源情况

县（市）	资源份数	柿	君迁子	地方品种	育成品种	野生种质
剑河	2	2	0	1	0	1
三都	2	2	0	1	0	1
平塘	2	1	1	1	0	1
务川	1	1	0	1	0	0
紫云	1	1	0	1	0	0
贞丰	2	2	0	2	0	0
印江	10	9	1	8	0	2
赤水	2	2	0	2	0	0
黎平	4	3	1	3	0	1
镇宁	1	1	0	1	0	0
松桃	1	1	0	1	0	0
盘县	1	1	0	1	0	0
威宁	3	2	1	2	0	1
织金	2	2	0	2	0	0
雷山	2	2	0	2	0	0

（续表）

县（市）	资源份数	柿	君迁子	地方品种	育成品种	野生种质
赫章	2	1	1	1	0	1
荔波	9	6	3	6	0	3
开阳	5	4	1	4	0	1
安龙	1	1	0	1	0	0
道真	2	2	0	2	0	0
施秉	17	15	2	11	0	6
合计	72	61	11	54	0	18

2. 获得柿种质资源在各民族中的分布

本次调查的72份柿属资源，涉及11个民族，但主要分布在汉族、苗族和布依族聚居地。其中汉族地区分布最多，为22份；苗族地区15份；布依族地区12份；分布最少的为毛南族、彝族和瑶族，均仅有1份（表4-17）。

表4-17　柿种质资源在各民族中的分布

民族	汉族	苗族	布依族	土家族	侗族	水族	回族	瑶族	仡佬族	毛南族	彝族
份数	22	15	12	9	5	2	2	1	2	1	1

3. 新获得柿种质资源情况

将所获得的72份柿属种质资源分别与国家种质库中现已保存的资源进行初步比较，我们发现仅有7份柿资源和2份君迁子资源与现已保存的资源同名且来自同一地区，其余虽然有部分种质资源的名称与现有保存资源的名称相同，但不是来自于同一个地区，证明了此次收集的柿属种质资源中有63份是原来未收集的，初步可以认为是新增资源，新增资源的比例达到87.5%。

（二）少数民族所认知有价值的柿种质资源

1. 优质资源

柿的人工栽培历史悠久，在长期的栽培过程中，通过人工选择，筛选出了许多优质品种，它们均属于柿种。

磨盘柿（采集编号：2012521177）（图4-84），采集于剑河县观么乡白胆村1组，落叶乔木，树体高大，树高25m左右，生长势强。果实大，横径5~7cm，呈磨盘形，故此得名。成熟时果皮金黄色，后熟后肉质软、汁多、味甜、品质优。4月开花，10月成熟。

本地柿（采集编号：2012522178）（图4-85），为三都县本地品种，落叶乔木，树体高7~8m，果大，横径7~8cm，果形扁平。成熟时果皮金黄色，皮薄，水多，味甜，后熟后肉软，易化渣。5月开花，9月成熟。

图4-84　磨盘柿（2012521177）

图4-85　本地柿（2012522178）

紫云柿（采集编号：2013521479）（图4-86），落叶乔木，树高3.5m左右，为紫云县优良地方品种。果实大，直径5cm左右，长椭圆形，成熟后果皮金黄色，可在树上挂熟，也可采集放入稻草中后熟，果肉汁多、味甜、软、细腻、口感好。4月开花，10月成熟。

扁圆柿（采集编号：2013522422）（图4-87），采集于印江县洋溪镇坪林村，落叶乔木，树高25m左右，直立生长势强。果实大，扁圆形，横径7~8cm，成熟后果皮黄色。后熟后果肉软、汁多、口感甜、品质优。鲜食或做柿饼。

图4-86　紫云柿（2013521479）

图4-87　扁圆柿（2013522422）

方柿（采集编号：2013522433）（图4-88），采集于印江县沙子坡镇邱家村，落叶乔木，树高15m，为当地特有的地方良种。果实呈有棱的球形，较大，直径6~7cm，成熟时果皮黄色。后熟后肉质软、汁多、细腻、口感甜、果实无种子。4月开花，10月成熟。丰产性好，株产80~100kg。

牛心柿（采集编号：2014523067）（图4-89），采集于开阳县高寨乡平寨村么老寨组，落叶乔木，树高8m左右。果实牛心形，故而得名，较小，直径3~4cm，成熟后果皮金黄色，无核。软熟后汁多、味甜。丰产，株产50~60kg。5月上旬开花，10月果实成熟。

图4-88 方柿（2013522433） 　　　　图4-89 牛心柿（2014523067）

2. 抗性强的资源

本次收集的部分柿资源在当地特殊的气候环境下形成了抗病、耐贫瘠、耐高温等特性，这些种质资源均属于柿这个种。

小圆柿（采集编号：2013522421）（图4-90），分布在印江县洋溪镇坪林村，野生，落叶乔木，树高15m左右，直立生长势强。抗病性强，耐瘠薄。坐果率特高，丰产性好。果小，直径3~4cm，长椭圆形，成熟后果皮金黄色，后熟，肉质软、汁多、清甜。4月开花，10月下旬果实成熟。

大柿子（采集编号：2013523381）（图4-91），采集于贵州省黎平县岩洞镇岩洞村4组，落叶乔木，树高8m左右，抗病性好。果大（8~11cm），果实中间有一道凹陷的圈，成熟时果皮姜黄色，皮薄、无籽、甜，5月中旬开花，10月成熟。

图4-90 小圆柿（2013522421） 　　　　图4-91 大柿子（2013523381）

沟柿花（采集编号：2013525391）（图4-92），采集于威宁县石门乡年丰村5组，落叶乔木，树高4.5m左右，抗病虫性好，耐瘠薄。果实大，直径6.5cm，近圆球形，果实上有明显的纵沟纹，成熟时果皮黄色。后熟后果肉黄色、质软、多汁、甜、品质优。开花期4月，成熟期10月。

荔波方柿（采集编号：2014522033）（图4-93），产于荔波县，落叶乔木，树高2.5m左右。抗病虫能力强，基本不打农药，产量高，2000kg/667m^2。果实大，近球形，直径6cm左右，果实表面有明显的纵沟，果皮光滑，成熟时黄色，后熟后果肉软、汁多、味甜。开花期4月，成熟期10月。

图 4-92　沟柿花（2013525391） 　　　　　图 4-93　荔波方柿（2014522033）

小扁柿（采集编号：2014522121）（图 4-94），采集于荔波县黎明关乡木朝村，落叶乔木，树高 3m 左右。耐贫瘠、抗病虫害，坐果量大，丰产性好。果实小，直径 3~4cm，扁圆形，成熟时果皮黄色，后熟后肉质软、汁多、核较多。4 月开花，10 月果实成熟。

小圆柿（采集编号：2014526195）（图 4-95），采集于施秉县马溪乡九龙村洞根组，高大落叶乔木，树高 20m 左右，丰产性好。抗病、耐瘠薄。果实圆球形，直径 4~5cm，果皮光滑，成熟时黄色，后熟后肉质软、汁多、涩甜。开花期 4 月，成熟期 10 月底。

图 4-94　小扁柿（2014522121） 　　　　　图 4-95　小圆柿（2014526195）

3. 特殊的柿资源

小柿油（采集编号：2012521151）（图 4-96），属柿属中的柿种。采集于剑河县磻溪乡八卦村 9 组，落叶乔木，树高 6m 左右。果实圆球形，较小，直径 3~4cm，成熟时果皮金黄色，后熟后肉质软，汁多、味涩甜，种子多。果实呈油渍状，4 月开花，9 月成熟，可作亲本材料。

小柿花（君迁子）（采集编号：2012523136）（图 4-97），采集于平塘县卡蒲乡场河村下甲地组，落叶乔木，树高 9m 左右。极丰产，株产可达 150kg。果实圆球形，果皮光滑，成熟后用谷草盖起来后熟，几天后变软，味甜，易化渣，口感好。还可加工成柿子饼。

图 4-96　小柿油（2012521151） 　　　　　　图 4-97　小柿花（2012523136）

无核野柿（采集编号：2014521188）（图 4-98），属柿属中的柿种。为赫章县地方品种，落叶乔木，树高 10m 左右。果实近圆形，小（直径 3~4cm），成熟时果皮黄色，后熟后肉质软，汁多、味清甜，无核，优质。开花期 4 月，成熟期 10 月，高产，抗病性好。

小油柿（采集编号：2014526205）（图 4-99），属柿属中的柿种。采集于施秉县牛大场镇石桥村屯头组，落叶乔木，野生，树高 6m 左右。果实圆球形，小（直径 3~4cm），成熟时果皮金黄色，美观，后熟后汁多，但口感差。开花期 4 月，成熟期 10 月上旬。因果形漂亮，可作盆景观赏。

图 4-98　无核野柿（2014521188） 　　　　　　图 4-99　小油柿（2014526205）

二、猕猴桃

（一）概述

猕猴桃为落叶藤本植物，枝褐色，有柔毛。花期 5~6 月，果熟期 8~10 月。栽培猕猴桃果实果径一般为 5cm 左右，野生猕猴桃一般为 1~2cm。猕猴桃是营养程度最高的水果之一，有"水果之王"的美誉，富含维生素 C，又被称为"维 C 之冠"。猕猴桃具有防止糖尿病和抑郁症，预防胎儿神经管畸形，治疗白内障，降低冠心病、高血压、心肌梗死、动脉硬化等心血管疾病的发病率和治疗阳痿等方面的功效。

1. 获得猕猴桃资源分布情况

贵州省猕猴桃种质资源种类较多，位居全国的前几位，本次调查获得猕猴桃种质资源62份，包括16个物种。调查中发现，猕猴桃在贵州省的分布地区十分广泛，在系统调查的21个县（市）中有20个县（市）有猕猴桃的分布，其垂直分布的跨度也较大，从剑河县海拔630m地区到赫章县海拔2271m地区均有分布。贵州省猕猴桃的商品化栽培面积较小，此次调查所获得的猕猴桃资源均为野生种类。在获得猕猴桃属资源的20个县（市）中，剑河县、道真县和施秉县分布最多，均为6份；其次是松桃县，为5份；贞丰县、赤水市、盘县和安龙县均为1份；而威宁县则没有收集到猕猴桃种质资源。系统调查中获得猕猴桃种质资源情况见表4-18。

表4-18 获得的猕猴桃种资源及分布

县（市）	资源份数	毛花猕猴桃	梅叶猕猴桃	美味猕猴桃	长绒猕猴桃	中华猕猴桃	糙毛猕猴桃	全毛猕猴桃	粉毛猕猴桃	红肉猕猴桃	糙叶猕猴桃	大花猕猴桃	粉叶猕猴桃	伞花猕猴桃	黄毛猕猴桃	圆果猕猴桃	硬齿猕猴桃
剑河	6	2	0	1	1	1	1	0	0	0	0	0	0	0	0	0	0
三都	4	0	0	1	0	1	0	1	1	0	0	0	0	0	0	0	0
平塘	2	0	0	1	0	0	0	0	0	1	0	0	0	0	0	0	0
务川	2	0	0	0	0	1	0	0	0	1	0	0	0	0	0	0	0
紫云	3	0	0	1	0	1	0	0	0	0	1	0	0	0	0	0	0
贞丰	1	0	0	1	0	0	0	0	0	0	0	0	0	0	0	0	0
印江	2	0	0	0	0	1	0	0	0	0	0	0	0	0	0	0	1
赤水	1	0	0	0	0	0	0	0	0	0	0	0	0	0	0	0	1
黎平	4	1	1	0	0	0	0	0	0	1	0	0	1	0	0	0	0
镇宁	3	1	0	1	0	1	0	0	0	0	0	0	0	0	0	0	0
松桃	5	0	0	0	0	0	0	1	0	0	0	1	0	1	0	0	2
盘县	1	0	0	0	0	0	0	0	0	0	0	0	0	0	0	0	0
织金	3	1	0	0	0	0	0	0	0	0	0	0	0	0	0	0	1
雷山	3	0	0	2	0	0	0	0	0	0	0	0	0	1	0	0	0
赫章	2	0	0	0	0	0	0	0	0	0	0	0	0	0	0	0	0
荔波	3	0	0	1	0	0	0	0	0	0	0	0	0	0	0	0	1
开阳	4	1	0	0	0	0	0	0	0	0	0	0	0	0	1	0	0
安龙	1	0	0	0	0	0	0	0	0	0	0	0	0	0	0	0	0
道真	6	3	0	0	0	0	0	0	0	0	0	0	0	0	2	0	1
施秉	6	1	0	0	0	2	0	1	0	0	0	0	0	0	0	0	2
合计	62	10	1	13	2	10	1	5	1	3	1	1	1	1	2	1	9

2. 获得猕猴桃资源在各民族中的分布

本次调查的62份猕猴桃属资源，涉及10个民族，但主要分布在苗族和汉族聚居地。其中苗族地区分布最多，为28份；汉族地区12份；分布最少的为瑶族和彝族，均仅有1份，见表4-19。

表 4-19　猕猴桃资源在各民族中的分布

民族	苗族	汉族	仡佬族	水族	彝族	侗族	布依族	土家族	瑶族	其他民族
份数	28	12	7	3	1	3	2	2	1	3

3. 新获得猕猴桃资源情况

本次调查获得的 62 份猕猴桃种质资源全部为野生资源。通过现场调查、评价和与国家种质库中现已保存的资源进行初步比较，我们发现有 6 份资源与现已保存的资源同名且来自同一地区，其余虽然有部分种质资源的名称与现有保存资源的名称相同，但不是来自于同一个地区，证明了此次收集的猕猴桃属种质资源中有 56 份是原来未收集的，初步可以认为是新增资源，新增资源的比例达到 90.32%。

（二）少数民族所认知有价值的猕猴桃资源

1. 优质资源

白猕猴桃（采集编号：2012521163）（图 4-100），采集于剑河县太拥乡南东村 2 组，属于毛花猕猴桃，为大型落叶藤本。果实椭圆形，整齐度好，较小，直径 1~1.5cm，果面着生有乳白色茸毛，果肉深绿色，后熟后果肉软、汁多、酸甜、V_C 含量极高、品质优。丰产性好，株产可达 15~25kg，5 月开花，10 月果实成熟。

中华猕猴桃（采集编号：2012521167）（图 4-101），采集于剑河县太拥乡白道村 3 组，属于中华猕猴桃。为大型落叶藤本。果实短椭圆形，较大，直径 2.5~3cm，果皮褐色，较粗糙，果肉绿色，后熟后汁多、味甜、品质优。丰产，株产可达 25~50kg。开花期 5 月，成熟期 11 月。

图 4-100　白猕猴桃（2012521163）　　图 4-101　中华猕猴桃（2012521167）

排尧猕猴桃（采集编号：2012522145）（图 4-102），采集于三都县打鱼乡排怪村 11 组，属于中华猕猴桃，为大型落叶藤本。果大，横径 3~4cm，长椭圆形，果皮浅褐色，果肉淡绿色，后熟后汁多、味甜。5 月开花，9 月成熟。当地农户除鲜食外也将其果实用于酿酒。

巫捞猕猴桃（采集编号：2012522158）（图 4-103），采集于三都县打鱼乡巫捞村 10 组，属于美味猕猴桃，为大型落叶藤本，生长势强。果大，横径 4~5cm，长圆柱形，果皮褐色，果肉淡绿色，后熟后汁多、味甜。丰产性好，株产可达 50~100kg。5 月上旬开花，9 月成熟。除鲜食外，也用于酿酒。目前这一资源已进行了人工驯化栽培，面积发展到 0.67hm^2，有望成为当地的优良猕猴桃品种进行推广。

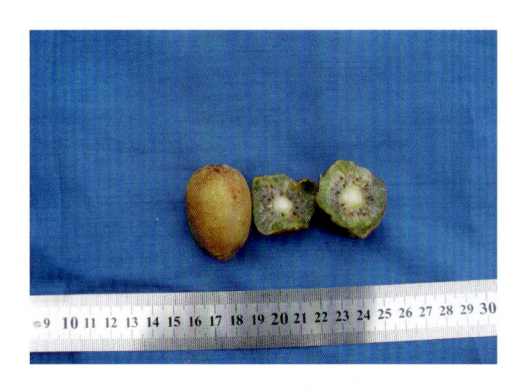

图 4-102　排莪猕猴桃（2012522145）

图 4-103　巫捞猕猴桃（2012522158）

红肉猕猴桃（采集编号：2013521043）（图 4-104），采集于务川县茅天镇红心村大竹园组，属于红肉猕猴桃。为大型落叶藤本。果实圆柱形，较大，直径 4cm 左右，果皮浅褐色，果肉着红色，后熟后果肉软、香甜、滑润、营养价值高。丰产性好，株产可达 100kg 左右。开花期 4 月，成熟期 8 月。

毛花猕猴桃（采集编号：2014525163）（图 4-105），采集于道真县大矸镇大矸村新合组，属于毛花猕猴桃。为大型落叶藤本，当地叫阳桃果，分布在 1000~1500m 海拔林地灌木丛。其果实外密被黄色绒毛，果实圆球形，直径 3~5cm，果肉翠绿色、汁多、香、细嫩、味甜酸，营养价值高，口感好。开花期 5 月，果实成熟期 10 月。

图 4-104　红肉猕猴桃（2013521043）

图 4-105　毛花猕猴桃（2014525163）

2. 抗性强的资源

贵州省是猕猴桃适宜分布与生长地区，调查获得的猕猴桃资源全部为野生，对当地生态环境具有较强的适应性。

野小猴桃（采集编号：2012522033）（图 4-106），采集于三都县九阡镇甲才村姑夫组，属于粉毛猕猴桃，为落叶藤本。抗病虫害能力强。果小，纵径 1~2cm，长圆柱形，果面毛少，表皮绿色，汁多，味甜，丰产性好。5 月初开花，10 月果实成熟。

牛奶子（采集编号：2013522449）（图4-107），采集于印江县永义乡团龙村，属于长绒猕猴桃，为落叶藤本，生长势较弱。产量高，抗病性强。果实长圆柱形，果皮浅褐色，果肉绿色，后熟后肉质软、汁多、口感甜酸。4月开花，10月下旬成熟。

图4-106　野小猕猴桃（2012522033） 　　　图4-107　牛奶子（2013522449）

绞洞白猕猴桃（采集编号：2013523488）（图4-108），采集于黎平县尚重镇绞洞村5组，属于毛花猕猴桃。为大型落叶藤本，茎、叶和果实布满了白色绒毛，耐瘠薄，抗病害能力强。果实较大，直径3cm左右，长椭圆形，果肉翠绿色，后熟后汁多、味酸甜、营养价值高，很受当地人喜欢。开花期5月，成熟期10月。

野生猕猴桃（采集编号：2013524335）（图4-109），采集于松桃县盘石镇代董村4组，属于美味猕猴桃。为大型落叶藤本，生长势强，抗病，耐瘠薄。果实大，直径5~7cm，长椭圆形，果皮褐色，果肉绿色，后熟后肉质软、汁多、味酸甜、微香。丰产性好，株产30~40kg。开花期5月，成熟期10月。

图4-108　绞洞白猕猴桃（2013523488） 　　　图4-109　野生猕猴桃（2013524335）

3. 特殊资源

小果猕猴桃（采集编号：2013524409）（图4-110），采集于松桃县正大乡清水村3组，属于大花猕猴桃。为落叶藤本。果实圆球形，果肉浅绿色、柔软多汁、汁黏味甜、微酸。除后熟鲜食外，当地群众还用果实泡酒，味清爽，具滋补作用。丰产性好，株产最高可达150kg，开花期4月，成熟期10月。

雷山野生猕猴桃（采集编号：2013526325）（图4-111），采集于雷山县达地乡里勇村达沙组，属于伞花猕猴桃，为落叶藤本，生长势中等。果实小，长椭圆形，果面果点大而明显，果肉深绿色、味酸甜、有香味。当地群众认为食用该果实后有开胃作用。开花期 5 月，成熟期 11 月。

图 4-110　小果猕猴桃（2013524409） 　　图 4-111　雷山野生猕猴桃（2013526325）

黄毛猕猴桃（采集编号：2014525162）（图 4-112），采集于道真县大矸镇大矸村新合组，属于黄毛猕猴桃。为落叶藤本，当地叫阳桃果，果实长圆柱形，外密被黄色绒毛。主要分布在当地 1000~1500m 海拔林地灌木丛。果径 3~5cm，果肉绿色、香、细嫩、味甜酸、口感好。丰产性好，株产可达 50kg 左右，开花期 5 月，成熟期 10 月。

图 4-112　黄毛猕猴桃（2014525162）

三、葡萄

（一）概述

葡萄为落叶藤本植物，是世界四大水果之一。葡萄在我国已有 2000 多年的栽培历史，目前种植面积及产量均居世界前列，主要分布在新疆、河北、山东、辽宁、河南等省区。按亲缘关系划分，葡萄可分为欧洲种、美洲种、欧美杂交种；按用途划分，可分为鲜食、酿酒、制干、制汁等品种类型。

贵州省少数民族地区蕴藏着较为丰富的葡萄种质资源，通过对 21 个县（市）的系统调查，在 15 县（市）中，共收集到了 30 份葡萄资源。包括葡萄、刺葡萄、桦叶葡萄、毛葡萄等 4 种，其中野生种质 29 份，地方品种 1 份，无育成品种（表 4-20）。

表4-20 获得的葡萄种质资源情况

县（市）	资源份数	葡萄	刺葡萄	桦叶葡萄	毛葡萄	野生种质	地方品种	育成品种
三都	2	2	0	0	0	2	0	0
平塘	2	2	0	0	0	2	0	0
务川	1	1	0	0	0	1	0	0
紫云	1	1	0	0	0	1	0	0
贞丰	1	1	0	0	0	1	0	0
印江	2	1	1	0	0	2	0	0
镇宁	2	2	0	0	0	2	0	0
松桃	4	4	0	0	0	4	0	0
盘县	2	2	0	0	0	2	0	0
织金	1	1	0	0	0	0	1	0
雷山	2	2	0	0	0	2	0	0
赫章	2	2	0	0	0	2	0	0
荔波	6	3	0	1	2	6	0	0
开阳	1	1	0	0	0	1	0	0
安龙	1	1	0	0	0	1	0	0
合计	30	26	1	1	2	29	1	0

1. 获得葡萄资源的分布情况

调查中发现，葡萄种质资源在贵州省有较为广泛的分布，在系统调查的21个县（市）中有15个县（市）有葡萄资源的分布。其垂直分布的跨度也较大，从荔波县海拔374m地区到赫章县海拔2183m地区均有分布。贵州省葡萄的商品化栽培面积在系统调查县（市）中很少，此次调查所获得的葡萄资源绝大部分为野生种类。在获得葡萄资源的15个县（市）中，荔波县、松桃县分布较多，荔波县为6份，松桃县为4份；务川县、紫云县、贞丰县、织金县、开阳县和安龙县均为1份；而剑河县、赤水市、黎平县、威宁县、道真县、施秉县等6县（市）则没有收集到葡萄属种质资源。

2. 获得葡萄资源在各民族中的分布

本次调查的30份葡萄属资源，主要分布在苗族和布依族聚居地。其中苗族地区分布最多，为11份；布依族地区次之，为7份；分布最少的为瑶族和仡佬族，均仅有1份（表4-21）。

表4-21 获得的葡萄种质资源在各民族中的分布

民族	苗族	布依族	水族	彝族	汉族	土家族	瑶族	仡佬族
份数	11	7	3	3	2	2	1	1

3. 新获得葡萄资源情况

本次调查获得的 30 份葡萄种质资源基本为野生资源，仅有 1 份地方品种。通过现场调查、评价和与国家种质库中现已保存的资源进行初步比较，我们发现有 2 份资源与现已保存的资源同名且来自同一地区，其余虽然有部分种质资源的名称与现有保存资源的名称相同，但不是来自于同一个地区，证明了此次收集的葡萄属种质资源中有 28 份是原来未收集的，初步可以认为是新增资源，新增资源的比例达到 93.33%。

（二）少数民族所认知有价值的葡萄资源

贵州省少数民族地区的葡萄属资源丰富，包含了品质、抗逆性和抗病虫害方面较为优秀的种质资源，值得进一步开发利用。

1. 优质资源

红葡萄（采集编号：2014522129）（图 4-113），属葡萄属中的葡萄种。采集于荔波县瑶山乡群力村久么组，为落叶藤本，生长势强，耐湿热气候。果实圆球形，中等大小，直径 1~1.5cm，果皮光滑，成熟时玫红色，果肉汁多、味酸甜、风味浓。开花期 4 月，成熟期 8 月。

图 4-113　红葡萄（2014522129）

2. 抗性强的资源

在贵州省的少数民族地区分布有较多的野生葡萄资源，这些资源在当地经过上百年的生长，对当地的气候与环境条件具有极大的适应性。

三都野葡萄（采集编号：2012522206）（图 4-114），采集于三都县普安镇双江村 2 组，属葡萄属中的葡萄种。为落叶藤本，抗病虫害能力强。叶片大，近圆形，革质，叶柄长 15~16cm，柄上具刺。果小（直径 0.5~1cm）、近圆形、成熟时黑色，果皮厚，果肉味酸。开花期 4 月，成熟期 9 月。

野葡萄（采集编号：2012523132）（图 4-115），属葡萄属中的葡萄种。采集于平塘县通州镇平里河村龙头山组，为落叶藤本，广泛分布在海拔 700~1200m 的山地、林区或灌木丛，适应性很强，可作为葡萄的育种材料。果实 1.5cm 左右，成熟时紫黑色，果实皮厚，味微酸，种子 3~5 粒，耐贮运，当地常采集其果实泡葡萄酒。4 月开花，8 月中下旬成熟。

图 4-114　三都野葡萄（2012522206） 　　　　图 4-115　野葡萄（2012523132）

本地葡萄（采集编号：2013524412）（图 4-116），属葡萄属中的葡萄种。采集于松桃县正大乡清水村 1 组，为落叶藤本，生长势强。抗病虫害能力强、耐瘠薄。丰产性好，株产可达 30kg。果实小，圆球形，直径 1.2cm 左右，果皮光滑，成熟时深紫色，果肉汁多、味酸甜、有香味。开花期 3 月，成熟期 9 月。

葡萄（采集编号：2014521159）（图 4-117），属葡萄属中的葡萄种。采集于赫章县兴发乡中营村中营组，为落叶藤本，生长势强。耐瘠薄，抗病虫害能力和抗寒性好。丰产性好，株产可达 30kg 左右。果实圆球形，成熟时果皮紫红色，果肉汁多、味酸甜。4 月开花，9 月成熟。

图 4-116　本地葡萄（2013524412） 　　　　图 4-117　葡萄（2014521159）

3. 特殊资源

刺葡萄（采集编号：2013522411）（图 4-118），属葡萄属中的刺葡萄种。采集于印江县洋溪镇桅杆村，为落叶藤本，生长势强，枝条、叶柄都有刺。果实圆球形，较小，直径 1cm 左右，成熟时果皮紫色，果肉汁多、味酸涩、品质差。4 月开花，7 月成熟。抗高湿环境。

毛叶葡萄（采集编号：2014522166）（图 4-119），属葡萄属中的毛葡萄种。采集于荔波县佳荣镇大土村大土组，为落叶藤本，生长势强，叶背面被棕色毛。果实小，圆球形，成熟时紫黑色，果肉汁多、味酸、品质差。但抗病性强，耐瘠薄。开花期 4 月，成熟期 10 月。

图 4-118　刺葡萄（2013522411）　　　　图 4-119　毛叶葡萄（2014522166）

四、悬钩子

（一）概述

我国是悬钩子野生资源非常丰富的国家，据《中国植物志》记载，我国有该属植物194种88变种，其中特有种138种。我国28个省（自治区、直辖市）均有分布，并以西南地区最为集中，多为野生资源。

悬钩子的果实集生于花托上而成为聚合果，与花托连合成一体而实心，或与花托分离而成空心的浆果，熟时红、黄或黑色，无毛或被毛；种子下垂，种皮膜质，子叶平凸。

贵州省有丰富的悬钩子种质资源，据不完全统计，贵州的悬钩子种质资源超过了55种7变种。在此次对贵州省21个县（市）的系统调查中，我们收集到可以作为野果食用的悬钩子种质资源11份，包含川莓、山莓、树莓、茅莓等种类。其中树莓有7份，茅莓2份，川莓和山莓各1份。涉及的少数民族有苗族、汉族、布依族等民族，其中在汉族地区收集到4份，苗族地区收集到3份，布依族等民族地区收集到4份。收集到资源的县（市）中，赤水市收集最多，为3份；其次为贞丰县、剑河县及织金县，各2份；印江县和开阳县均为1份。在悬钩子的利用方面，当地少数民族仅将其果实作为野果采摘鲜食，在剑河县的苗族群众也将川莓的果实作以药用，认为鲜食后有止泻的作用。

（二）少数民族所认知有价值的悬钩子资源

野树莓（采集编号：2012521164）（图4-120）属于悬钩子属中的川莓。又叫黄水泡、无刺乌泡。采集于剑河县太拥乡南东村2组，当地叫牛泡。落叶灌木，生长势强。果实圆球形，聚合果，直径约1cm，成熟时黑色，酸甜可口、解渴，品质优。抗性强，耐瘠薄。

栽秧摸（采集编号：2013526044）（图4-121），属于悬钩子属中的山莓。采集于织金县后寨乡三家寨村三家寨组，灌木，主要分布在山坡和田坎，抗旱，耐瘠薄。枝带刺，果实圆球形，直径1.1cm左右，成熟时黑色或红色，味酸甜。开花期3月，成熟期7月。

图4-120　野树莓（2012521164）　　　　图4-121　栽秧摸（2013526044）

五、石榴

（一）概述

石榴原产于伊朗及其周边地区。灌木或小乔木，但在热带地区则成为常绿果树。我国石榴栽培面积居世界第一位，有110万亩以上，主要分布在云南蒙自、四川会理、攀枝花、山东枣庄、陕西临潼、礼泉、新疆、甘肃、河南等地。石榴果实营养丰富，维生素C含量高。具有帮助消化、增强食欲、软化血管、降血脂和血糖、降低胆固醇、防止冠心病与高血压及解酒等多种功能。石榴皮能有效地治疗腹泻、痢疾等症，并有驱虫功效。石榴花还具有止血、明目的功效。石榴常被用作喜庆水果，很多地方也作为盆景栽培。

贵州省有一定的石榴种质资源分布，但呈零星状态。本次调查共获得10份石榴资源，分别来自于平塘县、贞丰县、印江县、盘县、威宁县、织金县、赫章县、荔波县、开阳县和道真县等10个县。其分布的垂直范围为从贞丰县海拔619m到赫章县1627m的地区。

调查获得的石榴资源中，涉及的民族有苗族、布依族、汉族、仡佬族和白族等5个民族，其中苗族最多，有4份；汉族和布依族各2份；白族和仡佬族各1份。

本次调查的10份资源中，经与国家果树种质云南特有果树及砧木圃中保存的石榴资源进行名称和来源地的比较，有1份资源的名称和来源地重复，为已收集资源，另外9份初步认为是新入圃资源，新入圃率为90%。

（二）少数民族所认知有价值的石榴资源

本地石榴（采集编号：2012523124）（图4-122），采集于平塘县鼠场乡仓边村孔王寨组，落叶小乔木，树高6m左右。果实近圆球形，直径6~8cm，成熟时红色或淡红色，皮薄，甜度高，口感好。开花期5月，成熟期9月。

威宁石榴（采集编号：2013525418）（图4-123），采集于威宁县石门乡新龙村3组，落叶小乔木，树高2.1m左右，生长势较弱。果实圆球形，成熟时果皮阳面红色，籽粒中等，血红色，汁多、较甜。开花期4月，成熟期10月，为优良晚熟品种。

图4-122　本地石榴（2012523124） 　　　　　图4-123　威宁石榴（2013525418）

石榴（采集编号：2013526152）（图4-124），采集于织金县，落叶灌木，主要种植于房前屋后，5月开花，红色，9月果实成熟，果实红皮红籽，果个大，果径8~10cm，味甜。该品种抗病虫害能力强，耐瘠薄。

道真本地石榴（采集编号：2014525168）（图4-125），采集于道真县，落叶灌木。该品种果个中等，可食率较新品种稍低，但颜色鲜艳，果肉甜、口感好。开花期5月，成熟期9月。抗病虫害能力强。

图4-124　石榴（2013526152） 　　　　　图4-125　道真本地石榴（2014525168）

六、其他浆果类

此次系统调查还收集到香蕉、芭蕉、草莓等类的浆果种质资源。其中香蕉和芭蕉6份，草莓2份，蒲桃1份。

（一）香蕉和芭蕉

1. 概述

贵州省的低热河谷地区有香蕉和芭蕉种质资源的分布。本次调查收集到芭蕉5份，香蕉1份。其中地方品种资源1份，野生类型种质资源5份。分布于安龙县的为2份，贞丰县、赤水市、松桃县、荔波县各1份。香蕉和芭蕉的垂直分布范围为从赤水市海拔269m到松桃县788m的地区。在调查所获得的香蕉和芭蕉资源中，涉及的民族有布依族、苗族和汉族等。

本次调查采集的6份香蕉和芭蕉资源，经与国家果树种质云南特有果树及砧木圃中保存的芭蕉资源进行名称和来源地的比较，没有发现资源的名称和来源地重复，因此认为6份均为新收集资源，新入圃率为100%。

2. 少数民族所认知有价值的香蕉和芭蕉资源

闻香香蕉（采集编号：2013522085）（图4-126），属于香蕉，为贞丰县特优的地方品种，假茎高5m。果实小，果指长4~5cm，果皮黄色、皮薄、香味浓，放在屋内满屋清香，果肉细腻、味甜。抗病虫害能力强。

小米蕉（采集编号：2014524142）（图4-127），属于芭蕉（野生）。采集于安龙县德卧镇郎行村长田组。果指长10cm，直径4cm，成熟时果皮黄色、皮薄，果肉细腻、质糯、味香甜可口。抗病虫害能力强。

图4-126　闻香香蕉（2013522085）　　　　图4-127　小米蕉（2014524142）

（二）草莓

1. 概述

此次系统调查在务川县和织金县共收集到2份草莓种质资源，为黄毛草莓和西南草莓两种，均为野生。当地少数民族将草莓的果实作为鲜果来食用。

2. 少数民族所认知有价值的草莓资源

栗园野生草莓（采集编号：2013521115）（图4-128），属于草莓属中的黄毛草莓。

图4-128　栗园野生草莓（2013521115）

采集于务川县泥高乡栗园村栗园草原。多年生草本，植株矮小。果实圆球形、白色、有香味、汁多、味酸甜。开花期3月，成熟期6月。抗病虫害能力强，耐寒性好。

（三）蒲桃

蒲桃为常绿乔木，也是热带水果之一。蒲桃喜欢湿热气候，多生于水边及河谷湿地。

贵州省也有蒲桃种质资源的分布，此次系统调查在赤水市大同镇收集到1份蒲桃种质资源（采集编号：2013523006）（图4-129），为常绿乔木，树高15m以上，生长健壮。果实球形，直径4cm左右，果实成熟后，果皮浅黄色。果肉和种子分离，味甜，主要用作鲜食。开花期6月上旬，成熟期9月。抗性强，基本没有病虫害发生。

图4-129　蒲桃（2013523006）

第四节　坚　果　类

调查获得的坚果类果树种质资源有核桃、栗、银杏、榛等共计101份，其中核桃类、板栗类种质资源较多。

一、核桃

（一）概述

核桃是我国重要的木本油料树种。此次对贵州少数民族地区21个县（市）的农业生物资源进行了系统调查，这些地区是少数民族集居地区，地形复杂，气候类型多样，在不同立地条件和长期自然选择演化情况下，形成了丰富的核桃种质资源。此次调查显示，从海拔391m的赤水市元厚镇米粮村到海拔2424m的威宁县哲觉镇竹坪村花岩组均有核桃资源分布，但主要分布在900~2000m。通过此次农业生物资源系统调查，我们发现核桃类资源主要分布在房前屋后，有的树龄已逾百年，本次调查共获得核桃资源47份。

1. 获得核桃资源的分布

在调查的 21 个县（市）中，有 19 个县（市）收集到了核桃资源，其中在威宁县收集份数最多，为 8 份；其次是务川县和盘县，为 5 份，见表 4-22。

表 4-22　获得的核桃种质资源及分布

调查县（市）	收集份数	调查县（市）	收集份数
剑河	1	盘县	5
平塘	2	威宁	8
务川	5	织金	3
紫云	2	雷山	1
贞丰	1	赫章	2
印江	3	开阳	1
赤水	2	安龙	2
黎平	1	道真	2
镇宁	3	施秉	2
松桃	1	合计	47

2. 获得核桃资源在各民族中的分布

获得的核桃资源共涉及 10 个少数民族，其中在苗族地区收集的核桃资源最多，为 17 份；其次是仡佬族地区，为 5 份；布依族和彝族地区均为 4 份；土家族、白族、侗族、回族、瑶族等共 17 份。

3. 新获得核桃资源情况

将本次调查获得的 47 份核桃资源，分别与国家果树种质泰安核桃、板栗圃中到 2003 年为止保存的 142 份核桃资源进行品种名称比较，结果表明，47 份核桃资源在国家果树种质泰安核桃、板栗圃中没有保存。另外在收集的 47 份核桃资源中，少数民族常按核桃的某些特征取了各种不同的名称，如米核桃、夹核桃、薄皮核桃、乌米核桃、扁薄核桃、晚花核桃、纸皮核桃、泡核桃、铁核桃等。部分资源存在同名异物或同物异名的现象。但由于来源于不同地区，这些资源在遗传水平上的差异还需要进一步鉴定评价后才能确定。由于这 47 份核桃资源来源于贵州，与国家果树种质泰安核桃、板栗圃中保存的来源于山东、新疆、辽宁、山西、陕西等地的核桃资源明显属不同生态地理区域，因此认为这 47 份核桃资源为新增资源。

（二）少数民族认知有价值的核桃资源

通过本次系统调查，我们发现栽培在房前屋后的核桃资源多是经过少数民族几百年的生产实践，逐渐淘汰一些性状较差的资源，保留下来的基本都有一个或多个优异性状的资源。贵州少数民族对核桃资源有长期利用历史，对核桃资源的认知了解已融入了独特的民族文化知识，对资源的利用也有其独特的方式，例如，威宁县的彝族常将核桃花晒干后贮藏，食用时用水浸泡后直接爆炒，这是山区群众的一道家常菜。对这些知识的了解，将为今后核桃深入利用及育种研究提供宝贵的材料。下面对收集的部分核桃资源进行简要介绍。

1. 铁核桃

铁核桃是贵州主要食用核桃品种。本地核桃（采集编号：2013525101）（图4-130），收集于盘县保基乡厨子寨村苦竹箐的苗族地区，当地苗族常将其用火烧糊后自制核桃乳，可治小孩腹泻。

夹核桃（采集编号：2013525354）（图4-131），采集于威宁县盐仓镇可界村4组，栽培历史悠久，适宜在高寒山区种植。当地彝族常将核桃花作为蔬菜，味鲜美。

图4-130　本地核桃（2013525101） 　　　图4-131　夹核桃（2013525354）

在平塘县鼠场乡仓边村孔王寨组采集的小米核桃（采集编号：2012523125）（图4-132），在当地已有上百年种植历史，主要种植在房前屋后，产量高。坚果较小（3cm左右），壳薄，壳仁易剥离。核仁脆、含油量高，主要晒干后食用，口感好。

在镇宁县革利乡翁告村3组采集的麻子核桃（采集编号：2013524128）（图4-133），4月开花，中秋节前后10天成熟，壳仁不易剥离，果壳较硬，但易保存。坚果大，约40个/500g，当地人认为其比纸皮核桃和薄皮核桃含油量都高，口感好，香。

图4-132　小米核桃（2012523125） 　　　图4-133　麻子核桃（2013524128）

2. 泡核桃

这类核桃的坚果壳一般都比较薄，壳仁易剥离。贞丰县鲁贡镇打嫩村 6 组的泡核桃（采集编号：2013522142）（图 4-134），生长势强，在当地栽培历史达 70 年以上。坚果圆球形，壳薄，核仁味香，成熟期 8 月底，无病虫害。

镇宁县革利乡翁告村 3 组的薄皮核桃（采集编号：2013524133）（图 4-135），果壳薄，壳仁易剥离，手捏即碎。坚果大小中等，单果重约 10g，微香，耐贮藏，口感好。

镇宁县革利乡翁告村 3 组的纸皮核桃（采集编号：2013524134）（图 4-136），果仁含油量高，口感好，香。500g 核桃可榨 100~150g 核桃油。中秋节前后成熟，果壳薄，壳仁易剥离，手捏即碎。坚果较小，50~60 个/500g，常作鲜食销售，不易保存。

图 4-134　泡核桃（2013522142） 　　　图 4-135　薄皮核桃（2013524133）

图 4-136　纸皮核桃（2013524134）

威宁县石门乡年丰村 5 组采集的老核桃（采集编号：2013525371）（图 4-137），树龄已有 150 年，壳薄，果仁口感好，稳产。

威宁县哲觉镇论河村中寨组收集的扁薄核桃（采集编号：2013525487）（图 4-138），坚果微扁，壳薄，用牙可咬开。

织金县后寨乡三家寨村三家寨组的水牛核桃（采集编号：2013526039）（图 4-139），丰产性好。坚果长圆形，形和色似当地水牛的腿，故本地人将其称为水牛核桃。该品种抗旱，耐瘠薄。薄壳，优质，丰产，当地人常采集其枝条进行繁殖。

道真县上坝乡新田坝村沟的组收集的沟的泡核桃（采集编号：2014525146）（图 4-140），为当地品种，有上百年种植历史，成熟期 9 月。坚果较大，单果重约

12.7g，壳薄，易剥离，果仁含油量高、香、品质好。

图 4-137　老核桃（2013525371）

图 4-138　扁薄核桃（2013525487）

图 4-139　水牛核桃（2013526039）

图 4-140　沟的泡核桃（2014525146）

二、栗

（一）概述

板栗、茅栗、锥栗为栗属的中国特有种。本次调查共获得 37 份栗资源，贵州地形地貌复杂，立体气候明显，加之长期的人工栽培和演化，使得栗种质产生了多样性和独特性。

1. 获得栗资源的分布

在调查的 21 个县（市）中，从 19 个县（市）收集到 37 份栗资源，其中板栗 27 份、茅栗 7 份、锥栗 3 份，见表 4-23。

表 4-23　贵州部分县（市）获得的栗种质资源

县（市）	板栗	锥栗	茅栗	资源总份数
剑河	3	1	0	4
三都	1	0	0	1
务川	2	0	0	2
紫云	1	0	0	1
贞丰	1	0	0	1
印江	1	1	0	2
赤水	1	0	0	1
黎平	1	1	1	3
松桃	1	0	1	2
盘县	2	0	0	2
雷山	3	0	0	3
赫章	2	0	0	2
荔波	4	0	0	4
安龙	1	0	1	2
施秉	3	0	0	3
平塘	0	0	1	1
镇宁	0	0	1	1
织金	0	0	1	1
开阳	0	0	1	1
合计	27	3	7	37

2. 获得栗资源在各民族中的分布

获得的 37 份栗资源在民族中的分布主要为苗族（12 份），其次为布依族（7 份），水族、侗族、土家族各 3 份，彝族 2 份，白族 1 份，其他民族 6 份。

3. 新获得栗资源情况

由于本次调查获得的 37 份栗资源来源于贵州，与国家果树种质泰安核桃、板栗圃中保存的来源于山东、江苏、河北、浙江、安徽等地的栗资源明显属不同生态地理区域，因此认为是新增资源。

（二）少数民族认知有价值的栗种质资源

1. 板栗

为中国主要栽培种，有 24 个省（区、市）种植，主产黄河流域各省。印江县洋溪镇桅杆村雷家沟组野生板栗（采集编号：2013522406）（图4-141），树势直立、生长势强。果实成熟晚，苞球与坚果大，脆，甜。

在雷山县达地乡排老村排老组调查的排老板栗（采集编号：2013526330）（图4-142），坚果肉纯甜、味香、口感脆、水分足。

在荔波县朝阳镇八烂村新寨组收集的油板栗（采集编号：2014522029）（图4-143），坚果外观品质俱佳，褐色、油亮。

在施秉县马溪乡茶园村虎跳坡组调查的大板栗（采集编号：2014526200）（图4-144），树高大，坚果大。特优品种，果肉口感脆甜。

图4-141　野生板栗（2013522406）

图4-142　排老板栗（2013526330）

图4-143　油板栗（2014522029）

图4-144　大板栗（2014526200）

2. 茅栗

茅栗为野生种，多分布在我国华东、华中地区，生长于山坡灌木丛中，树矮，2m左右。

在平塘县大塘镇里中村采集的茅栗（采集编号：2012523116）（图4-145），当地称野生板栗，分布在海拔1300m左右的缓坡、灌木丛中，株高1m左右，果多，但果实小，可食率低。当地苗族常采回插于稻田、菜地边等作绿篱，防止畜禽等进入。

在黎平县双江镇黄岗村8组调查采集的山茅栗（采集编号：2013523400）（图4-146），坚果肉味甜、糖分含量高，当地侗族常将其采回晒干，然后蒸着吃。

在镇宁县良田镇新屯村板尖组采集的茅栗（采集编号：2013524121）（图4-147），树势直立，生长势旺。坚果肉口感好、面、香。

在松桃县寨英镇岑鼓坡村新田组采集到的猴栗（采集编号：2013524481）（图4-148），当地土家族也叫猴栗，坚果肉黄色、面、甜。

在织金县茶店乡团结村上寨组采集的毛栗（采集编号：2013526234）（图4-149），主要分布在房前屋后，5~6月开花，果实8月下旬至9月上旬成熟，每刺苞果实2或3瓣，坚果壳红褐色，果肉白色、甜、香味浓。未见病虫害。

在开阳县高寨乡大冲村大山坡组采集的毛栗（采集编号：2014523073）（图4-150），每刺苞3或4粒，少有1粒，坚果小，味清甜、脆香。丰产，未发现严重病害。

图4-145　茅栗（2012523116）

图4-146　山茅栗（2013523400）

图4-147　茅栗（2013524121）

图 4-148　猴栗（2013524481） 　　　　图 4-149　毛栗（2013526234）

图 4-150　毛栗（2014523073）

3. 锥栗

锥栗又名尖栗，高大落叶乔木，一般为野生，少有一些栽培品种。

在剑河县观么乡白胆村 1 组收集的锥栗（采集编号：2012521176）（图 4-151），苞内只有一粒坚果，果实成熟晚，坚果小，圆锥形，品质优。

在印江县洋溪镇桅杆村雷家沟组收集的野生锥栗（采集编号：2013522408）（图 4-152），当地土家族俗称尖尖栗，树体高大，树龄上百年，当地村民将该树作为送子神树祭拜。坚果圆锥形、小、果肉香甜，品质优。

在黎平县尚重镇绞洞村 5 组收集的锥栗（采集编号：2013523419）（图 4-153），坚果单生，果径 1~1.5cm，外观锥形，饱满，果壳发亮有光泽，果肉黄色、甜。分布区域较窄，仅分布在尚重镇绞洞村 5 组海拔 920m 的高山上密林中，且只有少量分布。

图 4-151　锥栗（2012521176）

图 4-152　锥栗（2013522408）

图 4-153　锥栗（2013523419）

三、榛

榛为桦木科榛属植物。本次调查收集到 3 份榛子和 1 份华榛资源。

在威宁县哲觉镇营红村马摆营组收集的榛子（采集编号：2013525486）（图 4-154），分布海拔为 2350m，耐寒，花期 4~5 月，果期 9~10 月，果小，果仁面、味鲜美。

在赫章县兴发乡丫口村丫口组和水塘堡乡永康村二台坡组分别收集到野生榛子（采集编号：2014521166）（图 4-155）和榛子（采集编号：2014521177）（图 4-156）各 1 份。

在施秉县马溪乡茶园村虎跳坡组收集到 1 份榛子（采集编号：2014526198）（图 4-157），其属于华榛。其树体高大，花期 4~5 月，9 月成熟，产量高。坚果径 1.5cm，果仁口感微脆、面、味甜。

图 4-154　榛子（2013525486）

图 4-155　野生榛子（2014521166）

图 4-156　榛子（2014521177）

图 4-157　榛子（2014526198）

第五节　柑　果　类

柑果类种质资源主要包括甜橙、宽皮柑橘、柚、枳、枸橼、金柑、杂柑、宜昌橙等。贵州柑橘资源丰富，1984年贵州省农业科学院园艺研究所柑橘课题调查认为贵州柑橘资源包括枳属、金柑属、柑橘属等3属7大类17种，并分布有黄果、宜昌橙、白黎檬、香橙、枳橙、枳柚、橙柑等野生柑橘资源及天然杂种（贵州省农科院园艺所柑桔课题组，1984）。

本次调查区域主要为贵州少数民族聚居区，调查结果表明，从海拔 380m 的黎平县双江镇到海拔 1917m 的织金县后寨乡均有柑橘资源分布，但集中分布在海拔 500~1000m 地区。少数民族地区喜欢将柑橘栽植在房前屋后，尤其是柚类地方品种，树龄一般达数十年。本次在少数民族地区共收集柑橘资源 67 份，其中柚 34 份，宽皮柑橘 18 份，甜橙 7 份，枳 2 份，香橙 2 份，酸橙、黎檬、宜昌橙、金柑各 1 份。这些资源的分布情况见表 4-24。

表 4-24 获得的柑橘种质资源及分布

地区	调查县（市）	宽皮柑橘	甜橙	柚	枳	宜昌橙	黎檬	酸橙	金柑	香橙	小计
贵阳市	开阳	1	0	1	0	0	0	0	0	0	2
遵义市	赤水	0	0	1	0	0	0	0	0	0	1
	务川	2	0	1	0	0	0	0	0	0	3
	道真	0	0	4	0	1	0	0	0	0	5
六盘水市	盘县	0	0	0	0	0	0	0	0	0	0
安顺市	紫云	1	2	1	0	0	1	0	0	0	5
	镇宁	1	1	1	0	0	0	0	0	0	3
铜仁市	松桃	0	0	2	0	0	0	0	0	0	2
	印江	2	0	6	0	0	0	0	0	2	10
毕节市	织金	1	0	1	0	0	0	0	0	0	2
	威宁	1	0	0	0	0	0	0	0	0	1
	赫章	0	0	0	0	0	0	0	0	0	0
黔西南州	贞丰	1	1	1	0	0	0	0	0	0	3
	安龙	0	1	1	0	0	0	0	0	0	2
黔东南州	雷山	1	0	2	0	0	0	0	0	0	3
	黎平	3	0	1	0	0	0	0	1	0	5
	剑河	0	0	1	0	0	0	0	0	0	1
	施秉	0	0	0	0	0	0	0	0	0	0
黔南州	平塘	1	2	3	1	0	0	0	0	0	7
	三都	2	0	1	0	0	0	1	0	0	4
	荔波	0	0	6	1	0	0	0	0	0	7
	惠水	1	0	0	0	0	0	0	0	0	1
	合计	18	7	34	2	1	1	1	1	2	67

获得的柑橘资源共涉及 10 个少数民族，其中布依族地区有 19 份，苗族地区 13 份，土家族地区 10 份，仡佬族地区 7 份，水族、侗族地区各 6 份，较少的为毛南族地区 2 份，瑶族地区 1 份，其他民族地区 3 份。

对本次调查获得的 67 份柑橘资源中部分有优良性状的资源进行高接换种，共成活 55 份。通过与国家果树种质重庆柑桔圃中收集保存的柑橘资源进行品种名称比较，结果表明，成活的 55 份柑橘资源中，有 45 份在国家果树种质重庆柑桔圃中没有保存，新收集率为 81.8%。贵州少数民族地区习惯将甜橙类甚至其他柑橘品种统称为黄果，属于同名异物的资源，它们在类型上的差异极大，因此属于不同的柑橘资源。有的属同名同种的资源，但由于来源地区不同，因此这些资源在遗传水平上的差异还需要进一步鉴定评价后才能确定。

一、甜橙

（一）概述

甜橙栽培历史悠久，多分布在广西西部、贵州、四川西南部、云南及西藏东南部。果型圆形至椭圆形，果皮有厚有薄，汁胞密，成熟时淡黄色至黄色，较难剥离。在贵州少数民族地区通常将甜橙类叫黄果，黄果分布广泛，种植历史也较长。具有果大、产量高、汁多、味酸甜、果皮硬、耐贮运、抗病性强的特点。黄果在贵州虽种植时间长，但多是一些地方品种，品质较差，调查中发现黄果多零星种植于农户的房前屋后，商业化栽培程度较低。本次调查共收集甜橙资源 7 份，主要分布在安顺、黔南、黔西南地区。

（二）少数民族认知有价值的甜橙资源

紫云县四大寨乡猛林村塘毛 1 组的黄果（采集编号：2013521471）（图 4-158），11~12 月成熟，成年树株产 50kg 左右。果皮厚度中等，果肉具有水分多、味甜、易化渣、口感好的特点。本县达邦乡纳座村的达邦黄果（采集编号：2013521351）（图 4-159），11 月成熟，为早熟种质资源。皮薄，果肉水分多、囊皮薄、易化渣、味甜。

图 4-158　黄果（2013521471）　　　　图 4-159　达邦黄果（2013521351）

贞丰县平街乡小花江村小花江组的黄果（采集编号：2013522197）（图4-160）为地方老品种，有80年以上的种植历史，树体直立，生长势强，12月成熟。果实圆球形，果皮金黄色，果肉汁多、味香、种子多。未见病虫害。

镇宁县良田镇陇要村陇要组布依族地区的黄果（采集编号：2013524111）（图4-161）是祖祖辈辈长期种植的地方品种，果实中等大小，成熟时果皮橙黄色，汁胞平滑，单果重150g左右，种子10粒左右。果肉水分多、肉质细嫩、易化渣、酸甜味。

平塘县鼠场乡仓边村孔王寨组苗族地区的黄果（采集编号：2012523122）（图4-162），单果重180g左右，果皮光滑，种子较多。果肉汁多、味甜、易化渣、口感好。

图4-160　黄果（2013522197） 　　　图4-161　黄果（2013524111）

图4-162　黄果（2012523122）

二、宽皮柑橘

在贵州调查收集到的宽皮柑橘资源主要有温州蜜柑、椪柑、红橘、皱皮柑等种类。此次调查共收集到18份，分布比较广，除六盘水市未收集到外，其他市（州）均收集到了。

（一）温州蜜柑

温州蜜柑在我国有2000多年的栽培历史，主要分布在浙江、广东、广西等地区。本次在黎平县和雷山县收集到温州蜜柑种质资源。

黎平县双江镇黄岗村8组的橘子（采集编号：2013523406）（图4-163），属于温州蜜柑，具有成熟期早、果大、味甜等特点。但管理粗放，病虫害多，且落果严重。黎平县德顺乡平甫村2组的小香橘（采集编号：2013523417）（图4-164）也属于温州蜜柑，果较小（3cm左右）、香甜、易化渣。是优良地方品种，产量高，种植面积较大，常有外地人或亲戚朋友到此引种，作为嫁接穗条。

雷山县达地乡乌空村乔撒组的柑橘（采集编号：2013526322）（图4-165），10月下旬成熟，具有味酸甜、汁多、皮薄、果大等特点。

图4-163　橘子（2013523406）

图4-164　小香橘（2013523417）

图4-165　柑橘（2013526322）

（二）椪柑

镇宁县六马镇乐号村的橘子（采集编号：2013524142）（图4-166），本县地方品种，果型高庄，皮薄，宽皮柑橘类，单果重120g、水分多、易化渣、甜酸味。

图4-166　橘子（2013524142）

（三）皱皮柑

皱皮柑是我国栽培历史悠久的柑橘品种，主要分布在四川木里、盐源，贵州，湖南，湖北等地，也叫土柑、药柑、玛瑙柑等。本次调查发现，因外观较差，且受新品种冲击，皱皮柑被逐渐淘汰，分布区域越来越窄。

印江县朗溪镇川岩村2组的药柑（采集编号：2013522427）（图4-167），分布地海拔635m，树势旺，果实12月成熟，丰产，平均单果重120g，果皮粗糙，汁胞大，易剥皮。果肉细嫩、汁多、耐贮、口味酸甜，可溶性固形物含量为11.5%。对柑橘褐斑病高抗。果皮入药，治咳嗽，且具有清热祛火的功效，深受当地土家族的喜爱，被称为保健柑。目前印江县朗溪镇正扩大规模种植，这既有助于石漠化治理，绿了青山，又富了百姓。

威宁县石门乡新龙村3组的柑子（采集编号：2013525415）（图4-168），分布地海拔1522m，耐寒，适宜在高寒山区种植。果大，坐果率低。

图4-167　药柑（2013522427）

图 4-168　柑子（2013525415）

（四）红橘

红橘也叫川橘，一些地方又叫小柑。主要分布在四川、重庆、广西等地，20 世纪八九十年代种植面积大，但 2000 年后被逐渐淘汰，目前保留完好的红橘产区在重庆万州，一些古红橘树龄近百年。红橘外观漂亮，皮薄，味酸甜，种子 10 粒左右，易剥皮，深受小孩喜爱。常被加工为橘瓣罐头。用红橘作砧木，具有树势直立、生长势强、抗病性强、耐涝、耐瘠薄的特性。开阳县楠木渡镇黄木村水洞组的本地小柑（采集编号：2014523224）（图 4-169），果实圆形，皮薄肉厚，水分足，味酸甜，籽少。丰产性强，株产可达 50kg 以上。

图 4-169　本地小柑（2014523224）

（五）其他宽皮柑橘

米柑为贵州省铜仁市德江和印江等地栽培的地方品种，易剥皮，其为宽皮柑橘类型。在贵州省印江县朗溪镇昔卜村调查收集的米柑（采集编号：2013522429）（图 4-170），树势较弱，枝条披散，有温州蜜柑的血统，初步判断是一个天然的杂柑。在当地 12 月成熟，单果重 71g，果实扁圆。果实成熟时黄色，囊瓣 9 瓣左右，种子 10 粒左右。该品种具有果皮薄、易剥皮、汁多、风味浓、对柑橘褐斑病具有一定抗性等特点。

图4-170　米柑（2013522429）

三、黎檬

本次在紫云县四大寨乡噜嘎村噜嘎组调查收集到1份黎檬，当地布依族称为野柑子（采集编号：2013521481）（图4-171），主要分布在坡度30°左右、海拔890m左右的灌丛中，分布区域长约30m、宽约10m，约30株。调查采集时株高0.8~2.5m，部分果实已成熟，地上可见较多落果，又可见部分幼果。果实种子多，味极酸。形态特征和柠檬类似，可能是柠檬与宽皮橘类的杂交后代。

图4-171　野柑子（2013521481）

四、柚

贵州的柚类栽培历史悠久，多实生繁殖，变异大，资源丰富，品种繁多。因柚树体高大、果大、皮厚耐贮、寿命长等特点，而常常分布在村寨民舍、房前屋后附近。本次收集资源多为酸柚，品质较差，但经过当地少数民族世世代代栽培和筛选，也获得了少数品质较好的柚类地方品种。本次调查收集柚类种质资源34份，分布的区域比较广泛。

（一）白肉柚

现存柚树多树体高大，为实生繁殖而来，品质较差，当地少数民族常将其称为酸柚。

印江县洋溪镇曾心村板桥沟组的酸柚（采集编号：2013522401）（图4-172），树干直立，生长势强，产量高，果皮光滑，果大，肉白色。

平塘县通州镇平里河村虎头山组的酸橙子（采集编号：2012523131）（图4-173），是从山上挖回种植30余年的野生柚。果实中等大小，单果重1kg左右，果实白皮层厚（达3.5cm左右），可食率较低，种子多（80粒左右）。果肉白色，成熟时果实酸甜味，品质一般，可作为柑橘的育种材料。

图4-172　酸柚（2013522401） 　　　　图4-173　酸橙子（2012523131）

平塘县卡蒲乡场河村交懂组的毛南本地柚（采集编号：2012523135）（图4-174），是由前人从山上挖回后种植，经过长期栽培驯化而得的地方品种。果实白皮层较厚，种子多，味酸甜，品质一般，若放在次年二三月吃更佳。可作为育种材料。

图4-174　毛南本地柚（2012523135）

安龙县德卧镇白水河村戈贝1组的本地柚（采集编号：2014524097）（图4-175），果味酸甜、微苦，晚熟。果皮鲜用或干用，治浮肿。

赤水市元厚镇米粮村1组的酸柚（采集编号：2013523024）（图4-176），俗称老木柑，特有品种，种子多，翼叶小，丰产，成熟晚。果实成熟后，果肉白色、味酸甜。

图4-175　本地柚（2014524097） 　　　　图4-176　酸柚（2013523024）

道真县棕坪乡胜利村岩脚组的空心橙（采集编号：2014525151）（图4-177），是特优的地方柚子资源。果实10~15cm大小，种子数中等，成熟后中心柱退化而中空，果肉白色、甜酸味、甜味浓、肉脆、水分多、易化渣、品质优。

图4-177　空心橙（2014525151）

道真县棕坪乡胜利村岩脚组的实心橙子（采集编号：2014525152）（图4-178）为地方柚子资源，树势直立。果实15cm左右大小，种子数中等，成熟后中心柱未退化。果肉白色、味酸甜、肉脆、水分多、易化渣、品质中等。

图4-178　实心橙子（2014525152）

荔波县朝阳镇八烂村拉扶组的樟江蜜柚（采集编号：2014522043）（图4-179），成熟期12月至次年1月，果实扁圆形，果皮黄色。果肉脆、水分多、味酸甜、易化渣，种子数中等，是优良的地方品种。

印江县朗溪镇川岩村2组的泡粑橙（采集编号：2013522423）（图4-180），果实外观形同西南地区经典的特色传统手工小吃泡粑，故名泡粑橙。树势旺，果实大，丰产，极晚熟，次年1月中旬成熟。果皮粗糙，种子多，味酸甜。

图4-179　樟江蜜柚（2014522043） 　　　图4-180　泡粑橙（2013522423）

（二）红肉柚

荔波县的樟江红柚（采集编号：2014522045）（图4-181），成熟期极晚，一般在次年1月成熟。果实圆球形，成熟时果皮黄色，果肉红色、较脆、水分多、易化渣。

道真县棕坪乡胜利村岩脚组的红心橙（采集编号：2014525153）（图4-182），为地方柚子资源。果实15cm左右大小，种子数中等。果肉红色、肉脆、水分多、易化渣、味酸甜、品质优。

图4-181　樟江红柚（2014522045） 　　　图4-182　红心橙（2014525153）

印江县朗溪镇川岩村的印江红心柚（红橙）（采集编号：2013522424）（图4-183），成熟期11月下旬，丰产性强，单果重925g。果肉深红色，肉质细嫩，种子少，可溶性固形物含量为12%左右，品质优。可直接栽培利用或作杂交亲本。

图 4-183　印江红心柚（红橙）（2013522424）

五、宜昌橙

本次从道真县大矸镇大矸村新合组采集到 1 份宜昌橙（采集编号：2014525164）（图 4-184），当地仡佬族将其称为酸柑子，由村民从附近海拔 1350m 左右的森林挖回移栽，这是道真县首次发现原始野生宜昌橙。其生长缓慢，果肉味酸，种子多，基本不食用。2017 年 1 月有报道称，在与其接壤的重庆市南川区金佛山原始密林中也发现有原始野生宜昌橙的分布。

图 4-184　宜昌橙（2014525164）

六、枳

枳又称枳壳。落叶灌木或小乔木，叶片为三出复叶，分枝多，密生粗壮棘刺，鸟不得在其上站立，因此被形象地称为雀不站。

平塘县鼠场乡新坝村干腮组的枳壳（采集编号：2012523126）（图 4-185），9 月前后成熟。果近圆球形，果皮黄色，外被绒毛，单果重 40g 左右，种子较多（30 粒以上），味极酸，当地人不直接食用。幼果枳实是一味重要的中药，种子播种成苗后常作为柑橘嫁接育苗的砧木。

荔波县黎明关乡木朝村俄鸭组的枳壳（采集编号：2014522108）（图 4-186），因枝密刺多，当地苗族常将其栽植在作物田地周围作围篱用。

图 4-185　枳壳（2012523126）

图 4-186　枳壳（2014522108）

七、香橙

香橙为小乔木，枝通常有粗长刺，新梢及嫩叶柄常被疏短毛。主要分布在湖北、四川、贵州等地。

本次在印江县洋溪镇坪林村甘溪组采集到的香橙（采集编号：2013522420）（图 4-187），当地人称为蛆柑。在印江县洋溪镇坪林村甘溪组采集的香橙（采集编号：2013522445）（图 4-188），当地土家族称为狗屎柑，具有生长势旺、春季萌动早的特性，近年来常作为繁殖柑橘苗木的首选砧木。

图 4-187　香橙（蛆柑）（2013522420）

图 4-188　香橙（狗屎柑）（2013522445）

八、金柑

金柑别名金橘，常绿灌木，花期 4~5 月，果期 11 月至次年 2 月。本次在贵州黎平县肇兴镇肇兴村 6 组调查收集的金橘，当地侗族称为小香橘（采集编号：2013523411）（图 4-189），实为金柑品种罗浮。调查未发现病虫枝叶，抗病能力强，产量高。果实皮薄，果肉汁多、甜、易化渣、口感好。

图 4-189　小香橘（2013523411）

第六节　多年生经济作物

本次调查采集到多年生经济作物共 56 份，其中茶 1 份、桑 4 份、花椒 8 份、八月瓜 14 份、地瓜藤 1 份、大血藤 1 份、火棘 7 份、金樱子 3 份、蛇莓 1 份、甜槠 1 份、荚蒾 2 份、南酸枣 5 份、四照花 6 份、野油茶 1 份，山苍子 1 份。现简述少数民族认知有价值的种质资源。

一、茶

本次调查采集到贵州省特有茶树品种高树原茶（采集编号：2012522181）（图 4-190），

采自三都县拉揽乡来楼村，此种茶树生长在尧人山的半山区森林中，有少数人家移植几株到房前屋后。该种茶树高 3~4m，叶片宽大，嫩叶黄绿色，泡茶汤色金黄、透明、清香。

图 4-190　高树原茶（2012522181）

二、桑

贵州省有一定的桑种质资源分布。本次调查收集到桑种质资源 4 份，其中普通桑 3 份，川桑 1 份；地方品种资源 3 份，野生种质资源 1 份。分布于荔波县 2 份，黎平县、赫章县各 1 份。当地少数民族对桑种质资源的利用一是将桑叶用于养蚕，二是将果实用于鲜食，赫章县的彝族群众认为其果实可以食药两用，食用后有补肾的作用，且桑树的叶片具有消炎的作用，根具有止咳化痰的功效。本次调查在赫章县兴发乡中营村采集的野生桑树（采集编号：2014521152）（图 4-191），属于普通桑。落叶乔木，树高 15m 左右。叶用于养蚕，果穗硕大、圆柱形、成熟时紫黑色，果汁多、味甜、具有补肾的功效。开花期 3 月，成熟期 7 月。能抗 $-5℃$ 的低温。

图 4-191　野生桑树（2014521152）

三、八月瓜

八月瓜，又名八月炸、野香蕉、八月黄、紫宝等，正名三叶木通。果型长圆形，形似香蕉，成熟时果皮紫色。单果重 130g 左右，果实农历八月成熟后自然开裂，果肉白色、味香、甜糯，集观赏、食用、美容、药用、保健功能于一体。八月瓜具有耐阴、耐瘠薄的优点，结果早，种子播种后当年就可结果。此次调查收集到14份，分布于10个县（市）。

剑河八月瓜（采集编号：2012521159）（图4-192），采集于剑河县太拥乡柳开村14组，为落叶藤本，生长势中等。果实长椭圆形，成熟后果皮紫色，果肉白色、汁多、细嫩、品质优，多作为鲜果食用。开花期5月，成熟期9月。

八月瓜（采集编号：2014526201）（图4-193），采集于施秉县马溪乡茶园村虎跳坡组，落叶藤本，果实长椭圆形，成熟后果皮浅紫色，果肉白色、汁多、食用口感细甜。产量高。茎入药，治肾结石。开花期4月底，成熟期9月。

图4-192　剑河八月瓜（2012521159） 　　图4-193　八月瓜（2014526201）

八月瓜（采集编号：2013524334）（图4-194），采集于松桃县盘石镇代董村4组，藤本，生长势强，耐瘠薄，耐阴。果实长椭圆形，果肉白色、味甜、带芳香味，种子黑色。4月开花，10月成熟。未成熟果（约六成熟）晒干，磨面吞水治腹泻。

图4-194　八月瓜（2013524334）

麻皮八月瓜（采集编号：2014523063）（图4-195），采集于开阳县高寨乡平寨村么老寨组，落叶藤本，生长势中等，抗病虫害能力强。果实长椭圆形，直径4cm左右，果皮麻黄色，果肉白色、汁多、味甜。种子褐色、较少。3月开花，9月成熟。

图 4-195　麻皮八月瓜（2014523063）

四、南酸枣

南酸枣属漆树科南酸枣属。为落叶乔木，树体高大，多为野生或半野生状态。核果椭圆形或倒卵状椭圆形，成熟时黄色，长 2.5~3cm，径约 2cm，果核长 2~2.5cm，径 1.2~1.5cm，顶端具 5 个小孔。当地少数民族多将其果实鲜食。施秉县苗族群众将其皮和果实入药，外用治疗烫火烧伤。紫云县苗族认为该树种生长势强，栽植在房前屋后具有挡风的作用。南酸枣的开花期为 4 月，果实成熟期为 9 月。此次系统调查在紫云县、赤水市、松桃县、安龙县和施秉县（采集编号：2013521494）（图 4-196）共收集到南酸枣种质资源 5 份。

图 4-196　南酸枣（2013521494）

五、荚蒾

荚蒾属忍冬科荚蒾属植物。多为灌木或小乔木。果实为核果，卵圆形或圆形，冠以宿存的萼齿和花柱。核扁平，较小，圆形，骨质，有背、腹沟或无沟，内含 1 颗种子。此次系统调查在荔波县收集到荚蒾属资源 2 份，分别是荚蒾（采集编号：2014522185）（图 4-197）和密花荚蒾（采集编号：2014522167）（图 4-198），所涉及的民族为苗族。荚蒾目前在当地还处于野生状态，仅作为绿篱和观赏植物利用。

图 4-197　荚蒾（2014522185） 　　　　　图 4-198　密花荚蒾（2014522167）

六、四照花

四照花属山茱萸科四照花属。为常绿乔木，又名鸡嗉子果、野荔枝，道真县的仡佬族群众将其称为"栗芝籽"。果实球形或呈心形，成熟后红色，味酸甜，口感好，当地少数民族多将其果实作为野果鲜食。赫章县少数民族也将四照花果实作为药食两用水果，入药有暖胃、通经和活血的作用。此次系统调查在松桃县、威宁县［鸡嗉子（采集编号：2013525441）（图4-199）］、赫章县、开阳县、道真县、施秉县共收集到四照花种质资源6份，均为野生。

图 4-199　鸡嗉子（四照花）（2013525441）

七、火棘

火棘，又名救军粮。常绿灌木。果实近球形，直径约5mm，成熟时橘红色或深红色，可食。花期3~5月，果期8~11月。由于果实漂亮，因此具有较高的观赏价值。本次资源调查共收集到细圆齿火棘3份，全缘火棘和窄叶火棘各2份。分布在印江县3份，威宁县2份，安龙和织金各1份。

黄籽（采集编号：2013525398）（图4-200），采集于威宁县中水镇［非系统调查乡（镇）］，属于窄叶火棘，常绿灌木，枝条上有刺。果实扁球形，直径0.5cm左右，成熟时果实金黄色，果可食，有涩味，汁少、肉质粗糙。适应性强，耐瘠薄，有观赏价值。

红籽刺（采集编号：2014524025）（图4-201），采集于安龙县洒雨镇海星村烂滩组，属于细圆齿火棘，常绿灌木，果实扁圆或近球形，直径0.5cm，成熟时橘红色，汁少，肉质粗糙，味微酸，但可口。开花期3月，成熟期9~10月。可作盆景。

图4-200　黄籽（2013525398） 　　　　图4-201　红籽刺（2014524025）

八、蛇莓

蛇莓，别名为蛇泡草、龙吐珠、三爪风、鼻血果果、珠爪、蛇果等，为蔷薇科蛇莓属多年生草本。此次调查在赫章县的夜郎国家森林公园［非系统调查乡（镇）］收集到1份蛇莓（采集编号：2014521156）（图4-202）种质资源，采集地海拔为1944m。为多年生匍匐状草本，植株高15cm左右，果实圆球形、红色、较小（直径0.5cm）、汁多。当地群众认为其叶片可以消炎。

图4-202　蛇莓（2014521156）

九、地瓜藤

地瓜藤又名地石榴、过江龙、土瓜等。此次系统调查在织金县黑土乡团结村采集到1份地瓜藤（采集编号：2013526108）（图4-203）种质资源，隶属桑科榕属。野生状态，匍匐藤本，植株高15cm，果生于土中，暗红色，果径1.5~2.0cm，味酸甜，品质优，香味浓。开花期3月，7月中旬至8月中旬成熟。当地群众主要将其作为野果鲜食。

图 4-203　地瓜藤（2013526108）

十、大血藤

大血藤，为五味子科南五味子属中的黑老虎，又叫冷饭团、臭饭团、酒饭团、过山龙藤、大钻、万丈红、透地连珠等。贵州省有黑老虎种质资源的分布，此次系统调查在剑河县南明镇的河口村收集到 1 份当地叫大血藤（采集编号：2012521154）（图 4-204）的种质资源，为木质常绿藤本，生长在海拔 470m 的灌木林中，生长势较弱。果实圆球形，由若干个小果发育成球形大果，形状像足球，直径 10cm 左右。果实成熟后食用，营养丰富，并具有补血的功效。开花期 5 月初，成熟期 10 月中旬。

图 4-204　大血藤（2012521154）

十一、甜槠

甜槠又称圆槠，果实叫甜槠子，是分布于 300~1200m 阔叶树林中的常绿大乔木。本次在黎平县尚重镇绞洞村 5 组收集到 1 份甜槠，当地苗族称为米栗（采集编号：2013523420）（图 4-205），分布于海拔 935m 的高山混林中，树古老，叶片光滑亮泽。为当地特有野生资源，农历五月开花，十月成熟，果实直径 1cm 左右，果仁白色，味较甜，主要生食。

图 4-205　米栗（2013523420）

十二、花椒

花椒是我国重要的佐料作物，在贵州也有分布，本次调查在三都、镇宁、黎平、威宁、安龙和施秉等县，收集到花椒种质资源 8 份，其中栽培的 4 份，野生的 4 份。

藤椒（采集编号：2012523117）（图 4-206），采集于平塘县大塘镇里中村，地方品种，含油量高，香味和麻味浓，是当地炒菜、做汤的常用佐料之一。当地苗族常用棕毛缝袋，将花椒放入袋子，挂于厨房灶的上方，可长期保存。耐寒性和耐旱性强，耐瘠薄，未见病虫害，产量高。

图 4-206　藤椒（2012523117）结果状及保存方法

野花椒（采集编号：2013525335）（图 4-207），采集于威宁县盐仓镇高峰村高原组，为野生种质资源，当地彝族群众食用其嫩茎、叶，炒、凉拌或腌食。其种子药用，治牙疼。

图 4-207　野花椒（2013525335）

十三、山苍子

山苍子，正名山鸡椒，为我国的香料植物资源之一，尤其以西南地区群众喜食。落叶灌木或小乔木。贵州的山苍子主要分布在紫云县猴场镇、猫营镇等，由野生状态逐步扩繁发展到人工栽培。山苍子是紫云县特优经济作物，油质量位居全国第一，被誉为"麻山珍珠"。山苍子除了食用还可以用于生产保健、除菌等用品。贵州人喜食的酸汤鱼、酸汤面、酸汤火锅，其主要佐料就是山苍子油。本项目共收集1份山苍子种质资源。

本次在紫云县猴场镇腾道村王家沟组调查收集了1份山苍子，为野生种质资源。据介绍，因当地独特的气候，山苍子（采集编号：2013521518）（图4-208）通过农户初加工经过蒸汽蒸馏可得山苍子油，出油率4.2%左右，柠檬醛含量可达83%左右。山苍子具有特殊香味，生吃可健胃消食，当地少数民族常在其中放入油和盐长期存放，和手搓辣椒一起作为吃火锅的辣椒蘸水。叶捣碎涂抹或水煎洗，可解毒消肿、理气散结、治疗蚊虫咬伤等。

图4-208　山苍子（2013521518）结果状与农家保存的山苍子

十四、野油茶

野油茶是油料植物的一种，栽培油茶是由野油茶驯化而来的。本次调查在松桃县盘石镇代董村采集到野油茶（采集编号：2013524325）（图4-209），分布在当地山坡上，连片面积约133hm^2。据当地苗族民众介绍，这种野油茶的出油率为20%~30%，已被有关企业开发利用。

图4-209　野油茶（2013524325）

（编写人员：陈善春　胡忠荣　陈洪明　何永睿　雷天刚）

参 考 文 献

贵州省农科院园艺所柑桔课题组 . 1984. 贵州柑桔资源调查报告 . 贵州农业科学 , (5): 35-37.

贾敬贤 , 贾定贤 , 任庆棉 . 2006. 中国作物及其野生近缘植物 (果树卷). 北京 : 中国农业出版社 : 34-37.

刘旭 , 郑殿升 , 黄兴奇 . 2013. 云南及周边地区农业生物资源调查 . 北京 : 科学出版社 : 384-482.

第五章　药用植物调查结果

第一节　概　　述

贵州省地处亚热带湿润季风气候区，水热条件优越，岩性及地貌类型多种多样，地势高差大。特定的山区环境、复杂多样的自然条件、温暖的气候，使当地蕴藏着丰富的药用植物资源。经统计，贵州有药用植物275科1384属3924种，其中高等植物2802种，约占全省植物种类总数的43.1%，常用的有465种，主要有杜仲（*Eucommia ulmoides* Oliv.）、天麻（*Gastrodia elata* Bl.）、黄柏（*Phellodendron amurense* Rupr.）、厚朴（*Magnolia officinalis* Rehd. et Wils.）、何首乌（*Polygonum multiflorum* (Thunb.) Harald.）、半夏（*Pinellia ternata* (Thunb.) Breit.）、箭叶淫羊藿（*Epimedium sagittatum* (Sieb. et Zucc.) Maxim.）、石斛（*Dendrobium nobile* Lindl.）、吴茱萸（*Evodia rutaecarpa* (Juss.) Benth.）、天门冬（*Asparagus cochinchinensis* (Lour.) Merr.）、缬草（*Valeriana officinalis* L.）、龙胆草（*Gentiana scabra* Bunge）、川续断（*Dipsacus asper* Wall.）、金银花（忍冬）（*Lonicera japonica* Thunb.）、盐肤木（*Rhus chinensis* Mill.）、白及（*Bletilla striata* (Thunb.) Rchb. f.）、头花蓼（*Polygonum capitatum* Buch.-Ham. ex D. Don）、鱼腥草（*Houttuynia cordata* Thunb.）、喜树（*Camptotheca acuminata* Decne.）、银杏（*Ginkgo biloba* L.）、山苍子（*Litsea cubeba* (Lour.) Pers.）、木姜子（*L. pungens* Hemsl.）、姜黄（*Curcuma longa* L.）、滇黄精（*Polygonatum kingianum* Coll. et Hemsl.）、艾纳香（*Blumea balsamifera* (L.) DC.）、薏苡（*Coix lacryma-jobi* L.）等（幺厉等，2006；李先恩，2015）。

贵州也是一个多民族聚居省，主要有苗族、侗族、瑶族、壮族、布依族、彝族、仡佬族、水族、土家族等少数民族。经过成百上千年的摸索积累，苗族、侗族、布依族、水族等少数民族都发展出了自己别具特色而又经济实用的民族传统医药体系。近年来，贵州省以苗族医药为重点，对少数民族传统医药进行了多次调查、收集、整理和研究开发，正式出版了《苗族药物集》《苗族医药学》《侗族医学》《水族医药》等民族医药文献，但是大量的少数民族传统医药还没有被挖掘出来。由于缺乏对传统医药知识的保护意识，少数民族传统医药资源大量流失，传统医药知识传承面临危机，例如，贵州省黔东南州部分苗医为防止其秘方外传，就亲手采集药物，炮制、配制鲜药，将捣碎后的药物亲自带到患者家中，目睹患者服用，再将服用完毕的药碗连同残渣一同取走。

一、调查得知少数民族认知的药用植物

贵州农业生物资源调查项目药用植物资源调查与评价课题由中国医学科学院药用植物研究所及云南分所、贵州省农业科学院等单位科研人员完成。通过对21个系统调查县（市）药用植物资源的调查，我们得知各民族认知药用植物共249种，其中野生药用植物198种，认知程度居前10位的是金银花、杜仲、党参、白及、车前草、何首乌、天麻、板蓝根、木姜子、半夏（图5-1），其他主要有：桔梗、百合、独角莲、龙胆草、麦冬、岩白菜、重楼、垂油子、钩藤、铁皮石斛、续断、鱼腥草、柴胡、和尚头、黄连、薤头、马鞭草、枇杷、千里光、夏枯草、盐肤木、羊耳菊、地苦胆、隔山消、虎耳草、接骨草、接骨茶等。

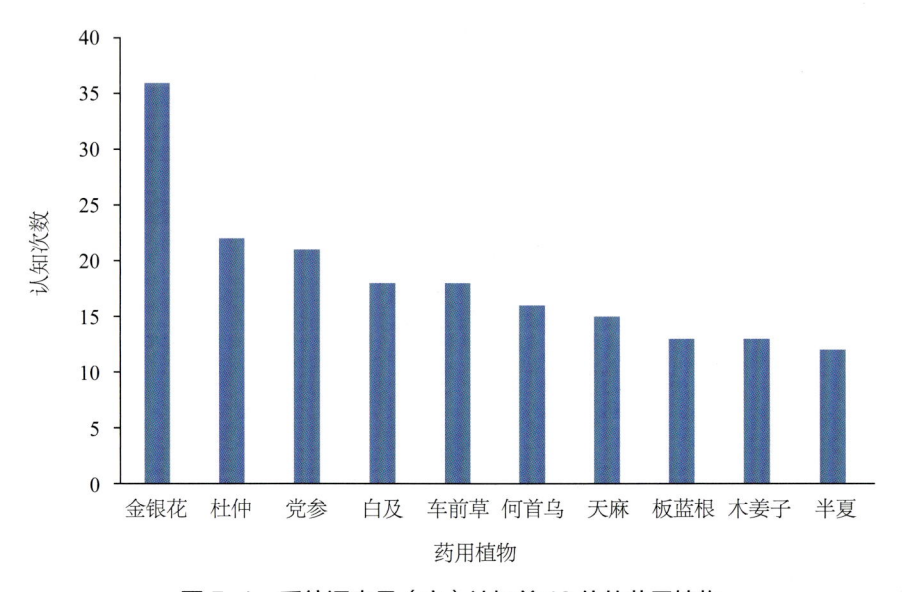

图 5-1 系统调查县（市）认知前 10 位的药用植物

21个系统调查县（市）栽培的药用植物共55种，其中认知程度前10位的是杜仲、黄柏、太子参、金银花、百合、党参、木姜子、板蓝根、半夏、厚朴，也就是说这10种药用植物在贵州栽培范围最广（图5-2），其他主要有：桔梗、枇杷、川芎、丹参、白芷、冰球子、泽兰、穿心莲、垂油子、刺五加、大黄、防风、核桃、黄芩、黄花菜、黄姜、黄芪、姜黄、薤头、接骨丹、金钗石斛、苦丁茶、苦金盆、雷公藤、灵芝、龙胆草、马蓝、南瓜子、青蒿、三七、桑、姜、水菖蒲、天麻、铁皮石斛、土三七、五香草、草乌、续断、鱼腥草、重楼、竹根七、山银花、山茱萸、棕树等，见表5-1。

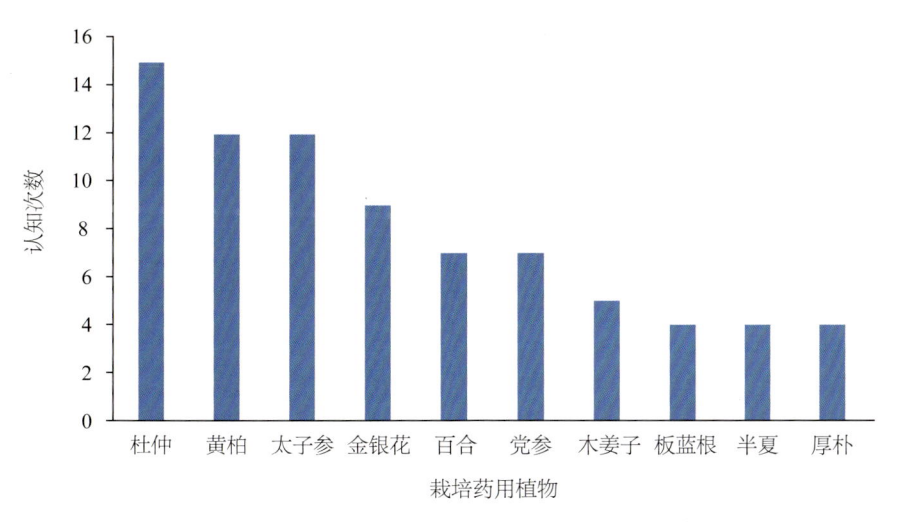

图 5-2　系统调查县（市）认知前 10 位的栽培药用植物

表 5-1　21 个系统调查县（市）栽培药用植物及分布

县（市）	药用植物名称
紫云	木姜子、马蓝、枇杷、水菖蒲
印江	川芎、杜仲、厚朴
威宁	白芷、百合、半夏、丹参、党参、防风、黄芩、黄芪、桔梗、龙胆草、太子参、川续断
松桃	百合、丹参、党参、金银花、太子参
黎平	垂油子、薤头、金银花
雷山	百合、杜仲、厚朴、黄柏、雷公藤、木姜子、天麻、五香草、鱼腥草、竹根七、棕树
织金	穿心莲、黄柏、桔梗、太子参
镇宁	泽兰、杜仲、核桃、黄柏、黄花菜、黄姜、接骨丹、枇杷、桑、土三七
贞丰	川芎、桔梗、太子参
务川	大黄、党参、杜仲、黄柏、金银花、青蒿、太子参
盘县	百合、半夏、三七、铁皮石斛、草乌、重楼
赤水	杜仲、黄柏、姜黄、金钗石斛、金银花
平塘	枇杷
三都	灵芝、杜仲、南瓜子
剑河	黄柏、刺五加、苦丁茶
荔波	太子参
赫章	川芎
开阳	杜仲
安龙	山银花
道真	板蓝根、杜仲、山茱萸
施秉	太子参、桔梗

比较三个普查年代间的药用植物资源，发现系统调查县（市）大部分药用植物资源保存基本完整，物种数量基本未减少，但分布区域更窄，分布面积减少。由于经济原因，部分价值高的野生药用植物采挖严重，面临濒危和灭绝，如野生的天麻、铁皮石斛、重楼、党参、白及等，由于价格高，农民频繁上山采挖，因此野生资源数量急剧下降。

二、调查获得标本及隶属科属情况

21个县（市）共收集标本846份，隶属120科（表5-2），345属（表5-3），489种（幺厉等，2006；李先恩，2015）。收集资源标本最多的19个科是：菊科、百合科、蓼科、唇形科、毛茛科、伞形科、茜草科、蔷薇科、豆科、小檗科、虎耳草科、兰科、忍冬科、天南星科、桔梗科、禾本科、苋科、五加科、芸香科，其中菊科、百合科植物标本份数明显多于其他科植物（图5-3）。

表 5-2 调查采集药用植物标本所属科统计表

科名	标本数	科名	标本数	科名	标本数	科名	标本数
八角枫科	2	桦木科	1	买麻藤科	1	檀香科	1
白花丹科	1	夹竹桃科	2	牻牛儿苗科	2	藤黄科	3
百部科	3	荚蒾科	1	毛茛科	31	天南星科	15
百合科	58	姜科	6	木兰科	11	透骨草科	4
败酱科	8	金粟兰科	5	木通科	7	卫矛科	1
蚌壳蕨科	1	堇菜科	2	木犀科	3	无患子科	1
报春花科	8	锦葵科	3	葡萄科	4	五加科	13
车前草科	6	旌节花科	1	漆树科	8	西番莲科	1
川续断科	7	景天科	4	槭树科	5	仙茅科	1
唇形科	34	桔梗科	15	茜草科	26	苋科	14
酢浆草科	1	菊科	74	蔷薇科	25	香蒲科	1
大戟科	9	卷柏科	1	茄科	10	小檗科	21
大麻科	4	蕨科	1	秋海棠科	2	玄参科	4
灯心草科	2	爵床科	11	忍冬科	18	旋花科	2
冬青科	2	苦苣苔科	4	瑞香科	2	荨麻科	5
豆科	25	兰科	20	三白草科	3	鸭跖草科	2
杜鹃花科	1	藜科	1	伞形科	28	野牡丹科	5
杜仲科	3	里白科	1	桑科	4	银杏科	1
防己科	3	楝科	3	莎草科	3	罂粟科	1
凤尾蕨科	2	蓼科	34	山茶科	1	榆科	1
凤仙花科	2	鳞毛蕨科	1	山柑科	1	鸢尾科	7
海金沙科	3	陵齿蕨科	1	山茱萸科	1	芸香科	12

（续表）

科名	标本数	科名	标本数	科名	标本数	科名	标本数
海桐花科	1	铃兰科	1	杉科	1	樟科	10
禾本科	14	龙胆科	10	商陆科	4	真藓科	1
红豆杉科	6	萝藦科	8	十字花科	2	猪笼草科	1
胡椒科	1	落葵科	3	石松科	7	紫草科	2
胡桃科	2	马鞭草科	9	石蒜科	6	紫金牛科	11
葫芦科	7	马齿苋科	1	石竹科	5	紫茉莉科	1
槲蕨科	1	马兜铃科	8	薯蓣科	5	紫葳科	1
虎耳草科	20	马钱科	3	水龙骨科	4	棕榈科	1
						120 科	846

表 5-3　调查采集药用植物标本隶属的属统计表

属名	标本数	属名	标本数	属名	标本数	属名	标本数
艾麻属	1	孩儿参属	2	菵草属	1	藤石松属	1
艾纳香属	1	海金沙属	4	马鞭草属	4	天胡荽属	1
八角枫属	2	海桐花属	1	马兜铃属	4	天麻属	2
八角属	1	海芋属	2	马兰属	6	天门冬属	5
八月瓜属	1	蒿属	5	马蓝属	1	天名精属	1
巴戟天属	1	何首乌属	7	马蹄金属	1	天南星属	4
菝葜属	5	黑麦草属	1	马蹄香属	1	田基黄属	1
白鼓钉属	1	红豆杉属	6	买麻藤属	1	铁线莲属	2
白花菜属	1	红景天属	1	曼陀罗属	4	通脱木属	1
白花丹属	1	红毛七属	1	芒毛苣苔属	1	透骨草属	4
白及属	5	胡椒属	1	芒萁属	1	土人参属	1
白酒草属	1	胡桃属	1	毛茛属	2	兔耳草属	1
白马骨属	2	胡枝子属	2	茅瓜属	1	兔耳风属	2
百部属	3	槲蕨属	1	魔芋属	1	菟丝子属	1
百合属	5	蝴蝶草属	1	牡荆属	1	委陵菜属	5
百蕊草属	1	虎刺属	2	木瓜属	1	文殊兰属	1
败酱属	1	虎耳草属	8	木姜子属	7	乌桕属	1
稗属	1	虎杖属	4	木槿属	1	乌蕨属	1
板蓝属	1	花椒属	2	木兰属	4	乌头属	11
半边莲属	4	槐属	4	木通属	4	无根藤属	1
贝母属	1	黄鹌菜属	1	南五味子属	2	无患子属	1
荸荠属	2	黄檗属	4	牛膝菊属	1	吴茱萸属	3
变豆菜属	1	黄花稔属	1	牛膝属	11	五加属	4
薄荷属	2	黄精属	18	糯米团属	3	五味子属	4
苍耳属	2	黄连属	2	女贞属	2	舞草属	1

（续表）

属名	标本数	属名	标本数	属名	标本数	属名	标本数
糙苏属	1	黄芪属	1	葡萄属	2	西番莲属	1
草珊瑚属	2	黄芩属	3	蒲公英属	3	豨莶属	2
柴胡属	3	茴芹属	2	朴属	1	细辛属	3
菖蒲属	3	牛蒡属	4	七叶草属	1	下田菊属	2
常春藤属	4	茴香属	1	桤木属	1	夏枯草属	4
车前草属	7	藿香蓟属	2	槭属	3	苋属	2
扯根菜属	1	鸡矢藤属	3	千打锤属	1	香椿属	1
赤爬属	1	鸡眼草属	1	千金藤属	1	香蒲属	1
重楼属	5	积雪草属	3	千里光属	9	香薷属	3
川续断属	7	吉祥草属	1	前胡属	3	向日葵属	1
穿心莲属	3	蕺菜属	4	茜草属	4	小檗属	7
垂穗石松属	1	蓟属	1	蔷薇属	2	小金梅草属	1
葱属	3	荚蒾属	3	荞麦属	5	蝎子草属	1
楤木属	2	姜黄属	1	鞘柄木属	1	缬草属	7
酢浆草属	1	姜属	1	茄属	5	新耳草属	1
翠雀属	1	浆果楝属	1	青牛胆属	2	绣球属	1
大丁草属	1	绞股蓝属	1	青葙属	1	萱草属	3
大黄属	2	接骨木属	7	清明花属	1	玄参属	1
大戟属	4	结香属	1	秋海棠属	2	悬钩子属	7
大麻属	4	金粉蕨属	1	求米草属	1	旋覆花属	3
大青属	4	金锦香属	3	人参属	2	雪胆属	4
大血藤属	2	金毛狗属	1	忍冬属	8	鸭跖草属	2
大叶藓属	1	金钱豹属	1	榕属	1	岩白菜属	5
大油芒属	1	金丝桃属	3	瑞香属	1	沿阶草属	10
淡竹叶属	2	金粟兰属	3	赛葵属	1	盐肤木属	7
当归属	4	金铁锁属	1	三七属	1	羊蹄甲属	2
党参属	4	金线草属	1	沙参属	2	野牡丹属	2
灯心草属	2	筋骨草属	1	山慈菇属	2	野木瓜属	1
地胆草属	2	堇菜属	2	山豆根属	2	野茼蒿属	2
地海椒属	1	锦鸡儿属	1	山核桃属	1	野桐属	1
地黄连属	1	荆芥属	1	山胡椒属	1	叶下珠属	1
颠茄属	1	苊子梢属	2	山兰属	1	一枝黄花属	1
吊石苣苔属	3	旌节花属	1	山蚂蝗属	4	益母草属	1
冬青属	2	红景天属	1	山柰属	1	薏苡属	5
豆蔻属	2	景天属	1	山楂属	1	银莲花属	10
独根草属	1	九节属	1	杉树属	1	银杏属	2
独蒜兰属	1	九子母属	1	珊瑚苣苔属	1	淫羊藿属	3
杜茎山属	1	桔梗属	4	穆属	1	鱼黄草属	1
杜鹃花属	1	菊三七属	1	商陆属	4	鱼眼草属	3

（续表）

属名	标本数	属名	标本数	属名	标本数	属名	标本数
杜鹃兰属	1	菊属	3	芍药属	4	玉凤花属	1
杜仲属	4	卷柏属	1	舌唇兰属	1	玉簪属	1
杜仲藤属	1	开唇兰属	1	蛇莓属	2	鸢尾属	7
鹅绒藤属	8	拉拉藤属	2	蛇葡萄属	2	泽兰属	1
耳草属	1	辣椒属	1	蛇舌草属	1	樟属	1
繁缕属	1	兰属	1	十大功劳属	6	珍珠菜属	9
防风属	3	老鹳草属	2	石豆兰属	1	栀子属	2
飞龙掌血属	1	雷公藤属	1	石胡荽属	2	蜘蛛抱蛋属	1
风轮菜属	2	犁头尖属	3	石斛属	4	猪笼草属	1
风毛菊属	2	藜属	1	石荠苎属	1	猪屎豆属	2
蜂斗菜属	1	蓼属	15	石松属	5	竹根七属	1
凤尾蕨属	2	柃木属	1	石蒜属	5	苎麻属	1
凤仙花属	2	凌霄属	1	石韦属	4	紫草属	2
腹水草属	1	琉璃草属	1	鼠麴草属	1	紫金牛属	10
藁本属	5	六棱菊属	1	鼠尾草属	1	紫茉莉属	1
葛属	2	龙胆属	7	薯蓣属	5	紫苏属	7
钩藤属	5	龙芽草属	5	双蝴蝶属	2	紫菀属	2
观音草属	6	路边青属	1	水芹属	2	紫珠属	1
贯众属	1	罗勒属	1	四棱草属	2	棕榈属	1
鬼吹箫属	1	萝卜属	1	菘蓝属	1	醉鱼草属	3
鬼灯檠属	2	落葵薯属	3	酸模属	4		
鬼臼属	2	落新妇属	2	算盘子属	1		
鬼针草属	4	绿绒蒿属	1	薹草属	1	345 属	846

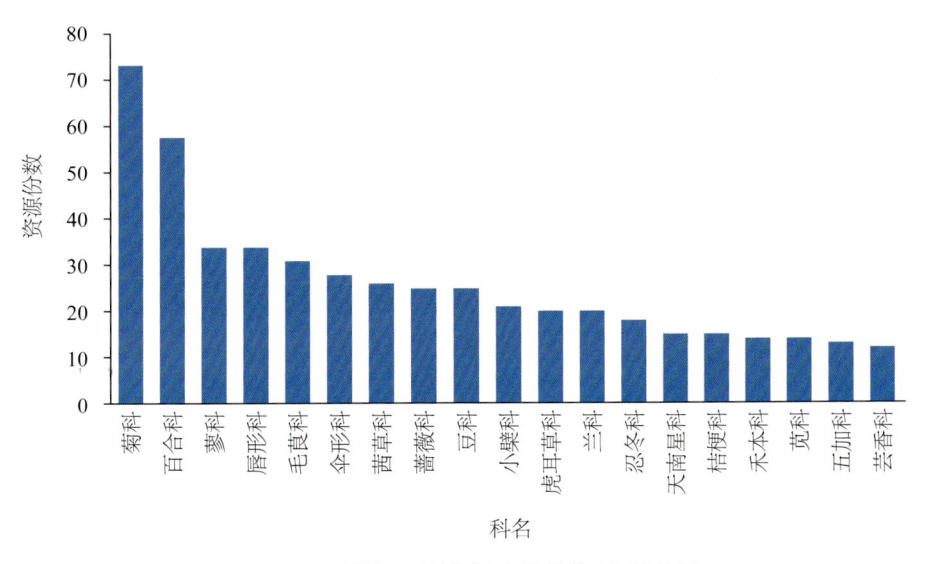

图 5-3 系统调查采集标本份数前 19 位的科

收集资源标本最多的 24 个属是：黄精属、蓼属、牛膝属、乌头属、沿阶草属、银莲花属、紫金牛属、千里光属、珍珠菜属、鹅绒藤属、虎耳草属、忍冬属、车前草属、川续断属、何首乌属、接骨木属、龙胆属、木姜子属、小檗属、缬草属、悬钩子属、盐肤木属、鸢尾属、紫苏属，其中，黄精属、蓼属植物标本份数明显多于其他属植物（图 5-4）。

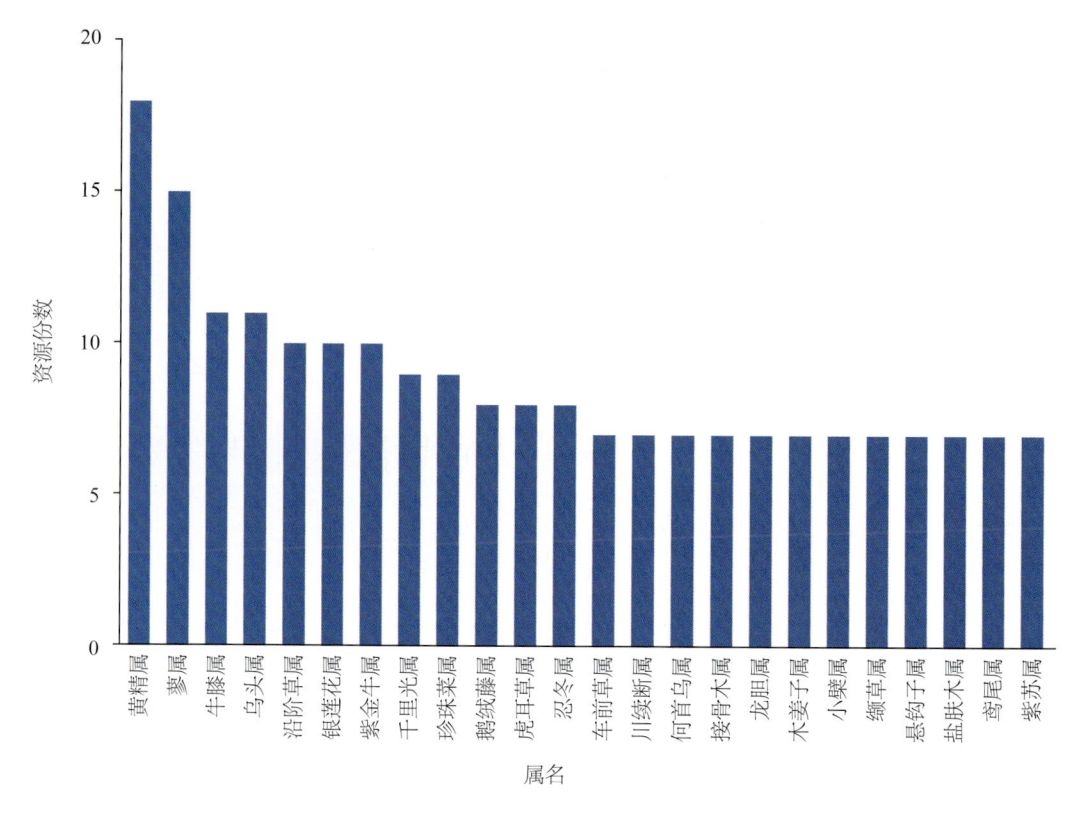

图 5-4　调查采集标本份数前 24 位的属

三、获得药用植物种质资源的分布

各县（市）收集的药用植物标本份数见表 5-4。从收集的药用植物标本数量来看，以镇宁县、务川县、赤水市收集的资源份数较多（图 5-5）。从收集药用植物标本数量的民族及支系分布来看，以苗族、汉族、布依族、侗族收集的资源较多（表 5-5，图 5-6）。

表 5-4　21 个县（市）收集的药用植物各县份数统计表

县（市）	剑河	平塘	三都	务川	贞丰	赤水	镇宁
份数	58	60	43	68	34	68	74
县（市）	织金	紫云	黎平	印江	雷山	松桃	威宁
份数	40	60	40	46	59	35	27
县（市）	赫章	荔波	开阳	安龙	道真	施秉	盘县
份数	0	25	6	3	39	26	35

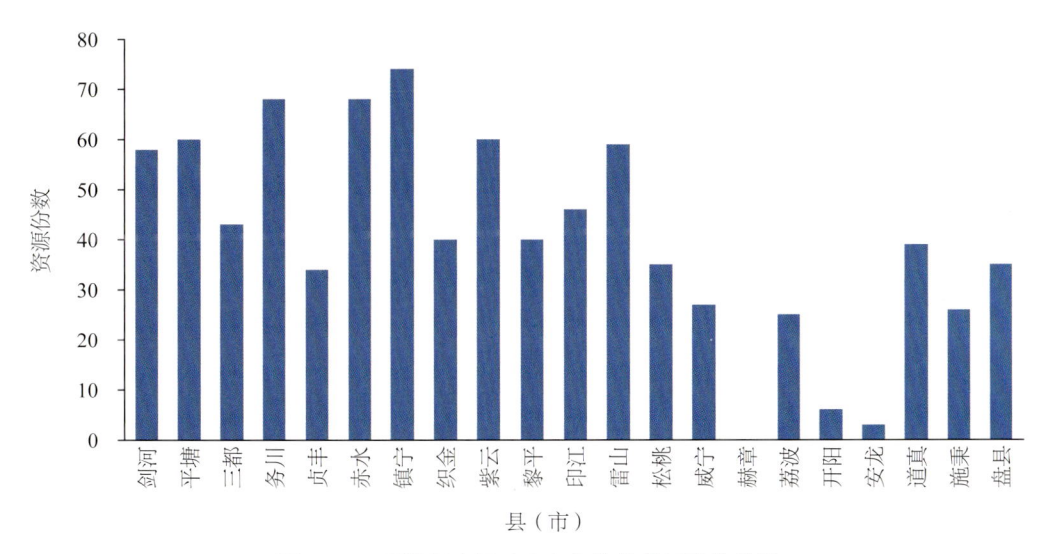

图 5-5　系统调查县（市）收集的药用植物份数

表 5-5　21个县（市）收集的药用植物在各民族及支系的分布

民族及支系	白族	布依族	穿青人	侗族	汉族	毛南族	苗族	水族	土家族	瑶族	彝族	仡佬族
份数	4	108	27	75	122	5	325	54	46	10	16	54

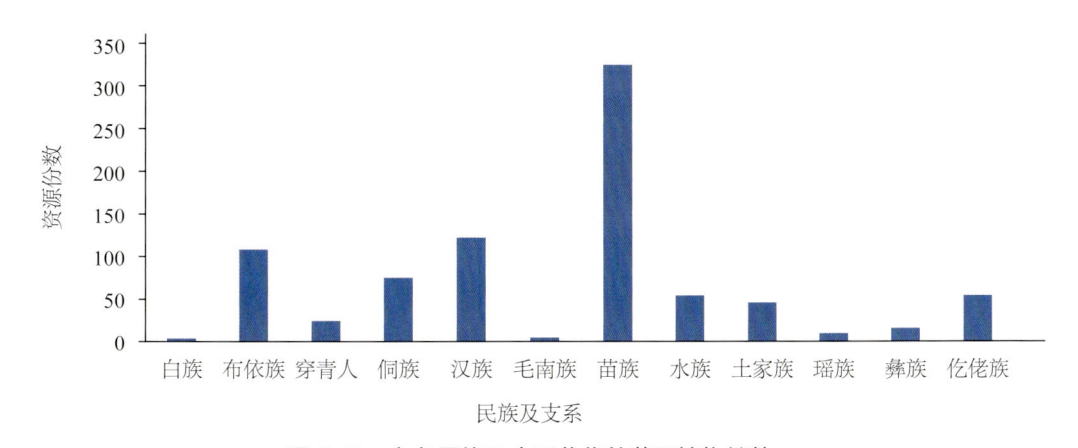

图 5-6　在各民族及支系收集的药用植物份数

第二节　与贵州民族生活紧密相关的药用植物资源

在收集的846份药用植物资源调查信息中，有些药用植物在不同民族的药用认知基本相同，但也有160种在不同民族间有不同的认知。现将与贵州民族生活紧密相关的药用植物资源归类简述（刘旭等，2013）。

常春藤（*Hedera nepalensis* K. Koch var. *sinensis* (Tobl.) Rehd.），五加科常春藤属植物。采集于盘县老厂镇下坎者村委会（采集编号：2013525225），药用根、叶，随采随用。

根煎服治哮喘。采集于剑河县磻溪乡塘沙村2组的常春藤（采集编号：2012521217）（图5-7），侗族。以全草入药，全年都可采收，采后晒干、切细，水煎用于治疗风湿病。采集于黎平县双江镇黄岗村6组的常春藤（采集编号：2013523362），布依族。以茎、叶入药，全年可采，洗净、晾干、切段，具有清热解毒、利尿作用。煎服可治疗结石、高烧、疟疾。

柳叶牛膝（*Achyranthes longifolia* (Makino) Makino），苋科牛膝属植物，采集于平塘县鼠场乡仓边村孔王寨组（采集编号：2012523179）（图5-8），苗族。以根入药，11~12月采收，晒干、切碎，具有强筋健骨、活血、通经、补肾的作用。配黄精，煎服或泡酒，用于治疗腰膝酸胀。

图5-7　常春藤（2012521217） 　　　　图5-8　柳叶牛膝（2012523179）

云南一枝蒿（岩乌头）（*Aconitum racemulosum* Franch.），毛茛科乌头属植物，采集于赤水市官渡镇玉皇村（采集编号：2013523206）（图5-9），汉族。药用全草，夏季采收，洗净。具有解毒消肿、止血、止痛的作用。用于治疗风湿关节痛、牙痛、跌打损伤、外伤出血。

乌头（*Aconitum carmichaelii* Debx.），毛茛科乌头属植物，采集于赤水市长沙镇笃睦村（采集编号：2013523193），汉族。药用全草，秋季采收，根、茎切片，用酒泡服，一次20ml，具有活血化瘀的作用，用于治疗跌打损伤。采集于威宁县盐仓镇团结村1组的乌头（采集编号：2013525315）（图5-10），彝族，以根入药。春末夏初采挖，除去须根、芦头、泥沙，晒干，醋制，外敷，具有镇痛、祛风湿、散寒的作用。对治疗无

图5-9　云南一枝蒿（岩乌头）（2013523206） 　　　　图5-10　乌头（2013525315）

名肿毒有特效。孕妇忌用，不宜与贝母、白及等同用。

水菖蒲（*Acorus calamus* L.），天南星科菖蒲属植物，采集于平塘县鼠场乡同兴村塘边组（采集编号：2012523191）（图5-11），苗族。药用部位为根，11~12月采收，除须根、洗净、晒干，水煎服，开胃、理气，用于治疗小儿腹胀、不消化、发热（对牲畜同样有效）。

石菖蒲（*Acorus tatarinowii* Schott），天南星科菖蒲属植物，采集于织金县黑土乡联合村中坝组（采集编号：2013526162）（图5-12），苗族。药用全草，全年可采收，根切片，鲜品或干品炖鸡肉食用。具有开胃、消食、补虚之功效。水煎服，用于治疗胃病、消化不良、体虚等。

图5-11　水菖蒲（2012523191）

图5-12　石菖蒲（2013526162）

杏叶沙参（*Adenophora hunanensis* Nannf.），桔梗科沙参属植物，采集于松桃县正大乡地容村6组（采集编号：2013524406）（图5-13），苗族。药用部位为根，随采随用，洗净、切碎，与半夏、麦冬配伍，用于治疗肺结核。

仙鹤草（龙芽草）（*Agrimonia pilosa* Ldb.），蔷薇科龙芽草属植物，采集于剑河县磻溪乡光芒村1组（采集编号：2012521202），侗族。药用全草，夏、秋季采收，晒干，水煎，具有消炎的功效，用于治疗肠炎。采集于荔波县瑶山乡菇类村懂别组的龙芽草（采集编号：2014522065）（图5-14），瑶族。药用全草，夏、秋季采集，洗净、干燥、切段，具有收敛止血、解毒、健胃的作用。捣碎，外敷，用于止血；煎汤，内服，具有健胃作用。

图5-13　杏叶沙参（2013524406）

图5-14　仙鹤草（龙芽草）（2014522065）

光叶兔儿风（*Ainsliaea glabra* Hemsl.），菊科兔儿风属植物，采集于道真县阳溪镇阳溪村大屋基组（采集编号：2014525210）（图5-15），仡佬族。药用地上茎叶，夏、秋季采收，洗净泥土后直接食用或晾干，嫩茎叶洗净后切碎与2枚鸡蛋调匀，小火蒸熟后食用，具有润肺之功效，用于缓解过度劳累、咳、喘。采集于平塘县卡蒲乡场河村下甲地组的光叶兔儿风（采集编号：2012523196），毛南族。全草入药，秋季采收，洗净，晒干，有养阴、清肺作用。水煎服或煎鸡蛋吃，用于治疗小儿腹泻、妇女月经不调、老人肺痨。毛南族用该植物来制作酿酒的酒曲。采集于三都县九阡镇水昔村拉写组的光叶兔儿风（采集编号：2012522112），水族。以茎、叶入药，8~10月采收，洗净，晾干，有宣肺、止咳、发汗、利水、行气、活血作用，用于治疗伤风咳嗽、哮喘、水肿等。九阡酒酒曲的主要原料药。

筋骨草（*Ajuga ciliata* Bunge），唇形科筋骨草属植物，采集于道真县大矸镇大矸村新合组（采集编号：2014525219）（图5-16），仡佬族。药用根，夏、秋季采收，洗净晾干，或直接使用，具有清热、凉血的作用，用于治疗跌打损伤、外伤出血。使用时将100g药材捣烂，均匀敷于患处。

图5-15 光叶兔儿风（2014525210）

图5-16 筋骨草（2014525219）

木通（*Akebia quinata* (Houtt.) Decne.），木通科木通属植物，采集于镇宁县扁担山乡革老坟村2组（采集编号：2013524210）（图5-17），汉族。药用全草，全年可采，采后阴干切细，具有排石、消炎作用，用于排尿道结石，取本品20g用水煎服。

三叶木通（*Akebia trifoliata* (Thunb.) Koidz.），木通科木通属植物，采集于剑河县磻溪乡塘沙村2组（采集编号：2012521213）（图5-18），侗族。药用全草，全年可采，采后切片晒干，水煎，用于排肾结石。

图5-17 木通（2013524210）

图5-18 三叶木通（2012521213）

薤头（*Allium chinense* G. Don），百合科葱属植物，采集于黎平县双江镇黄岗村6组（采集编号：2013523360）（图5-19），侗族。药用根茎，全年可采，采后揉碎，擦太阳穴，具有退热作用。

天蓝韭（*Allium cyaneum* Regel），百合科葱属植物，采集于道真县棕坪乡苍蒲溪村万家塘组（采集编号：2014525189）（图5-20），仡佬族。药用全草，全年可采，采后晾干，用于治疗生漆过敏，揉搓叶片至汁液析出，立即擦拭患处。

图5-19　薤头（2013523360） 　　　　图5-20　天蓝韭（2014525189）

桤木（*Alnus cremastogyne* Burk.），桦木科桤木属植物，采集于镇宁县革利乡革利村3组（采集编号：2013524181）（图5-21），苗族。药用叶，全年可采，采后阴干，研细成粉，30g为1包，冲服，具有消肿作用，用于治疗肿痛。

海芋（*Alocasia macrorrhiza* (L.) Schott），天南星科海芋属植物，采集于镇宁县良田镇陇要村陇要组（采集编号：2013524158）（图5-22），布依族。药用全草，全年可采，采后切细，50g为1包，冲服，具有消肿作用，用于治疗肿痛。

图5-21　桤木（2013524181） 　　　　图5-22　海芋（2013524158）

续随子（*Euphorbia lathylris* L.），大戟科大戟属植物，采集于赤水市大同镇民族村（采集编号：2013523145）（图5-23），苗族。药用全草，夏季采收，采后晒干，水煎服，具有解毒作用。采集于贞丰县龙场镇龙山村田家湾组的续随子（采集编号：2013522052），苗族。以种子入药，夏、秋二季果实成熟时采收，去杂，晒干，助消化。嚼食，单用，对于治疗消化不良有特效。

藤茶（*Ampelopsis megalophylla* Diels et Gilg），又称大叶蛇葡萄，葡萄科蛇葡萄属植物，采集于松桃县寨英镇茶子湾村老屋组（采集编号：2013524498）（图5-24），汉族。药用叶，秋季采收，将嫩叶采摘、炒制加工后当茶喝，具有提神生津、降压、降脂、降糖作用，用于治疗高血压、高血脂、糖尿病。

图5-23　续随子（2013523145） 　　　　　　图5-24　藤茶（2013524498）

野棉花（*Anemone vitifolia* Buch.-Ham.），毛茛科银莲花属植物，采集于务川县红丝乡上坝村马草溪组（采集编号：2013521202）（图5-25），苗族。根入药，鲜用或晒干用，具有清湿热、解毒杀虫、驱虫作用，用于治疗黄疸、蜈蚣咬伤。用其叶子擦脚，下田不会被水蛭叮。

三块瓦（*Archiphysalis sinensis* (Hemsl.) Kuang），又称地海椒，茄科地海椒属植物，采集于盘县老厂镇下坎者村12组（采集编号：2013525231）（图5-26），汉族。全草入药，洗净、切碎后舂碎，包患处，用于治疗跌打损伤。

图5-25　野棉花（2013521202） 　　　　　　图5-26　三块瓦（2013525231）

野牛蒡（牛蒡）（*Arctium lappa* L.），菊科牛蒡属植物，采集于雷山县方祥乡雀鸟村1组（采集编号：2013526443）（图5-27），土家族。以根入药，秋、冬季采收，采后洗净，切片，炖肉吃，具有滋补作用，用于治疗气虚。采集于镇宁县革利乡革利村3组的牛蒡（采集编号：2013524180），苗族。以根入药，冬季采收，采后洗净，阴干，炖肉吃，具有滋补作用，用于治疗体虚。

百两金（*Ardisia crispa* (Thunb.) A. DC.），紫金牛科紫金牛属植物，采集于印江县洋溪镇桅杆村（采集编号：2013522456）（图5-28），土家族。以根入药，秋季采收，采后洗净，晒干，切碎后与淘米水煎服，用于治肠炎、痢疾。采集于道真县阳溪镇四坪村大水井组的百两金（采集编号：2014525194），仡佬族。以根、茎入药，夏、秋季采收，洗净，晒干，于干燥处保存，具有清咽利喉的作用。取百两金根适量，慢慢咀嚼含服，用于治疗上呼吸道感染、咽炎。

图5-27 野牛蒡（2013526443） 　　　　图5-28 百两金（2013522456）

紫金牛（*Ardisia japonica* (Thunb.) Blume），紫金牛科紫金牛属植物，采集于黎平县德顺乡平阳村太平山（采集编号：2013523369）（图5-29），侗族。以全草入药，全年采收，洗净，晒干，水煎服，一日2或3次，具有散血的功效，用于治疗分娩后体内有瘀血引起的腹痛。

凹脉紫金牛（*Ardisia brunnescens* Walker），紫金牛科紫金牛属植物，采集于黎平县德顺乡平阳村太平山（采集编号：2013523380）（图5-30），侗族。以根入药，全年可采，洗净，晒干，水煎服，具有祛风、除湿之功效，用于治疗风湿骨痛。

图5-29 紫金牛（2013523369） 　　　　图5-30 凹脉紫金牛（2013523380）

马兜铃（*Aristolochia debilis* Sieb. et Zucc.），马兜铃科马兜铃属植物，采集于赤水市元厚镇米粮村（采集编号：2013523179）（图5-31），苗族。以茎入药，秋季采收，洗净鲜用或阴干，水煎服，有清热作用。

刺老苞（楤木）（*Aralia chinensis* L.），五加科楤木属植物，采集于荔波县佳荣镇大土村大土组（采集编号：2014522172）（图5-32），苗族。以根入药，全年采收，洗净鲜用或晒干，水煎内服，具有祛风除湿、利尿消肿功效，用于治疗腰椎疼痛。

图 5-31　马兜铃（2013523179） 　　　　图 5-32　刺老苞（楤木）（2014522172）

龙须藤（*Bauhinia championii* (Benth.) Benth.），豆科羊蹄甲属植物，采集于剑河县观么乡白胆村（采集编号：2012521243）（图 5-33），苗族。以茎入药，夏、秋季采收，洗净切片晒干，水煎内服，具有祛风除湿、通经活络的功效，用于治疗肠炎。

岩白菜（*Bergeniapur purascens* (Hook. f. et Thoms.) Engl.），虎耳草科岩白菜属植物，采集于镇宁县革利乡翁告村3组（采集编号：2013524205）（图 5-34），彝族。以根入药，冬季采收，洗净，切片，阴干，水煎内服，用于止咳。采集于开阳县双流镇白马村六坪组（采集编号：2014523175）的岩白菜，苗族。全草入药，随采随用，洗净，切碎，晒干，水煎内服，具有止咳平喘的功效，用于治疗咳嗽、哮喘。

图 5-33　龙须藤（2012521243） 　　　　图 5-34　岩白菜（2013524205）

白及（*Bletilla striata* (Thunb.) Rchb. f.），兰科白及属植物，采集于赤水市长沙镇赤岩村（采集编号：2013523199）（图 5-35），彝族。以根茎入药，夏、秋季采收，洗净，润透，切薄片，晒干。水煎 6~15g，研粉吞服 3~6g，具有补肺、止血、消肿、生肌的功效，用于治肺伤咯血、溃疡疼痛。

艾纳香（*Blumea balsamifera* (L.) DC.），菊科艾纳香属植物，采集于紫云县达邦乡纳座村下院组（采集编号：2013521467）（图 5-36），苗族。以茎入药，秋季采收，鲜用或晒干。水煎洗、泡酒搽、捣碎包扎患处，具有消肿止痛的功效，用于治疗跌打损伤（熬酒涂抹）。全草蒸馏可制艾粉。

图5-35　白及（2013523199） 　　　　　　图5-36　艾纳香（2013521467）

苎麻（*Boehmeria nivea* (L.) Gaudich.），荨麻科苎麻属植物，采集于织金县茶店乡团结村任家寨组（采集编号：2013526123）（图5-37），布依族。以根入药，夏、秋季采收，鲜用或晒干。水煎服，具有清热、解毒、止血、利尿作用，用于治疗尿路感染。

角叶鞘柄木（*Toricellia angulata* Oliv.），山茱萸科鞘柄木属植物，采集于平塘县大塘镇里中村6组（采集编号：2012523150）（图5-38），苗族。以根入药，全年可采，洗净，去杂，捣碎外包，具有收敛止血、止痛、续筋骨的作用，用于治疗外伤骨折、跌打损伤。

图5-37　苎麻（2013526123） 　　　　　　图5-38　角叶鞘柄木（2012523150）

火麻（*Cannabis sativa* subsp. *sativa* L.），大麻科大麻属植物，采集于威宁县石门乡新龙村4组（采集编号：2013525423）。以果入药，秋季采收，去杂、晒干，煎汤，内服，具有泻下、通便作用，对治疗便秘有特效。采集于织金县后寨乡三家寨村三家寨组的火麻仁（采集编号：2013526066）（图5-39），苗族。以籽、叶入药，叶于夏季采，籽于秋季采，叶鲜用，籽晒干用。叶有消炎、籽有通经络的作用。籽焙熟嚼服，治全身麻木。叶捣敷治痔疮。

苦参（*Sophora flavescens* Ait.），豆科槐属植物，采集于镇宁县革利乡翁告村3组（采集编号：2013524197）（图5-40），苗族。以根入药，冬季采收，切细，阴干，清热解毒。取本品20g用水煎服，可用于治疗胃病。

图5-39　火麻仁（2013526066）　　　　　　图5-40　苦参（2013524197）

红稗（浆果薹草）（*Carex baccans* Nees），莎草科薹草属植物，采集于平塘县鼠场乡仓边村孔王寨组（采集编号：2012523183）（图5-41），苗族。以种子入药，秋季采收，脱粒，干燥，水煎服，利尿利水、止咳、降压，用于治疗咳嗽、浮肿、高血压。

野烟（棉毛尼泊尔天名精）（*Carpesium nepalense* Less. var. *lanatum* (Hook. f. et T. Thoms. ex C. B. Clarke) Kitamura），菊科天名精属植物，采集于务川县泥高乡栗园村毛牛组（采集编号：2013521174）（图5-42），仡佬族。以根茎入药，随采随用，炖肉吃可补虚，补劳累，提阳气。

图5-41　红稗（浆果薹草）　　　　　　图5-42　野烟（棉毛尼泊尔天名精）
　　　　（2012523183）　　　　　　　　　　　　（2013521174）

海椒沁（四籽马蓝）（*Dicliptera chinensis* (L.) Nees），又称狗肝菜，爵床科狗肝菜属植物，采集于务川县茅天镇红心村大邦林组（采集编号：2013521030）（图5-43），苗族。以根、叶入药，随采随用，鲜用。水煎服，具祛毒、消火功效。取根捣碎敷于伤口处，可治疗毒蛇咬伤。取叶熬水口服，可治疗崩漏。

积雪草（*Centella asiatica* (L.) Urban），伞形科积雪草属植物，采集于剑河县太拥乡柳开村11组（采集编号：2012521225），侗族。全草入药，全年可采，阴干，服前切细，水煎，当茶服，具消炎作用，用于治疗胃病。采集于镇宁县良田镇陇要村陇要组的积雪草（采集编号：2013524165）（图5-44），布依族。全草入药，全年可采，阴干，服前切细，清凉解毒，取本品30g用水煎服，用于治疗支气管炎。

图 5-43 海椒沁（四籽马蓝）（2013521030） 　　图 5-44 积雪草（2013524165）

灰毛浆果楝（*Cipadessa cinerascens* (Pell.) Hand.-Mazz.），楝科浆果楝属植物，采集于镇宁县良田镇陇要村陇要组（采集编号：2013524156）（图5-45），布依族。以叶入药，全年可采，阴干，切细，具有消炎作用。30g 水煎服，用于治疗肠炎。

恶鸡婆（蓟）（*Cirsium japonicum* DC.），菊科蓟属植物，采集于施秉县牛大场镇石桥村上坝组（采集编号：2014526100）（图5-46），汉族。以根入药，秋季采收，晒干，有补气、补铁、壮阳的作用，用于治疗体虚、腹泻。

图 5-45 灰毛浆果楝（2013524156） 　　图 5-46 恶鸡婆（蓟）（2014526100）

毛梗豨莶（*Siegesbeckia glabrescens* Makino），菊科豨莶属植物，采集于剑河县观么乡白胆村（采集编号：2012521250）（图5-47），苗族。以全草入药，夏、秋季采收，切细，晒干，有祛风燥湿、清热作用，水煎内服，用于治疗肠炎。

图 5-47 毛梗豨莶（2012521250）

臭牡丹（*Clerodendrum bungei* Steud.），马鞭草科大青属植物，采集于道真县阳溪镇阳溪村大屋基组（采集编号：2014525209）（图5-48），仡佬族。以根、叶入药。春、夏季采叶，晾干，秋季采根去泥土、洗净、晒干，有祛风作用。取臭牡丹根或根皮10g、淫羊藿根20g、玉竹适量、黄脚鸡适量，煎汤口服，用于治疗失眠。

蛇肠子（寸金草）（*Clinopodium megalanthum* (Diels) C. Y. Wu et Hsuan ex H. W. Li）。唇形科风轮菜属植物，采集于务川县茅天镇红心村大邦林组（采集编号：2013521029）（图5-49），土家族。以根入药，夏、秋季采收，鲜用，有解毒作用。根捣碎，敷于伤口上，用于治疗毒蛇咬伤。

图5-48　臭牡丹（2014525209） 　　　　　图5-49　蛇肠子（寸金草）（2013521029）

节节草（*Equisetum ramosissimum* Desf.），木贼科木贼属植物，采集于荔波县佳荣镇大土村大土组（采集编号：2014522171）（图5-50），苗族。以茎入药，全年采收，去除泥沙和杂质，鲜用。煎汤内服或泡酒擦洗。对于治疗骨折有特效，为治疗骨折之要药，治疗骨折不用夹板加以固定。

假地蓝（*Crotalaria ferruginea* Grah. ex Benth.），豆科猪屎豆属植物，采集于镇宁县马厂镇旗山村7组（采集编号：2013524216）（图5-51），布依族。全草入药，秋季采收，切细，阴干，有消炎作用。取本品30g用水煎服，用于治疗肾炎。

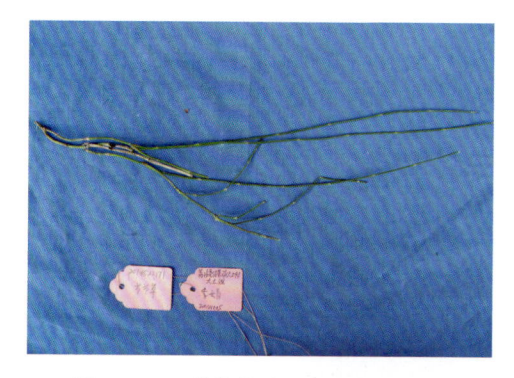

图5-50　节节草（2014522171） 　　　　　图5-51　假地蓝（2013524216）

杉木（*Cunninghamia lanceolata* (Lamb.) Hook.），杉科杉木属植物，采集于盘县老厂镇下坎者村卫生室（采集编号：2013525223）（图5-52），汉族。以皮入药，随采随用，洗净，切碎，鲜用或晒干。炖鸡蛋吃，有降血压的作用，用于治疗高血压。

莪术（*Curcuma zedoaria* (Christm.) Rosc.），姜科姜黄属植物，采集于贞丰县龙场镇龙山村田家湾组（采集编号：2013522043）（图5-53），苗族。以块茎入药，秋季采收，去杂，洗净，晒干，有解毒作用，也可用于牲畜复壮。

图5-52　杉木（2013525223） 　　　　图5-53　莪术（2013522043）

薏苡（*Coix lacryma-jobi* L.），禾本科薏苡属植物，采集于雷山县达地乡乌空村乔撒组（采集编号：2013526341）（图5-54），瑶族。以种子入药，秋、冬季采收，阴干，有消炎、利尿作用。水煎服，用于肾炎的治疗。

隔山撬（隔山消）（*Cynanchum wilfordii* (Maxim.) Hemsl.），萝藦科鹅绒藤属植物，采集于印江县沙子坡镇池坝村何家组（采集编号：2013522471）（图5-55），土家族。以根入药，用于滋补肝肾，养血补血，乌须黑发，润肠通便。采集于道真县阳溪镇四坪村大水井组的隔山消（采集编号：2014525195），仡佬族。以根入药，夏、秋季采收，切细，晒干，有消积行气作用。切碎后放入油锅内炒焦黄后，加蛋调匀，蛋熟后一起食用，用于治疗消化不良、胃疼。

图5-54　薏苡（2013526341） 　　　　图5-55　隔山撬（隔山消）（2013522471）

深裂竹根七（*Disporopsis pernyi* (Hua) Diels），百合科竹根七属植物，采集于道真县大矸镇大矸村新合组（采集编号：2014525220）（图5-56），仡佬族。以根入药。夏、秋季采收，洗净、晾干，或直接使用，有舒经活血作用。将100g本品捣烂，均匀敷于患处，用于治疗跌打损伤、外伤出血。

曼陀罗（*Datura stramonium* L.），茄科曼陀罗属植物，采集于道真县大矸镇大矸村新合组（采集编号：2014525221）（图 5-57），汉族。以全草入药，夏、秋季采收，洗净、晾干，有止血作用。全株打碎泡酒 20 天，用药酒擦拭患处，用于治疗跌打损伤。

图 5-56　深裂竹根七（2014525220） 　　　　图 5-57　曼陀罗（2014525221）

野菊（*Dendranthema indicum* (L.) Des Moul.），菊科菊属植物，采集于赤水市元厚镇石梅村（采集编号：2013523188）（图 5-58），苗族。以花、叶入药，全年采收，鲜用或晒干，有清热解毒、清肝明目作用。水煎服，用于治疗眼涩、眼痒、眼干。脾胃虚寒者慎服，便泻者忌用。

束花石斛（*Dendrobium chrysanthum* Lindl.），兰科石斛属植物，采集于贞丰县连环乡纳传村二木桥组（采集编号：2013522215）（图 5-59），苗族。以茎入药，全年均可采收，以春末夏初和秋季采者为好，煮、蒸透或烤软后，晒干或烘干或鲜用，有滋阴清热、生津止渴作用，用于治疗热病伤津、口渴舌燥、病后虚热等。

图 5-58　野菊（2013523188） 　　　　图 5-59　束花石斛（2013522215）

铁皮石斛（*Dendrobium officinale* Kimura et Migo），兰科石斛属植物，采集于紫云县大营乡妹场村新厂组（采集编号：2013521443）（图 5-60），苗族。以茎、叶入药，6~9 月采收，洗净，切段，晒干或烘干，有清热、滋阴作用。水煎、酒泡、泡茶，用于治疗口干烦渴、病后体虚、眼目不明等。

饿蚂蝗（*Desmodium multiflorum* DC.），豆科山蚂蝗属植物，采集于务川县茅天镇红心村肖家组（采集编号：2013521084）（图5-61），苗族。以全草入药，全年可采，具有活血止痛、解毒消肿、清热解毒功效，用于治疗毒蛇咬伤、妇科疾病。

图5-60　铁皮石斛（2013521443）

图5-61　饿蚂蝗（2013521084）

金钱草（*Dichondra micrantha* Urb.），又称马蹄金，旋花科马蹄金属植物，采集于道真县大矸镇大矸村新合组（采集编号：2014525217）（图5-62），仡佬族。以全草入药，夏、秋季采收，洗净，晒干，有排石、通淋作用。全株与猪肝同煮食用，用于治疗肝胆结石、黄疸等。

大鱼眼草（菊叶鱼眼草）（*Dichrocephala chrysanthemifolia* DC.），菊科鱼眼草属植物，采集于雷山县达地乡里勇村达沙组（采集编号：2013526354）（图5-63），苗族。全草入药，6~8月采收，阴干，有清热、利胆作用。水煎，用于治疗肝病。

图5-62　金钱草（2014525217）

图5-63　大鱼眼草（菊叶鱼眼草）（2013526354）

鱼眼草（*Dichrocephala auriculata* (Thunb.) Druce），菊科鱼眼草属植物，采集于镇宁县良田镇坝草村（采集编号：2013524171）（图5-64），布依族。全草入药，全年可采，阴干，有清热解毒、利湿作用。取本品30g用水煎服，用于治疗发热。

芒萁（*Dicranopteris pedata* (Houtt.) Nakaike），里白科芒萁属植物，采集于黎平县双江镇坑洞村6组（采集编号：2013523344）（图5-65），侗族。以叶入药，4~10月采收，洗净，揉碎，即采即用，无须加工，有消肿、止痛作用。捣碎和酒拌匀外敷，用于治疗跌打损伤。

图 5-64　鱼眼草（2013524171） 　　　　　图 5-65　芒萁（2013523344）

续断（川续断）（*Dipsacus asper* Wall.），川续断科川续断属植物，采集于务川县红丝乡上坝村马草溪组（采集编号：2013521199）（图 5-66），苗族。以根入药，秋季采收，晒干，有补肝肾、强筋骨作用，用于治疗腰膝酸软、骨折、骨裂。当地人用来治疗牛胃胀、消化不良。采集于印江县洋溪镇桅杆村的川续断（采集编号：2013522458），土家族。以根入药，秋季采收，晒干，用于补肝肾、强筋骨、调血脉、续折伤、止崩漏。初痢勿用，怒气郁者禁用。采集于镇宁县革利乡翁告村 3 组的川续断（采集编号：2013524196），苗族。以根入药，冬季采收，晒干，有滋补作用，取 50g 煮肉吃，用于治疗体虚。采集于松桃县正大乡地容村 6 组的川续断（采集编号：2013524407），苗族。以根入药，随采随用，洗净，切碎，与桑树根一起煮水喝，适于大病初愈者服用。采集于威宁县盐仓镇高峰村高原组的川续断（采集编号：2013525342），汉族。以根入药，秋季采收，洗净泥沙，除去根头，润透后切片，具有补肝肾、强筋骨、续折伤的作用。内服或捣敷，用于治疗腰膝酸软。采集于雷山县达地乡里勇村达沙组的川续断（采集编号：2013526358），苗族。以根入药，冬季采收，阴干，具有滋补作用。水煎服，用于治疗腰疼。

竹根七（*Disporopsis fuscopicta* Hance），百合科竹根七属植物，采集于镇宁县革利乡翁告村 3 组（采集编号：2013524199）（图 5-67），苗族。以根入药，冬季采收，鲜用，具有滋补作用。取 60g 炖肉吃，用于治疗体虚。采集于雷山县达地乡乌空村乔撒组的竹根七（采集编号：2013526342），瑶族。以根入药，冬季采收，鲜采鲜用，有消肿作用。研细用，用于治疗骨折。

图 5-66　续断（川续断）（2013521199） 　　　　　图 5-67　竹根七（2013524199）

九股牛（丛林楤木）（*Aralia dumetorum* Hand.-Mazz.），五加科楤木属植物，采集于威宁县哲觉镇营红村马摆营组（采集编号：2013525451）（图5-68），彝族。以根入药，春初或秋末采挖，除去须根及泥沙，炕至半干，堆2~3d，发软后再炕至全干，切片，具有祛风止痛作用，内服或外用，用于治疗风湿痹痛。

石岩姜（槲蕨）（*Drynaria roosii* Nakaike），槲蕨科槲蕨属植物，采集于务川县红丝乡上坝村马草溪组（采集编号：2013521203）（图5-69），苗族。以根状茎入药，鲜用或晒干用，具有补肾坚骨、活血止痛功效。水煎服，用于治疗结石、尿路感染。将叶子背面的孢子囊刮下，敷于患处，可以治疗口腔溃疡。

图5-68　九股牛（丛林楤木）（2013525451） 　　图5-69　石岩姜（槲蕨）（2013521203）

八角莲（*Dysosma versipellis* (Hance) M. Cheng ex Ying），小檗科鬼臼属植物，采集于紫云县大营乡妹场村新厂组（采集编号：2013521434）（图5-70），苗族。以根入药，全年可采，除茎叶、泥沙，烘干或晒干备用，具有清热解毒、消炎、止痰、止痛作用。配蒲公英，水煎服，用于治疗腮腺炎、淋巴结炎等。酒泡、醋泡后涂抹，治疗蛇伤。

地苦胆（青牛胆）（*Tinospora sagittata* (Oliv.) Gagnep.），防己科青牛胆属植物，采集于道真县阳溪镇阳溪村大屋基组（采集编号：2014525207）（图5-71），仡佬族。以根入药，秋季采收，去皮后切片，晒干，具有清热解毒、消肿止痛作用。取本品粉末一汤勺混合淘米水口服，每日三次，用于治疗黄疸肝炎、手脚麻木、脑血栓。

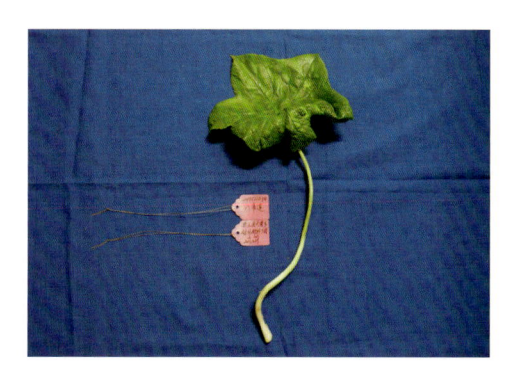

图5-70　八角莲（2013521434） 　　图5-71　地苦胆（青牛胆）（2014525207）

淫羊藿（*Epimedium brevicornu* Maxim.），小檗科淫羊藿属植物，采集于印江县洋溪镇桅杆村（采集编号：2013522454）（图5-72），土家族。以地上部分入药，夏、秋季采收，具有补肾阳、强筋骨、祛风湿作用。配仙茅、山萸肉、肉苁蓉等，治阳痿遗泄；配杜仲、巴戟天、狗脊，治腰膝痿软。一般称该植物的地上部分为淫羊藿，而称其地下干燥根茎为仙灵脾。采集于道真县大矸镇大矸村新合组的淫羊藿（采集编号：2014525212），仡佬族。以地上部分入药，夏、秋季采收，将块根、茎和叶清洗干净，杀青晾干后泡入苞谷酒一个月后口服，具有补肾壮阳作用。取淫羊藿50g、路边青50g、韭菜籽50g、金樱子50g混合服用，治疗阳痿。

山豆根（*Euchresta japonica* Hook. f. ex Regel），豆科山豆根属植物，采集于平塘县平湖镇金龙社区洪桥路（采集编号：2012523201）（图5-73），汉族。以根入药，8~9月采收，除须根，洗净，晒干，具有清火、消肿、解毒作用。水煎服。配射干、紫苏、牛蒡子，用于治疗咽喉肿痛、牙齿肿痛。

图5-72　淫羊藿（2013522454） 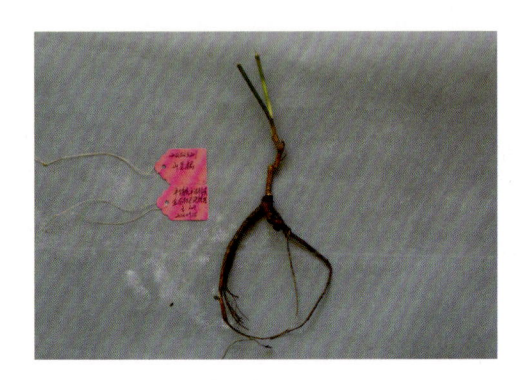　　　　图5-73　山豆根（2012523201）

杜仲（*Eucommia ulmoides* Oliv.），杜仲科杜仲属植物，采集于印江县木黄镇革底村（采集编号：2013522475）（图5-74），汉族。以皮入药，清明至夏至采收，除去粗皮，洗净，润透，切成方块或丝条，晒干，具有补肝肾、壮腰膝、强筋骨、安胎作用，能增强肾上腺皮质功能，增强机体免疫功能，有镇静、镇痛和利尿作用，有较好的降压作用，能减少胆固醇吸收，以炒杜仲的煎剂最好。

岗柃（*Eurya groffii* Merr.），山茶科柃木属植物，采集于织金县黑土乡联合村中坝组（采集编号：2013526161）（图5-75），苗族。以叶入药，鲜叶捣敷外用，晒干后内服，具

图5-74　杜仲（2013522475） 　　　　图5-75　岗柃（2013526161）

有止咳、消肿、止痛作用。水煎服，用于治疗咳嗽。外敷，用于治疗跌打损伤。叶可作茶饮。

吴茱萸（*Evodia rutaecarpa* (Juss.) Benth.），芸香科吴茱萸属植物，采集于镇宁县良田镇陇要村陇要组（采集编号：2013524152），布依族。以叶入药，全年可采，鲜采鲜用，具有散热止痛作用。单方20g用水煎服，用于治疗胃病。采集于道真县棕坪乡苍蒲溪村万家塘组的吴茱萸（采集编号：2014525192）（图5-76），仡佬族。以果入药，秋季采收，洗净，晾干，具有顺气作用，取少许籽粒用盐混合，揉搓后敷于肚脐处，用于治疗突发性胀气、胃部疼痛。

金荞麦（*Fagopyrum dibotrys* (D. Don) Hara），蓼科荞麦属植物，采集于雷山县方祥乡水寨村5组（采集编号：2013526431）（图5-77），苗族。以根入药，全年可采，阴干，具有消肿作用。水煎服，用于治疗肺气肿。

图5-76　吴茱萸（2014525192） 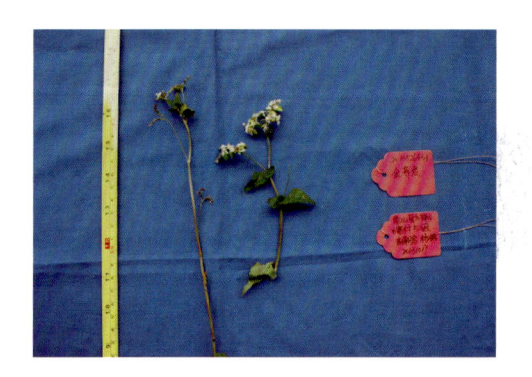　　　图5-77　金荞麦（2013526431）

苦荞麦（*Fagopyrum tataricum* (L.) Gaertn.），蓼科荞麦属植物。采集于织金县后寨乡三家寨村罗家寨组（采集编号：2013526005）（图5-78），苗族。以根入药，夏季采收，洗净，切碎，鲜用或晒干，具有降血糖作用。嚼服或水煎服，用于治疗糖尿病。

图5-78　苦荞麦（2013526005）

何首乌（*Polygonum multiflorum* (Thunb.) Harald.），蓼科何首乌属植物，采集于贞丰县龙山自然保护区大通沟（采集编号：2013522033）（图5-79），苗族。以根入药，秋季采收，拣去杂质，洗净，用水泡至八成透，捞出，润至内外湿度均匀，切片或切成方块，晒干，具有解毒、润肠通便、乌须发、强肝肾作用。生用或用黑豆汁加黄酒熬制，内服、外用均可。用于治疗血虚、贫血、头晕目眩、心悸、失眠、须发早白、耳鸣、肠燥便秘。忌在铁器中煮食，不宜与猪肉、羊肉、萝卜、葱一起食用。

黄栀子（栀子）（*Gardenia jasminoides* J. Ellis），茜草科栀子属植物，采集于道真县玉溪镇蟠溪村长春组（采集编号：2014525181）（图5-80），仡佬族。以根入药，秋季采收，置于干燥处自然风干，具有清热、凉血作用，用于治疗扭伤。将黄栀子捣碎研成粗粉，加少许面粉，以蛋清调成糊状，包敷伤处，待面糊颜色变深后更换1次，如肿胀明显可隔天更换1次。

图5-79 何首乌（2013522033） 　　　　图5-80 黄栀子（栀子）（2014525181）

天麻（*Gastrodia elata* Bl.），兰科天麻属植物，采集于织金县后寨乡三家寨村罗家寨组（采集编号：2013526006）（图5-81），苗族。以根茎入药，4~11月采收，洗净，晒干，具有止痛、滋补作用。与鸡肉、排骨同炖，用于治疗头痛、胸口痛。

秦艽（*Gentiana macrophylla* Pall.），龙胆科龙胆属植物，采集于威宁县板底乡曙光村9组（采集编号：2013525503）（图5-82），白族。以根入药，春、秋季采收，拣去杂质，洗净，润透，拣切厚片，晒干，具有清湿热、止痹痛作用。内服，熬水喝，对治疗口干舌燥及风湿性心脏病有特效。

图5-81 天麻（2013526006） 　　　　图5-82 秦艽（2013525503）

龙胆草（坚龙胆）（*Gentiana rigescens* Franch. ex Hemsl.），又称贵州龙胆，龙胆科龙胆属植物，采集于道真县棕坪乡苍蒲溪村万家塘组（采集编号：2014525193）

（图 5-83），仡佬族。以根茎入药，秋季采收，洗净晾干，具有清热、解毒作用。鲜品捣烂，取汁服用，用于治疗肝火旺、眼浊不清。脾胃虚弱者忌服。

红火麻（*Girardinia diversifolia* subsp. *triloba* (C. J. Chen) C. J. Chen et Friis），荨麻科蝎子草属植物，采集于平塘县鼠场乡仓边村孔王寨组（采集编号：2012523178）（图 5-84），苗族。以全草入药，全年可采，去杂，洗净，晾干，具有祛风活血、除湿作用。少量水煎服、搽或泡酒，用于治疗风湿麻木。

图 5-83　龙胆草（坚龙胆）（2014525193）　　　图 5-84　红火麻（2012523178）

天青地白（细叶鼠麴草）（*Gnaphalium japonicum* Thunb.），菊科鼠麴草属植物，采集于松桃县正大乡地容村 5 组（采集编号：2013524433）（图 5-85），苗族。以全草入药，随采随用，洗净，晒干，具有止痛作用。舂碎兑酒喝，用于治疗跌打损伤、腰酸腿疼。

广西莪术（*Curcuma kwangsiensis* S. G. Lee et C. F. Liang），姜科姜黄属植物，采集于盘县老厂镇下坎者村 12 组（采集编号：2013525241）（图 5-86），汉族。以根入药，随采随用，洗净，切碎，具有止血作用。用块根炖鸡蛋吃，用于妇科（大肠出血）。

图 5-85　天青地白（细叶鼠麴草）（2013524433）　　　图 5-86　广西莪术（2013525241）

黄花菜（*Hemerocallis citrina* Baroni），百合科萱草属植物，采集于镇宁县良田镇陇要村陇要组（采集编号：2013524162）（图 5-87），布依族。以根入药，全年可采，鲜采鲜用，具有祛风作用。取 30g 煮肉吃，用于治疗风湿。

中华雪胆（*Hemsleya chinensis* Cogn. ex Forbes et Hemsl.），葫芦科雪胆属植物，采集于道真县阳溪镇四坪村茶条坝组（采集编号：2014525197）（图 5-88），仡佬族。以根入药，夏、秋季采收，洗净，晒干，切片后研成粉末，具有止痛、止血作用。取适量成品粉末兑开水或玉米酒冲服，用于治疗胃疼、胃炎。

图 5-87　黄花菜（2013524162）

图 5-88　中华雪胆（2014525197）

白鱼腥草（白苞裸蒟）（*Gymnotheca involucrata* Pei），三白草科裸蒟属植物，采集于紫云县大营乡妹场村新厂组（采集编号：2013521431）（图5-89），苗族。以全草入药，全年采收，洗净，鲜用或晒干。具有清热、解毒、利湿作用。水煎服，配蒲公英等，用于治疗小便不畅。

小叶苦丁茶（大叶冬青）（*Ilex latifolia* Thunb.），冬青科冬青属植物，采集于松桃县正大乡地容村6组（采集编号：2013524429）（图5-90），苗族。以叶入药，夏、秋季采收，洗净，晒干，具有降压作用。泡水喝，用于治疗高血压。

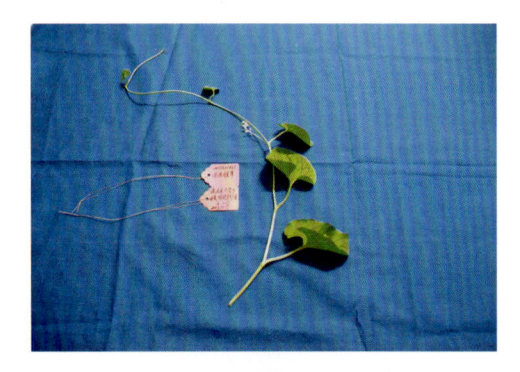

图 5-89　白鱼腥草（白苞裸蒟）（2013521431）

图 5-90　小叶苦丁茶（大叶冬青）（2013524429）

万年巴（野凤仙花）（*Impatiens textori* Miq.），凤仙花科凤仙花属植物，采集于道真县阳溪镇阳溪村大屋基组（采集编号：2014525206）（图5-91），仡佬族。以根入药，秋季采收，去掉根部泥土，洗净，晾晒，干燥后研碎备用，或将鲜品碾碎直接使用，具有镇痛止痛作用。取适量本品粉末均匀敷于患处，用于治疗刀伤枪伤、毒蛇咬伤。

羊耳菊（*Inula cappa* (Buch.-Ham.) DC.），菊科旋覆花属植物，采集于雷山县方祥乡雀鸟村1组（采集编号：2013526449），苗族。以根入药，10~12月采收，阴干，具有祛风湿作用。水煎，用于治疗风湿。采集于剑河县观么乡白胆村的羊耳菊（采集编号：

2012521241)(图5-92),苗族。以根入药,夏、秋季采收,切细、阴干,具有祛风利湿、行气化滞作用。水煎,用于治疗肠炎。

图5-91 万年巴(野凤仙花)(2014525206) 　　图5-92 羊耳菊(2012521241)

马蓝(*Strobilanthes cusia* (Ness) O. Kuntze),爵床科马蓝属植物,采集于紫云县猴场镇大田坝村(采集编号:2013521521)(图5-93),侗族。以根入药,11~12月采收,洗净、晒干,具有清热解毒、消肿止血作用。水煎,配大青叶、黄连,用于治疗腮腺炎、肺炎等。

扁竹叶(鸢尾)(*Iris tectorum* Maxim.),鸢尾科鸢尾属植物,采集于镇宁县良田镇陇要村陇要组(采集编号:2013524163)(图5-94),布依族。以根入药,全年可采,鲜采鲜用,具有解毒作用。水煎服,用于治疗食物中毒。

图5-93 马蓝(2013521521) 　　图5-94 扁竹叶(鸢尾)(2013524163)

灯心草(*Juncus effusus* L.),灯心草科灯心草属植物,采集于贞丰县龙山自然保护区大通沟(采集编号:2013522019)(图5-95),苗族。以叶入药,秋季茎尖开始枯黄时采集,去杂,晒干,具有利水通淋、清心降火作用。水煎服,与麦冬、车前草等配伍,用于治疗水肿、小便不利、口舌生疮。

益母草(*Leonurus japonicus* Houtt.),唇形科益母草属植物,采集于道真县阳溪镇阳溪村大屋基组(采集编号:2014525204)(图5-96),仡佬族。以全草入药,夏、秋季采收,去掉根部泥土,洗净,晾晒至干燥,具有活血调经作用。水煎服,与八月瓜、石岩姜配伍,用于防止流产。

图 5-95　灯心草（2013522019） 　　　　　图 5-96　益母草（2014525204）

鬼吹箫（*Leycesteria formosa* Wall.），忍冬科鬼吹箫属植物，采集于盘县保基乡厨子寨村野鸡地组（采集编号：2013525202）（图 5-97），苗族。以全草入药，随用随采，洗净，切碎，晒干，具有祛风除湿作用。煎服或用花 9 朵、茎 9 节泡酒，用于治疗风湿。

卷丹（*Lilium lancifolium* Thunb.），百合科百合属植物，采集于盘县马场乡滑石板村 1 组（采集编号：2013525222）（图 5-98），苗族。以根入药，9 月后采收，洗净，晒干，具有滋补作用。与猪脑、猪肉同炖，用于补脑。

图 5-97　鬼吹箫（2013525202） 　　　　　图 5-98　卷丹（2013525222）

木姜子（*Litsea pungens* Hemsl.），樟科木姜子属植物。采集于雷山县永乐镇坝子村新寨组（采集编号：2013526506），毛南族。以根、茎、叶入药，全年可采，阴干，具有清热散寒作用。水煎服，用于治疗感冒。采集于剑河县观么乡白胆村的木姜子（采集编号：2012521254），侗族。以叶、皮入药，全年可采，阴干，具有祛风散寒、温中理气作用。水煎内服，用于治疗流感。采集于镇宁县良田镇陇要村陇要组的木姜子（采集编号：2013524161）（图 5-99），布依族。以果入药，全年可采，阴干，具有理气、除风作用。取本品 30g 用水煎服，用于治疗感冒。

山苍子（*Litsea cubeba* (Lour.) Pers.），樟科木姜子属植物，采集于紫云县白石岩乡新驰村玉石组（采集编号：2013521463）（图 5-100），布依族。以叶、果入药，9~11月采收，晒干，具有解毒消肿、理气散结作用。水煎服、捣汁涂抹或水煎洗，用于治疗蚊虫咬伤。采集于贞丰县龙山自然保护区大通沟的木姜子（采集编号：2013522023），苗族。以叶、果入药。8~9 月采果，夏秋采叶，去杂，晒干，具有健脾利湿作用。内服、外敷，主治胸腹胀痛、消化不良、中暑吐泻。

图 5-99　木姜子（2013524161）

图 5-100　山苍子（2013521463）

半边莲（*Lobelia chinensis* Lour.），桔梗科半边莲属植物，采集于荔波县黎明关乡拉内村巴弓组（采集编号：2014522087）（图 5-101），侗族。以全草入药，夏季采收，去净泥沙与其他杂质，晒干或鲜用，具有解毒作用。捣汁敷于咬伤处，也可煎汤内服，与大红花配伍，用于治疗毒蛇咬伤。

石松（*Lycopodium japonicum* Thunb. ex Murray），石松科石松属植物，采集于剑河县太拥乡柳开村 11 组（采集编号：2012521222）（图 5-102），侗族。以全草入药，全年可采，阴干，具有消炎作用。水煎，用于治疗肾结石。采集于雷山县达地乡里勇村达沙组（采集编号：2013526349），苗族。以全草入药，全年可采，阴干，具有祛风湿作用。水煎，用于治疗风湿病。

图 5-101　半边莲（2014522087）

图 5-102　石松（2012521222）

竹叶草（*Oplismenus compositus* (L.) Beauv.），禾本科求米草属植物，采集于剑河县磻溪乡光芒村 1 组（采集编号：2012521205）（图 5-103），侗族。以全草入药，全年可采，鲜用，具有消炎作用，水煎，用于治疗肿痛。

海金沙（*Lygodium japonicum* (Thunb.) Sw.），海金沙科海金沙属植物，采集于雷山县方祥乡水寨村 5 组（采集编号：2013526433）（图 5-104），苗族。以全草入药，全年可采，阴干，具有消炎、利尿作用。水煎，用于治疗肾炎。采集于剑河县太拥乡柳开村 11 组（采集编号：2012521223），侗族。以全草入药，全年可采，阴干，具有利水排石作用。水煎，用于治疗肾结石。

图 5-103　竹叶草（2012521205） 　　　图 5-104　海金沙（2013526433）

薄叶新耳草（*Neanotis hirsuta* (L. f.) Lewis），茜草科新耳草属植物，采集于黎平县岩洞镇岩洞村（采集编号：2013523343）（图 5-105），侗族。以茎、叶入药，4~10 月采收，洗净揉碎，鲜用，具有消炎作用。用糯米水泡后饮用，可治疗扁桃体炎。

大麦冬（麦冬）（*Ophiopogon japonicus* (L. f.) Ker-Gawl.），百合科沿阶草属植物，采集于紫云县白石岩乡新驰村灿木冲组（采集编号：2013521459）（图 5-106），苗族。以根入药，4~6 月采收，洗净，除须，晒干，具有润肺止咳作用。配地黄，用于治疗咳嗽、肺结核等。

图 5-105　薄叶新耳草（2013523343） 　　　图 5-106　大麦冬（麦冬）（2013521459）

两面青（*Maesa indica* (Roxb.) A. DC.），又称包疮叶，紫金牛科杜茎山属植物，采集于镇宁县良田镇陇要村陇要组（采集编号：2013524157）（图 5-107），布依族。以叶入药，全年可采，阴干，切细，具有降压作用，取本品 30g 用水煎服，用于治疗头疼。

千里光（*Senecio scandens* Buch.-Ham. ex D. Don），菊科千里光属植物，采集于镇宁县良田镇陇要村陇要组（采集编号：2013524167）（图 5-108），布依族。以全草入药，全年可采，阴干，切细，具有消炎作用。50g 水煎，一半内服一半外洗，用于治疗鼻炎。

图 5-107　两面青（2013524157） 　　　　　图 5-108　千里光（2013524167）

野牡丹（*Paeonia delavayi* Franch.），毛茛科芍药属植物，采集于镇宁县良田镇陇要村陇要组（采集编号：2013524164）（图 5-109），布依族。以根、叶入药，全年可采，阴干，切细，具有消炎作用。取本品 30g 用水煎服，用于治疗风湿。

滇黄精（*Polygonatum kingianum* Coll. et Hemsl.），百合科黄精属植物，采集于镇宁县革利乡翁告村 3 组（采集编号：2013524193）（图 5-110），苗族。以根入药，冬季采收，切片，晒干，具有滋补作用。取本品 30g 用水煎服，用于健脾胃、治疗体虚。

图 5-109　野牡丹（2013524164） 　　　　　图 5-110　滇黄精（2013524193）

荆条（*Vitex negundo* L. var. *heterophylla* (Franch.) Rehd.），马鞭草科牡荆属植物，采集于镇宁县良田镇新屯村板尖组（采集编号：2013524177）（图 5-111），布依族。以全草入药，全年可采，切细，阴干，具有消炎作用。取本品 30g 用水煎服，用于治疗气管炎。

虎杖（*Polygonum cuspidatum* Sieb. et Zucc.），蓼科蓼属植物，采集于镇宁县良田镇陇要村陇要组（采集编号：2013524154）（图 5-112），布依族。以全草入药，全年可采，鲜采鲜用，具有清热利湿、通便排毒作用。取本品 36g 用水煎服或者研细用开水冲服，用于白血病的治疗。采集于道真县阳溪镇四坪村茶条坝组的虎杖（采集编号：2014525201），仡佬族。以根、茎入药，秋季采收，去掉根部泥土，晒干。具有清热、消炎作用。取根 50g 用水煎服，用于治疗肺部炎症。

图 5-111　荆条（2013524177） 　　　　　图 5-112　虎杖（2013524154）

翻白叶（长柔毛委陵菜）（*Potentilla griffithii* Hook. f. var. *velutina* Card.），蔷薇科委陵菜属植物，采集于镇宁县六马镇乐号村 7 组（采集编号：2013524221）（图 5-113），布依族。以根入药，秋季采收，切细，阴干，具有消炎作用。取本品 30g 用水煎服，用于胃病的治疗。

旋花茄（*Solanum spirale* Roxb.），茄科茄属植物，采集于镇宁县良田镇陇要村陇要组（采集编号：2013524159）（图 5-114），布依族。以全草入药，全年可采，鲜采鲜用，研细，具有清热、解毒作用。取本品 20g 用水煎服，用于炎症的治疗。

图 5-113　翻白叶（长柔毛委陵菜）（2013524221） 　　　　　图 5-114　旋花茄（2013524159）

香椿（*Toona sinensis* (A. Juss.) Roem.），楝科香椿属植物，采集于镇宁县革利乡革利村 3 组（采集编号：2013524187）（图 5-115），苗族。以根、皮入药，全年可采，阴干，具有祛风利湿、止血止痛作用。取本品 9g 用水煎服，用于风湿的治疗。

图 5-115　香椿（2013524187）

双蝴蝶（*Tripterospermum chinense* (Migo) H. Smith），龙胆科双蝴蝶属植物，采集于镇宁县良田镇新屯村板尖组（采集编号：2013524176）（图5-116），布依族。以全草入药，全年可采，鲜采鲜用，研细，具有消肿作用。取杜仲皮20g、双蝴蝶20g、刺通草20g，研细包于患处，用于骨折的治疗。

五味子（华中五味子）（*Schisandra sphenanthera* Rehd. et Wils.），木兰科五味子属植物，采集于镇宁县革利乡翁告村3组（采集编号：2013524206）（图5-117），苗族。以果入药，秋季采收，阴干，具有滋补作用。取本品30g用水煎服，用于补脑。

图5-116　双蝴蝶（2013524176） 　　　图5-117　五味子（华中五味子）（2013524206）

苦瓜蒌（栝楼）（*Trichosanthes kirilowii* Maxim.），葫芦科栝楼属植物，采集于道真县棕坪乡苍蒲溪村万家塘组（采集编号：2014525190）（图5-118），仡佬族。以根、籽入药，秋季采收，洗净晒干，具有止咳作用。取栝楼晒干瓤或果皮炖肉，炖至熟透，一起食用，用于治疗久咳不止、痰多。

龙葵（*Solanum nigrum* L.），茄科茄属植物，采集于道真县棕坪乡苍蒲溪村万家塘组（采集编号：2014525187）（图5-119），仡佬族。以茎、叶入药，夏、秋季采收，洗净，晾干，具有清热解毒作用。取适量鲜品捣烂敷患处，用于治疗皮肤过敏、生疮。

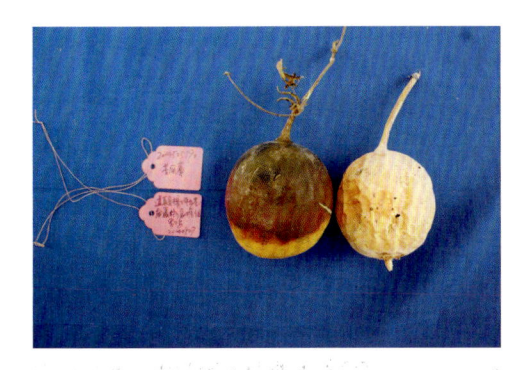

图5-118　苦瓜蒌（栝楼）（2014525190） 　　　图5-119　龙葵（2014525187）

观音草（*Peristrophe bivalvis* (L.) Merr.），爵床科观音草属植物，采集于道真县阳溪镇阳溪村大屋基组（采集编号：2014525208）（图5-120），仡佬族。以全草入药，夏、秋季采收，洗净，晒干，具有消肿止痛作用。取鲜草30g煎汤口服，或捣碎外敷，用于治疗风湿关节痛。

云木香（*Saussurea costus* (Falc.) Lipech.），菊科风毛菊属植物，采集于道真县阳溪镇四坪村茶条坝组（采集编号：2014525198）（图5-121），仡佬族。以根、果入药，夏、秋季采收，取根洗净，自然风干，切片后研成粉末，具有顺气作用。取适量成品粉末兑温水冲服，用于治疗肚子胀气。

图5-120　观音草（2014525208） 　　　图5-121　云木香（2014525198）

黑骨藤（黑龙骨）（*Periploca forrestii* Schltr.），又称西南杠柳，萝摩科杠柳属植物，采集于紫云县四大寨乡冗厂村岩脚组（采集编号：2013521420）（图5-122），苗族。以全草入药，秋、冬季采收，洗净，切片，晒干，配接骨丹，水煎服，泡酒搽抹，捣碎包裹，对于治疗外伤骨折、跌打损伤、风湿有特效。

大旱菜（商陆）（*Phytolacca acinosa* Roxb.），商陆科商陆属植物，采集于织金县黑土乡团结村上寨组（采集编号：2013526127）（图5-123），苗族。以根、叶入药，夏季采收，洗净，鲜用，有利水、滋补作用。根炖鸡食用、叶做菜食用，用于治疗全身浮肿。采集于施秉县牛大场镇石桥村上坝组的商陆（采集编号：2014526090），汉族。以根入药，9~10月采收，去皮，晒干，有泄水散结，通大、小便作用。水煎服，用于治疗水肿。孕妇忌用。

图5-122　黑骨藤（黑龙骨）（2013521420） 　　　图5-123　大旱菜（商陆）（2013526127）

杏叶茴芹（*Pimpinella candolleana* Wight et Arn.），伞形科茴芹属植物，采集于雷山县达地乡排老村排老组（采集编号：2013526384）（图5-124），水族。以根入药，全年可采，阴干，有健胃作用。水煎服，用于胃病的治疗。

头花蓼（*Polygonum capitatum* Buch.-Ham. ex D. Don），蓼科蓼属植物，采集于雷山县达地乡排老村排老组（采集编号：2013526382）（图5-125），水族。以全草入药，全年可采，鲜采鲜用，有消炎作用，研细，泡水，用于口腔炎症的治疗。采集于黎平县双江镇坑洞村6组的头花蓼（采集编号：2013523349），侗族。以茎、叶入药，全年可采，洗净，鲜用。全草煮水后擦患处，用于白癜风的治疗。

图5-124　杏叶茴芹（2013526384） 　　　　图5-125　头花蓼（2013526382）

盐肤木（*Rhus chinensis* Mill.），又名五倍子，漆树科盐肤木属植物，采集于雷山县永乐镇坝子村新寨组（采集编号：2013526505）（图5-126），土家族。全草入药，全年可采，阴干，具有消炎功效。水煎服，用于治疗肠炎。

虎耳草（*Saxifraga stolonifera* Curt.），虎耳草科虎耳草属植物，采集于雷山县达地乡里勇村达沙组（采集编号：2013526380）（图5-127），苗族。以全草入药，全年可采，阴干，具有消炎功效。研细放入患处，用于治疗中耳炎。

图5-126　盐肤木（2013526505） 　　　　图5-127　虎耳草（2013526380）

棕榈（*Trachycarpus fortunei* (Hook.) H. Wendl.），棕榈科棕榈属植物，采集于雷山县达地乡里勇村达沙组（采集编号：2013526347）（图5-128），苗族。以根入药，全年可采，阴干，具有活血功效。水煎服，用于血崩的治疗。

石韦（*Pyrrosia lingua* (Thunb.) Farwell），水龙骨科石韦属植物，采集于织金县黑土乡联合村中坝组（采集编号：2013526159）（图5-129），苗族。以全草入药，夏季采收，具有清热利尿、止血作用。全草煎服，用于治疗小便不利、尿血、咳嗽。用叶背面孢子粉敷患处，具有止血的作用。嫩叶做菜食用。

图 5-128　棕榈（2013526347） 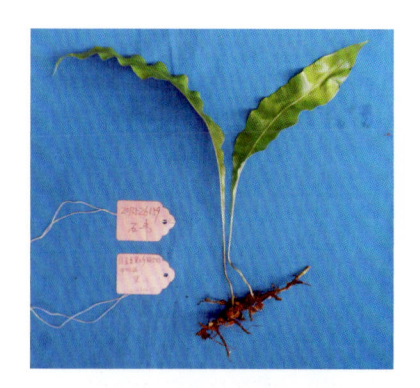　　　　　图 5-129　石韦（2013526159）

有齿鞘柄木（*Toricellia angulata* Oliv. var. *intermedia* (Harms) Hu），山茱萸科鞘柄木属植物，采集于织金县后寨乡三家寨村三家寨组（采集编号：2013526065）（图5-130）。以根入药，夏季采收，具有祛寒、止痛作用。捣碎，切细，调鸡蛋煎熟，做菜食用，用于治疗肚子寒痛。

陆英（接骨草）（*Sambucus chinensis* Lindl.），忍冬科接骨木属植物，采集于剑河县观么乡白胆村（采集编号：2012521242）（图5-131），苗族。以根、叶入药，根全年可采，叶夏、秋季采集，切细，晒干，具有祛风利湿、活血散瘀作用。水煎服，用于肾炎的治疗。

图 5-130　有齿鞘柄木（2013526065） 　　　　　图 5-131　陆英（接骨草）（2012521242）

独蒜兰（*Pleione bulbocodioides* (Franch.) Rolfe），兰科独蒜兰属植物，采集于贞丰县龙山自然保护区大通沟（采集编号：2013522031）（图5-132），苗族。以根入药，全年可采，晒干，具有解毒、舒筋活血作用。水煎服，用于治疗痈肿疔毒、淋巴结核、跌打损伤、蛇虫咬伤等。

无患子（*Sapindus mukorossi* Gaertn.），无患子科无患子属植物，采集于贞丰县鲁贡镇打嫩村6组（采集编号：2013522147）（图5-133），布依族。以种子入药，秋季采收，除去果肉、杂质，取种子晒干。外用洗发，具有生发、防脱作用。水煎服，用于治疗咳喘。脾胃虚寒者慎用。

图 5-132　独蒜兰（2013522031） 　　　　图 5-133　无患子（2013522147）

地耳草（*Hypericum japonicum* Thunb. ex Murray），藤黄科金丝桃属植物，采集于赤水市大同镇民族村（采集编号：2013523143）（图 5-134），苗族。以全草入药，秋季采收，洗净晒干，具有清热解毒作用。水煎服，泡酒服，用于防治感冒、祛寒。

杠板归（*Polygonum perfoliatum* L.），蓼科蓼属植物，采集于剑河县观么乡白胆村（采集编号：2012521080）（图 5-135），布依族。以全草入药，夏、秋季采收，晒干，具有清热利水、消肿解毒作用。水煎服，用于肾炎的治疗。采集于平塘县大塘镇新场村碉头组的杠板归（采集编号：2012523165），苗族。以茎、叶入药，6~9 月采收，晒干，具有消炎、解毒、消肿作用。熬水洗，用于治疗妇科炎症。

图 5-134　地耳草（2013523143） 　　　　图 5-135　杠板归（2012521080）

菝葜（*Smilax china* L.），百合科菝葜属植物，采集于剑河县观么乡白胆村（采集编号：2012521075）（图 5-136），苗族。以根入药，全年可采，切细，晒干，具有祛风强筋、利湿解毒作用。水煎服，用于治疗关节疼痛。

三叶委陵菜（*Potentilla freyniana* Bornm.），蔷薇科委陵菜属植物，采集于务川县茅天镇红心村肖家组（采集编号：2013521090）（图 5-137），苗族。以全草入药，夏、秋季采收，鲜用或晒干，具有清热解毒、止痛止血作用。用于治疗毒蛇咬伤。

金鸡尾（凤尾草）（*Pteris multifida* Poir），又称井栏边草，凤尾蕨科凤尾蕨属植物，采集于松桃县盘石镇十八箭村 2 组（采集编号：2013524365）（图 5-138），苗族。以根入药，夏、秋季采收，洗净，切碎，晒干，具有消炎作用。用于肺炎的治疗。

白英（*Solanum lyratum* Thunb.），茄科茄属植物，采集于松桃县盘石镇代董村 4 组

（采集编号：2013524349）（图5-139），苗族。以茎、叶、果入药，随采随用，洗净，切碎，晒干，具有止泻作用。与七叶一枝花、八角莲合用，水煎服，用于治疗痢疾。

图5-136　菝葜（2012521075）

图5-137　三叶委陵菜（2013521090）

图5-138　金鸡尾（凤尾草）（2013524365）

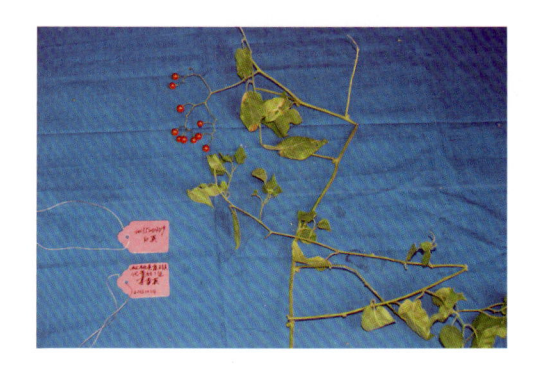

图5-139　白英（2013524349）

野茄子（苍耳）（*Xanthium sibiricum* Patrin ex Widder），菊科苍耳属植物，采集于松桃县正大乡地容村6组（采集编号：2013524397）（图5-140），苗族。以全草入药，随采随用，洗净，切碎，具有降压作用。春天用全草，冬天用根，与虎杖配伍，水煎服，用于治疗高血压。

水蜡烛（水烛）（*Typha angustifolia* L.），香蒲科香蒲属植物，采集于松桃县盘石镇代董村4组（采集编号：2013524337）（图5-141），苗族。以果入药，秋季采收，晒干，果有止血作用，根有止血、生肌作用。外用，直接放在伤口上，用于治疗外伤出血。

图5-140　野茄子（苍耳）（2013524397）

图5-141　水蜡烛（水烛）（2013524337）

南方红豆杉（*Taxus chinensis* (Pilger) Rehd. var. *mairei* (Lemee et Levl.) Cheng et L. K. Fu），红豆杉科红豆杉属植物。采集于织金县后寨乡三家寨村三家寨组（采集编号：2013526062）（图5-142），穿青人。以茎入药，全年可采，切片，鲜用，具有活血、止痛作用。泡酒服，用于治疗跌打损伤。

飞龙掌血（*Toddalia asiatica* (L.) Lam.），芸香科飞龙掌血属植物，采集于荔波县黎明关乡拉内村巴弓组（采集编号：2014522088）（图5-143），布依族。以皮入药，随采随用，割皮，具有舒筋活血、化瘀作用。用皮煎汤，擦洗患处，对于治疗跌打损伤有特效。

图5-142　南方红豆杉（2013526062）

图5-143　飞龙掌血（2014522088）

钩藤（*Uncaria rhynchophylla* (Miq.) Miq. ex Havil.），茜草科钩藤属植物，采集于印江县木黄镇高山村1组（采集编号：2013522487）（图5-144），土家族。以根入药，夏、秋季采收，洗净，切片，晒干，具有舒筋活络、清热消肿作用，用于治疗关节痛风、半身不遂、癫痫、水肿、跌打损伤等。

白钩藤（*Uncaria sessilifructus* Roxb.），茜草科钩藤属植物，采集于黎平县双江镇坑洞村6组（采集编号：2013523355）（图5-145），侗族。以根入药，全年可采，洗净，晾干，具有消炎止血、舒血活血作用。水煎服，配伍大血藤、鸡血藤和云归，用于治疗跌打损伤。

图5-144　钩藤（2013522487）

图5-145　白钩藤（2013523355）

竹叶椒（竹叶花椒）（*Zanthoxylum armatum* DC.），芸香科花椒属植物，采集于黎平县双江镇坑洞村6组（采集编号：2013523348）（图5-146），侗族。以根入药，全年可采，洗净，鲜用，具有解毒作用，与鱼腥草、细叶韭菜、茶油混合后捣碎出汁，用刮痧板刮患处，用来解内毒。

图5-146　竹叶椒（竹叶花椒）（2013523348）

（编写人员：李先恩）

参 考 文 献

李先恩 . 2015. 中国作物及其野生近缘植物 (药用植物卷). 北京：中国农业出版社：31-34, 407-411.

刘旭 , 郑殿升 , 黄兴奇 . 2013. 云南及周边地区农业生物资源调查 . 北京：科学出版社：1539-1543.

幺厉 , 程惠珍 , 杨智 . 2006. 中药材规范化种植 (养殖) 技术指南 . 北京：中国农业出版社：513-542.

第六章 贵州优异农业生物种质资源

"贵州农业生物资源调查"共采集农业生物资源样本 3582 份,其中粮食作物 1620 份、蔬菜及一年生经济作物 1209 份,果树及多年生经济作物 405 份,药用植物 348 份。依据系统调查获得的这些资源的有关信息,如种植情况、主要特征特性,特别是重要优异性状,调查人员在适宜地区对其进行了初步鉴定和深入鉴定评价。初步鉴定主要是鉴定植物和农艺性状,深入鉴定主要是鉴定评价抗逆性、抗病虫性、品质性状。各作物鉴定的内容和标准,遵照相关作物《种质资源描述规范和数据标准》进行。

通过鉴定评价筛选出具有 1 个或多个优异性状的种质资源 158 份,其中粮食作物 75 份、蔬菜作物 30 份、果树作物 36 份、药用植物 17 份。

第一节 粮食作物优异种质资源

贵州种植的粮食作物主要有水稻和玉米,次要的有小麦、大麦、食用豆类、高粱、谷子,高海拔地区种植较多的是荞麦、马铃薯等。通过鉴定筛选出优异种质 75 份,其中水稻 30 份、旱稻 4 份、玉米 11 份、普通菜豆 9 份、多花菜豆 3 份、大豆 9 份、谷子 3 份、其他 6 份。

一、水稻

1. 黄鳝血

〔学名〕黄鳝血是亚洲栽培稻(*Oryza sativa* L.)的一个品种。
〔采集号与采集地〕采集编号:2013523309。采集地点:黎平县岩洞镇岩洞村。
〔基本特征特性〕基本特征特性鉴定结果见表 6-1。

表 6-1 黄鳝血基本特征特性鉴定结果(贵州贵阳)

品种名称	株高/cm	有效穗/个	剑叶角度	穗型	茎秆角度	千粒重/g	谷粒形状	颖壳色
黄鳝血	156.7	7.2	平展	中	中间	22.8	阔卵	紫

〔优异性状〕黄鳝血在当地种植历史悠久，现仅零星种植。品质优、糯性极强，经分子标记检测 Wx 基因，其 CT 重复数为 24，蒸米饭糯性好，香味浓。在田间叶稻瘟病鉴定中，黄鳝血与抗病对照品种中花 11 号表现为 0 级。

〔利用价值〕可作为糯稻抗叶稻瘟病育种的亲本。

2. 苟寨各

〔学名〕苟寨各是亚洲栽培稻（*Oryza sativa* L.）的一个品种。

〔采集号与采集地〕采集编号：2013523516。采集地点：黎平县双江镇乜洞村。

〔基本特征特性〕苟寨各的基本特征特性鉴定结果见表 6-2。

表 6-2 苟寨各基本特征特性鉴定结果（贵州贵阳）

品种名称	株高/cm	有效穗/个	剑叶角度	穗型	茎秆角度	千粒重/g	谷粒形状	颖壳色
苟寨各	137.3	7.2	披垂	中	直立	24.6	阔卵	秆黄

〔优异性状〕在乜洞村种植历史悠久，每年约种 $6.67hm^2$，其品质优异，经分子标记检测 Wx 基因，其 CT 重复数为 24，表明糯性极强，蒸米饭糯性强，特别香。田间表现稻瘟病较轻。经耐冷性鉴定，表现为强耐性（R）。

〔利用价值〕适宜产业化种植，可作为糯稻或耐冷品种选育的亲本。

3. 乌空香米

〔学名〕乌空香米是亚洲栽培稻（*Oryza sativa* L.）的一个品种。

〔采集号与采集地〕采集编号：2013526366。采集地点：雷山县达地乡乌空村。

〔基本特征特性〕乌空香米的基本特征特性鉴定结果见表 6-3。

表 6-3 乌空香米基本特征特性鉴定结果（贵州贵阳）

品种名称	株高/cm	有效穗/个	剑叶角度	穗型	茎秆角度	千粒重/g	谷粒形状	颖壳色
乌空香米	105.3	6.4	直立	中	中间	23.5	细长	秆黄

〔优异性状〕在云南普雄经鉴定，其田间表现为中抗叶稻瘟病，结实率为 89.13%，出米率为 67.13%，直链淀粉含量为 16.3%，产量为 $594.3kg/667m^2$。综合评价为株型好，品质优，蒸煮香气浓，米饭软糯且不回生。

〔利用价值〕符合籼稻区人民的食用标准，可直接推广种植，并是优质籼稻育种的优良亲本。

4. 红米

〔学名〕红米是亚洲栽培稻（*Oryza sativa* L.）的一个品种。

〔采集号与采集地〕采集编号：2014522141。采集地点：荔波县瑶山乡群力村。

〔基本特征特性〕红米的基本特征特性鉴定结果见表 6-4。

表 6-4 红米基本特征特性鉴定结果（贵州贵阳）

品种名称	株高/cm	有效穗/个	剑叶角度	穗型	茎秆角度	千粒重/g	谷粒形状	颖壳色
红米	103.0	4.6	直立	中	中	23.7	细长	秆黄

〔**优异性状**〕在当地已有 60 多年种植历史,适宜在 600~700m 海拔地区栽培,米粒红色,因此而得名。高抗叶稻瘟病(0 级),抗穗颈瘟病。株型好,生育期较短(166 天)。

〔**利用价值**〕生产上直接推广种植,可作为抗稻瘟病水稻育种的亲本。

5. 重粒 38

〔**学名**〕重粒 38 是亚洲栽培稻(*Oryza sativa* L.)的一个品种。

〔**采集号与采集地**〕采集编号:2013522152。采集地点:贞丰县鲁贡镇打嫩村。

〔**基本特征特性**〕重粒 38 的基本特征特性鉴定结果见表 6-5。

表 6-5 重粒 38 基本特征特性鉴定结果(贵州贵阳)

品种名称	株高/cm	有效穗/个	剑叶角度	穗型	茎秆角度	千粒重/g	谷粒形状	颖壳色
重粒 38	95.7	7.4	直立	中	中	31.3	椭圆	秆黄

〔**优异性状**〕株型好,适合做米饭,涨饭。田间鉴定叶稻瘟病显示,其表现与抗病对照品种中花 11 号同为免疫(0 级),并抗稻颈瘟病,抗倒伏。

〔**利用价值**〕适合在生产上推广,可作为抗叶稻瘟病水稻育种的亲本。

6. 小黑稻

〔**学名**〕小黑稻是亚洲栽培稻(*Oryza sativa* L.)的一个品种。

〔**采集号与采集地**〕采集编号:2013525001。采集地点:盘县保基乡厨子寨村。

〔**基本特征特性**〕小黑稻的基本特征特性鉴定结果见表 6-6。

表 6-6 小黑稻基本特征特性鉴定结果(贵州贵阳)

品种名称	株高/cm	有效穗/个	剑叶角度	穗型	茎秆角度	千粒重/g	谷粒形状	颖壳色
小黑稻	173.3	8.6	平展	中	直立	25.2	椭圆	秆黄、赤褐斑

〔**优异性状**〕在当地种植于海拔 1892m 地带,具有耐冷性。稻瘟病抗性基因分子标记检测显示,小黑稻具有 3 个抗病基因,即 *Pi5*、*Pi-km* 和 *Pi-kh*,证明其抗稻瘟病。

〔**利用价值**〕适宜在当地高海拔地区种植,可作为抗稻瘟病和耐冷水稻育种的亲本。

7. 本地糯米

〔**学名**〕本地糯米是亚洲栽培稻(*Oryza sativa* L.)的一个品种。

〔**采集号与采集地**〕采集编号:2014522018。采集地点:荔波县水利乡水丰村。

〔**基本特征特性**〕本地糯米的基本特征特性鉴定结果见表 6-7。

表 6-7 本地糯米基本特征特性鉴定结果(贵州贵阳)

品种名称	株高/cm	有效穗/个	剑叶角度	穗型	茎秆角度	千粒重/g	谷粒形状	颖壳色
本地糯米	98.8	10.0	直立	中	散开	23.7	椭圆	秆黄

〔**优异性状**〕综合性状好,株型好,稻米糯性好、香味浓。田间鉴定显示其高抗叶稻瘟病(1 级),分子检测显示其含抗病基因 *Pi2*、*Pi5* 和 *Pi-kh*。抗穗颈瘟病,抗倒伏,耐寒性较好。

〔**利用价值**〕适合在当地种植，可作为现代育种的亲本。

8. 粘谷

〔**学名**〕粘谷是亚洲栽培稻（*Oryza sativa* L.）的一个品种。

〔**采集号与采集地**〕采集编号：2014522079。采集地点：荔波县黎明关乡拉内村。

〔**基本特征特性**〕粘谷的基本特征特性鉴定结果见表6-8。

表6-8　粘谷基本特征特性鉴定结果（贵州贵阳）

品种名称	株高/cm	有效穗/个	剑叶角度	穗型	茎秆角度	千粒重/g	谷粒形状	颖壳色
粘谷	97.3	9.0	直立	中	直立	29.0	细长	秆黄

〔**优异性状**〕株型好，植株较矮，抗倒伏；生育期166天；高抗叶稻瘟病（1级），抗穗颈瘟病；稻米香味浓。

〔**利用价值**〕是当地食用最多的粘稻。综合性状好，符合现代育种的要求。

9. 香米

〔**学名**〕香米是亚洲栽培稻（*Oryza sativa* L.）的一个品种。

〔**采集号与采集地**〕采集编号：2014522156。采集地点：荔波县玉屏镇水尧村。

〔**基本特征特性**〕香米基本特征特性鉴定结果见表6-9。

表6-9　香米基本特征特性鉴定结果（贵州贵阳）

品种名称	株高/cm	有效穗/个	剑叶角度	穗型	茎秆角度	千粒重/g	谷粒形状	颖壳色
香米	92.7	9.4	直立	中	中	27.3	细长	秆黄

〔**优异性状**〕稻米香味特浓，因此而得名，深受广大人民欢迎，在当地已种植60多年，适宜在海拔700~800m地带栽培。株型好，较矮，抗倒伏。高抗叶稻瘟病（1级），抗穗颈瘟病。

〔**利用价值**〕适合在当地种植，并可作为香稻育种的亲本。

10. 打糯

〔**学名**〕打糯是亚洲栽培稻（*Oryza sativa* L.）的一个品种。

〔**采集号与采集地**〕采集编号：2014522161。采集地点：荔波县佳荣镇大土村。

〔**基本特征特性**〕打糯的基本特征特性鉴定结果见表6-10。

表6-10　打糯基本特征特性鉴定结果（贵州贵阳）

品种名称	株高/cm	有效穗/个	剑叶角度	穗型	茎秆角度	千粒重/g	谷粒形状	颖壳色
打糯	90.0	9.4	直立	中	中	28.6	中长	秆黄

〔**优异性状**〕株型好，株高90~100cm，稻米糯性好。田间鉴定显示其高抗叶稻瘟病（1级），分子检测显示其含*Pi2*、*Pi5*和*Pi-kh*抗病基因。抗穗颈瘟病，抗倒伏。

〔**利用价值**〕综合性状好，适合在当地种植，可作为糯稻育种亲本。

11. 麻粘

〔**学名**〕麻粘是亚洲栽培稻（*Oryza sativa* L.）的一个品种。
〔**采集号与采集地**〕采集编号：2014525174。采集地点：道真县旧城镇槐坪村。
〔**基本特征特性**〕麻粘的基本特征特性鉴定结果见表6-11。

表6-11　麻粘基本特征特性鉴定结果（贵州贵阳）

品种名称	株高/cm	有效穗/个	剑叶角度	穗型	茎秆角度	千粒重/g	谷粒形状	颖壳色
麻粘	101.0	13.4	直立	散	中	26.4	椭圆	褐（麻）

〔**优异性状**〕株型好，较矮，抗倒伏；高抗叶稻瘟病（1级），抗穗颈瘟病。
〔**利用价值**〕适宜在当地推广种植，可作为抗稻瘟病水稻育种的亲本。

12. 黄岗洋弄

〔**学名**〕黄岗洋弄是亚洲栽培稻（*Oryza sativa* L.）的一个品种。
〔**采集号与采集地**〕采集编号：2013523447。采集地点：黎平县双江镇黄岗村。
〔**基本特征特性**〕黄岗洋弄的基本特征特性鉴定结果见表6-12。

表6-12　黄岗洋弄基本特征特性鉴定结果（贵州贵阳）

品种名称	株高/cm	有效穗/个	剑叶角度	穗型	茎秆角度	千粒重/g	谷粒形状	颖壳色
黄岗洋弄	149.3	6.8	披垂	中	中间	23.5	阔卵	秆黄

〔**优异性状**〕其突出优点是耐阴冷、短日照，当地侗语将其称为"苟阳弄"，汉语译意为"密林深处的糯稻"。因此适宜种植在林缘地带，在寡照的条件下产量可达350kg/667m^2。
〔**利用价值**〕该品种在当地种植历史悠久，迄今仍在种植。可作为耐冷、寡照水稻育种的亲本，并可作为水稻光反应的试验材料。

13. 占里糯禾

〔**学名**〕占里糯禾是亚洲栽培稻（*Oryza sativa* L.）的一个品种。
〔**采集号与采集地**〕采集编号：2015522031。采集地点：从江县高增乡占里村。
〔**基本特征特性**〕占里糯禾的基本特征特性鉴定结果见表6-13。

表6-13　占里糯禾基本特征特性鉴定结果（贵州贵阳）

品种名称	株高/cm	有效穗/个	剑叶角度	穗型	茎秆角度	千粒重/g	谷粒形状	颖壳色
占里糯禾	174.0	7.2	平展	密	中	23.4	阔卵	秆黄

〔**优异性状**〕经稻瘟病抗性基因分子检测，占里糯禾具有3个抗病基因，即*Pi5*、*Pi-km*和*Pi-kh*，证明其抗稻瘟病。
〔**利用价值**〕适宜在当地种植，可作为抗稻瘟病水稻育种的亲本。

14. 占里香禾糯

〔**学名**〕占里香禾糯是亚洲栽培稻（*Oryza sativa* L.）的一个品种。

〔**采集号与采集地**〕采集编号：2015522032。采集地点：从江县高增乡占里村。

〔**基本特征特性**〕占里香禾糯的基本特征特性鉴定结果见表 6-14。

表 6-14　占里香禾糯基本特征特性鉴定结果（贵州贵阳）

品种名称	株高/cm	有效穗/个	剑叶角度	穗型	茎秆角度	千粒重/g	谷粒形状	颖壳色
占里香禾糯	167.7	7.0	平展	密	中	26.8	阔卵	秆黄

〔**优异性状**〕在当地种植多年。经稻瘟病抗性基因分子检测，占里香禾糯具有 3 个抗病基因，即 *Pi5*、*Pi-km* 和 *Pi-kh*，证明其抗稻瘟病。经耐冷性鉴定，其具有较强的耐冷性（MR）。

〔**利用价值**〕适宜在当地种植，可作为抗稻瘟病或耐冷水稻育种的亲本。

15. 折糯

〔**学名**〕折糯是亚洲栽培稻（*Oryza sativa* L.）的一个品种。

〔**采集号与采集地**〕采集编号：2014522017。采集地点：荔波县水利乡水丰村。

〔**基本特征特性**〕折糯的基本特征特性鉴定结果见表 6-15。

表 6-15　折糯基本特征特性鉴定结果（贵州贵阳）

品种名称	株高/cm	有效穗/个	剑叶角度	穗型	茎秆角度	千粒重/g	谷粒形状	颖壳色
折糯	96.7	10.6	直立	中	直立	23.5	阔卵	银灰

〔**优异性状**〕植株较矮，抗倒伏。稻米糯性强，香味浓。经稻瘟病抗性基因分子检测，其具有抗病基因，即 *Pi5*、*Pi-km* 和 *Pi-kh*，证明其抗稻瘟病。

〔**利用价值**〕折糯在当地已种植 20 多年，迄今仍大面积种植，由于综合性状好，可作为糯稻育种的亲本。

16. 矮麻抗

〔**学名**〕矮麻抗是亚洲栽培稻（*Oryza sativa* L.）的一个品种。

〔**采集号与采集地**〕采集编号：2014522201。采集地点：荔波县甲良镇梅桃村岜领组。

〔**基本特征特性**〕矮麻抗的基本特征特性鉴定结果见表 6-16。

表 6-16　矮麻抗基本特征特性鉴定结果（云南宜良）

品种名称	株高/cm	有效穗/个	剑叶角度	穗型	茎秆角度	千粒重/g	谷粒形状	颖壳色
矮麻抗	88	15.3	直立	中	直立	18.3	阔卵	褐（麻）

〔**优异性状**〕该品种在当地已种植了大约 60 年，植株较矮，抗倒伏。米粉专用稻。在云南宜良（海拔 1600m）的田间观察显示，其稻瘟病抗性 1 级，经稻瘟病抗性基因

分子检测，其具有抗病基因 *Pi5*，结实率达 84.57%。

〔利用价值〕矮麻抗在云南宜良（海拔 1600m）结实性仍较好，具有一定的耐冷性，可作为耐冷、矮秆抗倒伏水稻育种的亲本。

17. 矮麻粘

〔学名〕矮麻粘是亚洲栽培稻（*Oryza sativa* L.）的一个品种。

〔采集号与采集地〕采集编号：2014525045。采集地点：道真县阳溪镇阳溪村大屋基组。

〔基本特征特性〕矮麻粘的基本特征特性鉴定结果见表 6-17。

表 6-17　矮麻粘基本特征特性鉴定结果（云南宜良）

品种名称	株高/cm	有效穗/个	剑叶角度	穗型	茎秆角度	千粒重/g	谷粒形状	颖壳色
矮麻粘	90	27	直立	中	直立	22.7	阔卵	褐（麻）

〔优异性状〕该品种在当地已种植了大约 45 年，植株较矮，抗倒伏。米粉专用稻。在云南宜良（海拔 1600m）的田间观察显示，其稻瘟病抗性 1 级，经稻瘟病抗性基因分子检测，其具有抗病基因 *Pi5*，结实率达 90%。

〔利用价值〕作为籼稻品种，矮麻粘在云南宜良（海拔 1600m）结实性仍较好，具有一定的耐冷性，可作为耐冷、矮秆水稻育种的亲本。

18. 黄壳糯

〔学名〕黄壳糯是亚洲栽培稻（*Oryza sativa* L.）的一个品种。

〔采集号与采集地〕采集编号：2013521333。采集地点：紫云县四大寨乡牛场村。

〔基本特征特性〕黄壳糯的基本特征特性鉴定结果见表 6-18。

表 6-18　黄壳糯基本特征特性鉴定结果（贵州贵阳）

品种名称	株高/cm	有效穗/个	剑叶角度	穗型	茎秆角度	千粒重/g	谷粒形状	颖壳色
黄壳糯	121.3	5.0	直立	中	直立	35.4	椭圆	秆黄

〔优异性状〕是当地种植多年的老地方品种。丰产性好，千粒重达 35.4g，属于大粒类型。稻米品质优、糯性强，米饭柔软、口感好。耐瘠薄性好。

〔利用价值〕适合在当地推广种植，可作为糯稻大粒品种选育的亲本。

19. 山坡白壳糯

〔学名〕山坡白壳糯是亚洲栽培稻（*Oryza sativa* L.）的一个品种。

〔采集号与采集地〕采集编号：2013524003。采集地点：镇宁县良田镇陇耍村。

〔基本特征特性〕山坡白壳糯的基本特征特性鉴定结果见表 6-19。

表 6-19　山坡白壳糯基本特征特性鉴定结果（贵州贵阳）

品种名称	株高/cm	有效穗/个	剑叶角度	穗型	茎秆角度	千粒重/g	谷粒形状	颖壳色
山坡白壳糯	154.7	5.6	披垂	中	直立	34.7	阔卵	秆黄

〔**优异性状**〕抗性好,适宜在山坡地种植。丰产性好,千粒重高达34.7g,属于大粒类型。稻米糯性,有香味,适合做糯米饭、粑粑、汤圆,口感柔软。

〔**利用价值**〕可在山坡地带推广种植,是糯稻大粒品种选育的优良亲本。

20. 高岩白糯

〔**学名**〕高岩白糯是亚洲栽培稻(*Oryza sativa* L.)的一个品种。

〔**采集号与采集地**〕采集编号:2013526547。采集地点:雷山县大塘乡高岩村。

〔**基本特征特性**〕高岩白糯的基本特征特性鉴定结果见表6-20。

表6-20 高岩白糯基本特征特性鉴定结果(贵州贵阳)

品种名称	株高/cm	有效穗/个	剑叶角度	穗型	茎秆角度	千粒重/g	谷粒形状	颖壳色
高岩白糯	119.3	12.8	披垂	中	直立	34.6	阔卵	秆黄

〔**优异性状**〕是当地多年种植的地方品种,谷粒大,千粒重34.6g。稻米糯性好,米饭口感好,味香。抗稻曲病。

〔**利用价值**〕在当地海拔1270m左右地带可推广种植,可作为大粒糯稻品种选育的亲本材料。

21. 高糯谷

〔**学名**〕高糯谷是亚洲栽培稻(*Oryza sativa* L.)的一个品种。

〔**采集号与采集地**〕采集编号:2014524038。采集地点:安龙县洒雨镇格红村。

〔**基本特征特性**〕高糯谷的基本特征特性鉴定结果见表6-21。

表6-21 高糯谷基本特征特性鉴定结果(贵州贵阳)

品种名称	株高/cm	有效穗/个	剑叶角度	穗型	茎秆角度	千粒重/g	谷粒形状	颖壳色
高糯谷	12.6	6.0	平展	中	中	32.0	阔卵	秆黄

〔**优异性状**〕稻谷味很香浓,成熟期在田边就可闻到香味,谷粒千粒重32.0g,属于大粒类型。

〔**利用价值**〕适宜在当地种植,并可作为糯稻大粒、香米品种选育的亲本。

22. 黄丝糯

〔**学名**〕黄丝糯是亚洲栽培稻(*Oryza sativa* L.)的一个品种。

〔**采集号与采集地**〕采集编号:2014525042。采集地点:道真县阳溪镇四坪村仙寺坪组。

〔**基本特征特性**〕黄丝糯的基本特征特性鉴定结果见表6-22。

表6-22 黄丝糯基本特征特性鉴定结果(贵州贵阳)

品种名称	株高/cm	有效穗/个	剑叶角度	穗型	茎秆角度	千粒重/g	谷粒形状	颖壳色
黄丝糯	125.0	7.6	披垂	中	中	32.7	中长	秆黄

〔**优异性状**〕是当地种植多年的老品种，谷粒大，千粒重达32.7g，属于大粒类型，稻米糯性好，味香。

〔**利用价值**〕适合在当地种植，可作为糯稻大粒、香米品种选育的亲本。

23. 白芒晚熟糯

〔**学名**〕白芒晚熟糯是亚洲栽培稻（*Oryza sativa* L.）的一个品种。

〔**采集号与采集地**〕采集编号：2013523450。采集地点：黎平县双江镇黄岗村。

〔**基本特征特性**〕白芒晚熟糯的基本特征特性鉴定结果见表6-23。

表6-23　白芒晚熟糯基本特征特性鉴定结果（贵州贵阳）

品种名称	株高/cm	有效穗/个	剑叶角度	穗型	茎秆角度	千粒重/g	谷粒形状	颖壳色
白芒晚熟糯	157.3	7.0	平展	中	直立	20.1	阔卵	秆黄

〔**优异性状**〕在当地种植多年，感病轻，单产450~500kg/667m²。经耐冷性鉴定，该品种具有极强（HR）的耐冷性。

〔**利用价值**〕可在当地种植，可作为耐冷、高产品种选育的亲本材料。

24. 德顺糯禾

〔**学名**〕德顺糯禾是亚洲栽培稻（*Oryza sativa* L.）的一个品种。

〔**采集号与采集地**〕采集编号：2013523468。采集地点：黎平县德顺乡德顺村。

〔**基本特征特性**〕德顺糯禾的基本特征特性鉴定结果见表6-24。

表6-24　德顺糯禾基本特征特性鉴定结果（贵州贵阳）

品种名称	株高/cm	有效穗/个	剑叶角度	穗型	茎秆角度	千粒重/g	谷粒形状	颖壳色
德顺糯禾	135.0	6.2	平展	中	直立	28.1	阔卵	秆黄

〔**优异性状**〕在当地种植期间比较抗病虫害，全生育期不用打农药；耐冷性好，经耐冷性鉴定属于极强（HR）类型。稻米糯性好，蒸饭味香；还适合酿酒，做油茶。

〔**利用价值**〕适合在当地生产上直接推广，并可作为耐冷品种选育的亲本。

25. 大白禾

〔**学名**〕大白禾是亚洲栽培稻（*Oryza sativa* L.）的一个品种。

〔**采集号与采集地**〕采集编号：2013523491。采集地点：黎平县尚重镇绞洞村。

〔**基本特征特性**〕大白禾的基本特征特性鉴定结果见表6-25。

表6-25　大白禾基本特征特性鉴定结果（贵州贵阳）

品种名称	株高/cm	有效穗/个	剑叶角度	穗型	茎秆角度	千粒重/g	谷粒形状	颖壳色
大白禾	155.7	4.6	披垂	中	直立	25.7	阔卵	秆黄

〔**优异性状**〕是当地特有老地方品种，适合在中等肥力田种植；经耐冷性鉴定，该品种具有强耐冷性（R）。

〔利用价值〕可在当地推广种植，并作为耐冷品种选育的亲本。

26. 平甫八月禾

〔学名〕平甫八月禾是亚洲栽培稻（*Oryza sativa* L.）的一个品种。

〔采集号与采集地〕采集编号：2013523467。采集地点：黎平县德顺乡平甫村。

〔基本特征特性〕平甫八月禾的基本特征特性鉴定结果见表6-26。

表6-26　平甫八月禾基本特征特性鉴定结果（贵州贵阳）

品种名称	株高/cm	有效穗/个	剑叶角度	穗型	茎秆角度	千粒重/g	谷粒形状	颖壳色
平甫八月禾	152.0	5.0	平展	中	中间	25.4	阔卵	赤褐

〔优异性状〕是当地侗族制作食品——侗果的特用老品种。经耐冷性鉴定，该品种具有强耐冷性（R）。

〔利用价值〕是当地专用品种，并可作为耐冷品种选育的亲本。

27. 呆年亚

〔学名〕呆年亚是亚洲栽培稻（*Oryza sativa* L.）的一个品种。

〔采集号与采集地〕采集编号：2015522126。采集地点：从江县翠里乡高文村。

〔基本特征特性〕呆年亚的基本特征特性鉴定结果见表6-27。

表6-27　呆年亚基本特征特性鉴定结果（贵州贵阳）

品种名称	株高/cm	穗粒数/粒	结实率/%	千粒重/g	种皮色	全生育期/天
呆年亚	198.0	115.5	82.7	33.17	红	194

〔优异性状〕谷粒大，千粒重达33.17g，属于大粒类型。

〔利用价值〕适合在当地种植，可作为粳糯型大粒品种选育的亲本。

28. 银平香禾

〔学名〕银平香禾是亚洲栽培稻（*Oryza sativa* L.）的一个品种。

〔采集号与采集地〕采集编号：2015522017。采集地点：从江县刚边乡银平村。

〔基本特征特性〕银平香禾的基本特征特性鉴定结果见表6-28。

表6-28　银平香禾基本特征特性鉴定结果（贵州贵阳）

品种名称	株高/cm	穗粒数/粒	结实率/%	千粒重/g	种皮色	全生育期/d
银平香禾	147.0	162.6	88.5	24.87	白	200

〔优异性状〕耐冷性属于极强（HR）类型。

〔利用价值〕适宜在当地阴冷地区种植，并可作为耐冷品种选育的亲本。

29. 建华糯禾

〔学名〕建华糯禾是亚洲栽培稻（*Oryza sativa* L.）的一个品种。

〔**采集号与采集地**〕采集编号：2015522020。采集地点：从江县高增乡建华村。

〔**基本特征特性**〕建华糯禾的基本特征特性鉴定结果见表 6-29。

表 6-29　建华糯禾基本特征特性鉴定结果（贵州贵阳）

品种名称	株高 /cm	穗粒数 / 粒	结实率 /%	千粒重 /g	种皮色	全生育期 / 天
建华糯禾	132.7	122.5	90.4	31.92	白	145

〔**优异性状**〕是当地特有老品种；谷粒大，千粒重达 31.92g，属于大粒类型；全生育期仅 145 天，属于极早熟类型。

〔**利用价值**〕适合在当地推广种植，并可作为大粒、早熟品种选育的亲本。

30. 苟百参

〔**学名**〕苟百参是亚洲栽培稻（*Oryza sativa* L.）的一个品种。

〔**采集号与采集地**〕采集编号：2015522101。采集地点：从江县雍里乡龙江村。

〔**基本特征特性**〕苟百参的基本特征特性鉴定结果见表 6-30。

表 6-30　苟百参基本特征特性鉴定结果（贵州贵阳）

品种名称	株高 /cm	穗粒数 / 粒	结实率 /%	千粒重 /g	种皮色	全生育期 / 天
苟百参	151.7	264.0	85.7	24.8	白	145

〔**优异性状**〕是当地种植多年的老品种，穗大，单穗结实 264.0 粒，全生育期仅 145 天，属于极早熟类。

〔**利用价值**〕适合在当地推广种植，并可作为大穗、早熟品种选育的亲本。

二、旱稻

31. 红旱糯

〔**学名**〕红旱糯是亚洲栽培稻（*Oryza sativa* L.）的一个品种。

〔**采集号与采集地**〕采集编号：2014524098。采集地点：安龙县德卧镇扁占村。

〔**基本特征特性**〕红旱糯的基本特征特性鉴定结果见表 6-31。

表 6-31　红旱糯基本特征特性鉴定结果（贵州贵阳）

品种名称	株高 /cm	有效穗 /个	剑叶角度	穗型	茎秆角度	千粒重 /g	谷粒形状	颖壳色
红旱糯	112.7	6.2	披垂	中	直立	36.7	椭圆	赤褐

〔**优异性状**〕是当地特有品种，种植历史悠久。稻米糯性，外观整齐漂亮，米饭柔软有弹性，口感好。抗旱，耐瘠薄，抗根腐病和稻颈瘟病。谷粒大，千粒重高达 36.7g，属于大粒类型。

〔利用价值〕适宜在山旱地种植，可作为旱稻育种的亲本。

32. 白壳旱稻

〔学名〕白壳旱稻是亚洲栽培稻（*Oryza sativa* L.）的一个品种。

〔采集号与采集地〕采集编号：2013524016。采集地点：镇宁县良田镇新屯村。

〔基本特征特性〕白壳旱稻的基本特征特性鉴定结果见表6-32。

表6-32 白壳旱稻基本特征特性鉴定结果（贵州贵阳）

品种名称	株高/cm	有效穗/个	剑叶角度	穗型	茎秆角度	千粒重/g	谷粒形状	颖壳色
白壳旱稻	125.0	5.4	披垂	中	直立	30.8	椭圆	秆黄

〔优异性状〕种植在海拔1000m地带的坡地，耐瘠薄。

〔利用价值〕适宜在高海拔坡地种植，可作为旱稻育种的亲本。

33. 旱糯

〔学名〕旱糯是亚洲栽培稻（*Oryza sativa* L.）的一个品种。

〔采集号与采集地〕采集编号：2013521511。采集地点：紫云县大营乡联八村。

〔基本特征特性〕旱糯的基本特征特性鉴定结果见表6-33。

表6-33 旱糯基本特征特性鉴定结果（贵州贵阳）

品种名称	株高/cm	有效穗/个	剑叶角度	穗型	茎秆角度	千粒重/g	谷粒形状	颖壳色
旱糯	135.0	5.2	披垂	中	直立	27.9	椭圆	秆黄

〔优异性状〕在当地有50多年种植历史，多种植在刀耕火种开垦的坡地上。抗旱性强，耐瘠薄。稻米糯性好，香味较浓，适合打糍粑、包粽子和蒸糯米饭。

〔利用价值〕适宜在旱坡地种植，可作为旱糯稻育种的亲本。

34. 飞蛾糯

〔学名〕飞蛾糯是亚洲栽培稻（*Oryza sativa* L.）的一个品种。

〔采集号与采集地〕采集编号：2014524100。采集地点：安龙县德卧镇扁占村。

〔基本特征特性〕飞蛾糯的基本特征特性鉴定结果见表6-34。

表6-34 飞蛾糯基本特征特性鉴定结果（贵州贵阳）

品种名称	株高/cm	有效穗/个	剑叶角度	穗型	茎秆角度	千粒重/g	谷粒形状	颖壳色
飞蛾糯	136.7	4.6	披垂	中	直立	40.2	细长	秆黄

〔优异性状〕是当地种植多年的老品种，突出优点是谷粒大，千粒重高达40.2g，属于特大粒类型。米质好，糯性强，蒸饭很香，食味佳，冷饭不回生。

〔利用价值〕适合在当地生产上利用，并可作为糯稻大粒、香米品种选育的亲本（韩龙植等，2006）。

三、玉米

35. 赫章二季早

〔**学名**〕赫章二季早是玉米（*Zea mays* L.）的一个品种。

〔**采集号与采集地**〕采集编号：2014521022。采集地点：赫章县兴发乡大街村。

〔**基本特征特性**〕赫章二季早的基本特征特性鉴定结果见表6-35。

表6-35　赫章二季早基本特征特性鉴定结果（贵州贵阳）

品种名称	全生育期/天	株高/cm	穗位高/cm	穗行数/行	粒型	粒色	粒大小
赫章二季早	102	320.6	164.6	9.0	硬粒	白	大

〔**优异性状**〕是当地种植历史悠久的地方品种，全生育期仅102天，属于早熟品种，籽粒大，属于大粒类型。

〔**利用价值**〕由于全生育期短，适宜在2000m地带种植，并可作为早熟、耐冷品种选育的亲本。

36. 黑白苞谷

〔**学名**〕黑白苞谷是玉米（*Zea mays* L.）的一个品种。

〔**采集号与采集地**〕采集编号：2014521068。采集地点：赫章县水塘堡乡田坝村。

〔**基本特征特性**〕黑白苞谷的基本特征特性鉴定结果见表6-36。

表6-36　黑白苞谷基本特征特性鉴定结果（贵州贵阳）

品种名称	全生育期/天	株高/cm	穗位高/cm	穗行数/行	粒型	粒色	粒大小
黑白苞谷	101	298.0	142.0	13.3	硬粒	白	中

〔**优异性状**〕在当地已种植60多年，早熟，全生育期仅101天，耐旱、耐瘠薄。

〔**利用价值**〕适宜在当地海拔较高、山坡地推广种植，并可作为早熟、耐冷品种选育的亲本。

37. 本地白玉米

〔**学名**〕本地白玉米是玉米（*Zea mays* L.）的一个品种。

〔**采集号与采集地**〕采集编号：2013525327。采集地点：威宁县盐仓镇高峰村。

〔**基本特征特性**〕本地白玉米的基本特征特性鉴定结果见表6-37。

表6-37　本地白玉米基本特征特性鉴定结果（贵州贵阳）

品种名称	全生育期/天	株高/cm	穗位高/cm	穗行数/行	粒型	粒色	粒大小
本地白玉米	110	187.0	68.0	8~10	硬粒	白	中

〔优异性状〕早熟，全生育期仅 110 天，抗冷性强，抗旱性好。

〔利用价值〕适宜在当地海拔 2400m 地带的山坡地种植，并可作为早熟、抗冷品种选育的亲本。

38. 白苞谷

〔学名〕白苞谷是玉米（*Zea mays* L.）的一个品种。

〔采集号与采集地〕采集编号：2014525010。采集地点：道真县上坝乡新田坝村。

〔基本特征特性〕白苞谷的基本特征特性鉴定结果见表 6-38。

表 6-38　白苞谷基本特征特性鉴定结果（贵州贵阳）

品种名称	全生育期/天	株高/cm	穗位高/cm	穗行数/行	粒型	粒色	粒大小
白苞谷	103	326.4	160.2	14.8	马齿	白	大

〔优异性状〕在当地种植多年，早熟，全生育期仅 103 天，籽粒属于大粒类型。

〔利用价值〕适宜在当地海拔 1200m 地带种植，可作为早熟、大粒品种选育的亲本。

39. 金黄早

〔学名〕金黄早是玉米（*Zea mays* L.）的一个品种。

〔采集号与采集地〕采集编号：2014525009。采集地点：道真县上坝乡新田坝村。

〔基本特征特性〕金黄早的基本特征特性鉴定结果见表 6-39。

表 6-39　金黄早基本特征特性鉴定结果（贵州贵阳）

品种名称	全生育期/天	株高/cm	穗位高/cm	穗行数/行	粒型	粒色	粒大小
金黄早	97	307.2	132.4	12.4	马齿	黄	中

〔优异性状〕在当地种植多年，早熟，全生育期仅 97 天。蒸饭食用口感好，有香味。

〔利用价值〕由于全生育期短，适合在高海拔地区种植，并可作为耐冷、早熟品种选育的亲本。

40. 白糯玉米

〔学名〕白糯玉米是玉米（*Zea mays* L.）的一个品种。

〔采集号与采集地〕采集编号：2014526008。采集地点：施秉县双井镇翁粮村。

〔基本特征特性〕白糯玉米的基本特征特性鉴定结果见表 6-40。

表 6-40　白糯玉米基本特征特性鉴定结果（贵州贵阳）

品种名称	全生育期/天	株高/cm	穗位高/cm	穗行数/行	粒型	粒色	粒大小
白糯玉米	100	290.4	132.4	12.4	糯质	白	中

〔优异性状〕全生育期仅 100 天，属于早熟类型；籽粒皮薄，糯性好；抗病虫性、抗旱性和抗冷性均较好。

〔**利用价值**〕可在当地海拔较高地带种植，并可作为早熟、高产糯玉米品种选育的亲本。

41. 白糯苞谷

〔**学名**〕白糯苞谷是玉米（*Zea mays* L.）的一个品种。

〔**采集号与采集地**〕采集编号：2014524164。采集地点：安龙县平乐乡联合村。

〔**基本特征特性**〕白糯苞谷的基本特征特性鉴定结果见表6-41。

表6-41 白糯苞谷基本特征特性鉴定结果（贵州贵阳）

品种名称	全生育期/天	株高/cm	穗位高/cm	穗行数/行	粒型	粒色	粒大小
白糯苞谷	97	238.2	104.4	13.2	糯质	白	中

〔**优异性状**〕全生育期仅97天，属于早熟类。籽粒皮薄，糯性好；煮食、蒸饭口感好。

〔**利用价值**〕适合在当地海拔1200m地带种植，是早熟、耐冷糯玉米品种选育的好材料。

42. 四角苞谷

〔**学名**〕四角苞谷是玉米（*Zea mays* L.）的一个品种。

〔**采集号与采集地**〕采集编号：2013521497。采集地点：紫云县白石岩乡新驰村。

〔**基本特征特性**〕四角苞谷的基本特征特性鉴定结果见表6-42。

表6-42 四角苞谷基本特征特性鉴定结果（贵州贵阳）

品种名称	全生育期/天	株高/cm	穗位高/cm	穗行数/行	粒型	粒色	粒大小
四角苞谷	133	303.0	160.0	16~22	马齿	白	小

〔**优异性状**〕在当地种植50多年，抗旱、耐瘠性好，产量高。该品种具有特异性状，即果穗下部细，上部粗，顶部呈四角状，故此而得名。

〔**利用价值**〕适合在当地生产上推广种植，对玉米分类、进化研究具有重要价值。

43. 下板甲爆花玉米

〔**学名**〕下板甲爆花玉米是玉米（*Zea mays* L.）的一个品种。

〔**采集号与采集地**〕采集编号：2012522074。采集地点：三都县九阡镇板甲村。

〔**基本特征特性**〕下板甲爆花玉米的基本特征特性鉴定结果见表6-43。

表6-43 下板甲爆花玉米基本特征特性鉴定结果（贵州贵阳）

品种名称	全生育期/天	株高/cm	穗位高/cm	穗行数/行	粒型	粒色	粒大小
下板甲爆花玉米	99	276.6	152.6	14.8	爆裂	黄	小

〔**优异性状**〕在当地种植多年，是爆米花专用品种，籽粒皮薄，米花口感好。

〔**利用价值**〕专用于爆米花，是当今我国生产上稀有的玉米类型。

44. 爆米花

〔学名〕爆米花是玉米（*Zea mays* L.）的一个品种。

〔采集号与采集地〕采集编号：2014522178。采集地点：荔波县黎明关乡木朝村。

〔基本特征特性〕爆米花的基本特征特性鉴定结果见表6-44。

表6-44　爆米花基本特征特性鉴定结果（贵州贵阳）

品种名称	全生育期/天	株高/cm	穗位高/cm	穗行数/行	粒型	粒色	粒大小
爆米花	101	298.8	157.4	16.2	爆裂	红	小

〔优异性状〕是当地爆米花专用地方品种，种植历史达60年以上，籽粒小，味甜，特别适合爆米花。耐旱，抗瘠薄。

〔利用价值〕适合爆米花食用，并可作为爆裂玉米品种选育的亲本。

45. 刺苞谷

〔学名〕刺苞谷是玉米（*Zea mays* L.）的一个品种。

〔采集号与采集地〕采集编号：2014525001。采集地点：道真县上坝乡八一村。

〔基本特征特性〕刺苞谷的基本特征特性鉴定结果见表6-45。

表6-45　刺苞谷基本特征特性鉴定结果（贵州贵阳）

品种名称	全生育期/天	株高/cm	穗位高/cm	穗行数/行	粒型	粒色	粒大小
刺苞谷	98	282.2	138.6	14.4	爆裂	橙黄	小

〔优异性状〕在当地已种植50年以上，是爆米花的专用品种。适宜在海拔800~1000m地带种植，抗旱、耐瘠薄性较好。

〔利用价值〕适合在当地海拔较高地区种植，籽粒用于爆米花，品质好，口感香甜（石云素，2006）。

四、谷子（粟）

46. 糯小米

〔学名〕糯小米是谷子（*Setaria italica* (L.) Beauv.）的一个品种。

〔采集号与采集地〕采集编号：2013524476。采集地点：松桃县寨英镇岑鼓坡村。

〔基本特征特性〕糯小米的基本特征特性鉴定结果见表6-46。

表6-46　糯小米基本特征特性鉴定结果（贵州贵阳）

品种名称	主茎长度/cm	分枝性	主穗长度/cm	穗形	千粒重/g	单株穗重/g
糯小米	124	弱	28	纺锤	6.0	33.0

〔优异性状〕是当地种植多年的老品种，籽粒大，千粒重达6.0g，属于大粒类型，单株穗重33.0g。籽粒糯性好，食用口感好。

〔利用价值〕适合在当地种植，可作为谷子糯性、高产品种选育的亲本。

47. 小米

〔学名〕小米是谷子（*Setaria italica* (L.) Beauv.）的一个品种。
〔采集号与采集地〕采集编号：2014521339。采集地点：赫章县白果镇新田村。
〔基本特征特性〕小米的基本特征特性鉴定结果见表6-47。

表6-47　小米基本特征特性鉴定结果（贵州贵阳）

品种名称	主茎长度/cm	分枝性	主穗长度/cm	穗形	千粒重/g	单株穗重/g
小米	129	弱	26	圆桶	7.0	37.0

〔优异性状〕是本地特有老品种，丰产性好，千粒重高达7.0g，属特大粒类型，单株穗重高达37.0g。
〔利用价值〕适合在当地海拔1500m地带种植，是谷子高产品种选育的重要亲本。

48. 水寨小米

〔学名〕水寨小米是谷子（*Setaria italica* (L.) Beauv.）的一个品种。
〔采集号与采集地〕采集编号：2013526498。采集地点：雷山县方祥乡水寨村。
〔基本特征特性〕水寨小米的基本特征特性鉴定结果见表6-48。

表6-48　水寨小米基本特征特性鉴定结果（贵州贵阳）

品种名称	主茎长度/cm	分枝性	主穗长度/cm	穗形	千粒重/g	单株穗重/g
水寨小米	120	弱	26	棍棒	6.0	33.0

〔优异性状〕本品种属于大粒、丰产类型，千粒重达6.0g，单株穗重达33.0g。
〔利用价值〕适合在当地种植，可作为谷子大粒、高产品种选育的亲本（陆平，2006）。

五、大豆

49. 肇兴大粒黄豆

〔学名〕肇兴大粒黄豆是大豆（*Glycine max* (L.) Merr.）的一个品种。
〔采集号与采集地〕采集编号：2013523456。采集地点：黎平县肇兴镇中寨村。
〔基本特征特性〕肇兴大粒黄豆的基本特征特性鉴定结果见表6-49。

表6-49　肇兴大粒黄豆基本特征特性鉴定结果（贵州贵阳）

品种名称	生长习性	株高/cm	叶色	花旗瓣色	花翼瓣色
肇兴大粒黄豆	直立	53	绿	白	白

〔优异性状〕植株较矮，籽粒特大，百粒重33.6g，属于特大粒类型。
〔利用价值〕适宜在当地种植，并可作为大豆丰产育种的亲本，亦是大豆大粒性状

的研究材料。

50. 黄皮豆

〔**学名**〕黄皮豆是大豆（*Glycine max* (L.) Merr.）的一个品种。
〔**采集号与采集地**〕采集编号：2014521145。采集地点：赫章县水塘堡乡草子坪村。
〔**基本特征特性**〕黄皮豆基本特征特性鉴定结果见表6-50。

表6-50　黄皮豆基本特征特性鉴定结果（云南宜良）

品种名称	花色	生长习性	全生育期/天	株高/cm	单株荚数/个	荚长/cm	粒色	百粒重/g
黄皮豆	紫	直立	90	72	57	5	褐	15.2

〔**优异性状**〕该品种在当地已种植了大约50年，其优异特性是早熟。
〔**利用价值**〕可作为大豆早熟育种亲本。

51. 马号野生大豆

〔**学名**〕马号野生大豆是大豆属的野大豆（*Glycine soja* Sieb. et Zucc.）的种质资源。
〔**采集号与采集地**〕采集编号：2014526055。采集地点：施秉县马号乡胜秉村。
〔**基本特征特性**〕马号野生大豆的基本特征特性鉴定结果见表6-51。

表6-51　马号野生大豆基本特征特性鉴定结果（云南宜良）

品种名称	花色	生长习性	全生育期/天	株高/cm	单株荚数/个	荚长/cm	粒色	百粒重/g
马号野生大豆	白	蔓生	132	160.2	21	2.2	黑	0.8

〔**优异性状**〕马号野生大豆生长量大，抗病、抗虫、抗寒、抗旱。
〔**利用价值**〕可直接作为饲料作物利用或作为大豆抗逆育种的亲本。

52. 褐皮黄豆

〔**学名**〕褐皮黄豆是大豆（*Glycine max* (L.) Merr.）的一个品种。
〔**采集号与采集地**〕采集编号：2014521029。采集地点：赫章县兴发乡大街村。
〔**基本特征特性**〕褐皮黄豆基本特征特性鉴定结果见表6-52。

表6-52　褐皮黄豆基本特征特性鉴定结果（云南宜良）

品种名称	花色	生长习性	全生育期/天	株高/cm	单株荚数/个	荚长/cm	粒色	百粒重/g
褐皮黄豆	紫	直立	90	65	83	5.3	褐	15.6

〔**优异性状**〕该品种已种植了大约25年，优异特性是早熟。
〔**利用价值**〕可作为大豆早熟育种亲本。

53. 平甫绿皮黄豆

〔**学名**〕平甫绿皮黄豆是大豆（*Glycine max* (L.) Merr.）的一个品种。

〔采集号与采集地〕采集编号：2013523484。采集地点：黎平县德顺乡平甫村1组。

〔基本特征特性〕平甫绿皮黄豆基本特征特性鉴定结果见表6-53。

表6-53　平甫绿皮黄豆基本特征特性鉴定结果（云南宜良）

品种名称	花色	生长习性	全生育期/天	株高/cm	单株荚数/个	荚长/cm	粒色	百粒重/g
平甫绿皮黄豆	紫	直立	118	90	26.8	5.57	浅绿	25.6

〔优异性状〕该品种是当地侗族历史上遗留下来的，抗病、抗虫性好，耐旱性强，耐贫瘠，味香，是侗家人喜欢食用的平甫豆豉的原料。

〔利用价值〕综合性状好，可作为大豆育种亲本。

54. 绿黄豆

〔学名〕绿黄豆是大豆（*Glycine max* (L.) Merr.）的一个品种。

〔采集号与采集地〕采集编号：2012523002。采集地点：平塘县大塘镇新光村新磡组。

〔基本特征特性〕绿黄豆基本特征特性鉴定结果见表6-54。

表6-54　绿黄豆基本特征特性鉴定结果（云南宜良）

品种名称	花色	生长习性	全生育期/天	株高/cm	单株荚数/个	荚长/cm	粒色	百粒重/g
绿黄豆	紫	直立	118	52.5	182	3.4	浅绿	12.4

〔优异性状〕该品种已种植了50~60年，抗虫、抗病能力较好，也比较耐贫瘠。

〔利用价值〕综合性状好，单株产量高，可作为大豆育种亲本。

55. 七月早小黄豆

〔学名〕七月早小黄豆是大豆（*Glycine max* (L.) Merr.）的一个品种。

〔采集号与采集地〕采集编号：2013524031。采集地点：镇宁县革利乡翁告村3组。

〔基本特征特性〕七月早小黄豆基本特征特性鉴定结果见表6-55。

表6-55　七月早小黄豆基本特征特性鉴定结果（云南宜良）

品种名称	花色	生长习性	全生育期/天	株高/cm	单株荚数/个	荚长/cm	粒色	百粒重/g
七月早小黄豆	紫	直立	105	101.8	257	4.6	浅黄、棕纹	9.6

〔优异性状〕该品种已种植了大约30年，品质优，口味香、口感好，用于做豆花等豆制品；该品种籽粒小、色泽好、饱满。

〔利用价值〕单株产量高，可作为大豆育种亲本。

56. 小黄豆

〔**学名**〕小黄豆是大豆（*Glycine max* (L.) Merr.）的一个品种。
〔**采集号与采集地**〕采集编号：2013524023。采集地点：镇宁县革利乡革利村。
〔**基本特征特性**〕小黄豆基本特征特性鉴定结果见表6-56。

表6-56　小黄豆基本特征特性鉴定结果（贵州贵阳）

品种名称	全生育期/天	生长习性	叶色	花旗瓣色	花翼瓣色	株高/cm
小黄豆	115	直立	绿	紫	浅紫	30.5

〔**优异性状**〕在当地种植多年，抗性比较好，比较早熟，植株特矮，仅30.5cm。籽粒品质佳，适合做豆花。
〔**利用价值**〕适合在当地海拔1500m地带种植，并可作为大豆早熟、矮秆品种选育的亲本。

57. 泥巴豆

〔**学名**〕泥巴豆是大豆（*Glycine max* (L.) Merr.）的一个品种。
〔**采集号与采集地**〕采集编号：2013526036。采集地点：织金县后寨乡三家寨村。
〔**基本特征特性**〕泥巴豆基本特征特性鉴定结果见表6-57。

表6-57　泥巴豆基本特征特性鉴定结果（贵州贵阳）

品种名称	全生育期/天	生长习性	叶色	花旗瓣色	花翼瓣色	株高/cm
泥巴豆	106	直立	绿	白	白	35.3

〔**优异性状**〕是当地老品种，种植在海拔1700m地带，耐瘠薄，秆矮，株高仅35.3cm，早熟。
〔**利用价值**〕适合在当地海拔较高地带种植，并可作为早熟、矮秆品种选育的亲本。

六、普通菜豆

58. 长四季豆

〔**学名**〕长四季豆是普通菜豆（*Phaseolus vulgaris* L.）的一个品种。
〔**采集号与采集地**〕采集编号：2014525035。采集地点：道真县棕坪乡苍蒲溪村。
〔**基本特征特性**〕长四季豆的基本特征特性鉴定结果见表6-58。

表6-58　长四季豆基本特征特性鉴定结果（云南宜良）

品种名称	生长习性	株高/cm	单株荚数/个	百粒重/g	单株粒重/g	全生育期/天
长四季豆	直立	45	7.1	24.2	8.16	62

〔**优异性状**〕突出特点是属于极早熟类，可用于应急种植。直立生长习性，不需要搭架，省物力和人力。除食用干粒外，嫩荚可菜用。

〔**利用价值**〕由于极早熟，可用于灾害补救，并作为早熟品种选育的亲本材料。

59. 懒豆

〔**学名**〕懒豆是普通菜豆（*Phaseolus vulgaris* L.）的一个品种。

〔**采集号与采集地**〕采集编号：2013522333。采集地点：印江县洋溪镇坪林村。

〔**基本特征特性**〕懒豆的基本特征特性鉴定结果见表6-59。

表6-59　懒豆基本特征特性鉴定结果（云南宜良）

品种名称	生长习性	株高/cm	单株荚数/个	百粒重/g	单株粒重/g	全生育期/天
懒豆	直立	35	11	43.6	28.34	74

〔**优异性状**〕植株矮小，不用搭架，适合懒人种植，因此而得名。成熟极早，可用于农闲补种和灾害补救。

〔**利用价值**〕可作为矮秆早熟品种选育的亲本。

60. 桩桩豆

〔**学名**〕桩桩豆是普通菜豆（*Phaseolus vulgaris* L.）的一个品种。

〔**采集号与采集地**〕采集编号：2014523056。采集地点：开阳县双流镇刘育村。

〔**基本特征特性**〕桩桩豆的基本特征特性鉴定结果见表6-60。

表6-60　桩桩豆基本特征特性鉴定结果（云南宜良）

品种名称	生长习性	株高/cm	单株荚数/个	百粒重/g	单株粒重/g	全生育期/天
桩桩豆	直立	43	6.0	29.2	8.58	74

〔**优异性状**〕植株矮，不需要搭架，省物力和人力。极早熟，全生育期短。

〔**利用价值**〕可用于早熟矮秆品种选育。

61. 鸡油豆

〔**学名**〕鸡油豆是普通菜豆（*Phaseolus vulgaris* L.）的一个品种。

〔**采集号与采集地**〕采集编号：2014523190。采集地点：开阳县双流镇白马村。

〔**基本特征特性**〕鸡油豆的基本特征特性鉴定结果见表6-61。

表6-61　鸡油豆基本特征特性鉴定结果（云南宜良）

品种名称	生长习性	株高/cm	单株荚数/个	百粒重/g	单株粒重/g	全生育期/天
鸡油豆	直立	54	14.0	28.8	16.3	74

〔**优异性状**〕其是亦粮亦菜品种，做汤、煮饭时上面总有一层像黄色鸡油的漂浮物，因此而得名。植株矮，不需搭架，全生育期短，极早熟。

〔**利用价值**〕可作为早熟矮秆品种选育的亲本。

62. 青皮四季豆

〔**学名**〕青皮四季豆是普通菜豆（*Phaseolus vulgaris* L.）的一个品种。

〔**采集号与采集地**〕采集编号：2014523031。采集地点：开阳县高寨乡石头村。

〔**基本特征特性**〕青皮四季豆的基本特征特性鉴定结果见表 6-62。

表 6-62　青皮四季豆基本特征特性鉴定结果（云南宜良）

品种名称	生长习性	株高/cm	单株荚数/个	百粒重/g	单株粒重/g	全生育期/天
青皮四季豆	直立	39	11	43.6	14.39	62

〔**优异性状**〕植株极矮，极早熟，籽粒较大。

〔**利用价值**〕可作为早熟丰产品种选育的亲本，并可以用作农闲地补种或灾害补救品种。

63. 永康朱砂豆

〔**学名**〕永康朱砂豆是普通菜豆（*Phaseolus vulgaris* L.）的一个品种。

〔**采集号与采集地**〕采集编号：2014521062。采集地点：赫章县水塘堡乡永康村。

〔**基本特征特性**〕永康朱砂豆基本特征特性鉴定结果见表 6-63。

表 6-63　永康朱砂豆基本特征特性鉴定结果（云南宜良）

品种名称	生长习性	株高/cm	单株荚数/个	百粒重/g	单株粒重/g	全生育期/天
永康朱砂豆	蔓生	160	16	31.2	46.8	87

〔**优异性状**〕经抗锈病和白粉病基因序列特异扩增区间（sequence characterized amplified region，SCAR）标记分析，永康朱砂豆含有 8 个抗锈病基因和 3 个抗白粉病基因，说明该品种具有抗锈病和白粉病能力。

〔**利用价值**〕可作为普通菜豆抗锈病和白粉病育种的亲本。

64. 朱砂豆

〔**学名**〕朱砂豆是普通菜豆（*Phaseolus vulgaris* L.）的一个品种。

〔**采集号与采集地**〕采集编号：2014521018。采集地点：赫章县兴发乡中营村。

〔**基本特征特性**〕朱砂豆的基本特征特性鉴定结果见表 6-64。

表 6-64　朱砂豆基本特征特性鉴定结果（云南宜良）

品种名称	生长习性	株高/cm	单株荚数/个	百粒重/g	单株粒重/g	全生育期/天
朱砂豆	蔓生	140	33.5	27.2	57.4	87

〔**优异性状**〕经抗锈病和白粉病基因 SCAR 标记分析，朱砂豆含有 7 个抗锈病基因和 3 个抗白粉病基因，说明该品种具有抗锈病和白粉病能力。

〔**利用价值**〕可作为普通菜豆抗锈病和白粉病育种的亲本。

65. 肉豆

〔**学名**〕肉豆是普通菜豆（*Phaseolus vulgaris* L.）的一个品种。

〔**采集号与采集地**〕采集编号：2014521037。采集地点：赫章县兴发乡大街村。

〔**基本特征特性**〕肉豆的基本特征特性鉴定结果见表6-65。

表6-65　肉豆基本特征特性鉴定结果（云南宜良）

品种名称	生长习性	株高/cm	单株荚数/个	百粒重/g	单株粒重/g	全生育期/天
肉豆	蔓生	200以上	14	33.6	18.8	87

〔**优异性状**〕经抗锈病和白粉病基因SCAR标记分析，肉豆含有7个抗锈病基因和3个抗白粉病基因。

〔**利用价值**〕可作为普通菜豆抗锈病和白粉病育种的亲本。

66. 黄大豆

〔**学名**〕黄大豆是普通菜豆（*Phaseolus vulgaris* L.）的一个品种。

〔**采集号与采集地**〕采集编号：2013521323。采集地点：紫云县四大寨乡冗厂村。

〔**基本特征特性**〕黄大豆的基本特征特性鉴定结果见表6-66。

表6-66　黄大豆基本特征特性鉴定结果（云南宜良）

品种名称	花色	生长习性	全生育期/天	株高/cm	单株荚数/个	荚长/cm	粒色	百粒重/g
黄大豆	淡紫	丛生	74	62	21	11	黄	29.6

〔**优异性状**〕黄大豆在当地已种植了大约50年，属特早熟品种，丛生型，无须搭架。

〔**利用价值**〕可作为救急种植作物直接利用，或作为普通菜豆早熟育种的亲本（王述民等，2006）。

七、多花菜豆

67. 花芸豆

〔**学名**〕花芸豆是多花菜豆（*Phaseolus coccineus* L.）的一个品种。

〔**采集号与采集地**〕采集编号：2014524039。采集地点：安龙县洒雨镇格红村。

〔**基本特征特性**〕花芸豆的基本特征特性鉴定结果见表6-67。

表6-67　花芸豆基本特征特性鉴定结果（云南宜良）

品种名称	花色	生长习性	全生育期/天	株高/cm	单株荚数/个	荚长/cm	粒色	百粒重/g
花芸豆	白	蔓生	90	200以上	8	17	白	136

〔**优异性状**〕经抗白粉病基因SCAR标记分析，花芸豆含有3个抗白粉病基因，即*SAU5*、*SS18*和*SF6Em*。

〔**利用价值**〕可作为多花菜豆抗白粉病育种的亲本。

68. 红芸豆

〔**学名**〕红芸豆是多花菜豆（*Phaseolus coccineus* L.）的一个品种。
〔**采集号与采集地**〕采集编号：2014521010。采集地点：赫章县兴发乡中营村。
〔**基本特征特性**〕红芸豆的基本特征特性鉴定结果见表6-68。

表6-68 红芸豆基本特征特性鉴定结果（云南宜良）

品种名称	花色	生长习性	全生育期/天	株高/cm	单株荚数/个	荚长/cm	粒色	百粒重/g
红芸豆	红	蔓生	87	200以上	21	9	紫黑、红纹	94.6

〔**优异性状**〕经抗白粉病基因SCAR标记分析，红芸豆含有3个抗白粉病基因，即 *SAU5*、*SS18* 和 *SF6Em*。
〔**利用价值**〕可作为多花菜豆抗白粉病育种的亲本。

69. 大白豆

〔**学名**〕大白豆是多花菜豆（*Phaseolus coccineus* L.）的一个品种。
〔**采集号与采集地**〕采集编号：2014525039。采集地点：道真县阳溪镇四坪村。
〔**基本特征特性**〕大白豆的基本特征特性鉴定结果见表6-69。

表6-69 大白豆基本特征特性鉴定结果（云南宜良）

品种名称	花色	生长习性	全生育期/天	株高/cm	单株荚数/个	荚长/cm	粒色	百粒重/g
大白豆	白	蔓生	90	200以上	17	12	白	99.6

〔**优异性状**〕荚粒皆可食用，抗根腐病，抗旱，耐贫瘠。经抗白粉病基因SCAR标记分析，大白豆含有3个抗病基因，即 *SAU5*、*SS18* 和 *SF6Em*。
〔**利用价值**〕可作为多花菜豆抗白粉病育种的亲本。

八、其他

70. 小豆

〔**学名**〕小豆是小豆（赤豆）（*Vigna angularis* (Willd.) Ohwi et Ohashi）的一个品种。
〔**采集号与采集地**〕采集编号：2013526035。采集地点：织金县后寨乡三家寨村。
〔**基本特征特性**〕小豆的基本特征特性鉴定结果见表6-70。

表6-70 小豆基本特征特性鉴定结果（贵州贵阳）

品种名称	全生育期/天	生长习性	叶形	叶色	荚形	单荚粒数/粒	粒形
小豆	121	直立	心形	深绿	剑形	11.3	短圆柱

〔**优异性状**〕是当地种植多年的老品种，较耐瘠薄、耐冷。单荚粒数多达11.3粒。

〔利用价值〕适合在当地海拔 1700m 地带种植，可作为小豆高产、耐瘠薄育种的亲本。

71. 小豆

〔学名〕小豆是小豆（*Vigna angularis* (Willd.) Ohwi et Ohashi）的一个品种。
〔采集号与采集地〕采集编号：2013523086。采集地点：赤水市宝源乡联华村。
〔基本特征特性〕小豆的基本特征特性鉴定结果见表 6-71。

表 6-71　小豆基本特征特性鉴定结果（贵州贵阳）

品种名称	全生育期/天	生长习性	叶形	叶色	荚形	单荚粒数/粒	粒形
小豆	124	直立	卵圆	绿	剑形	12.5	短圆柱

〔优异性状〕是当地种植多年的老地方品种，突出特点是单荚粒数多达 12.5 粒。
〔利用价值〕在当地推广种植，可作为小豆高产育种的亲本。

72. 接官坪绿豆

〔学名〕接官坪绿豆是绿豆（*Vigna radiata* (L.) Wilczek）的一个品种。
〔采集号与采集地〕采集编号：2013521226。采集地点：务川县都濡镇接官坪村。
〔基本特征特性〕接官坪绿豆的基本特征特性鉴定结果见表 6-72。

表 6-72　接官坪绿豆基本特征特性鉴定结果（贵州贵阳）

品种名称	全生育期/天	生长习性	叶形	叶色	荚形	单荚粒数/粒	粒形
接官坪绿豆	99	直立	卵菱	绿	剑形	13.4	球形

〔优异性状〕该品种早熟，全生育期仅 99 天，单荚粒数多达 13.4 粒。
〔利用价值〕适合在当地推广种植，是绿豆早熟、丰产育种的优良亲本。

73. 绿豆

〔学名〕绿豆是绿豆（*Vigna radiata* (L.) Wilczek）的一个品种。
〔采集号与采集地〕采集编号：2013522303。采集地点：印江县洋溪镇曾心村。
〔基本特征特性〕绿豆的基本特征特性鉴定结果见表 6-73。

表 6-73　绿豆基本特征特性鉴定结果（贵州贵阳）

品种名称	全生育期/天	生长习性	叶形	叶色	荚形	单荚粒数/粒	粒形
绿豆	119	直立	卵菱	绿	剑形	10.8	球形

〔优异性状〕全生育期较短，单荚粒数多达 10.8 粒。
〔利用价值〕适合在当地种植，籽粒发豆芽、做凉粉，口感好。

74. 巫捞饭豆

〔学名〕巫捞饭豆是饭豆（赤小豆）（*Vigna umbellata* (Thunb.) Ohwi et Ohashi）的一个品种。
〔采集号与采集地〕采集编号：2012522161。采集地点：三都县打鱼乡巫捞村。
〔基本特征特性〕巫捞饭豆的基本特征特性鉴定结果见表 6-74。

表 6-74　巫捞饭豆基本特征特性鉴定结果（贵州贵阳）

品种名称	全生育期/天	生长习性	叶形	叶色	荚形	单荚粒数/粒	粒形
巫捞饭豆	122	直立	卵菱	深绿	剑形	5.7	长圆柱

〔优异性状〕在当地种植约 200 年，零星种植于半山坡，耐瘠薄，未见病虫害，不打农药。籽粒食用，味特香。

〔利用价值〕可在当地山坡田推广种植，也可作为饭豆的育种材料。

75. 红苗豆

〔学名〕红苗豆是饭豆（*Vigna umbellata* (Thunb.) Ohwi et Ohashi）的一个品种。

〔采集号与采集地〕采集编号：2013522310。采集地点：印江县洋溪镇桅杆村。

〔基本特征特性〕红苗豆的基本特征特性鉴定结果见表 6-75。

表 6-75　红苗豆基本特征特性鉴定结果（贵州贵阳）

品种名称	全生育期/天	生长习性	叶形	叶色	荚形	单荚粒数/粒	粒形
红苗豆	124	直立	卵菱	深绿	剑形	8.2	长圆柱

〔优异性状〕籽粒品质优，适合烹调，炒食风味更好。

〔利用价值〕籽粒烹调或炒食。

第二节　蔬菜作物优异种质资源

一、野生韭菜

1. 多星韭

〔学名〕多星韭（*Allium wallichii* Kunth）是百合科葱属的野生资源。

〔采集号与采集地〕采集编号：2014521101、2014521130、2014521131。采集地点：赫章县兴发乡大韭菜坪，赫章县水塘堡乡永康村，赫章县水塘堡乡永康村。

〔基本特征特性〕多星韭为赫章县分布面积最大的野生韭菜，尤其是在大韭菜坪及其周边地区分布较多，多数分布在从白果镇、水塘堡乡到珠市乡、兴发乡的 4 个乡镇范围内，本次 3 份资源分别收集于赫章县兴发乡大韭菜坪、赫章县水塘堡乡永康村和赫章县水塘堡乡永康村的 3 个分布群落。基本特征特性鉴定结果见表 6-76。

表 6-76　多星韭基本特征特性鉴定结果（鉴定地点：原生境，赫章县兴发乡大韭菜坪）

种质名称	株型	叶形	叶长/cm	叶宽/cm	叶数/片	薹长/cm	薹数/个	花色	花球直径/cm	小花数/个
多星韭	直立	披针	41~76	1.5~4.5	3~13	44~80	1~3	紫或浅紫	6~10	69~159

〔**优异性状**〕多星韭可观赏，可食用。来自3个居群的多星韭叶片中水解氨基酸含量分别为22.47%、20.2%和19.86%，主要微量元素钙、铁、锰、锌含量为17 375～23 000mg/kg、469~634mg/kg、96.1~363mg/kg、92.3~108mg/kg，叶维生素C含量约为94.1mg/100g，薹维生素C含量约为65.1mg/100g，这些重要营养成分含量均高于普通栽培韭。

〔**利用价值**〕直接应用于生产，或作为育种的亲本，在菜用或观赏韭菜的品质改良上具有开发和利用价值。

2. 卵叶韭

〔**学名**〕卵叶韭（*Allium ovalifolium* Hand.-Mazz.）是百合科葱属的野生资源。

〔**采集号与采集地**〕采集编号：2014521135。采集地点：赫章县珠市乡韭菜坪村。

〔**基本特征特性**〕主要分布于赫章县珠市乡韭菜坪村海拔2800m左右，80°~90°陡峭的山坡上，生长处的腐殖质层深厚。鳞茎外皮灰褐色至黑褐色，老化后呈明显纤维网状。生长期叶片卵圆形、对生，长7~15cm，宽3~7cm，先端渐尖或近短尾状。基本特征特性鉴定结果见表6-77。

表6-77 卵叶韭基本特征特性鉴定结果（鉴定地点：北京海淀。原生境：赫章县珠市乡韭菜坪村）

种质名称	株型	叶形	叶长/cm	叶宽/cm	叶数/片	薹长/cm	薹数/个	花色	花球直径/cm	小花数/个
卵叶韭	半直立	卵圆	7.0~15.5	3.0~7.0	2~5	14~24	1	浅紫	5~7	20~34

〔**优异性状**〕可观赏，可食用。叶中水解氨基酸含量为21.57%，主要微量元素钙、铁、锰、锌、铜含量为25 500mg/kg、71mg/kg、488mg/kg、464mg/kg、17.8mg/kg，这些重要营养成分含量均高于普通栽培韭。

〔**利用价值**〕直接作蔬菜食用，或作为育种的亲本，有较高的开发利用价值。

3. 近宽叶韭

〔**学名**〕近宽叶韭（*Allium hookeri* Thwaites）（暂定名）是百合科葱属的野生资源。

〔**采集号与采集地**〕采集编号：2014521237。采集地点：赫章县雉街乡双龙村。

〔**基本特征特性**〕基本特征特性鉴定结果见表6-78。

表6-78 近宽叶韭基本特征特性鉴定结果（鉴定地点：原生境，赫章县雉街乡双龙村）

种质名称	株型	叶形	叶长/cm	叶宽/cm	叶数/片	薹长/cm	薹数/个	花色	花球直径/cm	小花数/个
近宽叶韭	直立	披针	22.0~61.0	0.3~0.6	4~8	32.0~75.0	1~2	白	2.5~4.5	11~72

〔**优异性状**〕可供食用。叶中水解氨基酸含量为18.16%，主要微量元素有钙、锰、锌，其含量分别为18 625mg/kg、96.3mg/kg、74.5mg/kg，这些重要营养成分含量均高

于普通栽培韭。

〔**利用价值**〕直接应用于生产，或作为育种的亲本，具有较大的开发和利用价值（梁燕等，2007）。

二、辣椒

4. 朝天椒

〔**学名**〕朝天椒是辣椒（*Capsicum annuum* L.）的一个地方品种。

〔**采集号与采集地**〕采集编号：2013523497。采集地点：贵州省黎平县尚重镇绞洞村2组。

〔**基本特征特性**〕植株形态独特，叶片及辣椒均往上扬；口感好，味香辣。

〔**优异性状**〕色价为10.80。

〔**利用价值**〕可作为干椒，有去除鱼腥味和牛羊肉异味的作用；亦可用作天然色素提取的原材料。

5. 柿子海椒

〔**学名**〕柿子海椒是辣椒（*Capsicum annuum* L.）的一个地方品种。

〔**采集号与采集地**〕采集编号：2013523127。采集地点：贵州省赤水市元厚镇石梅村5组。

〔**基本特征特性**〕整个外形如柿子，味道香辣。

〔**优异性状**〕色价为15.56，净光合速率平均值为4.87μmol/(m^2·s)。

〔**利用价值**〕有一定观赏性，可直接用于蔬菜生产，亦可用作天然色素提取的原材料及光合速率高的品种的选育材料。

6. 海椒

〔**学名**〕海椒是辣椒（*Capsicum annuum* L.）的一个地方品种。

〔**采集号与采集地**〕采集编号：2013523094。采集地点：贵州省赤水市大同镇民族村5组。

〔**基本特征特性**〕抗病虫，口感好，香辣。

〔**优异性状**〕色价为10.42。

〔**利用价值**〕可直接用于蔬菜生产，也可用作天然色素提取的原材料。

7. 本地辣椒

〔**学名**〕本地辣椒是辣椒（*Capsicum annuum* L.）的一个地方品种。

〔**采集号与采集地**〕采集编号：2013522201。采集地点：贵州省贞丰县龙场镇坡柳村上洋组。

〔**基本特征特性**〕香，辣度适中，皮薄。

〔**优异性状**〕色价为12.24。

〔**利用价值**〕可直接用于生产，也可用作天然色素提取的原材料。

8. 本地红辣椒

〔**学名**〕本地红辣椒是辣椒（*Capsicum annuum* L.）的一个地方品种。

〔**采集号与采集地**〕采集编号：2012523062。采集地点：贵州省平塘县卡蒲乡摆卡村拉扶组。

〔**基本特征特性**〕果实细长；味香，不辣。

〔**优异性状**〕色价为 12.64，维生素 C 含量为 207.96mg/100g。

〔**利用价值**〕可直接用于生产，也可用作天然色素提取的原材料和富含维生素 C 的品种的选育材料。

9. 本地香辣椒

〔**学名**〕本地香辣椒是辣椒（*Capsicum annuum* L.）的一个地方品种。

〔**采集号与采集地**〕采集编号：2013524092。采集地点：贵州省镇宁县革利乡水牛坝村王占马 3 组。

〔**基本特征特性**〕果长 12cm，辣味适中，香味浓，种子多。

〔**优异性状**〕维生素 C 含量为 210.41mg/100g。

〔**利用价值**〕可直接用于生产，也可作为富含维生素 C 品种的选育材料。

10. 辣椒

〔**学名**〕辣椒是辣椒（*Capsicum annuum* L.）的一个地方品种。

〔**采集号与采集地**〕采集编号：2013522359。采集地点：贵州省印江县洋溪镇曾心村曾家沟组。

〔**基本特征特性**〕香味浓，辣味轻。株高 50cm，果型中等，果长 8~10cm。

〔**优异性状**〕维生素 C 含量为 211.49mg/100g。

〔**利用价值**〕可直接用于蔬菜生产，也可作为富含维生素 C 品种的选育材料。

11. 本地辣椒

〔**学名**〕本地辣椒是辣椒（*Capsicum annuum* L.）的一个地方品种。

〔**采集号与采集地**〕采集编号：2013522186。采集地点：贵州省贞丰县龙场镇对门山村下组。

〔**基本特征特性**〕香，中辣。

〔**优异性状**〕维生素 C 含量为 200.61mg/100g。

〔**利用价值**〕可直接用于蔬菜生产，也可作为富含维生素 C 品种的选育材料。

12. 兴隆辣椒

〔**学名**〕兴隆辣椒是辣椒（*Capsicum annuum* L.）的一个地方品种。

〔**采集号与采集地**〕采集编号：2013521052。采集地点：贵州省务川县茅天镇兴隆村上石盆组。

〔**基本特征特性**〕口感香、辣，抗病虫，耐旱。

〔**优异性状**〕维生素 C 含量为 226.37mg/100g。

〔**利用价值**〕可直接用于蔬菜生产，也可作为富含维生素 C 品种的选育材料。

13. 长辣椒

〔**学名**〕长辣椒是辣椒（*Capsicum annuum* L.）的一个地方品种。

〔**采集号与采集地**〕采集编号：2012521081。采集地点：贵州省剑河县磻溪乡小广村。

〔**基本特征特性**〕香辣味浓郁，抗性强。

〔**优异性状**〕维生素 C 含量为 190.149mg/100g。

〔**利用价值**〕可直接用于蔬菜生产，鲜辣椒做辣椒酱，晒干后做蘸水。也可作为富含维生素 C 品种的选育材料。

14. 辣子

〔**学名**〕辣子是辣椒（*Capsicum annuum* L.）的一个地方品种。

〔**采集号与采集地**〕采集编号：2014524103。采集地点：贵州省安龙县德卧镇扁占村伟核组。

〔**基本特征特性**〕果长形，味香辣。

〔**优异性状**〕维生素 C 含量为 191.361mg/100g。

〔**利用价值**〕可直接用于蔬菜生产，也可作为富含维生素 C 品种的选育材料。

15. 树辣椒

〔**学名**〕树辣椒是辣椒（*Capsicum annuum* L.）的一个地方品种。

〔**采集号与采集地**〕采集编号：2014525134。采集地点：贵州省道真县阳溪镇阳溪村大屋基组。

〔**基本特征特性**〕该品种果为短长形，皮色鲜红，色泽好，有光泽，辣味浓，有香气，皮较薄，易晒干。

〔**优异性状**〕维生素 C 含量为 193.063mg/100g。

〔**利用价值**〕可直接用于蔬菜生产，当地农民将其晒成干椒食用，也可作为富含维生素 C 品种的选育材料。

16. 辣椒

〔**学名**〕辣椒是辣椒（*Capsicum annuum* L.）的一个地方品种。

〔**采集号与采集地**〕采集编号：2012521108。采集地点：贵州省剑河县太拥乡柳开村。

〔**基本特征特性**〕2~3 月播种，育苗移栽，8~9 月采收，产量 1000~1200kg/667m^2。

〔**优异性状**〕维生素 C 含量为 193.208mg/100g。

〔**利用价值**〕可直接用于蔬菜生产，在当地用来做干椒或鲜食。品质优，也可作为富含维生素 C 品种的选育材料。

17. 朝天椒

〔**学名**〕朝天椒是辣椒（*Capsicum annuum* L.）的一个地方品种。

〔**采集号与采集地**〕采集编号：2013525091。采集地点：贵州省盘县老厂镇下坎者村 13 组。

〔**基本特征特性**〕果细长，朝天生长，味辣。

〔**优异性状**〕维生素 C 含量为 193.399mg/100g。

〔**利用价值**〕可直接用于蔬菜生产，也可作为富含维生素 C 品种的选育材料。

18. 朝天椒

〔**学名**〕朝天椒是辣椒（*Capsicum annuum* L.）的一个地方品种。

〔**采集号与采集地**〕采集编号：2014525112。采集地点：贵州省道真县棕坪乡胜利村苦竹坝组。

〔**基本特征特性**〕该品种株高 80cm，长势强，食用嫩果绿色，老果鲜红色，果顶朝上着生，果短粗，辣味中等，有香气，籽粒多。

〔**优异性状**〕辣度为 0.65%。

〔**利用价值**〕可直接用于蔬菜生产，也可作为富含辣椒素品种的选育材料。

19. 肉辣椒

〔**学名**〕肉辣椒是辣椒（*Capsicum annuum* L.）的一个地方品种。

〔**采集号与采集地**〕采集编号：2013521505。采集地点：贵州省紫云县白石岩乡新驰村玉石组。

〔**基本特征特性**〕成熟果实果皮红色，味辣。

〔**优异性状**〕辣度为 0.12%。

〔**利用价值**〕可作为富含辣椒素品种的选育材料。

20. 茶园辣子

〔**学名**〕茶园辣子是辣椒（*Capsicum annuum* L.）的一个地方品种。

〔**采集号与采集地**〕采集编号：2014526121。采集地点：贵州省施秉县马溪乡茶园村虎跳坡组。

〔**基本特征特性**〕果长弯羊角形，辣味中等，有疫病发生，未见虫害，抗寒性弱，耐旱性中等，耐贫瘠。

〔**优异性状**〕辣度为 0.12%。

〔**利用价值**〕可作为富含辣椒素品种的选育材料。

21. 猴场辣椒

〔**学名**〕猴场辣椒是辣椒（*Capsicum annuum* L.）的一个地方品种。

〔**采集号与采集地**〕采集编号：2013521516。采集地点：贵州省紫云县猴场镇腾道村王家沟组。

〔**基本特征特性**〕红熟果较长，味香辣。

〔**优异性状**〕辣度为 0.12%。

〔**利用价值**〕可用作干制辣椒，亦可作为富含辣椒素品种的选育材料。

22. 苦竹坝朝天椒

〔**学名**〕苦竹坝朝天椒是辣椒（*Capsicum annuum* L.）的一个地方品种。

〔**采集号与采集地**〕采集编号：2014525113。采集地点：贵州省道真县棕坪乡胜利村苦竹坝组。

〔**基本特征特性**〕株高 80cm，长势强；果短小，果长 5cm；老果皮色鲜红，果顶朝上着生。

〔**优异性状**〕辣度为 0.11%，辣味浓，有香气。

〔**利用价值**〕可用作干制辣椒，亦可作为富含辣椒素品种的选育材料。

23. 里勇羊角辣

〔**学名**〕里勇羊角辣是辣椒（*Capsicum annuum* L.）的一个地方品种。

〔**采集号与采集地**〕采集编号：2013526378。采集地点：贵州省雷山县达地乡里勇村高岭组。

〔**基本特征特性**〕辣，香，口感好。

〔**优异性状**〕辣度为 0.10%。

〔**利用价值**〕可直接用于生产，亦可作为富含辣椒素品种的选育材料。

24. 里勇超长辣椒

〔**学名**〕里勇超长辣椒是辣椒（*Capsicum annuum* L.）的一个地方品种。

〔**采集号与采集地**〕采集编号：2013526376。采集地点：贵州省雷山县达地乡里勇村中寨组。

〔**基本特征特性**〕果长 24cm，辣味适中，口感好。

〔**优异性状**〕辣度为 0.10%。

〔**利用价值**〕可直接用于生产，亦可作为富含辣椒素品种的选育材料。

25. 线椒

〔**学名**〕线椒是辣椒（*Capsicum annuum* L.）的一个地方品种。

〔**采集号与采集地**〕采集编号：2013522384。采集地点：贵州省印江县沙子坡镇邱家村朗家组。

〔**基本特征特性**〕果实细长，辣味浓，果长 14cm，抗病虫性强，耐贫瘠。

〔**优异性状**〕净光合速率为 4.67μmol/(m^2·s)。商品性好，主要用来做干椒。

〔**利用价值**〕可直接用于生产，亦可作为高净光合速率品种的选育材料。

26. 竹园线椒

〔**学名**〕竹园线椒是辣椒（*Capsicum annuum* L.）的一个地方品种。

〔**采集号与采集地**〕采集编号：2013521130。采集地点：贵州省务川县泥高乡竹园村半桥土组。

〔**基本特征特性**〕口感辣，香。

〔**优异性状**〕净光合速率为 4.68μmol/(m^2·s)。

〔**利用价值**〕可直接用于生产，亦可作为高净光合速率品种的选育材料。

27. 栗园簇簇椒

〔**学名**〕栗园簇簇椒是辣椒（*Capsicum annuum* L.）的一个地方品种。

〔**采集号与采集地**〕采集编号：2013521119。采集地点：贵州省务川县泥高乡栗园村青坝组。

〔**基本特征特性**〕口感香辣，产量 120kg/667m^2，抗病虫。

〔**优异性状**〕净光合速率为 4.78μmol/(m^2·s)。

〔**利用价值**〕可直接用于生产，亦可作为高净光合速率品种的选育材料。

28. 皱皮辣子

〔**学名**〕皱皮辣子是辣椒（*Capsicum annuum* L.）的一个地方品种。

〔**采集号与采集地**〕采集编号：2014524195。采集地点：贵州省安龙县平乐乡索汪村挺岩组。

〔**基本特征特性**〕果长线形、皱皮，味香辣。

〔**优异性状**〕净光合速率为 5.11μmol/(m^2·s)。

〔**利用价值**〕可直接用于生产，亦可作为高净光合速率品种的选育材料。

29. 七星椒

〔**学名**〕七星椒是辣椒（*Capsicum annuum* L.）的一个地方品种。

〔**采集号与采集地**〕采集编号：2013523128。采集地点：贵州省赤水市元厚镇石梅村 5 组。

〔**基本特征特性**〕抗病虫能力好。

〔**优异性状**〕净光合速率为 6.67μmol/(m^2·s)。

〔**利用价值**〕可直接用于生产，亦可作为高净光合速率品种的选育材料。

30. 本地辣椒

〔**学名**〕本地辣椒是辣椒（*Capsicum annuum* L.）的一个地方品种。

〔**采集号与采集地**〕采集编号：2013522190。采集地点：贵州省贞丰县长田乡长田村小战马上组。

〔**基本特征特性**〕香，辣，皮薄肉厚。

〔**优异性状**〕净光合速率为 6.87μmol/(m^2·s)。

〔**利用价值**〕可直接用于生产，亦可作为高净光合速率品种的选育材料（李锡香等，2006）。

第三节　果树作物优异种质资源

通过系统调查共获得果树及多年生经济作物种质资源 770 份，经过鉴定评价，筛选出果树优异资源 36 份。这些种质资源中，按优异资源性状类型划分，可分为抗病虫资源、抗逆资源、优质资源、丰产资源和特早熟资源；按作物及其野生近缘植物划分，可分为梨（6 份）、苹果（2 份）、枇杷（1 份）、李（3 份）、桃（3 份）、樱桃（1 份）、香蕉（1 份）、葡萄（2 份）及其近缘植物（1 份）、柿（3 份）、核桃（2 份）、板栗（1 份）、柑橘（4 份）、猕猴桃野生近缘植物（5 份）、草莓野生近缘植物（1 份）。

一、梨

1. 青皮梨

因成熟时果皮呈青绿色而得名。

〔**学名**〕为沙梨（*Pyrus pyrifolia* (Burm. f.) Nakai）的一个品种。

〔**采集号与采集地**〕采集编号：2013521483。采集地点：紫云县。

〔**基本特征特性**〕基本特征特性及抗黑星病鉴定结果见表6-79。

表6-79　青皮梨基本特征特性及抗黑星病鉴定结果（贵州紫云）

品种名称	树高/m	冠幅/m	果实形状	果实成熟期	单果重/g	果皮颜色	果肉颜色	果肉质地	果汁多少	抗黑星病
青皮梨	6.2	4.7×4.2	扁圆	8月	413	青绿	白	较粗	多	中抗

〔**优异性状**〕为当地品质优良的地方品种之一，果实大，单果最重可达800g左右，丰产性好。果实可溶性固形物含量为12.3%~14.1%，可溶性糖8.4%~9.6%，可滴定酸1.4%~1.8%，维生素C 1.7mg/100g。味甜，品质中等。对梨的黑星病抗性中等。

〔**利用价值**〕可直接栽培利用或作为梨抗病和丰产育种的亲本。

2. 橙香梨

因果实有橙香味而得名。

〔**学名**〕为沙梨（*Pyrus pyrifolia* (Burm. f.) Nakai）的一个品种。

〔**采集号与采集地**〕采集编号：2013525517。采集地点：威宁县哈喇河乡闸塘村。

〔**基本特征特性**〕基本特征特性及耐瘠薄性鉴定结果见表6-80。

表6-80　橙香梨基本特征特性及耐瘠薄性鉴定结果（云南昆明）

品种名称	树高/m	冠幅/m	果实形状	果实成熟期	单果重/g	果皮颜色	果肉颜色	果肉质地	果汁多少	耐瘠薄性
橙香梨	4.2	3.1×2.8	椭圆	9月	206	黄褐	白	细	多	3

〔**优异性状**〕橙香梨为贵州省威宁县当地优良地方品种，栽培历史悠久。果实外形美观，可溶性固形物含量为12.2%~14.1%，可溶性糖8.8%~10.4%，可滴定酸1.1%~1.3%，维生素C 5.7mg/100g。该品种具有较好的耐瘠薄特性，在贫瘠的土地上仍能正常生长并获得较高的产量。

〔**利用价值**〕直接栽培利用或作为梨耐瘠薄育种的亲本。

3. 香水梨

该品种因汁多、有香气而得名。

〔**学名**〕为沙梨（*Pyrus pyrifolia* (Burm. f.) Nakai）的一个品种。

〔**采集号与采集地**〕采集编号：2012522159。采集地点：三都县打鱼乡巫捞村10组。

〔**基本特征特性**〕基本特征特性及抗腐烂病鉴定结果见表6-81。

表 6-81　香水梨基本特征特性及抗腐烂病鉴定结果（贵州三都）

品种名称	树高/m	冠幅/m	果实形状	果实成熟期	单果重/g	果皮颜色	果肉颜色	果肉质地	果汁多少	抗腐烂病
香水梨	5.3	3.3×3.7	扁圆	9月	224	浅褐	白	细	多	中抗

〔**优异性状**〕香水梨属于沙梨中具有优良品质及抗腐烂病的品种之一。可溶性固形物含量为 11.26%，可溶性糖 8.42%，可滴定酸 0.62%，维生素 C 1.14mg/100g。肉质细腻，味甜，风味浓，有香气，品质优良。对腐烂病的抗性为中等，对煤烟病也有一定的抗性。

〔**利用价值**〕可直接应用于生产，或作为梨种质创新的亲本，特别是优质和具香气品种选育的亲本。

4. 大黄梨

该品种主要产地为贵州省威宁县，又叫威宁大黄梨。

〔**学名**〕为沙梨（*Pyrus pyrifolia* (Burm. f.) Nakai）的一个品种。

〔**采集号与采集地**〕采集编号：2013525347。采集地点：威宁县盐仓镇可界村 3 组。

〔**基本特征特性**〕基本特征特性及抗黑星病鉴定结果见表 6-82。

表 6-82　大黄梨基本特征特性及抗黑星病鉴定结果（云南昆明）

品种名称	树高/m	冠幅/m	果实形状	果实成熟期	单果重/g	果皮颜色	果肉颜色	果肉质地	果汁多少	抗黑星病
大黄梨	6.3	4.2×3.9	椭圆	9月	383	黄	白	细	多	中抗

〔**优异性状**〕大黄梨是贵州省威宁县栽培历史悠久的地方梨品种，具有果实大、品质优良、抗病性强的特点，对黑星病有中等抗性，感病指数在 20.1 以下。果肉固形物含量为 11.2%~12.3%，可溶性糖 7.7%~8.4%，可滴定酸 0.9%~1.1%，维生素 C 1.21~1.43mg/100g，味酸甜，风味浓，品质上等。

〔**利用价值**〕作为当地栽培历史悠久的地方品种，可直接栽培利用，或作为梨抗病育种亲本。

5. 半斤梨

因果实大，单果有半斤（250g）重而得名。

〔**学名**〕为沙梨（*Pyrus pyrifolia* (Burm. f.) Nakai）的一个品种。

〔**采集号与采集地**〕采集编号：2013526334。采集地点：雷山县达地乡。

〔**基本特征特性**〕基本特征特性鉴定结果见表 6-83。

表 6-83　半斤梨基本特征特性鉴定结果（云南昆明）

品种名称	树高/m	冠幅/m	果实形状	果实成熟期	单果重/g	果皮颜色	果肉颜色	果肉质地	果汁多少	果实风味
半斤梨	16.2	8.4×6.3	葫芦	9月	265 以上	黄褐	白	细	多	甜

〔**优异性状**〕为当地优良地方梨品种，树体生长势强，树势较直立，抗旱性强，耐梨锈病和烟煤病。果实大，单果重265g以上，最大达720g。果实外观光滑漂亮，肉质细、脆，味纯甜，风味浓。果实可溶性固形物含量为12.1%~13.4%，可溶性糖8.6%~9.3%，可滴定酸0.44%~0.53%，维生素C 0.92mg/100g，膳食纤维1.4g/100g，钾71mg/100g，磷19mg/100g，钙2.7mg/100g。

〔**利用价值**〕直接栽培利用，也可作为梨丰产、抗旱和优质育种的亲本。

6. 坑洞大梨

〔**学名**〕为沙梨（*Pyrus pyrifolia* (Burm. f.) Nakai）的一个品种。

〔**采集号与采集地**〕采集编号：2013523383。采集地点：黎平县双江镇坑洞村。

〔**基本特征特性**〕基本特征特性及耐旱性鉴定结果见表6-84。

表6-84　坑洞大梨基本特征特性及耐旱性鉴定结果（贵州黎平）

品种名称	树高/m	冠幅/m	果实形状	果实成熟期	单果重/g	果皮颜色	果肉颜色	果肉质地	果汁多少	耐旱性
坑洞大梨	4.8	3.4×3.1	扁圆	7月	289	黄绿	白	细	多	3

〔**优异性状**〕为当地沙梨中的优良地方品种，种植历史已有70年以上。树势强，耐瘠薄，耐旱性较强，丰产。果实可溶性固形物含量为11.31%~12.17%，可溶性糖8.1%~8.8%，可滴定酸0.52%~0.71%，维生素C 1.16mg/100g。果实皮薄，果肉石细胞少，肉质脆，果肉汁多，味甜，果心小，风味浓。

〔**利用价值**〕可直接栽培利用，也可作为梨的砧木，或作为梨综合抗性育种的亲本（曹玉芬等，2006）。

二、苹果

7. 陡寨苹果

〔**学名**〕为苹果（*Malus pumila* Mill.）的一个品种。

〔**采集号与采集地**〕采集编号：2013525431。采集地点：威宁县石门乡年丰村。

〔**基本特征特性**〕基本特征特性及抗落叶病鉴定结果见表6-85。

表6-85　陡寨苹果基本特征特性及抗落叶病鉴定结果（云南昆明）

品种名称	树高/m	冠幅/m	果实形状	果实成熟期	单果重/g	果皮颜色	果肉颜色	果肉质地	果汁多少	抗落叶病
陡寨苹果	4.8	3.1×3.4	扁圆	9月	214	条红	白	细	多	中抗

〔**优异性状**〕贵州优良地方品种，树体直立性强，果实外观漂亮，味香甜，质脆、皮薄、多汁。中抗早期落叶病和腐烂病，果实可溶性固形物含量为12.2%，可溶性糖8.3%，

可滴定酸1.7%，维生素C 2.17mg/100g。

〔利用价值〕可直接栽培利用，或作砧木及抗早期落叶病和腐烂病品种选育的亲本。

8. 道真花红

〔学名〕为花红（*Malus asiatica* Nakai）的一个品种。

〔采集号与采集地〕采集编号：2014525148。采集地点：道真县棕坪乡。

〔基本特征特性〕基本特征特性及抗腐烂病鉴定结果见表6-86。

表6-86 道真花红基本特征特性及抗腐烂病鉴定结果（云南昆明）

品种名称	树高/m	冠幅/m	果实形状	果实成熟期	单果重/g	果皮颜色	果肉颜色	果肉质地	果汁多少	抗腐烂病
道真花红	3.1	2.1×2.4	近球形	8月	86	片红	白	细	多	中抗

〔优异性状〕为当地种植历史较久的地方品种，达50年以上。果肉质脆，水分多，甜酸味，口感好。果实可溶性固形物含量为12.1%，可溶性糖7.4%，可滴定酸0.7%，维生素C 2.28mg/100g。对苹果腐烂病表现中等抗性。

〔利用价值〕直接栽培利用，或作砧木，也可作抗腐烂病品种选育的亲本（王昆等，2005）。

三、桃

9. 离核桃

因成熟后果核与果肉分离而得名。

〔学名〕为桃（*Amygdalus persica* L.）的一个品种。

〔采集号与采集地〕采集编号：2013525397。采集地点：威宁县石门乡年丰村。

〔基本特征特性〕基本特征特性鉴定结果见表6-87。

表6-87 离核桃基本特征特性鉴定结果（云南昆明）

品种名称	树高/m	冠幅/m	果实形状	果实成熟期	单果重/g	果皮颜色	果肉颜色	果肉质地	果汁多少	果实风味
离核桃	2.8	2.1×1.8	圆球	8月	183	红	白	脆	多	甜

〔优异性状〕树冠较矮，开张。果肉白色，靠近果核部分红色，肉脆，甜，离核。果实可溶性固形物含量为12.1%，可溶性糖8.54%，可滴定酸0.18%，维生素C 9.6mg/100g。抗性较强，对流胶病和缩叶病有一定的抗性。

〔利用价值〕直接栽培利用，可作为优质桃育种的亲本。

10. 红腊桃

因果皮和果肉颜色为红色而得名。

〔学名〕为桃（*Amygdalus persica* L.）的一个品种。

〔采集号与采集地〕采集编号：2013526010。采集地点：织金县后寨乡三家寨村。
〔基本特征特性〕基本特征特性鉴定结果见表6-88。

表6-88　红腊桃基本特征特性鉴定结果（贵州织金）

品种名称	树高/m	冠幅/m	果实形状	果实成熟期	单果重/g	果皮颜色	果肉颜色	果肉质地	果汁多少	果实风味
红腊桃	3.6	2.5×2.1	圆形	8月	172	红	红	软	多	甜

〔优异性状〕当地的传统地方品种，优质，味甜，离核，深受当地群众喜欢。果皮、果肉颜色均大部分为红色，成熟果实味甜，基本无酸味，果肉多汁，汁液红色。果实可溶性固形物含量为12.2%，可溶性糖9.3%，可滴定酸0.86%，维生素C 10.4mg/100g。
〔利用价值〕直接栽培利用，或作为优质桃育种的亲本。

11. 香桃

因果实在食用时有香味而得名。
〔学名〕为桃（*Amygdalus persica* L.）的一个品种。
〔采集号与采集地〕采集编号：2013526080。采集地点：织金县后寨乡路寨河村。
〔基本特征特性〕基本特征特性鉴定结果见表6-89。

表6-89　香桃基本特征特性鉴定结果（贵州织金）

品种名称	树高/m	冠幅/m	果实形状	果实成熟期	单果重/g	果皮颜色	果肉颜色	果肉质地	果汁多少	果实风味
香桃	4.7	2.4×2.2	近圆形	7月	241	青绿	白	脆	中	甜

〔优异性状〕为当地的老品种，果实成熟期较早。果实肉脆，甜，粘核。可溶性固形物含量为11.3%，可溶性糖7.4%，可滴定酸0.14%，维生素C 8.7mg/100g。抗性较强，对细菌性穿孔病和流胶病有一定的抗性。
〔利用价值〕直接栽培利用，也可作为优质桃育种的亲本（王力荣等，2005）。

四、李

12. 四月李

因成熟期在农历的四月而得名。
〔学名〕为中国李（*Prunus salicina* Lindl.）的一个品种。
〔采集号与采集地〕采集编号：2013522068。采集地点：贞丰县者相镇纳孔村。
〔基本特征特性〕基本特征特性及抗流胶病鉴定结果见表6-90。

表6-90　四月李基本特征特性及抗流胶病鉴定结果（云南昆明）

品种名称	树高/m	冠幅/m	果实形状	果实成熟期	单果重/g	果皮颜色	果肉颜色	果肉质地	果汁多少	抗流胶病
四月李	3.8	2.2×2.4	圆球	5月	68	黄青	白	细	多	中抗

〔优异性状〕优良地方品种。树体强健,枝条壮,生长势强。果肉厚、脆、离核、易化渣,风味浓,品质优良。果实可溶性固形物含量为10.25%,可溶性糖7.51%,可滴定酸0.41%,维生素C 8.25mg/100g。中抗流胶病。

〔利用价值〕直接栽培利用,也可作抗流胶病、优质李育种的亲本。

13. 九阡李

〔学名〕为中国李(*Prunus salicina* Lindl.)的一个品种。

〔采集号与采集地〕采集编号:2012522048。采集地点:三都县九阡镇九阡村。

〔基本特征特性〕基本特征特性及抗穿孔病鉴定结果见表6-91。

表6-91　九阡李基本特征特性及抗穿孔病鉴定结果(云南昆明)

品种名称	树高/m	冠幅/m	果实形状	果实成熟期	单果重/g	果皮颜色	果肉颜色	果肉质地	果汁多少	抗穿孔病
九阡李	4.3	2.6×2.8	圆球	5月	82	红	白	细	多	中抗

〔优异性状〕为当地的优良地方品种,果实大,直径3~4cm,肉脆,汁多,味酸甜,风味浓。丰产性好,八年生树株产可达30~40kg。果实可溶性固形物含量为10.2%,可溶性糖7.1%,可滴定酸0.36%,维生素C 6.4mg/100g。果实口感好,为优良的鲜食品种。中抗细菌性穿孔病和流胶病。

〔利用价值〕作为优良鲜食品种直接栽培利用,也可作抗病和优质李育种亲本及砧木。

14. 冰脆李

因果实成熟时又脆又甜而得名。

〔学名〕为中国李(*Prunus salicina* Lindl.)的一个品种。

〔采集号与采集地〕采集编号:2013521472。采集地点:紫云县四大寨乡猛林村。

〔基本特征特性〕基本特征特性及抗穿孔病鉴定结果见表6-92。

表6-92　冰脆李基本特征特性及抗穿孔病鉴定结果(云南昆明)

品种名称	树高/m	冠幅/m	果实形状	果实成熟期	单果重/g	果皮颜色	果肉颜色	果肉质地	果汁多少	抗穿孔病
冰脆李	4.3	2.6×2.8	圆球	6月	66	绿黄	白	脆	多	中抗

〔优异性状〕为当地优良地方品种,种植历史50年以上,生长势较强,耐瘠薄。果实肉脆、肉厚、汁多、味甜、离核。果实可溶性固形物含量为10.4%,可溶性糖7.5%,可滴定酸1.2%,维生素C 4.6mg/100g。抗病虫害能力强,对细菌性穿孔病表现中等抗性。

〔利用价值〕可直接栽培利用,或作为李抗病或耐瘠薄育种的亲本(郁香荷等,2006)。

五、枇杷

15. 早枇杷

〔学名〕为枇杷（*Eriobotrya japonica* (Thunb.) Lindl.）的一个品种。
〔采集号与采集地〕采集编号：2012522148。采集地点：贞丰县鲁贡镇打嫩村。
〔基本特征特性〕基本特征特性及抗树干腐烂病鉴定结果见表6-93。

表6-93　早枇杷基本特征特性及抗树干腐烂病鉴定结果（云南昆明）

品种名称	树高/m	冠幅/m	果实形状	果实成熟期	单果重/g	果皮颜色	果肉颜色	果肉质地	果汁多少	抗树干腐烂病
早枇杷	7.1	3.8×4.1	椭圆	3月	14	黄	金黄	细	多	中抗

〔优异性状〕为当地种植历史较久的优良地方品种，达70年以上。生长势强，多零星分布。果实皮薄，味甜，种子较大。开花期9月，成熟期次年3月，比其他品种早熟1个月。果实可溶性固形物含量为16.3%，可溶性糖11.1%，可滴定酸0.4%，维生素C 14.6mg/100g。
〔利用价值〕直接栽培利用，可作为早熟、优质枇杷育种的亲本。

六、柿

16. 小油柿

〔学名〕是柿（*Diospyros kaki* Thunb.）的一个品种。
〔采集号与采集地〕采集编号：2014526205。采集地点：施秉县牛大场镇石桥村。
〔基本特征特性〕基本特征特性鉴定结果见表6-94。

表6-94　小油柿基本特征特性鉴定结果（云南昆明）

品种名称	树高/m	冠幅/m	果实形状	果实成熟期	单果重/g	果皮颜色	果肉颜色	果肉质地	果汁多少	果实风味
小油柿	约6	3.6×3.4	圆球	10月上旬	96	金黄	黄	软	多	涩

〔优异性状〕果实果皮光滑，呈油亮状态，漂亮，美观，后熟后汁多。可溶性固形物含量为16.1%，可溶性糖11.4%，维生素C 16.32mg/100g，粗纤维1.8g/100g，单宁0.53g/100g。耐瘠薄，抗病性好。
〔利用价值〕因果形漂亮可作盆景观赏，或作柿的砧木利用。

17. 方柿

因果实截面呈方形而得名。
〔学名〕是柿（*Diospyros kaki* Thunb.）的一个品种。
〔采集号与采集地〕采集编号：2013522433。采集地点：印江县沙子坡镇邱家村。

〔**基本特征特性**〕基本特征特性鉴定结果见表 6-95。

表 6-95　方柿基本特征特性鉴定结果（云南昆明）

品种名称	树高/m	冠幅/m	果实形状	果实成熟期	单果重/g	果皮颜色	果肉颜色	果肉质地	果汁多少	果实风味
方柿	15	6.8×7.7	球形	10月	214	黄	黄	软	多	甜

〔**优异性状**〕为当地特有的地方良种，丰产性好，株产 80~100kg。果实后熟后肉质软、汁多、细腻、口感甜、无种子。果实可溶性固形物含量为 15.3%，可溶性糖 11.7%，维生素 C 18.36mg/100g，粗纤维 2.8g/100g，单宁 0.44g/100g，钙 10.7mg/100g，磷 23.5mg/100g。其木材纹理细密，可做木地板或贵重的家具。

〔**利用价值**〕直接栽培利用，其木材可用于制作高档家具。

18. 大柿子

〔**学名**〕是柿（*Diospyros kaki* Thunb.）的一个品种。
〔**采集号与采集地**〕采集编号：2013523381。采集地点：黎平县岩洞镇岩洞村。
〔**基本特征特性**〕基本特征特性鉴定结果见表 6-96。

表 6-96　大柿子基本特征特性鉴定结果（贵州黎平）

品种名称	树高/m	冠幅/m	果实形状	果实成熟期	单果重/g	果皮颜色	果肉颜色	果肉质地	果汁多少	果实风味
大柿子	约8	4.8×4.3	扁球	10月	311	姜黄	黄	软	多	甜

〔**优异性状**〕为当地的优良地方品种，果大，直径 8~11cm，皮薄，无籽，甜。可溶性固形物含量为 17.7%，可溶性糖 13.2%，维生素 C 17.25mg/100g，粗纤维 2.2g/100g，单宁 0.39g/100g，钙 11.3mg/100g，磷 19.4mg/100g。耐瘠薄，抗病性好。其木材纹理细密，可做木地板或贵重的家具。

〔**利用价值**〕直接栽培利用，其木材可用于制作高档家具。

七、樱桃

19. 丰甜樱桃

〔**学名**〕为樱桃（又称中国樱桃 *Cerasus pseudocerasus* (Lindl.) G. Don）的一个品种。
〔**采集号与采集地**〕采集编号：2013525395。采集地点：威宁县石门乡年丰村。
〔**基本特征特性**〕基本特征特性鉴定结果见表 6-97。

表 6-97　丰甜樱桃基本特征特性鉴定结果（云南昆明）

品种名称	树高/m	冠幅/m	果实形状	果实成熟期	单果重/g	果皮颜色	果肉颜色	果肉质地	果汁多少	果实风味
丰甜樱桃	4.4	3.1×2.6	圆球	6月	3.1	红	浅红	软	多	甜

〔优异性状〕为当地优良地方品种，耐瘠薄，丰产（成年树每株产量可达45kg）。果实肉质软，多汁，味甜。可溶性固形物含量为10.2%，可溶性糖8.6%，可滴定酸0.5%，蛋白质1.4%，总氨基酸1.7%，维生素C 3.15mg/100g。营养成分显著高于其他樱桃品种。

〔利用价值〕主要用于鲜食，直接栽培利用，可作为优质、丰产樱桃育种的亲本。

八、猕猴桃

20. 中华猕猴桃

〔学名〕为中华猕猴桃（*Actinidia chinensis* Planch.）的种质资源。

〔采集号与采集地〕采集编号：2012521167。采集地点：剑河县太拥乡白道村。

〔基本特征特性〕基本特征特性及抗溃疡病鉴定结果见表6-98。

表6-98　中华猕猴桃基本特征特性及抗溃疡病鉴定结果（云南昆明）

品种名称	藤长/m	新梢粗/cm	果实形状	果实成熟期	单果重/g	果皮颜色	果肉颜色	果肉质地	果汁多少	抗溃疡病
中华猕猴桃	>12	1.3	短椭圆	11月	48	褐	绿	软	多	高感

〔优异性状〕丰产，株产可达25~50kg。果实较大，直径2.5~3cm，果肉绿色，后熟后汁多、味甜，品质优。果实营养丰富，可溶性固形物含量为17.4%，可溶性糖12.2%，可滴定酸2.6%，维生素C 251mg/100g。耐瘠薄能力强。

〔利用价值〕目前多呈野生状态，可直接进行驯化栽培利用，也可作为砧木利用。

21. 巫捞猕猴桃

因在贵州省三都县打鱼乡巫捞村进行驯化栽培而得名。

〔学名〕为美味猕猴桃（*A. deliciosa* C. F. Liang）的种质资源。

〔采集号与采集地〕采集编号：2012522158。采集地点：三都县打鱼乡巫捞村。

〔基本特征特性〕基本特征特性及抗溃疡病鉴定结果见表6-99。

表6-99　巫捞猕猴桃基本特征特性及抗溃疡病鉴定结果（云南昆明）

品种名称	藤长/m	新梢粗/cm	果实形状	果实成熟期	单果重/g	果皮颜色	果肉颜色	果肉质地	果汁多少	抗溃疡病
巫捞猕猴桃	>15	1.6	长圆柱	9月	86	褐	淡绿	软	多	中抗

〔优异性状〕巫捞猕猴桃在当地已进行人工驯化栽培，面积发展到6667m^2，有望成为当地的优良猕猴桃资源得到推广。果大，横径4~5cm，丰产性好，株产可达50~100kg。果实营养丰富，可溶性固形物含量为18.7%，可溶性糖13.6%，可滴定酸2.5%，

维生素 C 241.1mg/100g。抗溃疡病的能力中等。

〔利用价值〕直接进行驯化栽培利用，也可作为砧木利用。

22. 雷山野生猕猴桃

〔学名〕为伞花猕猴桃（*Actinidia umbelloides* C. F. Liang）的种质资源。

〔采集号与采集地〕采集编号：2013526325。采集地点：雷山县达地乡里勇村。

〔基本特征特性〕基本特征特性及抗溃疡病鉴定结果见表 6-100。

表 6-100　雷山野生猕猴桃基本特征特性及抗溃疡病鉴定结果（云南昆明）

品种名称	藤长/m	新梢粗/cm	果实形状	果实成熟期	单果重/g	果皮颜色	果肉颜色	果肉质地	果汁多少	抗溃疡病
雷山野生猕猴桃	>11	0.9	长椭圆	11月	8.4	绿	深绿	软	多	中抗

〔优异性状〕果肉深绿色，味酸甜，有香味，当地群众认为食用后有开胃作用。果实营养丰富，可溶性固形物含量为 17.1%，可溶性糖 10.9%，可滴定酸 4.7%，维生素 C 147mg/100g。耐瘠薄，抗溃疡病的能力中等。

〔利用价值〕可作为优质、抗病猕猴桃育种亲本利用。

23. 绞洞白猕猴桃

因果实、枝条和叶片布满灰白色绒毛而得名。

〔学名〕为毛花猕猴桃（*Actinidia eriantha* Benth.）的种质资源。

〔采集号与采集地〕采集编号：2013523488。采集地点：黎平县尚重镇绞洞村。

〔基本特征特性〕基本特征特性及抗溃疡病鉴定结果见表 6-101。

表 6-101　绞洞白猕猴桃基本特征特性及抗溃疡病鉴定结果（云南昆明）

品种名称	蔓长/m	新梢粗/cm	果实形状	果实成熟期	单果重/g	果皮颜色	果肉颜色	果肉质地	果汁多少	抗溃疡病
绞洞白猕猴桃	>13	1.1	长椭圆	10月	57	灰白	翠绿	软	多	高抗

〔优异性状〕果实较大，直径 3cm 左右，营养价值高，很受当地人喜欢。果实营养丰富，可溶性固形物含量为 16.2%，可溶性糖 11.3%，可滴定酸 3.4%，维生素 C 973mg/100g。耐瘠薄，抗病害能力强，特别是抗溃疡病的能力很强。

〔利用价值〕可直接进行驯化栽培利用，或作为抗病、优质猕猴桃育种的亲本。

24. 毛花猕猴桃

当地又叫阳桃果，呈野生状态。

〔学名〕为毛花猕猴桃（*Actinidia eriantha* Benth.）的种质资源。

〔采集号与采集地〕采集编号：2014525163。采集地点：道真县大矸镇大矸村。

〔基本特征特性〕基本特征特性及抗溃疡病鉴定结果见表 6-102。

表 6-102　毛花猕猴桃基本特征特性及抗溃疡病鉴定结果（云南昆明）

品种名称	蔓长/m	新梢粗/cm	果实形状	果实成熟期	单果重/g	果皮颜色	果肉颜色	果肉质地	果汁多少	抗溃疡病
毛花猕猴桃	>13	1.1	圆球	10月	47	浅褐	翠绿	软	多	中抗

〔**优异性状**〕主要分布在 1000~1500m 海拔林地灌木丛中，耐瘠薄，对溃疡病的抗性中等。果实直径 3~5cm，果肉翠绿色、汁多、香、细嫩、营养价值高、味甜酸、口感好。可溶性固形物含量为 19.2%，可溶性糖 13.3%，可滴定酸 3.8%，维生素 C 1106mg/100g。

〔**利用价值**〕可作为抗病猕猴桃育种亲本利用（胡忠荣等，2006）。

九、香蕉

25. 闻香香蕉

因成熟后果实香味浓而得名。

〔**学名**〕为香蕉（*Musa nana* Lour.）的一个品种。

〔**采集号与采集地**〕采集编号：2013522085。采集地点：贞丰县者相镇黄箐村。

〔**基本特征特性**〕基本特征特性鉴定结果见表 6-103。

表 6-103　闻香香蕉基本特征特性鉴定结果（云南景洪）

种质名称	假茎高/m	假茎颜色	果穗着生状	花瓣颜色	果穗梳数/梳	果指形状	果指颜色	果指重量/g	果实质地	果汁多少
闻香香蕉	5	绿	下垂	红	9	细长	黄	28	细	中

〔**优异性状**〕在当地零星分布，属珍稀和濒危种质资源。果实皮薄、香味特浓，放在屋内满屋清香、味甜、风味浓，果肉细腻。果实可溶性固形物含量为 20.4%，淀粉 6.8%，可溶性糖 14.3%，钾 187.6mg/100g。抗病虫害能力强，基本无病虫危害。

〔**利用价值**〕可直接栽培利用或用作香蕉优质种质创新的亲本，可提炼其芳香物质制作香料。

十、葡萄

26. 本地葡萄

〔**学名**〕为葡萄（*Vitis vinifera* L.）的一个品种。

〔**采集号与采集地**〕采集编号：2013524412。采集地点：松桃县正大乡清水村。

〔**基本特征特性**〕基本特征特性及抗霜霉病鉴定结果见表 6-104。

表 6-104　本地葡萄基本特征特性及抗霜霉病鉴定结果（云南昆明）

品种名称	萌芽期	开花期	成熟期	果穗形状	果实形状	果皮颜色	单果重/g	果肉质地	果汁多少	果实风味	抗霜霉病
本地葡萄	2月	3月	9月	圆锥	圆球	深紫	3.8	软	多	酸甜	中抗

〔**优异性状**〕生长势强，特别适应当地夏季高温多雨的气候条件。对土壤要求不严，耐旱、耐瘠薄，对葡萄霜霉病有中等抗性。丰产性好，株产可达 30kg。汁多、味酸甜，有香味，风味浓。可溶性固形物含量为 18.2%，可溶性总糖 11.7%，可滴定酸 0.31%，单宁 0.08g/100g，维生素 C 2.9mg/100g。

〔**利用价值**〕直接栽培利用，可作为葡萄抗霜霉病和抗逆性育种的亲本。

27. 刺葡萄

因枝条、叶柄等布满刺而得名。

〔**学名**〕为刺葡萄（*Vitis davidii* (Roman. du Caill.) Foex）的种质资源。

〔**采集号与采集地**〕采集编号：2013522411。采集地点：印江县洋溪镇桅杆村。

〔**基本特征特性**〕基本特征特性及耐热性鉴定结果见表 6-105。

表 6-105　刺葡萄基本特征特性及耐热性鉴定结果（云南昆明）

品种名称	萌芽期	开花期	成熟期	果穗形状	果实形状	果皮颜色	单果重/g	果肉质地	果汁多少	果实风味	耐热性
刺葡萄	3月	4月	7月	圆锥	圆球	紫	3.1	软	多	酸涩	3

〔**优异性状**〕生长势强，果实汁多。抗高湿环境，耐瘠薄，特别适应当地夏季高温多雨气候。可溶性固形物含量为 15.4%，可溶性糖 9.3%，总酸 0.64%，单宁 0.08g/100g，维生素 C 3.3mg/100g。

〔**利用价值**〕可作为葡萄抗湿热育种的亲本材料。

28. 红葡萄

〔**学名**〕为葡萄（*Vitis vinifera* L.）的一个品种。

〔**采集号与采集地**〕采集编号：2014522129。采集地点：荔波县瑶山乡群力村。

〔**基本特征特性**〕基本特征特性鉴定结果见表 6-106。

表 6-106　红葡萄基本特征特性鉴定结果（云南昆明）

品种名称	萌芽期	开花期	成熟期	果穗形状	果实形状	果皮颜色	单果重/g	果肉质地	果汁多少	果实风味
红葡萄	3月	4月	8月	圆锥	圆球	玫红	6.3	软	多	酸甜

〔**优异性状**〕为当地老品种，生长势强。果实汁多、味酸甜、风味浓。可溶性固形物含量为 18.2%，可溶性糖 13.7%，可滴定酸 0.57%，单宁 0.06g/100g，维生素 A 79μg/100g，维生素 B 231μg/100g，维生素 C 3.1mg/100g。耐湿热气候。特别是对葡萄霜霉病有较强抗性，对土壤的要求不严。

十一、板栗

29. 小油板栗

〔学名〕是栗（*Castanea mollissima* Blume）的一个品种。

〔采集号与采集地〕采集编号：2014522030。采集地点：荔波县朝阳镇八烂村。

〔基本特征特性〕基本特征特性鉴定结果见表6-107。

表6-107　小油板栗基本特征特性鉴定结果（云南昆明）

种质名称	树高/m	冠幅/m	果实形状	果实成熟期	单果重/g	果皮颜色	果肉颜色	果肉质地	果汁多少	果实风味
小油板栗	5.1	3.2×3.6	扁圆	9月	6.1	棕红	白	脆	少	甜

〔优异性状〕是当地特有的老品种，栽培历史150年以上。抗病性强，耐瘠薄，耐旱。果实营养丰富，果实中含淀粉27.6%，可溶性糖12.4%，蛋白质4.2%，粗脂肪5.9g/100g，维生素C 32.2mg/100g，胡萝卜素0.21mg/100g，烟酸1.4mg/100g。

〔利用价值〕果实可鲜食或加工成板栗粉代替粮食，也可作为优质和抗性板栗育种的亲本。

十二、核桃

30. 薄皮核桃

因干果壳较薄而得名。

〔学名〕是核桃（*Juglans regia* L.）的一个品种。

〔采集号与采集地〕采集编号：2013524133。采集地点：镇宁县革利乡翁告村。

〔基本特征特性〕基本特征特性鉴定结果见表6-108。

表6-108　薄皮核桃基本特征特性鉴定结果（贵州镇宁）

种质名称	树高/m	叶片着生状	果实形状	果实成熟期	单果重/g	外果皮颜色	干果形状	果仁质地	风味	耐旱性
薄皮核桃	8.3	羽状复叶	圆球	9月	10.0	绿	圆球	细	微香	3

〔优异性状〕为优良核桃地方品种，在当地种植历史100年以上。树势强，树体高大，抗病，生长期基本无病害。耐旱性较强，在水源较少的地区也能健壮生长。干果皮薄，厚度1.1mm左右，种仁大，占干果重量的80.63%。营养丰富，蛋白质含量18.33g/100g，钙0.16g/100g，磷0.32g/100g，淀粉13.4g/100g，粗脂肪44.7g/100g。比其他核桃的粗脂肪含量都低，因此较耐贮存，可贮藏8个月之久而

不变质。

〔**利用价值**〕直接栽培利用。果实加工成核桃仁。木材质地好，可用于加工木地板和家具。

31. 沟的泡核桃

因干果壳薄、易剥离而得名。

〔**学名**〕是核桃（*Juglans regia* L.）的一个品种。

〔**采集号与采集地**〕采集编号：2014525146。采集地点：道真县上坝乡新田坝村。

〔**基本特征特性**〕基本特征特性鉴定结果见表6-109。

表6-109　沟的泡核桃基本特征特性鉴定结果（云南昆明）

种质名称	树高/m	叶片着生状	果实形状	果实成熟期	单果重/g	外果皮颜色	干果形状	果仁质地	风味	耐旱性
沟的泡核桃	5.4	羽状复叶	扁球	9月	12.7	黄绿	扁圆球	细	香	5

〔**优异性状**〕为优良核桃地方品种，在当地种植历史100年以上。耐旱性强，抗病性好，生长期基本无病害。果实个头较大，直径4~5cm，壳薄，易剥离。蛋白质含量15.67g/100g，钙0.13g/100g，磷0.41g/100g，淀粉12.6g/100g，粗脂肪63.4g/100g。

〔**利用价值**〕直接栽培利用。果实鲜食或榨油。木材质地好，可用于加工木地板和家具。

十三、柑橘

32. 米柑

〔**学名**〕米柑可能是天然杂种（待进一步鉴定），属于特有品种。

〔**采集号与采集地**〕采集编号：2013522429。采集地点：印江县朗溪镇昔卜村。

〔**基本特征特性**〕基本特征特性鉴定结果见表6-110。

表6-110　米柑基本特征特性鉴定结果（贵州和重庆）

品种名称	株高/m	冠幅/m	果实形状	果实成熟期	单果重/g	果皮颜色	囊瓣数/瓣	汁胞	果汁多少	汁胞颜色	胚
米柑	2.5	2.3×2.0	扁圆	12月	71	黄	约9	可见	多	黄	多胚、绿色

〔**优异性状**〕该品种果皮薄、易剥皮，果肉汁多、风味浓，可食率67.22%。果实可溶性固形物含量为11.8%，总糖9.81%，可滴定酸0.81%。耐粗放管理。对柑橘溃疡病抗性较强（HR），显著高于椪柑和温州蜜柑；对柑橘褐斑病中抗（MR）。利用SSR分子标记对其遗传背景进行分析，结果显示米柑与其他宽皮柑橘品种存在明显的遗传差异，可能是一个天然的杂种。

〔**利用价值**〕可直接栽培利用或作为杂交亲本。

33. 印江红心柚（红橙）

〔**学名**〕为柚（*Citrus maxima* (Burm.) Merr.）的一个品种。

〔**采集号与采集地**〕采集编号：2013522424。采集地点：印江县河水镇川岩村。

〔**基本特征特性**〕基本特征特性鉴定结果见表6-111。

表6-111　印江红心柚基本特征特性鉴定结果（贵州和重庆）

品种名称	株高/m	冠幅/m	果实形状	果实成熟期	单果重/g	果皮颜色	囊瓣数/瓣	汁胞	果汁多少	汁胞颜色	胚
印江红心柚	3.0	2.8×2.5	扁圆	11月下旬	925	黄	14	可见	多	深红	单胚、白色

〔**优异性状**〕丰产性强，平均单果重925g。果皮较薄，易剥皮。果肉深红色、肉质细嫩、种子少。可溶性固形物含量为12%左右，可滴定酸1.0%~1.5%。利用SSR标记对印江红心柚的遗传背景进行分析，结果表明其具有区别于其他红心柚的特征DNA指纹。

〔**利用价值**〕可直接栽培利用或作杂交亲本。

34. 土柑（俗称药柑）

〔**学名**〕土柑为皱皮柑（*Citrus speciosa* Hort. ex Tseng）的一个品种。

〔**采集号与采集地**〕采集编号：2013522427。采集地点：印江县朗溪镇川岩村。

〔**基本特征特性**〕基本特征特性鉴定结果见表6-112。

表6-112　土柑基本特征特性鉴定结果（贵州和重庆）

品种名称	株高/m	冠幅/m	果实形状	果实成熟期	单果重/g	果皮颜色	囊瓣数/瓣	汁胞	果汁多少	汁胞颜色	胚
土柑	2.3	2.5×2.5	扁圆	12月	120	黄	11	可见	多	黄	多胚、绿色

〔**优异性状**〕土柑适应性广，丰产性好。果肉汁多、味酸甜、微苦。果实可溶性固形物含量为11.5%，总糖8.80g/100g，可滴定酸0.92%。其果肉类黄酮含量较高，具有清热降火的功效。土柑耐贮性好、抗寒性强、对柑橘褐斑病表现高抗（HR）。

〔**利用价值**〕可直接栽培利用。用于鲜食，皮可入药。可作为抗病品种选育的亲本。

35. 牛肉红金橘

〔**学名**〕是朱红橘（*Citrus erythrosa* Hort. ex Tan.）的一个品种。

〔**采集号与采集地**〕采集编号：2013523418。采集地点：惠水县好花红镇好花红村。

〔**基本特征特性**〕基本特征特性鉴定结果见表6-113。

表6-113　牛肉红金橘基本特征特性鉴定结果（重庆）

品种名称	株高/m	冠幅/m	果实形状	果实成熟期	单果重/g	果皮颜色	囊瓣数/瓣	汁胞	果汁多少	汁胞颜色	胚
牛肉红金橘	2.3	1.8×2.2	扁圆	11月	45	深红	11	可见	多	黄	多胚、绿色

〔**优异性状**〕为贵州特有的地方品种。果皮薄，颜色深红，色泽艳丽，易剥皮，风味浓郁。果实可溶性固形物含量为13%左右，可滴定酸0.9%左右。对柑橘溃疡病抗性中等（MR），对柑橘褐斑病表现为抗病（R）。利用SSR分子标记对其遗传背景进行分析，结果显示牛肉红金橘具有独特的SSR指纹。

〔**利用价值**〕可直接栽培利用或作杂交亲本（江东等，2006）。

十四、草莓

36. 栗园野生草莓

〔**学名**〕为黄毛草莓（*Fragaria nilgerrensis* Schlecht. ex Gay）的种质资源。

〔**采集号与采集地**〕采集编号：2013521115。采集地点：务川县泥高乡栗园村。

〔**基本特征特性**〕基本特征特性鉴定结果见表6-114。

表6-114　栗园野生草莓基本特征特性鉴定结果（云南昆明）

种质名称	株高/cm	叶片长/cm	匍匐茎长/cm	成熟期	果实形状	果实颜色	种子颜色	抗灰霉病
栗园野生草莓	13.7	3.81	8.82	6月	圆球	白	淡黄	中抗

〔**优异性状**〕是主要分布于我国西南地区的野生草莓，植株矮小而健壮。果实有香味、汁多、味酸甜。中抗灰霉病，抗病虫害能力强，耐寒性好。

〔**利用价值**〕可作为草莓抗逆育种及香味育种的亲本。

第四节　药用植物优异种质资源

一、头花蓼

头花蓼（*Polygonum capitatum* Buch.-Ham. ex D. Don）是蓼科蓼属多年生草本植物，是我国民间常用草药，全草入药。主产于贵州、广西、云南、四川、湖南等省区。具有清热利湿、解毒止痛、活血散瘀、利尿通淋之功效。我国民间常将头花蓼用于治疗泌尿系感染、血尿、湿疹、肾盂肾炎、膀胱炎、尿路结石、跌打损伤、痄腮、疮疡、腹泻、痢疾等。其在临床上对于泌尿系感染有很好的疗效。

头花蓼喜爱偏温湿、少光照的生长环境。野生头花蓼生长于岩石缝、水沟边、农田边等区域，其根系发达，能够绕石攀缘，也能附着在无土石头上面生长。适宜在15℃左右生长，具有较强的土壤适应性，以在疏松、肥沃的偏酸性沙质土中生长最好。

1. 头花蓼

〔**学名**〕头花蓼的学名是*Polygonum capitatum* Buch.-Ham. ex D. Don。

〔**采集号与采集地**〕采集编号：2015523003。采集地点：剑河县久仰乡久吉村3组。

〔基本特征特性〕茎匍匐，丛生，主茎不明显，植株中等。

〔优异性状〕分枝较多，含槲皮素 0.3651%、山萘酚 0.0192%。

〔利用价值〕常用苗药，用于治疗泌尿系感染、痢疾、腹泻、血尿。

2. 头花蓼

〔学名〕头花蓼的学名是 *Polygonum capitatum* Buch.-Ham. ex D. Don。

〔采集号与采集地〕采集编号：2015523021。采集地点：安顺市龙宫镇克妈村。

〔基本特征特性〕茎匍匐，丛生，主茎不明显，植株中等。

〔优异性状〕分枝较多，含槲皮素 0.2852%、山萘酚 0.0563%。

〔利用价值〕常用苗药，用于治疗泌尿系感染、痢疾、腹泻、血尿。

3. 头花蓼

〔学名〕头花蓼的学名是 *Polygonum capitatum* Buch.-Ham. ex D. Don。

〔采集号与采集地〕采集编号：2015523002。采集地点：剑河县柳川镇关口村6组。

〔基本特征特性〕茎匍匐，丛生，主茎不明显，植株中等。

〔优异性状〕分枝较多，含槲皮素 0.2328%、山萘酚 0.0157%。

〔利用价值〕常用苗药，用于治疗泌尿系感染、痢疾、腹泻、血尿。

4. 头花蓼

〔学名〕头花蓼的学名是 *Polygonum capitatum* Buch.-Ham. ex D. Don。

〔采集号与采集地〕采集编号：2015523012。采集地点：剑河县南明镇凯寨村。

〔基本特征特性〕茎匍匐，丛生，主茎不明显，植株中等。

〔优异性状〕分枝较多，含槲皮素 0.1967%、山萘酚 0.0182%。

〔利用价值〕常用苗药，用于治疗泌尿系感染、痢疾、腹泻、血尿。

5. 头花蓼

〔学名〕头花蓼的学名是 *Polygonum capitatum* Buch.-Ham. ex D. Don。

〔采集号与采集地〕采集编号：2015523006。采集地点：剑河县太拥乡久仪村。

〔基本特征特性〕茎斜生，主茎明显、粗壮。

〔优异性状〕分枝少，适于密植，含槲皮素 0.0776%、山萘酚 0.0067%。

〔利用价值〕常用苗药，用于治疗泌尿系感染、痢疾、腹泻、血尿。

二、钩藤

钩藤（*Uncaria rhynchophylla* (Miq.) Miq. ex Havil.）为茜草科钩藤属植物，它的干燥带钩茎枝，性微寒，味甘，归肝、心包经，具有息风定惊、清热平肝和降血压的作用。可用于治疗头痛眩晕、感冒夹惊、小儿惊啼、高热惊厥、惊痫抽搐、妊娠子痫、肝风内动等。近代药理学研究表明，钩藤对于心血管及神经系统疾病具有良好的治愈作用，对于高血压、心律失常、癫痫、头痛具有一定的疗效。

钩藤主产于我国贵州、湖南、广西、广东、浙江、福建、云南、四川、西藏、江西、台湾等省区，其中贵州省大部分地区均有分布，但主要产区在黔东南州、黔西南州、黔南州、遵义、铜仁、安顺等地。钩藤为常绿木质藤本植物，适应性强，喜湿润、温暖、光照充足的环境，在土质疏松肥沃、土层深厚、排水良好的土壤中生长较好。主要分布于海拔 1000m 以下的山坡、丘陵地带的稀疏丛林及森林边缘的向阳区域。

6. 钩藤

〔**学名**〕钩藤的学名是 *Uncaria rhynchophylla* (Miq.) Miq. ex Havil.。

〔**采集号与采集地**〕采集编号：2015523019。采集地点：剑河县南加镇康中村 4 组。

〔**基本特征特性**〕茎近方形，枝条呈浅红色。节间长（18±10）cm，枝梢较多。枝条上单双钩较多，平均每枝条（5±2）对钩。

〔**优异性状**〕分枝较多，含钩藤碱 0.0423%、异钩藤碱 0.0029%。

〔**利用价值**〕常用中药，用于治疗高血压、心律失常、癫痫、头痛。

7. 钩藤

〔**学名**〕钩藤的学名是 *Uncaria rhynchophylla* (Miq.) Miq. ex Havil.。

〔**采集号与采集地**〕采集编号：2015523017。采集地点：剑河县南寨乡南寨社区。

〔**基本特征特性**〕茎近方形，枝条呈浅红色。节间长（14±7）cm，枝梢较多。枝条上单双钩较多，平均每枝条（6±3）对钩。

〔**优异性状**〕分枝较多，含钩藤碱 0.0338%、异钩藤碱 0.0031%。

〔**利用价值**〕常用中药，用于治疗高血压、心律失常、癫痫、头痛。

8. 钩藤

〔**学名**〕钩藤的学名是 *Uncaria rhynchophylla* (Miq.) Miq. ex Havil.。

〔**采集号与采集地**〕采集编号：2015523005。采集地点：剑河县太拥乡久仪村。

〔**基本特征特性**〕茎近方形，枝条呈浅红色。节间长（12±5）cm，枝梢少，枝条短。枝条上单双钩多，平均每枝条（6±3）对钩。

〔**优异性状**〕分枝少，含钩藤碱 0.0555%、异钩藤碱 0.0005%。

〔**利用价值**〕常用中药，用于治疗高血压、心律失常、癫痫、头痛。

9. 钩藤

〔**学名**〕钩藤的学名是 *Uncaria rhynchophylla* (Miq.) Miq. ex Havil.。

〔**采集号与采集地**〕采集编号：2015523016。采集地点：剑河县南寨乡展莱村。

〔**基本特征特性**〕茎近方形，枝条呈浅红色。枝条长，节间长（20±15）cm，枝梢较多。枝条上单双钩平均每枝条（3±3）对钩。

〔**优异性状**〕分枝较多，含钩藤碱 0.0331%、异钩藤碱 0.003%。

〔**利用价值**〕常用中药，用于治疗高血压、心律失常、癫痫、头痛。

10. 钩藤

〔**学名**〕钩藤的学名是 *Uncaria rhynchophylla* (Miq.) Miq. ex Havil.。

〔**采集号与采集地**〕采集编号：2015523007。采集地点：剑河县久仰乡南江村 2 组。

〔**基本特征特性**〕茎近方形，枝条呈浅红色。节间长（20±16）cm，枝梢较多。

枝条上单双钩较多，平均每枝条（6±5）对钩。

〔**优异性状**〕分枝较多，含钩藤碱0.0303%、异钩藤碱0.0006%。

〔**利用价值**〕常用中药，用于治疗高血压、心律失常、癫痫、头痛。

11. 钩藤

〔**学名**〕钩藤的学名是 *Uncaria rhynchophylla* (Miq.) Miq. ex Havil.。

〔**采集号与采集地**〕采集编号：2015523020。采集地点：锦屏县三江镇平金村。

〔**基本特征特性**〕茎近方形，枝条呈浅红色。节间长（20±20）cm，枝梢较多。枝条上单双钩少，差异大，平均每枝条（4±2）对钩。

〔**优异性状**〕分枝较多，含钩藤碱0.0264%、异钩藤碱0.002%。

〔**利用价值**〕常用中药，用于治疗高血压、心律失常、癫痫、头痛。

12. 钩藤

〔**学名**〕钩藤的学名是 *Uncaria rhynchophylla* (Miq.) Miq. ex Havil.。

〔**采集号与采集地**〕采集编号：2015523001。采集地点：剑河县柳川镇关口村麻栗坡。

〔**基本特征特性**〕茎近方形，枝条呈浅红色。节间短，长（12±3）cm。枝条上双钩较少，平均每枝条（2±1）对钩。

〔**优异性状**〕节间短，含钩藤碱0.0228%、异钩藤碱0.0019%。

〔**利用价值**〕常用中药，用于治疗高血压、心律失常、癫痫、头痛。

13. 钩藤

〔**学名**〕钩藤的学名是 *Uncaria rhynchophylla* (Miq.) Miq. ex Havil.。

〔**采集号与采集地**〕采集编号：2015523014。采集地点：剑河县敏洞乡圭息村4组。

〔**基本特征特性**〕茎近方形，枝条呈浅红色。节间短，长（12±3）cm，枝梢较多。枝条上单双钩较多，平均每枝条（3±2）对钩。

〔**优异性状**〕节间短，含钩藤碱0.0222%、异钩藤碱0.0014%。

〔**利用价值**〕常用中药，用于治疗高血压、心律失常、癫痫、头痛。

14. 钩藤

〔**学名**〕钩藤的学名是 *Uncaria rhynchophylla* (Miq.) Miq. ex Havil.。

〔**采集号与采集地**〕采集编号：2015523011。采集地点：剑河县南明镇凯寨村。

〔**基本特征特性**〕茎近方形，枝条呈浅红色。节间长（19±12）cm，枝梢较多。枝条上单双钩较少，平均每枝条（3±2）对钩。

〔**优异性状**〕分枝较多，含钩藤碱0.0215%、异钩藤碱0.0009%。

〔**利用价值**〕常用中药，用于治疗高血压、心律失常、癫痫、头痛。

15. 钩藤

〔**学名**〕钩藤的学名是 *Uncaria rhynchophylla* (Miq.) Miq. ex Havil.。

〔**采集号与采集地**〕采集编号：2015523004。采集地点：剑河县南哨乡南甲村。

〔**基本特征特性**〕茎近方形，枝条呈浅红色。节间长（18±6）cm，枝梢较多。枝条上单双钩较多，平均每枝条（6±5）对钩。

〔**优异性状**〕分枝较多，含钩藤碱 0.0192%、异钩藤碱 0.0007%。

〔**利用价值**〕常用中药，用于治疗高血压、心律失常、癫痫、头痛。

16. 钩藤

〔**学名**〕钩藤的学名是 *Uncaria rhynchophylla* (Miq.) Miq. ex Havil.。

〔**采集号与采集地**〕采集编号：2015523008。采集地点：剑河县柳川镇返迷村6组。

〔**基本特征特性**〕茎近方形，枝条呈浅红色。节间长（18±6）cm，枝梢较多。枝条上单双钩较多，平均每枝条（6±5）对钩。

〔**优异性状**〕分枝较多，含钩藤碱 0.0176%、异钩藤碱 0.0019%。

〔**利用价值**〕常用中药，用于治疗高血压、心律失常、癫痫、头痛。

17. 钩藤

〔**学名**〕钩藤的学名是 *Uncaria rhynchophylla* (Miq.) Miq. ex Havil.。

〔**采集号与采集地**〕采集编号：2015523009。采集地点：剑河县柳川镇返排村1组。

〔**基本特征特性**〕茎近方形，枝条呈浅红色。节间长（23±8）cm。枝条上单双钩较少，平均每枝条（5±3）对钩。

〔**优异性状**〕节间较长，含钩藤碱 0.0154%、异钩藤碱 0.0005%。

〔**利用价值**〕常用中药，用于治疗高血压、心律失常、癫痫、头痛。

（编写人员：阮仁超　许明辉　李锡香　邱　杨　王海平　赖云松　宋江萍　张晓辉　陈善春　胡忠荣　陈洪明　何永睿　李先恩　祁建军　郭小敏）

参 考 文 献

曹玉芬，刘凤之，胡红菊，等.2006.梨种质资源描述规范和数据标准.北京：中国农业出版社：63-85.
韩龙植，魏兴华，等.2006.水稻种质资源描述规范和数据标准.北京：中国农业出版社：66-70.
胡忠荣，陈伟，李坤明，等.2006.猕猴桃种质资源描述规范和数据标准.北京：中国农业出版社：62-85.
江东，龚桂芝，等.2006.柑橘种质资源描述规范和数据标准.北京：中国农业出版社：53-65.
李锡香，张宝玺，等.2006.辣椒种质资源描述规范和数据标准.北京：中国农业出版社：58-73.
梁燕，李锡香，等.2007.韭菜种质资源描述规范和数据标准.北京：中国农业出版社：34-40.
陆平.2006.谷子种质资源描述规范和数据标准.北京：中国农业出版社：43-47.
石云素.2006.玉米种质资源描述规范和数据标准.北京：中国农业出版社：59-64.
王昆，刘凤之，曹玉芬，等.2005.苹果种质资源描述规范和数据标准.北京：中国农业出版社：49-69.
王力荣，朱更瑞，等.2005.桃种质资源描述规范和数据标准.北京：中国农业出版社：56-68.
王述民，张亚芝，魏淑红，等.2006.普通菜豆种质资源描述规范和数据标准.北京：中国农业出版社：

50-54.

郁香荷, 刘威生, 等. 2006. 李种质资源描述规范和数据标准. 北京: 中国农业出版社: 48-61.

第七章　贵州少数民族传统文化与农业生物资源利用和保护

贵州地处云贵高原东部，海拔为147.8~2900.6m，省内山高谷深，河流纵横，气候多样。加之，贵州聚居有苗、侗、瑶、壮、布依、仡佬、水、土家、彝等少数民族，各民族有不同的传统文化和生活习性，居住在不同的生态环境。因此，贵州在悠久的历史长河中，产生了丰富多彩的农业生物资源，各族人民世世代代依靠这些农业生物资源，创造了灿烂的民族文化，其中蕴含着无穷的生活智慧，包藏着丰富的生活和生产经验，从而实现了人与社会、环境及资源利用和保护的和谐统一（高爱农等，2015）。

第一节　少数民族饮食习俗对农业生物资源的利用和保护

贵州各少数民族在长期的生产和生活中，形成了其独特的饮食习俗，如喜糯性食品，常饮自酿美酒，酸辣菜肴不可少，还有传统的风味食品等。这些饮食习俗需要与其相适用的农业生物资源，各民族选择了他们喜欢的作物品种，世代相传种植至今。

一、喜糯性食品

（一）仡佬族

仡佬族人在长期的生产实践中，对玉米品种进行了长期的选择利用，用来做传统苞谷饭的品种一般选用糯性强、口感好、香味浓的品种。由于对传统风味主食的追求，目前仍保留十八路苞谷（采集编号：2013521008）、白苞谷（采集编号：2013521009）、栗园十八路（采集编号：2013521095）、栗园大白苞谷（采集编号：2013521101）、竹丫糯（采集编号：2014525008）、刺苞谷（采集编号：2014525001）、金黄早（采集编号：2014525009）、白苞谷（采集编号：2014525010）、糯苞谷（采集编号：2014525014）、十八黄（采集编号：2014525024）、小白苞谷（采集编号：2014525052）、大白苞谷（采集编号：

2014525053）、米黄苞谷（采集编号：2014525068）、刺苞谷（采集编号：2014525071）、糯苞谷（采集编号：2014525073）、罗马粒（采集编号：2014525078）、岩子头糯苞谷（采集编号：2014525080）、大寨苞谷（采集编号：2014525173）等地方优良品种，保存了一定的遗传多样性，糯性玉米比例较大。

仡佬族有吃糯食的习惯，糯稻米是各地仡佬族的节日食品，可以做成糍粑、粽子、汤圆等。糯稻资源得到了广泛利用和保存，本次收集到的地方品种多为特用的糯稻资源。目前仍保存有糯稻品种白洋糯（采集编号：2014525004）、高秆糯（采集编号：2014525017）、白洋糯（采集编号：2014525025）、黄丝糯（采集编号：2014525042）、矮子糯（采集编号：2014525044）、绥阳糯（采集编号：2014525062）、本地糯谷（采集编号：2014525067）、槐坪老糯谷（采集编号：2014525172）、竹园红糯谷（采集编号：2013521133）、竹园糯谷（采集编号：2013521158）、龙潭汕糯谷（采集编号：2013521219）等。

（二）侗族

香禾糯在侗族不仅仅是一种食物，更是侗族文化的一个符号。侗族主要以"禾"米为主食，其既能抗饿，又便于携带，而且不易变馊，倍受侗族人喜爱。糯米饭在侗族人生活中扮演着重要角色，他们与糯米有着很深的感情，并自称为"糯米人"。侗族人不论是上山劳动，或出远门，都用饭钵、笋叶、树叶或手帕包着糯米饭当午饭（图7-1）。

图7-1 侗族各类糯米食品

糯米贯穿于侗族人每一天的生活中，侗族地区是水稻品种最丰富的地区之一，其糯米种类很多，有黑糯（采集编号：2013523421）、肇兴红皮白糯（采集编号：2013523464）、香禾糯等，其中香糯最有名，如白香禾（采集编号：2013523302），其香味在众多香禾糯品种中最为突出，用它蒸的糯米饭香味最为浓郁，且糯性强、软、不回生，品质突出。

（三）水族

水族擅长农耕，以种植水稻为主。以大米为主食，喜爱糯食。糯食主要有糯稻米、糯玉米、糯小米等，尤为喜食糯稻。糯玉米的食用方法主要是煮食和制粑；糯小米主要是蒸成糯小米饭；糯稻米的食用方法较多，主要是蒸成糯稻米饭，水族人常将紫、白、香不同颜色和品质的糯稻米独立蒸熟后混合食用。用糯米加工的食品很多，如糯米粑、三角粽、枕头粽、黄糯饭等，各种节日离不开这些食品，其同时又是水族妇女走亲访友时必备的馈赠礼品。

由于喜食糯食，水族保存利用了较多的糯稻品种，如介赖摘糯（采集编号：2012522122）、红糯米（采集编号：2012522155）、排老黑糯米（采集编号：2013526418）等。其保存利用的糯玉米品种有姑夫糯玉米（采集编号：2012522018）、大寨糯玉米（采集编号：2012522101）、系吕糯玉米（采集编号：2012522038）等。

（四）苗族

苗族喜欢糍粑、粽子等糯性食品，糯米饭是苗族主食之一，不用筷子，用手捏着吃极为方便。苗族世代种植的糯稻品种有满口香（采集编号：2014524217）、黄壳糯（采集编号：2013521333）、旱糯（采集编号：2013521511）、岩脚糯（采集编号：2013521329）、团团糯（也称坨坨糯，采集编号：2013524044）、小白糯（采集编号：2013525422）。玉米、高粱、谷子等也是苗族的主食，其中不乏糯性资源，如白糯苞谷（采集编号：2013521360）、黄糯苞谷（采集编号：2013521361）、本地糯玉米（采集编号：2013524025）、黑糯玉米（采集编号：2013524425），主要用于做糯米粑、青食等。

（五）布依族

布依族祖先很早就开始种植水稻，享有"水稻民族"之称，十分喜欢糯稻。主要是因为糯稻做出来的饭香、软、口感好、比较耐饥饿。布依族有染彩色糯米饭的习惯，彩色糯米饭分为黄色、黑色、红色和紫色几种，所用原料均来自植物。他们也用糯米制成糍粑、油团粑、枕头粽和三角粽等。其保存利用的代表品种有牛场矮秆糯（采集编号：2013521335）、黄毛毛糯（采集编号：2013524040）等。

玉米一般饭用和青食。红粒铁壳苞谷（采集编号：2012523059）在当地有100多年的栽培历史，比杂交苞谷甜，而且糯性比较好，是做美味苞谷饭的专用品种。白糯玉米（采集编号：2013522002）适合煮食或烧食。

（六）土家族

土家族日常主食除米饭外，以苞谷（玉米）饭最为常见，用来做苞谷饭的品种多为糯玉米，如白糯玉米（采集编号：2013522337），除用来做苞谷饭外，也青食。

土家族喜欢糯食，粑粑、糍粑、汤圆、粽子等是土家族季节性的主食，他们所保存的水稻品种多数是一些地方糯稻品种，主要有冷水糯（采集编号：2013522334）、高秆糯（采集编号：2013522503）、矮秆糯（采集编号：2013522510）、红糯谷（采集编号：2013522307）、红须糯（采集编号：2013522535）、丫丫糯（采集编号：2013522521）等。

二、自酿美酒

（一）仡佬族

仡佬族喜欢饮酒，也善酿酒，有哑酒、甜酒和火酒，凡逢喜庆佳节，都须以酒招待客人。

哑酒是仡佬族民间富有特色的酒类，其特点是需要多种作物作原料，多以玉米、高粱、小麦、毛稗、小米为混合原料，故也称杂酒。甜酒俗称酷糟，用糯米或玉米、小米酿制。火酒亦称烧酒，用玉米或高粱酿制，其味浓烈，平常待客和筵席必备。他们饮酒不用杯，古代用牛角，后改用土碗。仡佬族传统酒的酿制需要糯米、玉米、高粱、小麦、毛稗、小米等作物，他们认为用当地品种酿出的酒味道更醇香。

三幺台是仡佬族待客的传统习俗。一台：喝油茶。二台：喝酒。三台：吃饭。因为要保持待客传统习俗，所以涉及的农作物资源得到了保存和利用，如糯高粱（采集编号：2014525050）、糯稻品种白洋糯（采集编号：2014525004）、花糯（采集编号：2014524209）、玉米品种糯苞谷（采集编号：2014525014）、岩子头糯苞谷（采集编号：2014525080）。

（二）水族

水族喜饮酒，酒是水族人民的主要饮料之一，家家户户每年都要酿酒，家中酿酒一般22.5度左右，味醇可口，刺激性小。

水族酿酒具有较独特的工艺，其特点是采集多种野生植物做酒曲，以糯米等为原料进行酿制，最具代表性的是传统佳酿"九阡酒"。民俗每年农历五月五（端午节）采药，六月六制曲，九月九烤酒。从端午节到六月六，村村寨寨的妇女出动，由懂药的老妇带领，上月亮山原始森林采集120多种野生草药，最后集中起来，熬成药水，加入米团、面团、麦麸、糖壳等，捏成圆球，在稻草中发酵后晾干保存作为酒曲。制酒的用料、工艺特别讲究，必须用当地特产的姑夫黑糯（采集编号：2012522029）、拉写摘糯（采集编号：2012522007）等，配以月亮山中的优质泉水为原料，在九阡镇独特的气候环境中进行酿造，出酒以后以土陶罐窖藏。制作九阡酒酒曲需要的植物包括：透骨香、爬地香、大血藤、小血藤、桂皮、桔梗、十大功劳、栀子树、杨梅叶、拐枣树叶、青冈树叶、散雪飞、狗屁藤、黄柏皮、折骨草、猕猴桃叶、刺李、绞股蓝等。故这些具有特殊用途的野生资源得以在水族地区保留，并得以爱护保留（高爱农等，2015）。

（三）苗族

苗族喜欢饮酒，久而久之形成了一套喝酒的传统习俗和礼仪。常用来酿酒的作物品种有摘糯（采集编号：2012523019）、旱地糯谷（采集编号：2013521322）、糯高粱（采集编号：2013524026）等。

苗族也喜欢利用当地资源泡酒，饮酒养生兼顾。常用来泡酒的资源有野葡萄（采集编号：2013521475）、野生小果猕猴桃（采集编号：2013524409）等（图7-2）。

图7-2 苗族特殊的酒

（四）布依族

酒在布依族日常生活中占有很重要的位置。每年秋收之后，家家都要酿制大量的米酒储存起来，以备常年饮用。布依族喜欢以酒待客，不管来客酒量如何，只要客至，都以酒为先，名为"迎客酒"。布依族人利用本地糯米黄壳糯（采集编号：2013521333），加上民族的独特酿造技术，创造了具有民族特色的糯米酒，使得地方糯米资源得以延续。用来酿酒的作物品种还有糯稻牛场乌壳糯（采集编号：2013521334）、花糯（采集编号：2013524041）、高粱（采集编号：2013522012）等。酿制好的白酒，常放入野葡萄（采集编号：2012523132）泡制。

（五）土家族

土家族也喜欢饮酒，多以高粱［红高粱（采集编号：2013522302）］、荞麦［苦荞（采集编号：2013522312）］等地方品种作为酿酒的原料。印江红心柚（采集编号：2013522425）、酸柚子（采集编号：2013522426）是土家人自己传承下来的资源，其传承下来的原因之一是耐贮，保留时间长，土家人爱喝酒，其可用于解酒。

（六）彝族

彝族喜欢喝酒，过去都是自家酿造。彝家好客，凡家中来客皆先要以酒相待，有"客人到家无酒不成敬意"的传统。在彝族聚居地区，咂酒的酿造历史悠久，制作工艺奇异，味道纯正独特，饮法别具风格。咂酒的制作主要以当地小白苞谷（采集编号：2013525301）或荞麦（采集编号：2013525450）、高粱（采集编号：2013525466）为原料。

为了改善白酒的口感或保健，彝族一般用杨梅（采集编号：2013525349）、酸木瓜等与白酒一起泡制。用该类果实泡酒，酒清而不浑浊，喝之清香顺口，故受群众喜欢，成为利用的主要方式（图7-3）。

图7-3　彝族的杨梅泡酒

三、酸辣——日常不可缺少的味道

（一）仡佬族

仡佬族喜食酸味。山区仡佬人常年离不开酸菜汤，俗有"三天不吃酸，走路打蹿蹿"之说。一般人家都腌制有酸菜，喜欢把鲜菜做成酸菜和腌菜再吃。一般用的芥菜品种有青菜（采集编号：2014525126）、辣椒品种有本地辣椒（采集编号：2014525088）、大蒜品种有本地大蒜（采集编号：2014525097）、生姜品种有火姜（采集编号：2014525124），混合腌制酸菜。酸菜常与干豆类或马铃薯（洋芋）混煮，称为"酸菜豆汤"或"酸菜洋芋汤"。酸菜汤既可下饭，又有助于消化，还可以储存蔬菜，保证常年有菜吃，相应的资源也得到了保存。

为了祛潮取暖，仡佬族很喜欢吃辣食。吃法很多，平时多用水煮熟蔬菜，蘸辣椒素食，很少用油炒。喜欢以辣椒为原料，制作"鲊海椒"。"鲊海椒"具有数百年历史，制作方式有两种，一种是玉米鲊海椒，一种是糯米鲊海椒。鲊海椒香、除湿，尤其是下饭。正因为如此，仡佬族保留了多种地方品种的辣椒资源，如沟的线椒（采集编号：2014525109）、朝天椒（采集编号：2014525112）、岩脚本地椒（采集编号：2014525116）、樱桃海椒（采集编号：2014525140）、菜海椒（采集编号：2014525180）等（图7-4）。

图7-4　仡佬族鲊海椒

（二）侗族

在侗族食品中，酸食冠于菜肴之首。几乎每家每户都置有五六个酸坛或酸桶。不仅平日食酸，而且待客送礼、红白喜事、敬神祭祖，皆不离酸，促进了芥菜品种大叶青菜（采集编号：2013523478），辣椒品种黄岗辣椒（采集编号：2013523445）、坑洞辣椒（采集编号：2013523425），大蒜品种岩洞大蒜（采集编号：2013523315）等原料资源的保存利用。

（三）水族

水族喜欢食酸，酸汤极有特色，有辣酸（辣椒制成）、泡酸（番茄制成）、鱼酸（鱼虾制成）、臭酸（猪、牛骨熬制而成）等多种。

辣酸：最为常用，用新鲜辣椒（采集编号：2014522001）和糯米等加工制成。食用时，把白菜、青菜、嫩竹笋、大叶韭菜、广菜等各种蔬菜煮熟，舀适当酸放入，煮开即可。

泡酸：泡酸的主要原料是小番茄（采集编号：2014522014）。多在房前屋后零星种植，种一次，多年采收（自然落地果实），少量生食时风味浓，泡制好的酸番茄可作火锅的酸汤引子，酸汤具有开胃、消食的作用；用泡好的酸水点的豆腐由于"筋骨"好，在市场上比用石膏点的豆腐卖价高。

（四）苗族

苗族喜食辣，保存了各种食法的辣椒资源。除坨坨辣（采集编号：2013521391）、树辣椒（采集编号：2014524125）、本地长辣椒（采集编号：2013524096）等优良品种外，还有食药兼用（苗医用干椒拔火罐）品种白辣子（采集编号：2014524108）；盐泡辣的加工专用品种朝天椒（树椒）（采集编号：2013521377）；手搓辣椒品种猴场辣椒（采集编号：2013521516）（坪坝手搓辣椒）。山苍子（采集编号：2013521518）和手搓辣椒一起可作为吃火锅的辣椒蘸水。

苗族喜酸，几乎家家户户都自制酸汤、酸菜，腌制鱼肉，苗家的酸汤鱼肉嫩汤鲜，清香可口，闻名遐迩。苗族几乎家家都有腌制食品的坛子，统称酸坛。常用本地青菜［本地青菜（采集编号：2014521104）、青菜（采集编号：2013522095）、青菜（采集编号：2013524061）］、油菜（扁担苦油菜）（采集编号：2013524107）、豇豆、辣椒制作酸菜；取酸菜的酸汤点制成酸汤豆腐，为苗家制作豆腐的特色传统，是招待贵宾的佳肴。

（五）布依族

布依族群众也喜欢吃酸菜，而用来制作酸菜的原料是当地的芥菜品种青菜（采集编号：2013524061）。苦葱（采集编号：2013522105）为腌菜制作过程中必不可少的原料。野生樱桃番茄（采集编号：2012523071）生长在房前屋后，是当地布依族农家火锅重要的调味品之一，将其果实放入酸菜坛子中泡制，用泡制好的酸番茄作火锅的酸汤来源，十分开胃。小黄姜（采集编号：2013521410）是加工盐泡姜的最好原料。与其他少数民族一样，布依族也喜欢辣味，镇宁县六马镇特有的品种六马树椒（采集编号：2013524048），在当地种植有上百年历史（赵泽光，2007）。

（六）土家族

居住在高海拔山区的土家族，一年中除夏秋蔬菜相对丰富外，冬春两季可食用的蔬菜较少，加上交通不便，与外界物资交流相对较少，种植的农作物特别是蔬菜都为自给自足，在蔬菜较丰富的夏秋两季都喜欢把吃不完的各种蔬菜包括菜豆等腌制成酸菜，青菜、茄子、豇豆等蔬菜均可进行腌制，以供周年食用。例如，土家族用本地大青菜（采集编号：2013522396）腌制的"陈年道菜"就是当地最具特色的土特产品之一，为古代贵州进献皇室的供品。水芋（采集编号：2013522400）茎秆，是贵州红皮脆菜（酸芋荷）的主要原材料（图7-5）。

图7-5　土家族保存利用的水芋及腌制的酸菜

（七）彝族

喜欢吃有酸味的菜是彝族群众长期养成的习惯，酸菜分干酸菜和泡酸菜两种。酸菜豆米汤是彝族冬春的主要菜肴，以腌制的青菜［本地青菜（采集编号：2014521104）］与红豆为原料制作而成。

四、传统风味食品

（一）仡佬族

仡佬族有吃豆制品的习惯，灰豆腐就是其中最为突出的代表。仡佬族群众认为用老品种的黄豆所做的豆腐具有传统风味，并且出豆腐多。故世代保存种植了黄豆地方品种，如六月黄（采集编号：2014525002）、青皮豆（采集编号：2014525005）、上坝黄豆（采集编号：2014525011）、六月黄（采集编号：2014525026）、黑豆子（采集编号：2014525079）、黄豆（采集编号：2013521011）等（图7-6）。

图 7-6　仡佬族民族食品灰豆腐

（二）侗族

部分侗族人在日常生活中，早上吃油茶、响午也吃油茶。媒婆为青年男女说亲做媒，要请双方父母吃油茶，并以茶碗里的茶水冷热暗示说亲的成败。黎平县的侗族甚至把能否有油茶吃或者陪客吃油茶的人数多少，视为待客规格高低的标准。

侗族油茶的主要原料是自种自留的茶树（采集编号：2013523414）、德顺糯禾（采集编号：2013523468）等，使得这些资源得以保留。

平甫豆豉是侗家人喜欢食用的豆豉，其选材精细，风味独特。制作豆豉用的糯米酒、辣椒、五香八角叶、香橘皮等都是当地特有的品种资源，如糯米酒是用平甫八月禾（采集编号：2013523467）酿成的，香味浓郁；香橘皮是将地方品种小香橘（采集编号：2013523417）的皮晒干后获得的，具有特殊的橘子香味。正是由于当地制作豆豉的独特饮食习惯，这些地方资源才得以保持种植至今。

（三）水族

水族喜吃鱼，吃法独特，水族妇女制作的"鱼包韭菜"是端节酒席上必备的佳肴。水族宴席上的"鱼包韭菜"或者"韭菜包鱼"是一道美味菜肴，当地认为"韭菜"谐音"久财"，"稻田鲤鱼"简称"田鱼"，谐音"甜余"，有"长久发财"和"甜蜜有余"寓意。为了这道美味菜肴的传承，他们至今仍保留种植的农业生物资源有宽叶韭菜（采集编号：2012522025）、广菜（采集编号：2012522092）、姑夫辣子（采集编号：2012522022）、岩姜（采集编号：2012522093）、野生花椒（采集编号：2012522020）等。

（四）苗族

苗族喜欢米豆腐、米皮等，故选育和保存了许多适合做米豆腐、米皮的粘米品种，如告傲长麻谷（采集编号：2013521337）属于米豆腐专用品种；十八箭红米（采集编号：2013524373）用于加工米豆腐、锅巴粉，其绵韧性和香味高于别的大米。

（五）土家族

米豆腐、米粉是当地传统风味小吃，粘米是家家户户在节日及日常生活中做米豆腐的必备原料，用白粘（采集编号：2013522546）、粘米（采集编号：2013524479）等比其他品种做的米豆腐筋道。

（六）彝族

威宁县的彝族将夹核桃（采集编号：2013525354）和乌米核桃（采集编号：2013525353）花作菜用。在核桃开花季节，待雄花序轴自然脱落后采拾，去除雄花，保留花序轴，用开水浸泡1分钟左右，即可作蔬菜食用，也可晒干菜，以炒、炖等多种方法食用，味道鲜美。

五、节日小食品——爆米花

贵州不同少数民族几乎都保留有1或2个爆裂玉米品种，用于过年节（春节）时爆米花。

（一）苗族

三都县苗族的介赖爆花玉米（采集编号：2012522120），清明前后播种，8月中旬收获，为红皮糯玉米，放在铁锅内缓慢加热，不断翻炒，炸成米花，是美味可口的零食，有小孩的家庭喜欢种植。荔波县苗族的爆米花（采集编号：2014522178），穗小，长仅有8cm左右，籽粒小。5月播种，9月成熟，抗旱、耐瘠薄。当地主要用来做爆米花，为爆米花专用品种。

（二）水族

三都县水族有姑夫爆花玉米（采集编号：2012522023）、下板甲爆花玉米（采集编号：2012522074），3月下旬播种，8月中旬收获。玉米棒短，籽粒小，粒形为下端圆上端尖。大寨爆花玉米（采集编号：2012522100），籽粒紫色，粒小，品质优。4月播种，8月收获。

（三）土家族

松桃县土家族的红爆裂玉米（采集编号：2013524471），籽粒紫红色发亮，粒形较尖，是爆裂型专用玉米，炒玉米花，爆裂率高，膨胀倍数大，爆裂性强，米花大、香。

（四）毛南族

平塘县毛南族的卡蒲糯玉米（采集编号：2012523053），糯性好，抗病虫能力比当地杂交苞谷强。过年用来做爆米花等食品。

六、佐料的妙用

（一）侗族

血红，又称红肉，是黎平县南部侗家的头等名菜，一般日常生活中很难吃到，办喜事、过节、招待上宾及平时杀猪时才会特意做上这道菜，是侗族人饮食的最爱，可谓无其不成宴。

制作血红的原料除新鲜的猪血外，佐料有吴茱萸粉、花椒粉、烤橘皮、大蒜、葱花、盐巴、烧辣椒面。侗家人制作血红，使得小香橘（采集编号：2013523417）、高树花椒（采集编号：2013523496）、朝天椒（采集编号：2013523497）等传统品种得以保存下来。

另外，黎平县侗族还以鱼蓼（采集编号：2013523427）为佐料，因为鱼蓼具有独特的香味，所以被用作当地特色菜肴"酸汤鱼"的主要佐料。用法是取鱼蓼的叶片或嫩茎，洗净后放入鱼汤中，可去除鱼的腥味（图7-7）。

a. 朝天椒（2013523497） 　　　　b. 高树花椒（2013523496）

c. 鱼蓼（2013523427） 　　　　d. 小香橘（2013523417）

图7-7　侗家因特色食品而保存的农业资源

（二）水族

野柑橘（2012522095）（图 7-8），叶片具芸香气味。水族将野柑橘叶切细拌牛肉、羊肉、狗肉等炒，可除去牛肉、羊肉、狗肉等的腥味。

图 7-8　水族的野柑橘（2012522095）

（三）苗族

镇宁县苗族历来就有吃狗肉、牛肉、羊肉的习惯，野生薄荷（采集编号：2013524053）又称狗肉香，有去除上述肉品臊味之功效，是必用的佐料。同时，野生薄荷能去油腻，与狗肉同食不易上火。

施秉县苗族常以野生的鱼香菜（采集编号：2014526159）作佐料，因为鱼香菜具有特殊的香味，其嫩茎常用作汤的调料，深受当地人民的喜爱。

第二节　少数民族节庆祭祀与崇拜对农业生物资源的利用和保护

贵州是一个多民族聚居的省份，当地少数民族群众在长期的生产活动中与自然和谐相处，形成了具有当地特色的传统文化和生活习俗，这些传统文化和生活习俗在民族传统节日、祭祀与崇拜中可反映出来（高爱农等，2015）。

一、民族传统节日

贵州少数民族中广泛的传统节日有吃新节、卯节、过年节、重阳节、七月半、端午节、乌饭节、九月九等。各少数民族在他们的节日，都习惯用本地作物品种庆祝。

（一）松桃县苗族、土家族

在重阳节、七月半庆典中，必用稻的地方品种十八箭红米（采集编号：2013524373）、高秆九月糯（采集编号：2013524374）等庆祝。

（二）黎平县侗族

黎平县侗族在乌饭节、九月九中，用禾类稻品种水牛毛（采集编号：2013523518）

蒸饭来庆祝。

（三）平塘县苗族、布依族、毛南族

平塘县的少数民族每逢过节，都要用糯稻老品种黑糯米（采集编号：2013523058）和糯玉米（采集编号：2013523053）做糯食庆祝（周真刚，2013）。

二、祭祀活动

贵州的少数民族崇尚自然、敬重祖先，因此在很多传统的节日里，除了举办一些活动外，很重要的一项活动就是祭祀，祭祀的主要对象是祖先。

（一）七月半（中元节）

1. 布依族

三都县和贞丰县的布依族在农历七月十三日和十四日过小年。每年自春耕之后，人们就一直忙碌于田间地头，早出晚归，没有一天休息，终于熬到了七月丰收的季节，玉米已收回了谷仓，水稻也开始变黄，丰收在望。在这已经看到丰收信息的日子里，人们心里高兴，便决定庆祝一番。

在吃晚饭前，首先祭祖，除在祭祀台前主要摆放鸭外，还有一碗糯米粒、一碗染红的糯米饭、一碗糯米酒，另有三碗稀饭，稀饭必须是前人喜吃的老品种稻米做成，其中有老品种的番茄、皱皮线辣、火姜等。经过烧纸后，主妇则抓起糯米粒撒在祭祀台前，然后祈祷祖辈保佑全家。

在祭祖中用到的农业资源有介赖黄长芒摘糯（采集编号：2012522132）、半斤梨（采集编号：2012523112）、火姜（采集编号：2012522013）、姑夫辣子（采集编号：2012522022）。这些当地品种因为要在祭祖中使用而得到了保护。

2. 仡佬族、苗族、土家族、毛南族

务川县仡佬族、苗族、土家族和平塘县苗族、毛南族在过大小节日与婚丧嫁娶时均要祭祖，其中"七月半"即农历七月十三至十四日两天，也可以说是当地民族的小年。

在吃晚饭前，首先祭祖，在祭祀台放茶3，酒5，饭8，也就是要将茶碗3个、酒碗5个、饭碗8个，依次放于祭祀台上。另外还加上各种炒菜和米饭及小零食，主食用的是当地水稻老品种红糯谷，炒菜的主要食材包括萝卜、大蒜、黄花菜等蔬菜地方老品种，小零食主要是包括花生、向日葵、核桃和板栗等经济作物与果树作物老品种。这些少数民族认为他们的前人喜欢食用这些老品种，因此特别每年都或多或少种植一些。

苗族群众均过中元节，但过节日期因姓氏而异，有的过七月十四，有的过七月十五。都祭祖，若稻子初步成熟，则摘取新稻与糯米饭一同祭祖，让祖先先"尝新"。

各地的土家族将夏历的七月初一至十五称中元节，各家各户多在十四过节，以新米饭、新豆腐祭献祖先。

在祭祖中用到的农业资源有：粮食作物，包括红糯谷（采集编号：2012521034）、黑糯米（采集编号：2012523058）、糯玉米（采集编号：2013523053）等；蔬菜及一年生经济作物，包括半截红萝卜（采集编号：2013521128）、本地大蒜（采集编号：2014525097）、龙潭大蒜（采集编号：2013521215）、洋芋（采集编号：2014523109）、大邦林洋芋（采集编号：2013521033）、本地花生（采集编号：2013522056）、上坝花生（采集编号：2013521206）、本地花生（采集编号：2012521194）、辣椒（采集编号：2014524010）、竹园线椒（采集编号：2013521130）、竹园火葱（采集编号：2013521129）等；果树及多年生经济作物，包括核桃（采集编号：2013522419）、本地板栗（采集编号：2013521024）等。

（二）清明节

贵州苗族的清明节与汉族一样，也是祭祀祖先的日子，如今，大多数家庭都选择在清明节这天祭扫。清明节前后，家家进行扫墓挂纸活动，祭祀祖先。同时各家都要煮黄糯米饭吃，黄色是用密蒙花（*Buddleja officinalis* Maxim.）的汁染成的。另外，妇女习惯上坡采尼泊尔香青（*Anaphalis nepalensis* (Spreng.) Hand.-Mazz.）煮水取汁拌糯米面做成清明粑吃。

（三）瓜节

雷山县水族的"瓜节"是当地水族最隆重的节日之一。在节日当天，人们将本地南瓜品种排老南瓜（采集编号：2013526420）洗净割一小口取出瓜瓤和种子，然后与茄子一起放入瓶子或蒸笼中蒸熟，取出放在桌子中央敬贡祖宗。

三、崇拜

贵州少数民族有传统的宗教信仰，他们对自然现象产生敬畏之感，从而形成了对自然现象的崇拜，如崇拜山神、水神、地神、树神等。

（一）苗族

紫云县苗族对红色籽粒玉米特别崇拜，他们认为红色玉米象征红红火火、生活吉祥，还有的将红玉米挂在大门上，寓意"红运当头"，因此长期选择红色玉米品种种植。系统调查中，在该县收集到玉米品种共22份，其中红色的5份，它们是塘纳红苞谷（采集编号：2013521311）、红苞谷（采集编号：2013521321）、告傲红苞谷（采集编号：2013521345）、告傲大红苞谷（采集编号：2013521346）、红心糯玉米（采集编号：2013521514）。

（二）仡佬族

务川县、镇宁县等地的仡佬族崇拜树木，如竹园银杏（采集编号：2013521136）已有百年树龄，他们认为老银杏树是神树，能为仡佬族人带来风调雨顺、五谷丰登、人畜平安。因此，他们对老银杏树加倍保护。

第三节 少数民族生活用品习俗对农业生物资源的利用和保护

贵州不同少数民族在制作日常生活和装饰等用品或用具时，大都就地取材，因此这种传统生活习惯、经验、知识或文化，又反过来促进了人们重视和保护当地的农业生物资源。

一、稻秸秆的利用

（一）侗族

侗族对糯米有着深厚的情感，红白喜事均以糯米为礼，因此一直保留种高秆糯禾的习惯，如黑芒禾（采集编号：2013523325）、榕禾（采集编号：2013523515）、铜禾（采集编号：2013523327）、老列株禾（采集编号：2013523428）和无毛禾（采集编号：2013523517）等。糯禾品种茎秆有很好的韧性，是制作扫帚和炊帚等的原材料，这种扫帚和炊帚耐用，可用 1~2 年，经济、低碳（图 7-9）。

a. 榕禾（2013523515）的秆　　　b. 榕禾秆扫帚　　　c. 榕禾秆炊帚

图 7-9　用稻秆制作的用具

（二）苗族

贵州苗族一直种植高秆的地方品种黑糯米（采集编号：2012523019）、中白禾（采集编号：2013523493）、乔港折糯（采集编号：2013526532）、高糯（采集编号：2013524027）、塘毛抽糯（采集编号：2013521304）等，它们的秸秆粗壮，柔韧性好。因此苗族通常用它们的秸秆上半部捆扎水稻秧苗，拴粽子，做绳子、草鞋和火把，还可捆扎成经久耐用的扫帚（图 7-10）。

图 7-10　用中白禾（2013523493）秸秆制成的扫帚

（三）布依族

贵州镇宁县扁担山乡的布依族老人至今还保留着编制手工草鞋、草垫的传统技艺。虽然一双草鞋只能卖 1 元，但编制草鞋却是布依族生活习惯的一部分，因此稻草柔软、弹性好的本地糯谷（采集编号：2013524047）、黄壳糯（采集编号：2013521333）等，便成了他们编织草鞋、草垫的最佳原材料，这些地方稻品种也因此得到了延续栽种（图 7-11）。

a. 捶打稻草 　　　　　　　　　　b. 搓稻草鞋绳

c. 编草鞋 　　　　　　　　　　d. 稻草鞋

图 7-11　用稻草编制草鞋

二、高粱秆的利用

（一）苗族

苗族也零星种植一些糯性强的高粱，如糯高粱（采集编号：2013524026）、大寨高粱（采集编号：2013521312）、本地糯高粱（采集编号：2014521223）等，它们的穗茎较细，韧性好，被用来制作扫帚，这种扫帚不易折断，耐用，省钱又环保（图7-12）。

图7-12　用大寨高粱（2013521312）制成的扫帚

（二）水族

水族零星种植高粱地方品种，如上姑城高粱（采集编号：2012522054），主要用来制作日常生活用具，如扫帚（图7-13）。

图7-13　高粱扫帚

（三）布依族

贵州布依族零星种植高粱地方品种，目的和其他民族一样，即利用穗茎秆加工日常生活的用具，如扫帚。他们种植的粘高粱（采集编号：2012523004）、本地高粱（采集编号：2012523034）、高粱（采集编号：2013522012）和红高粱（采集编号：2012523043）等，这些本地品种的穗茎比新品种的要长，并且韧性好，因而加工成的扫帚（笤帚）大、软，比用新品种做成的扫帚清扫得更干净，且耐用（图7-14）。

a. 粘高粱（2012523004）　　　　　　　　　　b. 扫帚

图 7-14　粘高粱及用其制作的扫帚

（四）仡佬族

贵州仡佬族居住在高海拔地区，他们种植的糯高粱（采集编号：2014525050）株高达 270cm 以上，穗长 30cm 左右，生育期短、耐贫瘠、耐干旱、糯性好。仡佬族因其穗茎秆柔韧，通常用麻绳捆扎茎秆加工成扫帚等用具，持久耐用，经济环保。

（五）土家族

高粱的用途很多，如用籽粒酿酒、用籽粒炒熟（糊）泡水治小孩麻疹等，但贵州土家族种植的红高粱（采集编号：2013522302）常用于加工经久耐用、环保的洗锅刷子——炊帚（图 7-15）。

图 7-15　用红高粱（2013522302）制作的炊帚

三、妙用葫芦

（一）侗族

饭囼是贵州侗族特用于盛糯米饭的一种容器，加工这种容器的葫芦多为祖传的地方品种，如北瓜（采集编号：2013523308）等，待老瓜成熟，采摘晒干后，用锯子将顶端部锯掉，直径 15~20cm，用手掏空内瓤、瓜子，清洗干净后即可作为饭囼。晒干后的老瓜还可以用刻刀在瓜表面雕刻花纹、图案，挂在屋檐下，或放置在桌子上作为装饰品（图7-16）。同样，侗族还用坑洞短柄葫芦（采集编号：2013523452）的老瓜制作水瓢。

a. 北瓜（2013523308）　　b. 瓜饭围　　c. 瓜饰品

图7-16　北瓜及用其制作的饭围和饰品

（二）苗族

贵州雷山县当地苗族零星种植一种葫芦，雀鸟白瓜（采集编号：2013526495），除食用嫩瓜外，在这种葫芦老熟后，用刀从中线纵向剖成两半，将里面的瓜瓤、种子取出，清洗、晒干后便是他们日常生活不可缺少且不易老化和摔裂的盛水器具——水瓢（图7-17）。

a. 雀鸟白瓜（2013526495）　　b. 水瓢

图7-17　葫芦水瓢

（三）水族

水族把花椒、木姜子等易变质的芳香类植物的种子放进掏空内瓤的葫芦中挂藏，而葫芦也因此成了常用来储藏种子的储藏罐。水族在房前屋后零星种植不同果形的葫芦，如葫芦瓜（采集编号：2014522061），待果实成熟外壳木质化后，采摘回来锯掉靠近瓜把部分，用铁丝掏出瓜瓤、种子后即可作为储藏罐（图7-18）。

a. 储藏种子的葫芦　　　　　　　　　　b. 储藏罐

图 7-18　葫芦储藏罐

（四）土家族

土家族喜欢在田边地角种植一些葫芦（采集编号：2013522377），除食用嫩瓜外，他们还将采收的老葫芦用锯子从纵向锯成两半，掏出里面的瓜瓤、种子，洗干净葫芦外壳，晾晒干后可作为生活中常用的器具，如水瓢（图 7-19）。

a. 葫芦（2013522377）　　　　　　　b. 葫芦水瓢

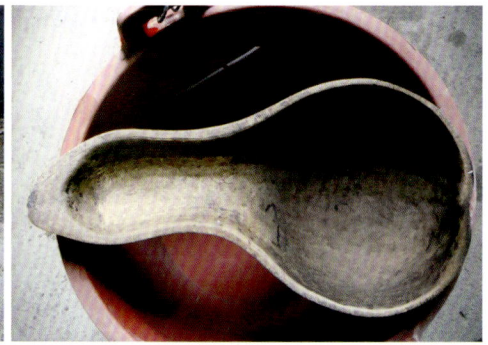

图 7-19　葫芦水瓢

（五）仡佬族

仡佬族种植的葫芦地方品种有葫芦（采集编号：2014525178）、葫芦瓜（采集编号：2014526124），嫩瓜皮淡绿色，可当菜食用；老瓜皮白色，老熟后将其内部挖空可当容器盛水或酒，也可纵直切开挖掉瓜瓤、种子，制作成水瓢。

四、丝瓜布和丝瓜络

（一）苗族

贵州平塘县和荔波县苗族几乎家家户户都要种植一些丝瓜老品种，如丝瓜（采集编号：2012523098）和丝瓜（采集编号：2014522032）等，他们除食用嫩瓜外，更善于利用老熟丝瓜的木质化维管束组织瓜瓤（丝瓜"布"），这种丝瓜"布"通透性好，常用作洗碗布，或是代替纱布作为蒸糯米饭时的屉布。蒸糯米饭时，先将晒干的瓜瓤（即丝瓜"布"）纵向剪开，放在甑子里面铺平，然后将滤去米汤的糯米放在上面，再将甑子放在锅上蒸，直到糯米蒸熟为止，这样蒸出的糯米饭，软硬基本一致，同时不会粘在丝瓜"布"上，容易清洗丝瓜"布"（图 7-20）。

a. 丝瓜（2012523098）　　　　b. 丝瓜布——屉布

图 7-20　丝瓜和丝瓜布——屉布

（二）布依族

丝瓜（采集编号：2013524071）和丝瓜（采集编号：2013524065）的嫩瓜是夏季蔬菜。老熟丝瓜的网状纤维称为丝瓜络，韧性较好，晒干去除皮和种子后，布依族用其来作为清洗餐具、灶具的清洁用具，其耐腐蚀、耐酸碱、耐高温，无毒无味，经久耐用，并对各类厨房用具不产生划痕，不伤涂层（图 7-21）。

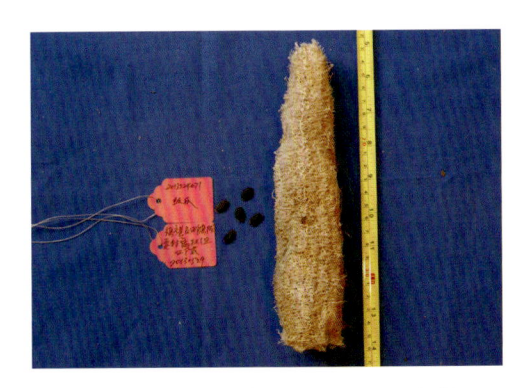

图 7-21　丝瓜（2013524071）络

（三）仡佬族

道真县和务川县的仡佬族分别种植丝瓜地方品种本地丝瓜（采集编号：2014525122）和龙潭丝瓜（采集编号：2013521212），这两个品种产量高，嫩瓜作菜食用，口感好。老瓜的瓜络常用作厨房洗具，刷锅洗碗效果最好。

五、薏苡饰品

（一）侗族

野生薏苡（采集编号：2012521239），抗病虫、耐贫瘠。其种子外壳较硬且滑亮，侗族群众根据其种子的大小及外壳的颜色，用缝衣针和有弹性的线串编成手链、项链，还可将其镶在衣服上拼成各种图案作为饰品（图7-22）。

a. 野生薏苡（2012521239）种子　　　　b. 薏苡项链

图7-22　薏苡种子及其饰品

（二）土家族

薏苡具有养生保健功能。例如，用薏仁（采集编号：2013524480）的根熬汤或者炖猪脚，据说可治肾结石等。但是，土家族则更喜欢将其成熟种子加工成手链或镶嵌在衣服上作为饰品穿戴。薏苡种子的外壳很硬，且自带光泽，土家族用薏苡种子做天然饰品的历史悠久，因此薏苡的种植也得以延续，且野生薏苡的保护及利用也得到重视。

第四节　少数民族婚丧嫁娶对农业生物资源的利用和保护

贵州少数民族有各自的婚丧嫁娶传统习俗，在婚丧嫁娶中必用本地作物的老地方品种，从而使这些老地方品种世代相传，至今仍在种植。

一、婚嫁习俗

（一）侗族的葫芦钱罐

剑河县侗族在嫁女儿时，母亲会在葫芦钱罐里装一些零钱，让女儿带着上路，以防女儿在去夫家的途中遭遇饥饿。因此，母亲要在女儿成年待嫁前栽种葫芦品种长柄小葫芦（采集编号：2012521084），待其老熟后，将其采摘挂在屋檐下或篱笆上晒干，然后用锯子从接近瓜把处锯开一个口，掏出里面的瓤、种子，葫芦钱罐便做成了。当地侗族称这种葫芦品种为"婚嫁葫芦"(图 7-23)。

图 7-23 长柄小葫芦(2012521084)

(二)仡佬族的稻草包蛋和装箱

居住在务川县的仡佬族有定亲送鸡蛋的习俗,当男方家向女方家提亲时,男方家除了要送女方家重要的礼品外,还要带两捆用稻草秆包的本地鸡蛋送给女方家,每捆 10 个鸡蛋,代表"十全十美""实心实意"。竹园糯谷(采集编号:2013521158)稻草韧性强,捆扎鸡蛋更结实,成为捆蛋的主要材料。另外,因为山路崎岖不平,所以稻草包蛋既经济实惠,又能防止鸡蛋因相互碰撞而碎裂(图 7-24)。

a. 竹园糯谷(2013521158) 　　　　b. 用稻草包蛋

c. 用稻草包蛋 　　　　d. 稻草包蛋

图 7-24 用稻草制作稻草包蛋

务川县和平塘县的仡佬族用本地的老品种竹园核桃（采集编号：2013521151）及本地板栗（采集编号：2013521024）与糖果、瓜子等一起装箱，陪送女儿出嫁，作为新娘子到婆家认识亲戚时送给大家的小食品。

（三）苗族和土家族的吉祥物——花生

印江县苗族和土家族传统婚礼中的吉祥物是花生，将花生与葵花子、核桃混在一起，用来接待八方来客，寓意多子多孙、儿孙满堂，预示新娘新郎相爱永远、永不分离，祝愿新人以后日子过得红红火火。常用的花生都是老地方品种，如珍珠花生（采集编号：2013522382）、米花生（采集编号：2013522375）、小粒花生（采集编号：2013522352）。

（四）水族的棉布嫁妆

三都县的水族当女儿出嫁时，喜欢用棉花为女儿做嫁妆。做嫁妆所用的棉花是老品种大寨棉花（采集编号：2012522108）。大寨棉花的纤维细，织出的布因耐磨、耐用、弹性好而备受青睐。

二、丧葬习俗

贵州苗族、布依族有以稻草给逝者当枕头的丧葬习俗，即人去世后，要在逝者棺材上放一束捆扎好的糯稻草，意为逝者的枕头，因此，他们种植水稻时，会在稻田的四周种植茎秆高大的糯谷，如老品种黑糯米（采集编号：2012523019）、白糯米（采集编号：2012523011），以备这种习俗之需。还有的用谷子老地方品种小米（采集编号：2012523033）的穗子，插在逝者的腰间或头上，这样能保佑人们平安。如果主人家没有准备谷穗，别人家是不会来帮忙的（图7-25）。

a. 白糯米（2012523011）秸秆　　　　b. 放在棺材上的稻草枕头

图7-25　为逝者做的稻草枕头

第五节　少数民族药食同源膳食习俗对农业生物资源的利用和保护

贵州少数民族认为有些作物食品有药效作用，所以他们世代相传种植这些作物的地方品种。

一、粮食作物有药效作用的种质资源

（一）毛南族

平塘县的毛南族认为苦荞（采集编号：2012523063）和糯米混合做粑粑食用，可治疗胃病和妇科病，并且有保健功效。

水稻品种黑糯米（采集编号：2012523058）的籽粒黑色，产妇吃用黑糯米做的米饭，能起到催奶作用，小孩吃这种米饭身体长得壮实。

（二）侗族

黎平县的侗族世代种植水稻地方品种黄鳝血（采集编号：2013523309），其籽粒黑色或紫色，与红枣或饭豆一起蒸熟食用，服用2次可有效治疗哮喘病。

（三）苗族

黎平县苗族种植的甘薯地方品种紫心薯（采集编号：2013523500），薯皮红色，薯肉紫色，可入药，每日生吃1或2个，连续吃一个月即可治疗高血压。

平塘县的苗族特意种植食用稗品种红稗（采集编号：2012523037），用其籽粒蒸水服用，可治疗腹泻和血尿。

开阳县苗族常用玉米品种红苞谷（采集编号：2014523013）治疗鼻出血和眼睛不适。经常出鼻血的人，每日分早、中、晚食用炒或煮熟的红苞谷各100~150g，一般食用1周左右就可减轻出鼻血的次数和出血量，并逐渐治愈。另外，当风沙入眼后，用红苞谷7粒捣烂泡水，经0.5h过滤，用滤液清洗眼睛，可以减轻疼痛并洗掉沙尘。

印江县苗族认为将玉米地方品种鸡血红（采集编号：2013522324）的籽粒磨成面粉，与益母草配伍煮水喝，可消肿利尿，一般喝2日即可见效。

（四）土家族

印江县土家族常将高粱地方品种红高粱（采集编号：2013522302）的籽粒炒熟，泡水喝，一日喝三次，1~4日可缓解小孩麻疹。

松桃县土家族种植的玉米地方品种红玉米（采集编号：2013524507）籽粒皮薄，营养价值高，把红玉米磨成粉，与牛奶、血藤配伍煮水喝，可治疗痔疮。还有人用薏苡品种薏仁（采集编号：2013524480）的根煮水喝，可治疗胆结石、肾结石等病。

二、蔬菜作物有药效作用的种质资源

（一）苗族

镇江县的豆瓣菜（采集编号：2013524051）是多年生草本植物，叶片和茎为肉质型。当地苗族将其整株清炒，或用开水焯后凉拌食用，也可与鸡蛋一起煎服，治疗咳嗽。

安龙县的白辣子（采集编号：2014524108）嫩果白色，老果红色，味较辛辣，食药兼用，当地苗族医生用白辣子行干椒拔火罐。

平塘县苗族种植的丝瓜地方品种丝瓜（采集编号：2012523098），已有100年的种植历史，他们把丝瓜瓤烧成灰，用水冲泡喝，可退高烧，并可治疗肚子疼和尿结石。

荔波县苗族食用本地的水蕨菜（采集编号：2014522049），水蕨菜在当地大多为野生，少为驯化栽培。主要使用嫩茎、芽，一般是炒食或煮汤食用，具有活血解毒、止血止痛、杀菌消炎的保健功效。

（二）土家族和白族

印江县土家族食用阳荷（采集编号：2013522387）的花苞，食用方法有炒食或生凉拌，香味浓郁，回味无穷，当地群众对其情有独钟。食用阳荷可消肿解毒、消积健脾，对治疗便秘、糖尿病有特效。

赫章县白族将阳藿（采集编号：2014521117）的花苞直接切丝炒食，或与辣椒一起泡于酸菜坛中制成泡菜。这两种方法做成的食物都具有较高的药用价值，主要功效是活血调经、镇咳祛痰、消肿解毒、消积健胃，对治疗便秘和糖尿病有特效。

（三）水族

雷山县水族认为排老魔芋（采集编号：2013526315）具有开胃、助消化作用，食用这种魔芋可减肥、降血压和治疗便秘。

三、果树作物有药效作用的种质资源

（一）侗族

黎平县侗族认为小梨（采集编号：2013523402）可治疗小孩腹泻，当小孩发生腹泻时，给其生吃该梨每次3~5颗，每日3次，1日左右就可痊愈。

（二）苗族

松桃县苗族采集八月瓜（采集编号：2013524334）未成熟果（约六成熟）晒干后，磨成面用水吞服，可治疗腹泻。

紫云县苗族用棠梨（采集编号：2013521480）果实治疗肠胃疾病，尤其是对治疗痢疾最有效。

赫章县苗族认为食用四照花（采集编号：2014523089）鲜果，可清热解毒，收敛止血。

（三）苗族和布依族

镇宁县苗族、布依族食用余甘子（采集编号：2013524116）和樱桃（采集编号：2013524114），他们认为这两种果实都有药用价值。余甘子的果实可治疗咳嗽、咽喉疼痛；树皮和根直接熬水喝，可治疗肠胃疾病。用樱桃果实泡酒，有舒筋活血作用，可治疗腿脚酸软。

安龙县苗族、布依族采用柿子（采集编号：2014524006）果皮褪绿变黄的果实，烧熟给患腹泻的小孩食用，有较好疗效。

（四）苗族和土家族

印江县苗族、土家族种植特有的柑橘品种药柑（采集编号：2013522427），其果实味兼苦、酸、甜感，具有止咳、补胃、生津、降火等药效。

四、经济作物有药效作用的种质资源

（一）苗族

织金县苗族种植火麻（采集编号：2013526020）的目的是治疗风湿病，具体用法是将火麻成熟种子晒干，捣碎后碾成粉，置于锅内加新鲜猪血、少量油煮汤，长期食用有疗效。

（二）苗族和土家族

印江县苗族、土家族认为大豆地方品种黑大豆（采集编号：2013522507）可药用，与猪肉炖煮，食用可治疗头昏、头疼、头晕。

（三）苗族和布依族

紫云县苗族和布依族种植的木姜子属植物山苍子（采集编号：2013521518），具有解毒消肿、理气散结作用，生吃可健胃消食，将叶子捣碎涂抹或水煎服，可治疗蚊虫咬伤等。

（四）毛南族

平塘县毛南族种植的本地红皮花生（采集编号：2012523061）已有60多年的栽培历史。其果仁皮为鲜红色，营养价值高，具有补血功能，每天早晨吃50g，对于贫血者有很好的补血效果。

第六节　少数民族农耕文化对农业生物资源的利用和保护

"民以食为天",农耕是人们赖以生存的物质基础条件。贵州少数民族的传统文化中,农耕文化占有非常重要的地位。各民族不同的生活风俗促使农业耕作要满足人们的需要,他们在长期的农业生产中总结出了有效的耕作技术,并选用了与之相适应的作物品种,形成了多彩的农耕文化,世代相传。

一、"禾-鱼-鸭"共生系统栽培技术

黎平县侗族把糯稻统称为"禾糯"。在"禾糯"的种植中,当地农户创造了"禾-鱼-鸭"共生系统栽培技术。即在种植"禾糯"的稻田里养鱼,有的地区还养鸭。因为"禾糯"种植在较冷、阴、烂的高山梯田里,田里蓄水较深,鱼、鸭的不断游动能够搅动水田浅层泥土,同时它们将排泄物排入田中,从而促进水稻根系的生长与发育,滋养浮游生物,这种模式不仅有助于水稻的生长发育和产量的稳定,而且方便饲养鱼和鸭,实现了生态农业效益的最大化。选用的适合冷、阴、烂的高山梯田的"禾糯"品种有红禾1(采集编号:2013523429)、归洋禾(采集编号:2013523513)、荣株禾(采集编号:2013523512)、水牛毛(采集编号:2013523518)等。

二、"插边稻"栽培技术

贞丰县和平塘县的布依族与苗族群众喜食糯米,并且用糯稻秸秆捆粽子,插秧时捆秧苗,收割时捆稻捆。然而,这些老地方糯谷品种的秸秆都比较高,存在容易倒伏问题,为了保留这些品种,并克服倒伏问题,他们在实践中总结出了插边稻栽培技术。即将高秆糯谷与矮秆粘谷放在一块田里种植,将糯谷种植在田的四周,围上一圈,当地群众称为"插边稻"。这样做的目的,一是可以充分利用光能,获得更高的产量,当地群众形象地比喻为"天上地下均有收成";二是将高秆糯稻种植在四周边行,边行通风、透光性好,能发挥边行优势,克服倒伏;三是在收割时,可先收获糯谷,再利用糯谷的长谷草来捆绑粘稻的稻捆。插边稻的栽培技术是当地比较好的一种农耕方式,它不仅可使水稻产量增加,而且保护了高秆糯稻老品种,这些老品种有贞丰县的本地高糯(采集编号:2013522203)、平塘县的黑糯米(采集编号:2012523019)、剑河县的打谷糯(采集编号:2012521015)等。

三、大豆品种的混播种植

镇宁县布依族村民为确保大豆种植后能有收获,常将不同成熟期的大豆品种混播,以避开雨季,以免全部受损。当年如果雨季来得早,六月早(采集编号:2013524029)品种就基本没有收成;来得晚了,七月早小黄豆(采集编号:2013524031)品种就没有收成,所以为了保险起见进行混播,多少都会有收成。

四、冷水稻田稻鱼共生栽培技术

在三都县水族和印江县土家族、苗族用来灌溉稻田的水温度极低（16~22℃），即冷水，他们将这些稻田称为冷水田。当地人至今还保存着一种生态种养技术：即在稻田插秧时放入冷水鱼苗（冷水鱼为当地的一种鱼种），收稻时捉鱼过端节或过卯节，由此建立起了"鱼借水而生，稻借鱼而长"的稻鱼共生生态关系，促进了稻鱼兼得双丰收。

三都县水族保留的冷水稻品种有姑夫黑糯（采集编号：2012522029）。印江县土家族保留有冷水糯（采集编号：2013522334）、矮秆糯（采集编号：2013522510）、红须糯（采集编号：2013522535）。

五、玉米和南瓜混种

南瓜是适应性强的作物，贵州少数民族常把南瓜混种在玉米田中，如雷山县水族的南瓜品种排老南瓜（采集编号：2013526420）、平塘县布依族的老品种本地南瓜（采集编号：2012523072）、务川县仡佬族的地方品种竹园南瓜（采集编号：2013521148）等。

六、菜豆和玉米混种

菜豆品种中有一些是蔓生的，清种时需搭架。贵州的少数民族为了不搭架种植菜豆，将菜豆与玉米混种在一起，这样菜豆蔓可缠绕在玉米秆上生长、结荚。例如，开阳县的苗族，将老地方品种长白豆（采集编号：2014523026）、站站豆（采集编号：2014523040）、白洋豆（采集编号：2014523010）等与玉米混种，获得菜豆和玉米双丰收。

七、刀耕火种的沿用

紫云县苗族、布依族在山地仍沿用刀耕火种的耕作方法，刀耕火种的山地农田土壤瘠薄，靠自然降雨。因此，他们选用了抗旱、耐瘠薄的旱糯稻品种，如旱糯（采集编号：2013521511）、旱地糯谷（采集编号：2013521322）等。

（编写人员：许明辉　胡忠荣　汤翠凤　季鹏章　游承俐）

参 考 文 献

高爱农，郑殿升，李立会，等. 2015. 贵州少数民族对作物种质资源的利用和保护. 植物遗传资源学报，165(3): 549-554.

赵泽光 . 2007. 贵州少数民族饮食文化概述 . 贵州民族研究 , 27(3): 115-118.

周真刚 . 2013. 贵州世居少数民族传统节日保护刍议 . 贵州民族研究 , 34(4): 28-32.

第八章　贵州农业生物资源有效保护和可持续利用的对策

调查获得的与贵州农业生物资源相关的自然生态、民族传统文化等方面的基础信息及其种质资源样本，已成为我国生物科学和原始创新，以及少数民族地区特色、优势农业生物资源保护与利用研究的基础素材和珍贵资源材料，为制定有效保护和可持续利用这些资源的政策提供了科学依据。

本章从造就贵州丰富农业生物资源的原因及其保护与利用的影响因素着手，强调资源保护是持续利用的基础与前提。针对怎样有效保护和如何促进利用本地区经过鉴定的特色、优势农业生物资源及其优异种质，提出相应的对策与建议。

第一节　贵州具有丰富的农业生物资源及其原因

为了保护少数民族传统文化和农业生物资源，国家设立了科技基础性工作专项对贵州省 42 个县（市）进行了普查，并对其中 21 个县（市）进行了系统调查。根据调查结果，知悉贵州少数民族对其相关的粮食、经济、蔬菜和果树作物种质资源的利用与保护情况，可为国家保护少数民族传统文化、制定农业生物资源保护策略和科学研究提供丰富的基础数据。

对贵州 21 个县（市）的系统调查共收集到农业生物资源样本 4729 份。这些种质资源包括新收集到的地方品种和野生近缘植物，其被利用和保护至今的原因，既有贵州独特自然生态孕育的适应性与抗逆性因素，也有少数民族地区相对偏僻、交通闭塞，新品种不易传入的因素，最重要的是少数民族传统文化和生产生活习俗与这些传统品种息息相关，从而促进了利用和保护（高爱农等，2015；郑殿升等，2017）。

一、自然生态的因素

贵州自然生态的多样性与复杂性孕育了丰富而独特的农业生物资源。贵州地处我国西南边陲的云贵高原东部，省内地势西高东低，自中部向北、东、南三面倾斜，形成了中国西部典型的喀斯特高原山地。海拔跨度为147.8~2900.6m，平均海拔在1100m左右。而且省内山高谷深，河流纵横，垂直差异表现明显，"立体农业"生态特征突出。贵州气候多样，温暖湿润，主要属亚热带湿润季风气候，且光热同步、雨热同步。年平均气温在8~21℃，大多在15.0℃左右。年降雨量在800~1900mm，但年际降雨分布不均。这充分说明贵州的地形、地势复杂，生态环境的多样性孕育了丰富的农业生物资源。贵州聚集有苗族、侗族、瑶族、壮族、布依族、彝族、仡佬族、水族、土家族等48个少数民族，各少数民族有不同的传统文化和生活习俗，居住在不同的生态环境。因此，贵州素有"十里不同天，一山不同族"的说法。正因如此，贵州各族人民世世代代依靠和利用其环境产生的类型多样的农业生物资源，凝聚了无穷的劳动和生活智慧，创造了多姿多彩的民族文化，实现了人与社会、环境及资源利用和保护的和谐统一。然而，随着贵州社会经济发展，旅游业兴起，农业结构调整，以及外来文化的渗透，少数民族传统文化和生活习俗受到冲击，传统农业逐渐被现代农业所取代，少数民族世代相传的农业生物资源亦逐渐消失。

地方品种因普遍具有广泛的适应性与较强的抗逆性，从而保留了较为丰富的传统作物种质资源。各地诸多地方品种之所以传承至今的一个重要原因是这些品种能够适应当地自然生态环境和农耕制度，且通常具有较强的抗逆特性。这类地方品种大多耐粗放耕作，适合在中等偏下肥力的土壤种植，无须施肥也能正常收获，有些种在泥脚特深的烂泥田、冷水田和锈水田都能够正常生长，其产量几乎不受影响，如黔东南地区，稻田多分布在山间谷地，气候特点是雾多、湿度大、日照少，稻田多深、烂、冷浸。侗族民众根据当地的气候和生产条件，选用了耐冷、耐阴、耐烂、耐病虫害的香禾糯稻品种归洋禾（采集编号：2013523513）、水牛毛（采集编号：2013523518）、荣株禾（采集编号：2013523512）等。有些品种抗病虫害能力特别强，不打农药也不会生虫生病，如黄鳝血（采集编号：2013523309）等。有些品种即使光照不充足也可正常生长，顺利结实，如黄岗洋弄（采集编号：2013523447）。印江县土家族、苗族稻田灌水的温度较低（16~22℃），当地称为冷水田，在冷水田种植的水稻品种，都是长期选用的地方品种，如冷水糯（采集编号：2013522334）、矮秆糯（采集编号：2013522510）等。紫云县苗族、布依族在山地仍有刀耕火种的原始耕作制度，他们选用的稻谷品种是抗旱、耐瘠薄的旱稻品种，如旱糯（采集编号：2013521511）和旱地糯谷（采集编号：2013521322）（高爱农等，2015；汤翠凤等，2015）。

二、民族文化的因素

少数民族文化对农业生物资源的保护与利用产生重要影响。贵州是一个少数民族聚居地区，民族文化多姿多彩。不同民族在长期的生产实践中凝结了劳动智慧，传承了丰富多彩的农耕文化，也形成了各种民风民俗，其中对一些作物赋予了特异用途。在调查地区的民族认知中，有的作物因祭祀需要而使用，有的具有药用价值和保健功能，各民族世代相传，从而保留了这些特色资源，促进了农业生物资源的保护与利用。

近年来，国内相关学者通过实地调查，阐述了云南、贵州等地农作物传统品种的遗传多样性与民族传统文化、土著知识的密切关系。少数民族人口越多，民族传统文化保留越好，揭示了少数民族传统文化对农作物品种多样性的促进作用。在贵州，苗族、侗族的原生态民族文化对保护当地的森林生态系统、植物物种和遗传多样性具有重要作用。通过对黔东南黎平县双江镇黄岗村的调查我们发现，当地不仅侗族传统文化保留完好，而且在1500亩的土地上同时种植几十种传统糯稻品种，这说明传统文化与地方品种保持相互依存的关系。

1. 民族农耕文化

少数民族传统的农耕文化有效促进了当地农业生物资源的利用和保护。作物品种多样性的保护和发展与其所处的文化环境相关，对农作物价值的理解和认识是保护农作物品种资源的前提条件。因此，作物品种多样性与传统文化的关系密切。贵州少数民族在长期的农业生产实践中总结出相应的耕作措施，并选用与之相适应的作物品种，形成了丰富多彩的民族农耕文化，成为泱泱华夏数千年农耕文明的重要组成部分。

贵州黔东南的香禾糯是侗族人民赖以生活的物质基础，孕育了侗族特有的生产生活方式和文化习俗，而侗族的传统文化习俗又促进了香禾糯的持续种植和保护，使香禾糯成为一种文化载体，传承着传统文化。由于种植这些地方品种不用追肥和打农药，并且稻田灌水较深，可以养鱼，因此形成了"禾-鱼-鸭"传统耕作文化，且其被收录为世界非物质文化遗产，有效保护了稻地方品种香禾糯。这种和谐共生的"禾-鱼-鸭"生产模式在为侗族人民保障收获基本口粮糯米的同时，还可提供鱼和鸭等副产品，提高了侗族人民的生活质量，成为贵州黔东南地区独特的民族农耕文化。2006年，有关学者研究发现，种植香禾糯既可能增产，也可能减产，但总体来讲，其经济效益、生态效益都有所增加，而且增加的可能性和幅度比杂交稻要大得多，这对香禾糯集中种植区的产业结构调整、提高农民的经济收入、维护区域内品种的遗传多样性发挥了重要作用（王艳杰等，2015）。

插边稻是贞丰县、平塘县等贵州南部地区布依族和苗族的一种水稻种植方式，也成为地方农耕文化的一种形式。其基本思想是为了解决农民喜爱的老地方品种易倒伏问题，将这样的地方品种插植在稻田四周的边行，因边行通风、透光性好，可发挥边行优势而有效克服倒伏，且不易感病。这是最早利用品种多样性控制病害的实践。此类品种有贞丰县的本地高糯（采集编号：2013522203）、平塘县的黑糯米（采集编号：2012523019）、剑河县的打谷糯（采集编号：2012521015）等。

2. 民族饮食文化

贵州少数民族饮食文化的内涵和形式多样，对促进地方传统农业生物资源及其品种多样性保护与利用发挥了重要作用。贵州少数民族饮食文化可以概括为喜糯和爱酸两大突出特点。

苗族、侗族、水族、布依族、毛南族等少数民族都喜食糯性食品，因此他们大多喜欢种植糯稻、糯玉米、糯小米等地方品种。例如，在三都县收集的27份稻类资源中有20份是糯稻；在黎平县收集的46份稻种资源中有45份是糯稻。少数民族日常生产生活中都离不开糯米。其最主要的用途是蒸糯米饭，具有软、糯性强、香味浓郁、冷饭不回生、耐饥饿、营养价值高等优点，特别是便于山区农民携带上山作为午饭。至今，黎平等地的村民通常将糯米饭揉成饭团，带到山上作为午饭，干一天农活下来都不会觉得饿。当地的侗族喜欢将糯米制成油茶作为早餐和下午茶食用，有的喜欢将糯米炒熟或蒸熟制成扁米。此外，他们还喜欢用蒸熟的糯米饭制作腌鱼、腌肉、腌菜，用发酵的糯米水煮鱼、煮菜、腌咸鸭蛋等，味道比杂交稻好得多。

布依族、苗族、侗族、土家族都有吃酸菜、酸汤的习俗，将酸菜称为菜肴之首。例如，贞丰县的布依族和苗族用本地芥菜品种青菜（采集编号：2013522095）制作酸菜；印江县的土家族用本地大青菜（采集编号：2013522396）腌制的"陈年道菜"，是当地最具特色的酸菜。

水族群众爱吃牛、羊、狗肉，但这些肉腥味较重，为了去掉腥味，他们将野柑橘（采集编号：2012522095）的叶子切碎与这些肉一起炒食。水族还有一道特色菜叫"鱼包韭菜"，其中使用的6种蔬菜都是本地老品种或野生种，这些资源因一道菜而得到水族人民世世代代的利用和保护。此外，黔西北地区的彝族喜欢利用本地核桃品种乌米核桃（采集编号：2013525353）的花序轴制作蔬菜，用炒、炖、煮火锅等多种方法食用，味道鲜美。黔北和黔东地区的土家族喜食阳荷（采集编号：2013522387）的花苞，可炒食或凉拌，香味浓郁（高爱农等，2015；谭金玉等，2015）。

在贵州与饮食文化相伴而生的酒文化，同样有效促进了农业生物资源的利用和保护。贵州少数民族都有饮酒的习惯，并且都是用世代相传的工艺进行酿制或泡制，主要原料是当地的地方种质资源。例如，黎平县侗族用水稻品种铜禾（采集编号：2013523327）、印江县土家族用荞麦品种苦荞（采集编号：2013522512）、威宁县彝族用玉米品种小白苞谷（采集编号：2013525301）酿造白酒，酿出的酒共同特点是酒质好。此外，贵州少数民族特别擅长用一些水果泡酒，泡制的酒颜色鲜艳，口感好，常用来招待客人。例如，镇宁县的少数民族用樱桃（采集编号：2013524114）、紫云县的苗族用野葡萄（采集编号：2013521475）、威宁县的彝族用杨梅（采集编号：2013525349）的果实泡酒，喝之清香爽口。

3. 民族节庆文化

少数民族众多的节庆和祭祀文化促进了他们对当地作物种质资源的利用和保护。少数民族的传统节日多种多样，即便是大江南北共同的传统节日也有不同的过节方式，且赋予了地域性和民族学特征。其共同点是都习惯于将本地作物品种运用到节日庆典与祭祀活动中。例如，松桃县苗族、土家族的"重阳节""七月半"必用当地稻的地方品种十八箭红米（采集编号：2013524373）、高秆九月糯（采集编号：2013524374）等。黎平县侗族在"乌饭节""九月九"节日庆祝中，用禾类稻品种水牛毛（采集编号：2013523518）蒸有色饭。平塘县苗族、布依族、毛南族每逢过节都要用糯稻黑糯米（采集编号：2012523058）、糯玉米（采集编号：2013523053）做糯食庆祝，且其中布依族在"七月半"用梨的地方品种半斤梨（采集编号：2012523112）的成熟果实作为献给祖宗的贡品。三都县布依族在"七月半"节中，祭台上摆放有鸭、糯米粒和糯米饭等，所用的稻品种必须是当地的地方品种，如介赖黄长芒摘糯（采集编号：2012522132），还有的将本地火姜（采集编号：2012522013）和姑夫辣子（采集编号：2012522022）等用于祭祖活动。剑河县苗族、侗族在"端午节""七月半"等节日中，利用水稻地方品种折糯（采集编号：2012521005）制备糍粑。

黔东南地区的香禾糯已经成为侗族节日庆典、祭祀活动及走亲访友的必备品。侗族喜欢在农历"三月三"、"五月五"、"六月六"、"九月九"和春节等节日庆典时以香禾糯为原料，做有色糯米饭、打糍粑、包粽子、做汤圆、做侗果、酿甜酒等。例如，肇兴、岩洞地区的四月八"乌饭节"时，需要将糯米用黑饭树叶染成黑色后蒸熟食用，为了感谢牛为人付出的劳动，人们吃乌米饭表示对牛的尊重；平甫地区在农历十月十二"祖宗节"时，制作侗果招待客人；四寨盛大的"摔跤节"、黄岗隆重的"喊天节"等都需用到香禾糯。侗族以糯米最为珍贵，因此红白喜事送礼时也送糯米稻穗、打好的糯米或蒸熟的糯米饭，为了美观，还会将其染成粉红色、黑色等。肇兴、四寨等地人们在吃满月酒时多以香禾糯作为馈赠礼品。同时香禾糯也是侗族祭祀仪式的必需品。进行祭祀仪式时，一定要香禾糯，不能用其他糯米或杂交稻代替，因为祭祀要用本土传统食物，否则会不虔诚、不灵验，所以侗族人民宁愿自己种，也不会去买、去交换。例如，祭祀神树的整个过程都需要糯米饭和糯米酒等作为贡品，可见信仰文化对保护种植香禾糯的重要作用。

此外，雷山县水族的"瓜节"是当地水族最隆重的节日。在节日当天，将本地南瓜品种排老南瓜（采集编号：2013526420）洗净割一小口取出瓜瓤和种子，然后与茄子一起放入甑子或蒸笼中蒸熟，取出放在桌子中央敬贡祖宗。

4.民风民俗

各地少数民族在长期的生产生活实践中，对婚丧嫁娶形成了独特的民风民俗，这些习俗有效促进了当地传统作物种质资源的利用和保护。

少数民族在女儿出嫁时，喜欢用本地作物地方老品种陪送。例如，三都县的水族在女儿出嫁时，特用棉花地方老品种大寨棉花（采集编号：2012522108）为女儿做嫁妆。务川县和平塘县仡佬族用本地的老品种竹园核桃（采集编号：2013521151）和本地板栗（采集编号：2013521024），与糖果、瓜子等一起装箱，陪送女儿出嫁，作为新娘子到婆家认识亲戚时送给大家的小食品，彰显贤淑之德。剑河县侗族用瓠瓜地方品种长柄小葫芦（采集编号：2012521084）作为嫁女瓜，在女儿出嫁时母亲将送给女儿的碎银放入长柄小葫芦里，以便女儿出嫁路上买水用。在印江县苗族土家族传统婚礼中花生是不可少的吉祥物，常与葵花子、核桃混在一起接待八方来客，寓意多子多孙、儿孙满堂，预示新娘新郎相爱永远、永不分离，祝愿新人以后日子过得红红火火。常用的花生都是地方品种，如珍珠花生（采集编号：2013522382）、米花生（采集编号：2013522375）、小粒花生（采集编号：2013522352）。务川县仡佬族用水稻地方品种竹园红糯谷（采集编号：2013521133）的秸秆捆包鸡蛋，每捆10个鸡蛋，当女儿出嫁时，男方在第一、第二、第三道情均要送给女方家两捆，象征"十全十美"，并因红糯谷的秸秆柔韧，意味着两家黏合在一起，永不分开（高爱农等，2015）。

贵州许多少数民族在老人去世时，总要用作物地方老品种来祭奠。在黔东南地区侗族儿女给已故老人敬献的主要食品还是糯米饭和自家糯稻田里生长且精细制作的酸鱼。而且，亲戚朋友悼念或送葬时，手中也要拿一穗香禾糯稻穗，以示无论走到哪里，大家都有糯米吃。

另外，贵州各地的少数民族还有一个习俗，通常在新房落成时也将摘糯的稻穗悬挂于其房梁之上，以祈福全家平安。

三、食物来源和生产需求

食物是人类的第一生存需求。因此，贵州少数民族在长期的生产生活实践中，对于凡能作为食物来源的作物都格外关注，并由此保留和传承了大量的农业生物资源，从而衍生出丰富多彩的饮食文化。当前，随着生活水平的提高，人们更加关注食品安全与健康养生，崇尚回归自然、天人合一的理念，大家对记忆中来源于各地的不同作物的老品种很是怀念，使得这些老品种又得到一定程度的恢复和延续。

1.生产生活的多样化需求保留了农业生物资源的多样性

贵州各地持续种植和传承具有不同香味、口味及药用与文化价值的各种作物品种类型就是为了满足不同的生活需求，这种多元化的需求使多样性的品种得以保留。而且，许多少数民族习惯于利用农业生物资源的副产品制作生产生活用具，所用的品种一般都是地方老品种，因为这些品种的秸秆或穗茎较长并且柔韧性好。

黎平县侗族用香禾糯的副产品，不仅可以满足侗族人民的日常生活，还可增加经济收入，因而当地保留了一部分香禾糯品种。水稻品种榕禾（采集编号：2013523515）和中白禾（采集编号：2013523493）等可以制作笤帚，还用来作包粽子的捆扎绳。香禾糯的淘米水可以做菜和作洗发水，稻秆不仅可做扫帚、草木灰肥料，还可作为染料染布。贞丰县的粽子是贵州省名牌食品，布依族包粽子捆扎用的是水稻地方品种本地高糯（采集编号：2013522203）的秸秆。雷山县苗族、水族用水稻地方品种乔港折糯（采集编号：2013526532）的秸秆做笤帚。印江县苗族、土家族，务川县仡佬族、苗族，剑河县苗族、侗族都用高粱穗茎做炊帚或扫帚，利用的高粱地方品种分别是红高粱（采集编号：2013522302）、兴隆甜高粱（采集编号：2013521080）、高粱（采集编号：2012521019）。

少数民族巧用老熟丝瓜的木质化丝瓜瓤，如平塘县苗族用丝瓜地方品种丝瓜（采集编号：2012523098）的老熟晒干瓜瓤洗刷碗筷。荔波县苗族利用本地老品种丝瓜（采集编号：2014522032）的老熟瓜瓤制成丝瓜"布"，作为蒸糯米饭的屉布，用以代替原来的纱布，这样蒸出的糯米饭由于通透性好，米饭上下部软硬程度基本一致，口感好，并且米饭不会粘在丝瓜"布"上，便于清洗。

贵州各地群众利用和保护品种多样性的实例很多。南瓜在贵州亦称"荒瓜"，是灾荒之年的主要食物，且适应性强。贵州少数民族常把南瓜品种混种在玉米地里，如雷山县水族种植的南瓜品种排老南瓜（采集编号：2013526420）、平塘县布依族老品种本地南瓜（采集编号：2012523072）、务川县仡佬族的竹园南瓜（采集编号：2013521148）等。

2. 少数民族食药同源的理念促进了农业生物资源的利用和保护

贵州少数民族认为有些作物既是食品，又有药效作用，所以他们世代相传种植这些作物的地方品种，从而促进了当地农业生物资源的利用和保护。

在粮食作物中，平塘县毛南族认为苦荞（采集编号：2012523063）和糯米混合做粑粑食用，可治疗胃病和妇科病，并且有保健功效；水稻品种黑糯米（采集编号：2012523058）籽粒黑色，产妇吃黑糯米米饭，能起到催奶作用；苗族种植食用红稗（采集编号：2012523037），用其籽粒熬水服用可治疗腹泻和血尿。黎平县侗族种植的水稻地方品种黄鳝血（采集编号：2013523309），与红枣或饭豆一起熟食，可有效治疗哮喘病。印江县苗族、土家族认为玉米地方品种鸡血红（采集编号：2013522324）籽粒磨面粉去皮，与益母草配伍煮水喝，可消肿利尿；红高粱（采集编号：2013522302）籽粒炒熟泡水喝可治疗小孩麻疹。松桃县苗族、土家族种植的玉米地方品种红玉米（采集编号：2013524507）籽粒皮薄，营养价值高，把红玉米磨成粉，与牛奶泡、血藤配伍煮水喝，可治疗痔疮；本县的薏苡品种薏仁（采集编号：2013524480）的根可药用，煮水喝可治疗胆结石、肾结石等病。

在蔬菜作物中，雷山县水族认为排老魔芋（采集编号：2013526315）具有开胃、助消化作用，食用可减肥、降血压、治疗便秘。镇宁县苗族用豆瓣菜（2013524051）与鸡蛋一起煎服治疗咳嗽。黎平县苗族认为长期食用紫心薯（采集编号：2013523500）可治疗高血压。印江县土家族认为食用阳荷（采集编号：2013522387）的花苞，对于治疗便秘、糖尿病有特效。平塘县苗族认为将地方老品种丝瓜（2012523098）的丝瓜瓤烧成灰，用水冲泡喝可退高烧，并可治疗肚子疼和尿结石。

在果树作物中，镇宁县的苗族、布依族食用当地余甘子（2013524116）果实治疗咳嗽、咽喉疼痛，用樱桃（采集编号：2013524114）果实泡酒喝可舒筋活血，治疗腿脚酸软。印江县苗族、土家族特有的柑橘类品种药柑（采集编号：2013522427）具有止咳、补胃、生津、降火等功效。紫云县的苗族用棠梨（采集编号：2013521480）果实治疗肠胃疾病，尤其是治疗痢疾最有效。

在经济作物中，印江县苗族、土家族认为地方品种黑大豆（采集编号：2013522507）可药用，当地习惯将其与猪肉同炖煮，食用后可治疗头昏、头疼、头晕。织金县苗族用火麻（采集编号：2013526020）治疗风湿病。紫云县苗族、布依族认为木姜子属植物山苍子（采集编号：2013521518）具有解毒消肿、理气散结作用，生吃可健胃消食。

3. 偏远山区保留了较多的传统农业生物资源

从贵州省9个市（州）42个县（市）的普查再到21个县（市）的农业生物资源系统调查都表明，水稻、玉米等主要粮食作物品种更新较快，尤其是"两杂"（杂交水稻和杂交玉米）新品种大面积推广应用，使改良品种所占比例较大，覆盖面宽，种植面积达到相应作物种植面积的90%左右，桃、梨、猕猴桃、白菜、辣椒等果蔬作物的改良品种同样占据了很大比重，只是在较为偏远的少数民族村寨，各种作物改良品种及其配套的先进农业技术推广过程中，因交通闭塞、经济落后和民族风俗习惯等影响，各类作物的地方品种才得以在不同程度上保留下来而传承至今。

第二节　不利于贵州农业生物资源保护的原因分析

贵州拥有类型丰富、遗传多样的农业生物资源，然而，随着社会经济快速发展，旅游业兴起，农业结构调整，以及外来文化的渗透，少数民族传统文化和生活习俗受到冲击，一些传统农业被现代农业所取代，少数民族世代相传的农业生物资源亦随之逐渐消失，严重制约了贵州传统特色农业生物资源的有效保护和深入发掘利用。

一、地方产业发展规划政策制定通常未涉及农业生物资源保护内容

一个地区在一个历史阶段都有相应的社会经济发展目标。因此，地方产业发展规划和政策措施的制定便是以其目标为主要依据来进行的。

贵州尽管农业生物资源丰富，然而长期落后、贫穷，被全国列为"欠开发"和"欠发达"地区，地方政府将农业产业结构调整和产业发展规划重心放在如何实现粮食增产、农业增效和农民增收上，而通常未将农业生物资源综合性保护内容纳入其中，这对区域内各种农业生物资源的综合保护产生了不利影响。

当然，贵州在现代农业产业结构调整中，十分重视区域性特色资源的开发利用，各地规划并推行"一乡一品""一村一品"等经济发展战略和一系列具体措施，的确促进了各地特色优势资源的保护和利用。例如，黔东南的以香禾糯为主要内容的"禾-鱼-鸭"生产模式、黔西南的薏苡、黔西北的荞麦、黔北的辣椒、黔南的火龙果等都展示了推动生物资源保护的正向作用，然而这些地区的其他农业生物资源则在规划中就被淡化和忽视了，甚至被限制了，而且，贵州各地农文旅产业综合发展格局尚不成熟。因此，不能"一刀切"，必须综合考量。

二、盲目追求经济利益，忽视农业生物资源保护

贵州曾经一度处于粮食短缺阶段，据《贵州年鉴2005》报告，至2005年全省实现了粮食基本自给。自此每年粮食总产稳定在1150万t左右。在解决温饱的年代，过分追求品种的高产目标，而忽视了本土品种的保护与利用，使得一些传统地方品种被有意或无意地淘汰。然而进入21世纪后，各地农文旅产业规划逐步兴起，推崇自然理念、返璞归真，有些老品种又得到恢复和延续。

社会经济因素给农业生物资源保护与利用带来重要影响。在抢抓粮食生产的年代，各级地方政府强制性推广"两杂"品种过程中，一些地方的水稻、玉米传统品种种植面积逐渐萎缩。特别是随着贵州省不同时期的产业结构调整，一些产量或效能较低的作物种植面积快速消减，而多年适应当地环境的传统品种也逐渐减少。以黔东南的香禾糯为例，自中华人民共和国成立尤其是20世纪80年代以来，当地曾几次推行"粳改籼""籼改杂"，使籼稻和杂交稻得以迅速推广，而当地传统禾糯地方品种的种植面积和数量都

逐年减少，一些农家优良品种也随之消亡。由中华人民共和国成立初期各家各户所有田地都种香禾糯的历史，演变成现在只有几分①地种植禾糯。当地香禾糯种植面积占水稻总面积的比例由 20 世纪 60 年代末的 75% 下降到 21 世纪初的 20%，品种数量也由上百个下降到 50 个左右。香禾糯品种在相同的管理条件下，亩产 300~500kg，仅够农民自给自足，基本没有带来经济收入。而籼稻可增产 20%~30%，杂交稻可增产 70%~80%，不仅可以满足农民日常食用，还可以通过销售多余粮食增加农民经济收入。

以黔东南为例，香禾糯品种大量消失的一个主要因素是不适应当地环境和产业结构布局。有些香禾糯由于生长期长、需水量大、不抗倒伏，在干旱年份容易受灾减产而被淘汰。例如，黄岗地区的老列株禾不适合种植在光照充足的水田，而逐渐被新列株禾所替代；黄岗的老牛毛禾由于植株高、不抗倒伏，金洞糯由于产量太低等，都逐渐被淘汰。而且，现在年轻人越来越不愿意种植禾糯，一个重要原因也是对本民族传统文化的认同感减少了。为了保护禾糯品种资源，提高农民种植禾糯的积极性，老年人有必要积极引导年轻人继续种植，增加他们对禾糯价值的认同感。此外，香禾糯必须用专门的工具"禾刀"人工单株收割，然后编织成把搭载在竹竿或架子上晾晒，费时费力。而杂交稻可机械收割，省时省力。侗族文化从一定意义上就是香禾糯文化。这种资源消减对民族传统文化的传承不利。

三、偏远地区人民群众文化水平低不利于农业生物资源保护

在一些相对偏远、封闭落后的民族村寨，长期以来群众与外界接触和交流较少，整个群体受教育的程度普遍较低，再加之缺乏正确的知识传播途径和正向引导，信息来源短缺，对现代科学技术知识普及不足，对自身本具特色的农业生物资源重要性认识不够，常常目光短浅，只顾眼前利益而不看长远效果，只顾个人需要而忽略国家战略需求，仅凭自身好恶进行取舍，虽然由此也保留了部分传统品种，而大量的地方老品种却被淡化、忽视和舍弃，使得传承、延续至今的品种日渐消减甚至消亡，一定区域内作物品种的遗传多样性程度降低，这样的案例很多。因此，这些区域农业生物资源的保护问题突出，前景堪忧。

第三节　贵州农业生物资源有效保护和可持续利用的对策

贵州农业生物资源调查获得的基础资料和样本材料已成为我国生物科学研究与原始创新的重要成果，是制定我国少数民族地区农业生物资源有效保护和可持续利用政策的主要科学依据。针对有效保护贵州省农业生物资源，促进特色、优势资源的开发利用，现提出相应的对策建议。

---

① 1 分 =0.1 亩 ≈ 66.67m²

一、国家战略的认识

农业生物资源在维护国家和区域粮食安全、生态安全与农业生物多样性保护利用等诸多方面发挥着不可或缺的作用，对其拥有的数量和掌握的程度已成为衡量一个国家综合竞争力的重要指标之一，我国已将其定位为国家重要战略资产。因此，各级管理部门需要通过多途径、多方式，进一步强化人们对农业生物资源重要性的认识。农业生物资源的研究、利用和保护工作事关国家建设与发展大计，已非个人行为，应纳入国家发展规划，并建立与地方联动的保护机制。

我国历来高度重视各地农业生物资源的保护与利用，并将其列为一项长期性、基础性和公益性工作常抓不懈，鼓励广泛开展农业生物资源的调查收集、鉴定评价、保存保护与创新利用研究，继续宣传和普及农业生物资源知识，增强少数民族地区乃至全民族公众对种质资源这一基础性战略资产重要性的认识，通过加大财政投入，共同推动农业生物资源的有效保护和可持续利用工作。

二、加强学科建设，推进贵州农业生物资源有效保护和可持续利用

贵州是一个生态良好、农业生物资源储量丰富的大省，这为地区农业可持续发展奠定了基础。贵州省委、省政府在"十三五"国民经济发展目标中强调，要守住生态和发展这两条底线，农业主管部门和有关领导十分重视作物品种资源的研究、保护与开发利用工作，在省农业科学院成立了农作物品种资源研究所，组建了一支人才队伍，专门从事农作物品种资源的收集整理、鉴定评价、保存保护和创新利用研究，并取得了一系列工作进展。

农业生物资源是一门新兴综合性学科，涵盖生态学、民族学、遗传学等学科的基础知识。贵州省虽然组建了农作物品种资源研究的机构和人才团队，但起步较晚，人才队伍不齐，学科专业不全，学科建设亟待加强。应通过加大财政投入，立足于贵州复杂而独特的稻作生态环境孕育形成的类型丰富、遗传多样的特色农业生物资源，围绕收集整理、鉴定评价、保存保护与改良创新利用等关键技术开展系统研究，实行多学科联合攻关，共同推动农业生物资源的保护、发掘与创新利用研究，重点开展农业生物资源的改良与创新、育种方法与技术的基础性和前沿性等公益性研究工作（郑殿升和高爱农，2016）。

三、服务产业发展需求

针对当前贵州各地在调整产业结构、推进城镇化建设过程中面临的普遍问题和突出矛盾，立足于其拥有的丰富特色资源优势，将服务产业发展需求与地方特色作物种质资源的有效保护和持续利用有机结合起来，实现在利用中保护和在保护中利用的目标，其意义重大而深远。

贵州黔东南的香禾糯资源是当地侗族乃至贵州最具特色的地方特色优势资源，长期

农耕文化探索创造了和谐共生的"禾-鱼-鸭"生产模式，更提高了香禾糯的社会经济效益。为了保护香禾糯资源，政府相关部门根据实际情况，制定了切实可行的开发与保护政策。例如，黎平县2007年制定了有效方针政策加强香禾糯品种资源的就地保护工作。在政府的支持下开发有机香禾糯，通过文化、社会、经济、政策等多种手段，加强香禾糯的文化认同感，成立香禾糯合作社，推广"禾-鱼-鸭"共生系统，采取"公司+合作社+农户"的经营模式，形成了一套规范的种植、管理、收购和销售香禾糯的系统，不仅增加了农民收入，而且有效地保护了香禾糯资源。同时加强品牌意识和质量控制，2009年，"黎平香禾糯"成为国家地理标志保护产品。将特色资源优势转变为特色产业优势，黔西南的薏苡、六盘水的荞麦等优势资源都已成为保护利用贵州特色资源，并形成特色产业，促进农民增收致富、推动地方经济发展的典范。

以特色资源服务地方产业发展，可以鼓励和支持大批外出务工人员返乡创新创业。针对大量外出打工赚钱的年轻人，政府应该加大招商引资力度，发展地方产业，为外出打工的年轻人在家乡提供更多的就业机会，如发展生态文化旅游、开发地方特色产品等，让他们回到家乡发展，延续祖辈留下来的传统文化习俗，创建以特色资源为依托的综合性新兴产业，促进当地传统特色作物种质资源的有效保护和开发利用。

四、有效保护和可持续利用的对策

通过实地调查，我们获得了一大批贵州农业生物资源，这些种质资源具有丰富的物种多样性和遗传多样性，既是贵州少数民族赖以生存和生产生活必不可少的重要物质基础，也是各地少数民族世代相传的珍贵自然遗产，其中不乏有利用价值的优异种质资源。这对保护我国农业生物多样性，研究农业生产和农业生物的起源进化、分类及育种都具有重要价值，有必要加强对其的有效保护，促进持续利用。为此，提出有关对策与建议，供政府部门决策参考。

（一）保护和弘扬少数民族的传统文化

贵州是少数民族聚居地区，形成了多姿多彩的民族文化和多种多样的生活习俗。传统的作物地方品种作为遗传资源的一部分，是维护农业生物多样性的基础，对民族文化和传统知识的产生、演变与发展都具有重要作用。而民族文化和传统知识又促进了许多地方品种的传承与延续。通过各地调查得知，贵州少数民族都有各自的传统文化和生活习俗，正是这些传统文化和生活习俗才保护并传承了与其生活息息相关的农业生物资源，这些农业生物资源浓郁的民族文化，不仅涵盖了不同民族对其认知和利用的历史背景，而且赋予了农业生物资源在民族生物学方面的信息和功能，对研究生物资源具有重要价值。然而，随着社会的变革、经济的发展和民族间文化的活跃交流，有些民族的传统文化正逐渐消失，特别是多民族杂居地区，有些少数民族的传统文化和生活习俗丢失更为严重，与之相关的作物种质资源亦随之消亡，许多宝贵资源已相继失传。这样的事实说明，社会、经济发展的需求与保护少数民族传统文化之间是存在一定冲突的，如何解决这个矛盾，使之统一和谐，这是当今面临且亟待解决的一个社会科学新课题。因此，为了保护和利用本地区的农业生物资源,保护和弘扬本地区少数民族的传统文化已成为一项重要举措。因此,建议国家和地方政府在保障社会、经济、文化协调发展的同时,制定有关法律法规保护少数民族的传统文化与生活习俗,以倾斜性政策和经济手段,鼓励少数民族以多种方式和途径传承与弘扬本民族传统文化,从而促进区域农业生物资源保护和利用。

(二)继续开展少数民族地区农业生物资源的调查和收集

通过对贵州省21个县(市)的系统调查,我们收集到特有、特优、特用的"三特"农业生物资源样本4729份,经过核查,其中89.0%的种质资源属于新收集的,这些新资源均未编入《全国种质资源目录》和入国家种质库(圃)保存。而且大多具有特异性,如粮食作物的各种糯稻、糯玉米和糯小米品种,蔬菜作物的葱蒜类和辣椒等地方老品种,瓜类中的本地黄瓜、南瓜、丝瓜,果树中的梨、核桃、板栗、杨梅等本地种植历史悠久的老品种,等等,由此表明贵州少数民族地区的作物种质资源还有很大收集潜力,有必要继续开展更大范围的调查和收集工作。

鉴于本次农业生物资源调查的范围有限,调查种质资源的种类不全,如花卉、蜜源植物等均未收集,同时涉及的调料、香料、染料植物较少,且因调查时段所处季节影响,收集到的种质资源数量受到限制。因此,本地区还有对其他县(市)继续调查的必要,建议国家和地方政府立项,给予经费支撑。

对农业生物资源进行抢救性收集的形势急迫,特别是当前国家已提出中国农业转型经营,将从原来的家庭联产承包推进形成适度规模经营模式。这就预示着一家一户的耕种方式将转变为规模化的现代化生产,种植的品种和其他措施都要统一。这势必造成少数民族种植的多样化品种在局部地区遭到很大程度的淘汰,因此调查收集并妥善保存这些作物种质资源就显得尤为迫切。为此,建议国家科技管理部门和地方政府拟定立项,给予经费支持该项工作。而且伴随"第三次全国农作物种质资源普查与收集行动"在全国范围内的相继展开,贵州省将启动全省范围内农作物品种资源普查、征集、系统调查与评价工作,计划完成9个市(州)70余个县(市、区)的特色农作物品种资源普查和征集,以及20~30个重点县(市、区)的系统调查、抢救性收集,对收集样本进行鉴定评价、编制目录,繁种入库保存,这将为进一步鉴定评估贵州省特有、特优、特用的特色农作物品种资源遗传多样性的利用价值,特别是那些在贵州省特定生态环境孕育和当前生产仍然应用的作物地方品种,具有耐冷、抗旱、抗病、优质、适应性广等优良特性的传统品种资源,整理与特色作物品种资源保护和利用相关的传统知识,制定保护、利用这些传统特色资源促进区域经济发展的战略提供基础资料,也为贵州区域粮食安全、作物新品种选育、生物多样性保护与利用及区域生态文明建设提供重要技术支撑和物质保障。

(三)加强野生资源的保护和开发

贵州拥有丰富的野生农业生物资源,如野生药用植物、果树、蔬菜、食用菌等,虽然均已得到了一定程度的开发利用,但还应进一步努力,正确处理保护与开发利用的关系,切实做到在保护的基础上合理开发利用,使野生资源优势转变成经济优势,助推地方经济的持续发展。

贵州素有"夜郎无闲草，黔地多良药"之说，其野生资源中多数具有医疗保健作用，是全国地道药材四大产区之一。在全国重点普查的363种药用植物中，贵州有326种。而且全省有苗、侗、布依、水、土家族等丰富的民族医药资源1000多种，是我国传统中药生产的重要宝库。例如，大方天麻早在宋代就被列为上贡佳品。合理开发利用需要进行必要的科学技术与知识的普及和宣传，避免群众为经济利益而肆意采挖，破坏地区生态平衡，导致原本数量充足的物种濒危甚至灭绝。

加强野生资源的保护和开发，首先应对本地区野生资源的种类及其分布状况、资源储量和已经开发利用的情况进行深入调查，为深度开发利用提供依据；同时处理好开发与保护的关系，在对野生资源适度采挖的同时，积极开展其栽培驯化研究，有计划地科学合理开发，这样才能有效实现保护与可持续利用。自2008年以来，贵州有关科研机构对白及、石斛等濒危物种开展驯化和仿野生栽培技术研究与示范，取得了良好成效。

（四）加大本土特色优势资源的研究和开发

贵州丰富的特色资源奠定了发展相关产业的资源优势，加强这些特色优势资源的研究和开发，可为地方经济发展服务和助力，展示资源对产业的贡献和价值。然而，贵州当前普遍面临科技基础薄弱、研发力量不足；特色农产品生产粗放；农业生产布局不合理，生产比较分散；产业规模偏小，农产品加工能力不足；基础设施薄弱，农产品流通不畅等各种困难和挑战，使得特色优势资源的研发力度有待增强。

要克服上述困难，基本思路是立足于贵州拥有的丰富地方特色作物种质资源优势，坚持经济发展、生态保护和社会进步相统一，选择具有一定区域规模、产业基础较好、市场前景广的特色农产品和产业，依靠科技、培育名牌，走集约化生产、区域化布局和产业化经营的发展路子，以市场需求为导向，合理开发特色资源，不断提高特色农业的生产水平和产品档次，坚持经济效益和生态效益的有机统一，实现最大限度的增值。

贵州省特色农产品生产要进一步向优势产区集中，使无公害、绿色和有机农产品的生产规模逐年增大，充分利用贵州"大数据"平台和现代物流网络，推动中药材及土特产"黔货出山"。实行产加销一体化经营，龙头企业与农产品基地、农户结成紧密共同体，形成市场牵龙头、龙头带基地、基地连农户的紧密经营体系。通过优质辣椒基地、茶叶基地和中草药基地等特色资源基地的建设与产业化经营，在政府宏观调控的基础上加强生产、流通、企业、科研、服务之间的横向联合，使贵州省农业真正发展成集规模效益、辐射带动性、技术创新性、竞争主动性和产品增值性于一体的新兴产业及新的经济增长点。

（五）妥善保护本地农业生物资源

通过对贵州省21个县（市）的农业生物资源系统调查，我们获得了一批重要的基础材料和一些特色、稀有作物地方品种类型与野生近缘种，收集农作物种质资源4729份。

这些特色种质资源对保护我国作物遗传多样性和发掘有益基因具有重要价值。积极推进和完善贵州省农业生物资源保护体系建设，构建种质资源数据信息共享利用技术平台，按照国家有关规定，向社会开放优异种质资源，以促进利用。

1. 建立原生境与非原生境相结合的贵州特色资源保护体系

贵州多地建立了一系列国家级和省级自然保护区，促进了农业生物资源的有效保护。开展保护生物学的研究，把原生境保护（in situ conservation）和非原保护（ex situ conservation）结合起来，形成完善的贵州农业生物资源保护体系。

2. 建立特色资源地方保种（育）机构和保护体系

在特色资源集中分布区，政府有关部门有计划地建立规范的种质资源保种（育）场所，实行垂直管理和属地管理。这些场所兼具科学观测和保种维护功能，又是科学普及教育基地。对于一些省级农文旅产业综合园区，必要时建立政府引导、专家指导和农家主导的既有产业融合，又有文化传承和科普教育功能的农家保护（on farmer conservation）综合示范区。

3. 调查获得资源的编目和入库保存

从贵州调查获得的 3582 份有效农业生物资源对丰富我国作物种质资源的多样性，研究作物的起源和演化、分类和育种，都具有重要价值。因此，对这些种质资源应进行妥善保存，不要得而复失。应结合初步鉴定的情况，按类别有序纳入国家和地方种质资源保护体系，尽快编入《全国种质资源目录》，繁殖合格种子入国家种质库（圃）长期保存，从而增加国家种质库的保存数量，丰富国家农业生物资源的多样性和优异基因源，为我国农业可持续发展提供物质基础。为此，需要与国家有关牵头单位联系，争取将调查获得的资源列入国家作物种质资源保护项目。同时，建议贵州省农业科学院申请立项，将这些种质资源列入国家科技基础性工作专项的"作物种质资源保护与利用"项目，对这些资源进行两年以上的农艺性状鉴定，编写种质资源目录，繁殖合格种子（种苗）送国家种质库（圃）长期和中期保存，同时建立贵州农业生物资源调查数据库（郑殿升和高爱农，2016）。

（编写人员：刘作易　阮仁超）

参 考 文 献

高爱农，郑殿升，李立会，等. 2015. 贵州少数民族对作物种质资源的利用和保护. 植物遗传资源学报，16(3): 549-554.

谭金玉，焦爱霞，张林辉，等. 2015. 贵州安龙县少数民族特色农业生物资源保护与利用现状. 植物遗传资源学报，16(6): 1258-1263.

汤翠凤, 张恩来, 李卫芬, 等. 2015. 贵州省贞丰县和松桃县农业生物资源调查及物种多样性比较分析. 植物遗传资源学报, 16(5): 976-985.

王艳杰, 王艳丽, 焦爱霞, 等. 2015. 民族传统文化对农作物遗传多样性的影响——以贵州黎平县香禾糯资源为例. 自然资源学报, 35(5): 333-335.

郑殿升, 方沩, 阮仁超, 等. 2017. 贵州农业生物资源的多样性. 植物遗传资源学报, 18(2): 367-371.

郑殿升, 高爱农. 2016. 对贵州少数民族地区农业生物资源保护和可持续利用的建议. 植物遗传资源学报, 17(5): 957-959.

第九章　贵州农业生物资源调查数据库的构建

建立贵州农业生物资源调查数据库，并将数据通过网络向社会提供共享利用，为本次调查项目提供信息技术支持，为调查资源的特性鉴定和评价提供可靠的数据来源与数据管理手段；基于调查数据，对收集的资源进行地理分布分析与挖掘，掌握贵州农业生物资源的基本地理分布情况和生物多样性分布特征，对贵州农业生物资源的保护与利用及发展战略的制定具有重要意义。

第一节　总体技术路线

紧密围绕贵州农业生物资源调查的实际需求，以贵州农业生物资源调查数据为基础，以数据标准为核心，以网络、GIS、数据库等信息技术为手段，以开放共享服务为目的，通过研制数据标准和元数据标准，对调查数据进行标准化、数字化处理，建立贵州农业生物资源调查数据库架构，将经过处理的调查数据存入数据库中，综合运用多种信息技术手段，向社会提供多种形式的数据共享和服务（图9-1）（刘旭等，2013）。

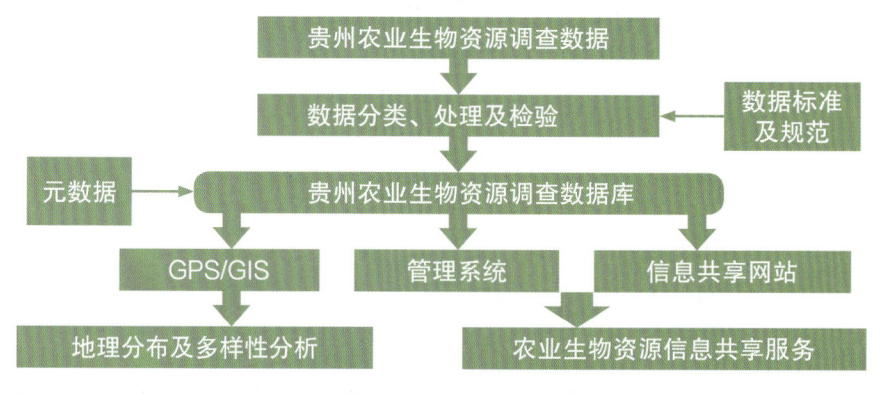

图 9-1　总体技术路线图

第二节 数据标准与数据处理

一、数据标准及规范

根据贵州农业生物资源调查数据内容的特点，制定贵州农业生物资源调查数据标准。该标准通过 9 个字段描述项对调查数据项进行规范化的定义和描述，用以指导调查问卷的编制、调查结果的数字化整理，同时也是数据库建立的基础。该数据标准包括的内容见表 9-1。

表 9-1 数据标准内容

内容	说明
序号	字段序号
字段名称	一般与字段中文名相同
字段中文名	简短的中文名称描述，12 个汉字以内
字段类型	字段数据类型，字符型 C，数值型 N
字段长度	字段数据长度
小数位	数值型数据的小数位数
单位	数据的单位
代码	可选项的代码
备注	其他需加以描述的内容

数据标准对数据项做出的具体要求有以下几点。

（1）字段名：最长 12 个汉字长度。

（2）经纬度：采用 DDD.DDDDD 十进制数字格式，便于录入和后期 GIS 系统处理。

（3）数值型：包括整型和浮点型，浮点型需设置小数位。

（4）字符型：一般控制在 200 个汉字以内，特殊描述字段在建库时可采用可变长度字段类型。

（5）代码型：包括单选和多选，用中文而不用数字代号。单选如生态系统、品种类型等，多选如用途、品种特点等，项与项之间用中文分号隔开。

（6）日期型：格式为 YYYYMMDD，如 20100823。

（7）采集编号：用采集年份+省份代码+队编号+流水号进行顺序编制，如 2010522378。

（8）图像文件名：用采集号+"_"（半角英文）+顺序号+".jpg"进行顺序编制，如 2010522378_1.jpg。

二、元数据标准

为了调查数据的开放共享，需要制定贵州农业生物资源调查核心元数据标准，用于在数据交换、信息系统建立和数据发布共享过程中对调查数据集（库）最核心的信息进行描述，核心元数据是最基本的元数据，可以通过扩充元数据，增加对数据集（库）的描述项。核心元数据包括 8 个主要元数据元素（表 9-2）。

表 9-2　核心元数据的主要元数据元素

名称	说明	类型	备注
标识符	数据资源的唯一标识	字符串	必选
名称	赋给数据资源的名称	字符串	必选
发布日期	管理者发布数据资源的日期	日期型（GB/T 7408—2005）	必选
责任单位	负责单位名称	字符串	必选
摘要	资源内容的简单说明	字符串	必选
关键字	用于描述数据资源主题的通用词、形式或短语	字符串	必选
资源分类	数据资源所属类别	字符串	必选
链接地址	可以获取资源的网络地址	字符串	必选

三、数据整理与入库

经过近 5 年的资源调查与收集工作，贵州农业生物资源调查项目累计生成各类数据 111GB 左右，涉及文本、表格、图像、多媒体等多种类型数据，为便于数据的管理、入库与共享，需要对数据库进行总体的架构设计，并在总体架构设计的基础上，开展数据的分类、整理、录入、编辑、检验等工作，最终实现数据的标准化入库与利用。

1）数据库总体架构设计

该数据库架构以基础地理数据库为基础，包括了贵州省各级行政区划数据、居民点数据、河流水系数据、民族分布数据、DEM（数字高程模型）数据和卫星遥感数据等基础地理信息，在其上构建了普查数据库、调查数据库、图像数据库 3 个用于专业调查的数据库和 1 个用于资源保存管理的管理数据库，同时还单独建立了一个元数据库，用于保存以上数据库和数据集的元数据信息。根据不同领域对调查数据库的不同需求，设计了用于一般统计和浏览使用的 Excel 与 FoxPro 数据库，用于小型信息系统建设的 Access 数据库，用于专业信息共享的 SQL Server 数据库和 MySQL 数据库（图 9-2）。

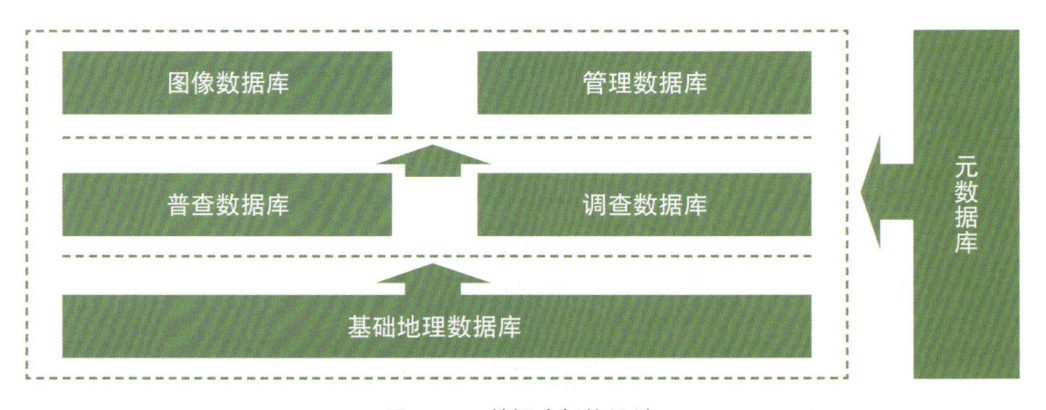

图 9-2　数据库架构设计

2）数据整理与入库

根据工作性质，分别对普查和调查工作进行数据整理与入库。以数据的角度分析普查工作中各类数据的生产过程（图9-3），首先从基础地理数据库中提取普查县（市）所需的基础地理数据，收集普查所需的各项基础材料数据，完成普查资料的整理与普查表格的填写工作，生成1956/1981/2011年普查表数据，对各普查表通过整理、编辑和检验等工作，将其数据统一录入普查数据库；利用普查数据库中数据进行统计分析，从而获得贵州农业生物资源演变趋势情况；对于普查过程中生成的图片数据，入图像数据库保存。通过对普查县（市）数据的整理，入普查数据库的表格类数据共77.8MB，图像等多媒体数据约8GB，根据信息共享服务要求进一步整合处理，通过网络、信息系统等进行数据共享服务。

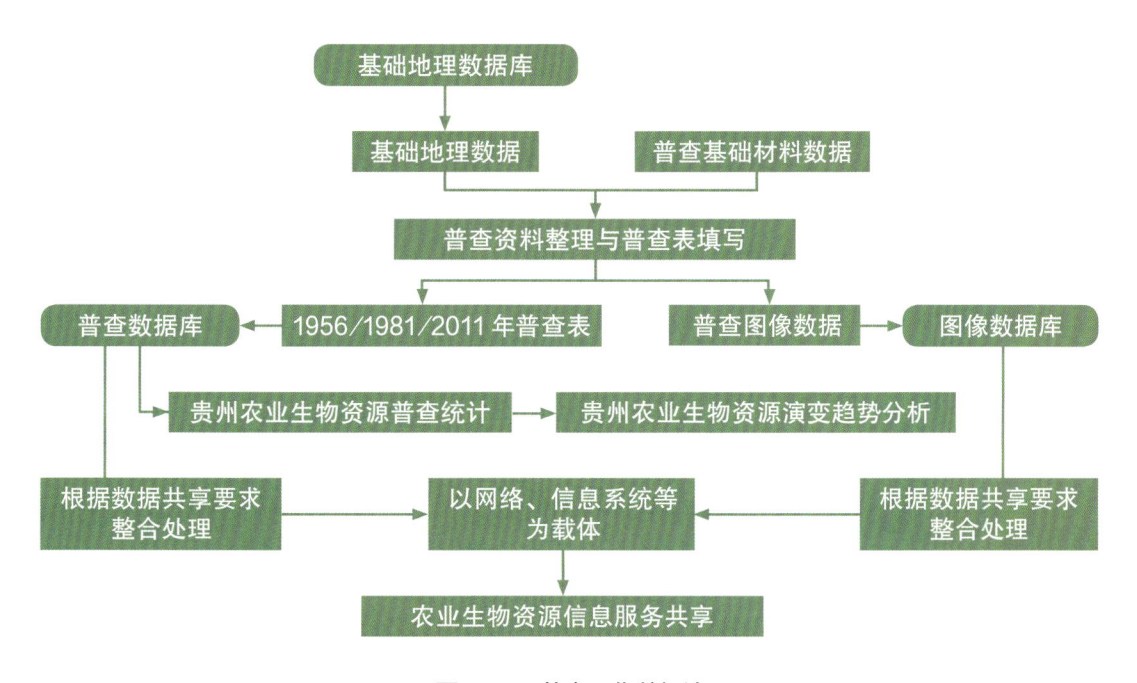

图9-3 普查工作数据流

调查工作的数据流如图9-4所示。首先从基础地理数据库中提取调查县（市）所需的基础地理数据，并收集调查所需的各项基础材料数据，通过实际收集与调查，收集资源实体的同时，获取调查资源的各类图像数据（图9-5）和属性信息（图9-6）。对于属性数据，经过标准化处理后入调查数据库，总计约400MB；对于图像数据，经过整理检验后入图像数据库，总计约100GB；对于资源实体，经过评价鉴定后筛选出一批优异资源，生成优异资源清单。针对以上生成的各类数据，根据数据共享要求进一步整合处理，以网络、信息系统等为载体，实现农业生物资源的信息服务与共享。

项目组对以上普查及调查数据采用了多介质的数据安全保存方式，以磁盘阵列双机热备份保存方式为主，保证了数据的高速访问和安全保存，以光盘、移动硬盘保存为辅，异地安全存放，确保了数据安全（陈丽娜等，2017）。

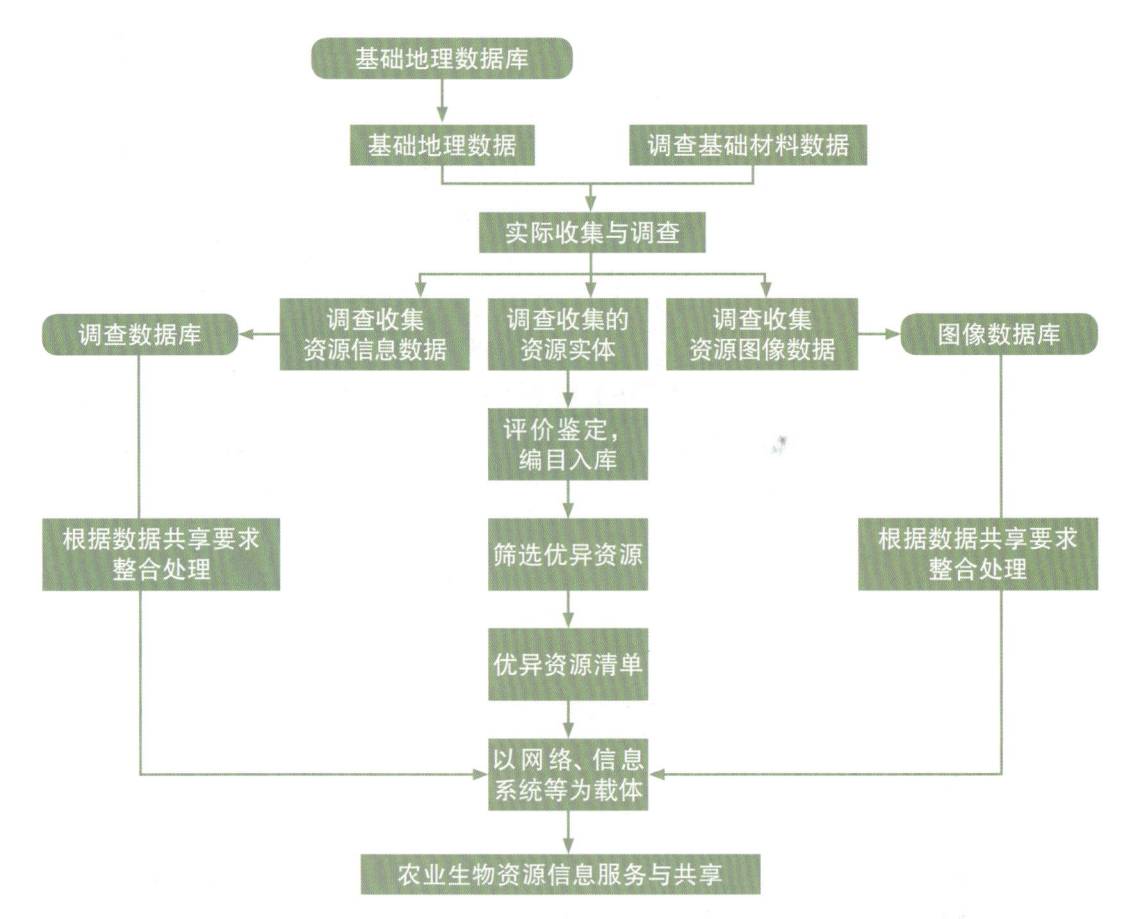

图 9-4　调查工作数据流

图 9-5　调查图像数据

序号	采集编号	作物名称	种质名称	科中文名	属中文名	种中文名	实物类型	调查民族	采集时间	研究专题
1	2012521003	稻	冷水谷	禾本科	稻属	亚洲栽培稻	种子	侗族	20120829	粮食作物
2	2012521005	稻	折糯	禾本科	稻属	亚洲栽培稻	种子	侗族	20120829	粮食作物
3	2012521009	稻	红米	禾本科	稻属	亚洲栽培稻	种子	侗族	20120829	粮食作物
4	2012522056	玉米	上姑城糯玉米	禾本科	玉蜀黍属	玉米	种子	水族	20120831	粮食作物
5	2012522074	玉米	下板甲爆花玉米	禾本科	玉蜀黍属	玉米	种子	水族	20120831	粮食作物
6	2012522091	玉米	拉写糯玉米	禾本科	玉蜀黍属	玉米	种子	水族	20120901	粮食作物
7	2013522120	小麦	本地小麦	禾本科	小麦属	小麦	种子	布依族	20130603	粮食作物
8	2013522151	小麦	小麦	禾本科	小麦属	小麦	种子	布依族	20130604	粮食作物
9	2013522166	小麦	本地小麦	禾本科	小麦属	小麦	种子	布依族	20130605	粮食作物
10	2013522313	大麦	光条老麦	禾本科	大麦属	大麦	种子	汉族	20131013	粮食作物
11	2013524015	大麦	毛毛麦	禾本科	大麦属	大麦	种子	布依族	20130531	粮食作物
12	2013524020	大麦	毛麦	禾本科	大麦属	大麦	种子	苗族	20130603	粮食作物
13	2013525334	燕麦	燕麦	禾本科	燕麦属	燕麦	种子	彝族	20131013	粮食作物
14	2013525379	燕麦	燕麦	禾本科	燕麦属	燕麦	种子	苗族	20131017	粮食作物
15	2013525489	燕麦	燕麦	禾本科	燕麦属	燕麦	种子	彝族	20131028	粮食作物
16	2013521312	高粱	大寨高粱	禾本科	高粱属	高粱	种子	苗族	20131013	粮食作物
17	2013521327	高粱	岩脚小红高粱	禾本科	高粱属	高粱	种子	苗族	20131015	粮食作物
18	2013521348	高粱	芭茅红高粱	禾本科	高粱属	高粱	种子	苗族	20131018	粮食作物
19	2013523123	火葱	火葱	百合科	葱属	火葱	活体苗	苗族	20130601	蔬菜
20	2012521092	火葱	火葱	百合科	葱属	火葱	植株	侗族	20120830	蔬菜

图9-6 调查数据样例

第三节　调查资源地理分布特征分析

贵州省地处我国云贵高原东部，本项目选择 42 个普查县（市）和 21 个系统调查县（市），在系统调查县（市）内进行资源调查收集工作，具体收集的资源分布如图 9-7 所示。

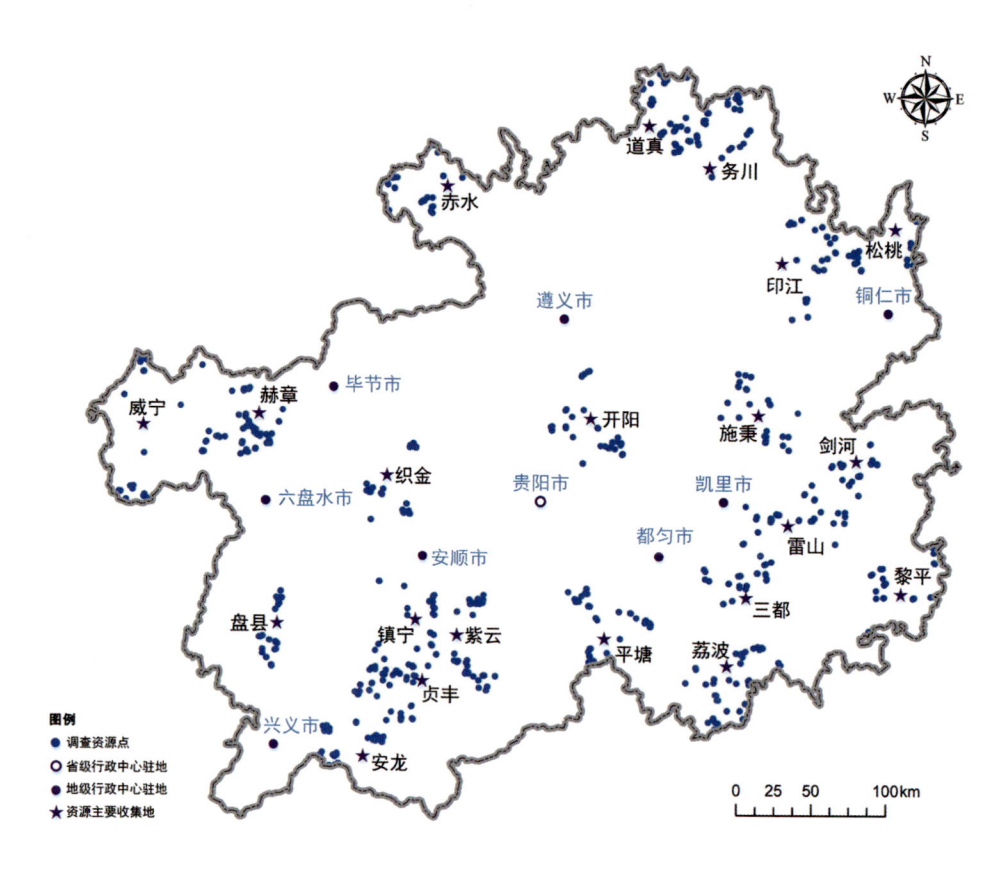

图 9-7　贵州调查资源地理空间分布图

一、基础地理环境数据

贵州省海拔与调查资源分布如图 9-8 所示，整体来看，东部海拔低于西部，高低海拔地区均有资源收集，统计数据显示，海拔高于 1000m 的资源份数占 50% 左右，高于 1500m 的资源份数占 18% 左右，高于 2000m 的资源份数占 5% 左右，并且该部分资源全部分布在西部的威宁县和赫章县。

贵州省年均温与调查资源分布如图 9-9 所示，年均温的分布与海拔的分布基本呈相反趋势。根据统计值（图 9-10），年均温低于 10℃ 的资源份数为 35 份；高于 20℃ 的资源份数仅为 13 份，全部分布在镇宁县和贞丰县；绝大部分处于 10~20℃，其中分布在 10~15℃ 区域的资源占 41.18%，分布在 15~20℃ 区域的资源占 57.81%，资源分布年均温统计图（图 9-10）更能够明显地体现出本次调查收集的资源大部分集中在 15~17℃ 的区域。

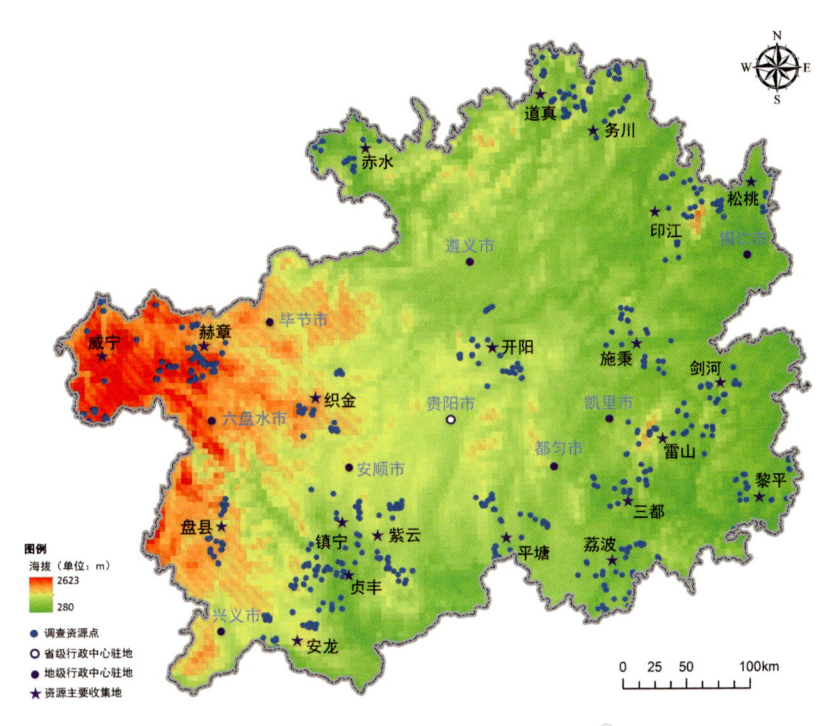

图 9-8　贵州调查资源海拔分布图[①]

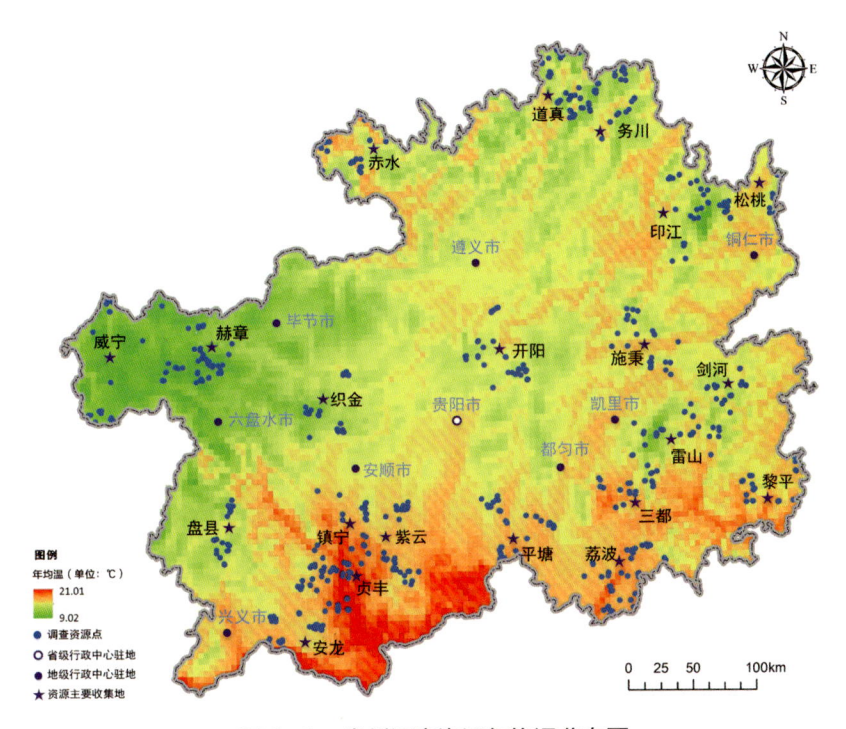

图 9-9　贵州调查资源年均温分布图

[①] 本图中海拔数据为通过插值获得的值，因此可能与本书前文叙述中的统计数据有差异，特此说明，图 9-9 中年均温、图 9-11 中年平均降水量数据同理。

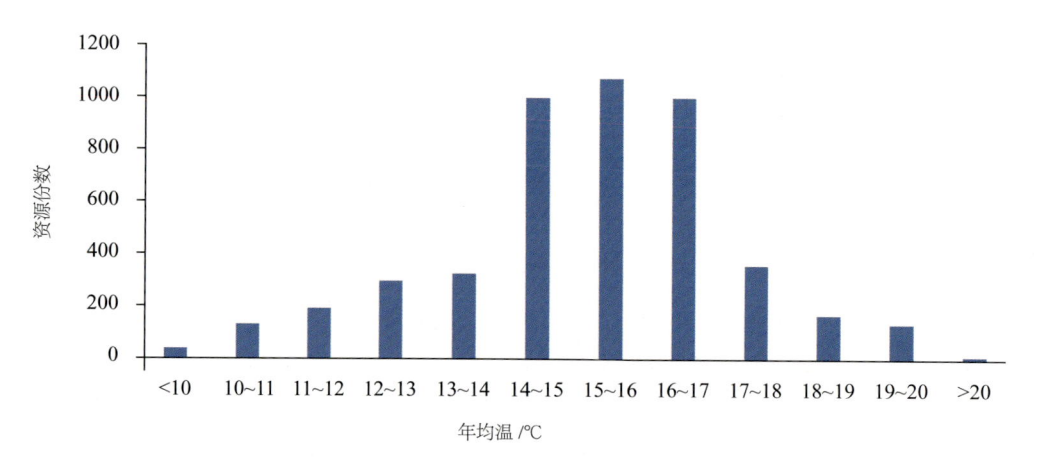

图 9-10　不同年均温下的调查资源数量统计

贵州省年平均降水量与调查资源的分布如图 9-11 所示，从中可以看出，西部的两个调查县的年平均降水量明显低于其他县（市），年平均降水量较高的地区集中分布在西南地区和东南地区。根据统计数据，年平均降水量大于 1000mm 的资源占 94% 左右，根据统计图（图 9-12）进一步分析可知，本次收集的资源集中分布在年平均降水量 1200~1400mm 的地区。

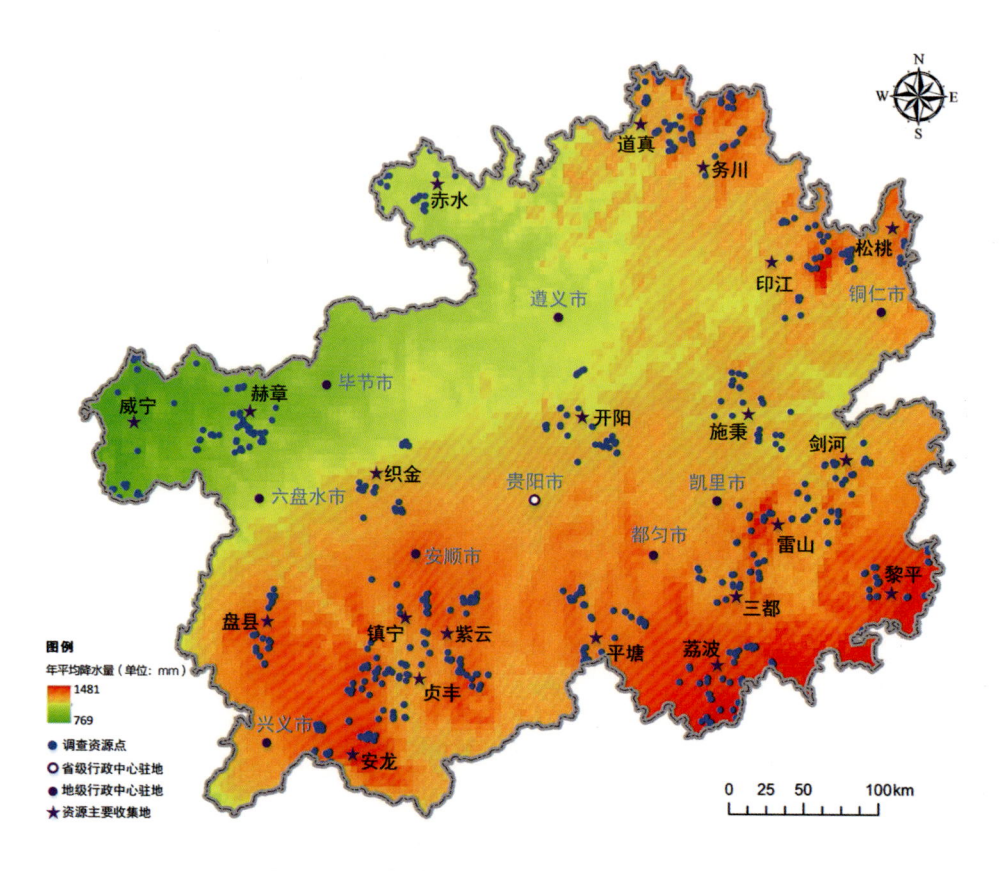

图 9-11　贵州调查资源年平均降水量分布图

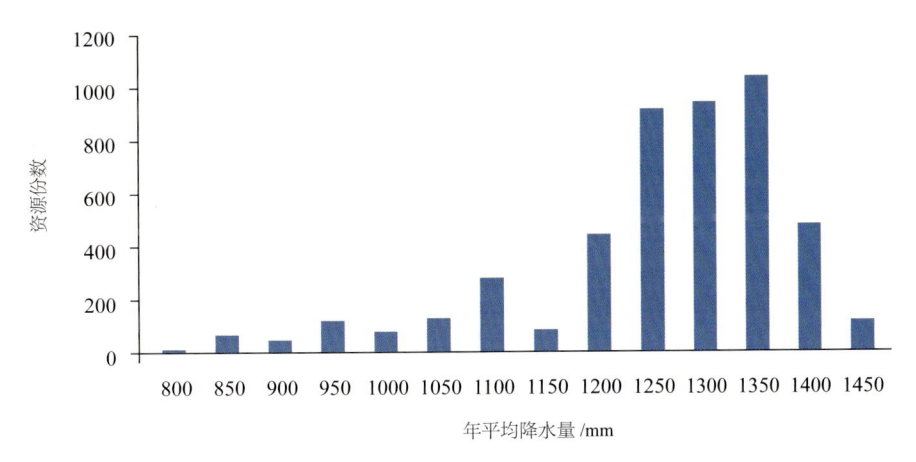

图 9-12　不同年平均降水量下调查资源的数量统计

二、调查资源基本分布特征

根据本次调查所关注的重点,资源分布地理特征分析主要从资源基本地理分布特征、调查专题、调查民族等几个方面进行。

1. 调查资源基本地理分布特征

根据优化热点分析结果(图 9-13)可知,本次调查的资源在 21 个调查县(市)内呈随机分布,没有明显的聚集区和离散区域,即本次调查收集到的农业生物资源在省域内分布较为均匀,不存在扎堆或零散的现象。

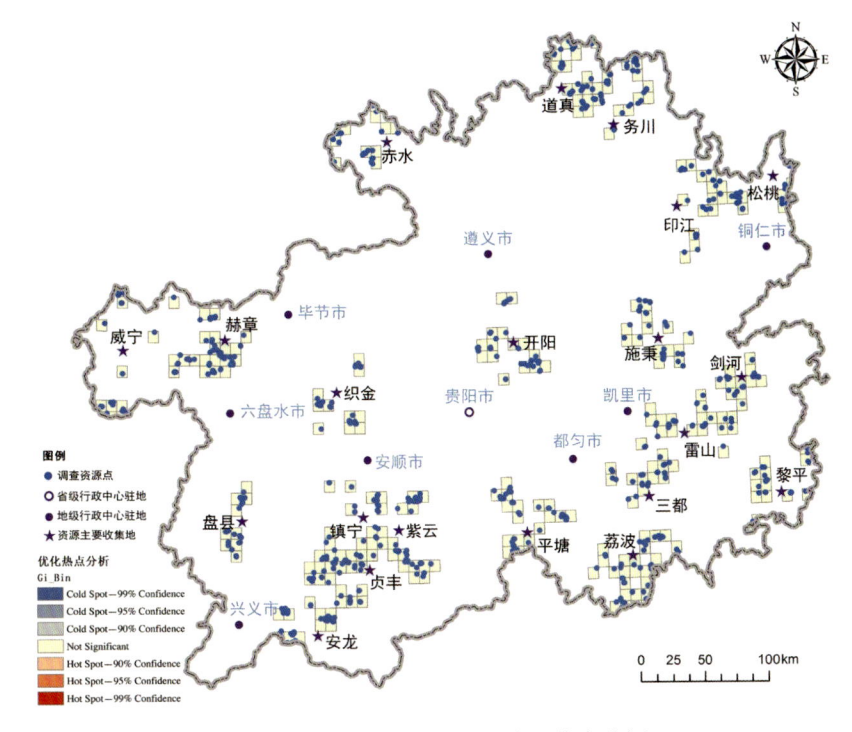

图 9-13　贵州调查资源优化热点分析

调查资源的密度分布如图 9-14 所示。图 9-14 中红色方块代表该区域内资源收集份数较多，最多可达 71 份；绿色方块代表收集资源份数较少，最少仅 1 份。从图 9-14 中可以看出，红色方块数量较少，大部分为黄色或者绿色，说明调查资源分布密度的相对高值地区少，大部分地区的资源收集密度属于相对中低值区间。

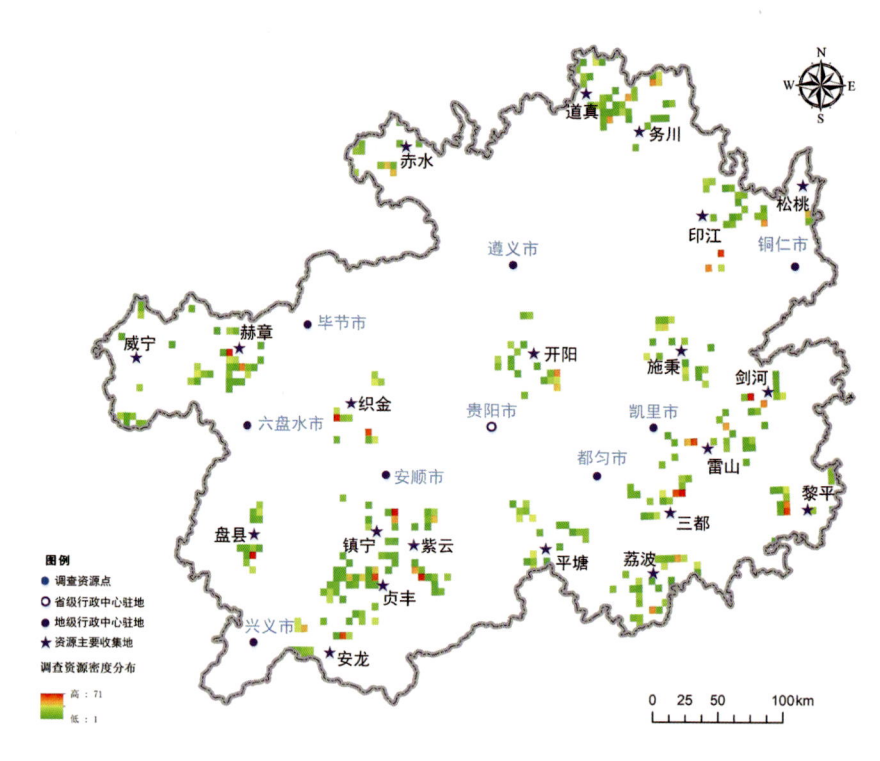

图 9-14　贵州调查资源密度分布图

2. 资源调查专题地理分布特征

本次调查收集的资源共涉及 6 个专题：粮食作物、经济作物、蔬菜作物、果树作物、药用植物和食用菌，除食用菌外，其他 5 个专题的资源分布差异不明显。为进一步了解不同专题地理分布特点和分布差异，利用平均中心来进行比较。平均中心即算数平均中心，它能够反映一组数据的普通情况和平均水平，我们也能够用它进行不同组数据的比较，以看出组与组之间的区别。根据图 9-15 可以看出，各专题之间交叉分布现象较为明显，不宜比较，而利用平均中心表示既简洁又便于观察差异性。除了食用菌外，其他 5 个专题的平均中心相对集中地分布在贵州省中心位置，结合资源点的分布情况可分析出，这 5 个专题的资源在省内各个方向上的收集相对均匀，不存在向个别方向偏重的现象；而食用菌的平均中心则远离省中心位置，偏向西南方向，说明食用菌的收集主要在西南方向。

通过计算某一位置上目标属性分布的数量来反映该位置上目标属性的丰富程度（richness），即丰富度。为了反映不同位置上不同调查专题的丰富程度，以调查专题为目标属性，利用 DIVA-GIS 软件计算调查区域内调查专题的丰富度，计算结果如图 9-16 所示。值越高表示该区域涉及的调查专题数量越多，图 9-16 中红色方块区域代表调查资源涉及的调查专题最多，达到 6 个，说明该区域资源多种多样；而绿色区域则代表该区域的调查专题最少,仅1个,说明该区域资源较为单一。图9-16中红色、橙色和黄色方块较多,绿色方块相对较少,说明大部分调查区域内调查专题的丰富程度相对较高,资源种类丰富多样,这与图9-15中不同专题交叉分布的现象也高度吻合。

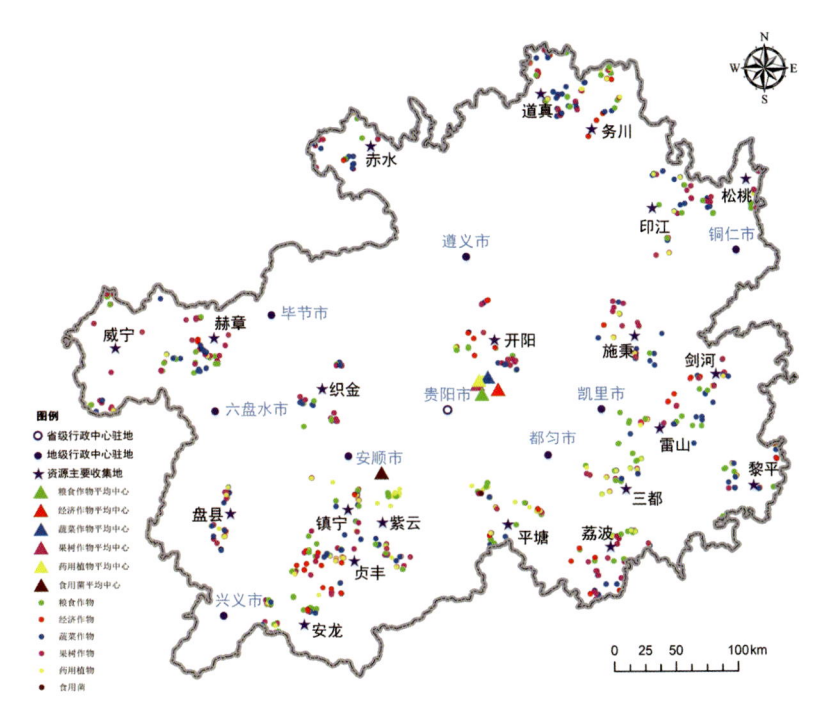

图9-15 贵州调查资源不同专题平均中心分布图

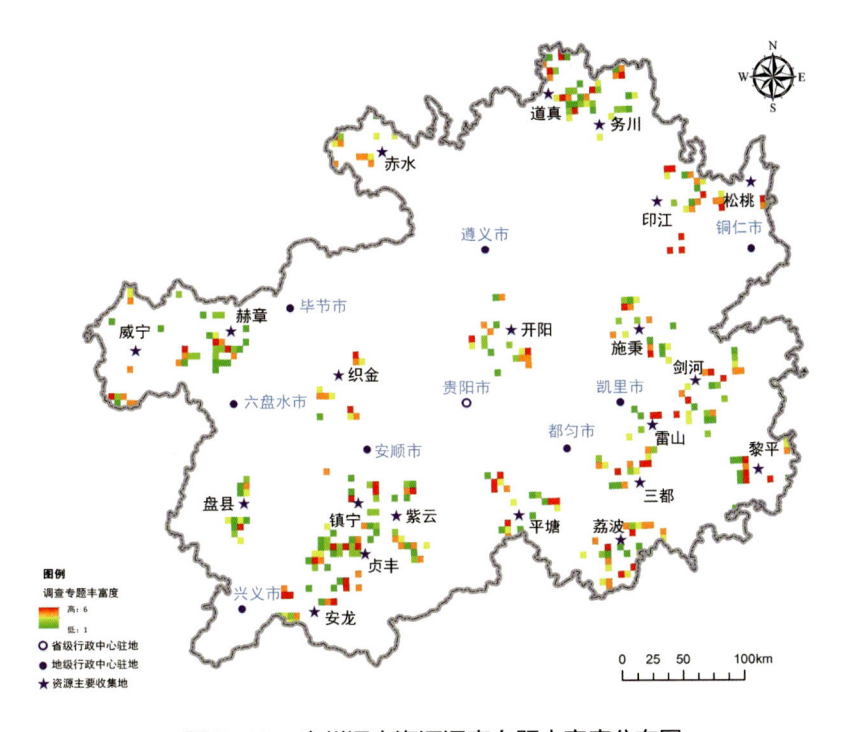

图9-16 贵州调查资源调查专题丰富度分布图

3. 资源提供者的民族地理分布特征

同样利用丰富度反映调查民族的丰富程度，如图9-17所示。值越高表示该区域内资源提供者的民族种类越多，图9-17中红色方块区域代表资源提供者的民族最多，达到4个；而绿色区域则代表该区域的资源提供者民族最少，仅1个。从图9-16中可以看出，个别区域的资源提供者民族达到4个，部分资源提供者民族为2或3个（黄色方块部分），其余部分资源提供者民族为1个。

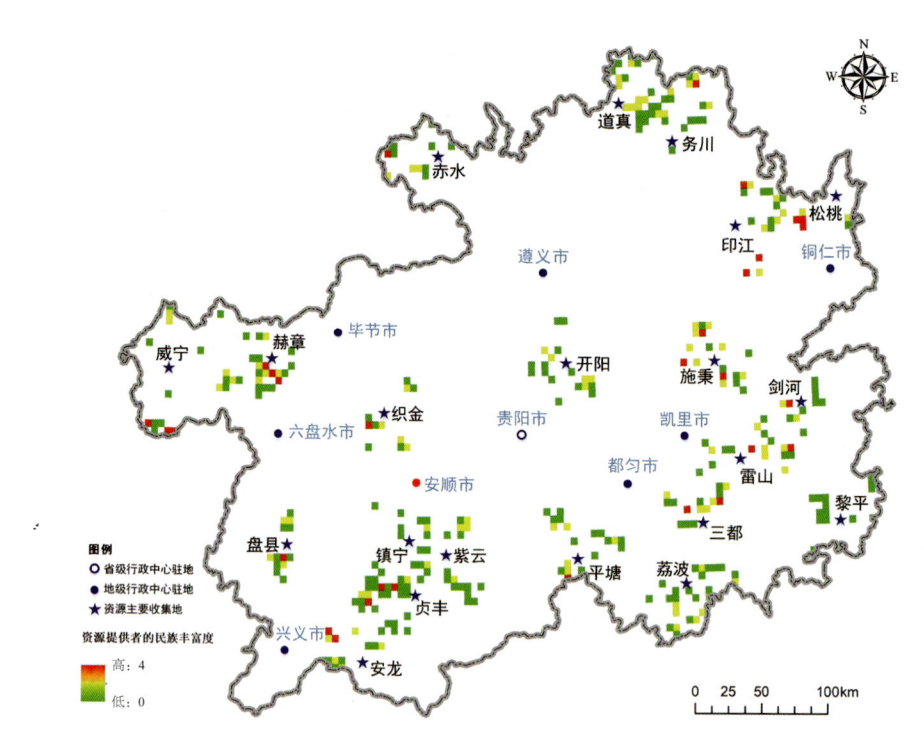

图 9-17　贵州调查资源提供者民族丰富度分布图

贵州省少数民族众多，经过统计发现（图9-18，图9-19），本次收集到的资源的提供者共涉及14个民族，其中提供资源份数最多的是苗族，达到1700多份，占全

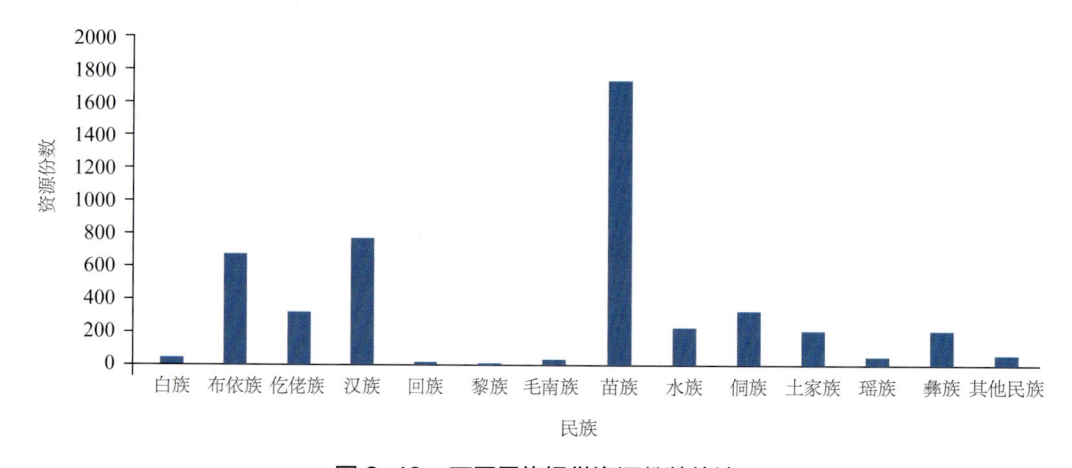

图 9-18　不同民族提供资源份数统计

部资源的 36.79%；其次为汉族，占 16.39%；布依族也较多，提供的资源占到总量的 14.48%；侗族和仡佬族提供的资源占比较为接近，均为 7% 以上；土家族、水族和彝族均为 4% 以上；瑶族、白族提供的资源占 1% 以上；毛南族、黎族和回族 3 个民族提供的资源均小于 1%；其他民族提供资源占比 1.39%（秦昆，2010；刘湘南等，2017）。

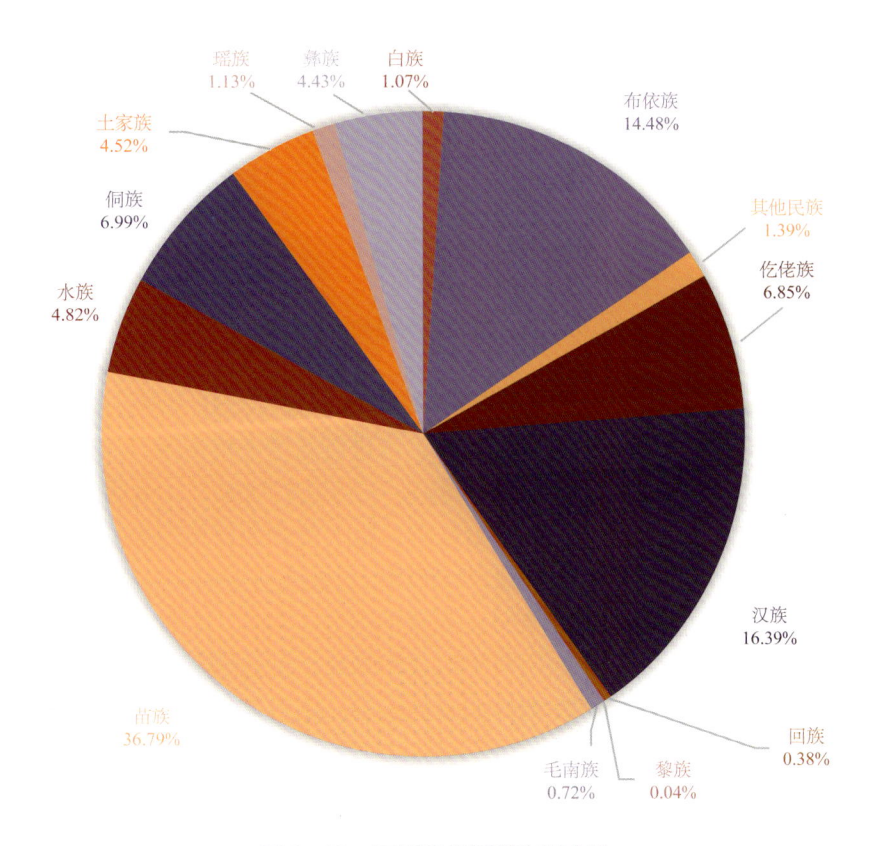

图 9-19　不同民族提供资源占比

第四节　作物种质资源野外考察数据采集系统创建

为了便于野外考察时的数据采集录入工作，提高数据采集的标准化程度，针对贵州农业生物资源调查项目的需要，研究人员研发了基于 Android 的作物种质资源野外考察数据采集系统（张军朝，2016；李瑞奇，2017）。通过采用统一的方式进行数据的采集与校对，有效保证了本次调查数据的质量。

本系统主要用户是各类生物资源调查人员，利用该系统可实现调查数据的录入、修改、查询、浏览、删除等操作，并提供自动获取 GPS 信息、拍照等多种辅助功能。

在本次调查中，由于数据是按照调查问卷的固定格式进行填写的，因此系统根据调查问卷设计配置文件，每次进行数据录入时，系统自动读取配置文件，用户即可根据系统显示的内容逐一填写调查内容。配置文件为 datadict.csv 文件，放在系统安装目录下的 config 文件夹下（图 9-20）。设置配置文件的好处在于，当调查问卷内容发生变化时，不必对系统进行修改，只需修改该配置文件即可达到目的，从而使系统不仅仅局限于本次调查任务，也可应用于其他类似的调查任务中。

图 9-20　野外考察数据采集系统配置文件

系统安装后在手机上显示"Yeco"的图标，点击后打开程序，右上角为主菜单（图 9-21），点击主菜单显示"添加"菜单，可进行新增考察记录，点击"添加"后，输入本次考察名称（图 9-22），如"特有特异"，点击"OK"，返回主界面，主界面上显示本次新增的考察任务，点击该考察任务，进入调查数据填写界面，点击界面右上角菜单，可对调查资源进行添加和删除，当新增一份调查资源时，需输入调查编号前缀，即年份（4位）+省份行政代码（2位）+调查队编号（1位）（图 9-23）。根据前缀和系统内数据，自动生成调查编号，用户不可手动修改。首先填写基本信息：调查日期、调查单位、调查人、调查地点，并选择调查的民族。之后填写调查资源的相关信息，开

图 9-21　系统主页面

图 9-22　新增考察界面

启手机定位功能后可自动获取 GPS 信息，包括经纬度和海拔。填写作物名称、种质名称和俗名等信息项（图 9-24）。当所有考察项填写完毕后，点击页面最下方的"保存"按钮，或者点击右上角的"保存"按钮，若需删除，可点击右上角的"删除"按钮进行删除（图 9-25）。最后生成的数据会保存在收集的 CGRISFieldMate 文件夹中（图 9-26）。在 CGRISFieldMate 文件夹下，共有两个文件夹，一个为 config 文件夹，另一个为 data 文件夹，config 文件夹下保存配置文件 datadict.csv，data 文件夹下保存生成的调查数据，导出该数据时直接将其拷到计算机里即可，数据文件名称同考察名称，images 目录为照片目录，照片保存在以调查编号命名的文件夹中，照片以调查编号加流水号命名（图 9-27）。

图 9-23　新增调查资源界面

图 9-24　数据填写界面

图 9-25　数据保存界面

图 9-26　数据保存文件夹

图 9-27　数据分类存放

（编写人员：陈彦清　方　沩）

参 考 文 献

陈丽娜, 司海平, 方沩, 等. 2017. 贵州作物种质资源调查数据可视化研究. 作物学报, 43(9): 1300-1307.
李瑞奇. 2017. Android 开发实战: 从学习到产品. 北京: 清华大学出版社.
刘湘南, 王平, 关丽, 等. 2017. GIS 空间分析. 3 版. 北京: 科学出版社.
刘旭, 郑殿升, 黄兴奇. 2013. 云南及周边地区农业生物资源调查. 北京: 科学出版社: 623-640.
秦昆. 2010. GIS 空间分析理论与方法. 2 版. 武汉: 武汉大学出版社.
张军朝. 2016. Android 技术及应用. 北京: 电子工业出版社.

附　　录

附录1　参加"贵州农业生物资源调查"系统调查人员及工作单位

姓名	工作单位	姓名	工作单位
高爱农	中国农业科学院作物科学研究所	马天进	贵州省农业科学院农作物品种资源研究所
郭刚刚	中国农业科学院作物科学研究所	陈　峰	贵州省农业科学院农作物品种资源研究所
马小定	中国农业科学院作物科学研究所	卢颖颖	贵州省农业科学院农作物品种资源研究所
武　晶	中国农业科学院作物科学研究所	陈能刚	贵州省农业科学院农作物品种资源研究所
刘敏轩	中国农业科学院作物科学研究所	谭金玉	贵州省农业科学院农作物品种资源研究所
鲁玉清	中国农业科学院作物科学研究所	罗　鸣	贵州省农业科学院农作物品种资源研究所
邱　杨	中国农业科学院蔬菜花卉研究所	王谋强	贵州省农业科学院园艺研究所
沈　镝	中国农业科学院蔬菜花卉研究所	袁远国	贵州省农业科学院园艺研究所
王海平	中国农业科学院蔬菜花卉研究所	邓　英	贵州省农业科学院园艺研究所
宋江萍	中国农业科学院蔬菜花卉研究所	胡明文	贵州省农业科学院园艺研究所
张晓辉	中国农业科学院蔬菜花卉研究所	吴跃勇	贵州省农业科学院园艺研究所
陈洪明	中国农业科学院柑桔研究所	李金强	贵州省农业科学院果树科学研究所
祁建军	中国医学科学院药用植物研究所	吴亚维	贵州省农业科学院果树科学研究所
彭朝忠	中国医学科学院药用植物研究所	罗昌国	贵州省农业科学院果树科学研究所
李荣英	中国医学科学院药用植物研究所	王少铭	贵州省农业科学院油料研究所
里　二	中国医学科学院药用植物研究所	李德文	贵州省农业科学院油料研究所
丁万隆	中国医学科学院药用植物研究所	赵华富	贵州省农业科学院茶叶研究所
李海涛	中国医学科学院药用植物研究所	唐相群	贵州省遵义市农业科学研究院
张恩来	云南省农业科学院生物技术与种质资源研究所	黄兴财	贵州省遵义市农业科学研究院
汤翠凤	云南省农业科学院生物技术与种质资源研究所	周　磅	贵州省遵义市务川县农牧局
胡忠荣	云南省农业科学院园艺作物研究所	骆科群	贵州省遵义市道真县农牧局

（续表）

姓名	工作单位	姓名	工作单位
李坤明	云南省农业科学院园艺作物研究所	姜朝林	贵州省遵义市赤水市农牧局
刘发万	云南省农业科学院园艺作物研究所	谌金吾	贵州省黔东南州农业科学院
李卫芬	云南省农业科学院园艺作物研究所	石细敏	贵州省黔东南州农业科学院
李 帆	云南省农业科学院园艺作物研究所	王忠平	贵州省黔东南州农业科学院
陈 瑶	云南省农业科学院园艺作物研究所	杨 楠	贵州省黔东南州黎平县农业局
吕梅媛	云南省农业科学院粮食作物研究所	文家明	贵州省黔东南州雷山县农业局
程加省	云南省农业科学院粮食作物研究所	禹玉德	贵州省黔东南州施秉县农业局
杨 峰	云南省农业科学院粮食作物研究所	刘惠忠	贵州省安顺市镇宁县农业局
但 忠	云南省农业科学院热区生态农业研究所	王建超	贵州省安顺市紫云县农业局
金 杰	云南省农业科学院热区生态农业研究所	蒋先文	贵州省六盘水市盘县农业局
韩学琴	云南省农业科学院热区生态农业研究所	孙开利	贵州省毕节市农业科学研究所
杨子祥	云南省农业科学院热区生态农业研究所	何友勋	贵州省毕节市农业科学研究所
张林辉	云南省农业科学院热带亚热带经济作物研究所	黄光明	贵州省毕节市织金县农业局
沈绍斌	云南省农业科学院热带亚热带经济作物研究所	管仕鹏	贵州省毕节市威宁县农业局
季鹏章	云南省农业科学院药用植物研究所	余健康	贵州省毕节市赫章县农业局
曹绍书	贵州省农业科学院农作物品种资源研究所	易世智	贵州省铜仁市印江县农业局
吕建伟	贵州省农业科学院农作物品种资源研究所	罗贤君	贵州省铜仁市松桃县农业局
焦爱霞	贵州省农业科学院农作物品种资源研究所	戎建强	贵州省黔南州荔波县农村工作局
桂 阳	贵州省农业科学院农作物品种资源研究所	刘有祥	贵州省黔西南州贞丰县农业局
王 沁	贵州省农业科学院农作物品种资源研究所	王安宁	贵州省黔西南州安龙县农业局
胡腾文	贵州省农业科学院农作物品种资源研究所	王选鉴	贵州省贵阳市开阳县农业局
宋智琴	贵州省农业科学院农作物品种资源研究所	游 涛	贵州省民族研究院
杨 琳	贵州省农业科学院农作物品种资源研究所	王艳杰	中央民族大学
李 娟	贵州省农业科学院农作物品种资源研究所		

附录2 "贵州农业生物资源调查"项目工作手册

"贵州农业生物资源调查"项目
工 作 手 册

"贵州农业生物资源调查"项目办公室编写

2013年1月

前　言

"贵州农业生物资源调查"（2012FY110200）项目属于科技基础性工作专项，起止时间为2012年5月至2017年12月。该项目的调查由普查和系统调查两部分组成，普查42个县（市），系统调查21个县（市）。重点调查的少数民族有布依族、苗族、水族、侗族、瑶族、彝族、壮族等。调查的农业生物资源有粮食作物、蔬菜及一年生经济作物、果树及多年生经济作物、药用植物等。为了该项目调查工作的顺利进行和项目任务指标的圆满完成，特编写本工作手册。

第一部分　普　　查

普查由普查县（市）农业局技术人员通过填写普查表的形式完成。

一、普查表

"农业生物资源普查表"以县（市）为单位，分3个时间节点，即1956年、1981年和2011年。1956年代表中华人民共和国成立初期，1981年代表家庭联产承包初期，2011年代表调查时期。调查的内容突出农业生物种质资源的多样性程度与利用，以及社会、经济、文化、宗教、环境等情况对农业生物资源变化的影响（详情见"农业生物资源普查表"）。

二、普查表的填写

"农业生物资源普查表"的填写，由普查县（市）农业局技术人员负责完成。填写前，对各县（市）负责填写的技术人员进行培训。在培训的基础上，通过查档案、访问有关专家或年长农民，逐项填写普查表中的各项内容。

三、普查的分析和总结

对42个普查县（市）的普查表所填写的内容，按3个时间节点，逐项进行统计分析，并总结贵州省普查县（市）总体上农业生物的物种和品种的变化情况；经济、人口、自然资源、受教育程度等的变化趋势，以及这些变化对农业生物资源多样性的影响。

第二部分　系 统 调 查

系统调查由本项目组织系统调查队，赴系统调查县（市）进行实地调查。

一、系统调查的准备

（一）组建系统调查队

本项目的系统调查属于农业生物资源综合调查，因此系统调查队队员应包括各种农业生物资源的研究人员。本项目每个系统调查队由6人组成，专业包括粮食作物、经济作物、蔬菜作物、果树作物和药用植物等，调查队员应是业务水平高、身体健康的科技骨干。调查队设队长、副队长和财务管理各一名。

（二）技术培训

本项目的系统调查按年度分批进行，每次系统调查前均进行技术培训，培训的方式是专题讲座。内容包括本项目的目的、任务和实施方案，系统调查的工作程序和方法及注意事项，样本和标本的采集与管理方法，仪器使用和维护，调查报告的撰写等。

（三）物资准备

系统调查所需物资主要包括交通工具，采集样本、标本的用品，生活用品和医药，有关证件及其他。具体情况见系统调查所需物资表（表1）。

表1 系统调查所需物资表

类别	作用	数量
电子设备类		
便携式计算机	记录、存储、整理电子表格、照片、录音等电子资料	有条件尽量保证队员每人1台
GPS仪	调查路线和资源采集点定位	有条件尽量保证队员每2人1台
录音笔	调查采访声音采集	有条件尽量保证队员每2人1支
数码照相机	调查过程中访谈、资源、环境等图片采集	有条件尽量保证队员每2人1台
摄像机	调查过程图像采集(可根据调查需要和条件准备)	每队1台
移动硬盘	存储电子资料	有条件尽量保证队员每人1个
工具类		
镐锄、铲	采集块根、块茎等或者活体资源	每队各1个
枝剪	采集枝条	每队2个
标本夹	压制标本	每队2个
吸水纸	压制标本	若干
种子袋(大、中、小)	收集不同资源	每队大50个、中300个、小200个
牛皮纸袋	用于籽粒苋等小粒种子采集	每队30个
标签	记录采集编号等	每队700个
地图	调查路线参考	每队1张或1册
大整理箱	用于各类表格、工具等物资归类存放	每队1个
背景布	拍照用，灰色最好	每队2块，大小各1块
插座	电子设备充电使用	每队3个
文具类		
中性笔	填写调查问卷	每人2支
记号笔（黑）	记录采集编号等信息	每人2支
活页笔记本	调查访谈记录，便于整理	每人1本
记事本	调查笔录整理	每队1本
垫板	调查问卷填写时使用	每人1个
铅笔	临时记录信息	每人2支
橡皮	修改临时记录信息	每人1块
笔袋	临时登记信息或记录	每人1个
活页纸	调查访问记录，补充活页本的不足	每人1包
宽胶带	样品整理封装使用	每人1卷
美工刀	样品整理封装使用	每人1把
卷尺	调查资源植株、果实、种子测量	每人1个
小夹子	调查问卷分类存放	每人1盒

（续表）

类别	作用	数量
档案袋	调查问卷归类整理	每队10个
塑料袋	保存活体样品	每队100个
5号电池	录音笔使用	每队10节
7号电池	GPS仪使用	每队10节
易拉袋	财务发票归类保存	每队1个
计算器	财务管理人员算账	每队1个
记账本	财务管理人员记账	每队1个
财务包	财务管理人员使用	每队1个
生活用品类		
电筒	山区农村停电时应急使用	每2人1个
常用药	野外受伤时应急使用	每队各类常备药一小箱
雨衣	野外调查下雨时使用	每人1件
交通工具		
越野车	最好是四驱六缸动力性强的越野车，以便适应山区道路崎岖、雨天路滑等状况	每个调查队最好保证有2辆车

（四）有关资料准备

贵州省农业生物资源调查收集和保存已进行了多年，并积累了很多数据和信息，如各种作物的资源目录、入国家种质库（圃）的资源目录、县志、普查表资料、各种作物品种的介绍及分布情况、各地区农业生产情况等。这些数据和信息对本次系统调查具有重要参考价值，并可减少重复收集样本。因此，应按调查县（市）分别整理出来备用。

二、系统调查程序、方法和内容

（一）调查程序

调查队依据图1系统调查流程图，开展相关的系统调查工作。

（二）调查方法

1. 重点调查乡（镇）的选择

本项目确定系统调查的县(市)共21个，每个系统调查县(市)重点调查3个乡（镇），每个重点调查乡（镇）至少调查3个有代表性的村。重点调查的乡（镇），应选择少数民族居住且处于自给自足状态、交通不便、地形复杂、风土人情独特的，这类乡（镇）的农业生物资源往往丰富多样，保留的地方品种多。与此同时，还应该注意几个重点调查乡（镇）之间，最好是民族、气候条件、海拔有所不同。

2. 访谈

在实地调查中采取的调查方式是访问和座谈。访问的主要对象是富有务农经验的农

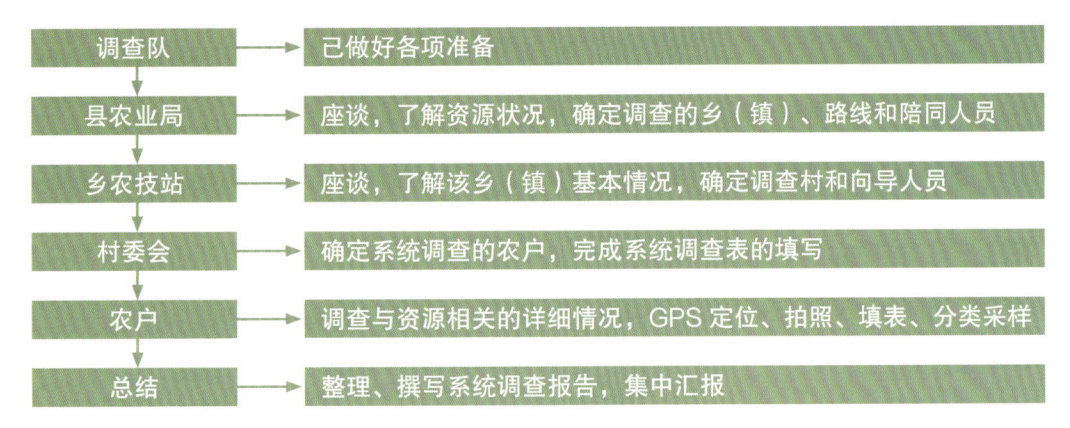

```
调查队      →  已做好各项准备
县农业局    →  座谈，了解资源状况，确定调查的乡（镇）、路线和陪同人员
乡农技站    →  座谈，了解该乡（镇）基本情况，确定调查村和向导人员
村委会      →  确定系统调查的农户，完成系统调查表的填写
农户        →  调查与资源相关的详细情况，GPS定位、拍照、填表、分类采样
总结        →  整理、撰写系统调查报告，集中汇报
```

图1　系统调查流程图

民。在访问和座谈中，要掌握好方式，采用引导性的方式，这样才能得到更多想要获得的信息。

（三）调查内容

本项目的任务是农业生物资源调查，在调查中收集种质资源，而不是单纯地收集资源。调查的内容如下。

1. 农业生物资源状况及消长原因

以县（市）为单位，全县（市）农业生物资源的总体情况；3个调查时间节点间粮食作物、蔬菜及一年生经济作物、果树及多年生经济作物、药用植物的种类变化情况，种植品种数量的变化，地方品种和育成品种及野生资源的变化，各类型品种种植面积的变化情况；上述这些变化或消长的原因。

2. 村级调查表和资源问卷的填写

本项目制定了村级（村委会）农业生物资源系统调查表、农业生物资源调查问卷。在调查中应根据调查表和问卷的内容，详细了解并填写。

3. 农业生物资源调查表的填写

按照不同类型调查表中的相关内容逐项认真调查、填写。

4. 种植品种的特征特性及有关信息

当前种植什么品种，为什么种植这些品种，有什么用途，每个品种的种植历史、种植面积，每个品种的特征特性，特别是突出的优点和缺点，突出优点要具体，如抗病虫害，应明确抗什么病虫；抗寒，应明确是苗期还是成株期，抗什么样的寒冷；抗热，应明确抗什么样的高温；优质，是什么品质，营养品质、风味品质、外观品质，还是口感好；高产，应说明单位面积的产量。

5. 少数民族传统文化、生活习俗对农业生物资源的保护与利用

重点调查本项目涉及的农业生物资源在少数民族传统文化和生活习俗中的作用、价值、利用途径及受保护情况。

三、资源样（标）本的采集和保管

本项目调查采集种质资源以地方品种和野生近缘种为主，以多年种植的育成（引进）

品种为辅。采集的样（标）本要随时整理和保管好。

（一）样本的采集

不同的农业生物资源样本的采集方法不尽相同，但其共同点有 5 项：第一，每份资源样本必须给予一个采集号；第二，每份资源样本都要挂上标签；第三，每份资源样本都要保管好；第四，每个资源要采集 2 份，1 份由国家保存，另 1 份供课题初步鉴定和繁种；第五，在采集的种质资源中，过去已收集编目保存的种质不超过 10%。

1. 草本作物及野生近缘植物

1）草本作物

A. 种子采集

地方品种：随机取样加偏差取样（各种类型）。

育成品种：随机取样。

采集数量：2500~5000 粒（大粒型 750g，中粒型 500g，小粒型 200g，极小粒型 50~100g）。

B. 营养体采集

从不同植株采集繁殖器官。采集数量：鳞茎 8~10 个，块根、块茎 15~20 个。

2）野生近缘植物

农业生物资源野生近缘植物的样本采集，应按居群取样，一个居群采集的样本为一份种质资源（相当于一个品种）。

A. 居群的选择

生境不同的居群均应作为取样点，如阳坡、阴坡，不同土壤，不同植被，均应视为一个小居群，各设一个采样点；湿度、海拔差异大的亦分别设采样点。特大居群可先划分若干个亚居群，按亚居群取样。

B. 居群内的取样

取样方式：从单株上取样，取样株间距离 10m 以上。

取样数量：尚无公认的标准遵循。在不破坏资源的前提下，多取一些为好。举例如下。

小麦野生近缘植物：大居群从 100 株上采集种子，小居群从 20~50 株上采集种子，每株上取一个穗子。

野生大豆：根据居群大小，从 30~100 株上采集种子，每株取种子 10 粒以上。

野生稻：根据居群状况，取 20~30 株的种茎。

无性繁殖种类：从 5~10 株上取样，每株上采集 2 或 3 个繁殖体即可。

2. 木本作物

木本作物资源样本的采集，正确确定取样植株最为重要。

1）果树

A. 取样方式

嫁接的栽培、半栽培品种：取一代表性植株的接穗（插条、根蘖）。

地方品种：取各种类型植株的接穗（插条、根蘖）。

野生资源：按类型分别取样，每一类型为一份样本。

B. 取样数量

木本：每份取 5 条接穗（插条）或 3~5 个根蘖；果实 10~20 个。

藤本：每份取 5~10 条枝条，每条有 3~5 个营养芽眼。

C. 注意事项

采集插条或接穗时，应取一年生或当年生木质化的生长枝，长度 20cm 左右，粗度 0.3~0.6cm。

2）茶、桑树

A. 取样方式

取果实：采集群体中各种类型、发育正常的果实。

取芽穗（穗条）：取当年生木质化健壮枝条。

取幼苗：在母树周围挖取与母树形态相同的幼苗。

B. 取样数量

果实：茶树每份取 1kg 果实，桑树每份取 30~50 个桑葚。

芽穗：茶树每份取 11~15 条，桑树每份取 10 条以上。

幼苗：每份取 5 株左右。

（二）标本的采集

在系统调查中，以采集样本为主，采集标本为辅。一般的品种不采集标本，仅珍稀种质资源采集标本。然而，有许多药用植物和作物野生近缘植物及野菜、野果等，在采集样本的同时，还需要采集标本。

1. 采集方式

采集的标本一定要有代表性，特别是植物分类特征。

（1）全株标本：全株标本要具有根、茎、叶、花、果实。

（2）特征部分标本：需要有花、果实及部分茎（枝）和叶。

（3）雌雄异株标本：应按上述方式分别采集。

2. 采集数量

根据鉴定的需要，一般每份资源采集 3 份左右。

（三）样本的保管和标本的制作

1. 样本的保管

系统调查采集的样本比较多，一定要保管好，防止混乱或混杂，防止霉变或枯死。

1）种子和果实

种子要及时晾晒。果实过大或易腐烂的，取出种子并冲洗晾干；其他类型的可带回单位取种子。

2）营养体

采集的营养体应尽快送到指定的单位。

根茎、根蘖和幼苗：连根挖起，根部放在塑料袋内加水保湿，但防霉变；必要时可先假植。

块根、块茎和鳞茎：要干湿度适中，放在阴凉通风处。

接穗、插条和茎尖：要剪成段，摘除叶子和嫩枝，并两端烫蜡封口，放入尼龙袋（塑料袋）内保湿并防霉变。保湿的用品有毛巾、半脱脂棉等。

3）水生作物

莲藕和芋：带泥挖起，放入透气的塑料袋内保湿并防霉变。莲藕尽快种入水田中；芋要假植在温室或大棚内。

慈姑和荸荠：取球茎用田泥包好，放在室内阴凉处。

菱角和芡实：应尽快将果实放入盛水的器具内。

2. 标本的制作

资源标本有两种，一种是腊叶标本，另一种是浸渍标本。关于标本制作的具体方法，这里不详细叙述，请参照《农作物种质资源收集技术规程》第17~19页。

（四）样（标）本的标签和采集号的编法

每一份样（标）本必须挂上一个标签，并给予一个采集号，这个采集号是该份种质资源自采集到鉴定和繁种及编入收集目录，始终不变的唯一标识号。

1. 标签（号牌）

标签的正面写上采集号、种质资源名称，反面写上采集地点、采集时间、采集者等。

2. 采集号的编写

采集号由10位数字串符组成，即采集年份加采集省份代码加调查队编号再加种质资源的顺序号，如2012521052、2013522195，前4位2012、2013为2012年、2013年；52为贵州省代码；1、2为调查第一队和调查第二队；最后3位052、195是种质资源的顺序号，即第52号资源和第195号资源。种质资源顺序号要从001开始；省份代码遵照《中华人民共和国行政区划代码》（GB/T 2260—2007）。

3. 编写采集号应注意的几个问题

（1）种质资源的顺序号不分作物种类，连续编写，不要空号。

（2）一份种质资源若均采集了样本和标本，样本和标本的采集号应是一致的，即同一个采集号。

（3）同一年两次或两次以上调查的，同一个调查队采集号中的种质资源顺序号不得重复，如第一次调查为285，第二次调查应从301开始；第二次调查为579，第三次调查应从601开始。

（4）雌雄异株的标本，采集号为一个，在此采集号后再注出-1、-2或♀、♂等符号。

（5）野生植物按居群给予一个采集号，如有特异株需要单独保存时，应在居群采集号后标注-1、-2符号。

（五）采集点的定位、摄像和录像

1. 采集点的定位

利用全球定位系统（GPS），对资源样（标）本采集点进行定位，记录采集点的经纬度和海拔，并可估算野生种质资源居群的面积。定位的编号应与资源样（标）本的采集号一致。

2. 摄影和录像

（1）采集点全景：显示采集点的生境、伴生植物等。

（2）样（标）本：有的因失水变形变色，摄影或录像可显示其真实形态和颜色。有的只是植株的一部分，需摄影显示全株特征。有的样（标）本是枝条，而商品是果实，应拍商品部位。

（3）照片或录像的记录：每张照片或录像都要记录该种质资源的采集号，摄影时间、地点，画面内容和拍摄人。

四、调查数据、信息和图像的整理

（一）调查数据、信息和图像汇总

在每次野外调查结束后，由各调查队队长负责组织本调查队的所有专业人员，立即对本调查队本次调查的数据、信息和图像的原始记录进行整理与汇总，并将本次调查的数据、资料的原始记录及整理与汇总结果送交本项目的主持单位，并将复份送交贵州省农业科学院。

此部分工作也可以在每天的调查结束后进行，最后在全部调查结束后整理汇总。

1. 调查表填写

完成各种调查表对应电子版调查表的填写，如村级调查表、资源问卷等。并对照录音、录像、照片、现场笔录和各个队员的记录等资料，对原始资料进行核对，以保证信息资料的完整和准确。

2. 笔录

将调查表、座谈会、访问记录等相关的农业生物资源与民族传统文化的资料进行系统整理。

3. 汇总目录表

整理汇总在调查过程中收集资源的信息记录，汇总成资源目录表。

先将调查的每份资源在记录本上进行基本信息登记，调查结束回到住处再整理到计算机的 Excel 表中，将调查资源的序号、种类、名称，调查时间、地点，采集样本类型、特征、特性，调查民族，采集地点 GPS 信息等登记齐全。

4. 调查资源照片

将每份资源的电子照片导入计算机，按照采集编号和资源名称进行重新命名，如果多个照片则用 -1，-2，-3……加以区分。例如，水稻地方品种折糯采集编号为 2012521005，其对应的果穗照片命名为 2012521005-1，对应籽粒照片为 2012521005-2，对应植株照片为 2012521005-3，对应生境照片为 2012521005-4，对应利用方式照片为 2012521005-5，对应提供者照片为 2012521005-6 等。同一份资源的所有照片置于同一个文件夹，文件夹命名为 2012521005- 折糯水稻。

5. 调查资源图文组合

对于每份调查收集的资源，整理完调查问卷和照片之后，将资源名称、采集号、利用方式、特征特性等基本信息和照片进行组合，使得使用者能够一目了然地了解这份资源的基本情况，以便初步确定其利用价值。

6. 调查录音

调查访问过程中使用录音笔进行录音，以便参考录音将笔记本记录不完整的信息及时补充完整。调查结束将录音笔中的录音资料及时导入计算机，并按照时间地点和访谈对象进行命名整理，建立统一的文件夹（Record）。

7. 调查录像

调查访问过程中，在对重要资源访谈和利用方式记录的同时，使用摄像机进行录像，保留珍贵的影像资料。每盘 DV 带录完之后，按照时间地点和访谈对象进行命名，贴好标签，以备查找使用。

（二）调查数据、信息和图像资料整理的具体格式

调查数据、信息和图像资料的整理要按照统一的格式进行，以便和数据库的建立工作相吻合，以利于后期的分析和应用。一般包括以下几个方面，现以剑河县为例进行说明。

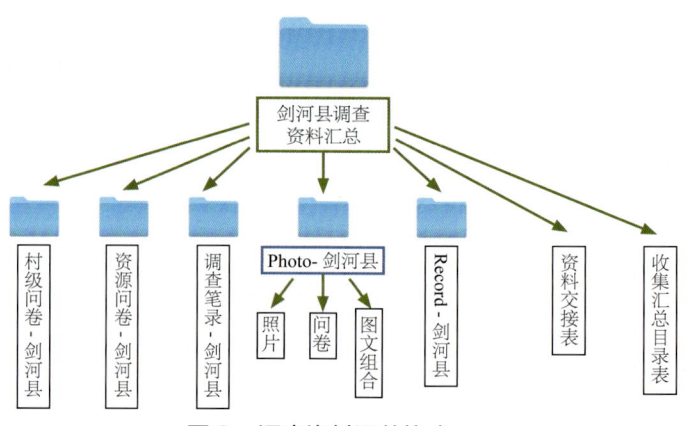

1. 调查资料汇总格式

调查资料汇总格式见图 2。

图 2　调查资料汇总格式

2. 照片文件夹内容

该文件夹（Photo）的完整资料内容包括 3 部分。

（1）该资源所有原始照片（即资源所有部位的照片）。

（2）该资源调查问卷电子版（另有单独文件夹）。

（3）该资源图文组合电子文件。

3. 照片文件夹层次

照片文件夹（Photo）层次见图 3。

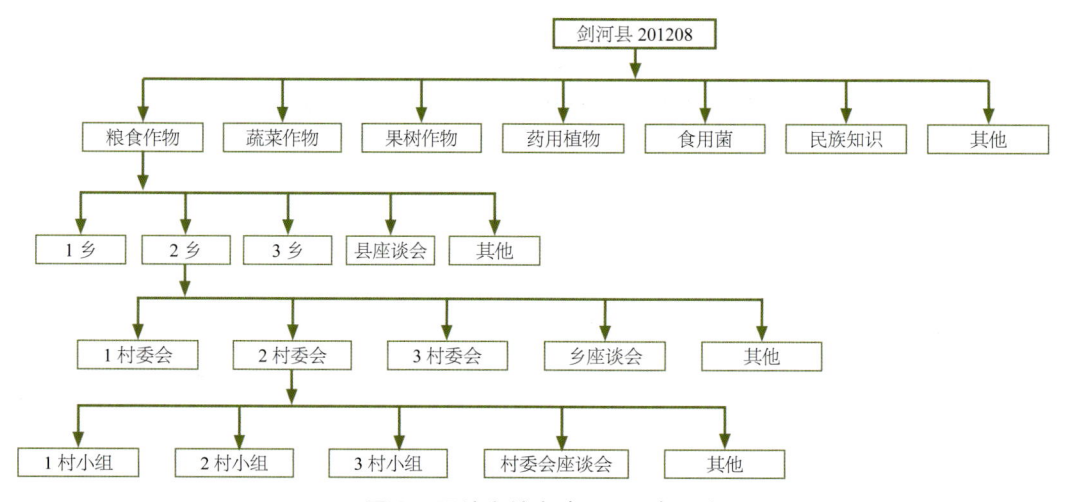

图 3　照片文件夹（Photo）层次

其他文件夹也可以采取此种层次的格式

4. 录音资料文件夹的格式

录音资料文件夹（Record）的格式见图4。

```
                    Record 201208 剑河县
           ┌────────────────┼────────────────┐
      201208 磻溪乡      201208 太拥乡      201208 南加镇
           │                │                │
    201208 磻溪乡团结村   201208 太拥乡柳开村   201208 南加镇基立村
           │
        XX 村小组
      ┌────┬────┬────┐
    洪世华  洪小四  汤志红  李明
```

图4　录音资料文件夹（Record）的格式

五、系统调查的工作方法和注意事项

（一）工作方法

1. 依靠当地政府

每到一县（市）、乡（镇）调查，应与当地农（林）等技术部门有关人员一起商定具体调查点和日程安排。调查结束后要向当地政府汇报调查结果，并交流保护和开发当地农业生物资源的建议。

2. 分组采集

在调查中为了节省时间，调查队员可以分组进行采集样（标）本。

3. 请当地人员代为采集

因时间不够或交通极为不便，有些资源不能在当时采集到，可请当地科技人员或干部、群众代为收集，随后寄送给相关单位。

4. 采集场所

在将资源的相关情况调查清楚后，除在田间、田野采集样本外，还应注意在农户的庭院、打谷场、挂藏间或粮仓，寺庙，中草药和土特产公司采集。

（二）注意事项

（1）调查队员要善始善终，中途若因特殊原因离队，必须得到项目主持人的批准。回到贵阳进行总结期间，不得早退。

（2）加强团结，有不同意见商量解决，一般情况下应尊重队长的意见。

（3）严格执行财务管理办法，提倡节俭办事，有违反财务管理办法的，由责任人承担责任。

（4）注意安全，加强安全防护措施。

（5）严格执行护林防火法令。

（6）尊重当地民族的风俗习惯。

六、系统调查的总结

在系统调查中，总结工作很重要，一个村、一个乡（镇）调查完成后，都要随即进行小结，一个县（市）调查完成后要进行总结。

（一）小结

每次调查完一个村、一个乡（镇）都应进行小结，检查调查内容和各种表格、问卷填写是否齐全，对采集的样（标）本及其照片要进行检查和整理，并形成名录，总结调查工作的经验和不足。

（二）总结

当全县（市）调查完时，要进行全面总结，并写出总结报告，以便在调查汇报会上向项目组汇报。总结报告的内容如下。

（1）调查县（市）、乡（镇）的自然条件和农业生产概况，居住的少数民族。

（2）调查的程序和方法。

（3）调查县（市）农业生物资源概况、消长情况及其原因。

（4）采集的样本数量和质量情况，以及其中特异资源的主要特征特性、突出优点、种植历史和面积、主要用途。

（5）少数民族传统文化和生活习俗对本项目涉及的农业生物资源的保护作用，列举典型事例。

（6）调查队对当地农业生物资源保护和开发利用的建议。

（7）调查的经验、不足之处及建议。

（三）提炼亮点

通过对调查数据和获得的种质资源进行整理与分析，从而提炼出亮点，如少数民族传统文化和生活习俗对农业生物资源保护与利用的典型事例；所采集资源中的特优、特有种质样本；或是新物种、新变种、新类型，以及稀有种质资源；具有较大研究价值的种质样本；作物的优异野生近缘植物和有特殊利用价值的野生资源；种质资源的新分布区域，新分布海拔，新用途，等等。

（四）提交调查获得的资源样（标）本和资料

每个系统调查队当对一个县（市）调查结束后，应将获得的农业生物资源样本和标本及有关资料一并提交项目主持单位，并将复份交贵州省农业科学院。提交时应有交接手续，并备案。

1. 样本、标本的提交

在提交农业生物资源样本和标本时，交接人员要按采集名录认真核对每份样本和标本，发现问题随即解决。

接纳人员要按粮食作物、蔬菜及一年生经济作物、果树及多年生经济作物、药用植物四大类别，将样本或标本分别放置，然后送交有关课题组。

2. 有关资料的提交

提交的资料包括调查填写的各种表格、问卷，采集样本和标本名录（清单），各种图像和记录，总结报告等。

提交的资料分电子版和纸质版。

（五）物资归还

调查中使用的各种物资，应按发放清单一一归还。因责任心不强造成的丢失或损坏，要追究责任，必要时应赔偿。

第三部分 专项调查

一、专项调查的目的

专项调查是对调查中发现有重要价值的种质资源再进行更深入、更全面的调查，旨在提升项目成果的科技水平。也可以简言为，专项调查不是为了增加数量，而是为了提高质量。

二、专项调查的确定

专项调查是在普查和系统调查的基础上，确定2或3个有重要价值的种质资源进行专项调查。

三、专项调查的组织

专项调查确定后，将组织相关专业科技人员组成调查小组，一般由2~4人组成，调查小组成员业务水平应较高，身体健康，并吃苦耐劳，工作认真。

四、专项调查的总结

每个专项调查都必须写出调查总结报告，总结的内容大体包括调查背景、目的、方法、过程、结果（数据和信息要具体）及实践和理论价值（或学术意义）。

第四部分 鉴 定

一、初步鉴定

对调查收集的农业生物资源样本均需进行初步鉴定。初步鉴定由贵州省农业科学院课题的各专业组分别完成，其他课题组协助完成。

（一）初步鉴定的内容

第一，植物学分类。首先明确每份样本的植物学分类地位，特别是野生种质资源，要鉴别隶属哪个属、哪个物种；栽培的样本要明确属哪种作物。

第二，观察记载的性状。初步鉴定观察主要记载形态和农艺性状，然而各种作物不尽相同。各作物鉴定的性状分别为各自《全国种质资源目录》中的性状，其他性状可不鉴定。

第三，少数民族认知的性状。在系统调查中，少数民族认知的优异性状，需鉴定是否准确。

（二）初步鉴定注意事项

第一，要根据种质资源的特点，选择生态条件适宜的鉴定地点，以便反映出其固有的特征特性。

第二，地方品种一般不去杂。因为地方品种是群体样本，可能含有几个变种（类型），如果去掉其中的少数类型，那就失去了原品种的真实性。当然，如果有明显的混杂植株，如不同物种的，成熟期不一致的，应去掉。

第三，初步鉴定的田间管理同大田管理，但不要打农药，以便观察样本的抗性优势。

第四，通过鉴定明确各样本是否已编入《全国种质资源目录》，是否已入国家作物种质库，已入国家作物种质库的样本，如果没有特殊性状的变异，应一律剔除。

第五，鉴定记载标准均依据《种质资源描述规范和数据标准》。

第六，在初步鉴定的基础上，选出 300 份深入鉴定的优异资源，并供种；完成 3500 份贵州农业生物资源调查收集目录的编写，收集目录的格式和内容，参照《云南及周边地区农业生物资源调查项目调查收集种质资源目录》，同时完成繁种、入国家作物种质中期库（圃）保存。

二、深入鉴定

对初步鉴定和系统调查中农民认知的比较优异的种质资源，进行深入鉴定评价。深入鉴定评价主要由国家有关单位分别完成，其他课题组协助完成。

（一）深入鉴定的内容

主要有 6 部分。第一，丰产性；第二，抗病虫性；第三，抗逆性（寒、旱、盐碱、热、涝等）；第四，优质性（营养、加工）；第五，特殊性状（如糯性等）；第六，新颖性（新物种、变种、类型，特有资源，新基因、新用途、新规律）。

（二）深入鉴定的方法

深入鉴定的方法要遵照《种质资源描述规范和数据标准》中的规定进行。一般情况下对丰产性、抗病虫性和抗逆性的鉴定是在人工控制条件下进行的，如抗病虫性一般在温室、网室内进行，通过人工接种病原种（虫），同时给予适宜的温度和湿度，诱导病虫的发生，从而观察种质资源的抗病虫强度，进而判断其抗性等级。抗逆性鉴定可在抗旱棚、耐盐（碱）池、人工气候箱等可控条件或自然逆境条件下进行，可分为芽期、苗期、成株期单独进行，判断抗性的强弱。营养品质的鉴定需要在实验室内借助仪器设备进行。特殊性状研究和优异基因的挖掘，需要利用分子生物学和生物技术。

通过上述深入鉴定评价，应筛选出 100~150 份优异农业生物种质资源。

第五部分 数 据 库

一、数据标准

为保证调查数据的可用性，在调查数据的采集、整理和加工等过程中，一定要严格按照制定的《少数民族地区农业生物资源调查和样本采集技术规范》执行。

二、数据的收集、整理、录入与校验

（一）数据的收集、整理和汇总

对调查数据进行分类收集，按类型分成纸质数据、电子表格数据、GPS 数据、图像数据、影像数据和音频数据，对不同类型数据分别进行整理和汇总，建立不同的文件夹分别进行保存。

（二）数据库的录入

对需要进行电子化的纸质数据进行人工录入，录入采用 Excel 软件。对已录入的数据要进行双人交换校对，及时发现录入过程中的错误，保证数据完整性和准确性。

（三）GPS 数据的校验

GPS 数据要进行校验，将 GPS 数据导入 GIS 系统中查看，挑出明显偏离采集地点的坐标数据，并根据 GIS 数据进行纠正。

（四）图像、视频和音频的存入

将图像、视频和音频等多媒体数据分类保存好后，将其相关链接地址存入数据表相应字段中。

三、数据库与信息系统

（一）Excel 文件的生成

调查数据处理一般采用 Excel 软件进行，生成的 Excel 文件既可作为基础数据库又可作为数据源导入其他数据库。

（二）Excel 数据的导入

同时，根据需要可将 Excel 数据导入 Access、Foxpro、SQL Server、MySQL 等数据库系统中，以便于后期数据的综合利用、信息系统开发和信息共享。

（三）开发应用信息系统

在已建立的数据库的基础上，开发应用信息系统，应具备基本的数据查询、浏览和管理功能，一般以网络信息系统形式开发，便于调查数据的网络共享。

（四）信息安全保密

信息共享过程中务必注意信息安全保密，不要将涉密数据和敏感数据进行网络共享。

第六部分　总　　结

"贵州农业生物资源调查"项目是于 2012~2017 年，经普查、多次系统调查、专项调查和对获得种质资源鉴定评价完成的，因此调查工作的总结应因时进行。

一、普查小结、系统调查小结和专项调查小结

完成 42 个普查县（市）普查表的填写后，对 42 个县（市）的农业生物资源多样性及其消长情况和原因，社会、经济、文化、环境、教育等情况都要进行统计分析，并写出总结。每个调查队完成一个县（市）的系统调查后，都要编写系统调查报告。专项调查结束后，应撰写专项调查报告。这 3 种总结、报告的内容，在前面相关部分已有详细说明，在此不再赘述。

二、年度总结

"贵州农业生物资源调查"是历时约五年半完成的项目，每年都有大量的调查数据和信息。因此，每年必须及时将调查数据和信息进行汇总、整理，使之系统化，并提炼形成年度总结并提交科技部。

三、中期总结

当项目执行 2~3 年时，应当进行中期总结评价，根据立项要求和执行情况，汇总形成中期总结，从而对项目立项可行性和科学性进行评估，据此决定项目的可持续性。不

言而喻，中期总结是非常重要的，必须认真完成。

四、总体总结

项目完成后，要及时进行总体总结，总体总结是所有调查和鉴定数据与信息的系统化、理论化及结晶的过程，从而显示项目科学成果的水平。总体总结的内容包括如下几个方面。

第一，立项背景及项目任务指标，项目完成的总体情况。

第二，普查、系统调查和专项调查县（市）的确定及其分布特点，调查的程序和方法，调查实施情况。

第三，调查地区农业生物多样性状况、消长情况及原因分析，少数民族对当地农业生物资源保护起到的作用。

第四，调查获得农业生物资源的种类和种质资源的数量，鉴定评价筛选的优异种质资源，作物种质资源的新类型、新物种（变种、变型）或新记录种，发掘的新基因、新用途、新规律。

第五，培养的调查人才，特别是少数民族的调查人才；对调查地区农业生物资源加强保护和可持续利用的建议。

第六，发表的调查研究论文和著作。